模态空间系列丛书

从这里学 NVH 第 2 版
——噪声、振动、模态分析的入门与进阶

谭祥军 编著

机械工业出版社

本书主要介绍了工程噪声基础、工程振动相关知识、振动噪声信号采集与信号处理、试验模态测试与试验模态分析等 NVH 方面的内容。本书使用通俗易懂的语言来描述 NVH 实践所需的基础知识，极少使用繁琐的数学公式，这样更方便读者理解与应用。本书内容从实际应用出发，侧重实际工程问题与常用基本操作，即使是 NVH 初学者，也可轻松、准确地掌握 NVH 的基本概念与方法，快速提升 NVH 工程实践能力。

本书可以作为机械制造、汽车、航天航空、土木工程、石油化工、海洋工程、船舶、家电等领域的工程技术人员和科研工作者从事 NVH 工作的参考书，也可以作为理工院校师生学习 NVH 的教材。

图书在版编目（CIP）数据

从这里学 NVH：噪声、振动、模态分析的入门与进阶/谭祥军编著. —2 版. —北京：机械工业出版社，2020.11（2025.1 重印）

（模态空间系列丛书）

ISBN 978-7-111-66910-4

Ⅰ.①从… Ⅱ.①谭… Ⅲ.①噪声控制②结构振动控制 Ⅳ.①TB53②TB123

中国版本图书馆 CIP 数据核字（2020）第 220123 号

机械工业出版社（北京市百万庄大街 22 号　邮政编码 100037）
策划编辑：孔　劲　责任编辑：孔　劲　王春雨
责任校对：张　征　封面设计：鞠　杨
责任印制：常天培
北京宝隆世纪印刷有限公司印刷
2025 年 1 月第 2 版第 6 次印刷
184mm×260mm·26.25 印张·2 插页·651 千字
标准书号：ISBN 978-7-111-66910-4
定价：149.00 元

电话服务　　　　　　　　　网络服务
客服电话：010-88361066　　机　工　官　网：www.cmpbook.com
　　　　　010-88379833　　机　工　官　博：weibo.com/cmp1952
　　　　　010-68326294　　金　书　网：www.golden-book.com
封底无防伪标均为盗版　　　机工教育服务网：www.cmpedu.com

第 2 版序言

《从这里学 NVH——噪声、振动、模态分析的入门与进阶》从 2018 年 5 月面市以来，前后总共印刷了 5 次，销售册数达 16000 余册，市场表现优异，好评如潮。广大读者朋友除了称赞图书内容之外，反馈最多的是黑白印刷的图书阅读起来不够方便，当多个线条在同一幅图中呈现时不易区分，在一定程度上影响了阅读体验，如果采用彩色印刷，那么可阅读性将会大幅提升。在图书面市后不久，笔者也就这个问题发起了投票，相当一部分读者表示愿意再次购买彩色印刷版，即使内容毫无更新。基于读者对彩色印刷及笔者对图书内容更新的要求，决定进行这次再版。

第 2 版相比于第 1 版，每一章都有改动，同时新增了绪论部分，并补充了一章，使得内容从原来的五章变成了六章。第 2 版内容最大的特色是在第 1 版第 1 章工程噪声基础之后新增了第 2 章工程振动相关知识。这相比第 1 版的内容布置更合理，将与振动相关的内容组合在一起形成了新的一章。另外，在第 1 版中，只有传统实验模态分析 EMA 的内容，而第 2 版中增加了 OMA、ODS 等内容。因而，在第 2 版中，将第 1 版中大多数的"实验模态"更改为"试验模态"。

对于想进入 NVH 行业的新手来说，关于 NVH 的概念、工作内容和工作方法等都不是很了解，因此，绪论部分对这些问题都做了回答。第 1 章工程噪声基础新增了"传声器测量的声音与人耳听到的声音不一样""白噪声与粉红噪声"和"声音的共振模态"。新增的第 2 章为工程振动相关知识，其中还包含了第 1 版中第 4、5 章模态测试与分析中的部分内容，如"什么是固有频率""什么是频响函数 FRF"和"什么是动刚度"等。原来的第 2 章变为第 3 章，这一章变动不大，仅仅是删除了"转速与脉冲数关系"，并将其纳入新书《从这里学 NVH——旋转机械 NVH 分析和 TPA 分析》的扭振章节中。原来的第 3 章变成第 2 版中的第 4 章，新增了"幅值修正与能量修正"与"各种平均方式的区别"。原来的第 4 章变成了第 2 版中的第 5 章，并将其中部分内容移至了第 2 章。原来的第 5 章变成了第 2 版中的第 6 章，有部分内容移至第 2 章，同时又新增了关于 OMA、ODS 和刚体惯性参数等内容。其他一些细微处也有修改，如修改了一些图表，增加了模态指示 SUM 函数的计算公式等。

广大读者还反馈第 1 版中有太多名词术语的缩写（如 DOF，MAC 等）没有给出相应的说明，这经常使初学者感到困惑。为了解决这个问题，在第 2 版中专门以附录的形式给出了这些专有名词术语的缩写、中英文注释。

2019 年《试验模态实用技术——实践者指南》一书的出版得到了广大读者的好评，除了书的内容之外，还点评了印刷用纸，纷纷称赞印刷、纸张质量之高。那么，本书在内容、印刷等方面也将取长补短，确保高品质出版。

最后，还是那句话：让我们在 NVH 的道路上砥砺前行。

谭祥军
于北京

第1版序言

汽车NVH（Noise、Vibration and Harshness）性能是汽车舒适性的关键因素，振动小、安静的汽车已经成为购车者的主要追求。为此，各大汽车主机厂及零部件供应商都投入了巨大的人力和物力，来不断地提高他们NVH的分析能力和试验能力，以便为广大的消费者提供更加舒适的汽车产品。

一名汽车NVH工程师想要把汽车的NVH性能做好，必须具备以下三个方面的知识：一是深厚的基础理论知识，包括数学、振动理论、声学理论等；二是良好的分析能力和试验能力；三是足够的车辆工程方面的专业知识。除此以外，在该领域长期的工程实践和经验积累也至关重要，这是一个漫长而艰辛同时又充满无限乐趣的求索过程。然而，时间是有限的，对于一名有志的NVH工程师而言，除了从自己工作中不断积累总结之外，也会主动地从他人的经验中学习（包括从书本中学习），从而快速地提高自己做好汽车NVH性能的水平。

本书是一本理论和实践相结合，能快速提升NVH工程师基础理论水平和试验测试技能的好书。作者谭祥军与我相识源于他作为LMS国际公司的NVH高级工程师为我们提供全方位的技术支持。通过这几年的接触，以及他撰写的数百篇原创公众号文章，我了解到他不仅具有丰富的实践经验，而且具有扎实的理论基础。当他提出为本书作序的邀请时，我欣然同意。

本书内容包括噪声、振动的基础理论和试验测试。其特点是概念清晰，通俗易懂，图文并茂，实用性强。无论是仿真工程师还是试验工程师都可从中学到很多有用的东西。本书也将为NVH工程师，特别是试验工程师，提供一份宝贵的参考资料。

中组部"千人计划"专家

北京"海聚工程"专家　曾宪棣　博士

北汽福田乘用车设计院总工程师

自　序

我曾希望能找两三位汽车行业的大咖为本书作序，但当托朋友牵线联系第一位时，他以不认识作者和没有通读全书两个理由委婉地拒绝了。这件事让我不高兴了一整天，但仔细想来，人家拒绝也是对的，毕竟对我不了解，也没有通读整本书的内容，仅凭我写的自我介绍和全书的目录肯定是不够的。吸取了这次教训，当我亲自前往北汽福田乘用车设计院，打印了一份全书的初稿，邀请总工程师曾宪棣博士为本书作序时，曾博士欣然同意。

之后，我想既然可以请行业大咖作序，为何不自己也为本书写个序呢，写一写本书的创作过程及广大同行对我的支持，因此，才有了这篇自序的问世。

一开始，我并没有想到会出本书，我最希望能出版的是我翻译的 *Modal Space in Our Own Little World*（《我们小小世界中的模态空间》）和计划撰写的《试验模态分析实例教程》。当我翻译完 *Modal Space in Our Own Little World* 之后，我联系原作者 Peter Avitabile 教授，希望能进行翻译出版该书的中文版本。后来，由于种种原因，此书的中文版没能出版，有些遗憾，毕竟我对这本书还是很有感情的。

在翻译完 *Modal Space in Our Own Little World* 之后，我自己也计划写一本试验模态方面的书，书的章节内容格式参照石亦平博士所著的《ABAQUS 有限元分析实例详解》一书，这本书无论是基础理论还是实践，在当时学习 ABAQUS 都是首屈一指的，所以，我想以这本书为模版，打造一本试验模态分析实例方面的书。纵观整个图书市场，虽然模态分析理论方面的书很多，但没有一本主要讲试验模态分析实例方面的书。因此，利用工作之余，我撰写了两章：模态分析基础理论和简支梁锤击法模态，然后时间就定格在 2013 年 4 月，之后再也没有进展。因为做试验不是一个人能完成的，另一方面，缺少很多待测结构，如白车身等。虽然书没有进展，但是我仍有一颗不死的心，希望有朝一日能完成这本书。

2016 年我也写了一些文章，但比较随意，想到哪个主题就写哪个，文章很不系统，因为只是想着与同行分享知识与经验，也没有想过要出书。在这个不系统的写作过程中，我基本上完成了本书的振动噪声信号采集与振动噪声信号处理两章内容。与此同时，不断有同行在我的公众号中留言说希望我能够出书，如：

@周：谭工，读了你公众号里的文章，收获很多。我在想着你什么时候也出一本书啊，讲讲 NVH 的一些知识，或者把你现在的文章整理成书都可以。毕竟我们上班时在手机上看文章不是很方便。非常感谢您！

@王得羊：希望您劳逸结合，建议您出本书，哈哈哈，实在是受益匪浅！

既然同行们希望我出书，同时，我也觉得图书比在公众号里分享零散的内容要更正式、更系统，阅读起来也更方便，2017 年元旦，我便坚定了出书这个计划与目标。全年撰写了本书中的另外三章：工程噪声基础、实验模态测试与实验模态分析，同时我也将这些内容分散后发布在我的公众号中。最开始发布的是关于模态测试的文章，顾及模态测试的文章太多，可能会让读者感到厌烦，所以，就将工程噪声基础方面的文章与模态测试的文章穿插着发布。

当噪声方面的文章告一段落之后，为丰富公众号中 CAE 方面的内容，我邀请了王朋波博士来撰写汽车 CAE 方面的文章。得益于王朋波博士超强的行动力与执行力，公众号终于有了 CAE 方面的文章，不再只有试验的内容了。

在写作的过程中，有朋友曾建议我使用更大众化的调侃语言与风格来写，文章的阅读量会更大，阅读面会更广。但采用这种风格，可能不适合出版为正式图书。另一方面，我知道 Peter Avitabile 教授深谙如何用通俗易懂的语言来解释模态分析中的高深理论，这样一来，即使是他年迈的老母亲也能明白什么是模态分析。而我在翻译他的 *Modal Space in Our Own Little World* 的过程中，也是深受其影响。这样使得我在后续撰写公众号文章时，也是尽量地使用通俗易懂的语言，尽量不用或少用公式来说明问题。

@ Alan：谭工文章通俗易懂，与 Peter 模态系列文章风格一脉相承，且专业面及领域更为广泛而丰富。期待来年推出更多新作！

其实 2016 年 6 月开始，我就始终坚持原创输出文章，这些文章对于解决工作中的实际问题是非常有帮助的。但创作的文章难免有错误出现，包括笔误、逻辑错误或一些低级错误，而在公众号上分享之后，广大同行都是火眼金睛，对文章中的细微错误都一一指出，这样一来可以确保在正式出版的图书中尽可能地减少错误。除此之外，在创作的过程中，也得到了许多同行的肯定、鼓励与支持，如（虽然有太多的同行称呼我为谭博士，但我真不是博士）：

@ Natalie：NVH 新手，文章全都很好，有些自己觉得模糊不清的概念很容易就被你讲懂了，最近买了好多书，都觉得不如读你的文章来得直接，最无私的分享就是知识的分享，毕竟知识才是最大的财富，支持你！

@ LiangTing：刚开始是同事分享，我一开始以为是哪个论坛转发的，后来又看了几篇，发现好像并不是，和公司的模态试验比较相关，但认为讨论的是偏向普及性的，再后来发现，好多不懂的问题在这里竟然能找到答案，而且非常有助于我去检查 NVH 实验工程师的结果。开始时我认为试验都是对的，后来才发现不是，谢谢谭博士的分享，我才可以从各方面去完成我的工作，提升能力。

@ Anny：感谢您的付出与努力！您是我们这个行业的好老师，看您的文章比看教科书明白很多。

@ Rex He：关注您的公众号好久了，作为一名 CAE 工程师，从您这里收获了很多，希望您能多多分享！谢谢！

@ 刘笑天：之前关注是因为我做 CAE 仿真，想要看看做实验的人都在干什么，现在刚刚跳槽，（划重点）公司做样品有大量的实验内容。现在关注更多的是看看同事的实验过程好不好、结果对不对、怎么跟仿真结果对标、怎么改进我的产品。最后，谢谢作者，（敲黑板）一年来如此用心地运营公众号，推出了大量高质量的文章，望越来越成功！

正是因为有广大同行的肯定、鼓励、支持与大力推广，才给了我无限的创作动力。在工作之余，我花费了大量的休息时间来创作这些文章。公众号从开通至今，除了在一些交流群中推广之外,都是广大同行帮我推广:转发文章或者直接推荐给朋友或同事。订阅用户都是一个一个地积攒起来的,他们都是真正从事这方面工作或相关工作的。截至目前,订阅用户已超过 30000 人,在这里,我想说,一路走来,感谢你们,感谢你们的大力支持,感谢你们的肯定,感谢你们的陪伴!

如今,星星之火已成燎原之势,每周始终在固定时间点有规律地发布文章,我的这一行为或多或少地影响到一些同行。期间不断有学生向我咨询 NVH 工作的前景如何,哪个方向(测试与仿真)更适合他们等问题,我都给出了我尽可能知道的回答,回答可能不一定全面,但我想至少能在某些方面帮助到他们。据我了解,至少有几位因为我的回答从而进入了 NVH 行业,成为我们的同行。这一点让我感到特别高兴,因为或多或少地影响或帮助到了他们。除此之外,受到我的影响,也有几位同行开通了自己的公众号,如江铃汽车徐光的公众号"品胎品车品人生"等,以及那些正在想开公众号,但还没有开的同行。说实话,我更愿意看到有更多的同行分享自己的知识与经验,正如下面两位同行所说,只有我们这群热爱 NVH 的人一起努力,咱们这个行业才会越来越好。毕竟,众人拾柴火焰高,百家争鸣更繁荣。

@**NVH 小王**:工作之余经营一个近似福利的纯技术公众号,你的坚持令人钦佩。有你这样的优秀同行,就会有更多年轻人了解加入 NVH 行业,成为我们的同事。

@**夏勇**:我希望咱们这个公众号越办越好,只有我们这群热爱 NVH 这个行业的人一起努力,咱们这个行业才会越来越好,天天都有拜读你的文章,谭哥加油。

直至 2017 年 10 月,利用国庆假期,我又撰写了五篇模态分析方面的文章,总算完成了本书的所有章节内容。原计划将汽车疲劳耐久分析作为本书的第 6 章,但不少同行认为疲劳耐久与前面五章的内容关联性不强,建议去掉,而我也采纳了同行们的建议,最终全书只有五章内容。

关于书名,我也希望听听来自同行们的声音,所以,我发起了一个关于书名与图书计划预定册数的投票,同行们积极响应,截至目前参与投票的同行近 3000 人,预订的册数已超出 4000 册。关于书名,广大同行给我提了不少很好的建议,如采用简明通俗的标题,甚至有同行,像@重生,冥思了 20 多分钟,如此种种都让我感动,因为他们真正关心本书。我在此声明,本文中留言上榜的同行,每人赠送一本我亲笔签名的书作为感谢。当然,最终的书名,是需要与出版社商量决定的,但我会将同行们的建议反馈给出版社,在此衷心感谢大家。

@**钱有胜**:建议书名《就这样学习 NVH》或者《从这里开始学习 NVH》,以前学习过一本 Word 教材《就这样享用 Word》,非常实用,逻辑清晰,层次分明,写作严谨且处处为读者考虑,非常适合初学者。希望本书可以面对广大刚入门的同行,把涉及的基础问题,疑难问题说清讲透,从读者实用且易理解的角度来论述。谢谢!

@**重生**:谭博,我看"NVH 理论基础"这个名字投票人数最多,但是我却不是很赞成。理由:既然是理论基础,就应该牵扯很多公式的推导,而你在文中特意强调过本书的特色就是"用通俗易懂的语言来讲解 NVH,避免了烦人的公式推导",所以我觉得书名应该把书的特色给体现出来。既然文中使用通俗易懂的语言描述了,书名也稍微通俗点,是不是这样更配呢?就像《明朝那些事儿》这本书一样,名字有点土,但和文中气质很搭配,一点也不影响畅销。我自己想了 20 多分钟,想了一个很 low 的书名,纯属个人意见,《NVH 基础精讲必备篇》，让谭博见笑了。

@Cheng Hui：书名不要让读者去猜里面内容可能是什么，也不要读起来很拗口，不要让读者断句，直接简单粗暴地引起读者兴趣，比如《通俗易懂的NVH》，当然这个名字不登大雅之堂，看作者对本书的定位，要是想成为一本正儿八经的书，这个名字就有点随意，就像《夏洛特烦恼》这部电影，虽然票房很高，但永远不可能在电影节上获奖，脱口秀再好，也不可能上新闻联播。

完成全书的内容之后，联系出版社也是颇费周折，毕竟没有出书的经验，完全不清楚流程。其实之前有位朋友与我联系过，希望本书作为他们CAE分析系列中的一本，这样可能我会省很多出版方面的事，但想到以后还可能有一系列书要出，故不宜作为他们这个系列中的一本，还请这位朋友见谅。联系出版社时，几位朋友推荐的编辑全都来自机械工业出版社，有汽车分社和机械分社，还有一位编辑没有联系过。由于推荐的编辑全是机械工业出版社，我个人觉得机械工业出版社也是非常不错的出版社，所以最终选择了机械工业出版社。经过一番沟通后，我最终选择本书由机械分社的一位编辑负责出版，与我联系的这位编辑虽然年轻，但非常热心，虽然我们没有见过面，但几次电话沟通之后，我还是非常满意的，他也在努力促成本书的早日面市。这就给我吃了一颗定心丸，如果合作愉快，那么，以后的系列丛书，也自然希望与这位编辑继续合作。

虽然本书投票的预订册数已超过了4000册，但我最终确定起印的册数为5000册，这是因为如果第一次印刷过多的话，可能会存在积压库存的现象。另一方面，如果这5000册很快销售一空，那第二次印刷也很快，毕竟只有印刷这个环节。作为本书的作者，我有理由相信本书肯定是一本畅销书，我的期望是本书能销售过万册。

一本书很难囊括振动噪声的方方面面，我希望这只是模态空间系列丛书的开始，后续还有更精彩的内容呈现给大家。同时，我也会持续地在我的公众号上更新振动噪声方面的知识，敬请各位读者关注我的公众号，下面是我的公众号"模态空间"的二维码。

最后，由衷感谢为我推荐出版社的朋友们，以及帮助过、支持过、鼓励过我的广大朋友们。同时我也希望越来越多的同行分享自己的知识与经验，共同繁荣NVH行业。还是那句话：让我们在NVH道路上，砥砺前行。

谭祥军
于北京

前　言

NVH 是三个英文单词 Noise、Vibration 和 Harshness 首字母的缩写，是汽车噪声、振动和舒适性等各项指标的总称。这个名称来源于汽车行业，但其他行业正在慢慢接受它并使用它，所以，在本书中，我们仍用这个名称，而不是使用振动噪声，也不单单指车辆行业的 NVH，而是广义的 NVH，一切产品的振动噪声问题都属于这个范畴。

由于结构振动会产生噪声，进而影响到舒适性，所以当舒适性有问题时，必然存在相应的振动噪声问题。三者在相关行业是同时出现且又密不可分的，因而常把它们放在一起进行研究。当今，产品的 NVH 性能越来越受到用户的重视，成为影响用户是否购买产品的重要因素之一，因此，各行各业在产品的研发阶段都非常注重 NVH。从 NVH 分析手段来说，包括分析产品的基本 NVH 表现（基本的振动噪声评价）、模态分析、TPA（传递路径）分析和噪声源定位等方法。

评价产品的 NVH 表现通常是指产品在其工作状态下评价其振动与噪声水平：振动噪声是否超标、是否有异响、是否符合相应的法规要求等。

模态测试分析可以帮助用户评价现有结构的动态特性、控制结构的辐射噪声、降低产品的噪声水平、找到振动噪声产生的根源，以及进行结构动力学修改、产品优化设计、验证有限元模型、提高数字模型的精度等。通过模态分析，用户可以深入了解产品的动力学特性，使得系统动力学设计对产品开发决策带来积极的影响。用户也可以使用模态分析的结果来检测产品的变化或损坏，以便及时采取优化对策。

按"输入-振动系统-响应"模型（也称为"源-路径-接收者"）来分类，评价产品的 NVH 性能主要是对响应进行分析，而模态分析则是分析振动系统的固有属性。

阅读对象

本书主要面向 NVH 的初级和中级人员，同时也为 NVH 高级人员提供有价值的参考。不管读者是试验 NVH 人员还是仿真 NVH 人员，本书都能为读者提供借鉴。所以本书既是入门参考书，也是建立全面知识体系的高级参考书。

- 初级人员：通过对本书的学习与实践，了解 NVH 基本概念与方法。
- 中级人员：在对 NVH 已有一定认识的基础上，通过对本书的学习可以加深理解与认识。
- 高级人员：通过全面系统的学习，能进一步建立自己的 NVH 知识体系。
- 试验人员：在本书可以找到很多试验过程中碰到的问题与解决方案，明白试验方法与深入理解试验背后的原理。

- 仿真人员：试验与仿真是产品研发过程中两种不同的方法，两者经常需要对标，因此，在本书中仿真人员除了可以找到 NVH 理论之外，还可深入了解试验原理与方法，对工作有极大的帮助。

本书可以作为机械制造、汽车、航天航空、土木工程、石油化工、海洋工程、船舶、家电等领域的工程技术人员和科研工作者从事 NVH 工作的参考书，也可以作为理工院校师生学习 NVH 的教材。

主要特色

- 本书最大特色是使用通俗易懂的语言来描述 NVH 实践所需的基础知识，极少使用繁琐的数学公式，这样更方便读者理解与应用。
- 本书是作者自身长期 NVH 工作经验与总结的分享，因此，实用性更强。
- 本书内容从实际应用出发，侧重于实际工程问题与常用基本操作，即使读者是 NVH 初学者，也可轻松、准确地掌握 NVH 基本概念与方法，快速提升 NVH 工程实践能力。
- 本书理论知识点紧扣实践关键环节，既有理论介绍，又有典型工程实例，更方便读者加深理解。
- 本书每个知识点都会扩展介绍这个知识点的相关方面，更进一步深化并丰富 NVH 知识体系。
- 本书采用问答形式介绍 NVH 知识，因此，在阅读时或作为参考时，能方便快捷地找到想要的知识点。

主要内容

全书共分为六章，内容包括工程噪声基础、工程振动相关知识、振动噪声信号采集、振动噪声信号处理、试验模态测试与试验模态分析。

绪论：对 NVH 的定义、工作内容、方法与手段做了介绍，方便初学者对 NVH 有一个初步的认识。

第 1 章：工程噪声基础，偏向于噪声测量方面的基础知识。

第 2 章：工程振动相关知识，介绍了振动要解决的问题，以及固有频率、FRF、动刚度等相关知识。

第 3 章：振动噪声信号采集，就信号测试链中的各个环节进行讲解，包括传感器、导线、信号调理、抗混叠滤波器、ADC 等方面。确保采集到的信号包含所需要的完整准确信息。

第 4 章：振动噪声信号处理，从信号中提取有用的信息是信号处理的最终目的，这些信息可以帮助工程人员进行工程决策，解决实际工程问题，因此，正确地进行信号处理是前提。这章主要介绍信号处理中可能会遇到的各个环节。

第 5 章：试验模态测试，试验模态测试分为锤击法和激振器法。本章主要介绍试验模态测试过程中的边界条件、测点分布、激励方式、参考点选择等内容。

第 6 章：试验模态分析，获得精确的模态参数是模态分析的目的，但是在模态分析过程中有诸多因素导致产生错误的结果，因此，本章主要介绍模态分析过程中遇到的问题与细节。

由于作者水平有限，难免会有错误出现，真诚欢迎广大读者批评指正，提出宝贵意见。作者的邮箱为 linmue@ qq. com。

致　谢

　　在撰写本书的过程中，得到了许多同行的鼓励与帮助。国家"千人计划"专家、北京"海聚工程"专家、北汽福田乘用车设计院总工程师曾宪棣博士提出了宝贵的意见并作了序。北京科技大学范让林教授对本书提出了宝贵的建议。在此，我对他们表示真挚的感谢！

　　另外，我要感谢北京东方振动和噪声技术研究所与西门子工业软件（北京）有限公司。北京东方振动和噪声技术研究所是我毕业后入职的第一家单位，是它带领我进入了 NVH 的大门。在这个单位工作近六年的时间里，我做了大量试验，积攒了丰富的现场试验经验，同时非常感谢刘进明总工程师在工作中给予的帮助与指导。从北京东方振动和噪声技术研究所离开以后，我进入了西门子工业软件（北京）有限公司工作至今，得益于西门子工业软件（北京）有限公司相关产品在汽车 NVH 领域的广泛应用，使我对汽车 NVH 有了更深入的认识。另一方面，公司提供了部分素材才能使本书更全面地展现在读者面前，在此表示衷心的感谢。

　　在本书的出版过程中，得到了公司法务部门的同事 Wang Isabel 女士，市场部中国区负责人郭涛先生及孟南女士，Testing 部门的售前技术经理孙卫青先生和客户支持中国区负责人 Pluym Luc 先生的帮助，在此表示特别感谢。

　　在本书创作的过程中，得到了广大同行的支持、鼓励与肯定，还有一些同行提出了不少问题，正是他们的提问使我获得了一些创作灵感。还有那些不遗余力为公众号推广的朋友们，为本书提出宝贵建议的同行们，感谢你们！正是因为有你们的大力支持与帮助推广，我才有更大的动力前行。

　　我利用空余时间写作，占用了大量本该与家人好好相聚的时光，如果没有家人的理解与支持，特别是我妻子金艳梅女士（作为两个孩子的母亲，她为家庭付出了太多太多），没有她的大力支持与鼓励，我是很难完成本书的。经常，周末她一人带着孩子出去，而我窝在家里写稿，所以要特别感谢妻子对我的大力支持与鼓励。

目 录

第 2 版序言
第 1 版序言
自序
前言
致谢
绪论　什么是NVH ································· 1
第 1 章　工程噪声基础 ···························· 7
　1.1　什么是声波 ······································ 8
　　1.1.1　声的定义 ································· 8
　　1.1.2　声波的描述参数 ······················ 9
　　1.1.3　描述声波的基本物理量 ·········· 11
　　1.1.4　声波的传播特性 ···················· 12
　1.2　什么是声音 ···································· 12
　　1.2.1　什么是纯音 ··························· 13
　　1.2.2　声音的频率成分 ···················· 14
　　1.2.3　空气声与结构声 ···················· 15
　　1.2.4　声音的传播路径 ···················· 15
　　1.2.5　怎么评价声音 ······················· 16
　1.3　什么是声场 ···································· 17
　　1.3.1　声场的定义 ··························· 18
　　1.3.2　声波的叠加 ··························· 18
　　1.3.3　近场与远场 ··························· 20
　　1.3.4　自由场与消声室 ···················· 20
　　1.3.5　混响场与混响室 ···················· 21
　1.4　什么是声压级 ································ 22
　　1.4.1　声压级的定义 ······················· 22
　　1.4.2　为何基准是 $20\mu Pa$ ·············· 25
　　1.4.3　声压级的计算 ······················· 25
　　1.4.4　灵敏度对声压级的影响 ·········· 27
　1.5　什么是分贝（dB） ························ 28

　　1.5.1　分贝的定义 ··························· 29
　　1.5.2　声音大小 ······························ 29
　　1.5.3　dB 的性质 ····························· 30
　　1.5.4　−3dB ···································· 31
　　1.5.5　dBA ······································ 32
　　1.5.6　dB 叠加 ································ 33
　1.6　有趣的分贝公式 ····························· 35
　　1.6.1　相关的正弦声源 ···················· 35
　　1.6.2　不相关的正弦声源 ················· 36
　　1.6.3　随机声源 ······························ 37
　　1.6.4　叠加原则小结 ······················· 39
　1.7　什么是倍频程 ································ 39
　　1.7.1　倍频程的定义 ······················· 39
　　1.7.2　怎么计算中心频率 ················· 41
　　1.7.3　倍频程标准中心频率 ············· 43
　　1.7.4　倍频程的计算 ······················· 44
　1.8　什么是声学计权 ····························· 46
　　1.8.1　为什么要使用计权 ················· 46
　　1.8.2　频率计权 ······························ 47
　　1.8.3　时间计权 ······························ 48
　1.9　细说传声器 ···································· 48
　　1.9.1　传声器构造 ··························· 48
　　1.9.2　常见的传声器类型 ················· 49
　　1.9.3　性能指标 ······························ 50
　　1.9.4　声场应用类型 ······················· 53
　　1.9.5　测量传声器附件 ···················· 54
　　1.9.6　怎样选择传声器 ···················· 54
　1.10　传声器测量的声音与人耳
　　　　 听到的声音不一样 ···················· 55
　　1.10.1　障碍物对流场的影响 ············ 55

1.10.2	影响两者不一致的原因 ………	56
1.10.3	两者的联系 ……………………	58

1.11 白噪声与粉红噪声 …………… 60
- 1.11.1 白噪声的定义 ……………… 60
- 1.11.2 粉红噪声的定义 …………… 61
- 1.11.3 两者的差异 ………………… 61
- 1.11.4 应用场合 …………………… 63

1.12 什么是声强 …………………… 64
- 1.12.1 声强的定义 ………………… 64
- 1.12.2 声强探头的构造 …………… 65
- 1.12.3 声强的测量原理 …………… 66
- 1.12.4 声强的应用 ………………… 68

1.13 什么是声功率 ………………… 69
- 1.13.1 声功率的定义 ……………… 70
- 1.13.2 为什么要测量声功率 ……… 70
- 1.13.3 三个参数之间的关系 ……… 71
- 1.13.4 声功率测量方法 …………… 72
- 1.13.5 测量方法的差异 …………… 73

1.14 基于声压法的声功率测量 …… 74
- 1.14.1 自由场法 …………………… 75
- 1.14.2 混响室法 …………………… 75
- 1.14.3 标准声源法 ………………… 76
- 1.14.4 现场测量法 ………………… 76
- 1.14.5 声压法测量标准 …………… 77

1.15 基于声强法的声功率测量 …… 79
- 1.15.1 基本原理 …………………… 79
- 1.15.2 离散点法 …………………… 81
- 1.15.3 扫描法 ……………………… 83
- 1.15.4 测量方法的差异 …………… 84

1.16 基于声强法的声功率测量实例 ……………………………… 84

1.17 声音的共振模态 ……………… 89
- 1.17.1 声波的驻波现象 …………… 89
- 1.17.2 管道中的传播 ……………… 91
- 1.17.3 房间的共振模态 …………… 92
- 1.17.4 模态频率的通用计算公式 … 94
- 1.17.5 声音共振模态的特点 ……… 95

第2章 工程振动相关知识 ………… 96

2.1 什么是机械振动 ……………… 96
- 2.1.1 基本概念 …………………… 97
- 2.1.2 振动的分类 ………………… 97
- 2.1.3 "输入-振动系统-输出"模型 … 98
- 2.1.4 振动要解决的问题 ………… 99

2.2 什么是固有频率 ……………… 100
- 2.2.1 固有频率的定义 …………… 100
- 2.2.2 影响因素 …………………… 101
- 2.2.3 为什么存在多阶固有频率 … 101
- 2.2.4 基频和主频 ………………… 103
- 2.2.5 固有频率与共振频率的区别与联系 ………………… 103
- 2.2.6 激励频率离固有频率多远可避免共振 ………………… 105
- 2.2.7 固有频率测量 ……………… 106

2.3 为什么只关心低阶固有频率或模态 …………………………… 108

2.4 评价传感器附加质量对模态频率的影响 …………………… 110
- 2.4.1 实例说明 …………………… 110
- 2.4.2 怎么评价影响 ……………… 111
- 2.4.3 传感器移动带来的影响 …… 112

2.5 什么是频响函数FRF ………… 113
- 2.5.1 FRF定义 …………………… 113
- 2.5.2 FRF性质 …………………… 114
- 2.5.3 FRF形式 …………………… 115
- 2.5.4 共振峰与反共振峰 ………… 117
- 2.5.5 单自由度FRF ……………… 119
- 2.5.6 驱动点FRF和跨点FRF …… 120
- 2.5.7 为什么有的FRF有反共振峰，有的没有 ………………… 121
- 2.5.8 力锤FRF与激振器FRF的区别 ……………………… 122
- 2.5.9 FRF计算 …………………… 122
- 2.5.10 FRF估计类型 …………… 124
- 2.5.11 FRF的影响因素 ………… 124

2.6 FRF先出现共振峰还是反共振峰 ………………………… 126
- 2.6.1 共振峰，反共振峰谁先出现 … 126
- 2.6.2 这样的先后顺序是怎样形成的 … 127
- 2.6.3 反共振峰的物理意义 ……… 128
- 2.6.4 影响反共振峰的因素 ……… 129

2.7 传递函数、频响函数和传递率的
　　　区别 ………………………… 133
2.8 什么是动刚度 ………………… 137
　　2.8.1 静刚度 …………………… 137
　　2.8.2 单自由度系统的动刚度 …… 138
　　2.8.3 多自由度系统的动刚度 …… 139
　　2.8.4 源点动刚度 ……………… 139
　　2.8.5 悬置动刚度 ……………… 140
　　2.8.6 支架动刚度 ……………… 140

第3章　振动噪声信号采集 ………… 142

3.1 振动传感器怎样选型 ………… 142
　　3.1.1 传感器分类 ……………… 143
　　3.1.2 常见加速度计类型 ……… 143
　　3.1.3 选型指标 ………………… 144
　　3.1.4 选型原则 ………………… 147
3.2 传感器怎样安装才能满足测试
　　　要求 …………………………… 147
　　3.2.1 安装位置 ………………… 147
　　3.2.2 安装要求 ………………… 149
3.3 信号AC和DC的区别 ………… 151
　　3.3.1 AC定义和DC定义 ……… 151
　　3.3.2 AC耦合和DC耦合 ……… 152
　　3.3.3 怎样选择耦合方式 ……… 153
　　3.3.4 趋势项 …………………… 154
　　3.3.5 扭振信号 ………………… 156
3.4 采样频率多大才不会使信号幅值
　　　明显失真 ……………………… 156
3.5 采样频率2倍和2.56倍的
　　　区别 …………………………… 158
　　3.5.1 混叠 ……………………… 158
　　3.5.2 抗混叠滤波器 …………… 158
　　3.5.3 为什么要用2.56倍 ……… 159
3.6 AD位数对信号幅值的影响 …… 160
　　3.6.1 量化 ……………………… 160
　　3.6.2 量化误差 ………………… 162
　　3.6.3 减小量化误差的方法 …… 163
3.7 采样过程中存在的误差 ……… 165
　　3.7.1 潜在的结构问题 ………… 166
　　3.7.2 传感器引入噪声 ………… 166
　　3.7.3 接地循环噪声 …………… 166

　　3.7.4 导线噪声 ………………… 167
　　3.7.5 信号调理噪声 …………… 167
　　3.7.6 滤波器噪声 ……………… 168
　　3.7.7 ADC误差 ………………… 168
　　3.7.8 本底噪声 ………………… 169
　　3.7.9 计算误差 ………………… 169
3.8 如何实现高质量的信号采集 … 170
　　3.8.1 数据采集的目的 ………… 170
　　3.8.2 测量链的组成 …………… 170
　　3.8.3 影响测量的因素 ………… 171
　　3.8.4 测量前的准备工作 ……… 172
　　3.8.5 采样参数设置 …………… 173
　　3.8.6 现场测试 ………………… 174
　　3.8.7 如何判断信号 …………… 175
3.9 细说动态范围的各种定义 …… 177

第4章　振动噪声信号处理 ………… 180

4.1 DSP基本名词术语及关系 …… 180
　　4.1.1 时域名词术语 …………… 181
　　4.1.2 频域名词术语 …………… 182
　　4.1.3 各名词术语之间的关系 … 184
4.2 信号处理若干名词解释 ……… 185
　　4.2.1 模拟信号与数字信号 …… 185
　　4.2.2 时域与频域 ……………… 186
　　4.2.3 角度域与阶次域 ………… 186
　　4.2.4 传递函数与频响函数 …… 187
　　4.2.5 拉普拉斯域与傅里叶域 … 188
　　4.2.6 物理空间与模态空间 …… 188
　　4.2.7 阶与阶次 ………………… 189
　　4.2.8 带宽与宽带 ……………… 189
　　4.2.9 宽带与窄带 ……………… 190
　　4.2.10 谱线与线谱 …………… 191
　　4.2.11 时间分辨率与频率分辨率 … 191
　　4.2.12 平均 …………………… 191
　　4.2.13 重叠与步长 …………… 191
　　4.2.14 稳态与跟踪 …………… 192
　　4.2.15 自谱与互谱 …………… 192
　　4.2.16 自相关与互相关 ……… 193
　　4.2.17 相关分析与相干分析 … 193
　　4.2.18 阶次分析与阶次跟踪 … 193
4.3 计算信号的RMS ……………… 194

- 4.4 什么是泄漏 …… 196
  - 4.4.1 信号截断 …… 196
  - 4.4.2 周期截断 …… 196
  - 4.4.3 非周期截断 …… 197
  - 4.4.4 FFT变换要求 …… 198
  - 4.4.5 泄漏 …… 198
  - 4.4.6 窗函数 …… 199
- 4.5 什么是混叠 …… 199
  - 4.5.1 混叠的定义 …… 200
  - 4.5.2 混叠实例 …… 200
  - 4.5.3 怎样最小化混叠 …… 201
  - 4.5.4 计算混叠后的频率 …… 202
  - 4.5.5 阶次混叠 …… 203
- 4.6 什么是窗函数 …… 204
  - 4.6.1 为什么要加窗函数 …… 205
  - 4.6.2 窗函数的定义 …… 205
  - 4.6.3 窗函数的时频域特征 …… 206
  - 4.6.4 加窗函数的原则 …… 208
  - 4.6.5 模态测试所用窗函数 …… 209
  - 4.6.6 窗函数带来的影响 …… 210
- 4.7 什么是Overall Level …… 210
  - 4.7.1 OA的定义 …… 211
  - 4.7.2 怎样计算OA …… 211
  - 4.7.3 窗函数对OA的影响 …… 213
  - 4.7.4 OA与阶次切片的区别 …… 214
- 4.8 各种谱函数的区别与应用 …… 216
  - 4.8.1 Peak、RMS和Peak-Peak定义 …… 216
  - 4.8.2 频谱Spectrum …… 216
  - 4.8.3 自谱AutoPower …… 217
  - 4.8.4 功率谱密度PSD …… 218
  - 4.8.5 能量谱ESD …… 218
  - 4.8.6 互谱CrossPower …… 218
  - 4.8.7 频响函数FRF …… 219
  - 4.8.8 相干函数 …… 220
  - 4.8.9 Overall Level …… 220
- 4.9 幅值修正与能量修正 …… 221
- 4.10 各种平均方式的区别 …… 226
- 4.11 频谱和线性自功率谱的区别 …… 230
  - 4.11.1 概念描述 …… 230
  - 4.11.2 能量平均与线性平均 …… 231
  - 4.11.3 对比能量平均和线性平均 …… 232
  - 4.11.4 结论 …… 233
- 4.12 频谱真的不能线性平均吗 …… 233
- 4.13 谱线对随机信号和周期信号的PSD或自谱的影响 …… 236
  - 4.13.1 讨论参数 …… 236
  - 4.13.2 啤酒和杯子 …… 237
  - 4.13.3 随机信号的自谱与PSD …… 237
  - 4.13.4 正弦信号的自谱与PSD …… 238
  - 4.13.5 结论 …… 241
- 4.14 什么是ZoomFFT …… 241
  - 4.14.1 傅里叶变换对 …… 242
  - 4.14.2 ZoomFFT变换过程 …… 242

第5章 试验模态测试 …… 244

- 5.1 什么是模态分析 …… 245
  - 5.1.1 为什么要进行模态分析 …… 245
  - 5.1.2 模态测试与振动测试的区别 …… 247
  - 5.1.3 试验类型的分类 …… 249
  - 5.1.4 试验方法的分类 …… 249
  - 5.1.5 模态试验设计 …… 252
- 5.2 细说模态分析四大基本假设 …… 252
  - 5.2.1 线性假设 …… 253
  - 5.2.2 时不变性假设 …… 254
  - 5.2.3 可观测性假设 …… 255
  - 5.2.4 互易性假设 …… 257
- 5.3 试验模态测试分析一般流程 …… 258
  - 5.3.1 预试验分析 …… 258
  - 5.3.2 建立模态模型 …… 259
  - 5.3.3 数据采集 …… 260
  - 5.3.4 参数识别 …… 260
  - 5.3.5 结果验证 …… 261
- 5.4 模态边界条件:自由边界与约束边界的差异 …… 261
  - 5.4.1 刚体运动与弹性运动 …… 262
  - 5.4.2 刚体模态与弹性模态 …… 262
  - 5.4.3 自由边界与约束边界的区别 …… 262
  - 5.4.4 自由边界与约束边界的联系 …… 265

5.4.5 边界支承刚度要求 ………… 265
5.5 为什么要做自由模态分析……… 266
　5.5.1 实际工作边界为自由边界 …… 267
　5.5.2 为供应商提自由模态指标 …… 267
　5.5.3 校准数字模型 ……………… 268
　5.5.4 确定合适的安装位置 ……… 268
5.6 怎么选择激励方式 …………… 268
　5.6.1 测试设置的差异 …………… 269
　5.6.2 频响函数的差异 …………… 270
　5.6.3 优缺点总结 ………………… 270
　5.6.4 选择的原则 ………………… 271
5.7 模态测量自由度的数目与分布 ……………………………… 271
　5.7.1 测量自由度 ………………… 272
　5.7.2 测量自由度多少足够 ……… 272
　5.7.3 测点布置原则 ……………… 274
　5.7.4 测点不合理的影响 ………… 275
5.8 模态分析之几何模型 ………… 276
　5.8.1 几何模型的作用 …………… 276
　5.8.2 如何生成几何模型 ………… 277
　5.8.3 测点方向与总体坐标不一致 … 278
　5.8.4 某些测点没有测量数据可用 ……………………… 279
5.9 什么是模态参考点 …………… 280
　5.9.1 模态参考点的定义 ………… 280
　5.9.2 怎样选择模态参考点 ……… 281
　5.9.3 多参考点的好处 …………… 282
　5.9.4 多参考点的布置原则 ……… 282
　5.9.5 参考点与驱动点的区别 …… 283
　5.9.6 Testlab 中设置的 Reference 不一定是模态参考点 …… 283
5.10 模态分析之窗函数 …………… 284
　5.10.1 激振器法的窗函数 ………… 285
　5.10.2 锤击法的窗函数 …………… 285
5.11 模态测试之数据采集 ………… 287
　5.11.1 采集的基本步骤 …………… 287
　5.11.2 预采集 ……………………… 288
　5.11.3 正式采集 …………………… 289
5.12 什么是锤击法 ………………… 290
　5.12.1 SRIT 和 MRIT …………… 290

5.12.2 移动力锤与移动传感器的区别 ……………………… 290
5.12.3 锤击法的主要步骤 ……… 291
5.13 锤击法测试注意事项 ……… 293
　5.13.1 锤头选择与预触发 ……… 293
　5.13.2 力谱衰减多少可接受 …… 294
　5.13.3 平均 ……………………… 295
　5.13.4 锤击手法 ………………… 296
　5.13.5 无泄漏测量 ……………… 298
5.14 制动盘模态实例 …………… 299
　5.14.1 什么是重根模态 ………… 299
　5.14.2 制动盘测量方案 ………… 300
　5.14.3 制动盘模态分析结果 …… 301
　5.14.4 试验模态与计算模态不一致 ………………… 304
5.15 风机叶片模态实例 ………… 305
　5.15.1 测试设置 ………………… 305
　5.15.2 模态测点布置 …………… 306
　5.15.3 模态分析结果 …………… 307
5.16 什么是激振器法 …………… 311
　5.16.1 激振器系统 ……………… 311
　5.16.2 常见的激励信号 ………… 312
　5.16.3 激振器测量的 FRF ……… 312
　5.16.4 激振器法的注意事项 …… 313
5.17 常见的各种激励信号 ……… 313
　5.17.1 各种激励信号介绍 ……… 313
　5.17.2 各种激励信号对比 ……… 319
　5.17.3 激励信号的选择 ………… 319
5.18 激振器的安装 ……………… 320
　5.18.1 激振器支承方式 ………… 320
　5.18.2 力传感器的安装 ………… 322
　5.18.3 激励点的选择 …………… 323
　5.18.4 顶杆的影响 ……………… 323
5.19 白车身模态试验注意事项 … 324
　5.19.1 试验工具清单 …………… 325
　5.19.2 测量准备工作 …………… 326
　5.19.3 测量建议 ………………… 327

第6章 试验模态分析 …………… 329
6.1 试验模态数据分析的一般流程 … 330
　6.1.1 模态数据选择 ……………… 330

6.1.2 确定分析频带 ………………… 331
6.1.3 确定系统极点 ………………… 331
6.1.4 计算模态振型 ………………… 333
6.1.5 结果验证 …………………… 334
6.2 什么是极点 ……………………… 334
　6.2.1 极点的定义 ………………… 335
　6.2.2 极点的类型 ………………… 337
　6.2.3 极点的性质 ………………… 338
　6.2.4 确定极点的方法 …………… 338
6.3 什么是模态振型 ………………… 340
　6.3.1 模态中的单自由度系统 …… 340
　6.3.2 模态振型的定义 …………… 341
　6.3.3 模态振型的性质 …………… 343
　6.3.4 模态振型的缩放方法 ……… 344
6.4 节点、节线、节径和节圆 ……… 344
　6.4.1 节点 ………………………… 344
　6.4.2 节线 ………………………… 345
　6.4.3 节径与节圆 ………………… 345
　6.4.4 用节点来表示模态 ………… 346
6.5 什么是模态截断 ………………… 348
　6.5.1 模态叠加计算响应 ………… 349
　6.5.2 结构动力学修改 SDM ……… 349
　6.5.3 模态贡献量分析 …………… 350
6.6 什么是曲线拟合 ………………… 351
　6.6.1 为什么要进行曲线拟合 …… 351
　6.6.2 曲线拟合简介 ……………… 352
6.7 各种常见的曲线拟合方法 ……… 354
　6.7.1 时域拟合与频域拟合 ……… 354
　6.7.2 单自由度拟合与多自由度拟合 … 355
　6.7.3 局部拟合与整体拟合 ……… 356
6.8 什么是稳态图 …………………… 357
　6.8.1 稳态图的定义 ……………… 357
　6.8.2 稳态图的计算过程 ………… 357
　6.8.3 残余项对稳态图的影响 …… 359
6.9 各种常见的模态指示函数 ……… 361
　6.9.1 SUM 函数 …………………… 362
　6.9.2 MIF 函数和 MMIF 函数 …… 364

6.9.3 CMIF 函数 …………………… 365
6.10 什么是模态验证 ………………… 366
　6.10.1 振型动画验证 ……………… 366
　6.10.2 FRF 综合 …………………… 366
　6.10.3 MAC ………………………… 368
　6.10.4 模态参与 …………………… 369
　6.10.5 模态相位共线性 …………… 370
　6.10.6 其他验证参数 ……………… 370
6.11 什么是工作模态 OMA ………… 370
　6.11.1 为什么要进行 OMA 分析 … 371
　6.11.2 什么是 OMA ………………… 371
　6.11.3 OMA 的激励 ………………… 372
　6.11.4 OMA 面临的挑战 …………… 373
　6.11.5 测量注意事项 ……………… 373
6.12 什么是工作变形分析 ODS …… 376
　6.12.1 什么是 ODS ………………… 376
　6.12.2 与模态分析的区别 ………… 377
　6.12.3 时域 ODS …………………… 378
　6.12.4 频域 ODS …………………… 378
6.13 什么是刚体惯性参数 …………… 380
　6.13.1 刚体惯性参数简介 ………… 380
　6.13.2 为什么需要刚体惯性
　　　　参数 ………………………… 381
　6.13.3 常规的测量方法 …………… 381
　6.13.4 基于质量线法的刚体特性
　　　　参数识别 …………………… 382
6.14 试验模态与计算模态的
　　区别与联系 ……………………… 384
　6.14.1 自由度的区别 ……………… 384
　6.14.2 几何模型的区别 …………… 385
　6.14.3 求解理论的区别 …………… 386
　6.14.4 其他方面的区别 …………… 388
　6.14.5 二者怎么对比 ……………… 388
　6.14.6 二者的关联性 ……………… 391
附录　名词术语缩写 ………………… 393
参考文献 ……………………………… 396
后记 …………………………………… 397

绪 论

什么是 NVH

人们在谈论与汽车振动噪声相关的各项性能指标时，都会说到一个名词——NVH。那什么是 NVH，什么阶段需要考虑 NVH，NVH 都需要做哪些方面的工作，又有哪些可用的技术，需要多少人才能真正把 NVH 做好？本节将尝试从以下几个方面着手，对 NVH 工作做一个全面的阐述，主要内容包括：

➢ NVH 的定义
➢ 什么阶段需要考虑 NVH
➢ NVH 的工作内容
➢ NVH 的工作手段
➢ NVH 的设施与团队

1. NVH 的定义

NVH 是三个英文单词 Noise、Vibration 和 Harshness 首字母的缩写，是汽车噪声、振动和舒适性等各项指标的总称。由于汽车结构振动会产生噪声，进而影响到舒适性，而当舒适性有问题时，必然也存在相应的振动噪声问题。因此，三者在汽车振动噪声中是同时出现且又密不可分，因而常把它们放在一起进行研究。简单地讲，乘员在汽车中的一切触觉、听觉，乃至视觉感受都属于 NVH 研究的范畴，主要研究包括整车及系统主要零部件的 NVH 性能。

虽然各行各业的产品都有振动噪声问题，但只有在汽车行业，才将振动噪声称为 NVH，在其他行业一般无此称呼。这是因为汽车作为人们出行的主要交通工具，与人的关系非常密切。每次出行，人们待在汽车里的时间都比较长，而且频率非常高，有些人可能会天天选择汽车出行，且时间不短。因此，汽车与人们的日常生活密切相连。虽然人们也经常坐飞机，坐一次飞机的时间从一两个小时到十几个小时，但振动噪声并不称为 NVH，这是因为飞机与人们的生活密切程度远不及汽车。

据公安部统计，2019 年全国新注册登记机动车 3214 万辆，全国机动车保有量达 3.48 亿辆，其中汽车 2.6 亿辆，以个人名义登记的小微型载客汽车（私家车）突破 2 亿辆。已经有 4.35 亿人持有机动车驾驶证。随着人们机动出行需求不断提高，汽车市场潜力持续释放，汽车保有量保持快速增长趋势。

正是由于汽车与人们的日常生活联系非常密切，所以汽车行业非常重视 NVH。据统计，汽车约有 1/3 的问题与 NVH 有关，约 1/5 的售后服务与 NVH 有关，各大公司有近 1/5 的研发费用消耗在解决车辆的 NVH 问题上。

2. 什么阶段需要考虑 NVH

汽车的振动噪声会让乘员直接感受到该车是否舒适，所以人们在购买汽车时对此会特别关心。为此，各大汽车公司在汽车的开发过程中投入大量人力和物力来提高汽车的NVH性能。比如，2016年7月吉利汽车宣布为NVH投入10亿元人民币。吉利汽车研究院资深总工程师顾鹏云指出，除了安全性能最能体现一款车的综合品质外，其次就是NVH性能。

通常说来，汽车的NVH工作可分为三个阶段：目标制定分解阶段、开发实现阶段和验证改进阶段。

汽车正向开发时，首先要做的就是制定汽车整车的各项NVH性能指标，制定时主要从以下几个方面来考虑：

1）NVH性能是否满足国家、地方法规？例如，在欧洲通过噪声为74dBA，在美国通过噪声为78dBA。

2）是否满足用户的需求？

3）与市场上相同车型相比，是否有竞争力？通常各项NVH指标要优于对标车型。

4）公司的技术开发实力有多大？

制定目标之后，就需要将整车层次的NVH目标分解到各系统、子系统、部件的NVH目标。如选择的动力总成、进排气系统是否满足目标要求？通常各子系统的NVH目标主要是用于约束各个子系统或部件的供应商，这些子系统和部件的NVH目标在供应商手中实现，但要满足主机厂对这些子系统或部件的NVH目标。

开发实现阶段主要通过CAE技术设计各个系统和部件，试验验证其NVH指标是否满足设计目标。根据部件来源不同，可能会在不同的厂商实现各自的NVH目标，如白车身的NVH目标是由主机厂实现，而由供应商供应的子系统或零部件，则在各供应商手中实现各自的NVH目标。主机厂会在各不同的开发阶段，开发不同的样车来验证设计，如杂合样车、底盘样车和车身样车。

即使各系统、子系统、部件的NVH目标都满足，但在装配到整车上时，还可能存在NVH性能超标的情况，以及在后期路试时也可能会存在NVH问题，这时就需要改进了。如何改进呢？是空气声还是结构声？是源的问题还是结构问题，还是两者都有问题？如果是源的问题，是哪个源最大？如果是系统问题，又是哪条路径上的问题呢？

总的来说，NVH工作应贯穿整个汽车开发阶段，即使在开发完成以后，可能还会存在NVH问题，并且这种可能性极大。

3. NVH的工作内容

NVH工作的目的是为了减少车内的振动噪声，使乘员感受到的（听觉、触觉和视觉）是一种舒适的驾车或乘车环境，因此，NVH工作也有人称之为静音工程，使乘员舱是一个静音的环境。

考虑汽车的NVH问题，离不开"源-路径-接收者"模型。振动与噪声在源头产生，通过传递路径传递到接收者处被感知。因此，为了分析与控制噪声与振动问题，可以从这三个方面来考虑。首先是要减少源的振动与噪声，其次是在源与接收者之间将噪声与振动的传递路径切断或者使其衰减，最后是对接收者进行保护。

汽车的激励源主要分三类：动力系统（包括发动机、传动系统和进排气系统）、路噪和风噪。在汽车速度低时，发动机是主要噪声与振动源；在中速时，轮胎与路面的摩擦是主要噪声与振动源；在高速时，车身与空气之间的摩擦变成了最主要的噪声与振动源。因此，

NVH需要围绕这三个方面来减少振动噪声，提高汽车的舒适性，而噪声根据传递路径不同又分为结构声和空气声。

结构声的传递路径主要有发动机悬置系统、车身与副车架连接处、排气挂钩、前后悬架连接点、后桥拉杆与车身连接处、悬置与副车架连接处，以及各种与车身连接部件，如拉索、卡扣、托架、空调管、油管等。空气声的主要传递路径有车体和车体上的一些空洞缝隙等。

目标点（接收者）主要包括乘员耳旁噪声、方向盘振动、地板脚踏处的振动、座椅导轨振动、仪表盘振动和后视镜振动等。在分析"源-路径-接收者"模型时，最主要的是接收者，一切从接收者出发，即从用户需求出发，来确定噪声与振动量级的大小和声品质。

传递路径的振动与噪声特性是振动与噪声控制的关键。对路径的控制通常有三种方法：隔声与隔振、吸声与吸振和改变路径结构。通常用吸声和隔声来达到减少噪声的目的，车上许多部分都安装了吸声材料和隔声材料。而路径的振动控制一般是采用减振器或动力吸振器。改变路径结构通常是采用优化设计使隔振效果最佳。

以上是从"源-路径-接收者"模型来介绍的。下面将从整车和系统来介绍NVH工作内容。

就整车级而言，需要从以下方面考虑：

1) 车内振动噪声指标：反映了一部汽车整体振动与噪声水准，又分为从顾客主观感受来评价一部车的噪声与振动大小（也叫顾客层次的评价）和客观测试评价。这些客观指标有：驾驶员和乘客耳旁噪声；汽车底板或者座椅导轨处的振动；方向盘上的振动；座椅上的振动和人体的振动；仪表盘的振动等。评价通常对以下几种状态进行：怠速、全负荷（WOT）、半负荷（POT）、匀速、倒车、减速和急加减油门等。

2) 车外噪声/通过噪声。

3) 平顺性、操稳性。

4) 整车模态/声腔模态。

5) 整车隔声效果。

从系统级来考虑，需要考虑以下系统的NVH问题：

动力总成、发动机、变速器、传递系统、车身结构、声学包装、进排气系统、风噪、路噪及底盘、电器系统、管路系统、动力系统声品质和部件声品质等系统。每个系统的NVH都可以详细地展开讲，因为，每个系统都有自己的结构特点，因而NVH问题又有自己的特征与表现，但在此不作展开。

总之，NVH工作的内容是使汽车的各项NVH达到目标，最后呈现在用户面前的车辆是一款安静舒适型的汽车（以私家车为例）。

4. NVH的工作手段

就NVH工作手段而言，主要有CAE技术与试验技术两大方面。当然，这两大方面又可以细分为不同的方法与手段，如图1所示。

用于NVH的CAE技术主要有以下方法：

多体动力学：研究由若干个柔性和刚性物体相互连接所组成的多体系统，研究其动力学行为。

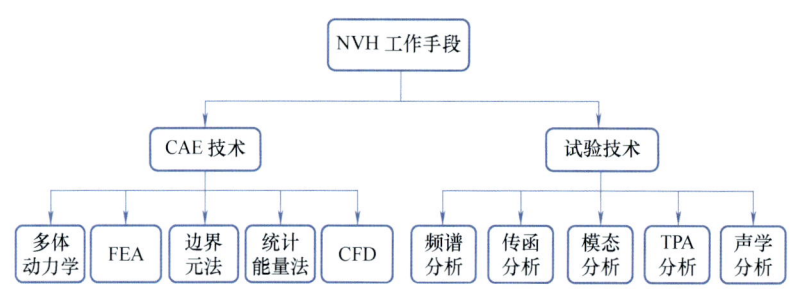

图 1　NVH 所采用的分析手段

FEA（有限元分析）：将无限自由度的连续体离散成有限自由度的离散体，根据力学方程或声学波动方程，求解方程式得到弹性体结构的振动或声学特征。

边界元法：有限元法适合于低频结构的振动和声学分析，当声空间体积增大，模态密度急剧增大，有限元法方法有局限性。相比之下，边界元方法对处理结构声辐射、声散射和结构声腔问题有独特的优越性。

统计能量法：研究结构之间的能量（振动噪声）流动的统计特性，在预测和分析车内空气噪声的应用较普遍。

CFD（计算流体动力学）：计算流体动力学主要用于考虑流场对车身噪声的影响，高车速下风噪是主要的激励源，因此，CFD 主要用于考虑风场对整车噪声的影响。

用于 NVH 的试验技术主要有以下方法：

频谱分析：指基于 FFT（快速傅里叶变换）的时域响应信号分析，得到频域的 NVH 性能表现数据，主要包括 FFT 分析、阶次分析和扭振分析等。

传函分析：传函分析虽然也是基于 FFT 分析，但在汽车 NVH 测试中，它显得尤为重要，如测量 VTF、NTF、IPI 等，因此，在此单列出来。

模态分析：模态分析的最终目标是在识别出系统的模态参数，为结构系统的振动特性分析、振动故障诊断和预报及结构动力特性的优化设计提供依据。像汽车结构声控制则通过模态匹配来实现，也用试验模态分析来提高数字模型的准确性。关于试验模态分析请见本书 5.1 节。

TPA 分析：基于"源-路径-接收者"模型分析 NVH 问题到底是源所引起，还是路径引起或者是两者共同作用的结果。关于 TPA 分析的更多内容可以参考《从这里学 NVH——旋转机械 NVH 分析与 TPA 分析》一书。

声学分析：包括声强、声功率、声品质与噪声源定位等测量分析手段。

5. NVH 的设施与团队

对于 CAE 技术而言，绝大多数工作都可以在计算机上完成。但对于试验技术而言，不仅需要计算机，还需要试验场地与试验设备，而对于试验场地与设备建设的投资也是巨大的。

试验场地多半是按试验功能来分类的，如分为四驱转毂通过噪声实验室、传递函数实验室、发动机噪声实验室、隔声量实验室、整车及零部件模态实验室、声品质实验室等。

在此以整车及零部件模态实验室为例来介绍其功能，该实验室能完成整车及白车身模态测试分析，零部件包括副车架、传动轴、排气系统等部件级的模态测试与分析。实验室配套的仪器设备包括多通道数据采集仪（包括采集多路转速）、多通道信号源、全套模态分析软件、数个单向和三向加速度传感器和多个激振器等试验设备。

具有了试验设施，还需要关键的因素：试验人员，也就是NVH团队。我始终坚信，有人才能做事，有能人才能做好事！哪怕设施全是一流水准的，但是没有人能将一流水准设施的作用百分之百地发挥出来，那么也是资源的严重浪费。现在普遍存在一种怪象：肯花上千万元采购了一套设备，但却不愿意花几万元做相关知识的系统培训。相对而言，能人可能使用较差的设备也能达到一流的水准，而普通人可能使用较好的设备也很难取得高质量的结果，所以，对NVH来讲，人才是至关重要的。

由于汽车结构复杂，按功能来分可以分很多系统，因此，NVH工作也应按这些系统来分类，图2是广汽研究院NVH开发管理模式。只有做到细致，甚至是极致，才能取得优异的NVH性能表现，而不是简简单单地分为整车NVH和部件NVH。

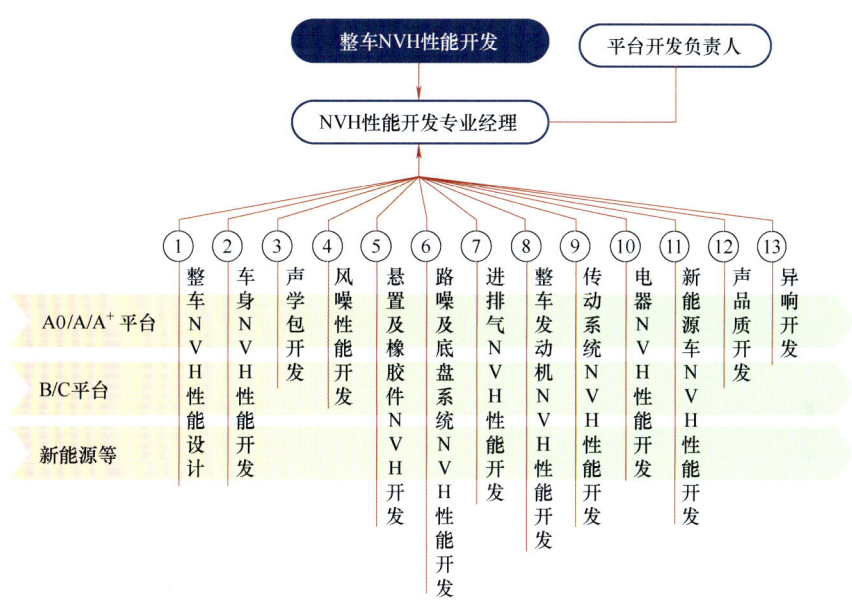

图2　广汽研究院NVH开发管理模式

由于NVH问题的解决手段分为CAE技术和试验技术，因此，对于NVH团队而言，也有这两个分类：一个是CAE团队，一个是试验团队。对于主机厂而言，NVH团队可以是科级，也可以是部级。相对而言，主机厂越重视NVH，相应的部门级别也会越高，像广汽研究院徐仰汇博士所带领的团队则是NVH部。

在聊到最"得意"的成绩时，徐仰汇博士微微一笑说："如果说得意的产品，那无疑是GS8了；但是我觉得在广汽研究院最得意的应该是带起了现在这支年轻、富有创造力、实力强大的NVH开发团队——有了他们，产品的品质无须担心。"

以前可以说路况不太好，NVH问题比较突出是有原因的，但现在路况越来越好了，因此主机厂也越来越注重NVH。主机厂注重这一块，那么它的供应商也就注重这一块了，也就不应该再是两三个人做这一块了,也会有相应的团队。在汽车的开发过程中,只有保证各个环节都满足 NVH 性能要求了,才能减少后期的验证时间,使大多数时间都花在前期的开发设计,少量的放在后期的验证上。

所以,开发出高品质的汽车,NVH 性能表现优越,除了硬件设施之外,还离不开 NVH 团队,NVH 团队是至关重要的一环。还是那句话:有人才能做事,有能人才能做好事!

第 1 章　工程噪声基础

　　从人的听觉方面来讲，声源（物体振动）发出的声音分为两个方面的内容：一是声音是如何传递到人耳的，从而使人耳的鼓膜发生振动；二是鼓膜的振动如何使人们主观上感觉为声音。从声音测量方面来讲，声源发出的声音也分为两个方面：一是声音如何从声源传递到测量点（测点）。二是传感器如何测量到声音。无论是从人的听觉还是从声音测量方面来讲，第一部分的内容都是相同的，即声音在介质中的传递是相同的，但第二部分是有明显差异的，即人耳与传声器有着本质的区别。

　　在这一章里，我们主要讨论声音的传递和声音的客观测量，用客观参量来评价声音的大小。这些客观参量包括声压与声压级、声强与声强级和声功率与声功率级等。因此，这一章主要围绕这些客观参量来描述声音。

　　从工程方面来讲，不论是已经存在的机械设备，或者是计划研发的新产品，或多或少都会存在噪声问题。对于噪声评价与治理的第一步就是要量化这些工程噪声，如何准确地量化或评价这些工程噪声就显得至关重要。因此，了解工程噪声基础是正确评价与量化噪声的基础，这一章主要包括以下内容：

- 什么是声波
- 什么是声音
- 什么是声场
- 什么是声压级
- 什么是分贝（dB）
- 有趣的分贝公式
- 什么是倍频程
- 什么是声学计权
- 细说传声器
- 传声器测量的声音与人耳听到的声音不一样
- 白噪声与粉红噪声
- 什么是声强
- 什么是声功率
- 基于声压法的声功率测量
- 基于声强法的声功率测量
- 基于声强法的声功率测量实例
- 声音的共振模态

1.1 什么是声波

声音的传播实质上是声波的传播过程，声波作用到人耳所引起的感觉称为声音，可见，声波是声音传播的本质。因此，在讲述声学之前，很有必要详细地描述声波。本小节主要包括以下内容：
➢ 声波的定义
➢ 声波的描述参数
➢ 描述声波的基本物理量
➢ 声波的传播特性

1.1.1 声波的定义

物体振动（声源）时激励着它周围的空气质点振动，使得离声源最近的质点离开原来的平衡位置开始运动，从而推动相邻质点运动，也就是说压缩了相邻的介质，而相邻的介质又会产生一种反抗压缩的力，使质点回到原来的平衡位置。由于惯性的作用，质点会经过原来的平衡位置，压缩另一侧的相邻介质，而这侧的介质也会产生一种反抗压缩的力，推动质点又回到原来的平衡位置。由于介质的弹性和惯性作用，使得这个质点在其平衡位置来回地振动。同样的原因，最初振动的质点将推动离它最近的质点及更远的质点在各自的平衡位置振动起来，但各个质点的振动存在一定的时间延迟。这种介质质点的机械运动由近及远地传播就称为声波，声波是一种机械波。

当声音在空气中传播时，由于空气具有可压缩性，在质点的相互作用下，振动物体四周的空气就交替地产生压缩与膨胀，并且逐渐向外传播，从而形成声波。声波传播方式不是物质的移动，而是能量的传播。也就是说质点并不随声波向前扩散，而仅在其原来的平衡位置附近振动，靠质点之间的相互作用影响到邻近的质点振动，因此，振动得以向四周传播，形成波动。

质点振动方向平行于传播方向的波称为纵波。质点振动方向垂直于传播方向的波称为横波。声波在空气中传播时只能发生压缩与膨胀，空气质点的振动方向与声波的传播方向是一致的，所以空气中的声波是纵波，如图 1-1 所示。声波在液体中传播一般也为纵波，但在固体中传播则既有纵波又有横波。声波在气体和液体中只能按纵波传播，是因为气体和液体不能承受剪切力。而固体能够承受剪切力，所以，声波在固体中传播既有纵波又有横波。

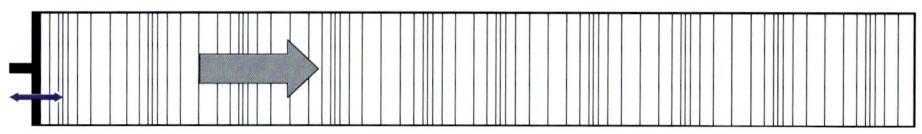

图 1-1 声波在空气中传播示意图

空气中无任何质点波动时，存在大气压，也就是静压强 $p_{大气}$，而当物体振动时，必然导致振动物体附近的空气压强发生变化，产生压强波动 $p_{波动}$，也就是说声波导致的压强波动是叠加在大气压之上的，如图 1-2 所示，即

$$p_{总} = p_{大气} + p_{波动}$$

而 $p_{大气} = 1.01325 \times 10^5 \text{Pa}$，$p_{波动} = 20\mu\text{Pa} \sim 20\text{Pa}$。

通常来说，声波可以在弹性介质中传播，如空气、液体和固体等，但不能在真空中传播。弹性介质中粒子的运动产生任何振动行为（如振动的平板、扬声器等）都可以当成一个声源。振动的粒子的前后运动使介质产生交替的按正弦变化的稠密（C）部分和稀疏（R）部分，如图1-3所示。产生的压力波在介质中以速度 c 进行传播。

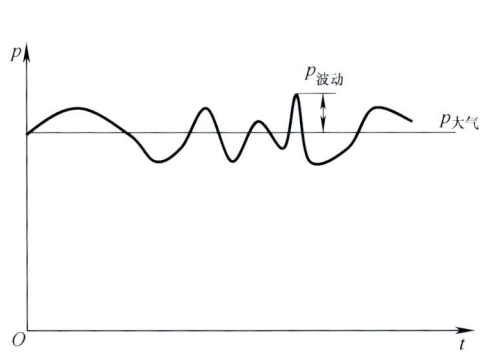

图1-2 压强波动的声压叠加在大气压之上　　图1-3 声波波动使介质出现稠密与稀疏变化

声波的传播速度 c（m/s）依赖于弹性介质的物理特性，通常

$$c_{固体} > c_{液体} > c_{气体}$$

对于空气和大多数气体而言，声波的传播速度受气体的密度、压强、温度、比热容和黏滞系数等因素的影响。实际的传播速度由热力学公式决定，即

$$c = \sqrt{\gamma R T}$$

式中　R——介质常数，对于空气而言，取287.05J/(kg·K)；

γ——比热比，对于空气，取1.402；

T——热力学温度（K），$T = 273.15\text{K} + t$，t 是摄氏温度。

假设空气是理想气体，则声速只与空气的热力学温度有关，故声速

$$c = 20.06\sqrt{T}$$

例如，$t = 20°C$ 时，声速约等于343m/s。对于常见弹性介质而言，其声速见表1-1。

表1-1　常见介质中的声速

介　质	气　体					液　体				固　体			
	二氧化碳	氧气	空气	空气	氢气	甲烷	酒精	汞	水	铅	铜	玻璃	钢
温度/℃	0	0	0	20	0	20	20	20	20	—	—	—	—
声速/(m/s)	259	316	331	343	965	1004	1162	1450	1482	1960	5010	5640	5960

1.1.2　声波的描述参数

相应于振动，声波也分为周期性声波和非周期性声波，最简单的周期声波是单频的声波，也称为纯音。它是由简谐振动产生的频率固定、并按正弦变化的声波。与单频音相对应

的是复合声，复合声（也称为复声）是由一些频率不同的单频音组成的，由快速傅里叶变换（FFT）可知，可将任何复声分解为一系列单频音。

集中质量-弹簧模型的振动形式为简谐振动，其运动方程为正弦表达形式。同样，单频声波（见图1-4）也可以用这个函数来表示，即

$$A(t) = A_0 \sin(2\pi f t + \theta)$$

式中 A_0——振动幅值；

f——每秒的循环次数，也等于$1/T$，T为完成一个振动循环所需要的时间；

θ——初相位；

t——时间。

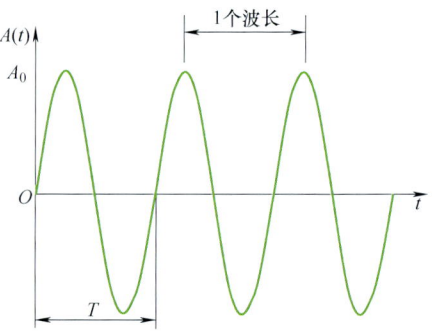

图1-4 单频声波的定义

对于声波而言，除了以上参数之外，还有另外两个参数：波长和波数。波长是指周期声波中相邻的等声压点之间的距离，通常用λ表示。波长等于声速c与声波频率f之比，也等于声速c与周期T之积，即

$$\lambda = \frac{c}{f} = cT$$

也即是波长等于声波在一个周期内传播的距离，如图1-4所示。从上式可以看出，由于空气中的声速是确定的，因而，声波频率越高，波长越短。低频声波波长长，高频声波波长短。

波数是指2π弧度内波长的个数，因为正弦（或余弦）函数是周期函数，每增加2π弧度，函数值就重复，因此，有

$$k = 2\pi/\lambda$$

而$\lambda = c/f$，代入上式，得到波数k的另一种表示形式，即

$$k = \omega/c$$

给定频率下的圆频率、波长与波数见表1-2，此时取空气中的声速为344m/s。

表1-2 给定频率下的圆频率、波长与波数

f/Hz	ω/(rad/s)	λ/m	k/m^{-1}	f/Hz	ω/(rad/s)	λ/m	k/m^{-1}
25	157	13.76	0.456	800	5020	0.43	14.60
31.5	197	10.92	0.575	1000	6280	0.34	18.25
40	251	8.60	0.730	1250	7850	0.27	22.83
50	314	6.88	0.912	1600	10400	0.22	29.20
63	395	5.46	1.150	2000	12500	0.17	36.51
80	502	4.30	1.460	2500	15700	0.14	45.6
100	628	3.44	1.825	3150	19700	0.11	57.5
125	785	2.75	2.283	4000	25100	0.08	73.0
160	1004	2.15	2.920	5000	31400	0.07	91.2
200	1256	1.72	3.651	6300	38500	0.06	115.0
250	1570	1.37	4.560	8000	50200	0.04	146.0
315	1970	1.09	5.75	10000	62800	0.03	182.5
400	2510	0.86	7.30	12500	78500	0.03	228.5
500	3140	0.69	9.12	16000	100400	0.02	292.0
630	3950	0.55	11.50	20000	125600	0.02	365.1

1.1.3 描述声波的基本物理量

声波在传播过程中，引起介质中的质点波动，使介质各部分产生压缩或膨胀的周期性变化，因此，质点运动必然存在振动位移、振动速度等物理量，而压缩或膨胀必然导致压强的变化，所以，声波在传播时，有几个可以测量的物理量，如声压、质点振动位移、振动速度等。但最常用的测量参量是声压。

1）声压。声波引起的压强变化是叠加在大气压之上的，因此，测量的声压是变化的声压与静压强之差，声压变化的平均值为零，所以，平均声压不是一个有用的参量。而人耳对瞬时声压波动也没有响应，但对动态声压的均方根值（RMS）有响应，且平均响应时间间隔约为35ms。因此，声压测量的是有效声压。

2）质点振动位移。质点振动的位移是相对于平衡位置的位移，通常，空气中声波振动的幅度非常小，大约在 10^{-7}mm 到数毫米之间，位移下限对应于听阈，上限对应于痛阈。因为振动位移太小，而位移又很难直接测量到。

3）质点振动速度。质点振动速度是指声波的传播引起小部分介质波动的速度，而非声速，振动速度远小于声速。测量质点振动速度的应用之一是测量声强。我们知道声强大小也等于声压与质点速度的乘积，因此，有一种声强探头称为声压-粒子速度探头（Pressure-Particle Velocity probe，P-U 探头）如图 1-5 所示，它是通过测量粒子的振动速度来测量声强。

4）声阻抗。声阻抗是界面上平均有效声压对通过该界面的有效体积速度之比，为复值函数，实部对应声阻，虚部对应声抗。声波传播时引起介质振动需要克服阻力，声阻抗越大，则推动介质所需要的声压就越大，声阻抗越小，则所需声压就越小。

5）声强。声强指单位时间内，通过与声波前进方向垂直的单位面积上的声能。声强是矢量，可以简单地认为某点的声强等于该点的声压与质点的振动速度的乘积。通常通过声强探头来测量声强，某型号声强探头如图 1-6 所示。

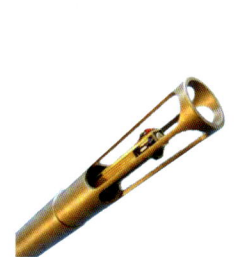

图 1-5 某型号 P-U 探头

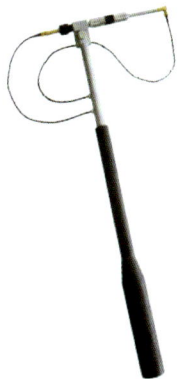

图 1-6 某型号声强探头

6）声功率。声功率通常是指声源的声功率，是声源在单位时间内发射出的总能量。声功率不能直接测量，可用声压法或声强法测量得到。关于声功率的测量，请参考 1.14 基于声压法的声功率测量和 1.15 基于声强法的声功率测量。

1.1.4 声波的传播特性

1) 平面声波。当声波的波阵面垂直于传播方向的平面时，称其为平面波。远离声源的波可近似地看作是平面波，平面波在空气中传播时，它的声压与质点速度同相位。在理想的介质中，声压和质点速度不随距离变化，平面声场中声阻抗是常数。在自由空间中，当声源的尺寸比波长小得多时，远离声源处的声场一般可作为平面波来处理。

2) 球面声波。波阵面为同心球面的波称为球面波。任何形状的声源，只要它的尺寸比波长小得多的都可以看作点声源，辐射球面波。对于球面波，在离声源任意距离上的声强与距离平方成反比，声压与距离成反比，声压与振动速度之间的相位差与球面波的半径对波长的比值成反比。辐射球面波时介质的声阻抗率是复数，它具有纯阻和纯抗两部分，并与半径和波长有关。当球面波半径很大时，纯抗分量可以忽略。

3) 柱面声波。波阵面是同轴圆柱面的波称为柱面声波。设想在无限均匀介质里有一无限长的均匀线声源，它所产生的波就是理想的柱面声波。在柱面声波中，声压振幅沿轴向分布是均匀的，沿径向与距轴的距离平方根成反比。其径向声强与离轴的距离的一次方成反比。交通繁忙的公路上，汽车往往连成一条线行驶，这些汽车可认为是线声源，所辐射的噪声就是柱面波。

三种形式的声波示意图如图 1-7 所示，其中各个面为波阵面。

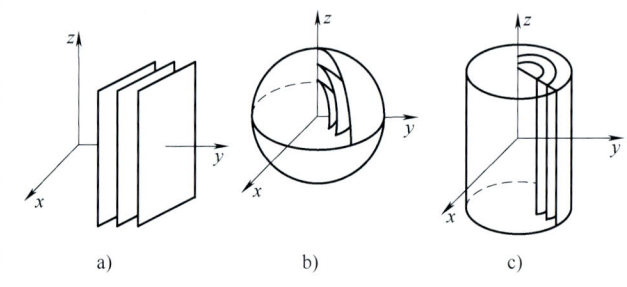

图 1-7 三种波阵面
a) 平面波　b) 球面波　c) 柱面波

1.2 什么是声音

通过前文 1.1 什么是声波一节已经明白声音的传播实质上是声波的传播过程，物体振动产生声波，声波被人或其他动物的听觉器官所感知，才称为声音。我们将正在发声的物体称为声源，因而声音总是包含一定的频率范围，人耳可听的声音频率范围从 20Hz ~ 20kHz，在这个范围内，哪怕声压级大小完全相同，但人对相同声压级的感觉也不一样。低于 20Hz 的声音，称为次声，高于 20kHz 的声音，称为超声。狗和猫等动物可以听到高达 50kHz 的声音，狗和大象可听到 12Hz 以上的次声。

人和动物既可作为发声的声源，也可作为接收声音的接收者，但当作为声源和接收者时，两者的频率范围是不相同的（见表 1-3）。作为声源时频率范围较窄，而作为接收者时频率范围较宽。

表 1-3 不同对象的发声与接收频率

声　源	频率范围/Hz	接　收　者	频率范围/Hz
人	85 ~ 5000	人	20 ~ 20000
狗	450 ~ 1080	狗	15 ~ 50000

(续)

声　　源	频率范围/Hz	接　收　者	频率范围/Hz
猫	780~1520	猫	60~65000
蝙蝠	10000~120000	蝙蝠	10000~120000
喷气发动机	5~50000	青蛙	50~8000
汽车	15~30000	鳄鱼	20~60000
钢琴	30~4100	大象	12~20000

在这里，我们主要考虑人耳可听范围内的声音，也就是20Hz~20kHz频率范围内的声音。这一节主要介绍以下内容：
- 什么是纯音
- 声音的频率成分
- 空气声与结构声
- 声音的传播路径
- 怎么评价声音

1.2.1 什么是纯音

只包含单一频率成分的声音，称为纯音，如敲击音叉发出的声音（256Hz），口哨声等都可以称为纯音。在变速器中，对于转速稳定的工况，也容易出现纯音（啸叫），纯音出现的频率通常是各级齿轮的啮合频率或者它的倍频。

如图1-8所示为某齿轮箱在转速稳定工况下的噪声信号的频谱，从图1-8中明显可以看出存在三个纯音，而这三个纯音则是当前档位下各级齿轮的啮合频率或者是它的倍频。

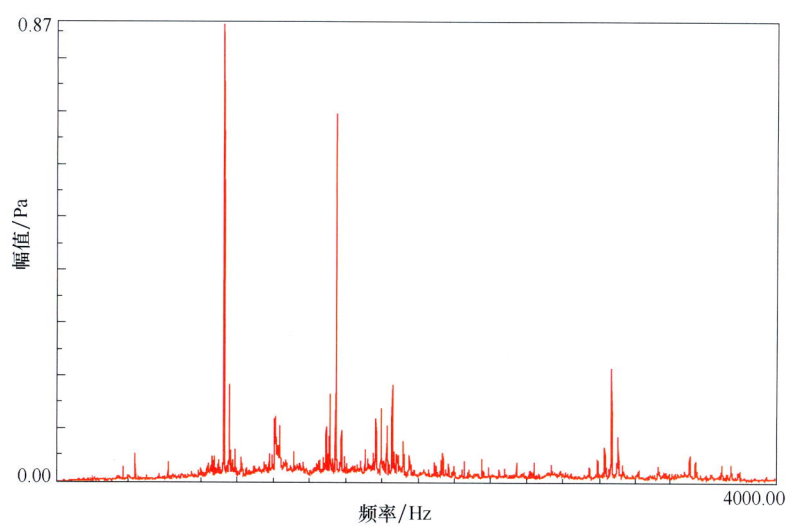

图1-8　某齿轮箱在转速稳定工况下的噪声信号的频谱

也有单位这样判断纯音，对噪声信号进行1/3倍频程分析，如果某中心频率处的声压级值比相邻中心频率处的声压级平均值大5dB（单位不同可能判断的标准也有差异，如有的单位采用6dB）以上，则认为该倍频程内存在纯音。如图1-8所示的信号，其1/3倍频程如图1-9所示（图中右侧A表示A计权，L表示线性不计权），可以看出在1000Hz、1600Hz和3150Hz处的声压级值比相邻中心频率处的声压级平均值大5dB以上，因而可以判定在这些频率处存在纯音。这一点也可以从图1-8的频谱图中得到确认。

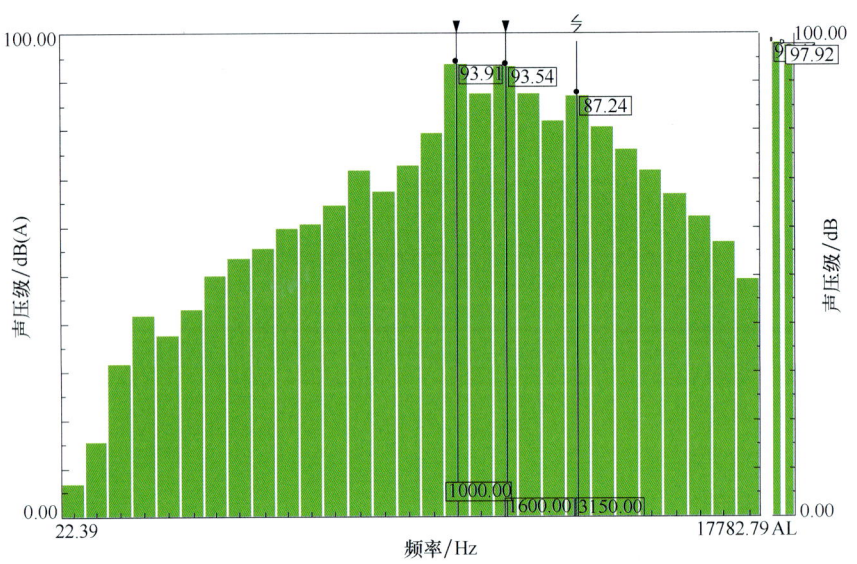

图1-9 某齿轮箱稳态转速下的1/3倍频程

1.2.2 声音的频率成分

通常，声音的频率成分不会简简单单地只有一个单频成分，更多的是由多个纯音、有限数目相关的谐波或无限数目不相关的单频成分组成。如图1-10所示，我们可以把声音的频率成分分成以下四种情况：

1) 有限数目的谐波纯音。如在某个固定转速下变速器的啸叫。啸叫声为某级定轴齿轮对的啮合频率以及其倍频。

2) 有限数目的非谐波纯音。当传动装置存在多个传动路径时，就会存在多个齿轮对，每个齿轮对都可能出现啸叫声，并且还有相应的倍频成分。

3) 无限频率成分的连续谱。这种频率成分类似随机噪声，包括所有的频率成分，并且无主要的频率成分，如路噪就属于这种情况。

4) 复杂频谱。既有若干纯音，又有连续的频谱，也就是说既有随机噪声，又存在一些主要的单频纯音，如车内噪声和飞机噪声就属于这种情况。

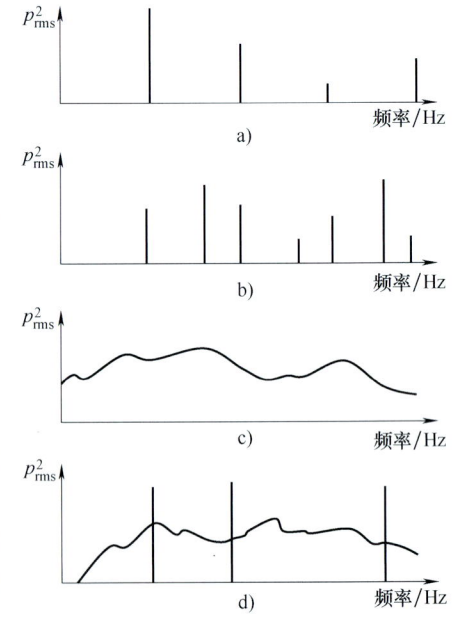

图1-10 声音的频率成分
a) 有限数目的谐波纯音 b) 有限数目的非谐波纯音 c) 无限频率成分的连续谱 d) 复杂频谱

确定声音的频率成分，一定程度上能帮助我们确定噪声产生的原因。当需要降低噪声时，很多时候，主要是降低幅值最大频率处的噪声成分，这是因为幅值最大的噪声成分对总声压级贡献最大，降低它的大小对降低总声压级最为有效。但有些时候，也不一定完全有效，除了考虑总声压级以外，还需要从声学设计的角度来考虑，降低噪声不是一个简简单单的"打鼹鼠"游戏：谁高打谁。

1.2.3 空气声与结构声

在 NVH 领域，经常谈到空气声与结构声，这两种声音是如何界定的呢？

空气声与结构声的区别在于传播路径的不同，空气声是指声源发出的声音直接向外辐射，在空气中（路径）进行传播，最后到达接收者的位置。结构声是指振源激励结构振动，通过结构振动引起接收者附近的结构振动，振动的结构再向外辐射噪声到达接收者的位置。例如敲鼓声属于空气声，而影片中人耳贴近地面听马蹄声则属于结构声。

如图 1-11a 所示，汽车发动机作为声源或振源，首先振动通过发动机悬置引起车身地板和车顶棚振动，振动辐射的噪声直接到达接收者位置，则该声音属于结构声。另一方面，发动机作为声源，直接向空气中辐射噪声，这些噪声通过一些孔洞传递到接收者位置，则这类声音属于空气声，如图 1-11b 所示。

针对汽车而言，空气声声源主要有发动机、变速器辐射的噪声，发动机附件辐射的噪声，如水泵、发电机、风扇产生的噪声，进排气噪声，路噪和风噪等。空气声穿透车身隔声或吸声材料到达车内，通过孔洞和缝隙到达车内。

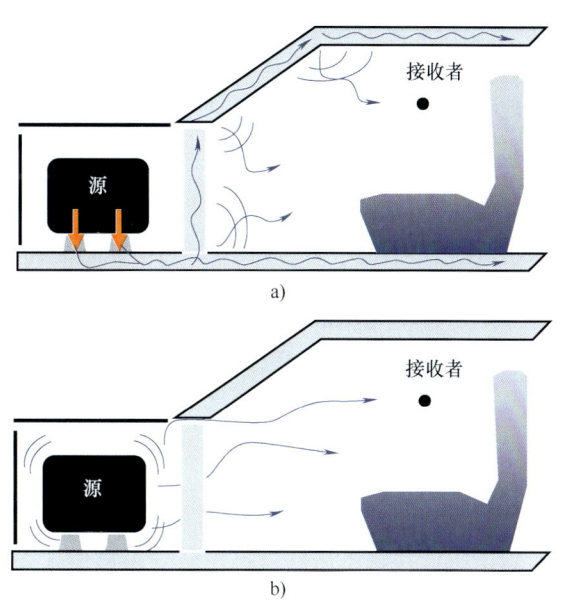

图 1-11 结构声与空气声
a) 结构声传递示意　b) 空气声传递示意

结构声的主要声源有动力系统、路面激励悬架敲打车身，风噪激励起结构局部振动。结构声主要通过发动机悬置，与前壁板连接的管路、拉索，传动轴，排气系统吊耳等到达车内，如局部板结构被激励起来后，会对车内辐射噪声，会与声腔模态耦合共振，声腔模态会与噪声源的某些频率共振。

通常，结构声通过模态匹配进行控制，空气声通过声学包装进行控制。在低频时结构声占的比例较大，在中高频时空气声占的比例较大。

1.2.4 声音的传播路径

在振动领域，我们讲"源-路径-接收者"模型，同样的道理，在声学领域，也谈"源-路径-接收者"模型，如图 1-12 所示。任何发声的物体都可以当成声源，声源发出来的声音可以在任何弹性介质中传播，也就是声音的传递路径（空气路径和结构路径）更广，最后传递到接收者位置，通常把人耳当作接收者。

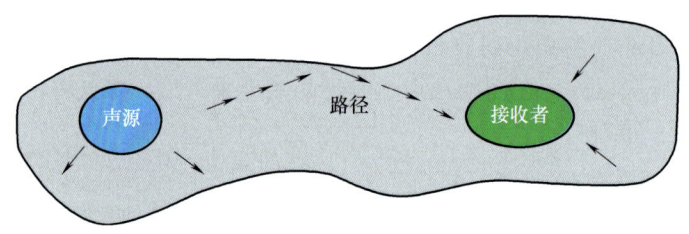

图 1-12　声音的"源-路径-接收者"模型

在声学领域的"源-路径-接收者"模型中，声源可以是单个声源，也可以是多个声源同时发声，各个声源性质不同，变化不同。汽车的声源主要分三类：动力系统（包括发动机、传动系统和进排气系统）、路噪和风噪。在汽车速度低时，发动机是主要噪声源。在中速时，轮胎与路面的摩擦是主要噪声源。在高速时，车身与空气之间的摩擦变成了最主要的噪声源，如图 1-13 所示。

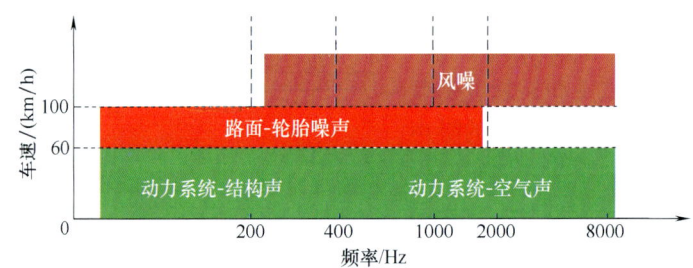

图 1-13　汽车在不同车速下的主要噪声源

对声源进行噪声控制是噪声控制中最根本和最有效的方法。研究发声机理，限制噪声的产生是根本性措施，如减少振动、破坏共振、降低摩擦、减少碰撞、减少气流压力脉动等都能使声源产生的噪声降低。

声音的传递路径主要是两条：空气路径和结构路径。对传递路径进行控制也是常用的办法，如果从声源上来降低噪声受到局限，那么从传递路径上处理可能大有可为，如隔声、吸声、隔振、减少振动幅度等都是有效的措施。通常用吸声和隔声来达到减小噪声的目的，汽车上许多部件都安装了吸声材料和隔声材料。使用不同的材料使传递路径不连续也是方法之一，如使用减振垫等，改变路径结构通常是采用优化设计使隔振效果最佳。

从"源-路径-接收者"模型中的第三个方面，即接收者来考虑，也是很有必要的，如佩带耳罩或耳塞，或在隔声间进行操作等。但从汽车行业来讲，似乎更多的是从模型中前两个方面来考虑，对接收者进行保护较少。在分析"源-路径-接收者"模型时，最主要的又是接收者，一切从接收者出发，即应从顾客需求出发，来确定噪声大小和声品质。

1.2.5　怎么评价声音

按"源-路径-接收者"模型来评价声音时，通常对这三个方面进行以下评价：对声源进行声功率测量，用于评价声源向外辐射噪声的大小；对路径进行噪声源定位或者是对一些声学材料或部件进行吸声或隔声测试;对接收者进行客观的声压评价和主观的声品质评价,如图1-14所示。

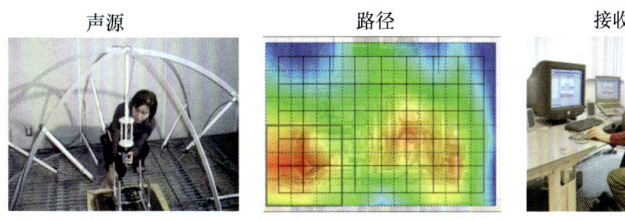

图1-14 对声音模型中的不同方面进行评价

对于作为声源的机械设备或产品而言,通常要求声功率满足一定的标准,这样才方便比较同类或不同种类机器辐射噪声的大小,或者用于检测机器或产品是否超过噪声规范的上限,或者产品或设备发出的噪声达到相关地区,如欧盟的相关标准,才能在这些国家进行销售等。通常声功率不能直接测量,但可以通过测量声压或声强获得,如图1-15所示为对某HVAC(供热通风与空气调节)单元采用声强法测量声功率的现场照片。

图1-15 声强法测量声功率

在声音传递路径上,通常使用一些吸声和隔声材料或部件,因此,需要测量材料的吸声系数等参数。有时为了降低振动辐射的噪声,会在结构表面粘贴阻尼材料。另一方面,也需要对路径上的噪声源进行定位,如果是稳态声源,用声强探头即可进行声源定位;如果是瞬态声源,则需要用到声阵列来进行声源定位。

对接收者而言,声音评价又分为两个方面,即客观评价和主观评价。客观评价通过客观测量来评价,不以人的意志为转移,最常用的参数是声压级。而主观评价则属于声品质的范畴,人不同,可能对同一个声音的感受也会不同,因此,人对声音的感受带有主观性。

1.3 什么是声场

当声源发出声波后,声波在某种弹性介质内传播,并占据一定的空间,我们把这个有声波存在的空间,称为声场。弹性介质可以是固体、液体或气体,但通常讲的声学环境的弹性介质主要是空气。声音由声源到接收者位置的声压级与声源类型、声波传播和接收器的特性有关,也就是说与声场特征有关。声波从声源发出,到达接收者位置,除了直达声之外，可能还存在反射声或者混响声。因此，声音的传播受到声源和接收者所处的声学环境的影响，在这一节中主要介绍以下内容：
- ➢ 声场的定义
- ➢ 声波的叠加
- ➢ 近场与远场
- ➢ 自由场与消声室
- ➢ 混响场与混响室

1.3.1 声场的定义

在 1.1 什么是声波一节中描述声波时仅仅将其表示为时间的函数，但实际上声波在弹性介质中传播占据了一定的空间。因此，声波的运动方程不仅是时间的函数，同时也是空间的函数，也就是说声波在弹性介质中传播具有一定的时空性。声波在时间和空间上（一个方向）的表达式如下：

$$\Psi(x,t) = A\sin(\omega t \pm kx)$$

式中　A——声波的幅值；
　　　ω——圆频率；
　　　k——波数。

表达式中的负号表示声波沿 x 正方向传播，正号表示声波沿 x 负方向传播。上式仅仅是一个方向的位置坐标，在空间上实际是三个方向的坐标。

声波在空气中传播时，弹性粒子并不随声波一起向前运动，只是在该粒子原始的平衡位置上下波动。因此，对于特定的粒子而言，它的波动方程仅是时间的函数。但是粒子的振动会引起周围其他粒子的振动，那么，考虑不同的粒子振动时，它又是位置的函数。因而，声波波动方程既是时间的函数，也是位置的函数，是一个场量。

声音在弹性介质中传播时，会受到诸多因素的影响，在这仅以空气为例进行说明。声音在空气中传播时，球面声波除了强度会随着距离的平方减弱以外，还受到诸多因素的影响，如大气温度梯度会改变声波的传播方向，风会使声波产生折射，与风向有关的扰动会使声场发生畸变，空气的黏滞性会引起声能的吸收等。静止的大气实际上对声波起到了低通滤波器的作用，它会衰减高频分量，改变声波的频谱，减弱其强度，从而改变它的传播特性。因此，声音的传播受到声场环境的影响。

1.3.2 声波的叠加

当空间上存在两个或两个以上声源时，每个声源发出的声波在空间进行传播不会因为其他声波的存在而改变其传播规律。但是在空间某位置上的波动是各个声波在该点激发起来的振动的叠加。这种现象称为声波的叠加。当两个反方向传播的单脉冲波叠加时，这两个波会不受干扰地通过彼此，在交汇处的幅值为两个脉冲幅值的叠加。

两个声波在叠加时，存在几种特殊情况，分别如下所述：

1）幅值、频率相同，但相位相反，传播方向相同。此时两个声波叠加时，会相互抵消，幅值为零，达到消声的目的，如图 1-16 所示。如在排气系统中，有一种主动消声机制就属于这种情况，将接收到的声音反向 180°然后再输出，与原始声音进行叠加，从而达到消声的目的。

2）幅值相同，传播方向相同，频率相近。这两个声波在叠加时会产生所谓的"拍"现象，如图 1-17 所示。此时图中的正弦波的频率为这两个声波频率之和的一半，这个声音可以被人耳感知到，而另一个频率是包络的正弦波的频率，是这两个声波频率之差的一半，还有一个频率是拍频，拍频是两个声波频率之差。从图 1-17 中可以看出，频率相同或接近的声波叠加时，在叠加区的不同位置会出现声音加强或减弱的现象，这种现象也称为**声波干涉**。

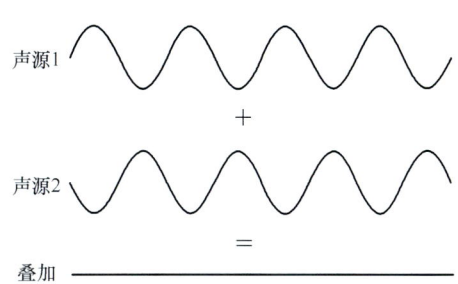

图 1-16 幅值、频率相同，相位相反的声波叠加

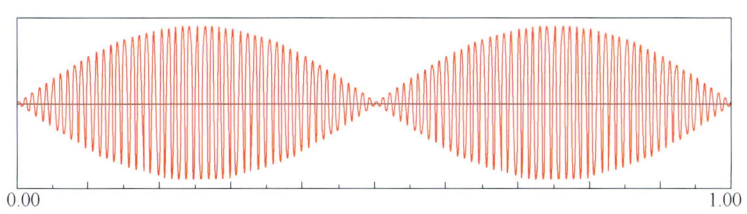

图 1-17 声波的"拍"现象

3）当两个声波的频率差处于不同频率范围时，会表现出不同的调制特性。如果两者频差低于 20Hz，会出现明显的幅值波动，如图 1-17 所示的拍现象就属于这种情况；当频差大于 20Hz，而低于 300Hz 时，能感受到明显的粗糙特性；而当频差大于 300Hz 时，可以感受到两个明显的纯音。如图 1-18 所示为两个声音在不同时间频差的变化，这种变化会使人耳出现不同的感觉，声音的这种特性属于声品质的范畴。

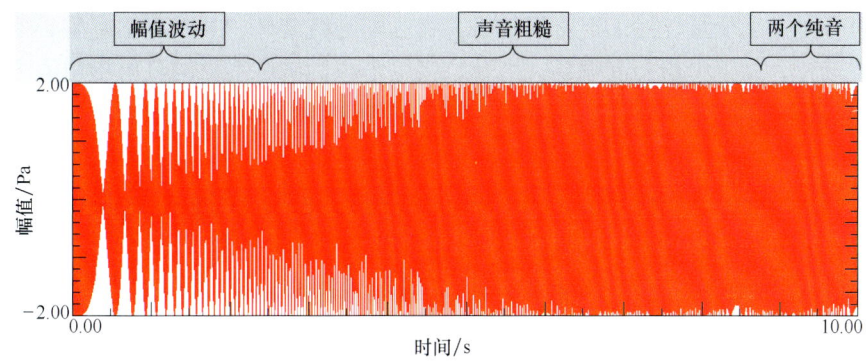

图 1-18 不同的频率差表现不同的特性

声波在叠加时，如果频率完全相同，相位也相同，那么得到的声压为两个声压的代数和。如果频率不同，则叠加后的声压为两个声波有效声压的均方根值，如果有多个声波分量，则叠加后的声压为各个声波分量有效声压的均方根值。关于声压级的叠加，请查看本章 1.6 有趣的分贝公式。

1.3.3 近场与远场

当声源在自由空间辐射时,声源附近的声压和质点速度不同相的区域,称为近场(见图1-19)。声源最大尺寸的一倍距离或声源发出的声音一个波长以内的区域,均涵盖在近场内。在近场中,由于声源不同部分辐射的声波到达接收点时其振幅和相位都不相同,因此声波的干涉会比较复杂,导致在声源附近出现了许多分布很密集的声压极大值和极小值。另外,在近场中声音循环传播,声压与距离两者之间没有特定的关系。

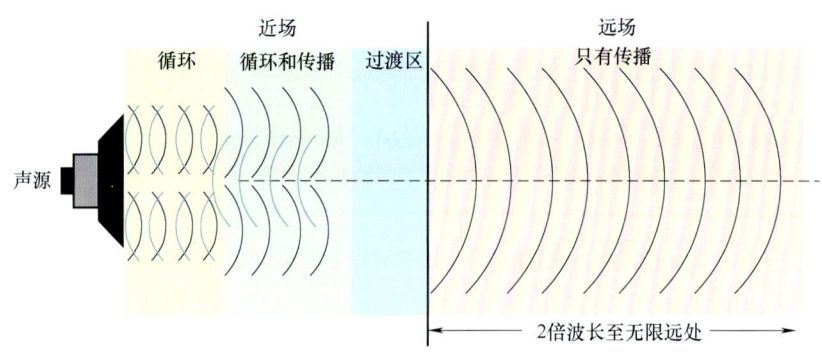

图1-19 近场与远场

当距离大于2倍声源的尺寸或大于两个波长时的位置,称为远场。越远离声源,声源可近似看作点声源,波阵面可近似看作平面波,此时距离与声压之间有特定的关系。由于波长是频率的函数,因此,远场的起点也是频率的函数。

明确近场与远场的概念十分重要,在实际测量中近场会出现声压幅值起伏的特征(声波干涉严重),所以,通常测试在远场进行。远场测试的结果与实际的效果相同。在测量声源的声压级时,通常的做法是测量距声源表面1m处的声压级,而1m波长对应的声音频率为340Hz,也就是说测量1m处的声压级,对于大多数关键频率成分来说,已处于远场中。

由于声音是一个场量,除了声学测量必须在远场进行之外,某些声学测量必须在特定的声学环境中进行,如自由场与混响场。因此,接下来我们讲讲常见的自由场与消声室,混响场与混响室。

1.3.4 自由场与消声室

自由场是指声源在均匀、各向同性介质中传播时,不计边界影响的声场,此时声场中只有直达声而没有反射声。实际上,只能做到反射声尽可能小,和直达声相比可以忽略不计。例如,声源悬浮于室外足够高的空间上,声源辐射的声波可以无阻碍地向四面八方传播,那么,此时,这样的声场就可认为是自由场。但实际上,声源是不可能悬浮于空中的,只能位于有限高度上,而地面认为是一个半径无限大的反射面,那么,把这样的声场称为半自由场,如声源位于室外空旷场所。在自由场的远场中,距离每增加1倍,声压级降低6dB。

当测量靠近地面进行时,还需考虑声源与接收器之间的地面影响。例如,声波沿地面传播时的声衰减与地面的性质及其覆盖物有关,厚草地对声波的衰减约为20dB/100m。因此,声压测量时,测量位置都要求有一定的高度。常规的高度是1.2m(人坐立时耳朵高度)或

1.5m（人站立时耳朵高度）。

因此，为了模拟自由场的声学环境，人们建立了全消声室。为了在室内建立自由声场，房间六个表面都应该铺设吸声系数特别大的材料，比较常用的是尖劈和复合材料，要求在使用的频率范围内的吸声系数大于 0.99。全消声室地面上也需要铺设吸声材料。因此，在地面的吸声材料之上应该装设水平的钢绳网，以便放置试件并能在房间内走动，如图 1-20 所示。

在全消声室，声音传播如同在自由场中，几乎无反射。但通常高频声音比低频声音更有效，这是因为消声室可用的最低频率取决于房间体积和尖劈长度，如安装 1~2m 尖劈的大房间有效的低频可达 100Hz。对于要求严格避免反射干扰的测量，必须在全消声室内进行，如测量声功率、测量声源的指向性等。通常，全消声室在学术研究性质的单位偏好使用，因为可排除地板反射造成的影响，对待测声源可做较为精确的计算与预测。

与半自由场相对应的消声室是半消声室，即地面作为反射面，不铺设吸声材料，而其他五个面铺设吸声材料。通常用于模拟现实的情况，如汽车行驶在路面，那么路面就是一个大的反射面，如图 1-21 所示为带转毂的半消声室。在工程行业，如机械、汽车、电子等行业通常使用半消声室。在半消声室常见的测量有声功率、TPA 和通过噪声等。

图 1-20　全消声室

图 1-21　带转毂的半消声室

1.3.5　混响场与混响室

在讲述混响场之前，我们先明白一下扩散场的概念。直达声与混响声相等的距离称为扩散距离，也称为混响半径，距离大于扩散距离的声场称为扩散场，通常声音在室内传播时才具有这种特性。扩散场内，空间各点的声强强度几乎相等，从每个方向到达某一点声能流的概率相同，并且各个方向到达的声波相位是无规则的。如果想避免直达声的影响，那么测量的传声器与声源的距离应该大于扩散场距离。

混响场有两种含义：一种是指扩散场；另一种是指声源在室内稳定地辐射声波时，室内声场中离声源某个距离外混响声比较均匀的区域。具有扩散场的实验室就是混响室，它的吸声很小，混响时间很长，室内声波经过多次反射形成声能分布均匀的房间。在混响场中，不同位置的声压级几乎是恒定的。

混响室由坚硬的墙、顶棚和地板构成，这些表面具有强反射性，并且墙面不平行，常采用不规则形状房间或边长成调和级数比的矩形房间，如图 1-22 所示。混响室的混响时间的上限在高频取决于空气的声吸收，在低频取决于壁面的声吸收。通常，在混响室内低频段时，对宽带噪声的频响表现出来一些峰值为房间的声模态；在高频段，各个模态开始叠加，声模态反而不明显了。为了保证房间在低频更均衡，经常使用低频吸声单元和旋转的扩散器。

在混响室可以测量声功率、材料的吸声系数、声音的传递损失等。一间混响室作为声源室，一间消声室作为接收室，即可用来测量墙壁、门窗或汽车前围板等结构的隔声特性。图 1-23 所示为测量汽车前围板的隔声效果，在混响室内放置 12 面体积声源，在一面墙壁上开窗用于安装待测试件，在另一间消声室测量透射声，用于评价前围板的隔声效果。

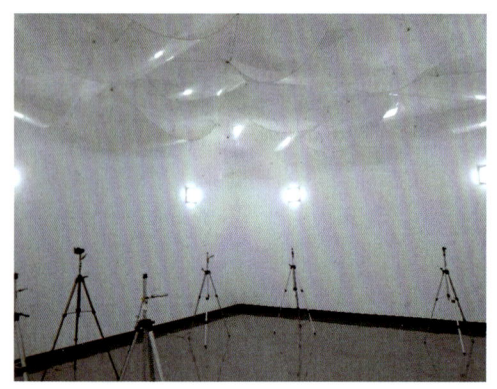

图 1-22　混响室

图 1-23　混响室与消声室联合用于隔声测量

1.4　什么是声压级

声音测量最常用的物理量是声压，但描述声压的大小通常用声压级（Sound Pressure Level，SPL）。人耳可听的声压范围为 $2 \times 10^{-5} \sim 20\text{Pa}$，对应的声压级范围为 $0 \sim 120\text{dB}$，因此，引入声压级的概念易于描述线性变化很大的声压。在这一节中主要介绍以下内容：

➤ 声压级的定义
➤ 为何基准是 $20\mu\text{Pa}$
➤ 声压级的计算
➤ 灵敏度对声压级的影响

1.4.1　声压级的定义

通过前文 1.1 什么是声波的介绍，我们已经明白波动的声压是叠加在大气压之上的，但相较于大气静压强，声压的幅值波动非常小。如大气静压强为 $1.01325 \times 10^5 \text{Pa}$，而人耳可听的声压的幅值波动区间只有 $20\mu\text{Pa} \sim 20\text{Pa}$，人们常处的声压环境和感受如图 1-24 所示，可以看出声压的幅值波动非常小。如教室内的声压值只有 0.0063Pa，车内的声压值也只有 0.063Pa，即使重型货车发出的声压值也只有 0.63Pa。这些现实世界中的声压波动值远远小于大气静压强。

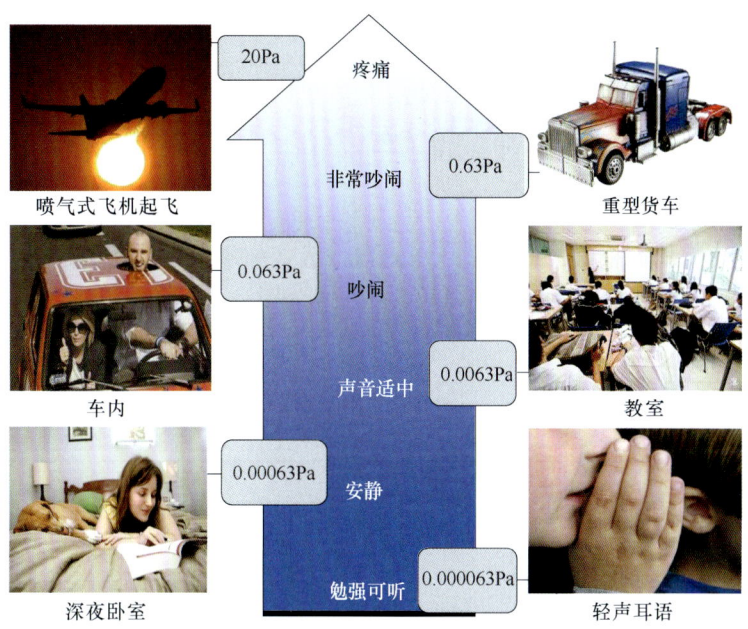

图 1-24　常见各种声学环境下的声压值

在讲述声压级之前，我们先对比一下线性尺度和分贝尺度。如图 1-25a 所示为线性尺度，对应的声压分别为 1Pa 和 0.001Pa，两者相差了 1000 倍。图 1-25b 所示为这两个线性声压的分贝表示形式（基准为 1），对应的分贝分别为 0dB 和 −60dB。可以看出，在线性尺度下，相比较 1Pa 的声压，0.001Pa 的声压幅值几乎看不出来，但在分贝尺度下，0.001Pa 的分贝值仍较高。也就是说，在分贝尺度下，更易于对比变化巨大的线性幅值。从图 1-25 中可以看出，线性幅值相差 1000 倍，分贝值只相差 60dB。

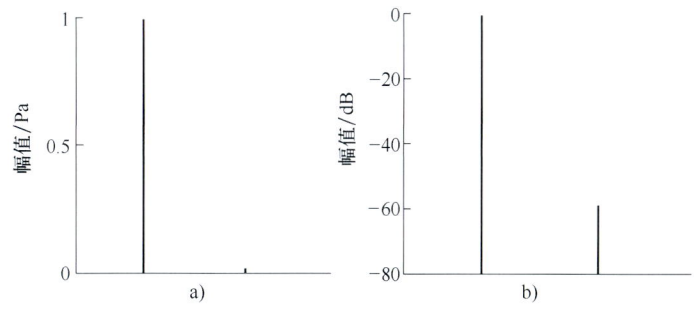

图 1-25　不同尺度下的幅值
a）线性尺度　b）分贝尺度

从另一方面来讲，人的大脑对瞬时声压幅值波动没有响应，但对动态声压的均方根值（RMS）有响应，平均响应时间间隔约为 35ms。时间 T 内的声压的均方根值计算如下：

$$\bar{p} = \sqrt{\frac{1}{T}\int_0^T [p_{var}(t)]^2 dt}$$

式中 p_{var}——波动的声压瞬时幅值。

注意，由上式计算出来的均方根值不等于瞬时声压幅值。对于一个纯音而言，均方根值等于其幅值的 0.707 倍。

人耳听觉系统也近似是对数尺度，因此，引入了以 dB 形式定义的声压级

$$\text{SPL} = 20\lg\left(\frac{\bar{p}}{p_{ref}}\right) = 10\lg\left(\frac{\bar{p}^2}{p_{ref}^2}\right)$$

式中 p_{ref}——1000Hz 处人耳可听的最小声压幅值，$p_{ref} = 20\mu\text{Pa}$。上式中声压级计算所用的声压 $\bar{p}$ 一定是声压的均方根值，或者是声压的均方值（如果采用 10 倍的对数形式）。在传声器校准时，常用 94dB 和 114dB，对应的声压有效值分别为 1Pa 和 10Pa，见表 1-4。

表 1-4 常见声压级、声压有效值及作用

声 压 级	声压有效值	作 用
0dB	20μPa	可听阈 1kHz
94dB	1Pa	校准
100dB	2Pa	加倍
114dB	10Pa	校准
120dB	20Pa	痛阈

声压级常用符号 SPL 来表示，但也有用其他符号，如 L_p、L、$L\text{dB}$，L（dB）或 L（dBA）等形式，A 表示 A 计权。将前面用声压表示的声学环境采用声压级来表示，则如图 1-26 所示。从这两幅图中也可以看出线性声压变化关系在 dB 中的变化幅度，关于更多 dB 知识，请参考本章 1.5 什么是分贝（dB）。

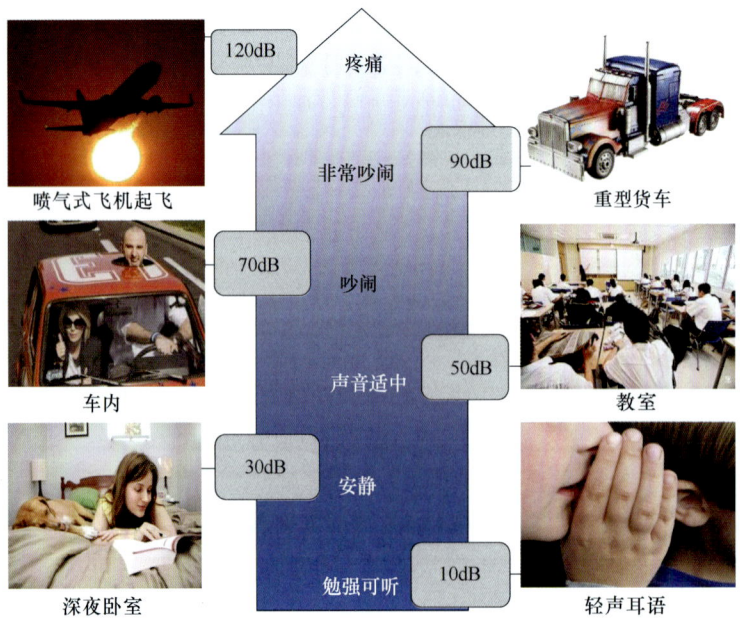

图 1-26 常见各种声学环境下的声压级

1.4.2 为何基准是 20μPa

让我们首先回顾一下声强的定义。声强定义为"声波单位时间内通过单位面积法向的平均声能",声强对面积的积分,则为单位时间内声源辐射的声能,定义为声功率,单位为瓦特。因此,声强的单位为 W/m^2,也即单位面积上功率的尺度。

声功率在空气中的参考值为 $10^{-12}W$,被认为是正常人耳对 1kHz 纯音勉强能听到的强度。这似乎是个合理的选择,因为我们经常处理的声音是可听见的,并且很多都是恼人的。进一步,如果我们考虑理想自由场中的平面波或球面波,那么没有反射声,因而,声波沿直线传播,此时声强定义为

$$I = \frac{p^2}{2\rho c}$$

式中 p——声波的峰值压强;
  ρ——空气密度;
  c——声波在空气中的传播速度。

对于正弦波而言

$$\frac{p^2}{2} = p_{\text{rms}}^2$$

因此,有

$$I = \frac{p_{\text{rms}}^2}{\rho c}$$

如果转化为 dB,则有

$$dB_I = 10\lg\left(\frac{p_{\text{rms}}^2/\rho c}{10^{-12}}\right)$$

空气中 ρc 近似为 400,因此,有 $10^{-12} = (2 \times 10^{-5})^2/400$。所以,上式可以写成

$$dB_I = 10\lg\left(\frac{p_{\text{rms}}^2/\rho c}{10^{-12}}\right) = 10\lg\left(\frac{p_{\text{rms}}}{2 \times 10^{-5}}\right)^2 = 20\lg\left(\frac{p_{\text{rms}}}{2 \times 10^{-5}}\right)$$

这就使用了 2×10^{-5} 作为参考,关联了声压的 RMS 与自由场中勉强可听见的 1kHz 的声强强度,或者转化为 2×10^{-5} 的声压。

正常测试中不可能是在理想的自由场中,因此声压的 dB 值被称作为声压级 SPL,即

$$dB_{\text{SPL}} = 20\lg\left(\frac{p_{\text{rms}}}{2 \times 10^{-5}}\right)$$

如果声压的 RMS 是整个频率范围内的,那么即总的声压级,其经常被称为 Overall Level(简称 OA),也是我们通常所说的声压级大小。

1.4.3 声压级的计算

使用声压传感器测量得到的噪声信号是时域信号,即声压幅值随时间变化的曲线,如图 1-27 所示,声压的幅值有正有负。根据对数的定义可知,其自变量的取值必须为正值,也即是声压级计算中所用的声压值必须为正。但实际测量的声压值是有正有负的,故怎么计算声压级呢?难道只取正值来计算吗?当然不是!

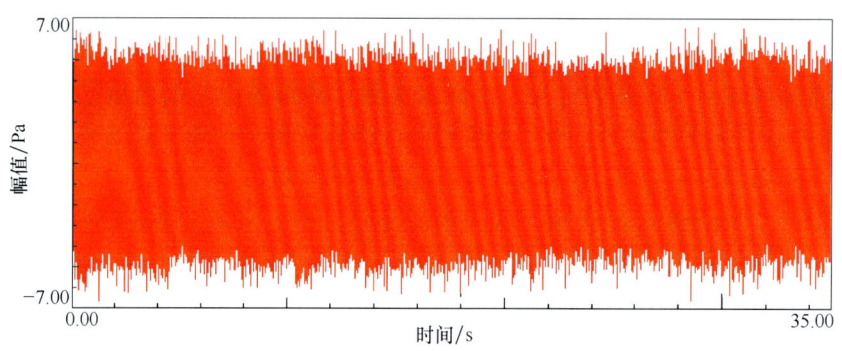

图 1-27　声压幅值随时间变化曲线

实际上根据声压级的定义可知，用于计算的声压级一定是声压的均方根值，而非瞬时声压幅值，并且是整个频带上的总有效值，也就是 Overall Level，如图 1-28 所示。对图 1-27 中的时域信号进行快速傅里叶变换（FFT），得到 Overall Level 为 1.97Pa（A 计权），然后使用这个 OA 值按声压级的定义进行计算，得到这个时域信号的总声压级为 99.88dB（A）。

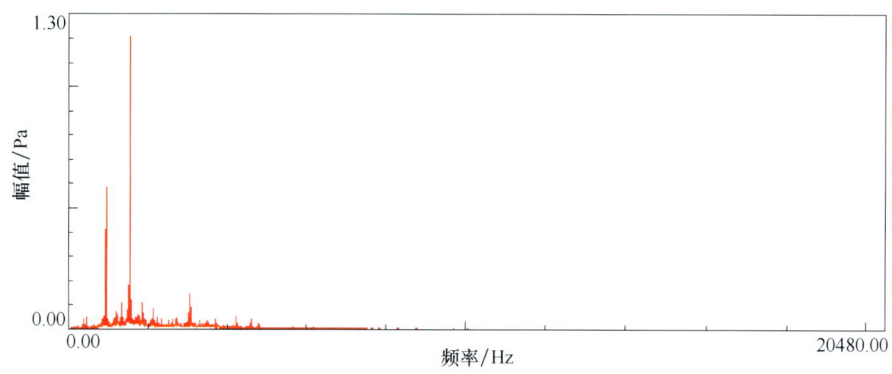

图 1-28　图 1-27 中时域信号的频谱

对这个信号做 1/3 倍频程分析，计算得到的声压级也为 99.88dB（A），如图 1-29 所示。因此，总的声压级计算一定是使用整个频带内的总有效值来计算，而非瞬时声压。某个频带内的声压级则使用这个频带内的有效值来计算。关于倍频程，请参考本章 1.7 什么是倍频程。

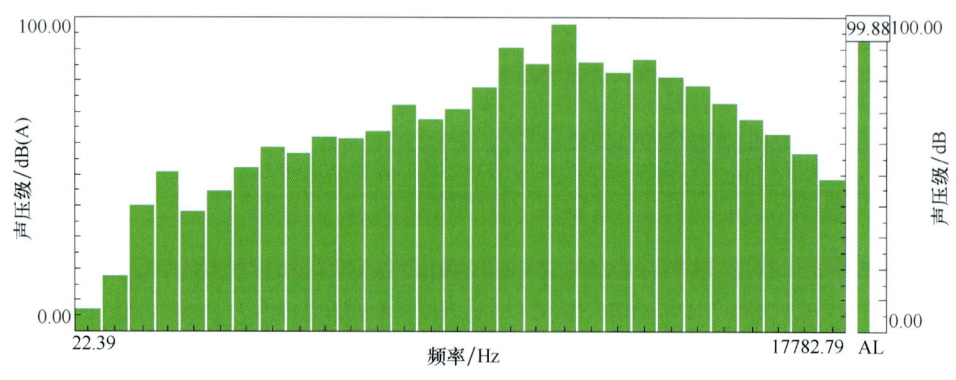

图 1-29　噪声信号的 1/3 倍频程

1.4.4 灵敏度对声压级的影响

本小节主要考虑传声器灵敏度对声压级的影响。还是采用上一小节的噪声时域信号，假设上一小节中计算的声压级是准确的，现在考虑传声器的灵敏度不精确。考虑的情况见表1-5。在噪声不变的情况下，传声器的输出电压也不会变化，当传声器的灵敏度不准确时，会导致测量的声压幅值出现变化。预测如下：灵敏度变小，声压幅值变大，声压级变大；灵敏度变大，声压幅值变小，声压级变小。最后通过数据验证以上预测，同时确定灵敏度做如下变化时，声压级变化的相对误差有多大。

表 1-5 考虑灵敏度的变化

变化比例（%）	灵敏度/(mV/Pa)	声压级/dB（A）
-10	44.2661	
-5	46.7254	
0	**49.1846**	**99.88**
5	51.6438	
10	54.1031	

同一个噪声，灵敏度变化，会引起测量得到的声压幅值有变化，四个灵敏度不准确情况下的时域信号如图1-30所示（图例中带符号的数字表示灵敏度变化相对比例，如左上图图例中-10是指灵敏度减少10%）。可见灵敏度偏低，测量得到的声压幅值偏高；灵敏度偏高，测量得到的声压幅值偏低。

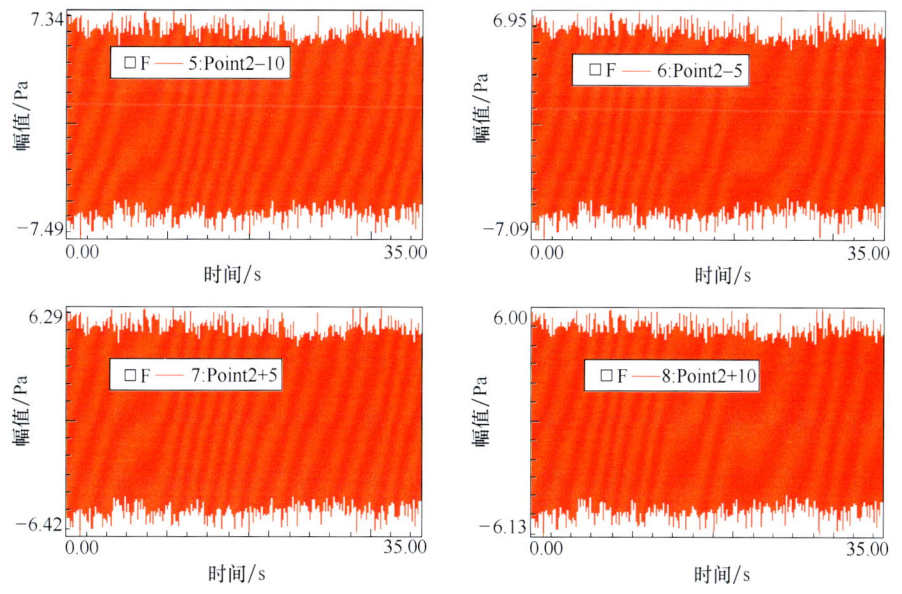

图 1-30 不同灵敏度下的时域信号

对以上四个灵敏度不准确的时域信号分别计算各自的1/3倍频程得到总的声压级如图1-31所示。可见灵敏度偏低计算得到的声压级高，灵敏度偏高得到的声压级低。

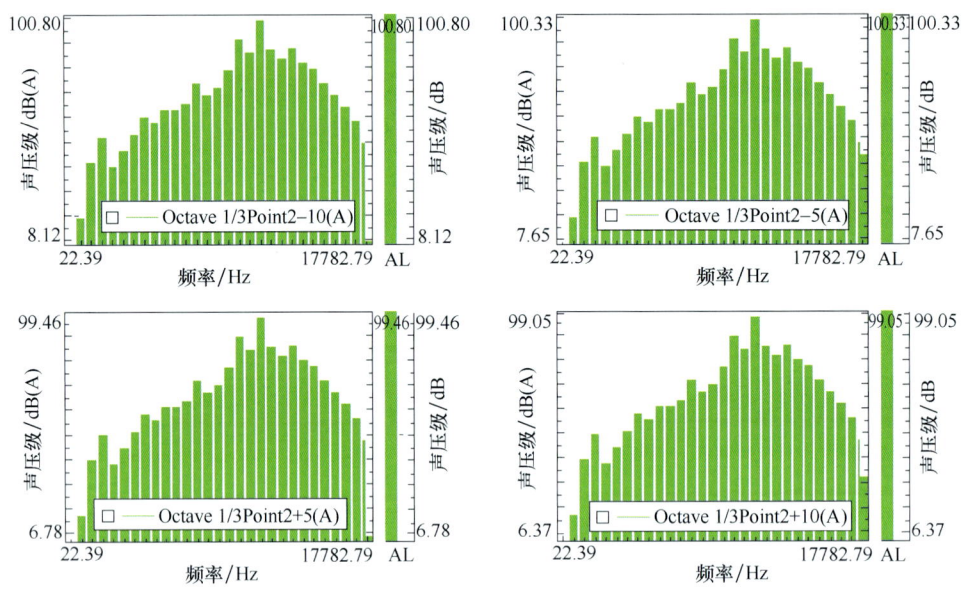

图 1-31 不同灵敏度下的 1/3 倍频程

进一步计算各自相对于准确灵敏度下计算得到的声压级的绝对误差和相对误差见表 1-6。从表 1-6 中可知,灵敏度偏差 10%,绝对误差不超过 1dB(A),相对误差不超过 1%;灵敏度偏差 5%,绝对误差不超过 0.5dB(A),相对误差不超过 0.5%。也就是说,灵敏度的误差对声压级影响较小:10%的偏差引起的相对误差也不到 1%,更何况实际测量中灵敏度的误差远小于 10%。

表 1-6 不同灵敏度下的误差

变化比例(%)	灵敏度/(mV/Pa)	声压级/dB(A)	绝对误差/dB(A)	相对误差(%)
−10	44.2661	100.80	+0.92	+0.92
−5	46.7254	100.33	+0.45	+0.45
0	**49.1846**	**99.88**	0	0
5	51.6438	99.46	−0.42	−0.42
10	54.1031	99.05	−0.83	−0.83

1.5 什么是分贝(dB)

关于分贝(dB),人们的第一感觉认为是声音的大小单位,如某机械厂房中噪声为 90dB。dB 真的是声音单位吗?其实分贝除了用于声学领域之外,在 NVH 测量领域随处可见。它似乎是一个测量值的单位,通常是纵轴,但实际上它不是一个单位,它是个无量纲量。我们经常在声学、振动、电子学、电信、音频工程和设计等领域见到它。既然它是个无量纲量,那我们为什么要用它呢,怎么正确使用它呢?

分贝最初使用是在电信行业，是为了量化长导线传输电报和电话信号时的功率损失而提出来的，是为了纪念美国电话发明家亚历山大·格雷厄姆·贝尔（Alexander Graham Bell），以他的名字命名的。虽然分贝定义为1/10贝尔，但单位"贝尔"却很少用。这一节主要内容包括：

> 分贝的定义
> 声音大小
> dB 的性质
> −3dB
> dBA
> dB 叠加

1.5.1 分贝的定义

分贝（dB）定义为两个数值的对数比率，这两个数值分别是测量值和参考值（也称为基准值）。存在两种定义形式：

一种为**功率**之比：

$$1\mathrm{dB} = 10\lg\left(\frac{W}{W_0}\right)$$

一种为**幅值**之比：

$$1\mathrm{dB} = 10\lg\left(\frac{X}{X_0}\right)^2 = 20\lg\left(\frac{X}{X_0}\right)$$

下标为0的数值均为幅值和功率的参考值。功率量的例子如声功率（W）、声强（W/m²）、电功率、电强等。幅值量的例子如声压（Pa）、电压（V）、加速度（m/s²）、温度等。但有一点要注意，对于场量的幅值应该是 RMS，如声压场。

因为分贝值完全依赖于测量值与参考值之比，因此，计算时选择合适的参考值尤为关键。当测量结果相互比较时，这一点非常重要，选择的参考值不同，计算结果肯定不一样。常见信号的 dB 参考值见表1-7。

表1-7 常见信号的 dB 参考值

幅值之比		功率之比	
信号类型	dB 参考值	信号类型	dB 参考值
位移	1×10^{-12} m	声功率	1×10^{-12} W
速度	1×10^{-9} m/s	声强	1×10^{-12} W/m²
加速度	1×10^{-6} m/s²	声能密度	1×10^{-12} J/m³
声压	2×10^{-5} Pa	能量	1×10^{-12} J
力	1×10^{-6} N		

注：没有特殊要求时，参考值通常为1。

1.5.2 声音大小

在声学领域，分贝（dB）经常用作表征声压级 SPL 的大小。声压的单位是帕斯卡

（Pa），声压的参考值是20μPa，这个值表示人耳在1000Hz处的平均可听阈值，或者是人耳在1000Hz处可被感知的平均最小声压波动值。

声音是叠加在大气压之上的声压波动，大气压为1.01325×10^5Pa。相比于大气压，声压幅值波动非常小。人耳可听的声压幅值波动范围为$2 \times 10^{-5} \sim 20$Pa，这个声压幅值波动区间很大，两者的比值达到10^6。从幅值线性变化角度来讲，如果数字位数众多，读数是很不方便的，而恰好小的dB值可表示线性变化大的幅值，如120dB表示线性幅值变化了10^6。因此，dB值可方便地描述线性变化大的数值。

另一方面，人类耳朵对声音强度的反应是成对数形式的，当声音的强度增加到某一程度时，人的听觉会变得较不敏锐，刚好近似对数的单位刻度。这使得对数的单位可以拿来代表人类听觉变化的比例，因此，以对数dB形式表示的声压级应运而生。

人耳可听的声压幅值波动范围为$2 \times 10^{-5} \sim 20$Pa，用幅值dB表示对应的分贝数为$0 \sim 120$dB。因此，当用分贝表示声压级的大小时，表征起来更为方便。常见情况中声音分贝大小用声压幅值和分贝数表示的结果见表1-8。

表1-8 常见情况中的声压大小

声　源	SPL/dB	声压/Pa
喷气式飞机起飞，50m	140	200
痛阈	130	63.2
不舒服的阈值	120	20
电锯，1m	110	6.3
舞厅扬声器，1m	100	2
柴油机货车，10m	90	0.63
繁忙道路人行路，5m	80	0.2
吸尘器，1m	70	0.063
对话，1m	60	0.02
普通家庭	50	0.0063
安静的图书馆	40	0.002
晚上安静的卧室	30	0.00063
电视演播室背景噪声	20	0.0002
远处沙沙声	10	0.000063
听阈	0	0.00002

1.5.3 dB的性质

贝尔最初是用来表示电信功率信号的增益和衰减的单位，1个贝尔的增益是以功率在放大后与放大前的比值来表示。所以，电压增益的分贝表达式是从功率的角度来考虑的，即分贝应该理解为功率的增大或衰减。

用对数dB形式表达增益之所以在工程上得到了广泛的应用，是因为：

1）当用对数dB表达增益随频率变化的曲线时，可大大扩大线性增益变化的区间。通过上一小节，我们已经明白人耳可听的声压幅值波动范围为$2 \times 10^{-5} \sim 20$Pa，而用幅值dB表示时仅为$0 \sim 120$dB。

2）计算多级放大的总增益时，可将乘法运算化为加法运算。
$$20\lg x_1 x_2 = 20\lg x_1 + 20\lg x_2$$

3）dB 值可正可负。正值表示增大，负值表示衰减。若 $x/x_0 < 1$，则 dB 值为负值。也就是说测量值大于参考值时为正，小于参考值时为负，等于参考值时为 0dB。

4）幅值比互为倒数时，dB 值互为正负。这是因为：
$$20\lg(x/x_0) = -20\lg\left(\frac{1}{x/x_0}\right) = -20\lg\left(\frac{x_0}{x}\right)$$

5）dB 值与线性幅值比的关系见表 1-9。

表 1-9　dB 值与线性幅值比的对应关系

幅值比	+ dB -	→ 幅值比 ←	幅值比	+ dB -	→ 幅值比 ←
1.000	0	1.000	0.316	**10**	3.162
0.891	1	1.122	0.251	12	3.981
0.794	2	1.259	0.1	**20**	10
0.707	**3**	1.413	3.16×10^{-2}	30	3.16×10
0.631	4	1.585	10^{-2}	40	10^2
0.562	5	1.775	3.16×10^{-3}	50	3.16×10^2
0.501	**6**	1.995	10^{-3}	60	10^3
0.447	7	2.239	10^{-4}	80	10^4
0.398	8	2.512	10^{-5}	100	10^5
0.355	9	2.818	10^{-6}	120	10^6

表 1-9 中黑体字表示的是几个比较重要的 dB 值，应该记住，因为经常要用到它们，如 dB 值增大 6dB 表示线性幅值增大 1 倍。

在 NVH 测试软件 Testlab Signature Testing 的通道设置中的量程档位有 10V、3.16V、1V、0.316V 和 0.1V 等，通过查询表 1-9，我们能够明白原来相邻两档对应的幅值关系为 3.16 倍，因而 dB 形式的幅值增大或减小 10dB。

1.5.4　-3dB

之所以要把 -3dB 单独拿出来作为一小节，是因为这个值在 NVH 领域起着其他值不可比拟的作用。

通过表 1-9，我们知道 -3dB 对应的幅值比为 0.707，即 $\sqrt{2}/2$ 倍，也即幅值是原来的 $\sqrt{2}/2$ 倍。如果按功率比计算，则功率比为 1/2，即原来功率的一半，因此，-3dB 称为"半功率点"。接下来，我们说说 -3dB 的典型应用。

在讲抗混叠滤波器时，可能会给出如下一张图，如图 1-32 所示。图 1-32 中"带宽 $f_s/2$ 处的 -3dB 截止点"，这句话的意思是说抗混叠滤波器是按幅值衰减 0.707 或者功率衰减一半所对应的频率作为滤波截止频率。其他类型的滤波器，如高通、低通、带通和带阻滤波器的截止频率也是 -3dB 点。

在振动教材中,有用半功率带宽法求阻尼的方法。半功率带宽法求阻尼的公式为

$$\zeta = \frac{\omega_2 - \omega_1}{2\omega_r}$$

在幅频曲线的峰值 ω_r 处的左右两侧,找到峰值幅值的 0.707 倍处 ω_1 和 ω_2,这两点称为"半功率点"。因此,这种阻尼比估计方法称为半功率带宽法,如图 1-33 所示。

-3dB 其实还有很多应用,如 -3dB 带宽、传感器灵敏度校准有时也要求校准到 -3dB 等。

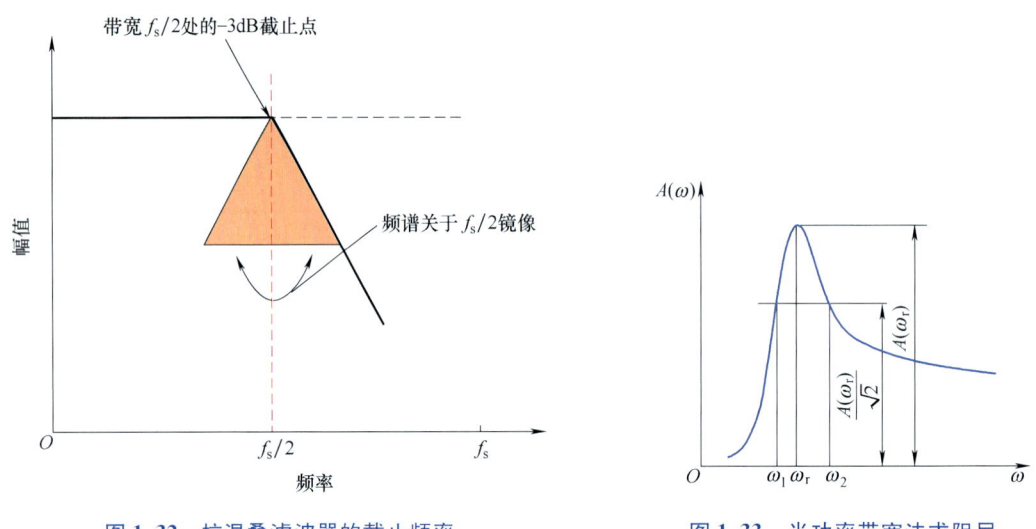

图 1-32 抗混叠滤波器的截止频率　　图 1-33 半功率带宽法求阻尼

1.5.5 dBA

dBA 是指对声音的 A 计权。通常对 A 计权的结果用单位 dBA 或 dB(A)来表示。

人耳可听的声音有一定的频率范围(20Hz~20kHz)和一定的声压级范围(0~120dB),如图 1-34 所示。

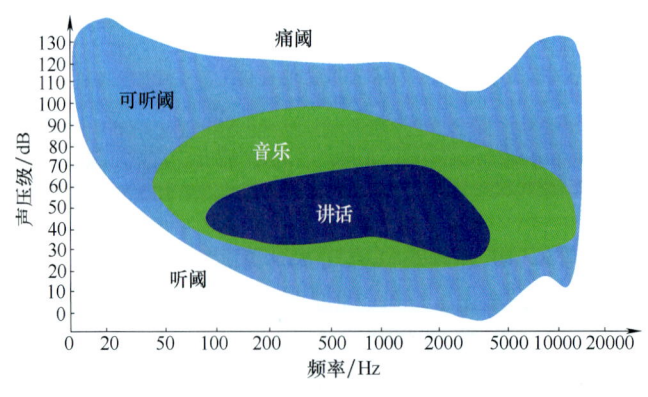

图 1-34 人耳的可听范围

人耳不是对所有频率的敏感度都相同。正常人耳最敏感的频带是 4000Hz 附近,它的频

响特性会随着声音大小的变化而变化。通常，人耳在低频段和高频段声音感知能力不如中频段，效果在低声压级更明显，在高声压级时会被压平，如图 1-35 中各条曲线（等响曲线）所示，声压级越小的区段，曲线越陡峭；声压级越大的区段，曲线越平坦。

正是因为人耳对不同的频率敏感度不一样，即使声压级的量级一样，听起来也不一样，所以，需要对真正听到的声压级通过增益因子进行修正，而用得最多的则是 A 计权，当然还有 B 计权、C 计权、D 计权。A 计权对应的是 40 方（phon）的等响曲线，而 B 计权和 C 计权则对应 70 方和 100 方的等响曲线，四种计权曲线如图 1-36 所示。

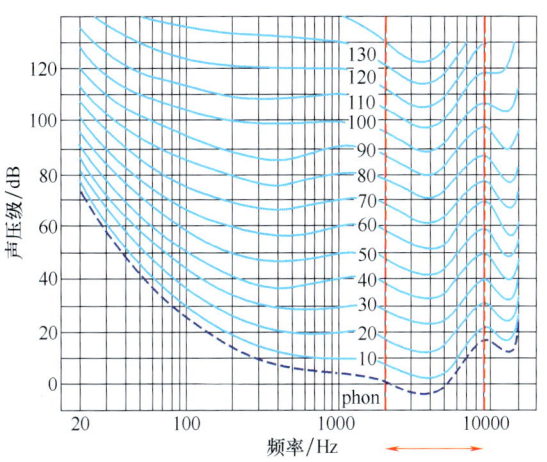

图 1-35 人耳对不同频率敏感度不同

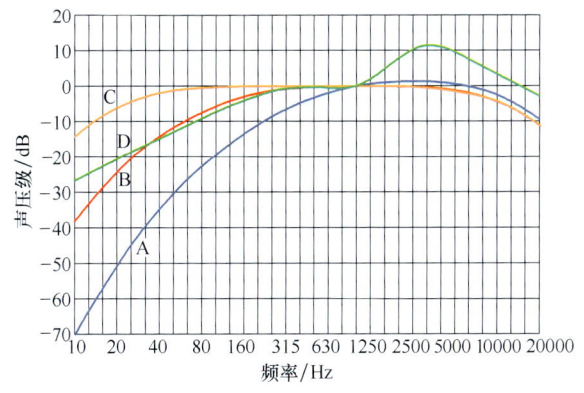

图 1-36 四种计权曲线

对同一信号采用不同的计权方式，最后得到的声压级是不一样的。如图 1-37 所示为对一随机噪声信号计算线性不计权（L 计权）和 A 计权下的 1/3 倍频程曲线，可见两者差异明显。因此，当计权不同时，结果也是不同的。

除了 dBA 和其他三种计权之外，其实在其他领域还有 dBm、dBW、dBu、dBv、dBi、dBd、dBc 等，但在 NVH 领域最常用的还是 dBA。

1.5.6 dB 叠加

dB 可以任意相加吗？怎么相加？如 70dB + 60dB 等于 130dB 吗？事实上并非如此，dB 叠加比这要复杂多了。

以声压级的叠加进行说明，声压级的合成运算不是简单的加减运算，声压级不能直接相加，必须以能量形式相加计算，因此，声压级的合成公式如下：

$$SPL_{结果} = 10\lg\left(10^{\frac{SPL_1}{10}} + 10^{\frac{SPL_2}{10}} + 10^{\frac{SPL_3}{10}} + \cdots + 10^{\frac{SPL_n}{10}}\right)$$

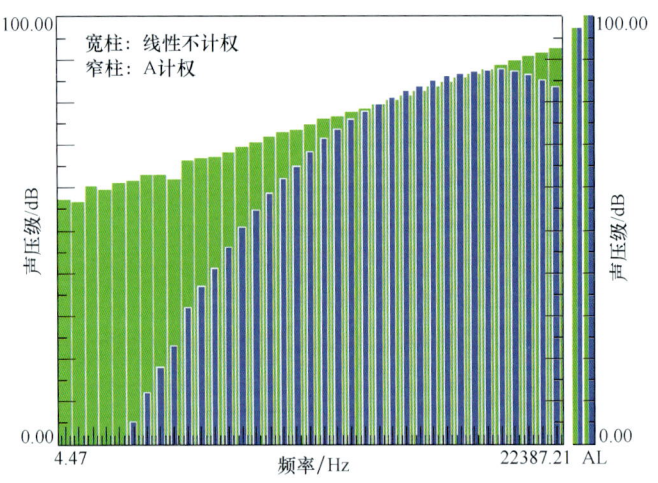

图 1-37 对比 A 计权与线性不计权结果

若任意两个声压级 $SPL_1 = SPL_2$，则合成后的声压级为

$$SPL_{1+2} = SPL_1 + 10\lg 2 = SPL_1 + 3dB$$

也就是说两个声压级相同，则合成后的声压级比之前大 3dB（也有例外情况，具体见 1.6 有趣的分贝公式）。对于两个不同声压级声源叠加之后的总声压级用公式表示如下：

$$SPL_{1+2} = SPL_1 + 10\lg\left(1 + 10^{-\frac{|SPL_1 - SPL_2|}{10}}\right)$$

如当两个声压级相差 10dB 时，则 $10\lg(1 + 10^{-1}) \approx 0.41dB$。按照以上公式，两个不同声压级的声源叠加之后，总声压级在两者较大声压级的基础上的增量见表 1-10。

表 1-10 不同声压级差值下的增量 （单位：dB）

声压级差值	增　量	声压级差值	增　量
0	3.01	11	0.33
1	2.54	12	0.27
2	2.12	13	0.21
3	1.76	14	0.17
4	1.46	15	0.14
5	1.19	16	0.11
6	0.97	17	0.09
7	0.79	18	0.07
8	0.64	19	0.05
9	0.51	20	0.04
10	0.41	21	0.03

根据以上公式，可以用图 1-38 来表示，横轴表示两个声压级的差值，纵轴表示在原来较大声压级的基础上要增加的 dB 增量。两者相差 0dB 时，叠加之后增大 3dB；当两个声压级相差 15dB 以上时，增量只有 0.1dB。因此，声压级小的声源对总声压级的影响可以忽略。

回到这一小节开始时提到的问题：70dB + 60dB 等于多少？我们可以根据这一小节第一个公式计算或者查表 1-10 或图 1-38 可以得到结果为 70.4dB，而不是 130dB。

声压级的分解同样不是简单的相减，声压级的分解通常用于修正背景噪声的影响，如噪声测量值 L_m 修正背景噪声 L_BNG 的影响，不是简简单单地 $L_{源} = L_\mathrm{m} - L_\mathrm{BNG}$，而是

$$L_{结果} = 10\lg\left(10^{\frac{L_\mathrm{m}}{10}} - 10^{\frac{L_\mathrm{BNG}}{10}}\right)$$

国际规范中关于背景噪声的修正原则如图 1-39 所示。当背景噪声与待测声源的声压级差值小于 6dB 时，测量无效；当两者差值位于 6 ~ 15dB 之间时需要修正，修正按以上公式进行；当两者差值大于 15dB 时，可忽略背景噪声对测量结果的影响。因此，在噪声测量之前，测量环境的背景噪声是很有必要的。

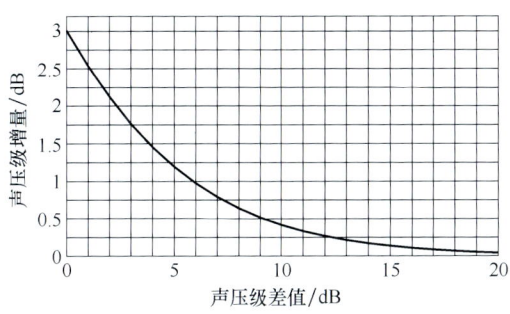

图 1-38 两个声源声压级差值对总声压级的贡献

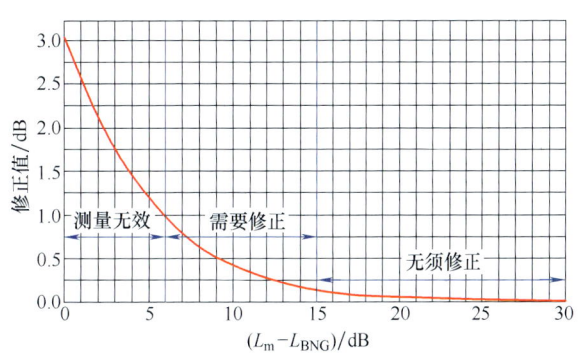

图 1-39 背景噪声修正原则

1.6 有趣的分贝公式

在 1.5 什么是分贝（dB）一节中，我们对 dB 叠加进行过简要说明，但没有就不同的情况进行详细讨论，在这将就以下各种情况的分贝叠加计算进行详细说明：
- 相关的正弦声源
- 不相关的正弦声源
- 随机声源
- 叠加原则小结

在这考虑的声源的特性包括正弦声源和随机声源，而正弦声源又分为相关与不相关两种情况，相关表明两个正弦声源具有固定的相位关系，而不相关则表明两者之间没有固定的相位关系。对于随机声源而言，则属于后者情况，即没有固定的相位关系。

1.6.1 相关的正弦声源

在这我们只考虑两类相关的正弦声源：同相位和反相位。首先假设两个声源的频率都是 1000Hz，同相位，对应的 Overall Level 均为 100dB，如图 1-40 所示。100dB 对应的声压有效值为 2Pa，由于同相位，因此，这两个同相位的正弦声源叠加时，叠加的结果为幅值直接代数相加，也就是说声压幅值相加为 4Pa，对应的声压级为 106dB。

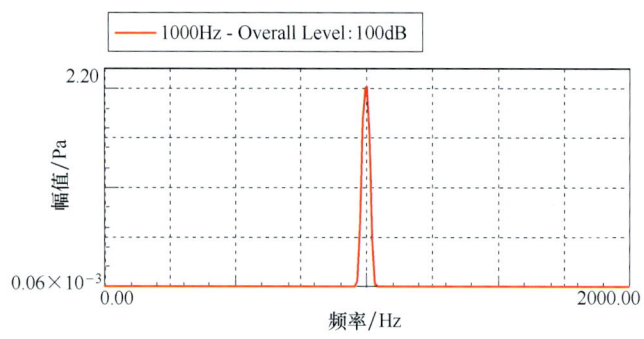

图 1-40　100dB 的声源（1000Hz）

两个同相位的声压级为 100dB 的声源叠加时，其幅值加倍，得到的声压级在原来的基础上增加 6dB，叠加后的声源如图 1-41 所示。这一叠加原理与我们通常所说的线性幅值增大 1 倍，分贝值增加 6dB 是一致的。这是因为，通常我们所说的线性幅值增大 1 倍是针对同一信号而言，而非两个信号，因此，幅值加倍，分贝值增加 6dB。

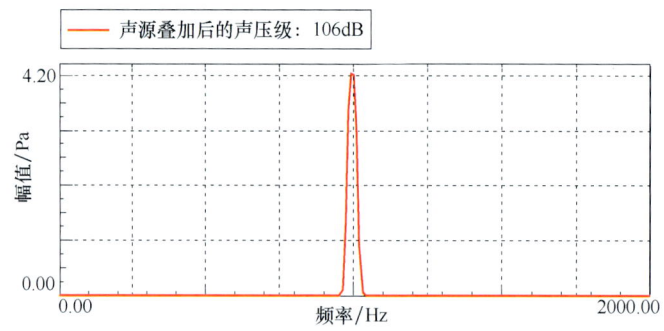

图 1-41　相关的同相位声源叠加结果

对于反相位的两个声压级相等的正弦声源而言，叠加后会相互抵消，从而幅值为 0，如图 1-16 所示。当两个同幅值的正弦声源干涉时，假设一个不动，另一个移动，当两者反相位时，干涉后的幅值为 0；当两者同相位时，幅值加倍。

因此，两个频率和相位相同的等声压级声源叠加时，分贝值增加 6dB。

1.6.2　不相关的正弦声源

两个声压级相等的正弦声源，频率和相位不同，仍取两个声源声压级为 100dB，但频率一个为 1000Hz，另一个为 2000Hz，如图 1-42 所示。

这两个声源叠加时幅值还是按之前的同相位同频率的声源的方式吗？当然不是。由于频率不同，也不相关，因此，这两个声源叠加时需按能量进行叠加，即

$$100\text{dB}(2\text{Pa})(1000\text{Hz}) + 100\text{dB}(2\text{Pa})(2000\text{Hz}) = 103\text{dB}(2.83\text{Pa})$$

$$\text{SPL}_{结果} = \text{SPL}_1 + \text{SPL}_2 = 10\lg\left(\frac{\bar{p}_1^2 + \bar{p}_2^2}{p_{\text{ref}}^2}\right) = 10\lg\left(\frac{2\bar{p}_1^2}{p_{\text{ref}}^2}\right) = 10\lg 2 + 10\lg\left(\frac{\bar{p}_1^2}{p_{\text{ref}}^2}\right)$$

$$= \text{SPL}_1 + 3\text{dB} = 103\text{dB}$$

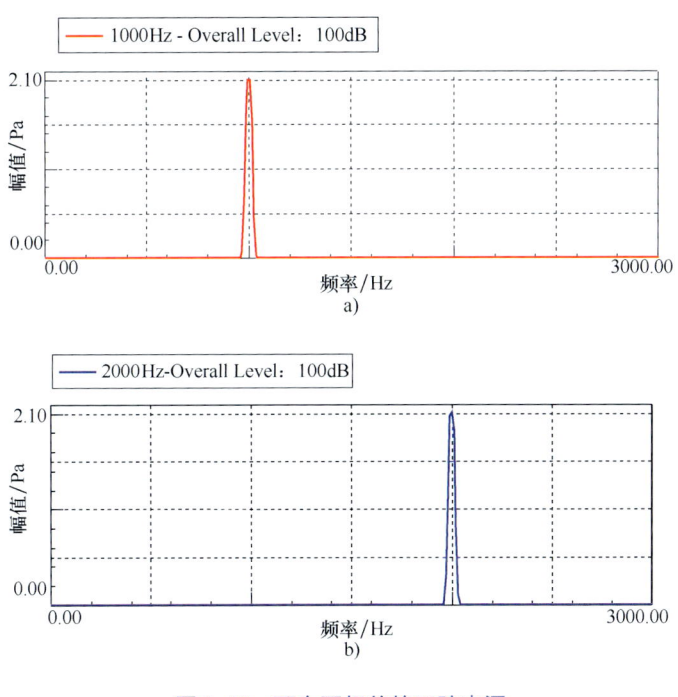

图 1-42 两个不相关的正弦声源
a) 100dB 的声源（1000Hz） b) 100dB 的声源（2000Hz）

对于两个不相关的正弦声源叠加，其叠加之后的声压级为原始两个声源的能量叠加。此时，两个等声压级的声源叠加，声压级增加 3dB，而非 6dB，叠加后的结果如图 1-43 所示。

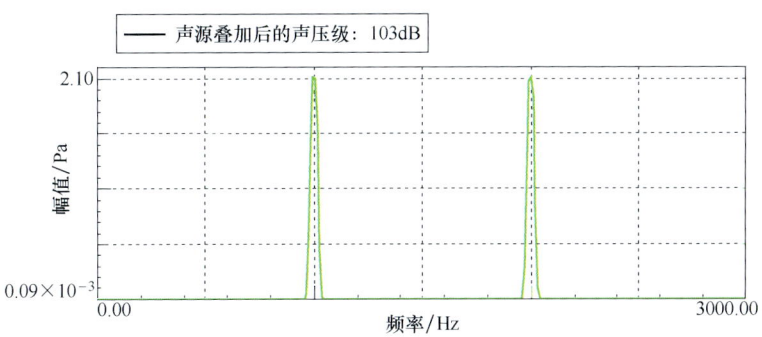

图 1-43 两个不相关的等声压级声源叠加后的结果

因此，两个不相关的等声压级声源叠加时，分贝值增加 3dB。

1.6.3 随机声源

两个声压级相等的随机声源，声压级仍取 100dB，如图 1-44 所示。

这两个声源叠加方式与不相关的正弦声源叠加方式相同，按能量进行叠加，即

$$100\text{dB}(2\text{Pa}) + 100\text{dB}(2\text{Pa}) = 103\text{dB}(2.83\text{Pa})$$

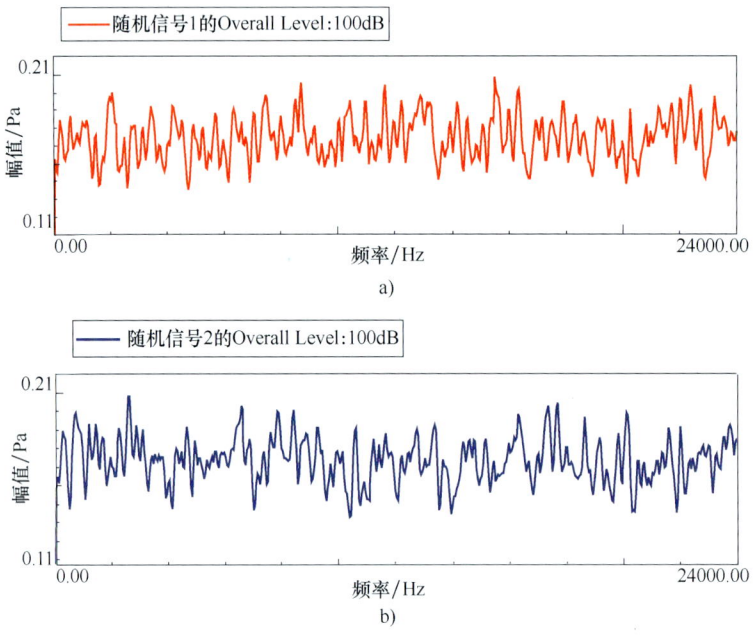

图 1-44 两个不相关的随机声源

a) 100dB 的随机声源 1　b) 100dB 的随机声源 2

两个随机声源叠加时，其叠加之后的声压级为原始两个声源的能量叠加。因此，两个等声压级的随机声源叠加，声压级增加 3dB，叠加后的结果如图 1-45 所示。

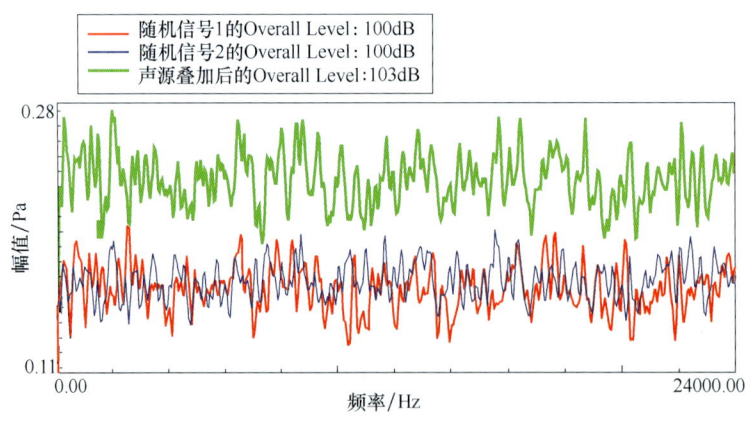

图 1-45 两个不相关的随机声源叠加

很多情况，如厂房中存在两个相同的工作设备，且彼此相距较近，那么两台设备同时运转时，比单台设备运转产生的总声压级大 3dB。如果有三台相同的工作设备，假设单台产生的声压级为 100dB，按照能量叠加原理得到三台设备同时工作时的总声压级为 104.7dB。如果移除一个声源，直觉感觉似乎声压级减少了 1/3，但实际上不是，两个声源产生的总声压级为 103dB。也就是说移除一个声源，对总声压级影响不明显。

在这还考虑另一种情况，有两个不相关的声源，一个为70dB，另一个为60dB，按能量叠加原理得到的总声压级为70.4dB。

$$\text{SPL}_{结果} = \text{SPL}_1 + \text{SPL}_2 = 10\lg\left(\frac{\bar{p}_1^2 + \bar{p}_2^2}{p_{\text{ref}}^2}\right) = 10\lg(10^6 + 10^7)\,\text{dB} = 70.4\,\text{dB} = \text{SPL}_2 + 0.4\,\text{dB}$$

也就是说，这两个声源的声压级之和与较大的声源的分贝值相近。或者说两个声源相差10dB时，声压级较小的声源对叠加后的总声压级只有很小的贡献。

1.6.4 叠加原则小结

通过以上分析，我们可以得出结论：

1）两个相关的等声压级声源叠加，声压级将增加6dB。

2）两个不相关的等声压级声源叠加，声压级将增加3dB。

3）两个相关的声源叠加，声压幅值最大为2倍；两个不相关的声源叠加，声压幅值最大为$\sqrt{2}$倍。

4）多个不相关的声源叠加时，总声压级按下式计算：

$$\text{SPL}_{结果} = \text{SPL}_1 + \text{SPL}_2 + \cdots + \text{SPL}_n = 10\lg\left(10^{\frac{\text{SPL}_1}{10}} + 10^{\frac{\text{SPL}_2}{10}} + \cdots + 10^{\frac{\text{SPL}_n}{10}}\right)$$

5）两个声源叠加时，可以根据表1-10或图1-38来查询两个声源叠加之后的总声压级大小。图1-38中横轴表示两个声压级的差值，纵轴表示在原来的基础上的dB增量。两者相差0dB时，合成之后大3dB；当两个声压级相差15dB以上时，数值小的声压级影响可以忽略。通过查询表1-10或图1-38可快速求得合成后的总声压级大小。

1.7 什么是倍频程

噪声测量经常用到倍频程，有时在振动测量中也要用到倍频程，按照理论公式定义的倍频程中心频率不可能全是整数，但相应的标准中给出的中心频率全部都是整数，这是为什么呢？在这一节主要介绍以下内容：
- ➤ 倍频程的定义
- ➤ 怎么计算中心频率
- ➤ 倍频程标准中心频率
- ➤ 倍频程的计算

1.7.1 倍频程的定义

先让我们来看一下C调音符与频率对照表，见表1-11，观察表中每一行，你会发现中音对应的频率是低音对应频率的2倍，高音对应的频率是中音对应频率的2倍，而我们知道一个1/1倍频程（以下倍频程指1/1倍频程）宽度的上限频率是下限频率的2倍。因此，倍频程来源于音乐理论。

表 1-11　C 调音符与频率对照表

音　符	频率/Hz	音　符	频率/Hz	音　符	频率/Hz
低音 1	262	中音 1	523	高音 1	1046
低音 1#	277	中音 1#	554	高音 1#	1109
低音 2	294	中音 2	587	高音 2	1175
低音 2#	311	中音 2#	622	高音 2#	1245
低音 3	330	中音 3	659	高音 3	1318
低音 4	349	中音 4	698	高音 4	1397
低音 4#	370	中音 4#	740	高音 4#	1480
低音 5	392	中音 5	784	高音 5	1568
低音 5#	415	中音 5#	831	高音 5#	1661
低音 6	440	中音 6	880	高音 6	1760
低音 6#	466	中音 6#	932	高音 6#	1865
低音 7	494	中音 7	988	高音 7	1976

同一个音符的低音与中音，中音与高音之间相差八个音符，这一点从钢琴的琴键上更易于确认，如图 1-46 所示。图 1-46 中选取的频率区间是低音 6 到中音 6 所对应的琴键，中间刚好相差八个键，即八个音符，也就是说一个倍频程对应一个八音符跨度。

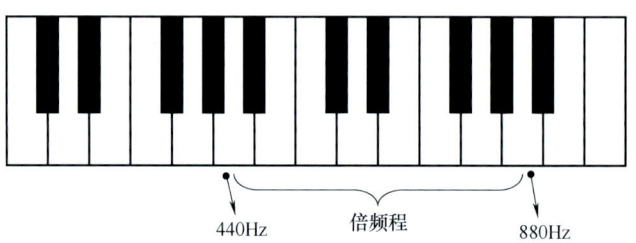

图 1-46　钢琴琴键的一个八音符跨度

每个倍频程带都有一个中心频率和上限频率与下限频率，如图 1-47 所示，每个框代表一个倍频程带，框的左右边界代表下、上限频率，中心竖线代表该倍频程带的中心频率。上限频率与下限频率也称为这个倍频程带的最大频率与最小频率，且两者之比为 2∶1。

图 1-47　倍频程的中心频率

各倍频程带中心频率 f_c 与上、下限频率（f_l 和 f_u）的关系如下：

$$f_l = \frac{f_c}{\sqrt{2}} \quad f_u = \sqrt{2} f_c$$

将以上关系再整理可得

$$f_u = 2 f_l \quad f_c^2 = f_l f_u$$

一个倍频程带可以再划分为三个等比宽度的频带，也就是我们常说的 1/3 倍频程，如图 1-48 所示。

1/3 倍频程带各中心频率 f_c 与上、下限频率（f_l 和 f_u）的关系如下：

$$f_l = (2^{1/3})^{-1/2} f_c \quad f_u = (2^{1/3})^{1/2} f_c$$

将以上关系再整理也可得到类似倍频程的关系：

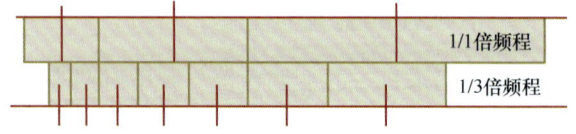

图 1-48　1/1 倍频程和 1/3 倍频程

$$f_u = 2^{1/3}f_l \quad f_c^2 = f_l f_u$$

因此，对于 1/N（N = 1，2，3，6，12，24 等）倍频程而言，每个频带的中心频率与上、下限频率的关系为

$$f_u = 2^{1/N}f_l \quad f_c^2 = f_l f_u$$

ISO 266 或者 GB 3240 都已经将倍频程进行了标准化，表 1-12 为 ISO 266 按 1、1/2 和 1/3 倍频程对 20kHz 频带内划分的中心频率，oct 表示倍频程，×表示相应频带内的中心频率（我国基本上不用 1/2 倍频程）。

表 1-12 ISO 266 对倍频程的划分

名义频率/Hz	1/1 oct	1/2 oct	1/3 oct	名义频率/Hz	1/1 oct	1/2 oct	1/3 oct	名义频率/Hz	1/1 oct	1/2 oct	1/3 oct
16	×	×	×	180		×		2000	×		×
18				200			×	2240			
20			×	224				2500			×
22.4		×		250	×	×	×	2800		×	
25				280				3150			×
28				315			×	3550			
31.5	×	×	×	355				4000	×	×	×
35.5				400			×	4500			
40				450				5000			×
45		×		500	×	×		5600		×	
50			×	560			×	6300			×
56				630			×	7100			
63	×	×	×	710				8000	×	×	×
71				800			×	9000			
80			×	900				10000			×
90		×		1000	×	×	×	11200		×	
100			×	1120				12500			×
112				1250			×	14000			
125	×	×	×	1400		×		16000	×	×	×
140				1600			×				
160			×	1800							

1.7.2 怎么计算中心频率

上一小节的公式只是表明了中心频率与上、下限频率之间的关系，并没有说明是如何确定各个频带的中心频率的。在声学中，频率 1000Hz 是非常重要的，例如，它被确定为响度级——方的基准频率（见 GB 3239《空气中声和噪声强弱的主观和客观表示法》）。因而，规定频率 1000Hz 为声学测量中所用频率系列的基准频率。ISO（国际标准化组织）和 ANSI（美国国家标准学会）已认可的两种方法中各频段的中心频率已明确定义。

一种方法是采用 2 为基数，相邻两个中心频率之比为

$$f_{c,i+1}/f_{c,i} = 2^{1/N} \quad (N = 1,2,3,6,12,24 \text{ 等})$$

当 N = 3 时为 1/3 倍频程，其他倍频程类似。此时相应的倍频程的各个中心频率计算公

式如下：

$$f_{c,i} = 1000 \times (2^{1/N})^i \quad i = 0, \pm 1, \pm 2, \cdots$$

另一种方法是采用 10 为基数，相邻两个中心频率之比为

$$f_{c,i+1}/f_{c,i} = 10^{\frac{3}{10N}} (N = 1, 2, 3, 6, 12, 24 \text{ 等})$$

这个比率也可以写成

$$f_{c,i+1}/f_{c,i} = 2^{\frac{3}{10N \lg 2}} (N = 1, 2, 3, 6, 12, 24 \text{ 等})$$

此时相应的倍频程的各个中心频率计算公式如下：

$$f_{c,i} = 1000 \times (10^{\frac{3}{10N}})^i \quad i = 0, \pm 1, \pm 2, \cdots$$

对同一个倍频程而言，两个方法的比率几乎相同，但是如果对频带边界上的单频信号感兴趣，不同的方法可能导致这些信号出现在不同的倍频程带中。基数 2 使用更简单，但是基数 10 实际上是更加合理的数值。在 GB 3240《声学测量中的常用频率》中采用的就是基数 10 的方法。

按以上两种方法计算 1Hz～20kHz 内的 1/3 倍频程中心频率，见表 1-13。从该表中可以看出，两种方法计算得到的各个中心频率很接近，但不相等（1000Hz 除外）；两种方法计算得到的绝大多数中心频率与标准值不相等。由于两种方法计算出来的中心频率不相等，因此，各个中心频率对应的倍频程带的上、下限频率必然有差异。

表 1-13 两种方法计算的中心频率

i	基数 2/Hz	基数 10/Hz	标准值/Hz	i	基数 2/Hz	基数 10/Hz	标准值/Hz
-30	0.97656	1	1	-8	157.490	158.489	160
-29	1.23039	1.25893	1.25	-7	198.425	199.526	200
-28	1.55020	1.58489	1.6	-6	250	251.189	250
-27	1.95313	1.99526	2	-5	314.980	316.228	315
-26	2.46078	2.51189	2.5	-4	396.850	398.107	400
-25	3.10039	3.16228	3.15	-3	500	501.187	500
-24	3.90625	3.98107	4	-2	629.961	630.957	630
-23	4.92157	5.01187	5	-1	793.701	794.328	800
-22	6.20079	6.30957	6.3	0	1000	1000	1000
-21	7.81250	7.94328	8	1	1259.92	1258.93	1250
-20	9.84313	10	10	2	1587.40	1584.89	1600
-19	12.4016	12.5893	12.5	3	2000	1995.26	2000
-18	15.625	15.8489	16	4	2519.84	2511.89	2500
-17	19.6863	19.9526	20	5	3174.80	3162.28	3150
-16	24.8031	25.1189	25	6	4000	3981.07	4000
-15	31.25	31.6228	31.5	7	5039.68	5011.87	5000
-14	39.3725	39.8107	40	8	6349.60	6309.57	6300
-13	49.6063	50.1187	50	9	8000	7943.28	8000
-12	62.5	63.0957	63	10	10079.4	10000	10000
-11	78.7451	79.4328	80	11	12699.2	12589.3	12500
-10	99.2126	100	100	12	16000	15848.9	16000
-9	125	125.893	125	13	20158.7	19952.6	20000

使用基数 10，一个非常好的理由是 10 的幂的倍频程的中心频率（1Hz、10Hz、100Hz、1000Hz 和 10000Hz）都是精确相同的，而基数 2 的中心频率却不是这样（但在 125Hz、250Hz、500Hz、1000Hz、2000Hz、4000Hz、8000Hz 和 16000Hz 处是精确相同的，似乎精确

相同的数还多于基数 10 的）。如果我们使用基数 2 的方法去计算 1/3 倍频程频带 100Hz 处的理论上的中心频率，得到的结果是 99.21257⋯Hz，但是如果用基数 10 计算得到的结果是精确的 100Hz。如果我们继续向下到 10Hz 和 1Hz，那么基数 2 对应的中心频率分别为 9.84313⋯Hz 和 0.97656⋯Hz，基数 10 得到的结果是精确的 10Hz 和 1Hz。需要注意的是这些低频的中心频率两种方法之间的差异近似于 1/24 倍频程。

通常声学方面的工作不太关心这些非常低的频率成分。这就解释为什么这些标准要使用 1000Hz 作为基准中心频率，而不是逻辑上的 1Hz。如果 1Hz 用作基准频率，那么在 1000Hz 处，两种方法将出现严重的差异，这在声学上是非常重要的。

举例说明计算方法不同带来的差异，对于基数为 2 的 1/3 倍频程 1000Hz 以下的一个理论上的中心频率是 1000Hz 除以 $2^{1/3}$，其值为 793.7005Hz。使用基数为 10 相应的中心频率为 794.3282Hz。两种方法下最近的标准值是 800Hz，这个便是标准中所定义的中心频率。当计算 1/3 倍频程带边界频率时，分别使用以下公式计算：

$$f_u = f_c \times 2^{1/6}$$
$$f_l = f_c / 2^{1/6}$$

此时的中心频率是精确的理论值（如 793.7005Hz），而不是标准值（800Hz）。对于 $1/N$ 倍频程的边界频率计算公式如下：

$$f_u = f_c \times 2^{\frac{1}{2N}}$$
$$f_l = f_c / 2^{\frac{1}{2N}}$$

我们仍然计算这个中心频率的上、下限频率。基数 2 的中心频率为 793.7005Hz，上、下限频率为 707.1068Hz 和 890.8987Hz；基数 10 的中心频率为 794.3282Hz，上、下限频率为 707.666Hz 和 891.6033Hz。因此，采用不同的方法计算得到的精确的中心频率和上、下限频率是有差异的，如果刚好关心边界频率，则不同的方法会导致这个频率落在不同的倍频程带内。

由于标准中使用的是以 10 为基数的方法计算得到的，因此，软件中可能默认的方法也是以 10 为基数，但实际上，可以更改，如 Testlab 修改界面如图 1-49 所示。

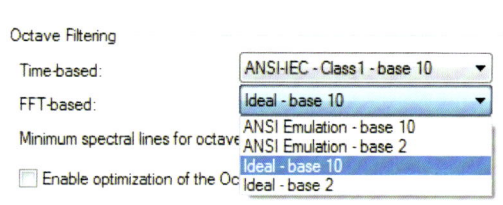

图 1-49　Testlab 修改计算基数

1.7.3　倍频程标准中心频率

通过上一小节的计算，我们已经明白两种方法计算得到的各个中心频率与标准中给出的标准值都不相同（1000Hz 除外），这是为什么呢？

倍频程的"标准"中心频率（即表 1-13 中的标准值）是基于优先数（Preferred Numbers）的。这些所谓的优先数起源于 19 世纪法国陆军工程师 Col. Charles Renard（1849—1905），他当时的工作是改进军方捕捉的气球数去观察能量位置。这项工作的结果产生了后来知名的雷纳德数（Renard Numbers）。优先数在 1965 年被英国标准化，对应的标准为 BS 2045：1965《优先数》、ISO 3：1973《优先数——优先数系列》等。优先数并不是特定用于 1/3 倍频程，它们广泛用于宽带应用中，包括电容和电阻、建筑工业和零售包装业等。

首先让我们明白一下什么是优先数，它们起什么作用。在工业设计行业，产品开发必须选择一些长度、距离、直径、体积和其他一些特征量，而所有这些选择的特征量都受功能、实用性、兼容性、安全或成本等因素的约束。这时选择的这些尺寸通常采用的数就是所谓的优先数。不同的设计人员在不同时期设计产品时，选择优先数能增大产品之间的兼容性，有助于减少制造不同尺寸的产品。如某单位要生产四种不同尺寸的螺杆，长度位于 10 ~ 100mm 之间，那么选择长度为 16mm、25mm、40mm 和 63mm 将在一定程度上能保证满足客户的需求，减少浪费，这些尺寸数值就是优先数。

在英标 BS 2045 中，这些优先数被称为 R5、R10、R20、R40 和 R80 等数列，见表 1-14。用字母"R"是为了感谢1870年法国陆军工程师雷纳德所做的第一手工作。

表 1-14 优先数与倍频程的对应关系

优先数	R10	R20	R40	R80
1/N 倍频程	1/3	1/6	1/12	1/24
步长/10	10	20	40	80

表 1-15 的 R80 数值列表给出了 1/24 倍频程 10Hz 以内的优先频率值。对于 1/12 倍频程每跳过 1 个数得到一个相应的优先频率值 1.0、1.06、1.12 等；对于 1/6 倍频程每跳过 3 个数得到一个相应的优先频率值 1.0、1.12、1.25 等；对于 1/3 倍频程每跳过 7 个数得到一个相应的优先频率值 1.0、1.25、1.60 等；对于 1/1 倍频程每跳过 23 个数得到一个相应的优先频率值 1.0、2.0、4.0 等。对于 1/3 倍频程，我们已知的标准值序列为：1.0、1.25、1.6、2.0、2.5、3.15、4.0、5.0、6.3、8.0、10 等。

表 1-15 1/24 倍频程 1 ~ 10Hz 的优先频率值（R80） （单位：Hz）

1.00	**1.60**	**2.50**	**4.00**	**6.30**
1.03	1.65	2.58	4.12	6.50
1.06	1.70	2.65	4.25	6.70
1.09	1.75	2.72	4.37	6.90
1.12	**1.80**	**2.80**	**4.50**	**7.10**
1.15	1.85	2.90	4.62	7.30
1.18	1.90	3.00	4.75	7.50
1.22	1.95	3.07	4.87	7.75
1.25	**2.00**	**3.15**	**5.00**	**8.00**
1.28	2.06	3.25	5.15	8.25
1.32	2.12	3.35	5.30	8.50
1.36	2.18	3.45	5.45	8.75
1.40	**2.24**	**3.55**	**5.60**	**9.00**
1.45	2.30	3.65	5.80	9.25
1.50	2.36	3.75	6.00	9.50
1.55	2.43	3.87	6.15	9.75

因此，标准中定义的各个倍频程的中心频率并非上一小节中两种方法计算得到的数值，而是按以上规则选择的相应优先数作为"标准"中心频率。

1.7.4 倍频程的计算

如图 1-50 所示为一个噪声信号的频谱图和倍频程图，它是怎样由频谱得到倍频程的呢？

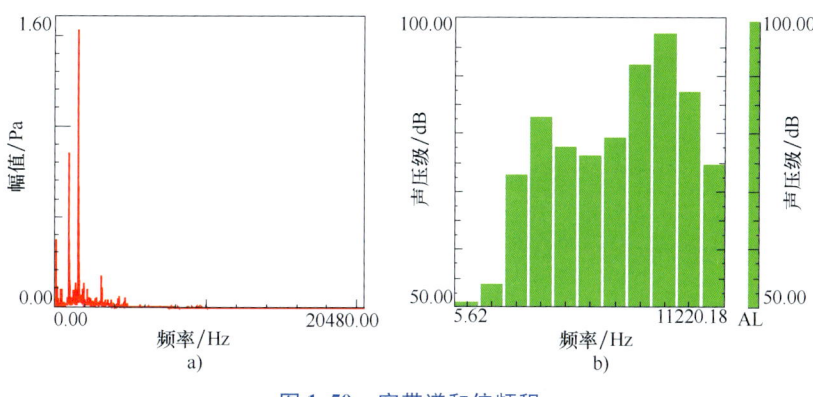

图 1-50　窄带谱和倍频程
a) 窄带谱　b) 1/1 倍频程

在进行倍频程计算时，根据相应的方法（基数 10 或者基数 2）来确定各个倍频程带的上、下限频率（倍频程带），因此，相应倍频程带内的谱线数也就确定了。各个倍频程（1/N 倍频程）带内的声压均方值是该频带内频谱谱线幅值的均方值之和：

$$\bar{p}^2 = \sum_{i=1}^{n} p_i^2$$

其中，p_i 是各条谱线的均方根值，然后再对上式计算分贝值

$$\text{SPL}_{\text{band}} = 10\lg\left(\frac{\bar{p}^2}{p_{\text{ref}}^2}\right)$$

用倍频程（1/N 倍频程）表示的总声压均方值则是各个倍频带内的均方值之和

$$p^2 = \sum_{i=1}^{n} \bar{p}_i^2$$

然后对此值按上面公式计算分贝值则是总声压级，即图 1-50b 中右侧的柱状线（L 计权值）。倍频程（1/N 倍频程）的谱密度则是这个倍频带的均方值除以相应的带宽。

因此，倍频程表示的是相应倍频程带内的声能之和，如图 1-51 所示。蓝色线条表示相应的频谱成分，由于高频段倍频程带较宽，因此，相应的谱线较密集。从图 1-51 中也可以看出，当倍频程用于噪声测试时，它是评价一个完整倍频程内的噪声平均幅值，常用于分析宽带噪声，突显不出主要的频率成分。

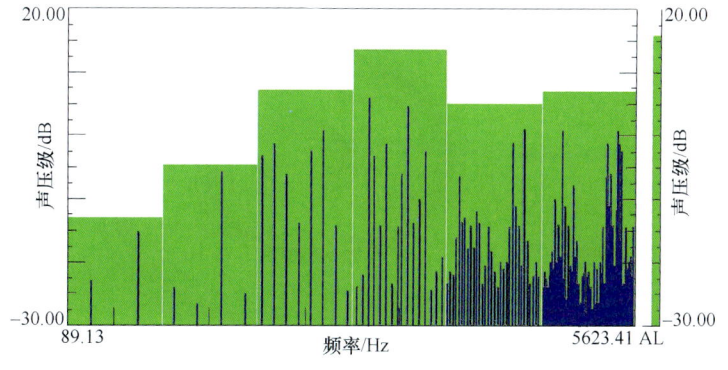

图 1-51　倍频程为相应窄带谱能量之和

1.8 什么是声学计权

声学测量时经常用 dBA 或 dB（A）来表示，这里的 A 是一种频率计权方式，当使用声级计进行测量时，经常使用"快"档或"慢"档，这实质上也是一种计权形式，只不过前面的计权形式是频率计权，而这个是一种时间计权。在这一节中主要介绍以下内容：
- 为什么要使用计权
- 频率计权
- 时间计权

1.8.1 为什么要使用计权

首先，让我们大致明白人耳是怎样听到声音的。人耳的构造如图 1-52 所示，外部的声波传播进入外耳道，到达鼓膜处，引起鼓膜振动，振动先后传递到锤骨、砧骨和镫骨（这些都是中耳骨）进入内耳。内耳的形状像只蜗牛，因此，也被称为耳蜗。镫骨连接卵形窗，它是耳蜗的一部分，耳蜗的基膜上有成千上万的微小毛细胞，毛细胞将振动信号转换成电信号通过听觉神经传送给大脑，大脑告诉你听到的声音和声音是什么。

基膜是一个长的线状结构，沿着长度方向具有不同的属性：宽度、刚度、质量、阻尼和管道尺寸。长度方向给定位置的这些参

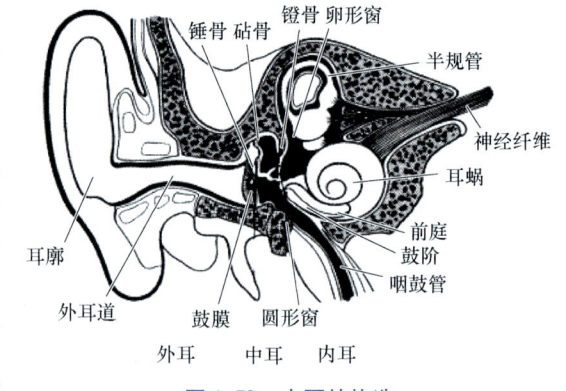

图 1-52　人耳的构造

数决定了它的特征频率，也就是它对哪个频率的声音振动最敏感。基膜最宽（0.42~0.65mm）和最柔位置是耳蜗的"端"部，最窄（0.08~0.16mm）和最刚的位置是根部（靠近卵形窗一端）。高频声音会被耳蜗近根部位置所感知，低频声音在近端部位置被感知，如图 1-53 所示。由于耳蜗不同位置对不同频率的灵敏度不同，因此，人耳对声音传递特性具有非线性。

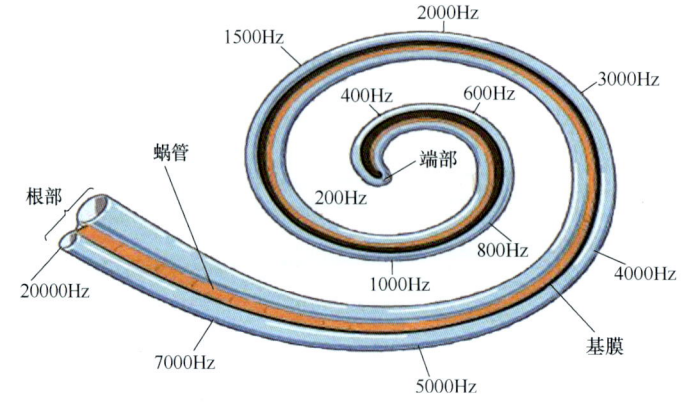

图 1-53　耳蜗感知的声音频率分布

人耳可听的声音具有一定的频率范围（20～20kHz）和一定的声压级范围（0～120dB），将人耳的可听范围用声压级对频率的图来表示，如图 1-34 所示。注意到，低频段（低于 500Hz），可听阈值明显增大，人耳对这些频率灵敏度较差。人耳最灵敏的区域是 3～5kHz，可听阈值的频率上限在 15～20kHz 之间。痛阈在 120dB 附近。

人耳不是对所有频率的敏感度都相同。正常人耳对声音的频响特性会随着声音大小的变化而变化，如图 1-35 所示。通常，人耳在低频段和高频段声音感知能力不如中频段，在低声压级更明显，在高声压级时会被压平，如图 1-35 中各条曲线（等响曲线）所示，声压级越小的区间，曲线越陡峭，声压级越大的区段，曲线越平坦。

正是因为人耳对不同的频率，敏感度不一样，即使声压级的大小相同，但频率不同的声音，听起来也不一样。所以，需要对真正听到的声压级通过增益因子进行修正。这是因为人体会改变声场的分布，人体和外耳会引起声音的反射、吸声和共振等。

为了使测量结果能够反映人们对噪声的主观感受，对声音信号通常需要进行频率计权和时间计权。常用的频率计权有 A、B、C、D 四种计权方式。时间计权通常也是一个重要的参数，对于变化缓慢的信号采用的时间常数为 1000ms，对于快速变化的信号则采用 125ms 的时间常数，对于脉冲信号则用 35ms 的时间常数。

1.8.2 频率计权

根据上面所述，人耳对不同频率的声音的感受程度是不一样的，同样强度的声音，若其频率不同，则人耳的感受也不同，因此在进行声学分析时常常对频谱进行各种计权，常用的有 A、B、C、D 四种计权。除了这四种计权之外，还有所谓的"线性"计权或"Zero"计权，这两种计权方式实质上对测量的信号不做任何计权处理。

A 计权得到的结果与人耳感觉十分接近，因此应用十分广泛，C 计权则比较接近于线性不计权的结果，D 计权用于评价 1～10kHz 频率范围内的单个飞机噪声和脉冲噪声，B 计权一般较少使用。四种频率计权特性见表 1-16。另外，计权曲线也可以用等响曲线来表示，如图 1-35、图 1-36 所示。

表 1-16 频率计权特性 （单位：dB）

频率/Hz	A 计权	B 计权	C 计权	D 计权	频率/Hz	A 计权	B 计权	C 计权	D 计权
10	-70.4	-38.2	-14.3	-26.6	500	-3.2	-0.3	-0.0	-0.3
12.5	-63.4	-33.2	-11.2	-24.6	630	-1.9	-0.1	-0.0	-0.5
16	-56.7	-28.5	-8.5	-22.6	800	-0.8	-0.0	-0.0	-0.6
20	-50.5	-24.2	-6.2	-20.6	1000	0.0	0.0	0.0	0.0
25	-44.7	-20.4	-4.4	-18.7	1250	0.6	-0.0	-0.0	2.0
31.5	-39.4	-17.1	-3.0	-16.7	1600	1.0	-0.0	-0.1	4.9
40	-34.6	-14.2	-2.0	-14.7	2000	1.2	-0.1	-0.2	7.9
50	-30.2	-11.6	-1.3	-12.8	2500	1.3	-0.2	-0.3	10.4
63	-26.2	-9.3	-0.8	-10.9	3150	1.2	-0.4	-0.5	11.6
80	-22.5	-7.4	-0.5	-9.0	4000	1.0	-0.7	-0.8	11.1
100	-19.1	-5.6	-0.3	-7.2	5000	0.5	-1.2	-1.3	9.6
125	-16.1	-4.2	-0.2	-5.5	6300	-0.1	-1.9	-2.0	7.6
160	-13.4	-3.0	-0.1	-4.0	8000	-1.1	-2.9	-3.0	5.5
200	-10.9	-2.0	-0.0	-2.6	10000	-2.5	-4.3	-4.4	3.4
250	-8.6	-1.3	-0.0	-1.6	12500	-4.3	-6.1	-6.2	1.4
315	-6.6	-0.8	-0.0	-0.8	16000	-6.6	-8.4	-8.5	-0.7
400	-4.8	-0.5	-0.0	-0.4	20000	-9.3	-11.1	-11.2	-2.7

对测量信号考虑频率计权时，若用1/3倍频程表示结果，则计权的结果为在各倍频程带线性不计权的基础上直接加减表 1-16 中对应的 dB 数值即可。因此，从频率计权的角度来讲，计算相当简单，仅为代数计算。

对同一个信号采用不同的计权方式，最后得到的各个频带的声压级是不一样的。如图 1-37 所示，对一个随机噪声信号计算线性计权和 A 计权下的 1/3 倍频程曲线，从图 1-37 中可见两者差异明显。因此，当计权不同时，结果也是不同的。

1.8.3 时间计权

时间计权通常用于声级计测量，并且是时间计权与频率计权配合使用，才能使测量结果在一定程度上反映出人的主观感受特性。所谓的时间计权实际上是对测量信号进行时间平均。通常时间平均特性包含三种方式，即"快"档（F）、"慢"档（S）和"脉冲"（I）。

对于连续的声音信号，通常用"快"档和"慢"档计权。"快"档计权的时间常数为 125ms，"慢"档计权的时间常数为 1000ms。对于稳态的连续声音信号，两种计权方式没有明显差异，但由于平均的时间长短不一样，如果被测声音波动较大，则用"慢档"平均得到的结果更稳定。但是由于平均时间长，会使峰值与峰谷测量产生误差。因此，为了准确地了解信号的实时变化，宜用"快"档计权。

对于脉冲声音，则宜用脉冲计权，对应的时间常数为 35ms。在本章 1.1 什么是声波中曾经讲过：人耳对瞬时声压波动没有响应，但对动态声压的均方根值有响应，且平均响应时间间隔约为 35ms。另一方面，人耳对短促脉冲声的响度感觉与对稳态声音的响度感觉不一样，脉冲声宽度越大，其响度感觉与稳态声响度越接近。

1.9 细说传声器

> 声学测量中最常用、最基本的测量参数是声压。测量声压必然要使用传声器，也称为声压传感器或麦克风等。当今测量声压普遍使用电容式传声器，因此，在这一节中主要介绍以下内容：
> - 传声器构造
> - 常见的传声器类型
> - 性能指标
> - 声场应用类型
> - 测量传声器附件
> - 怎样选择传声器

1.9.1 传声器构造

传声器的结构和外形如图 1-54 所示，由非常薄的振动膜片和紧靠膜片的背板组成一个电容器。振膜可以是绷紧的金属膜片或涂有金属的塑料膜片，通常极化电压为 200V，或者是预极化的驻极材料制成。当膜片受到声波作用时，其电容量发生变化从而产生交变电压，形成变化着的电信号输出。

当膜片受到压力作用时，振动的位移是非常小的。如果将 1/2in（1in = 25.4mm）的传声器直径放大 10 亿倍，那么其直径与地球直径相当，此时，膜片厚度约为 2km，膜片与背板的距离约为 20km，如图 1-55 所示。当膜片受到声压级为 40dB 的声波作用时，其位移也只有 10mm。所以，当膜片受到声波作用时，其位移是非常非常小的，因而输出电容也非常非常小。另一方面，如果没有声波作用到传声器时，周围空气压力的起伏和传声器电路的热敏噪声等都会导致传声器存在杂散电容。

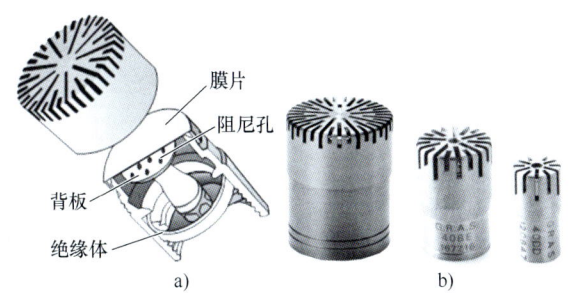

图 1-54　电容传声器的构造
　　a）剖视图　b）外形图

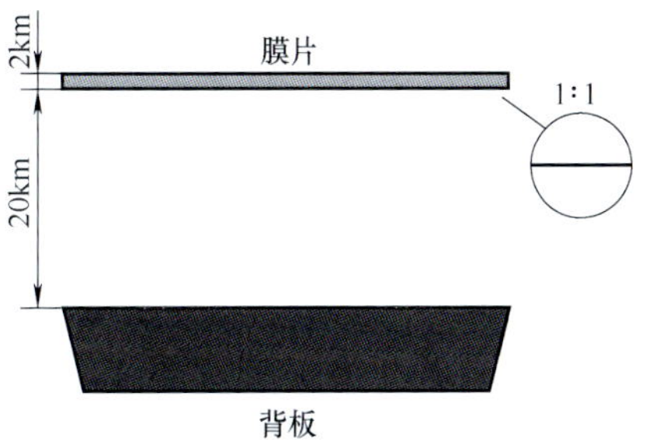

图 1-55　放大后的尺寸

为了提高传声器的灵敏度，应该减少杂散电容，因此，传声器极头（也称咪头）常和第一级前置放大器靠得非常近。一个完整的传声器由极头和前置放大器组成，如图 1-56 所示。由于电容传声器的电容量很小，故需要一个高阻抗负载以保证具有低的下限截止频率。

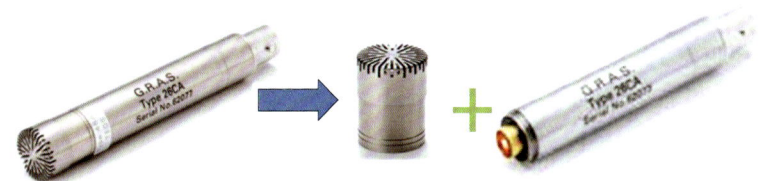

图 1-56　传声器的组成

传声器的直径，有些国家采用英制尺寸系列，如 1in、1/2in、1/4in 和 1/8in，也有些国家采用毫米单位，对应的尺寸为 24mm、12mm、6mm 和 3mm，最常用的为 1/2in 传声器。

通常传声器直径尺寸大，灵敏度高，频率范围窄，可测的声压级下限低，如 GRAS 46AE 1/2in 自由场传声器的灵敏度约为 50mV/Pa，频率范围 15Hz～20kHz，动态范围 17～138dB。传感器直径尺寸小，灵敏度低，频率范围宽，可测的声压级下限高，如 GRAS 46BE 1/4in 自由场传声器的灵敏度约为 4mV/Pa，频率范围 4Hz～20kHz，动态范围 35～160dB；GRAS 46DD 1/8in 压力场传声器的灵敏度约为 0.62mV/Pa，频率范围 5Hz～70kHz，动态范围 47～175dB。

1.9.2　常见的传声器类型

传声器有电动式、压电式和电容式等类型。由于电容传声器灵敏度高，频率响应宽而平坦，稳定性好（其灵敏度随温度、湿度、气压和时间等环境条件的变化很小），因此，用于声学测量的传声器广泛采用电容式传感器。本小节主要介绍两种电容式传声器：预极化电容式传声器和极化电容式传声器。

预极化电容式传声器，也称为驻极体电容传声器，利用驻极体材料制成。驻极体是一种永久极化的电介质，使用驻极体高分子材料制作振膜或固定电极（背板），无须外加极化电压，这种驻极材料制成的膜片，相当于非驻极体外加了一定大小的偏置电压。常用的自由场传声器 GRAS 46AE（见图1-57）就属于这种类型。

极化电容式传声器由金属（或弹性薄膜）振膜、固定电极及保护罩等构成。振膜与固定电极之间以空气为介质，形成一个电容器。传声器内部装有前置放大器，振膜与固定电极之间通过串联的高阻值电阻器接直流极化电压。当声波引起空气压力改变，使振膜与固定电极之间形成的电容器的电容量变化时，前置放大器会将电容量的变化转换为电压输出。常用的自由场传声器 GRAS 46AF（见图1-58）属于这种类型。

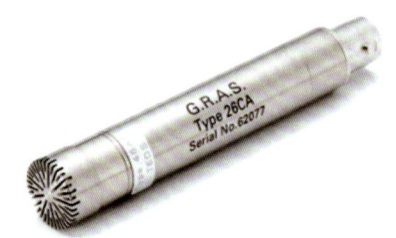

图1-57　GRAS 46AE 1/2in 自由场传声器

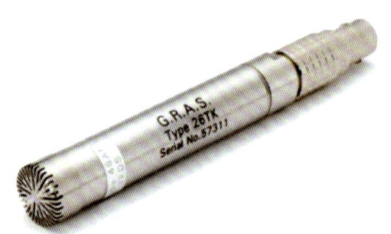

图1-58　GRAS 46AF 1/2in LEMO 自由场传声器

1.9.3　性能指标

传声器的性能指标主要包括灵敏度、灵敏度频率响应、灵敏度指向性、输出阻抗、等效噪声级、动态范围和稳定性等。

1）传声器灵敏度。传声器灵敏度是传声器输出电压与有效声压之比，即膜片上受到单位声压作用时，其开路输出电压的大小。灵敏度的高低主要受传声器的尺寸和膜片张力的影响。通常，大尺寸传声器膜片张力小，振动幅度大，灵敏度高；小尺寸传声器膜片刚度大，灵敏度低。传声器的灵敏度有多种分类：第一种是空载灵敏度和负载灵敏度；第二种是声压灵敏度和声场灵敏度；第三种是自由场灵敏度、压力场灵敏度和随机场灵敏度。

空载灵敏度是指咪头的输出电压与膜片受到的声压之比，而负载灵敏度是指咪头和前置放大器组合的输出电压与膜片受到的声压之比。传声器的负载是前置放大器的输入阻抗，当前置放大器与咪头组成一个完整的传声器时，获得的灵敏度即是负载灵敏度。此时灵敏度中考虑了前置放大器的电压增益和输入电容。通常，通过声校准器得到的灵敏度即为负载灵敏度。

声压灵敏度是传声器输出电压与实际作用到传声器的有效声压之比，而声场灵敏度是传声器输出电压与传声器放入声场前该点的有效声压之比。在讲述两者的区别之前，可以看下图1-59。图1-59 所示为自行车运动员在骑行时的流场云图，可以看出，骑行的运动员改变了流场的特性。同样的道理，当传声器放入声场时，也会改变声场的分布特性。

由散射理论可知，在平面波声场中放入一个刚性球，作用在刚性球最靠近声源的点上的声压幅值与入射平面声波幅值之比和 ka 有关，k 为波数，a 为刚性球半径。因此，实际作用于传声器膜片上的声压要大于传声器放入该点之前的平面波自由场的声压。由于传声器开路输出电压是不会变的，因此，声场灵敏度大于声压灵敏度。或者说，传声器自由场灵敏度等于声压灵敏度加上散射引起的增压。因而，若已知声压灵敏度，根据压力增量校正曲线就可以求得自由场灵敏度。在足够低的频率时，传声器放入声场中引起的干扰可以忽略，这时，自由场灵敏度接近声压灵敏度。压力增量与入射角有关，图 1-60 所示为 GRAS 46AE 1/2in 自由场传声器的压力增量与入射角的校正曲线。

图 1-59　自行车运动员骑行时的流场云图

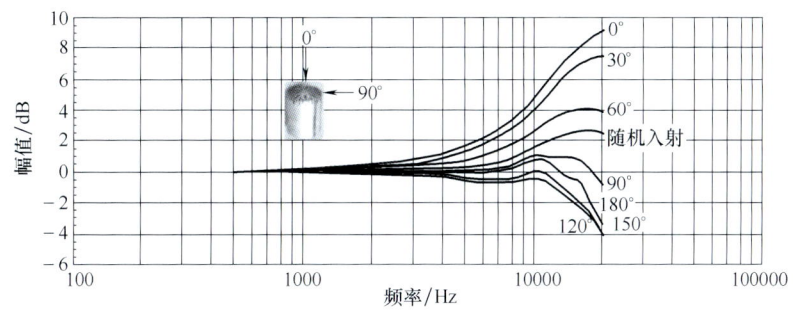

图 1-60　GRAS 46AE 1/2in 自由场传声器的压力增量与入射角的校正曲线（参考频率 250Hz）

如果声场为自由场，则称为自由场灵敏度；如果是压力场，则称为压力场灵敏度；如果是无规则随机入射声场，则称为随机声场（无规则入射）灵敏度。自由场灵敏度通常是针对正向入射条件下自由场中的平面声波而言。

2）灵敏度频率响应。传声器置于指定条件下并在恒压声场中和给定入射角的声波作用下，其灵敏度和频率的关系称为灵敏度频率响应。按照声场关系可以分为声压灵敏度频率响应和自由场灵敏度频率响应等。图 1-61 所示为 GRAS 46AE 1/2in 自由场传声器的频率响应曲线，图 1-61 中上面曲线为 0°入射的自由场灵敏度频率响应曲线，下面曲线为声压灵敏度频率响应曲线。这款预极化传声器频率响应范围为 15Hz～20kHz。传声器的频率响应下限截止频率通常由前置放大器的输入电阻决定，下限截止频率越低，则要求输入电阻越大。在高频段，灵敏度正反比于总电容，任何附加电容都会降低传声器高频率的灵敏度。

3）灵敏度指向性。在某一指定频率下，传声器灵敏度随声波入射方向变化的特性称为灵敏度指向性。通常用灵敏度指向性函数来表征，该函数为声波以 θ 角入射时传声器的灵敏度和轴向入射（$\theta=0°$）时灵敏度的比值。通常用极坐标形式的指向性图来描述传声器的灵敏度指向特性。图 1-62 所示为某型号传声器的灵敏度指向特征图，可以看出，频率越高，指向性影响越明显。当声波以角度 θ 入射时，作用在膜片上的合力包含一阶贝塞尔函数，只有当 $ka = 2\pi a/\lambda < 1$ 时，合力才可似乎认为没有入射角度的影响。当传声器尺寸一定

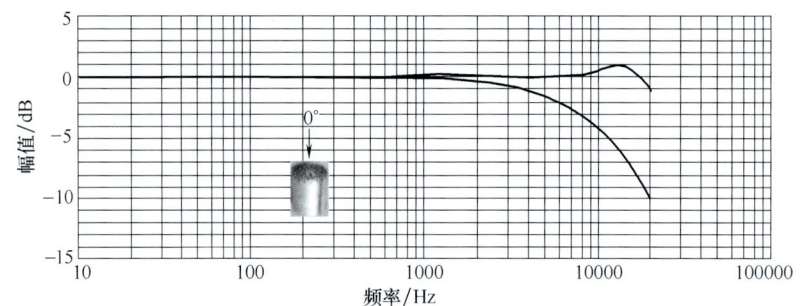

图 1-61 GRAS 46AE 1/2in 自由场传声器的频率响应曲线

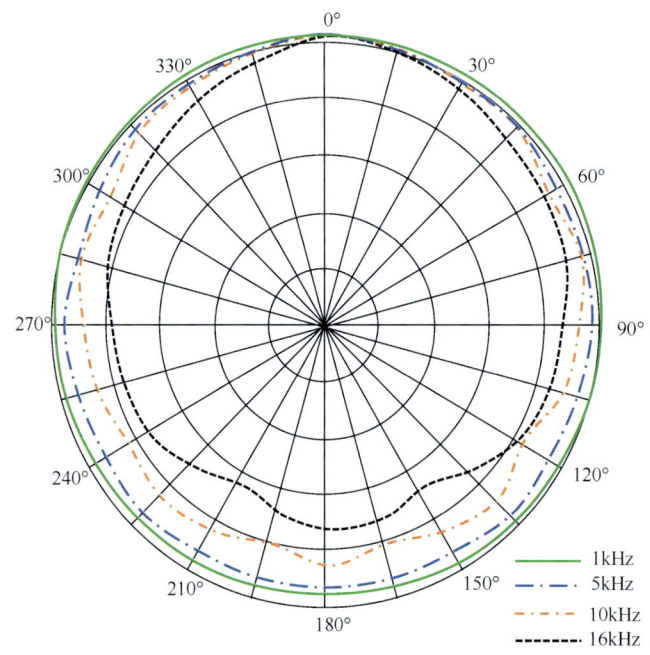

图 1-62 某传声器指向特性

时,波长越长,这个数越小(远小于1),也就是说频率越低,指向性影响越小,从图1-62中也可以看出,低频越接近最外圈。另一方面,相同的频率,传声器尺寸越小,指向性影响越小。因而,传声器尺寸越小,可测的频率上限越高。

4)输出阻抗。传声器咪头和前置放大器的输出阻抗是传声器的交流阻抗,通常在频率1000Hz,声压约为1Pa时测量获得。

5)等效噪声级。当没有声波作用在传声器上时,由于周围空气压力的起伏和传声器电路的热敏噪声,会造成在传声器前置放大器端还有一定的噪声电压输出,称为固有噪声。固有噪声的大小决定了传声器所能测量的最低声压级,也就是动态范围的下限。声波作用在传声器上,它所产生的输出电压的有效值与该传声器输出的固有噪声电压相等时,则该声波的声压级就等于传声器的等效噪声级。如 GRAS 46AE 1/2in 传声器的动态范围为 17~138dB,则 17dB 就是该传声器的最低声压级,也就是等效噪声级。等效噪声级与灵敏度有关,在固有噪声电压相同的条件下，灵敏度越高，等效噪声级越小。

6）动态范围。在强声波作用下，传声器的输出会出现非线性畸变，当非线性畸变达到 3% 时的声压级称为能测的最高声压级。因此，最高声压级减去等效噪声级就是传声器的动态范围，如 GRAS 46AE 1/2in 传声器的动态范围为 17~138dB，也就是动态范围为 121dB。因此，动态范围的上限受非线性畸变限制，下限受固有噪声限制。另外，动态范围很大程度上直接与传声器的灵敏度相关。通常，高灵敏度传声器能测量到非常低的声压，但不能测量太高的声压；而低灵敏度的传声器能测量较高的声压，但不能测量太低的声压。这就说明为什么高灵敏度的传声器动态下限低，上限也低；而低灵敏度传声器的下限高，上限也高。图 1-63 所示为常见尺寸传声器的动态范围。

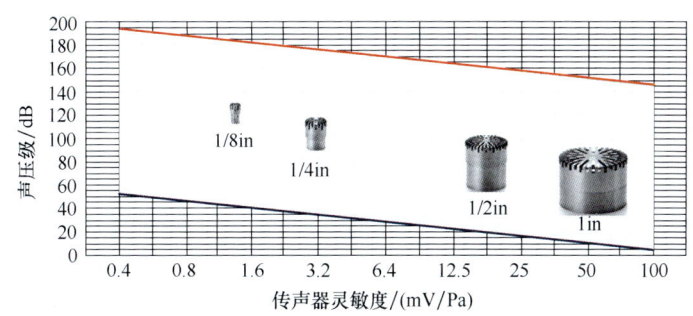

图 1-63　常见尺寸传声器的动态范围

7）稳定性。温度、湿度、气压等大气条件的变化会影响传声器的灵敏度，其中温度的影响较为明显。极化电容式传声器稳定性较好，工作的温度范围较宽（-50~150℃），但预极化电容式传声器稳定性较差，通常只能在 -30~70℃ 下工作。另外，传声器的灵敏度还会随着时间的变化而变化，以及受测量环境中电场和磁场的影响，这就是传声器通常要现用现校的原因所在。

1.9.4　声场应用类型

每一种传声器都有自己特有的声场应用类型：自由场、压力场和随机场，如图 1-64 所示。通常传声器型号中会注明声场的应用类型，如 GRAS 46AE 1/2in 自由场传声器。

自由场是最常用的声场类型，当声源位于传声器前方，且测量环境较为开阔时，宜选自由场传声器。或者说声场本身就是自由场时，如在消声室测量，则应选用自由场传声器。

压力场传声器用于测量膜片前端表面的声压，典型的应用是在密闭的空间内，如图 1-64b 所示测量墙体或管壁边界的声压。此时，传声器成为墙体或管壁边界的一部分。

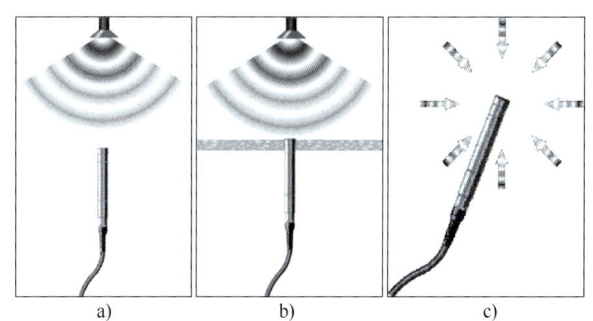

图 1-64　传声器声场应用类型
a）自由场　b）压力场　c）随机场

随机场也称为无规则入射场，当传声器附近存在多个方向入射的声源时，或者存在多个方向的反射声时，如混响室，则宜选用随机场传声器。

1.9.5 测量传声器附件

在声场中进行声压测量时，会受到测量环境的影响，如风、雨等环境。风速较大时，会增加空气动力噪声对测量带来的影响，因此，应减少测量环境带来的影响。常用的传声器测量附件有风球、鼻锥、防雨罩、三脚架和驱鸟套装等。

当风速大于 5m/s 时，建议使用风球，它可以减少空气动力噪声，还可以防尘土和雨滴。风球可有效地减少风速带来的影响，如图 1-65 所示，在 GRAS 某款风球前端风速为 10m/s，通过风球后到达传声器前端仅有 0.5m/s，可见风球大大减少了空气动力噪声。

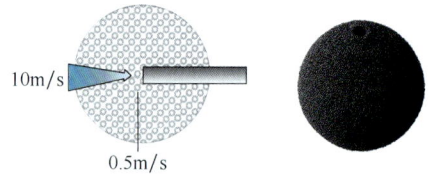

图 1-65　风球可减少风速对测量的影响

鼻锥（见图 1-66）用于定向高风速条件下防止空气动力噪声，通常它对层流流场影响有限，几乎不会产生湍流，对传声器性能影响不大。在风洞中进行测量时，应在传声器前端加装鼻锥。

室外雨天测量时，可以使用防雨罩。下雨时也可以使用风球，即使风球湿透了，测量也还准确。长时间室外测量时，还可以在传声器上加装驱鸟套装。有时为了固定传声器，还会使用到高度不同的三脚架（见图 1-67）。在管道内测量时，可以使用湍流罩来降低湍流噪声。

图 1-66　鼻锥　　　　　　　　图 1-67　噪声测量附件

1.9.6 怎样选择传声器

对于声压测量而言，选择传声器应遵循以下原则：
1）根据测量的声场类型来选择合适的传声器。
2）根据测量的声压级上下限来选择动态范围合适的传声器。
3）根据关心的频率范围来选择合适的传声器。
4）对于低声压级测量，应选择高灵敏度的传声器，如测量冰箱噪声。
5）对于高声压级测量，应选择低灵敏度的传声器，如爆破测量。
6）根据测量环境来选择传声器附件，如风球、鼻锥等。
7）如果测量的环境温度太高或太低，宜选用极化电容式传声器。

1.10 传声器测量的声音与人耳听到的声音不一样

现实世界中，传声器测量的声音肯定与人耳听到的声音是不一样的！这涉及置于声场中的传声器和人体会改变声场的特性，另外，复杂的人耳构造与工作原理使得人耳对声音具有非线性响应，而传声器对所有频率的声音具有相同的灵敏度。

1.10.1 障碍物对流场的影响

在回答这个问题之前，我们简单介绍一下障碍物对流场（声场是流场的一种）的影响。流场分为层流与湍流，如图 1-68 所示。当流场中有障碍物时，绝大多数情况下，会在障碍物附近改变流场的特性，如由层流变成湍流。例如，自行车骑行人员在骑行时的流场云图如图 1-59 所示，可以看得出来，骑行人员改变了流场的特性。同样的道理，当传声器放入声场时，也会改变声场的分布特性：放入传声器之后，在靠近传声器最前端位置的声压与未放入传声器之前该点的声压不同。

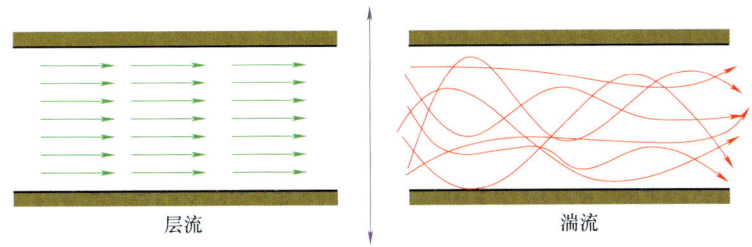

图 1-68 层流与湍流示意

在 1.9 细说传声器中，我们讲到传声器存在声场灵敏度和声压灵敏度。声压灵敏度是传声器输出电压与实际作用到传声器的有效声压之比，而声场灵敏度是传声器输出电压与传声器放入声场前该点的有效声压之比。由于传声器的放入，使得实际作用到传声器的有效声压与传声器放入声场之前该点的有效声压不同，从而导致使用不同的灵敏度系数会得出不同的测量结果。

由散射理论可知，在平面波声场中放入一个刚性球，作用在刚性球最靠近声源的点上的声压幅值与入射平面声波幅值之比和 ka 有关，其中 k 为波数，a 为刚性球半径，如图 1-69 所示。因此，实际作用于传声器膜片上的声压 p_2 要大于传声器放入该点之前的平面波自由场的声压 p_1。由于传声器开路输出电压是不会变的，因此，声场灵敏度大于声压灵敏度。但实际测量时，很难知道声场中在传声器放入之前这点的声压 p_1。因此，就导致测量值与真实值存在差异。

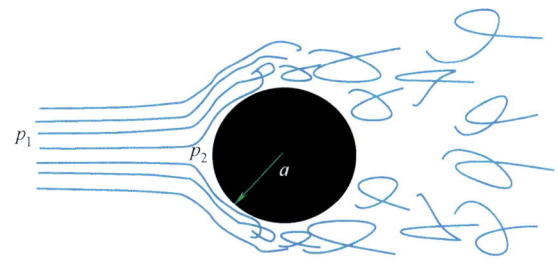

图 1-69 刚性球对声场的影响

相同的道理，当人置于声场中时，人体也会改变声场分布特性，主要体现在以下几个方面。

1）人体躯干会改变声场分布。
2）躯干和外耳会因反射、共振和吸声等原因改变声场分布。
3）人耳对强声场反应缓慢，人耳对瞬时声压没有响应，只对一定时间内的有效声压才有响应。

另一方面，人体各部位，如头、上躯干、外耳、耳廓、耳道对声音的频响特性也不尽相同。因此，人体置于声场中时，人耳听到的声音与真实的声音也存在差异。

1.10.2 影响两者不一致的原因

传声器置于声场中会改变声场特性，人置于声场同样也会改变声场特性，那么，传声器测量到的声音与人耳听到的声音一样吗？如果传声器与人体对声场的改变特性相同，那么，二者是一致的。但实际上，二者对声场的改变是不相同的，这就导致传声器测量的声音与人耳听到的声音不一致！那么，为什么你测量的声音不是你听到的声音呢？

人耳对声音的感知主要考虑以下三个方面：
1）人耳的生理机能。
2）人耳是如何工作的。
3）个人偏好：社会/文化/心情等方面。

人耳是一个复杂的结构，通常分为外耳、中耳和内耳，如图1-52所示。由于耳蜗不同位置对不同频率的灵敏度不同，因此，人耳对声音传递特性具有非线性响应。通常，高频声音会被耳蜗近根部位置所感知，低频声音在近端部位置被感知。

传声器可以测量瞬时声压波动，而人的大脑对瞬时声压没有响应，人对声音的响应更像一个积分器，只对一定时间内（35ms以上）的声音有效值才有响应。因此，在计算声压级时要求计算声压的有效值，而不是瞬时声压幅值。

当我们使用传声器测量声压时，要求输入传声器的灵敏度。这个灵敏度是一个单值，这就表明传声器测量的电压与真实声压具有线性关系，其灵敏度不随频率变化，如图1-70所示。灵敏度几乎是一条平直的曲线。而人耳听力对所有的频率不具有相同的灵敏度，实际上是在低频和高频段，灵敏度低；在中频段，灵敏度高，如图1-71所示。即使在所有的频率处，声音的声压级大小一样，但人耳听起来的响度也是随频率变化的。

在描述声音方面，传声器测量的声音通常用倍频程来表示，而人耳听到的声音更多是用临界频带来表示。临界频带与倍频程在频带划分上有很大的区别，倍频程（指1倍的倍频程）每个倍频程带的上下频率是2倍关系，而临界频带不具有这样的关系。倍频程把人耳可听的频率范围划分为10个倍频程，而临界频带则为24个。

传声器测量的声压对所有频率具有相同的幅值，即从一个频率到下一个频率，声压幅值不受影响，没有所谓的时间效应，因此，输入与输出是相等的。但人的大脑会使用某些"历史"滤波器，使人耳听到的声音产生了掩蔽效应。掩蔽效应又分为频率掩蔽和时间掩蔽，分别如图1-72和图1-73所示。当1200Hz的纯音的声压级为110dB时，它起到的频率掩蔽效应如图1-72中的绿色曲线所示，在这个曲线以内的其他频率的声音都将会被它所掩盖，如红色线条所表示的4000Hz，声压级为50dB的纯音就因为1200Hz纯音的掩蔽效应而

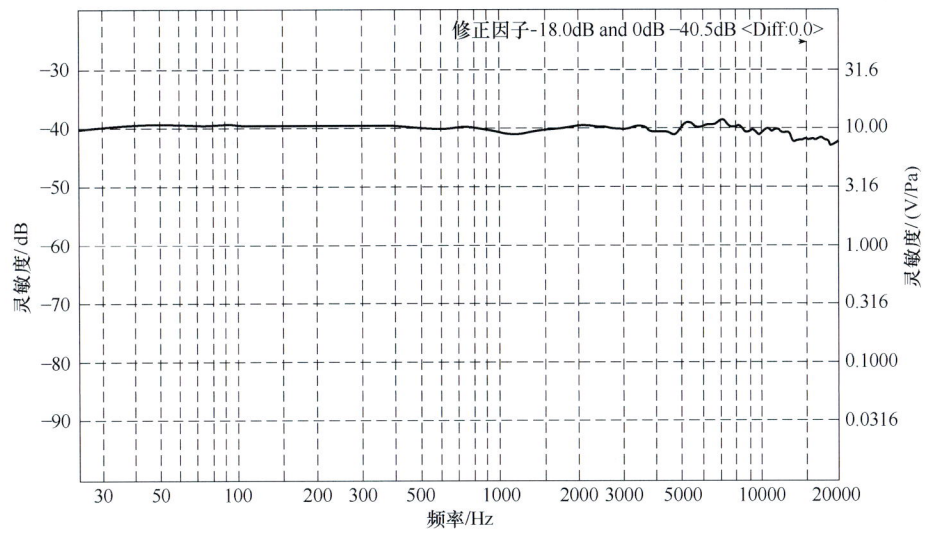

图 1-70 传声器灵敏度不随频率变化

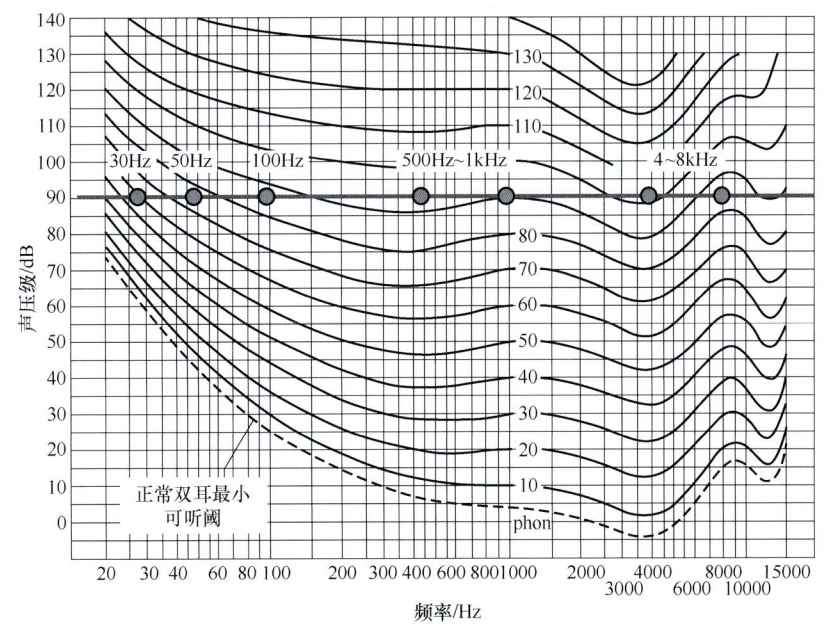

图 1-71 响度随频率变化

听不到。当人耳听到强声压级的声音时,会将强声压级起始时刻之前与结束时刻之后的一段时间内的相对小声压级声音掩蔽,这就是时间掩蔽,如图 1-73 所示。

不同的人看同一个物体会产生视觉上的错觉,相同的道理,不同的人听同一个声音也会产生听觉上的错觉,会得出不同的感受。这取决于个人的喜好、心情、文化、环境等方面,也就是说声音受主观因素的影响。而传声器测量是一种客观测量。同一个声音,使用不同的传声器测量的结果几近相同,但同一个声音,不同的人去听,得到的评价会迥然不同。如收

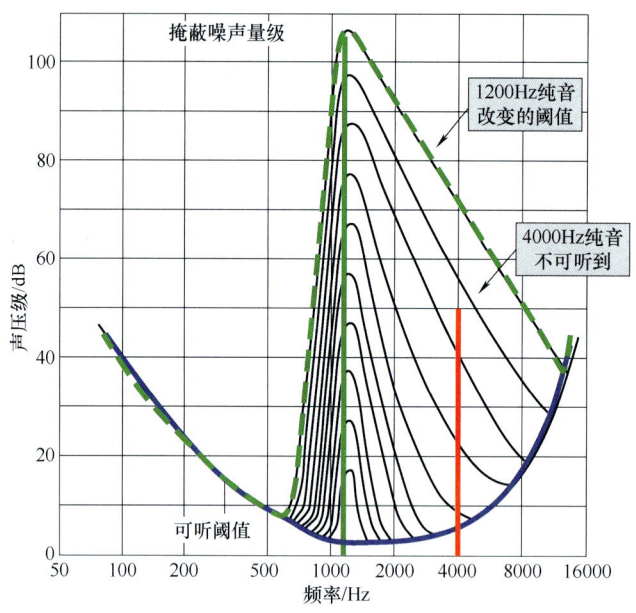

图 1-72　1200Hz 纯音的掩蔽效应

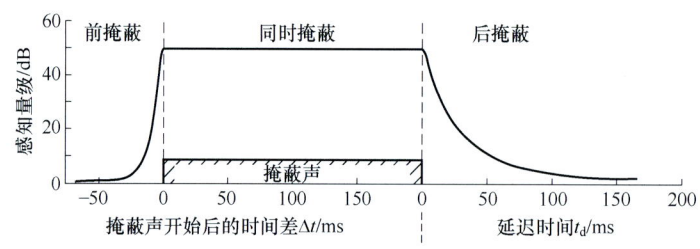

图 1-73　时间掩蔽效应

割的拖拉机所发出的声音，对于农民来说是喜悦丰收的声音，而对于其他人来说可能是极其恼人的噪声。

1.10.3　两者的联系

很多情况下，人无法置身于想测的声场环境中，这时就需要使用模拟人体躯干与脑袋的人工头用来测量声音。在人工头人耳位置内置了传声器用于测量声音，同时又能考虑人体躯干对声场的影响。人工头根据信号的类型分为数字人工头和模拟人工头，如图 1-74 所示。

人体或人工头置于声场中会"干扰"声场，并且产生相应的影响，这些影响主要体现在中高频段。这些影响包括：躯干、外耳和头的反射与衍射，人体的吸声影响；耳道的局部共振和声场的相对方向的影响，如图 1-75 所示人耳对不同方向的声音，响应特性不同。这些影响是可以测量的，测量的数据称为"与头相关的传递函数"。这个影响可以通过所谓的"均衡"（Equalization）曲线进行修正，如图 1-76 所示，从而保证传声器测量的结果与人耳听到的声音是一致的。

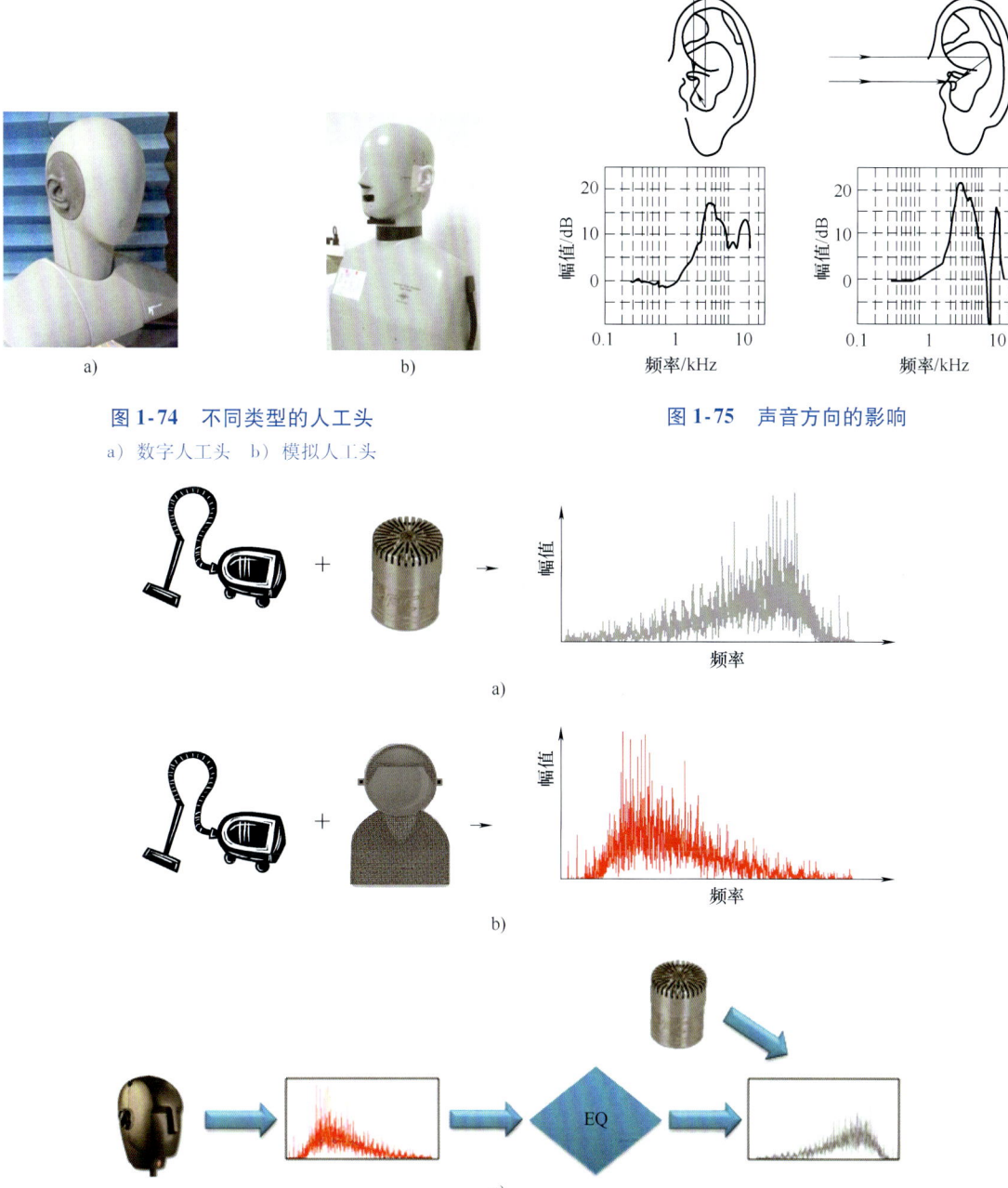

图 1-74　不同类型的人工头
a）数字人工头　b）模拟人工头

图 1-75　声音方向的影响

图 1-76　通过均衡修正人工头的测量结果
a）传声器测量的结果　b）人工头测量的结果　c）均衡修正

根据标准《机械振动、冲击与状态监测词汇》（GB/T 2298—2010），均衡是指调节放大器控制系统的增益，使其在听要求的频谱内输出的幅值与信号幅值之比为给定值。在这里，均衡是指在给定的频带内，传声器测量的数据与人工头测量数据之比。当使用传声器测量的数据通过双耳传声器进行播放时,需要对传声器测量的数据增加均衡的影响。当使用人工头测量的声音通过扬声器进行播放时,需要移除均衡的影响;当使用人工头测量的声音进行数据分析时,也需要移除均衡的影响。

1.11 白噪声与粉红噪声

我们经常听说白噪声与粉红噪声,有的时候也要用到它们,如用猝发随机进行模态测试时,则是使用白噪声。对 P-P 型声强探头进行相位校准时,则是使用粉红噪声。它们到底有什么区别呢?

关于白噪声与粉红噪声的定义,相关标准均给出了明确的定义,如标准《声学计量名词术语及定义》(JJF 1034—2005)和《机械噪声词汇》(JB/T 8429—1996)等均给出了同样的定义。

1.11.1 白噪声的定义

标准中对白噪声定义为:用固定频带宽度测量时,频谱连续并且均匀的噪声。白噪声的功率谱密度不随频率改变。或者说,如果在某个频率范围内单位频带宽度噪声成分的强度与频率无关,也就是具有均匀而连续的频谱,则此噪声称为"白噪声"(白噪声不一定是无规噪声)。

在这个定义中,前提条件是用固定频带宽度或单位频带宽度测量,如频率分辨率固定的窄带谱,则属于这种情况。频谱连续均匀是表示白噪声的频率成分分布在整个频带上,且在每条谱线上的幅值大小均匀(等强度),即幅值相差不大,如图 1-77 中绿色曲线所示的 10kHz 以内的白噪声的频谱的幅值就很均匀,具有随机信号的特征。后一句是从能量的角度来考虑的,即功率谱密度不随频率变化,在所有的频率上幅值大小相同,如图 1-77 中红色曲线所示为这个白噪声的功率谱密度(Power Spectral Density,PSD)。

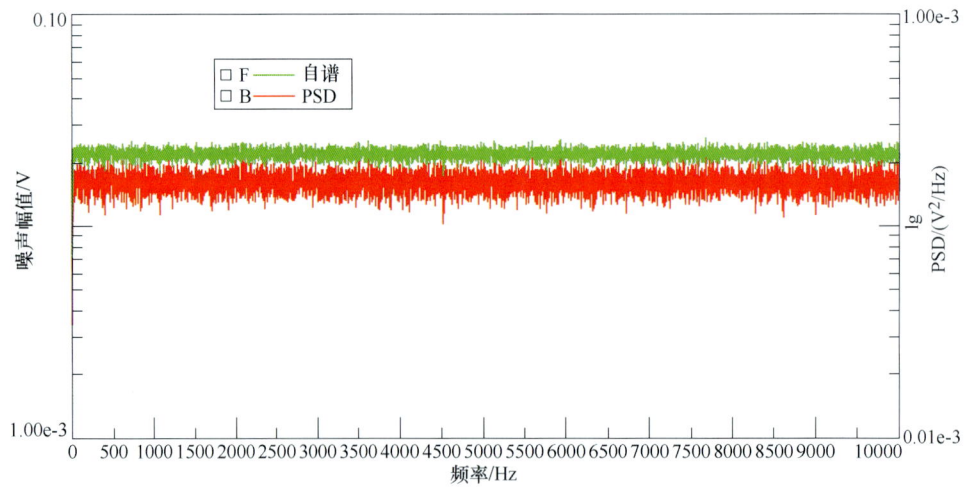

图 1-77 10kHz 以内的白噪声频谱图

无规噪声是指噪声的幅值对时间的分布满足正态（高斯）分布的噪声。那么白噪声的幅值不一定满足正态分布，因此，白噪声不一定是无规噪声。描述信号的频谱除了用固定频带带宽测量之外，还可以用等比带宽来测量，如倍频程。如果用倍频程来描述白噪声，则每增加一个倍频程带，倍频程中心频率处的幅值增加 3dB。

1.11.2 粉红噪声的定义

粉红噪声：用正比于频率的频带宽度测量时，频谱连续并且均匀的噪声。粉红噪声的功率谱密度与频率成反比。对于粉红噪声而言，满足单位频带宽度的噪声强度以每升高一个倍频程下降 3dB 的变化，在等比带宽内能量分布相等。因此，粉红噪声的能量主要分布在中低频段。

从以上定义可以看出，如果采用固定的频带宽度，那么粉红噪声的幅值强度将是下降的；如果采用正比于频率的频带带宽，如等比带宽，那么能量分布是均匀的。对于固定频率分辨率的窄带谱而言，粉红噪声是随频率的增大反而降低的，如图 1-78 所示，每增加一个倍频程，PSD 幅值降低 3dB（对数显示）。而对于等比的倍频程而言，粉红噪声能量是分布均匀的，如图 1-79 所示。

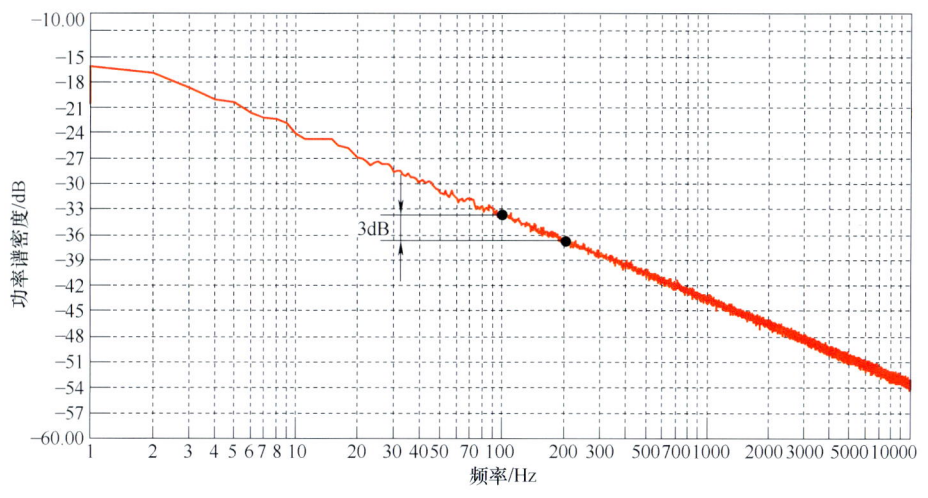

图 1-78　粉红噪声的 PSD

1.11.3 两者的差异

对于固定频带宽度的频谱而言，白噪声是等强度的，而粉红噪声随频率的增大反而降低，如图 1-80 所示。对于 1/1 倍频程而言，每个频谱程是按 2 倍的关系来划分的，因此，倍频程属于等比频带，那么，在这种显示方式下，粉红噪声是连续均匀的，而白噪声是随着中心频率的增加而增大，如图 1-81 所示。

对于常规的频谱分析而言，频率分辨率是固定不变的，此时白噪声的幅值是连续均匀的，而粉红噪声是随频率的增加反而降低（见图 1-80）。这就是说，随着频率的增加，粉红噪声在每条谱线上的幅值是逐渐降低的。对于倍频程而言，中心频率越高，则这个倍

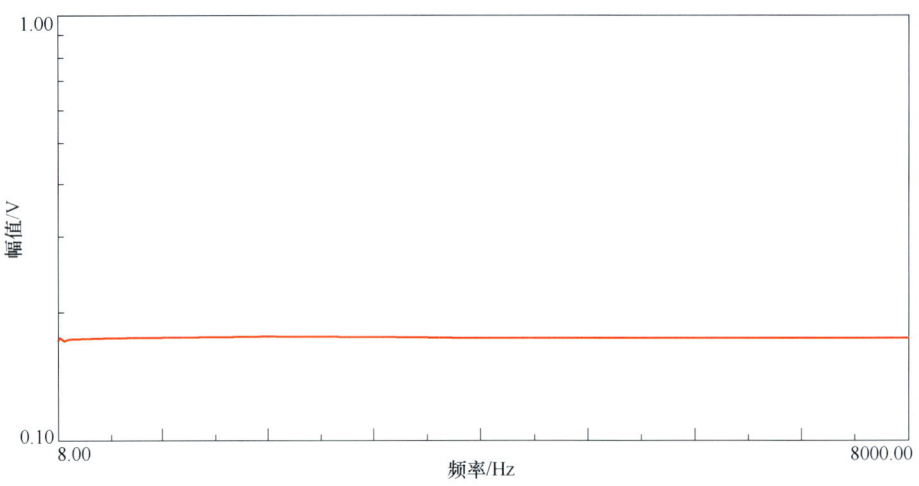

图 1-79 粉红噪声的倍频程

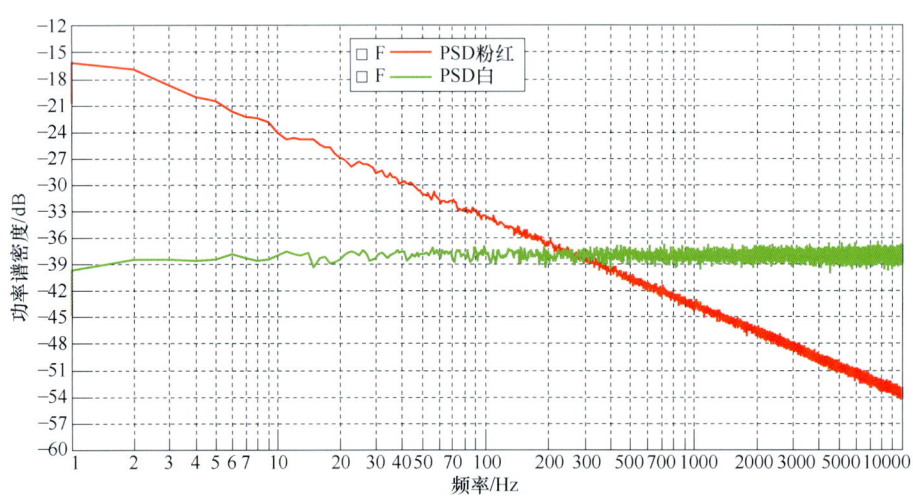

图 1-80 固定频带带宽下的粉红噪声和白噪声的 PSD

频程带对应的频率范围越宽，包含的谱线数越多，而倍频程每个中心频率处对应的幅值是这个频带内所有谱线能量的叠加。由于白噪声在每条谱线上的能量是相等的，因此，随着中心频率的增加，每个倍频程带包含的谱线越来越多，白噪声的倍频程幅值是递增的。每增加一个倍频程，谱线数加倍，因此，白噪声的能量加倍，那么对应的能量幅值增量为 3dB。对于粉红噪声而言，虽然每个倍频程带包含的谱线越来越多，但是频率越高，谱线的幅值是递减的，刚好，幅值递减的速度与谱线增加的速率相当，使得粉红噪声在每个倍频程带上保持能量等强度。如果将每个倍频程带的白噪声衰减 3dB，那么可以将白噪声转化为粉红噪声。

通过上述分析，我们可以得出以下结论：

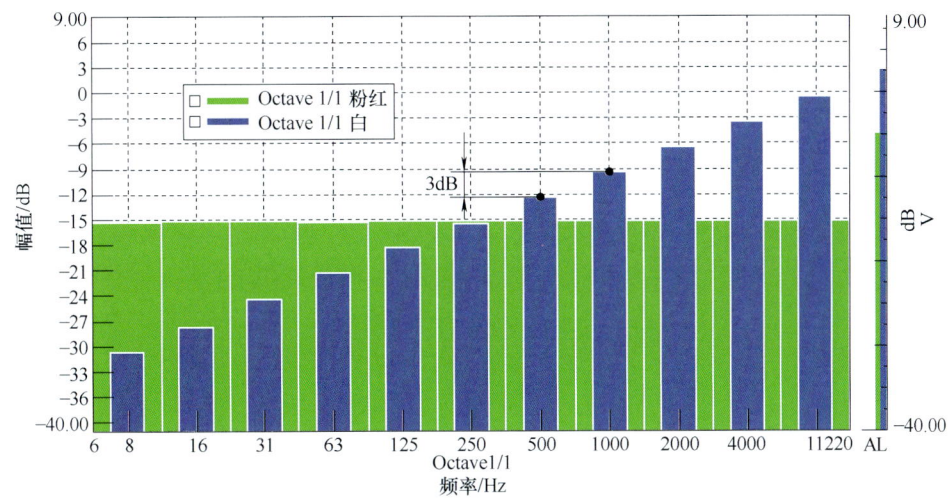

图 1-81　倍频程下的粉红噪声和白噪声

- 在线性频带宽度中，白噪声的能量分布是均匀分布的，粉红噪声按每个倍频程下降 3dB 分布；
- 在等比频带宽度中，白噪声的能量是以每个倍频程增加 3dB 分布的，粉红噪声是均匀分布的。
- 如果在白噪声中加入一个每倍频程衰减 3dB 的滤波器，则白噪声可转换得到粉红噪声。

1.11.4　应用场合

由于白噪声在单位频带上的能量分布是等强度的，那么，通常对结构进行激振器模态分析时，需要激起整个感兴趣频率范围内的模态，那么应该用白噪声激励，激励信号如猝发随机、伪随机、周期随机等。在利用体积声源进行 NTF 测量时，由于也要求在整个频带上相干系数接近 1，那么，也经常用白噪声。

在 1.3 节中我们讲到，在自由场的远场中，距离每增加一倍，声压级降低 6dB，如图 1-82 所示。这个 6dB 是从线性幅值关系来考虑的，如果从能量角度来考虑，则是距离每增加一倍，声能降低 3dB，这符合粉红噪声的特点。因此，背景噪声、扩音系统房间平衡等采用噪声源的音频应用很有可能会用到粉红噪声。室内混响时间测量也可以用粉红噪声。

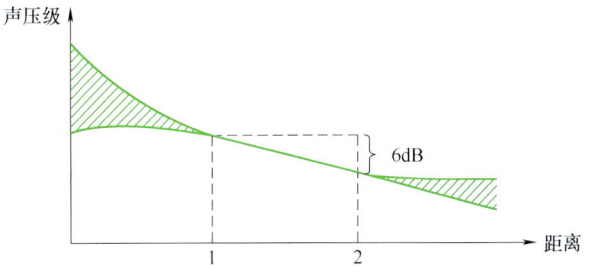

图 1-82　距离增加一倍，声压级降低 6dB

在对 P-P 型声强探头进行相位校准、测量声压残余声强指数 PRII 时都是使用粉红噪声。在进行声腔模态测试时，由于主要关心的是低频的声腔模态，根据经验公式，通常乘员舱的第一阶声腔模态频率为声速除以 2 倍的声腔空间长度,因此,大多数车辆第一阶声腔模态频率在 50~100Hz 之间,所以,此时可以用粉红噪声进行激励。

总之,如果关心低频,那么可以用粉红噪声;如果同时也关心中高频,应该用白噪声。

1.12　什么是声强

> 声学测量最基本的参量是声压,但除了声压之外,还经常测量声强、声功率和声品质等参量。声压是标量,但声强是矢量,因此,声强可提供声压不能提供的一些信息,且声强可用于现场测量,不受外部噪声的影响。在这一节主要介绍以下与声强相关的内容:
> ➢ 声强的定义
> ➢ 声强探头的构造
> ➢ 声强的测量原理
> ➢ 声强的应用

1.12.1　声强的定义

声强定义为单位时间内,通过与声波前进方向垂直的单位面积上的声能,单位为 W/m^2。声强是矢量(有大小和方向),也可以简单地认为某点的声强为该点的瞬时声压与质点瞬时速度的时间平均矢量积,如下式:

$$I = \overline{p(t)\vec{v}(t)}$$

与声压级相对应,声强也存在声强级。声强级是声强与基准声强的相对量度,定义为

$$L_I = 10\lg \frac{I}{I_0}$$

其中,I 为测量的声强,$I_0 = 1 \times 10^{-12} W/m^2$,为基准声强。

当声场中存在多个相互独立的声源时,各声源同时发出来的声强可以按代数相加,即

$$I = I_1 + I_2 + \cdots + I_i + \cdots + I_n$$

此时,总声强级为

$$L_I = 10\lg \frac{I}{I_0} = 10\lg \frac{I_1 + I_2 + \cdots + I_i + \cdots + I_n}{I_0}$$

在声学测量中,一般是测量声压(或声压级),这是因为声压测量的原理简单,方法简便,测量仪器也比较成熟,用声压或声压级可以计算得到声强或声强级和声功率或声功率级。但是声压测量受环境影响(背景噪声、反射声等)较大,往往需要进行修正,有时还需要在特定的声学环境(如消声室、混响室)中进行测量。

相比较于声压测量而言,声强测量具有以下特点:声强测量具有方向性,受现场影响比较小;声强测量及其频谱分析对噪声源的研究有着独特的优越性;能够有效地进行现场测量,解决许多现场声学测量问题;能够进行现场声功率测量等。因此,声强测量成为声学研究的一个有力工具。在数字信号处理技术和 FFT 频谱分析仪问世后,旧的测量技术基本上被抛弃,一种基于两个相同传声器的声强测量技术得到了完善与发展,被广泛应用于实际测量中。

1.12.2 声强探头的构造

声强测量需要使用声强探头,声强探头有两种:P-U 探头(声压-粒子速度探头,Pressure-Particle Velocity Probe)和 P-P 探头(声压-声压探头,Pressure-Pressure Probe),如图 1-83 所示。由于声强大小等于声压与质点速度的乘积,因此,P-U 探头就是利用测量声压和粒子的振动速度来测量声强。P-U 探头由一只声压传感器和一只速度传感器组成,如图 1-83a 所示。

1954 年 T. J. Shults 提出用测量声压梯度方法测量质点速度,从而使声强测量获得了实际应用,而 P-P 探头正是基于这种原理来测量声强的。P-P 探头由一对精心挑选的幅值和相位匹配的传声器组成,两个传声器之间存在间距,如图 1-84 所示。探头具有明显的方向性,测量时通常使声音是从 1#传声器向 2#传声器传播。这种声强探头由于两个传声器是相向对立的,因此,也称这种声强探头为对立式探头。

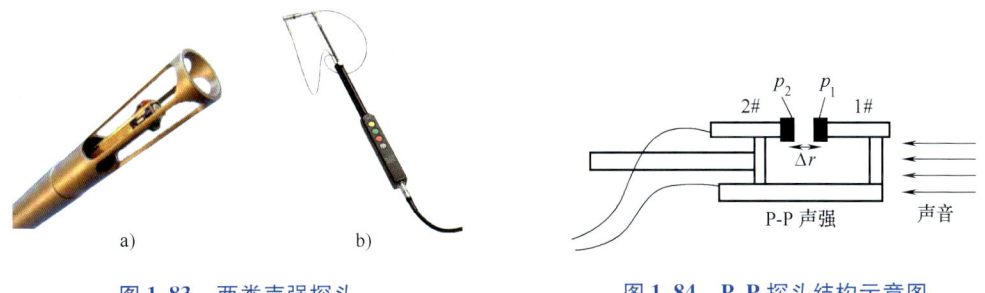

图 1-83　两类声强探头
a)P-U 探头　b)P-P 探头

图 1-84　P-P 探头结构示意图

使用对立式声强探头时,如果测量的声音从不同的方向传播过来,则在倍频程图中采用不同的颜色表示。倘若声强测量软件使用 Testlab,且声音是从 1#传声器传播到 2#传声器,则在声强的倍频程图中用绿色表示,如果声音传播方向相反,则用红色表示,如图 1-85 所示。

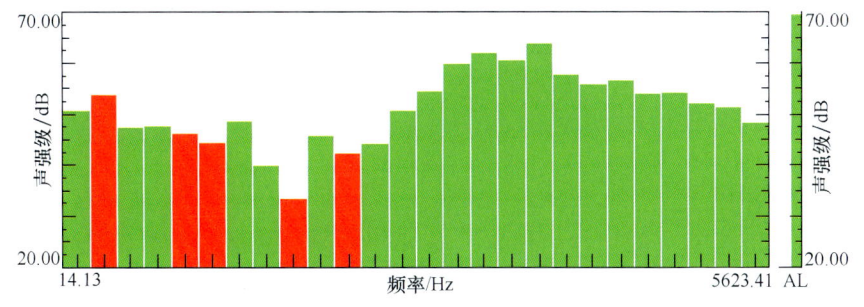

图 1-85　声强的 1/3 倍频程图

两个传声器之间安装不同的隔离柱(Spacer)决定了声强测量的频率范围,通常隔离柱越短,频率范围越宽,但下限频率越高。通常声强探头隔离柱的长度与对应的频率范围见表 1-17。但也有不同的情况,如 GRAS 50AI-L 的各隔离柱长度对应的频率范围略高于表 1-17 中的频率范围。

表 1-17 隔离柱长度对应的频率表

隔离柱长度/mm	频率范围/Hz	传声器尺寸
6	250~10000	$\frac{1}{4}$in
12	125~5000	$\frac{1}{4}$in 或 $\frac{1}{2}$in
25	63~2500	$\frac{1}{2}$in
50	31.5~1250	$\frac{1}{2}$in

声强探头中的两个传声器是经过精心挑选的，幅值和相位匹配，但并不代表二者的相位差为0。为了进一步提高测量精度，还需要对声强探头进行相位校准，以便获得两个传声器的相位差曲线，提高测量精度。

除了对立式探头之外，还有并列式，如图1-86所示，但并列式声强探头两个传声器之间的间距是固定的，不可调整。这种形式的探头一般用于特定情况下的声强测量，如测量路噪。有时还在声强探头的传声器上安装鼻锥，如图1-87所示，用于高风速下的声强测量。

图 1-86 并列式声强探头

图 1-87 带鼻锥的声强探头

1.12.3 声强的测量原理

声强测量的基本方法是在空间一点同时测量平均声压和质点速度，然后把它们相乘并对时间求平均。当用声压梯度法测量质点速度时，测量两点声压后用积分方法从声压梯度中导出质点速度

$$v_i = -\frac{1}{\rho}\int \frac{\partial p}{\partial r}dt$$

式中 ρ——空气密度。

当两个传声器的距离（隔离柱的长度）Δr 小于被测声波最高频率分量的波长时，可以用差分替代微分。因此，在声波传播方向上的声压梯度可以用两个相距较小的传声器的声压差来近似

$$\frac{\partial p}{\partial r} = \frac{p_2 - p_1}{\Delta r} = \frac{\Delta p}{\Delta r}$$

将上式代入质点速度公式，得

$$v_i = -\frac{1}{\rho \Delta r}\int (p_2 - p_1)dt$$

P-P 探头结构如图 1-84 所示，由 1# 和 2# 传声器测量得到的声压分别为 p_1 和 p_2，如果 $\Delta r \ll \lambda$，两个传声器连线中心处的声压近似值 p 和质点振动速度沿两个传声器连线方向的近似值 v_i 都可以用 p_1 和 p_2 来表示：

$$p = \frac{p_1 + p_2}{2}$$

$$v_i = \frac{1}{\rho \Delta r} \int (p_1 - p_2) \mathrm{d}t$$

则声强沿两个传声器连线方向的近似值为

$$I(t) = \overline{p(t)v(t)} = \frac{p_1 + p_2}{2\rho \Delta r} \int (p_1 - p_2) \mathrm{d}t$$

以上是声强的时域表达形式，实际上，也可以建立频域表达式。频域采用的是声压互谱来计算：

$$I(f) = -\frac{\mathrm{Im}(G_{12}(f))}{\rho \omega(f) \Delta r}$$

式中　　G_{12}——声压 p_1 和 p_2 的互谱；
$\mathrm{Im}(G_{12}(f))$——G_{12} 的虚部；
$\omega(f)$——圆频率。

从声强的测量原理可知，在进行声强测试时，除了可以得到声强级，还可得到声压级。

通过声压梯度来计算质点速度，可以用差分代替微分，但这是有频率限制的，正是这个限制条件才导致声强测量时使用不同的隔离柱对应不同的频率范围。

对于上限频率而言，如果隔离柱的长度远大于声波的波长，那么

$$\frac{\partial p}{\partial r} \neq \frac{\Delta p}{\Delta r}$$

也就是说声音的频率很高，因而波长太短，导致声强计算出现明显的误差。如图 1-88 所示，如果声波的频率太高，必然导致差分代替微分的误差加大。对于精度要求在 1dB 以内，则要求

$$\lambda > 6\Delta r$$

如果满足这个条件，可以忽略高频误差。若隔离柱取 12mm，即 $\Delta r = 12$mm，按上式求出来的频率上限为 4778Hz（声速取 344m/s）。如果 $\Delta r = \lambda/6$，那么，通常隔离柱的相位变化为 60°，相位误差在 ±0.3°，因而相位误差不明显。

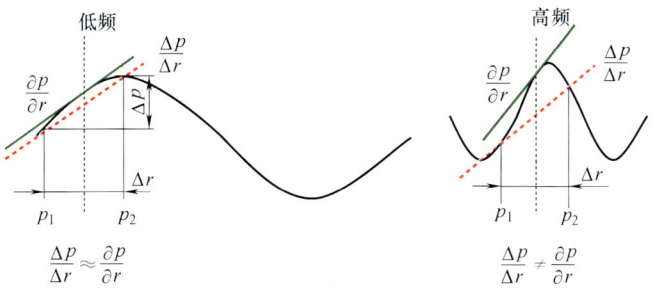

图 1-88　声强测量的上限频率

对于下限频率而言，主要考虑的是相位匹配。声波通过隔离柱时的相位改变量为

$$\varphi = \frac{360\Delta r}{\lambda}$$

从上式可以看出，在低频段，频率越小，波长越长，而通过隔离柱的声波的相位变化将变小，如图 1-89 所示。例如，$f = 63\text{Hz}$，$\lambda = 5.5\text{m}$，$\Delta r = 12\text{mm}$，相位变化等于 $0.8°$。在这个例子中，声强测试将有明显的误差。如果隔离柱越长，如 $\Delta r = 50\text{mm}$，相位改变等于 $3.3°$，声强测量结果将更精确。

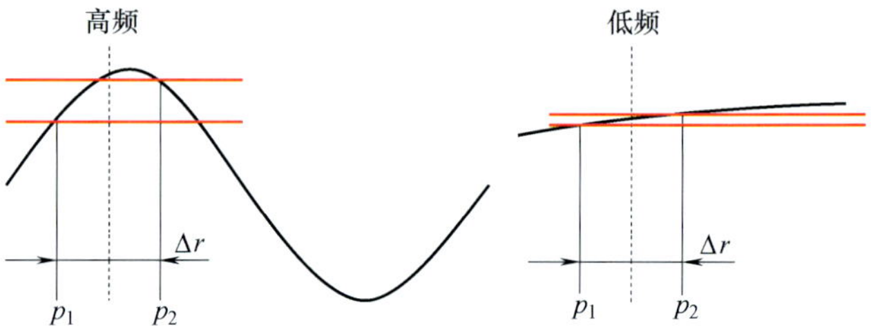

我们知道，P-P 探头由两个精选的相位匹配的传声器组成，理论

图 1-89 声强测量的下限频率

上要求二者的相位差为 0，但实际上二者还存在相位差，因此，声波通过隔离柱的相位改变量越小，误差越大，也即是低频声强测量需要使用更长的隔离柱，获得的相位改变更大，测量结果越精确。

1.12.4　声强的应用

声压是标量，不包含用于描述声能幅值和流速的必要信息，而声强包含这些信息。因此，声强可用于确定和量化噪声源及其传递路径、确定结构的声传递损失等。

基于声强的声功率测量是声强应用之一，通过测量所有测量面的声强，如图 1-90 所示 5 个测量面，然后乘以相应的面积得到声功率。这种测量不受外部噪声的影响，但要求待测声源为稳态声源，不适用于瞬态声源。声强法测量声功率有两种方式，分别为离散点法和扫描法，如图 1-91 所示，这两种方法对应的 ISO 标准分别为 ISO 9614-1 和 ISO 9614-2。关于声强测量声功率请参考本章 1.15 基于声强法的声功率测量。

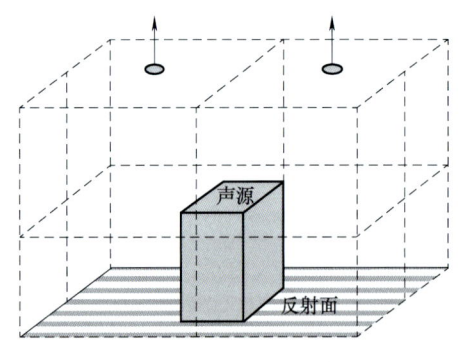

图 1-90　声功率测量示意

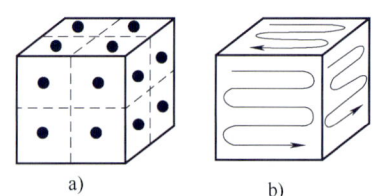

图 1-91　声强法声功率测量的两种方式
a）离散点法　b）扫描法

当测量稳态声源的表面声强时，通过离散点法可实现噪声源定位。将测量面划分为多个网格，测量每个网格中心位置的声强。如果声波垂直于声强探头，那么将不存在时间延迟，得到的声强为 0。但如果声波按一定的角度入射，那么时间延迟将正比于这个角度，因

此，根据这个原理可以找到声源的位置，实现噪声源定位。声强法的噪声源定位测量可得到不同声源和不同频率的声学云图，如图1-92所示。

声传递损失（Sound Transmission Loss，STL）除了使用阻抗管和两个混响室之外，还可使用基于声强的方法在一个混响室和一个消声室来进行测量。通常该方法适用于大的部件的声传递损失测量，如汽车前围板。在混响室测量声压，在消声室测量声强，混响室与消声室共用的墙上开窗用于安装测量试件。如图1-93所示为基于声强的声传递损失测量。

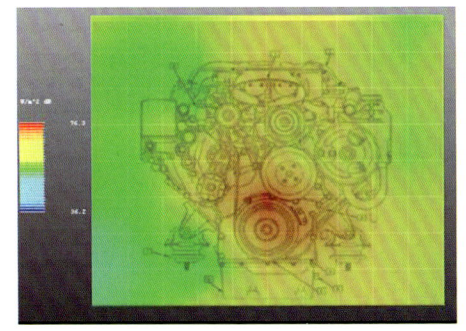
图 1-92 噪声源定位示意图

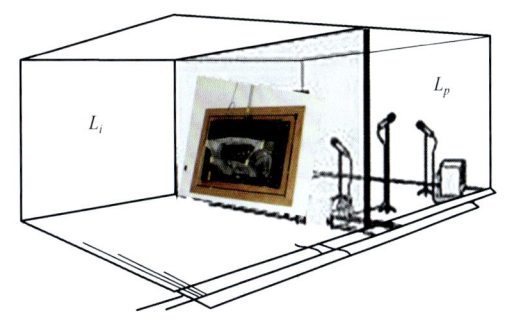
图 1-93 基于声强的声传递损失测量

胎噪仪是基于声强的轮胎噪声测量仪器，测量方法称为随车声强测试法（On-Board Sound Intensity Method，OBSI），如图1-94所示，图1-94a所示为单声强探头水平布置，图1-94b所示为双声强探头垂直布置。基于声强的胎噪仪系统集成度高，具有较高的测试精度。

a) b)

图 1-94 胎噪仪
a) 单声强探头水平布置 b) 双声强探头垂直布置

1.13 什么是声功率

声压虽然是噪声评价的一个重要物理参量，然而声压的大小与离声源的距离和测量时所处的环境直接相关，所以，不能简单地以声压来衡量一个声源的声辐射能量。而声功率可以用来衡量一个声源的声辐射能力，它是一个恒量。在这一节主要介绍以下内容：

> ➢ 声功率的定义
> ➢ 为什么要测量声功率
> ➢ 三个参数之间的关系
> ➢ 声功率测量方法
> ➢ 测量方法的差异

1.13.1 声功率的定义

声功率定义为声源在单位时间内向外辐射的声能，单位为 W。与声压级相对应，声功率也存在声功率级。声功率级是声功率与参考声功率的相对量度，定义为

$$L_W = 10\lg \frac{W}{W_0}$$

式中　W——测量的声功率；

　　　W_0——基准声功率，$W_0 = 10^{-12}$ W。

声功率是一个绝对量，只与声源有关，与其他无关。因此，它是声源的一个物理属性。各类设备或声学环境的声功率和声功率级见表 1-18。

表 1-18　各类设备或声学环境的声功率与声功率级

声　源	声功率/W	声功率级/dB	声　源	声功率/W	声功率级/dB
火箭发动机	10^6	180	机械锯	0.1	110
涡轮喷射发动机	10^4	160	大声讲话	10^{-3}	90
警笛	10^3	150	日常交谈	10^{-5}	70
重卡发动机	10^2	140	冰箱	10^{-7}	50
机关枪	10	130	2.8m 处的听阈	10^{-10}	20
手持式风钻	1	120	28m 处的听阈	10^{-12}	0

当声场中存在多个相互独立的声源时，各声源同时发出来的声功率可以按代数相加，即

$$W = W_1 + W_2 + \cdots + W_i + \cdots + W_n$$

此时，总声功率级为

$$L_W = 10\lg \frac{W}{W_0} = 10\lg \frac{W_1 + W_2 + \cdots + W_i + \cdots + W_n}{W_0}$$

声压和声强都可以直接测量，但声功率不能直接测量，只能通过声压法或声强法测量计算获得。

1.13.2 为什么要测量声功率

声功率可描述设备发出的噪声大小，但人的听觉依赖于声压。低声压级能减少对听力的伤害风险，也可以使操作人员更好地操作设备。如果要安装的设备的声学环境已知，那么可以根据设备的声功率级预估出声压级。例如，已知机器的声功率级为 L_W，安装在近似有一个反射面自由场的环境中，可以近似计算出距离设备中心 r 处的声压级大小为

$$L_p(r) = L_W - 10\lg(2\pi r^2) = L_W - 20\lg r - 8$$

与声压相反，声功率是独立于环境的客观量。因此，声功率是描述和比较机器辐射出噪声高低的有效参量，可用于比较同类或不同类设备或竞争产品的噪声辐射水平。同时，人们在购买产品时，声功率也是其中一个考虑因素。声功率也可以作为辅助开发更低噪声设备的一种工具，如用于判断开发出来的设备是否超过噪声规范的上限或目标值。声功率还可以用来判断机械设备发出的噪声能否达到相关地区的标准，如欧盟的相关标准，达到标准后才能在这些地区进行销售。

虽然声压级也可用于评价噪声的大小，但是声压测量有局限性，如测量结果与所处的声学环境中的距离和方位有关，难以给出确定的数值来评价设备噪声的大小。而声功率测量使用包络面测量方式，与距离无关，测量结果为确定的数值。在普通的声学环境甚至在有噪声干扰的条件下，使用声强法也可以测得声源的声功率。因此，用声功率来评价声源辐射的噪声具有声压无法替代的优势。

为了保证不同类型机器声功率测量的准确性、精密度和再现性，声功率的测量必须依照相关可接受的标准和测试规范进行。

1.13.3 三个参数之间的关系

描述声音的三个参数是声压、声强和声功率，它们之间有一定的关系。声功率与声强有直接的关系，可以以围绕声源的封闭球面的表面积为变量，对声强求积分来得到声功率的值。在特定的声学环境中，在一定位置可以测量出可感知声源的声压。

可以采用一个类推方法来解释声功率与声压之间的区别。在一个有暖气片的房间中，暖气片一直散发出一定瓦特数值的热能，所以从暖气片中散发出来的热能与环境无关，不受环境的影响。但是房间中的温度与房间中的热能环境有关，不同位置的温度可能不一样。

类似地，放置在房间中的声源会辐射出一定瓦特数的声能，但是声压取决于声学环境和在房间中距声源的距离，如图 1-95 所示。声功率是"根源"，声压是声源引起的"影响"。

在以上类推中，暖气片散发出来的热能相当于声功率，温度相当于声压。

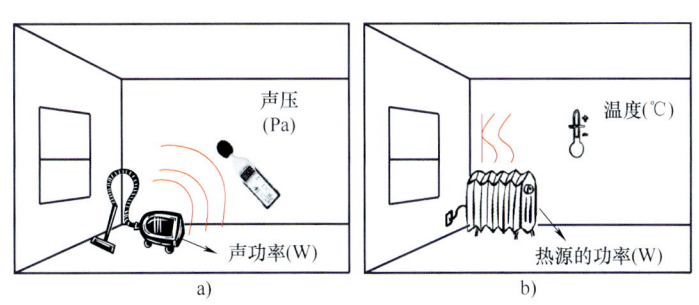

图 1-95　类推方法
a）发声的声源　b）发热的热源

在自由场中，由点声源发出的声音，如图 1-96 所示，声强 I 与声功率 P、声压 p 关系如下：

$$I = \frac{P}{4\pi r^2} = \frac{p^2}{\rho c} \quad (r_2 = 2r_1 \Rightarrow I_2 = I_1/4)$$

式中 ρc ——介质的声阻抗。

声功率是声源的一个特性，它与测量距离无关，而声压和声强与测量距离有关。在自由场中，测试球面的半径增加一倍，声强减少到原来的1/4，如上述公式所示，而声压是原来的一半。相应地，距离中心距离为 r_1 和 r_2 两点的声压级满足下列关系：

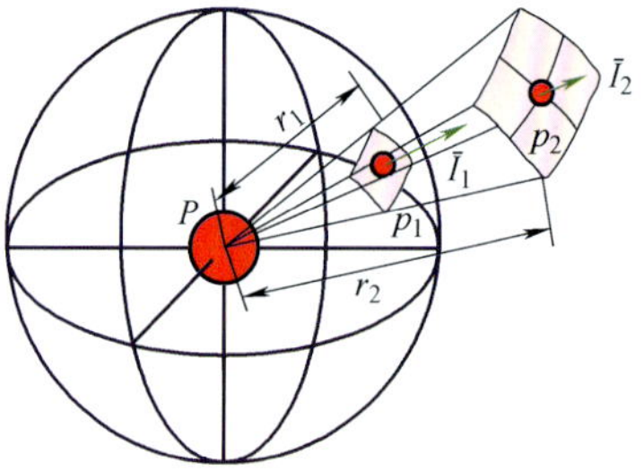

$$L_{p_1} = L_{p_2} + 20\lg \frac{r_2}{r_1}$$

图 1-96 自由场中的点声源

从上面的公式可以看出，声强可用于计算声功率，即

$$P = \int_S \vec{I} \, \mathrm{d}\vec{S}$$

如果将测量面划分为多个子面，那么声功率

$$P = \sum I_{i,\text{法向}} \Delta S_i$$

1.13.4 声功率测量方法

声功率不能够直接测到，必须要在造价昂贵的消声室或混响室通过对声压的测量，计算出声功率。由前面的公式可知，声强是单位面积上的声功率，所以，一个包围声源的包络面上的声强与面积的乘积，就是声源的声功率。声强是质点速度与声压的乘积，因此，声强是一个矢量。只要将包络面上的声强矢量做积分，就可以求出声源的声功率，而测量区域之外的干扰噪声将得到抵消。因此，声功率的测量可基于声压法或声强法得到。基于声压的声功率测量要求在特定的声学环境中进行，但基于声强法的声功率测量可以在普通的声学环境，甚至在有干扰噪声的情况下进行。通过对声强的测量就可以得到声源的声功率，这是声强测量技术最典型的应用。

不管是基于声压法还是声强法，声功率测量都需要假想一个包络被测声源的测量面，并且在该测量面内除了被测声源之外，不能有其他声源或吸声体，测量面到被测声源的距离要适中。常用的包络被测声源的测量面有两种形式：半球面和六面体面，如图 1-97 所示。有时可能还会采用任意包络面包络待测声源。

包络测量面会根据待测声源的大小做调整，图 1-97 中的包络测量面是以声压法示意的，图 1-97 中的空心圆点为关键的传感器测量位置，实心圆点为可增加的额外的传感器测量位置。如 ISO 374X 标准中对这些传感器的测量位置有详细的说明。关于声压法测量声功率的详细介绍，请参考本章 1.14 基于声压法的声功率测量。

基于声强的声功率测量有两种测量方法，分别为离散点法和扫描法，对应的标准为 ISO 9614-1 和 ISO 9614-2。

对于矩形包络面而言，如图 1-90 所示，通常需要测量5个面，底面作为反射面不测量，每个面的测量方式具有两种可选：离散点法和扫描法。

(1) 离散点法 如图 1-91a 所示，这种方法是将测量面均匀划分为若干单元，然后逐个测量每个单元中心点的法向声强，计算该单元的声功率，最后将所有单元的声功率进行叠

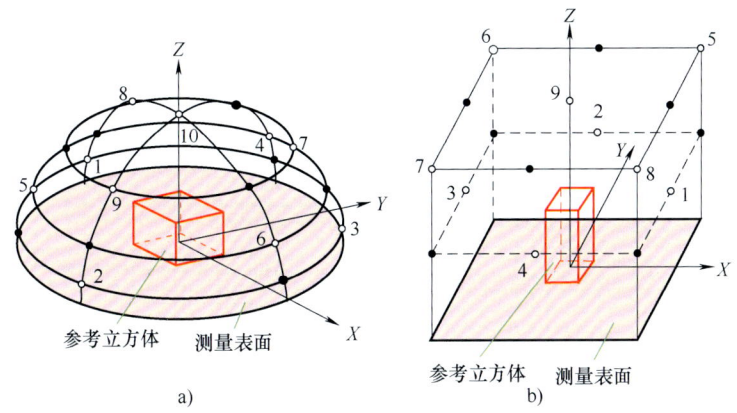

图 1-97 常见的包络测量面

a）半球面 b）六面体面

加，作为该测量面的声功率。

（2）扫描法 如图 1-91b 所示，这种方法是将声强探头在适当长的时间内沿测量面进行匀速往复扫描，这样便可测得该测量面的平均声强，并计算其声功率。采用这种方法要求每个测量面都要正交地扫描两次。

分别测量 5 个面后，将 5 个面的声功率相加，即可得到总声功率。

从理论上讲，扫描法是连续空间平均较好的数学近似，测量精度较高，但是测量时，必须注意声强探头必须以均匀速度扫描，并且要均匀地覆盖被测量表面，因而测量时难度稍大。离散点法测量精度稍低，但是只要划分好测量单元，测量过程比较方便，重复性好，并且可以通过增加测点数目来提高测量精度。因此在实际测量中，应根据不同的测量要求选择不同的测量方法。

关于声强法测量声功率的详细介绍，请参考本章 1.15 基于声强法的声功率测量和 1.16 基于声强法的声功率测量实例。

1.13.5 测量方法的差异

笔者曾经对同一个声源分别使用声压法和声强法测量它的声功率级，得到的结果曲线如图 1-98 所示。测量时并非在消声室内进行的，而是晚上 8 点以后在工厂的厂院内，场地可认为是一个半自由场。17 个测量点的声压法测量得到的声功率级为 80.9dB（A），声强法测量得到的声功率级为 76.1dB（A），两种方法得到的声功率在各自 1/3 倍频程带的 A 计权数值见表 1-19。两种方法测量结果相差了 4.8dB（A），这是因为基于声压法的声功率测量易受环境噪声的影响，导致测量结果偏大，而声强法不受环境噪声的影响。

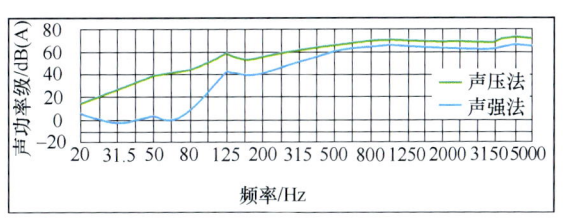

图 1-98 对比两种方法得到的结果

另一方面，从图 1-98 可以看出，在 1/3 倍频程中心频率 125Hz 以下，二者相差明显，而在高频段，二者的差值变化不大，这是因为声强法使用的隔离柱长度是12mm，它对应的有效频率范围下限刚好是125Hz，在这个频率以下，它的测量精度较差。

表1-19　声压法与声强法获得的1/3倍频程声功率级　　　　单位：dB（A）

1/3倍频程	声　压　法	声　强　法	1/3倍频程	声　压　法	声　强　法
20	14.7	5.5	400	63.7	57
25	20	0.7	500	66.1	61.7
31.5	25	-1.9	630	67.9	63.3
40	31.2	0	800	69.4	65.2
50	39.5	4	1000	71.3	67.1
63	41.1	0	1250	70.1	65
80	43.7	8.6	1600	69.3	64.6
100	49.7	26.7	2000	68.8	64
125	58.3	44.8	2500	68.6	63.7
160	53.2	39.9	3150	68.3	63.3
200	55.1	41.7	4000	69.1	63.9
250	59	47.5	5000	73.2	67.3
315	60.7	52.8	6300	72.6	65.9
声压法	80.9		声强法	76.1	

基于声压的声功率测量具有快速、可靠、高频率范围与动态范围等优点。但是传统的声压法测量需要消声室、混响室等特殊的声学环境，然而建造这些声学环境费用昂贵，即便有了这些声学设施，很多机器因结构、重量、尺寸及运转和安装条件的限制等，难以运进消声室内进行测量。另一方面，声压法受环境影响明显。

基于声强的声功率测量对测量场地及背景噪声要求较宽松，可现场测量，能剔除背景噪声的影响，可以方便地进行噪声源定位，可以方便地进行声辐射效率、传递损失等方面的测试研究工作等。但是声强法对操作者的技术有较高的要求，实验时间冗长、方式较为复杂。

如果不是在特定的声学环境中测量，声压法得到的声功率会偏大，而声强法得到的结果更精确。因此，声压法常用于特定的声学环境中的声功率测量，而声强法常用于现场或户外的声功率测量。

1.14　基于声压法的声功率测量

虽然基于声压法的声功率测量通常要求在特定的声学环境中测量，且易受背景噪声的影响，而基于声强法的声功率测量可以现场测试。但声强法只能针对稳态声源，而声压法可针对各类特征噪声进行测量。各类特征噪声包括宽带、窄带、离散频率、稳态、非稳态和脉冲噪声等。在这一节主要介绍以下内容：

➢ 自由场法

> 混响室法
> 标准声源法
> 现场测量法
> 声压法测量标准

1.14.1 自由场法

把机器设备放在室外空旷无噪声干扰的地方或消声室内，即自由场中。测量表面采用半球面或六面体面，且测量位置应位于远场中，测量点的数目不能太少，各个测点位置的声压级的最大差值不得超过6dB，否则应增加更多的测点进行测量。自由场测量时使用自由场传声器。

求声源的声功率时，应将假想半球面（或六面体面）分成与测量点数目相同的面积。如果传声器测点占有的测试半球的面积相等，可以用下式求出表面平均声压级：

$$\overline{L_p} = 10\lg \frac{1}{N}\left(\sum_{i=1}^{N} 10^{0.1 L_{p_i}}\right)$$

式中 $\overline{L_p}$——被测声源工作期间的测量表面平均声压级（dB）；

L_{p_i}——第 i 个传声器位置上测得的声压级（dB）；

N——传声器位置数目。

如果传声器测点所属的测量表面的占有面积不相等，此时，应用下式求表面平均声压级

$$\overline{L_p} = 10\lg \frac{1}{S}\left(\sum_{i=1}^{N} S_i 10^{0.1 L_{p_i}}\right)$$

式中 S——测量半球的总面积（m²）；

S_i——第 i 个传声器测量位置所在测量表面占有的面积（m²）。

测量以机器设备为中心的半球面上若干均匀分布测点的声压级，用以下公式即可求得机器设备的声功率级 L_W：

$$L_W = \overline{L_p} + 10\lg S$$

若机器设备放置在全消声室或理想的自由场中，声源以球面波辐射，则在声源的远场半径 r 处的球面上，测量其声压级或频带声压级就可以计算出声功率级，即

$$L_W = \overline{L_p} + 10\lg(4\pi r^2) = \overline{L_p} + 20\lg r + 11$$

如果机器放在室外坚硬的空旷地面上，周围无反射，这时透声面积为 $2\pi r^2$，则声功率级 L_W 为

$$L_W = \overline{L_p} + 10\lg(2\pi r^2) = \overline{L_p} + 20\lg r + 8$$

1.14.2 混响室法

将机器设备声源放置在混响室内，测量室内平均声压级后可以求出噪声源声功率级。注意，混响室测量声压级使用的传声器类型为随机场传声器。在混响室内，除了非常靠近声源位置外，离开壁面半波长的其他区域的声压级差不多相同。这时室内平均声压级和声源声功率级的关系为

$$L_W = \overline{L_p} + 10\lg\alpha S - 6.1$$

式中　α——房间的吸声系数；
　　　S——混响室边界表面的总面积；
　　　αS——混响室总吸声量。

混响室测量时，传声器位置距墙角和墙边至少应为关心的最低频率的波长的3/4，离墙面至少为关心的最低频率的波长的1/4，且传声器不要太靠近声源，因为声源附近干涉严重，因此，至少应距待测结构1m远。平均声压级至少要在一个波长的空间内进行测量，测量位置约3~8个，常用6个。测量位置的个数还与噪声源频谱特性有关，如噪声源有离散频率，就需要更多的传声器测点。

对于混响室而言，有一个重要的参数就是它的混响时间，如果混响室的总吸声量是通过测量混响时间来计算的，这时噪声源的声功率可用下式计算：

$$L_W = \overline{L_p} + 10\lg\frac{V}{T} + 10\lg\left(1 + \frac{S\lambda}{8V}\right) - 14$$

式中　V——混响室体积；
　　　T——混响时间；
　　　λ——相应测试频带中心频率的声波波长。

1.14.3　标准声源法

前面两种测试方法都要求特定的声学环境，但机器设备的实际使用环境可能位于车间或厂房内。因此，机器设备可能不便于搬运到消声室或混响室。那么，此时可使用标准声源法或现场测量法。

在有限吸声的房间（如工厂、车间）内测量噪声，自由场法要求的条件很难得到满足。这时，采用一个已知声功率级 L_{W_r} 的标准声源与被测噪声源相比较来测定机器的声功率。使用标准声源和待测声源在相同的条件下、同样的测量位置产生的声压级（也可以是平均声压级）分别为 L_{p_r} 和 L_p，则噪声源的声功率级 L_W 可用下式来表示：

$$L_W = L_{W_r} - L_{p_r} + L_p$$

按此方法测量时，先使噪声源按测试工况工作，在一些测点位置上测得声压级，计算得到平均声压级。然后关掉噪声源，将标准声源置于噪声源的位置，再在这些测点位置测量标准声源的平均声压级。

用此法测量时，可以选用下述方法之一来进行：

（1）替代法　把机器移开，用标准声源代替它做测量。
（2）并排法　若机器不便移动，可以把标准声源放在对称的位置。
（3）比较法　把标准声源放在厂房另一点，周围反射面位置和机器旁相似。

关于标准声源的要求可参考 GB/T 4129—2003（《声学　用于声功率级测定的标准声源的性能与校准要求》）。

1.14.4　现场测量法

虽然基于声压的声功率测量已有前面介绍的三种方法了，但是测量时仍有诸多不便，如很难找到合适的消声室或混响室、很难找到标准声源、机器设备难以移动等问题。这就要求在现场对机器设备进行基于声压法的声功率测量。

现场测量时不同于消声室,将会受到现场背景噪声和测试环境的影响。因此,需要对这两个影响因素进行修正。在按自由场法得到声功率的基础上,减去两个修正因子,则为现场测量得到的声功率级

$$L_W = \overline{L_p} + 10 \lg S - K_1 - K_2$$

其中,K_1 是背景噪声的修正项,当测量得到的表面平均声压级 $\overline{L_p}$ 与背景噪声的声压级差 $\Delta L > 15 \text{dB}$ 时,可以不做修正,即 $K_1 = 0$。当二者差值位于 6~15dB 之间时,必须修正,且按下式进行修正:

$$K_1 = 10 \lg(1 - 10^{-0.1 \Delta L})$$

当二者的差值小于 6dB 时,整个测量(工程法)都是无效的。K_2 是测量环境的修正项,通常可依据房间的吸声量来计算修正项,即

$$K_2 = 10 \lg \left(1 + \frac{4S}{A}\right)$$

式中　S——测量表面的面积;
　　　A——房间的吸声量。

而房间的吸声量由下式给出:

$$A = \alpha S_V$$

式中　α——房间的平均吸声系数,按表 1-20 选取;
　　　S_V——测试房间边界表面的总面积。

当然,吸声量也可以采用其他方法,如测量房间的混响时间,通过赛宾公式来计算,但相对而言,上式更简单,更普遍。

表 1-20　平均吸声系数的近似值

平均吸声系数	房 间 特 性
0.05	房间几乎全空,墙壁平滑坚硬,材料为混凝土、砖、硬膏或瓷砖贴面
0.1	房间部分空,墙壁平滑
0.15	带家具的房间,矩形机器间,矩形工业厂房
0.2	带家具的不规则形状的房间,不规则形状的机器间或工业厂房
0.25	带装饰性家具的房间,天花板或墙面装有少量吸声材料的机器间或工业厂房(如局部吸声的天花板)
0.35	房间的天花板和墙壁均装有吸声材料
0.5	房间的天花板和墙壁装有大量的吸声材料

当与声源的距离等于声源中心至较低测点最大距离 3 倍的范围之内无反射物体时,可不进行环境修正,即 $K_2 = 0$。只要 $K_2 \leq 2 \text{dB}$,那么测量表面符合要求,如果环境修正项大于 2dB,则可选用一个较小的测量表面重复测量或另选一个更好的测试环境。

1.14.5　声压法测量标准

基于声压法的声功率测量的标准可分两类,一类是按测试对象划分的,见表 1-21(部分标准);另一类是按测试方法划分的,见表 1-22。笔者看来,按测试方法划分更有意义,

表 1-21 中的许多标准都是根据表 1-22 中的方法来制定的。

表 1-21 按测试对象划分的标准

标准编号	名 称
GB 1859	内燃机噪声声功率级的测定准工程法
GB 3770	木工机床噪声声功率级的测定
GB 4214	家用电器噪声声功率级的测定
GB 4215	金属切削机床噪声声功率级的测定
GB 6404	齿轮装置噪声声功率级测定方法
GB 8194	内燃机噪声声功率级的测定工程法及简易法
GB 9068	采暖通风与空气调节设备噪声声功率级的测定工程法
GB 9069	往复泵噪声声功率级的测定工程法
GB/T 7612	皮革机械噪声声功率级的测定
GB/T 2888	风机和罗茨鼓风机噪声测量方法
GB/T 25614	土方机械声功率级的测定动态试验条件
JB/T 9512	气候环境试验设备与试验箱噪声声动功率级的测定
JB/T 10504	空调风机噪声声功率级测定混响室法
JB/T 7232	包装机械噪声声功率级的测定简易法

表 1-22 ISO 374X 系列基于声压法的声功率标准概况

标准编号	精度分类	测试环境	声源体积	噪声特征	声功率级	可选信息	等效国标
ISO 3741	精密(1级)	满足特殊要求的混响室	最好小于测试间体积的1%	稳态、宽带	倍频程或1/3倍频程	A计权声功率级	GB/T 6881.1
ISO 3472				稳态、窄带或离散频率			
ISO 3743-1	工程(2级)	硬墙的测试房间	最好小于测试间体积的1%	稳态、宽带、窄带或离散频率	A计权和倍频程	其他计权声功率级	GB/T 6881.2
ISO 3743-2		专用混响室					GB/T 6881.3
ISO 3744		户外或大房间内	最大尺寸小于15m	任意	A计权和倍频程或1/3倍频程	指向性和声压级随时间变化,其他计权声功率级	GB/T 3767
ISO 3745	精密(1级)	消声室或半消声室	最好小于测试间体积的0.5%				GB/T 6882
ISO 3746	简易(3级)	户外或室内(没有专用的测试环境)	没有限制,只受限于测试环境		A计权	声压级随时间变化,其他计权声功率级	GB/T 3768
ISO 3747		没有专用的测试环境,测试声源不可移动	没有限制	稳态、宽带、窄带或离散频率		倍频程声功率级	GB/T 16538

声压法测量时,可以所有测点同时测量,也可以逐点移动传声器进行测量,但对于逐点移动法,声源必须是稳态声源。通常使用包络面将被测声源包络起来,包络面内除了被测声源之外,不能有其他声源或吸声体,测量面到被测声源的距离有要求。

常用的包络被测声源的测量面有两种形式:半球面和六面体面,如图 1-97 所示。当用半球面作为测量表面时,可以采用基本的 10 点法,如图 1-99 中空心圆点所示位置,如果想进一步精细测量,可以额外增加 10 个测点,如图 1-99 中黑色实心圆点所示位置,这些位置所占测量半球的面积都是相等的,关于这些测点的具体位置,可参照标准 ISO 3744 或 GB/T 3767。采用半球面作为测量面时,要求测量半球面的半径 r 同时满足下列要求:

$$r \geqslant 2d_0 \text{ 且 } r \geqslant 1\text{m}$$

其中,声源的特征尺寸由以下公式确定。

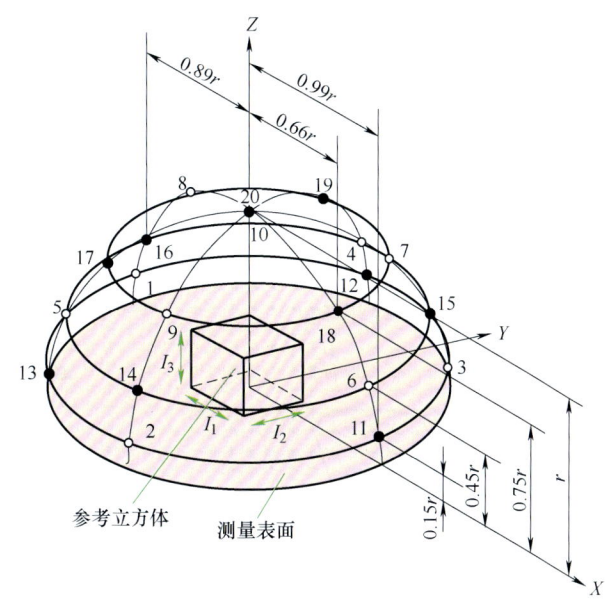

图 1-99 半球面测量

$$d_0 = \sqrt{\left(\frac{I_1}{2}\right)^2 + \left(\frac{I_2}{2}\right)^2 + I_3^2}$$

式中,I_1、I_2、I_3——待测声源的长、宽、高,如图 1-99 所示。

由于机器设备的尺寸不同,采用六面体面作为包络测量面时,须根据待测声源的大小做调整,机器设备的常见的情况有小机器、高机器、大机器和长机器等。因此,对这些机械设备进行声功率测量时,测量表面的尺寸应根据相应的标准进行调整。

1.15 基于声强法的声功率测量

基于声压法的声功率测量受背景噪声和测试环境的影响,在现场进行测试时,必须对两个影响因子进行修正,而即使修正之后,测量结果仍可能偏大(见 1.13 什么是声功率)。而基于声强法的声功率测量则可以剔除背景噪声和测试环境的影响,但要求声源必须是稳态声源。在这一节主要介绍以下内容:
- ➢ 基本原理
- ➢ 离散点法
- ➢ 扫描法
- ➢ 测量方法的差异

1.15.1 基本原理

通过本章 1.13 什么是声功率的讲述,我们已经明白,将声强对包络整个待测声源的测量表面面积进行矢量积分,如图 1-100 所示,即得到声源的声功率:

$$P = \int_S \vec{I} \, d\vec{S} = \int_S I\cos\alpha \, dS$$

如果将测量表面划分为若干个子面，并且测量每个子面的法向声强，如图 1-101 所示，那么，声功率可由下式得到：

$$P = \sum_i I_{i,\text{normal}} \Delta S_i$$

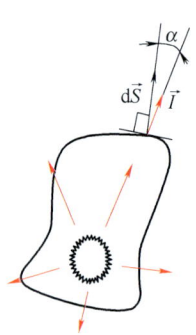
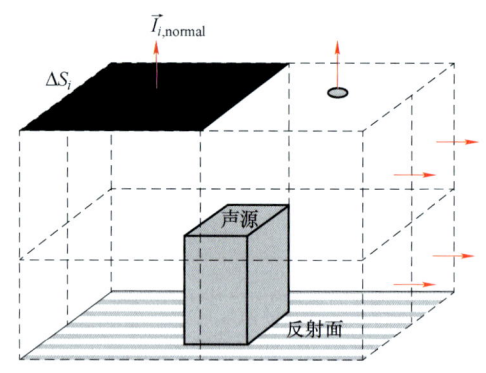

图 1-100　声强计算声功率　　　　　　　图 1-101　分片计算声功率

当声源位于测量表面内部时，求得的声功率为该声源的声功率，如图 1-102 所示。如果在测试现场附近还有其他外部声源存在时，由于其他声源位于测量表面之外，该声源的声能从测量表面的一侧进入为负，而从另一侧出去时为正，如图 1-103 所示。因此，对这些声能进行矢量积分时，会相互抵消，从而对测试结果没有影响。因而，基于声强法的声功率测量可以现场进行测试，不受其他外部噪声的影响。

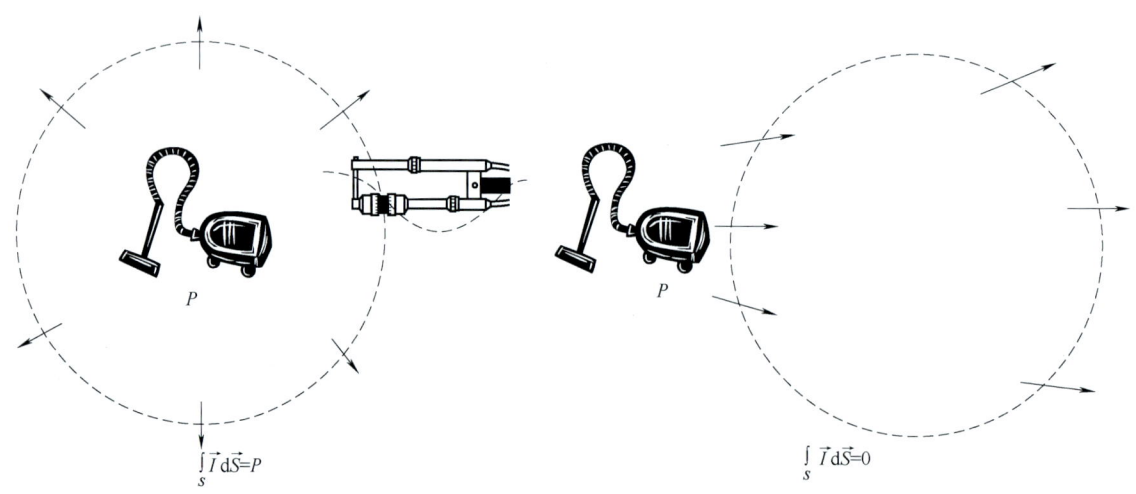

图 1-102　基于声强法的声功率测量示意图　　　图 1-103　外部噪声对声强法测量声功率的影响

根据下面的声强计算公式可知，当同一个信号垂直声强探头入射时，如图 1-104 所示，那么两个传声器测量得到的声压值应该相等，因而得到的声强理论上应该为零。但是，由于两个传声器相位不匹配,存在极小的相位差,使得声强不为零。那么,这个不为零的声强可认为是设备的本底噪声。当外界的声强值小于本底噪声时,测量是无效的。另一方面,这个本底噪声还因声压级的大小不同而不同,因此,很难对其进行量化。

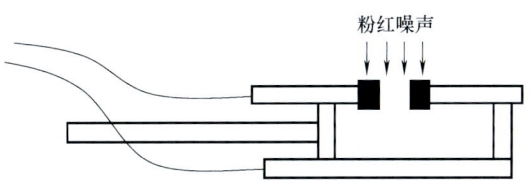

图 1-104 声音垂直入射

$$I(t) = \overline{p(t)v(t)} = \frac{p_1+p_2}{2\rho\Delta r}\int(p_1-p_2)\mathrm{d}t$$

为了解决这个问题,引入了一个参数,声压残余声强指数(Pressure Residual Intensity Index,PRII),即声压级与声强级的差值:

$$\text{PRII} = \delta_{pI_0} = (L_p - L_{\text{In}})$$

式中 L_p——外界噪声的声压级,如图 1-104 所示的粉红噪声;

L_{In}——声强探头本底噪声值,这个参数通常通过声强校准器(如 GRAS 51AB 和 B&K 3541)校准得到。

那么,在给定声压级和隔离柱长度的情况下,可测量到的最低声强级,也就是残余声强(Residual Intensity,RI),由下式确定:

$$\text{RI} = L_p - \delta_{pI_0}$$

因而,声场中测量得到的声强级 L_I 应在这个范围内,即

$$\text{RI} < L_I < L_p$$

另一方面,根据标准,声强探头的动态范围指数 L_d(dB)由下式给出:

$$L_d = \delta_{pI_0} - K$$

式中,偏差因子 K 根据精度等级来选择,见表 1-23。

表 1-23 偏差因子 K

精 度 等 级	偏差因子 K/dB
精密(1 级)	10
工程(2 级)	10
简易(3 级)	7

由于受声强测量设备的限制,1/3 倍频程的测量频率范围被限制为 50~6300Hz。

基于声强法的声功率测量通常用六面体包络待测声源,底面作为反射面不测量,测量其他五个矩形面元。因而每个矩形面元有两种测量方式可选:离散点法和扫描测量法。

1.15.2 离散点法

根据标准,要求测量表面与被测声源表面的平均距离一般应当大于 0.5m,如图 1-105 所示。如果测量表面的位置正好在声辐射小、对被测声源声功率影响不大的机器部位或被测声源尺寸很小,二者的距离可以小于 0.5m。

离散点测量法是将每个测量面元均匀划分为若干单元,然后逐点测量每个单元中心点的法

向声强,如图 1-106 所示,计算该单元的声功率,最后将所有单元的声功率进行叠加,作为该测量面的声功率。测量时,声强探头垂直于测量表面,且声源的声音传播方向是从 1#探头到 2#探头(或从探头 A 到探头 B),隔离柱的中点刚好位于测量面元上,每个测点测量时间 10s 左右。

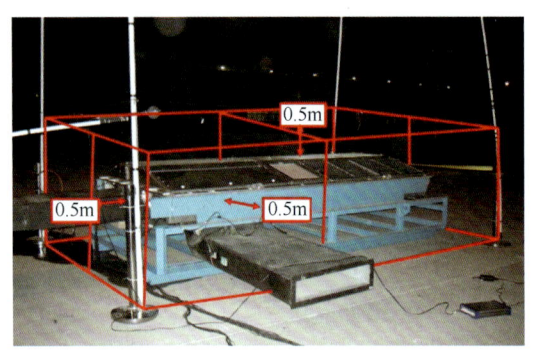

图 1-105　测量表面与被测声源表面的距离

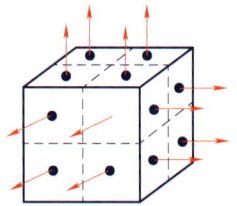

图 1-106　离散点法

离散点测量法可能受测点数目的影响,如图 1-107 所示,对一个校准了的声源进行测量,其声功率级为 75dB。当每个测量面元只有 1、2 和 4 个测点时,如图 1-107 所示,得到的结果分别为 78.6dB、76.8dB 和 75.8dB,而扫描法得到的结果为 75.6dB。因此,离散点法测量时必须划分数目合适的测点,不然将引起明显的测量误差。根据标准,要求测量点最少每平方米一个,整个测量表面最小取 10 个测量点,它们应尽可能在面元上均匀分布。如果外部噪声比较明显,需要 50 多个测量点。只要总的测量点数不少于 50 个,可以允许降到每 $2m^2$ 一个测量点。如果外部噪声不明显,并且测量表面积大于 $50m^2$,那么整个测量表面上可取 50 个测量点,但要尽可能均匀。

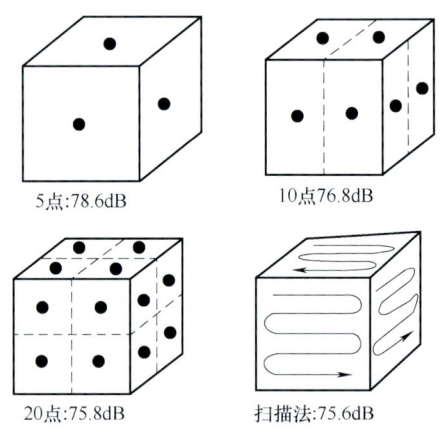

图 1-107　不同测点数目得到的结果比较

对于离散点测量法而言,有 4 个声场指示值:F_1、F_2、F_3 和 F_4。

F_1 表示声场随时间变化的指示值,通常每个测量面取 2 个点,共 10 个点来计算该指示值。该指示值越小表明声源辐射的声强越稳定,随时间变化小,即声源为稳态声源。根据标准 ISO 9614-1,要求 $F_1 \leq 0.6$。如果 $F_1 > 0.6$,应采用以下措施:①减少外部噪声的时变性;②每个测点增加测量时间;③在时变性更小的期间进行测量。

F_2 表示测量表面的声压-声强指示值,为每个测量面元的平均声压级与该表面法向无符号平均声强级的差值。在自由声场中该值为 0,在扩散场大于 0。根据标准 ISO 9614-1,要求它小于声强探头的动态范围指数,即 $F_2 < L_d$。当 $F_2 > L_d$,如果存在明显的外部噪声和(或)很强的混响时,应减少测量表面与声源之间的平均距离,最小距离为 0.25m。如果没有明显的外部噪声和(或)很强的混响,应将平均测量距离增加到 1m。

F_3 表示声功率负部指示值,为每个测量面元的平均声压级与该表面法向带符号平均声强级的差值。这个指示值考虑了声强的方向性，根据 ISO 9614-1，要求 $F_3 - F_2 < 3\text{dB}$。如果不满足，应减少测量表面到声源表面的平均距离，或者屏蔽外部噪声源，或者减少进入包络面的反射声。

F_4 表示声场非均匀性指示值，表示测量声场在空间的变化大小。这个指示值确定了离散点测量法的最少测点数目。根据 ISO 9614-1，要求测点总数目 $N \geq CF_4^2$，如果这个条件满足，说明测量表面上均匀分布的测点总数目是足够的。对于工程级的 1/3 倍频程而言，C 按表 1-24 取值。如果该条件不满足，那么应均匀地增大测点密度。

表 1-24 因子 C 值

1/3 倍频程中心频率/Hz	工程（2级）
50 ~ 160	11
200 ~ 630	19
800 ~ 5000	29
6300	14

1.15.3 扫描法

扫描测量法是将声强探头在适当长的时间内，沿测量面进行匀速往复扫描，这样便可测得该测量面的平均声强，并计算其声功率。采用这种方法要求每个测量面元都要正交地扫描两次，如图 1-108 所示。相邻两条扫描线路的平均距离应当相等，且不超过测量面元距声源的平均距离。

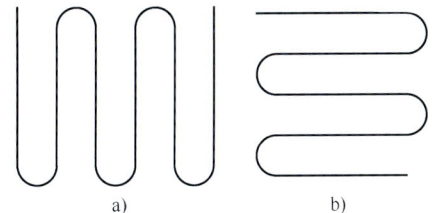

图 1-108 两种扫描方式
a）垂直扫描 b）水平扫描

扫描时可采用机械扫描方式，也可以采用手动扫描方式。手动扫描速度应在 0.1 ~ 0.5m/s 范围之内，机械扫描速度则应在 0 ~ 1m/s 的范围之内。在单个测量面元上任何一次扫描的持续时间不应小于 20s。手动扫描期间，操作人员不应面对测量面元扫描，而应站在旁边以使其身体不会阻挡声源的声辐射，产生反射声。

扫描法测量时，根据标准，有 3 个声场指示值。

F_{pI} 是测量面的声压-声强指示值，如果测量面元相等，那么该指示值与离散点法的 F_3 相等。根据标准 ISO 9614-2，要求 $L_d > F_{pI}$。如果该条件不满足，那么应将测量面至声源的平均距离减半（但不能小于 0.1m）和将扫描线路密度加倍。

$F_{+/-}$ 是负局部声功率指示值，在均匀面元面积的特殊情况下，该指示值等于离散点法的 $F_3 - F_2$。根据 ISO 9614-2，要求 $F_{+/-} \leq 3\text{dB}$。如果条件不满足，应用屏障将外部的强噪声源与测量面隔开，或远离被测声源的测试空间加吸声材料，减少混响声场的不利影响。

最后一个指示值是每个面元两次正交扫描得到的声功率绝对差值，其应小于表 1-25 中的不确定度。但有时，工程上不分频带，在整个频带上都要求小于 3dB 即可。若该条件不满足，则应将同一面元的扫描密度加倍。

表 1-25　不确定度

1/3 倍频程中心频率/Hz	工程（2 级）/dB
50～160	3.0
200～315	2.0
400～5000	1.5
6300	2.5

1.15.4　测量方法的差异

当采用离散点法时，由于每个测量面元有多个测点，如图 1-109 所示，因此可以获得该面元的噪声云图，如图 1-110 所示。而扫描法，由于每个面元只有正交两次扫描结果，所以只有两个数据可用，得不到噪声云图。因而，若想获得噪声分布云图，则应使用离散点法。

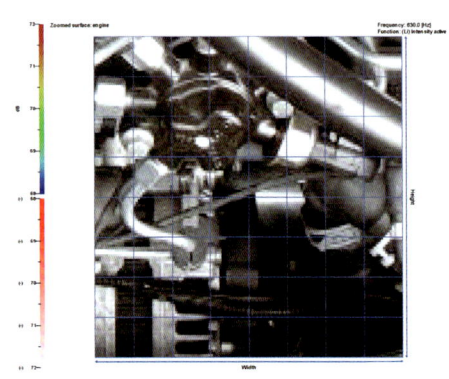
图 1-109　离散测点分布

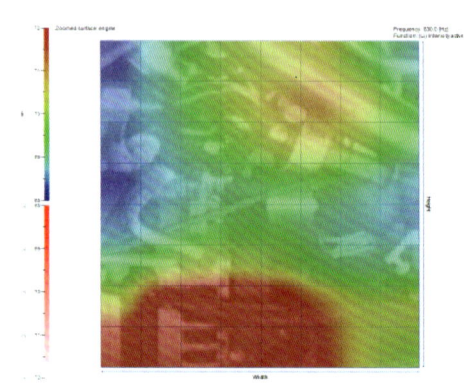
图 1-110　噪声云图

从测量的复杂程度上分布，离散点法准备工作更多，因为要划分更多的测量网格。实际测量时，离散点法操作起来更容易，逐点移动即可，而扫描法对操作人员要求更高，要求匀速地扫描完每个测量面元。如果被测声源体积庞大，且只关心声功率，那么扫描法更合适。

从理论上讲，扫描法是连续空间平均较好的数学近似，测量精度较高，但是测量时，必须注意声强探头须匀速扫描，并且要均匀地覆盖被测量表面，因而测量时难度稍大。离散点法测量精度稍低，但是只要划分好测量单元，测量过程比较方便，重复性好，并且可以通过增加测点数目来提高测量精度。因此在实际测量中，应根据不同的测量要求选择不同的测量方法。

1.16　基于声强法的声功率测量实例

这个实例是对列车 HVAC 单元进行声功率测试，HVAC 单元通过 10 个螺栓固定在工装上，如图 1-111 所示，工装放置在地面上。该单元长度超过 3m，宽超过 2m，高近 0.5m。因此，如果采用离散点法，那么每个测量面元的测点数目必然不少，而最终仅关心声功率级的大小，不关心其他参数，所以最终使用扫描法对其进行测量。测试依据的标准为

ISO 9614-2：1996。测试地点位于生产该单元的厂家工厂院内，待测结构离最近的建筑物墙体超过10m，测试环境可认为是半自由场。

为了减少背景噪声对测试的影响，测量时间安排在晚上8点以后。采用六面体包络待测声源，因此，首先在声源附近放置4根立杆确定测量面元的边界，如图1-112所示。由于结构尺寸较大，包络的测量面元尺寸比实际结构尺寸更大，因此将5个待测面元进一步划分，每个面元划分为2个子面，共10个测量面元。这样划分一定程度上可以保证对某个子面进行扫描时，扫描人员可位于该面元区域以外，减少人体产生的反射声与吸声。为了保证测试人员位于测量面元之外，使用一根长杆绑在声强探头手柄处，作为延长手柄。

由于HVAC单元有进风口和出风口，为了减少这些风口对测试的影响，将这三个风口用管道引出测量表面之外。每个测量面元距离它最近的待测声源的结构表面距离为0.5m，如图1-113所示。因而，这个参数也就决定了虚拟的测量表面的尺寸。杆之间通过细电缆线连接确定测量表面的边界。

图1-111　安装在工装上的待测声源

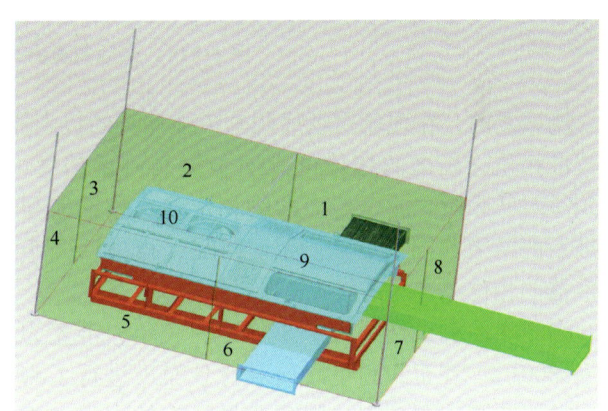

图1-112　10个测量面元

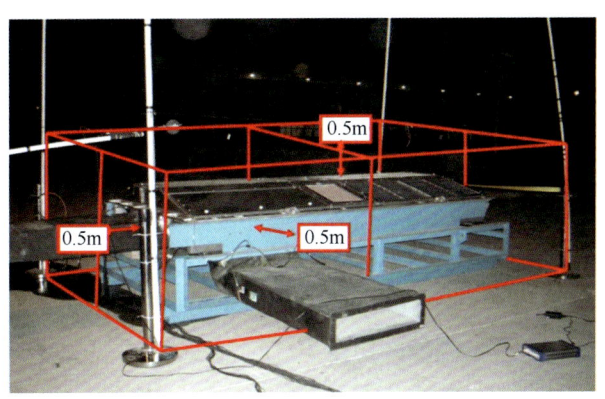

图1-113　测量表面与声源表面的距离

将实际测量表面（见图1-114）展开，如图1-115所示。测试之前，将HVAC单元按测试工况进行了调试，以保证试验时声源正常工作。在测试之前对环境风速进行了测量，以确定风速对测试是否有明显的影响，经过测试发现测试环境现场的风速小于 5m/s。为了进一步提高测试精度，将风球安装在声强探头上。

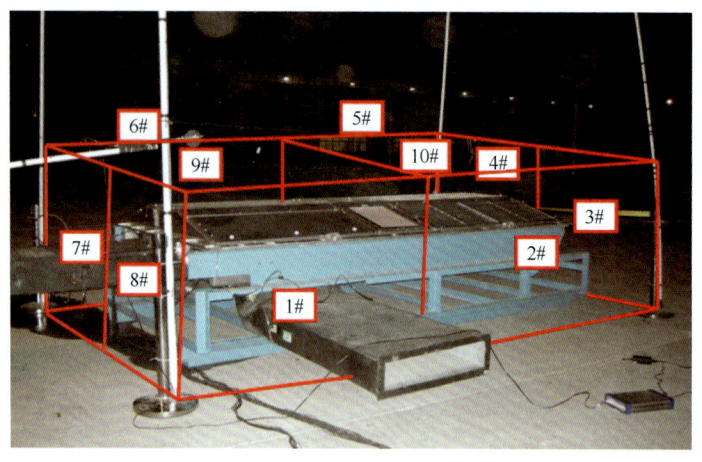

图 1-114　实际测量的 10 个面元

测试之前，在现场对组成两个声强探头的传声器进行灵敏度校准。灵敏度校准之后还需要校准相位，校准的相位可进一步提高测量精度，特别是对低频段。两个传声器的相位差在校准前与校准后的结果如图 1-116 所示。可见，校准后两个传声器的相位差进一步接近 0°。

声功率的测试结果用 1/3 倍频程表示，带宽为 50 ~ 6300Hz。在正式测量之前对背景噪声进行了测试，此时待测声源关闭，得到背景噪声的声强级为 37.5dB（A），声压级为 48.0dB（A），如图 1-117 所示。声强图中的深蓝色表示噪声是从 2#传声器到 1#传声器。

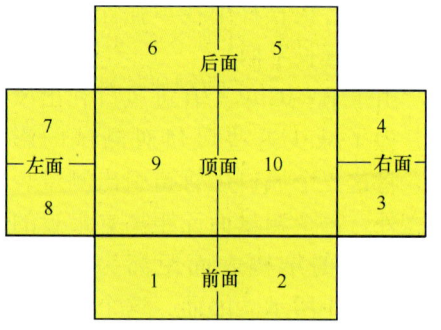

图 1-115　测量面元展开图

正式测试时，开启 HVAC 单元，确保声源运行处于测试工况下，待运行稳定后开始测量。扫描法测试时，扫描速度在 0.5m/s 以下，扫描线路的间距约为 20cm，确保扫描每个面元的时间不短于 20s。扫描某个面元时，测试人员不能位于该面元内，以防止人体造成噪声反射，测试人员位于面元以外区域，如图 1-118 所示。

根据 ISO 9614-2：1996 要求，每个面元都要正交地扫描两次，且两次计算得到的声功率差值应小于 3dB，每测量完一个面元，立即检查该要求是否满足，如果不满足，直接重新测量。测试地点位于工厂大院内，时不时受外部大噪声的干扰，如鸣笛声，这种情况下，经常舍弃此次扫描结果，重新测量。最终扫描 10 个测量面元，将数据调入相应的分析软件，得到最终的声功率结果如图 1-119 所示。

由于扫描法测试，每个子面元只能获得正交两次扫描结果，因此，扫描法不能给出噪声分布云图（每个面元只有两个数值），只能给出最终的声功率测试结果。另外，软件会根据测试数据自动计算相应的判断准则，本次测试相应的判断准则见表 1-26。

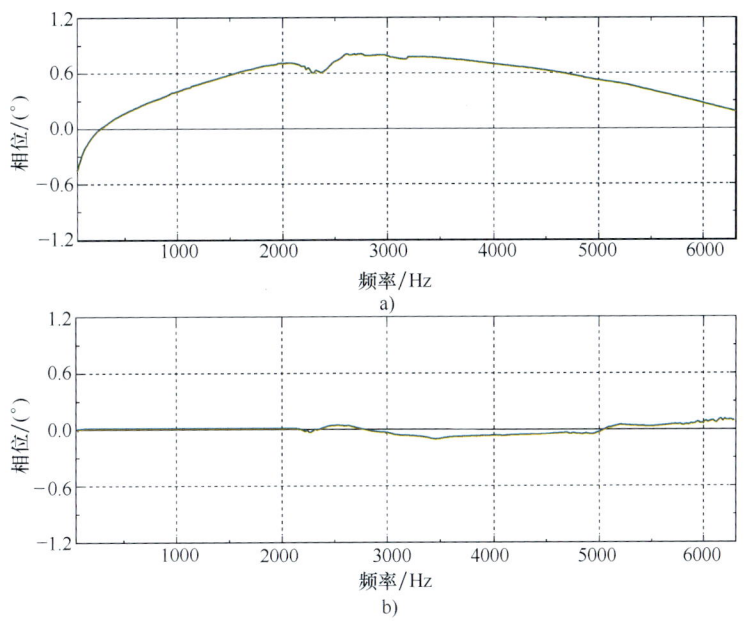

图 1-116 声强探头相位校准

a) 校准前 b) 校准后

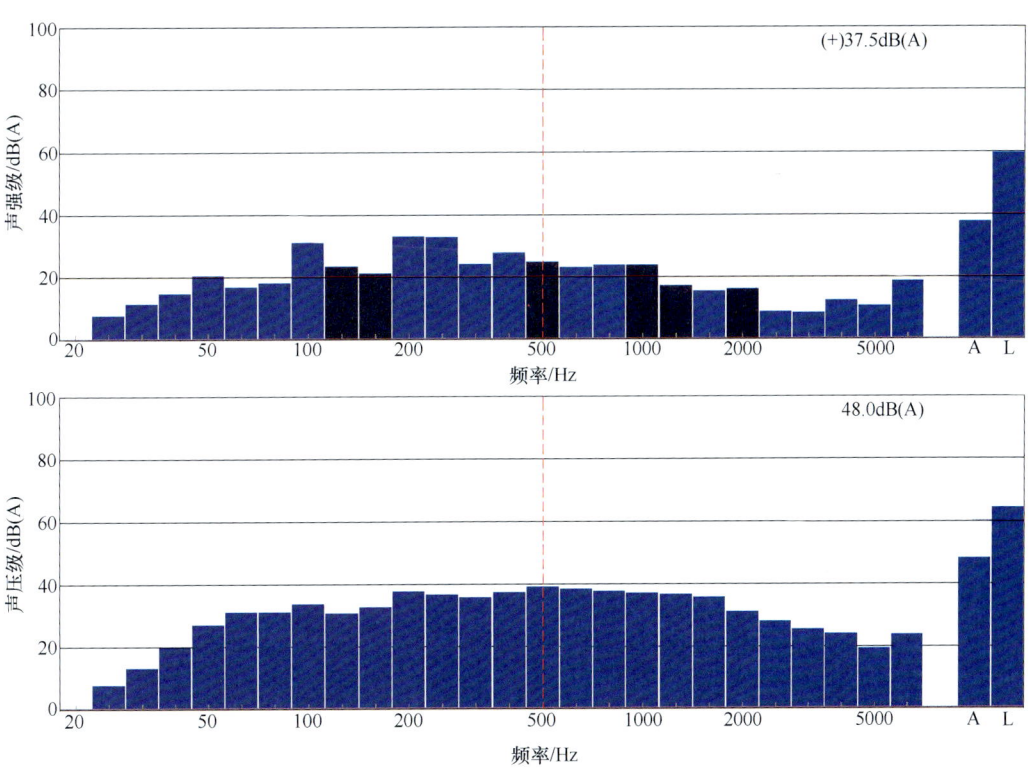

图 1-117 背景噪声的声强级与声压级

图 1-118 测试人员位于测量面元以外区域

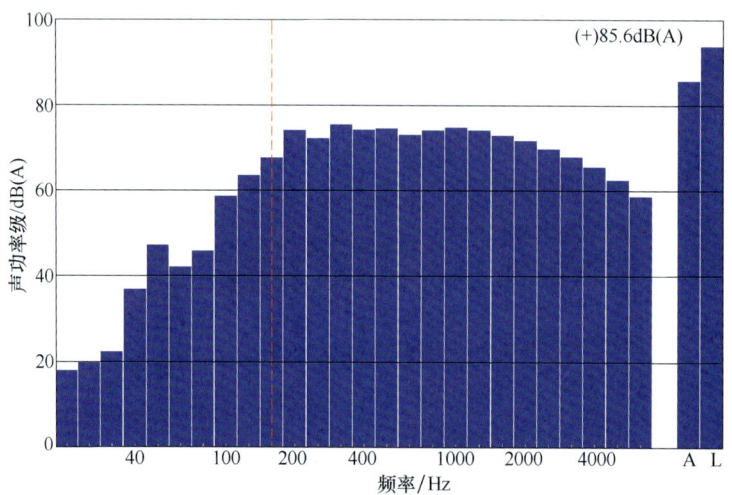

图 1-119 声功率测试结果

表 1-26 扫描法判断准则

F_c/Hz	L_w/dB（A）	F_{PI}	$F_{+/-}$	($L_d > F_{PI}$)	($F_{+/-} \leq 3$dB)	L_d
50	37.0	11.7	0.0	×	√	2
63	47.1	13	0.0	×	√	3
80	42.2	14.1	0.0	×	√	4
100	45.8	8.3	0.0	×	√	5
125	58.6	5.1	0.0	√	√	6
160	63.5	3.6	0.0	√	√	7
200	67.6	3.6	0.0	√	√	8
250	74.1	4.1	0.0	√	√	9
315	72.2	3.9	0.0	√	√	9
400	75.4	4.5	0.0	√	√	9

(续)

F_c/Hz	L_w/dB (A)	F_{PI}	$F_{+/-}$	($L_d > F_{PI}$)	($F_{+/-} \leq 3dB$)	L_d
500	74.2	6	0.0	√	√	9
630	74.5	6.3	0.0	√	√	9
800	73.0	7	0.0	√	√	9
1000	74.0	6.6	0.0	√	√	9
1250	74.8	4.6	0.0	√	√	9
1600	74.1	4.2	0.0	√	√	9
2000	72.9	3.7	0.0	√	√	9
2500	71.8	5.3	0.0	√	√	9
3150	69.6	5.6	0.0	√	√	9
4000	67.8	5.7	0.0	√	√	9
5000	65.5	4.1	0.0	√	√	9
6300	62.4	4.2	0.0	√	√	9

1.17 声音的共振模态

声波如果在无界区域传播是没有共振模态的，只有在有界区域传播才讲共振模态。声波在有界区域传播时，声波的线性叠加原理可以用于解释一种称为驻波的波动现象。

1.17.1 声波的驻波现象

当声波在刚性边界的两个反射面之间来回反射时，就会形成驻波。图1-120所示为一个包含两个平行反射面的最简单的产生驻波的刚性边界区域。在此结构中，声波在反射面之间往返传播。

在大部分频率下，反射面之间的距离与声波的波长不成整数倍关系，因此，声波的波峰与波谷可能出现在界面间的任何位置，并且出现的概率相等，如图1-121所示。然而，当波长和反射面间距成一定整数比例关系时，声波将沿着相同的轨迹在反射面之间往返传播，即声波的疏密状态在两个反射面之间的位置是固定的。

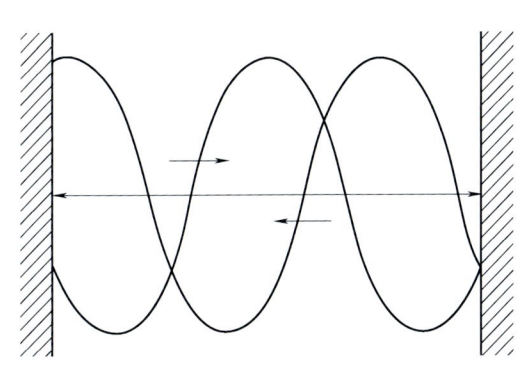

图1-120 声波在两个平行反射面间的反射

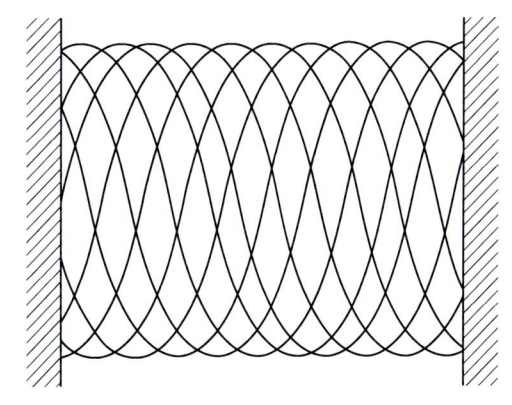

图1-121 两个平行界面间传播的疏密位置不固定的声波

由于声波在反射面之间的状态是固定不变的，因此称为驻波，更确切地说，是一种共振模态（或者称为声腔模态）。驻波实际上是以一个正常的速度传播的，只是两列波叠加后波形并不向前推进，如图1-122、图1-123所示。

从图1-122和图1-123可以看出驻波在两个刚性界面间的声压分量和速度分量的分布情况，此时，在两个反射面处声压分量达到最大值，速度分量达到最小值。满足以上条件的最低频率是声波半波长等于反射面间的距离。因此，在一定间距的两个反射面之间可能存在的驻波最低频率可以用式（1-1）计算：

$$L = \frac{\lambda}{2} \Rightarrow \lambda = 2L \Rightarrow f_{最低} = \frac{c}{\lambda} = \frac{c}{2L} \tag{1-1}$$

式中　L——反射面间的距离（m）；
　　　λ——声波的波长（m）；
　　　c——声速（m/s）；
　　　$f_{最低}$——驻波的最低频率（Hz）。

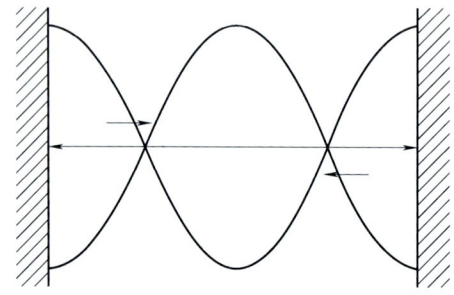
图1-122　两个刚性界面间驻波的声压分量

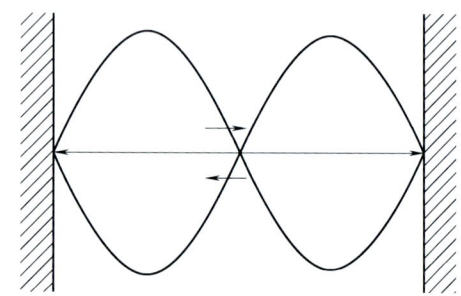
图1-123　两个刚性界面间驻波的速度分量

这个公式与车辆乘员舱的第1阶声腔模态频率经验公式相同，在后续将对此进行说明，此时L是乘员舱声腔最长方向的长度。

当反射面的间距等于半波长的整数倍时也能形成驻波，因此，理论上形成的驻波的频率有无数多个，这些频率都是$f_{最低}$的整数倍，并可以用式（1-2）计算：

$$f_n = \frac{nc}{2L} \tag{1-2}$$

式中　f_n——第n次驻波频率（Hz），$n = 1, 2, 3, \cdots$。

从图1-122和图1-123可以看出，驻波的声压分量和速度分量在某些位置产生最大幅值，在某些位置产生最小幅值。例如，在图1-122中，声压分量的幅值在边界处和中点处达到最大值，而在图1-123中，速度分量在边界和中点处为零。声压分量幅值为零的位置称为压力波节点，声压分量幅值最大的位置称为压力波腹点。随着反射面之间驻波的半波长数量的增多，波节和波腹的数量随之增加。刚性界面压力波节点的数量等于半波长的个数，压力波腹点的数量比节点多一个。同理也存在速度波的节点和腹点，它们与压力波节点和压力波腹点是密切相关的，速度波腹点和压力波节点会同时出现，反之亦然，如图1-124所示。这是因为能量在声波的传输过程中，或者存储在压力波节点的速度分量中，或者存储在速度波节点的声压分量中。

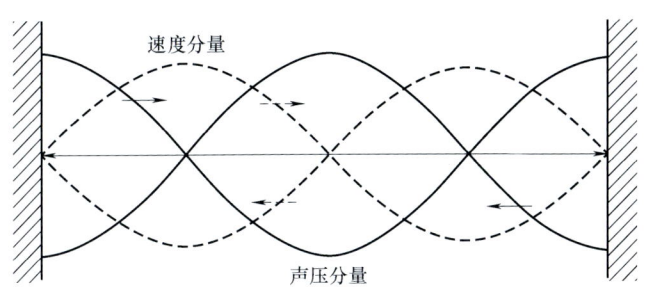

图 1-124　两个刚性界面间驻波的声压分量与速度分量

1.17.2　管道中的传播

驻波除了可以在上述刚性反射面之间传播外,还可以在以下两种边界条件下传播。第一种情况如图 1-125 和图 1-126 所示,声波从有界区域传播到无界区域,相当于在两端存在边界,例如,两端开口的管子。在这种情况下,在边界处的声压为零,而速度达到最大值,如图 1-125 和图 1-126 所示。和刚性界面内的驻波类似,驻波的最小频率应满足半波长等于边界间距的条件,其他驻波频率为最小频率的整数倍。因此,式 (1-2) 也适用于计算这种情况下的驻波频率。

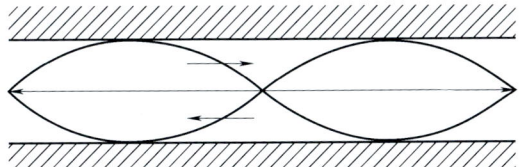

图 1-125　两个有界-无界边界内驻波的声压分量　　图 1-126　两个有界-无界边界内驻波的速度分量

第二种情况是声压在一端为刚性边界,而另一端开口的管子中传播,如图 1-127 和图 1-128 所示。在这种情况下,开口端产生了压力波节点,而刚性边界处产生了压力波腹点。在这种边界条件下,驻波存在的条件是两个边界之间存在奇数个 1/4 波长。

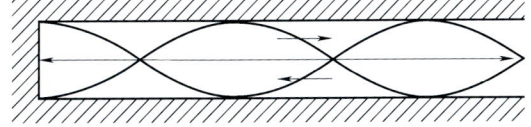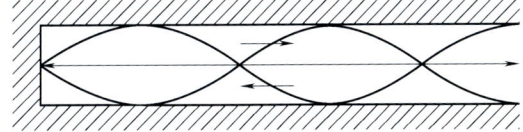

图 1-127　一端封闭一端开口区域内驻波的声压分量　　图 1-128　一端封闭一端开口区域内驻波的速度分量

1/4 波长的偶数倍不能形成驻波,因为此时,正如图 1-122 和图 1-125 所示,会在两端同时生成压力波节点或压力波腹点,不满足边界条件。因此,驻波应满足的条件是,其频率为最小驻波频率的奇数倍,用代数式表示为

$$f_n = \frac{(2n+1)c}{4L} \tag{1-3}$$

式中　f_n——第 n 次驻波频率（Hz）,$n = 0, 1, 2, 3, \cdots$。

图 1-127 和图 1-128 是 $n=2$ 时的驻波，该驻波的频率是最低频率的 5 倍。驻波可以存在于任何形式的声波传播中。假设琴弦上横波的传播速度为 v，则两端固定的弦上的横波形成的驻波频率也可以式（1-2）来计算。

在图 1-127 中，我们注意到声波在开口端入射进入之后，经反射回到开口端位置时，反射声压的相位与入射声压的相位相差 180°，这样再与入射波叠加时就达到了消声的目的。

驻波在声学中通常称为特定系统的模态，驻波的最低频率称为第 1 阶模态，最低频率的倍数为高阶模态。因此，系统的第 3 阶模态是驻波频率第三低的模态。产生驻波的边界条件也不仅限于两个平行的反射面，事实上任何反射或折射回来的声波均能产生驻波或模态，驻波可以以任何形式存在于一维、二维或三维空间中。产生驻波的必要条件是声波的传播路径是周期性重复的，从而保证声波的每一次传播是同相位的。图 1-129 所示为二维驻波的一个例子。

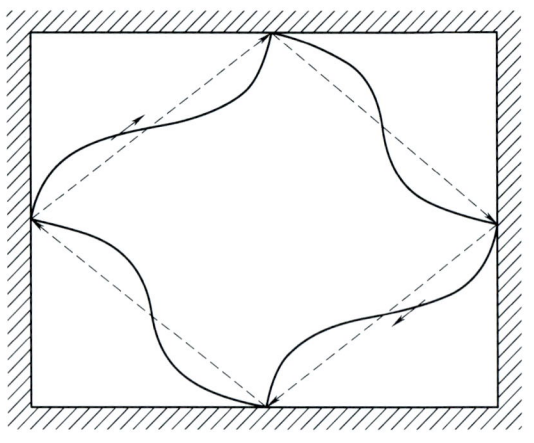

图 1-129　二维驻波

1.17.3　房间的共振模态

当房间被一个瞬态脉冲声激励后，声能通过墙面反射回来，每次反射都有一部分能量被墙面吸收，因此声能按指数规律衰减。理想状态下，声波从每个面反射的概率相等，房间内形成一个扩散声场，声能按单一的指数规律衰减，衰减常数与房间的平均吸声系数成正比。但实际情况并不总是这样，有时声能会沿某个固定的、周期性的轨迹反射，如图 1-130 所示。如果声程（声波单向传播的路程）正好是波长的一半，则会在房间里形成驻波。这些驻波（共振模态）的声压和振速在空间的分布是静态的，与房间里的其他声波有以下不同之处：

1）驻波并不以相同的概率到达各个墙面，而是只在少数相关的墙面之间来回反射。

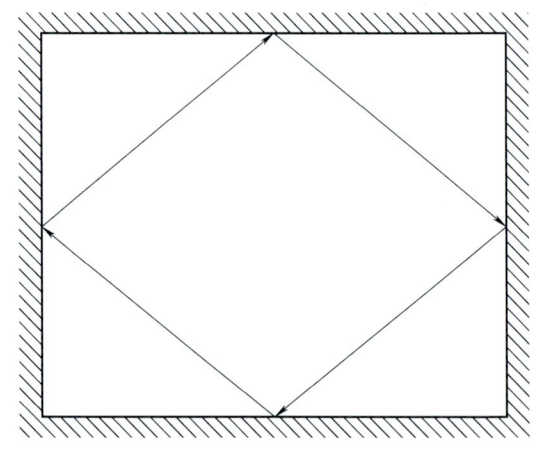

图 1-130　房间里周期性的声波反射路径

2）驻波并不随机地从各个不同角度撞击墙面，而是以一定的角度入射到墙面。

3）驻波会沿着周期性的路径回到原来的墙面，因此与频率的关系非常密切，即驻波的频率往往是离散分布的，与房间的尺寸有关。

房间驻波的另一个名称是共振模态，其发生的频率称为"模态频率"。由于这些模态在空间分布是静态的，因此，随着位置的变动，空间各处声压变化较大，这是所不希望出现的。房间模态有三种类型，分别是轴向模态、切向模态和斜向模态。

1. 轴向模态

这些模态发生在两个相对的墙面之间，如图 1-131 所示，其频率与房间尺寸有关。轴向模态频率由式（1-4）计算：

$$f_x = \frac{c}{2}\left(\frac{x}{L}\right) \qquad (1\text{-}4)$$

式中 f_x——轴向模态频率（Hz）；

x——两个反射面之间的半波长个数，$x = 1, 2, 3, \cdots$；

L——两个相对反射面之间的距离（m）；

c——声速（m/s）。

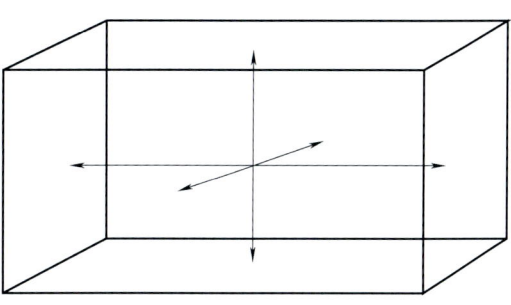

图 1-131 房间轴向模态路径

式（1-4）说明轴向模态频率有无数多个，其半波长的整数倍正好等于两个墙面之间的距离，最低模态频率的半波长正好等于两个反射面之间的距离。

2. 切向模态

这些模态出现在 4 个面之间，如图 1-132 所示。其频率与房间两个方向的尺寸有关，切向模态频率可以由式（1-5）计算：

$$f_{xy} = \frac{c}{2}\sqrt{\left(\frac{x}{L}\right)^2 + \left(\frac{y}{W}\right)^2} \qquad (1\text{-}5)$$

式中 f_{xy}——切向模态频率（Hz）；

x——一对墙面之间的半波长个数，$x = 1, 2, 3, \cdots$；

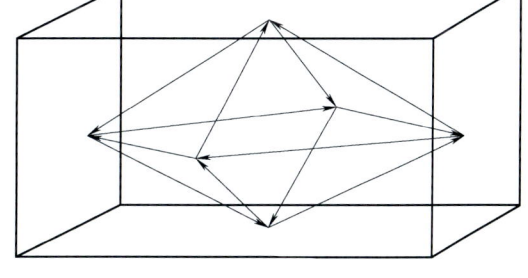

图 1-132 房间切向模态路径

y——另一对墙面之间的半波长个数，$y = 1, 2, 3, \cdots$；

L, W——两对相对反射面之间的距离（m）；

c——声速（m/s）。

切向模态也有无数多个，其频率应满足的条件是：在两对反射面之间正好能够容纳整数倍半波长，结果导致最低切向模态频率比最低轴向模态频率高，尽管从表面上看其路径更长。这是因为驻波必须与两个相对墙面的间距相匹配，两个墙面间距是三角形的直角边，而不是斜边，当声波沿着斜边传播时，在房间的边界方向产生的有效波长或相位速度更大，如图 1-133 所示。因此，最低切向模态频率必须满足的条件是相位速度对应的半个波长正好等于两个墙面的间距。

3. 斜向模态

这些模态出现在房间所有 6 个面之间，如图 1-134 所示，其频率与房间的三个尺寸都有关。斜向模态频率由式（1-6）计算：

$$f_{xyz} = \frac{c}{2}\sqrt{\left(\frac{x}{L}\right)^2 + \left(\frac{y}{W}\right)^2 + \left(\frac{z}{H}\right)^2} \qquad (1\text{-}6)$$

式中 f_{xyz}——斜向模态频率（Hz）；

x, y, z——三对墙面之间的半波长个数，取值为 $1, 2, 3, \cdots$；

L，W，H——三对墙面之间的距离（m）；
　　c——声速（m/s）。

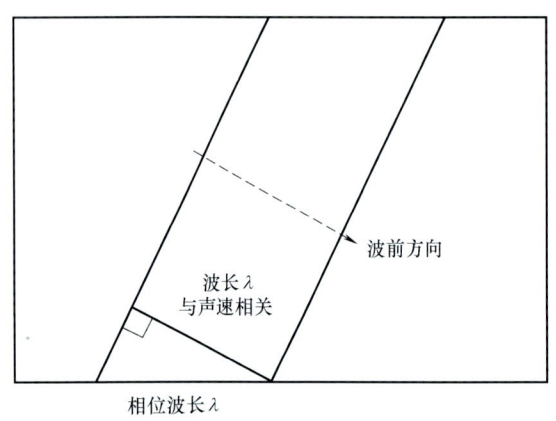

图 1-133　房间切向模态的相位速度

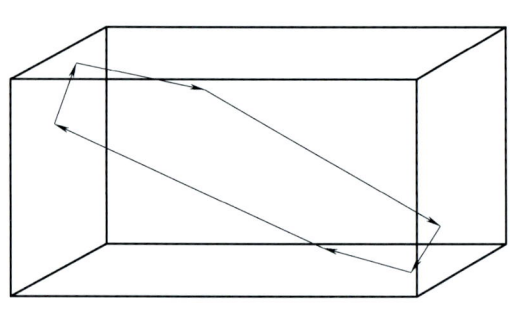

图 1-134　房间斜向模态路径

最低斜向模态频率也比最低轴向模态频率高，原因与切向模态相同。

1.17.4　模态频率的通用计算公式

在上一节中介绍的三种形式的模态构成了房间里可能存在的一系列密集的模态频率。令斜向模态中的 x、y 和 z 的取值为 0，1，2，…，得到房间中所有可能的模态频率计算见式（1-7）：

$$f_{xyz} = \frac{c}{2}\sqrt{\left(\frac{x}{L}\right)^2 + \left(\frac{y}{W}\right)^2 + \left(\frac{z}{H}\right)^2} \tag{1-7}$$

式中　x，y，z——三对墙面之间的半波长个数，取值为 0，1，2，3，…。

式（1-7）表明，如果某个墙面间距和其他墙面间距成整数倍关系，就会导致一些模态频率相同的情况出现，这能引起严重问题。如果在车辆的乘员舱出现多个声腔模态频率相同的情况，那么这个频率的声音就会特别突出，这是不希望出现的。为了使模态频率分布均匀，房间的尺寸最好采用非整数比关系。关于最佳空间尺寸比例的研究工作进行了许多，表 1-27 所列为一些可选用的最佳尺寸比。但这些并不是理想空间尺寸比例的唯一选择。房间驻波模态是任何结构的包含声源的封闭空间固有存在的声波形式，不能通过改变房间形状，如通过使某个墙面倾斜一定角度，将这些共振模态去除。房间形状的改变只能使共振频率值的计算变得更为复杂。

表 1-27　一些房间最佳尺寸比例

类别	高	宽	长
A	1.00	1.14	1.39
B	1.00	1.28	1.54
C	1.00	1.60	2.33

假设房间尺寸为 3.5m×5m×2.5m，注意到后两个尺寸成 2 倍比例关系。这个房间的最

低声腔模态频率为沿 5m 方向的轴向模态频率，即 x、y 和 z 取值为（0 1 0），等于 34.4Hz。由于 5m 是长度 2.5m 的 2 倍，因此，沿 5m 方向的第二个轴向模态频率（0 2 0）与沿 2.5m 方向的第一个轴向模态频率（0 0 1）重合，均为 68.8Hz，导致在这个频率处，声音得到了加强，出现了听觉上明显可以觉察到的频响峰值。

从式（1-7）可以看出，当房间某个方向的尺寸大于其他两个方向时，则房间的最低模态频率为这个方向的轴向模态频率，此时模态频率计算公式简化为式（1-4）。如对于 B 级车而言，乘员舱的第 1 阶声腔模态则是沿车辆长度方向的轴向模态。而对于商用车的驾驶室而言，由于其横向尺寸大于纵向尺寸，因此，商用车驾驶室的第 1 阶声腔模态是沿驾驶室横向方向的轴向模态。

1.17.5 声音共振模态的特点

声音在房间内的共振模态的特点不同于普通扩散声场的特点。存在以下特点。

1）由于非随机入射，驻波模态撞击的墙面数目较少，吸声系数也比随机入射小，因此，驻波模态的声吸收并不像其他声波那样强。

2）吸声量的减少与频率关系密切。在驻波发生的频率，声吸收较小，声音的衰减速度较慢。

3）房间声能的衰减不再是按单一的指数规律衰减形式（时间常数正比于平均吸声系数），而是存在几个衰减时间，其中最短的衰减时间一般由扩散声场产生，较长的衰减时间往往由房间共振模态产生。结果使得这些频率的声音成分过多，使房间的音质下降。

第 2 章 工程振动相关知识

工程中大多数结构都会承受随时间变化的动载荷，如旋转、扰动等，结构受这些动载荷的激励不可避免地会产生扰动。剧烈的扰动将导致结构件出现裂纹，甚至发生疲劳断裂等现象。对这些振动问题的研究已成为工程技术领域里普遍需要认真研究和解决的重要课题。掌握振动理论已经成为工程技术人员正在进行产品或结构的动力学特性设计所必需的基本要求。

研究结构振动问题，通常从三个方面来考虑，即"输入-系统-输出"模型，也称为"源-路径-接收者"模型。考虑不同的方面是不同的研究类型。大多数情况下是已知输入与系统，获得结构的响应，这一类称为响应分析。但也有另外两类，即系统辨识与载荷识别。模态分析可以对系统进行系统辨识，而传递路径分析（Transfer Path Analysis，TPA）可进行载荷识别（关于载荷识别可参考《从这里学 NVH——旋转机械 NVH 分析与 TPA 分析》一书）。

从避免共振的角度来考虑，要知道结构的固有频率是多少，激励频率是多少，二者需要存在一定的距离，因此，固有频率测试是振动研究不可缺少的手段。但很多情况下，测试固有频率是通过频响函数（Frequency Response Function，FRF）获得的。而 FRF 是结构的固有属性之一，它承载着振动诸多有用信息，是工程人员解决振动问题必要的数据之一。

另一方面，除了频响函数之外，动刚度也是描述结构振动问题的重要参数之一，动刚度表明的是结构抵抗动载荷作用下发生变形的能力。而动刚度又与 FRF 中的反共振峰息息相关，那么明白反共振峰的物理意义是非常有帮助的，因此，在这主要描述固有频率、频响函数和动刚度等方面的内容。这一章主要包括以下内容：

- 什么是机械振动
- 什么是固有频率
- 为什么只关心低阶固有频率或模态
- 评价传感器附加质量对模态频率的影响
- 什么是频响函数 FRF
- FRF 先出现共振峰还是反共振峰
- 传递函数、频响函数和传递率的区别
- 什么是动刚度

2.1 什么是机械振动

各种工程机械与结构，大到航天飞机，小到微型电动机，或多或少都存在振动问题，为了保证这些结构的可靠性，振动问题已成为工程技术领域里普遍需要认真研究和解决的重要课题。掌握振动理论已经成为工程技术人员正在进行产品或结构的动力学特性设计所必需的基本要求。本节主要内容包括：
> 基本概念
> 振动的分类
> "输入-振动系统-输出"模型
> 振动要解决的问题

2.1.1 基本概念

振动是指机械或结构围绕其平衡位置作往复运动。从广义上讲，表征运动的物理量作时而增大时而减小的反复变化，就可以称这种运动为振动。如果变化的物理量是机械量或力学量，例如物体的位移、速度、加速度、应力及应变、噪声等，这种振动便称为机械振动。相对而言，我们经常用位移、速度和加速度来描述机械振动，这些振动物理量有别于我们通常所说的位移、速度和加速度。

在这，以车辆的行驶加速度与振动加速度来说明二者的区别。我们通常所说的振动加速度不是汽车行驶过程中的加速度。当汽车原地不动时，发动机怠速，我们可以测量汽车不同位置的振动加速度，如方向盘、座椅导轨等处的振动加速度。而此时汽车的行驶加速度却是零。因此，通过这一点，我们可以明白二者虽然都是加速度，但是有着本质的区别，我们通常所说的汽车振动加速度不是汽车行驶中的加速度。实质上，车辆实际行驶的加速度对应是0Hz的速度，也就是直流（DC）部分，车体振动加速度是非零频信号，即交流（AC）部分，但是行驶的加速度并不是振动加速度的直流分量。

机械振动对于大多数的工业机械、工程结构及仪器等结构都是有害的，如共振会导致灾难性的事故，如大桥坍塌、结构疲劳断裂等。例如，1940年美国tacoma大桥风毁事故，是一定流速的流体（风速为19m/s）流经边墙时，产生了卡门涡街。卡门涡街后涡的交替发散，会在物体上产生垂直于流动方向的交变侧向力，迫使桥梁产生振动，当发散频率与桥梁结构的固有频率相耦合时，就会发生共振，造成大桥坍塌。除了对结构本身有害之外，因振动产生的噪声对人体也会产生危害。

对于结构而言，振动大多数情况下都是有害的，但是振动也有有利的一面，如振动筛、微波炉等就是利用共振原理来工作的。

2.1.2 振动的分类

通常，振动可以按自由度数、激励类型、响应类型和描述系统微分方程的类型来进行分类。

按系统的自由度数可分为：

单自由度系统振动——用一个独立坐标就能确定系统的振动，如弹簧-集中质量模型的振动。

多自由度系统振动——用多个独立坐标才能确定系统的振动，如弹性体结构的振动。

弹性体（或连续体）振动——需用无限多个独立坐标才能确定的系统振动，也称为无限自由度系统振动，以区别以上的单自由度和多自由度系统振动（有限自由度系统振动），如梁的振动。

按对系统的输入激励类型可分为：

自由振动——系统受初始干扰或原有的外激励取消后产生的振动，如锤击产生的振动。

强迫振动——系统在外激励力作用下产生的振动。强迫振动最明显的特征是振动系统的响应频率等于外界的激励频率。

自激振动——系统在输入和输出之间具有反馈特性并有能源补充而产生的振动，如颤振。

按系统的响应类型可分为：

简谐振动——能用一项时间的正弦或余弦函数表示系统响应的振动。

周期振动——能用时间的周期函数表示系统响应的振动。

瞬态振动——只能用时间的非周期衰减函数表示系统响应的振动。

随机振动——不能用简单函数或函数的组合表达运动规律，而只能用统计方法表示系统响应的振动。

按描述系统的微分方程类型可分为：

线性振动——用常系数线性微分方程描述的振动。

非线性振动——只能用非线性微分方程描述的振动，即微分方程中出现非线性项。

2.1.3 "输入-振动系统-输出"模型

分析与控制结构的噪声与振动，可以将任何一个振动噪声系统按"源-路径-接收者"模型来表示，实际上，也可以称为"输入-振动系统-输出"模型，如图2-1所示。二者本质是相同的，只是称呼不同而已，输入看作源，路径是结构特性（或振动系统），接收者是响应。输入通常是力，这些力有的可能测量不到，或无法测量，如风载、交通载荷、旋转引起的载荷等。这些外界对系统的输入，包括初始扰动、外界激励力等。振动系统对外界的输入会存在相应的响应，也称为输出，这些响应通常是振动位移、速度、加速度、噪声、应力应变等。

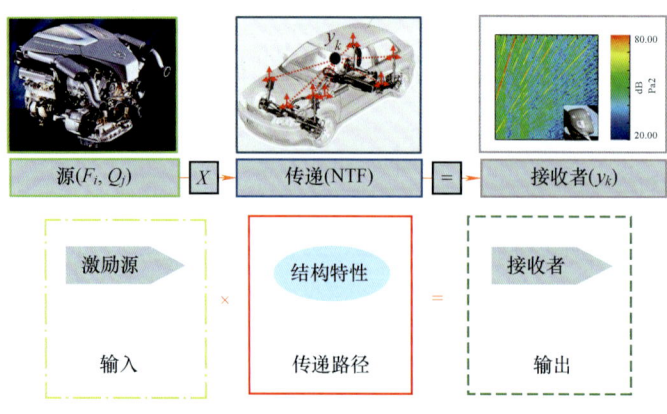

图 2-1 "输入-振动系统-输出"模型

在这个模型中，振动系统的固有属性，就是结构的动力学特性，也就是我们常说的模态参数，因此，模态分析主要是针对这个模型中的振动系统，即要获得振动系统的动力学特征参数。而模型的第三部分，也就是响应分析，是对振动系统由输入引起的输出响应进行分析，这也是振动分析中最常见的分析，它不同于模态分析，但二者又有联系。对结构的响应进行分析时，通常结构是处于某种工作状态，测量结构在这种工作状态下的响应。此时，处于工作状态下的结构受到工作载荷的激励，通过各种传递路径，在测量位置体现出来相应的响应。

通常受工作载荷的激励，结构会被激起一些模态（注意不是全部模态，而只是被工作载荷激起来的那些模态），激励起来的每一阶模态都会在测量位置处产生相应的响应，这些激励起来的模态在测量位置的响应的叠加，就是结构某测量位置的响应，因而，这个响应是结构在受当前工作激励下的总响应。也就是说，当前测量获得的响应是结构受工作载荷的激励所激起来的所有模态在这个测量位置处产生的响应的总和。因此，振动系统的动力学特性一定程度上决定着输出响应，当然还受输入激励的影响。

2.1.4 振动要解决的问题

在"输入-振动系统-输出"模型中，结构的响应（输出）等于激励（输入）乘以振动系统的频响函数，如果知道这三个参数中的两个就可以确定第三个。振动问题的提法根据确定或求解这三个参数中的一个，可分成三类。

第一类：已知输入和振动系统，求解响应，也称为响应分析。这一类是工程振动问题中最基本和最常见的问题。这一类主要任务在于验证产品或结构在特定的运行状态下的响应是否满足设计要求或预定的安全要求。比如在 NVH 领域，基本的振动噪声测量，对测量数据进行分析，则属于这一类问题。在产品设计阶段，对设计方案进行响应分析，如果响应不满足设计要求，则需要改进，直到达到设计要求为止，从而确定最终的设计方案，所以，这一过程也称为振动设计，即在特定输入的情况下（输入已知，比如特定的运行工况），设计系统的振动特性，使它的响应能满足相应的要求或规范。

第二类：已知激励和响应，求振动系统。这一类问题也称为系统辨识，即对待求的振动系统获得相应的参数，这些参数包括物理参数和动力学参数，在振动领域，更注重的是动力学参数，即频率、阻尼和模态振型。通常可以通过数值方法或试验方法获得这些动力学参数，也就是所谓的模态分析，如试验模态分析，通过对待测结构进行激励，测量结构的响应，从而确定系统的模态参数。

第三类：已知振动系统和响应，求输入。这类问题也称为环境预测或载荷识别。在汽车

NVH 领域最常见的两类试验则属于这种情况，第一类是 TPA 分析中的载荷识别，通过测量工况数据和频响函数来计算路径处的载荷，即输入。第二类是路试，为了评估汽车或其零部件的可靠性，需要实地记录汽车在各种不同路况下的响应，以评估汽车受到怎样的环境激励，这样才能有根据地设计可靠的产品。但是由于物理环境的随机性，因此，在处理这类问题上，除了振动理论之外，还需要随机过程和统计学方面的知识。

2.2 什么是固有频率

从事振动噪声等 NVH 领域的工作，即使不是 NVH 领域，如桥梁动态检测等其他领域，也需要与结构的固有频率打交道。那什么是固有频率？为什么结构有如此多"阶"固有频率？它与共振频率又有什么区别和联系？避免共振时，激励频率应离固有频率多远等这些问题，在这一节中都将加以介绍。这一节主要内容包括：

- 固有频率的定义
- 影响因素
- 为什么存在多阶固有频率
- 基频和主频
- 固有频率与共振频率的区别与联系
- 激励频率离固有频率多远可避免共振
- 固有频率测量

2.2.1 固有频率的定义

结构系统在受到外界瞬态激励产生响应时，将按特定频率发生自然振动，这个特定的频率称为结构的固有频率，通常一个结构有很多个固有频率。固有频率与外界激励没有关系，是结构的一种固有属性。不管外界有没有对结构进行激励，结构的固有频率都是存在的，只是当外界有激励时，结构是按固有频率产生振动响应的。

对于如图 2-2 所示的无阻尼单自由度系统而言，其固有频率计算公式定义如下：

$$f_n = \frac{1}{2\pi}\sqrt{\frac{k}{m}}$$

固有频率的单位为 Hz，表示每秒振动循环次数。也可以用圆频率（也称角频率）来表示固有频率，公式如下：

$$\omega_n = \sqrt{\frac{k}{m}}$$

圆频率的单位为 rad/s。在这考虑的是无阻尼的结构系统，因此，获得的固有频率为无阻尼固有频率。

对于如图 2-3 所示的一般性结构系统而言，系统都有阻尼的，因此它的固有频率为有阻尼固有频率。无阻尼固有频率与有阻尼固有频率的关系如下：

$$\omega_d = \omega_n \sqrt{1-\zeta^2}$$

假设阻尼比 $\zeta = 10\%$，则 $\omega_d = 0.99499\omega_n$，因此，阻尼对结构的固有频率影响不大，更何况现实世界中，除了含有主动阻尼机制的结构外，如减振器，一般结构的阻尼比都远小于 10%。通常现实世界中测试所得到的固有频率都是有阻尼固有频率。以下没有特殊说明时，都是指有阻尼固有频率。

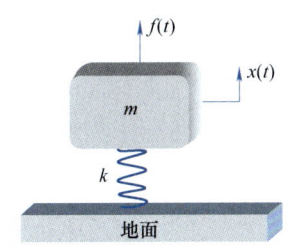

图 2-2　无阻尼单自由度系统

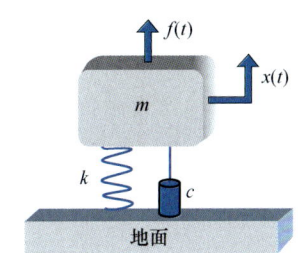

图 2-3　有阻尼单自由度系统

2.2.2　影响因素

从上面的公式我们可以看出，结构的固有频率只受刚度分布和质量分布的影响，而阻尼对固有频率的影响非常有限。材质不同，其材料属性（密度、弹性模量和泊松比等）不同，影响的最终参数还是质量和刚度，而形状不同，影响也是这两个参数。因此，影响固有频率的只有质量和刚度，而其他任何因素最终影响的也是这两个参数。如结构的边界条件不同，固有频率必然不同，这是因为边界条件会影响到结构的刚度分布。

质量增大，结构的固有频率必然降低；刚度增大，结构的固有频率必然增大。但是刚度继续增大，固有频率不会无限增大，只会增大一定程度。刚度增加越快，频率移动越慢。这是因为结构的共振峰对应的是固有频率，刚度增大后，结构的固有频率会向上移动靠近反共振峰，反共振峰对应的刚度是无限大的。因此，刚度无限增大，结构的固有频率向上移动不超过反共振峰对应的频率，所以刚度增大只能使固有频率增大一定距离，如图 2-4 所示。

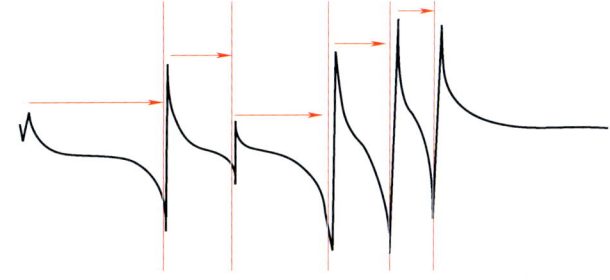

图 2-4　刚度增大只能使固有频率增大一定距离

2.2.3　为什么存在多阶固有频率

我们在对结构系统进行固有频率测试时，通常能得到多阶固有频率，如图 2-5 所示为某结构进行固有频率测试结果。在这个 FRF 图中存在多个峰值，而每个峰值对应一阶固有频率，因此，结构存在多阶固有频率。那么为什么结构存在多阶固有频率？阶跟什么有关系？

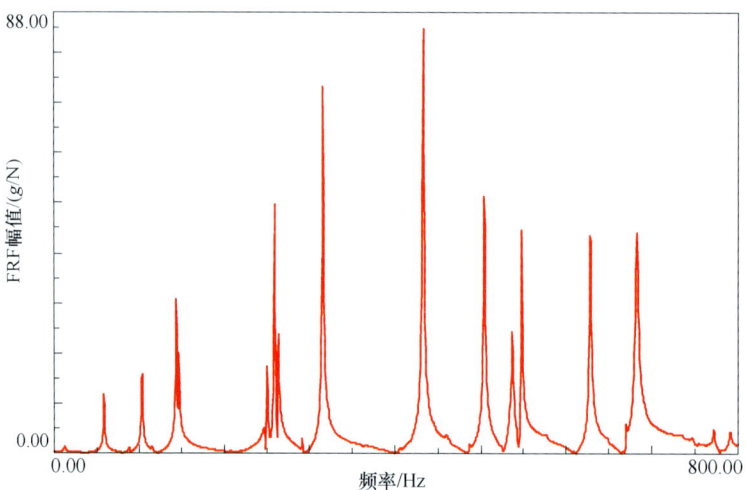

图 2-5　某结构进行固有频率测试结果

在高中物理课本中，我们就学习过单自由度系统的固有频率公式。用的是单自由度的弹簧-集中质量模型，如图 2-6 所示。其运动方程为正弦波 $A\sin\omega t$（简谐运动），对应一阶固有频率。对于两自由度系统而言，运动方程是两个正弦波叠加的结果，因而，对应两阶固有频率。同理，三自由度系统对应三个正弦波，因而，有三阶固有频率。

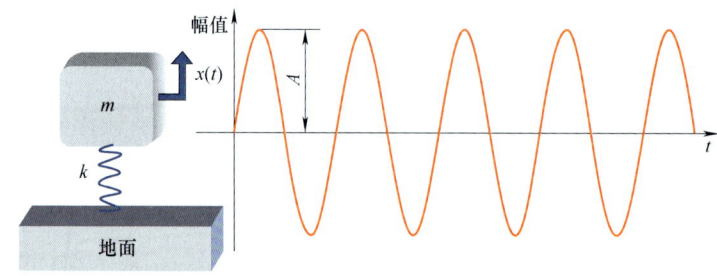

图 2-6　单自由度的简谐运动

因此，似乎"阶"与自由度相对应：一个自由度对应一阶固有频率（或者是一阶模态），情况的确是这样的。自由度是指用于确定结构在空间上运动所需要的最少、独立的坐标个数。质点有三个平动自由度；刚体有六个自由度，分别为三个平动自由度和三个转动自由度。

一个连续体或弹性体实际上有无穷多个自由度，此时，任意连续结构都可以看成是无限多个微刚体组成的，每个微刚体有六个自由度，因而，我们可以认为任意连续结构具有无限多个自由度。但是，所有这些结构又可以近似地看作是由有限个微刚体组成的（如有限元分析时只能划分有限数量的单元），因此又可以认为连续体结构具有有限个自由度。该自由度数决定了解析质量矩阵、刚度矩阵和阻尼矩阵的维数，也决定了理论上存在的固有频率阶数或模态阶数。

虽然连续体在理论上有无限多阶固有频率，但很多情况下我们只关心低阶的固有频率或者特定阶的固有频率。这是因为固有频率越低，越容易被外界所激励起来。另外，结构也可能受到特定的激励，如在某恒定转速下运行，因此，我们也可能关心特定阶的固有频率。

2.2.4 基频和主频

NVH 测试过程中，经常讲基频、主频，它们跟固有频率有什么区别与联系呢？

基频是指结构的第一阶固有频率。结构发生振动时，通常不会是以某一个频率振动，而是有多个振动频率，通常在这些振动频率中，能量最高的振动频率称为主频。因此，这个主频可能是结构的固有频率，也可能是强迫响应频率。

如图 2-7 所示的 PSD 曲线中，存在三个峰值（假设都是固有频率），因而这三个峰值对应三阶固有频率，其中最低阶的固有频率为基频，峰值最大的频率为主频。基频一定是固有频率，主频可能不一定是结构的固有频率，主频主要看的是能量的大小。因为我们知道，当结构产生强迫振动时，振动的频率是与外界激励频率相等的，但此时，这个激励频率很大程度上不是结构的固有频率，而它的能量又是最大的，此时，主频在这种情况下不是固有频率。

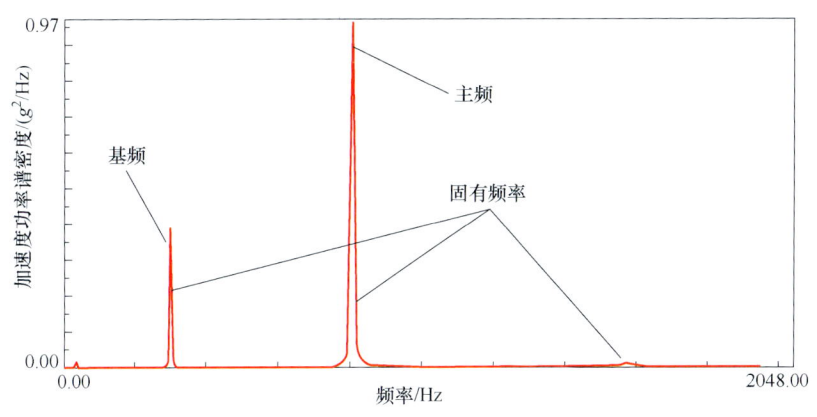

图 2-7 主频与基频

在二维频谱图中，并不是所有的峰值对应的都是固有频率，因为这有可能是激励频率或者是它的倍频，而这些频率都不是结构的固有频率。因此，在进行固有频率测试时，经常通过测量频响函数的方式来测量，因为频响函数中的峰值对应的都是系统的固有频率，不会存在强迫的激励频率。

2.2.5 固有频率与共振频率的区别与联系

共振是指系统受到外界激励时产生的响应，表现为大幅度的振动，此时外界激励频率与系统的固有振动频率相同或者非常接近。共振是一种现象，共振发生时的频率称为共振频率。不管共振是否发生，结构的固有频率是不变的，而只有当外界的激励频率接近或等于系统的固有频率时，系统才发生共振现象。

当结构的阻尼非常小时，共振频率近似等于结构的固有频率，也是材料自身分子的自由振动频率。因而，单个共振是外界的激励频率等于或非常接近结构或材料的固有频率时，结构或材料发生大幅度的振动。共振时，结构的振动非常剧烈，这将导致不可预料的行为。因此，通常都要避免共振，但也有利用共振原理的，如振动筛、微波炉等。

当激励频率与固有频率相等或接近时，才发生共振。因而，共振频率不一定完全与固有频率相等，共振频率是按外界的激励频率来讲的，而固有频率是从结构属性来讲的。虽然很多情况下，都认为共振频率就是固有频率。

在频响函数曲线中，共振峰所对应的频率为结构的固有频率，如图 2-8 所示。但很多情况，共振不是发生在单一频率（固有频率）处，而是具有一定宽度的共振带。也就是存在一个频率区间，在这个区间内很容易发生共振。

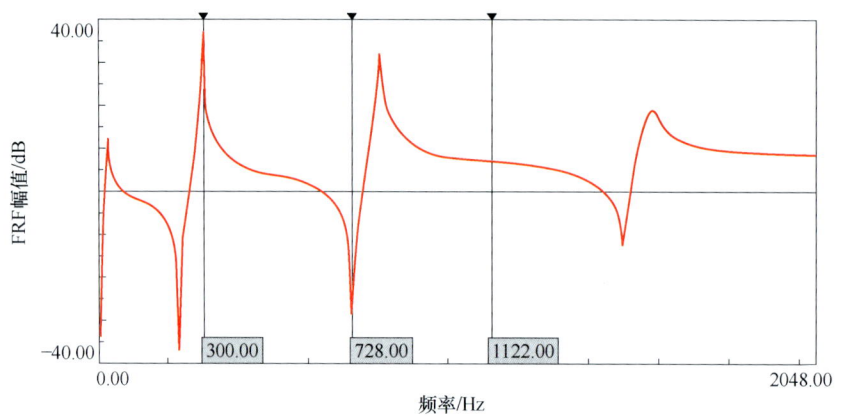

图 2-8　共振峰对应固有频率

在 colormap 图中，经常可以看到如图 2-9 所示的垂直频率轴的具有一定宽度的高亮区域，这个区域就是所谓的共振带区域。这个区域一定是在结构的某一阶固有频率附近。从图 2-9 中可以看出，共振区域并不随转速的变化而变化，而是始终垂直频率轴。这是因为结构的固有频率是结构的固有属性，跟外界激励没有关系。

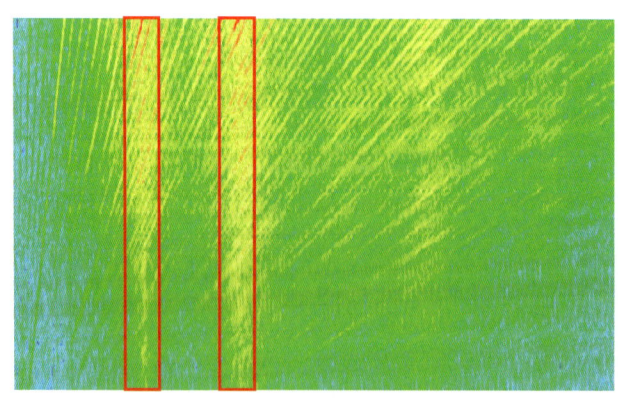

图 2-9　colormap 图中的共振带

随着转速的增加，对应的转频也在增加，因此，阶次是斜线，而共振频率是不随转速变化而变化的，因此，共振频率是垂直频率轴的。如图 2-10 所示，在左侧的瀑布图中，斜线都是阶次线，如图 2-10a 中绿色线条所示，在右侧的瀑布图中，存在两个明显的共振带，该共振带垂直频率轴，如图 2-10b 中黄色线条所示，注意下面的瀑布图横轴都是频率。

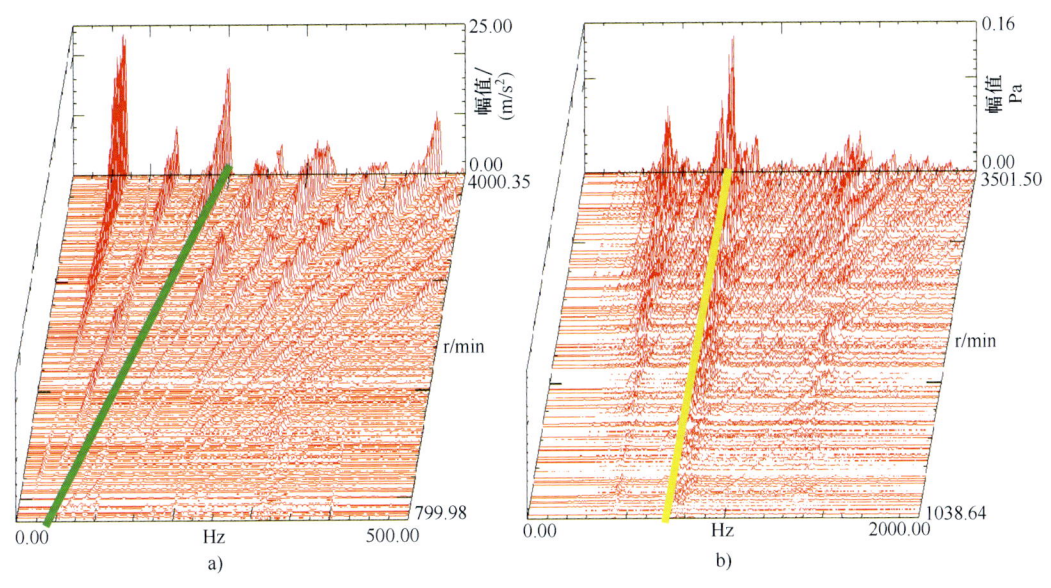

图 2-10　阶次与共振频率
a）阶次　b）共振

2.2.6　激励频率离固有频率多远可避免共振

当外界激励频率接近系统的固有频率时，系统会发生共振现象，那么，激励频率离固有频率多远时，才能避免共振呢？或者说，共振带一般在固有频率附近多宽的区间？

在图 2-11a 中，对同一个单自由度系统进行激励。其中，紫色的激励频率是固有频率的 0.4 倍，蓝色的激励频率是固有频率的 1.01 倍，红色的激励频率是固有频率的 1.6 倍。

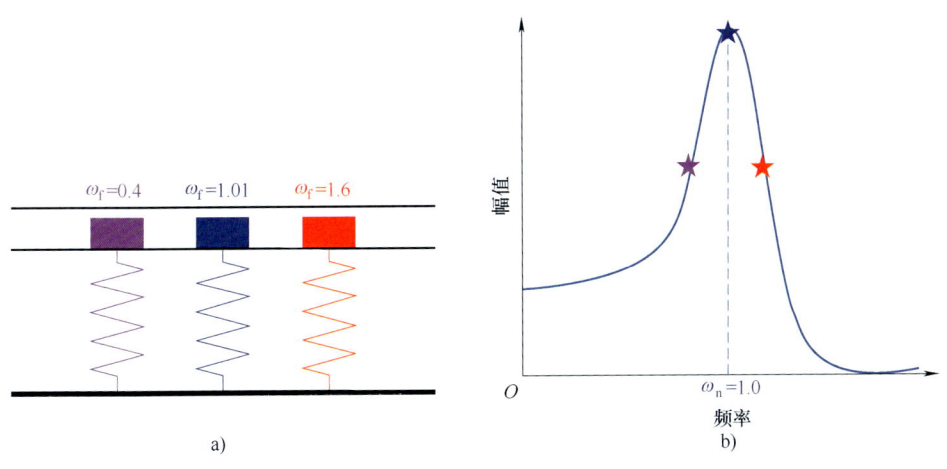

图 2-11　三种不同激励频率下单自由度的运动
a）三种不同激励频率　b）三种不同激励频率下的幅值

从三者的运动可以明显看出，蓝色激励下系统振动幅值最大，其次是紫色激励，最小的是红色激励（见图 2-11b）。蓝色激励下的振动幅值远大于其他两种激励方式。那么，激励频率离固有频率多远才能起到避免共振的作用？

在图 2-12 中，纵轴为传递率，横轴为激励频率与固有频率之比。从图 2-12 中可以看出，传递率等于 1 时，对应的激励频率与固有频率之比为 1.414，如图 2-12 中红点所示。因此，只有当激励频率大于固有频率 40% 以上时才能起到避免共振的作用或者起到隔振的作用。但这是从隔振层次来说的，如发动机悬置为了满足隔振要求，激励频率应是动力总成刚体模态频率的 2~3 倍。

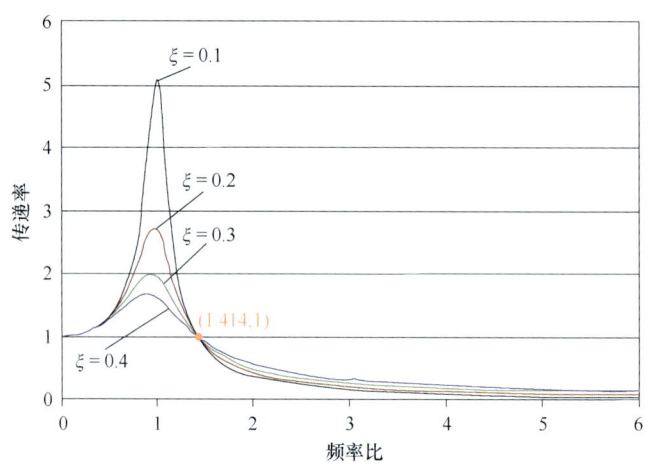

图 2-12　单自由度系统的隔振效果

很多情况下，要考虑 40% 以上的频率间隔，似乎是不现实的，因此，很难给出一个具体的数字来确定到底应该离固有频率多远的距离。但是，也有一些行业普遍认同的观点，如在汽车行业，一般要求是距固有频率有 3Hz 的间隔或者 15%~20% 的距离，如 B 级车白车身第一阶模态在 30Hz 附近，15% 的频率间隔，则对应 4.5Hz。

2.2.7　固有频率测量

固有频率是结构三个模态参数（频率、阻尼和振型）中最重要的一个，很多时候，人们只关心固有频率是多少，而不关心阻尼与振型这两个参数。这是因为当结构受到外界激励时，人们关心外界的激励频率离结构固有频率有多远，会不会引起结构共振问题。

将某个输入-输出位置的频响函数用模态参数表示为

$$h_{ij}(j\omega) = \sum_{k=1}^{m}\left(\frac{q_k u_{ik} u_{jk}}{j\omega - p_k} + \frac{q_k^* u_{ik}^* u_{jk}^*}{j\omega - p_k^*}\right)$$

上式包括极点（请参考 6.2 节）和振型的信息，极点由固有频率和阻尼组成。对于不同的位置，模态振型值是不一样的，但是极点却不随位置的变化而变化。这表明系统极点是全局特性，它们独立于特定的输入-输出位置。也就是说从一个输入-输出位置就能测量到系统的所有极点信息。因此，固有频率测量时，理论上讲，只需要一个测量位置即可测量出所有模态对应的固有频率。

虽然理论上在一个位置安装一个传感器就能测量出结构的所有阶固有频率，但是却有一些现实方面的影响，主要体现在以下几个方面：

1）与测量位置有关。我们知道在布置模态参考点（请参考 5.9 节）时，要求避开关心的所有模态的节点（请参考 6.4 节）位置。同样的道理，固有频率作为三个模态参数之一，同样要遵循这样的要求。

2）与激励位置有关。如果采用测量 FRF 的方法进行测量，那么，要求激励位置也应该避开关心的所有模态的节点位置。这是因为如果激励位置是某阶模态的节点位置，那么将激励不起来这阶模态，因而这阶模态将不参与结构的响应，导致这阶模态在 FRF 曲线中不可见。也就是说，对于固有频率测量而言，要求激励与响应位置同时避开模态节点位置。

3）与结构特点有关。如果结构是一个强方向性模态结构，那么只在一个方向布置一个单向传感器必将丢失其他方向的固有频率。因此，对于具有强方向性模态的结构而言，应该在不同的方向布置测点。

当仅在结构一个位置布置传感器进行测量时，由于各阶模态的节点位置都是不相同的，因而，固有频率测量会遭遇与模态参考点相同的风险：一个测量位置会导致一阶或几阶固有频率不可见，因为一个测量位置不是这阶模态的节点，就可能是那阶模态的节点的可能性非常大。因此，强烈建议布置多个测量位置，原理与布置多参考点相同。

在对结构系统进行固有频率测试时，测量方法可以分为以下几类：

1）测量 FRF：如采用传统的 FRF 测量方法——锤击法与激振器法。由于固有频率是模态参数之一，所以，采用测量 FRF 方法测量固有频率同样要求遵循模态测试的那些要求。如激励响应位置要求、激励力的大小要求等，但此时要求激励与响应同时避开模态节点位置。

2）振动台测试：可以将待测结构在振动台上进行随机激励或扫频激励，然后分析响应信号获得结构的固有频率。

3）仅测量响应：当结构处于工作状态时，可以仅测量结构的响应，然后对响应进行频谱分析。但这时频谱图中的峰值可能有的是结构的固有频率，也可能有的是强迫响应频率，还有可能是转频及其谐频。另外，当采用这种方法时，工作载荷可能不能将所有关心的固有频率都激励起来，可能仅激励起一些固有频率，甚至连基频也激励不起来的情况也是存在的。

4）变转速激励：对于旋转机械而言，可以采用变转速方法，如升降速测量，然后对响应信号进行瀑布图分析，在瀑布图中垂直于频率轴的峰值区域即是结构的一阶固有频率。

5）非接触式测量：当结构是一个轻质结构时，哪怕是在结构上布置一个轻质的传感器也会导致固有频率移动明显，这时宜用非接触式的传感器进行测量，如电涡流位移传感器、声压传感器等。笔者曾经采用声压传感器测量过 PCB 板、轴瓦等轻质结构的固有频率。

6）其他方法：如果能按测量 FRF 的方法来测量是最好的，但很多时候并没有激励设备可用，此时，我们可以采用特殊的激励方法，仅测量结构的响应，对响应进行频谱分析获得结构的固有频率。这些特殊的激励方法包括：手拨方法（针对小型轻质结构）、阶跃方法（使结构存在一个初位移，然后突然释放）、生活中的各式锤子激励等。

我们经常需要对结构进行固有频率测量，那到底是测量哪一阶固有频率呢？一般情况下，没有特别说明时，通常指测量结构的第 1 阶固有频率，也就是基频。但大多数情况下，我们可以得到结构的很多阶固有频率，此时应将固有频率按频率值从小到大的顺序依次列出测量到的所有阶固有频率。笔者个人认为，对于大多数情况，前几阶（小于或等于 10 阶）固有频率就可满足测试要求。

对于 FRF 曲线，曲线图中各峰值所对应的频率即为各阶固有频率。但对于频谱图而言，可能会存在噪声干扰，这时，如果发现频谱图中有线状谱（请参考 4.2.10 节），那么可以认为该线状谱所对应的频率不是结构的固有频率，这是因为线状谱的阻尼为 0，这是不可能的，结构总是存在或大或小的阻尼，不可能阻尼为 0。因此，这些线状谱可以认为是干扰或其他类型信号的频率。

2.3 为什么只关心低阶固有频率或模态

通过 2.2 什么是固有频率一节，我们已经明白一个自由度对应一阶模态或固有频率，由于现实世界中的结构多半为弹性体（或称为连续体），因此，结构存在无穷多阶模态或固有频率。既然结构存在无穷多阶模态或固有频率，为什么实际测量或分析时我们只关心低阶的模态或固有频率呢？

我们当然可以说结构的固有频率越低，越容易被外界激励起来。例如，一座桥梁，如果行军的部队按踢正步的姿势行军过桥，那么桥梁就有可能被激励起来产生共振，这是因为行军踢正步的频率与桥梁的某一阶固有频率非常接近或者一致了。另一方面，现实世界中的大多数激励也是低频激励。因此，我们总是可以说结构的固有频率越低，越容易被外界激励起来，所以我们只关心低阶的固有频率。

以上的解释没有问题，但在此笔者要引入"模态有效质量"来说明这个问题。模态有效质量提供了一种用于判断模态"重要性"的方法。若一阶模态包含相当高的有效质量，则其很容易被外界激励起来。另一方面，若一阶模态包含较低的有效质量，则其很难被外界激励起来。

当你对一个结构进行计算模态分析时，你需要确定这个问题：提取多少阶模态是足够的？假设你提取的模态的总的有效质量超过结构实际质量的 90%，那么可以说你提取的模态阶数是足够的。即使是试验模态分析，也面临同样的问题：到底获得多少阶模态才合适。

对于一个无阻尼多自由系统而言，通常将描述系统特征的运动方程组用矩阵形式表示：

$$M\ddot{x} + Kx = F(t)$$

这里 M 和 K 分别表示质量矩阵和刚度矩阵，连同相应的加速度向量 $\ddot{x}$ 和位移向量 x 以及外力向量 $F(t)$ 一起组成运动方程。对上式进行特征值求解，可以求得各个特征值与特征向量。特征值即是固有频率，特征向量即是这阶固有频率对应的模态振型 ϕ。这个系统的广义质量矩阵 $\widehat{m}$ 定义如下：

$$\widehat{m} = \phi^T M \phi$$

定义一个系数向量 $\overline{L}$：

$$\overline{L} = \phi^T M \overline{r}$$

式中 $\overline{r}$——影响向量，表示的是在基础上应用单位静态位移引起各质量单元的位移。

对于第 i 阶模态，其模态参与因子 Γ_i 定义如下：

$$\Gamma_i = \frac{\overline{L}_i}{\widehat{m}_{ii}}$$

因而，对于第 i 阶模态，其模态有效质量 $m_{\text{eff},i}$ 定义如下：

$$m_{\text{eff},i} = \frac{\overline{L}_i^2}{\widehat{m}_{ii}}$$

由以上定义可知，每一阶模态的广义质量和有效质量都是不相同的，每阶模态都有自己的有效质量，且每阶模态的有效质量都小于结构的总质量。所有模态的有效质量之和等于结构的总质量，通过模态有效质量可以判定各阶模态的"重要性"，即模态有效质量越大越重要。

考虑如图 2-13 所示的悬臂梁结构的横向弯曲振动，悬臂梁长度为 L，单位长度上的质量为 ρ，弹性模量为 E，横截面积为 A。根据以上理论，可以得到如表 2-1 所列的悬臂梁的前四阶模态固有频率、参与因子和模态有效质量。

图 2-13　悬臂梁

表 2-1　悬臂梁横向前四阶模态相关参数

阶　数	固有频率 ω_n	参　与　因　子	模态有效质量
1	$\left(\dfrac{1.8751}{L}\right)^2\sqrt{\dfrac{EI}{\rho}}$	$0.783\sqrt{\rho L}$	$0.6131\rho L$
2	$\left(\dfrac{4.69409}{L}\right)^2\sqrt{\dfrac{EI}{\rho}}$	$0.4339\sqrt{\rho L}$	$0.1883\rho L$
3	$\left(\dfrac{5\pi}{2L}\right)^2\sqrt{\dfrac{EI}{\rho}}$	$0.2544\sqrt{\rho L}$	$0.06474\rho L$
4	$\left(\dfrac{7\pi}{2L}\right)^2\sqrt{\dfrac{EI}{\rho}}$	$0.1818\sqrt{\rho L}$	$0.03306\rho L$

从表 2-1 中可以看出，模态阶数越低，模态有效质量越大，因而，越低阶模态越重要，越容易被外界激励起来。前四阶模态有效质量之和为 $0.8992\rho L$，占结构总质量的 89.92%，因此，对于这个结构而言，如果关心横向弯曲振动，提取前四阶模态已足够。

我们再来考虑图 2-13 所示悬臂梁的纵向振动，假设在自由端作用一个常力 P，在 $t=0$ 时刻突然释放，根据振动理论，其自由端的运动方程为

$$u(L,t) = \frac{8PL}{\pi^2 EA}\sum_{i=1,3,5\cdots}^{\infty}\frac{1}{i^2}\cos\frac{i\pi}{2L}\sqrt{\frac{E}{\rho}}t$$

式中　ω_1——悬臂梁纵向的第 1 阶固有频率，$\omega_1 = \dfrac{\pi}{2L}\sqrt{\dfrac{E}{\rho}}$。

对于第 k 阶模态而言，其响应因子为 $1/(2k-1)^2$。因此，各阶模态的响应因子 $1/(2k-1)^2$ 随着阶数 k 的增大而减少。因此，响应因子越大，响应越大，这阶模态越重要。将各阶模态响应按响应因子来表征其重要性，结果如图 2-14 所示。从图 2-14 中可以看出，阶数越低，响应越大，越重

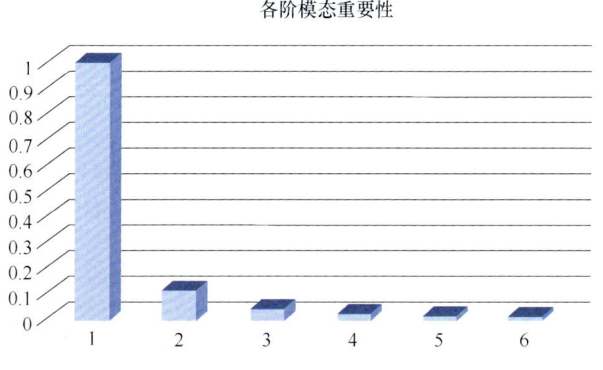

图 2-14　悬臂梁纵向振动响应各阶的重要性

要。而其他结构的响应也具有这样的普遍性,所以工程上一般仅关心低阶模态或固有频率。

2.4 评价传感器附加质量对模态频率的影响

模态测试或固有频率测试时,原始的被测结构是没有安装任何测量设备的。但为了测量到我们想要的数据,我们不得不在结构上安装一些带有质量的测量设备,如加速度传感器,有时可能还会在被测结构与加速度传感器之间使用磁座或立方体或其他安装工件。磁座在铁或钢质结构表面很易于安装与拆卸。立方体可用于将三个单向的传感器拼成一个三向的传感器。我们需要记住一点,原始的被测对象是没有这些东西的。

这些附加的传感器或安装工件都是有质量的,我们知道,当结构的质量增大时,结构的模态频率必然降低。这是因为

$$\omega = \sqrt{\frac{k}{m}}$$

如果质量增加,那么

$$\omega' = \sqrt{\frac{k}{m+m'}}$$

也就是说,传感器或安装工件带来的附加质量将对结构的模态频率产生影响,特别是,当被测结构是一个轻质结构时,影响更严重。

2.4.1 实例说明

将一根6in(1in=25.4mm)长的钢锯条一端固定在振动台中心,另一端安装一个0.14g的加速度计,如图2-15所示。测量该钢锯条的第一阶模态频率。

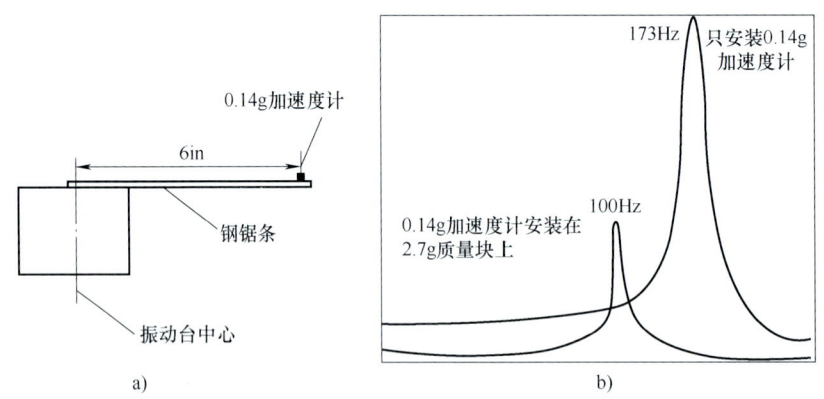

图2-15 钢锯条固有频率测试
a)试验设置 b)试验结果

当只有0.14g的加速度计安装在结构上时,结构的频率为173Hz。当在加速度计安装位置安装2.7g质量块,然后再将加速度计安装在这个质量块上面进行测量,测得此时结构的频率为100Hz。也就是说,安装2.7g的质量块之后,结构的模态频率由173Hz下移到100Hz。由此可见,质量块对结构的模态频率影响非常严重。

2.4.2 怎么评价影响

评价传感器附加质量对被测结构的影响，通常要分两步进行。第一步，仅使用一个传感器测量，得到频响函数或响应频谱。第二步，在这个传感器上面再安装一个相同型号的传感器（或质量相同的质量块），仅用于增加质量，还使用之前的传感器进行测量，如图 2-16 所示。

将两次的测量数据放在同一张图中进行比较，如图 2-17 所示，以确定传感器附加质量对结构的模态频率有没有影响或者有多大的影响。

将两次测量数据放在一起时，就可以看出二者的差异。从图 2-17 中可以看出，两次测量对结构的前两阶模态频率影响不大，但是从第三阶开始，影响越来越明显。此时可以确定传感器附加质量使该阶模态移动了多少赫兹。而实际上，安装单个传感器对结构进行测量时，结构的真正模态频率已经往下移动了。

图 2-16 评估传感器附加质量影响的测试示意

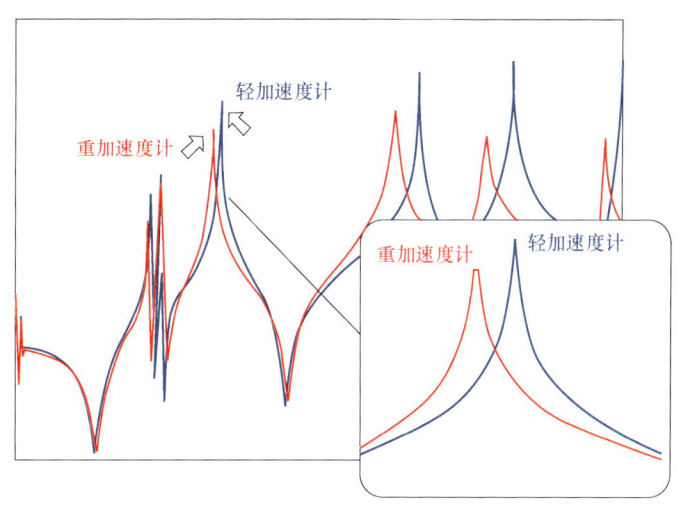

图 2-17 评价传感器的影响

很多情况下，我们可能会认为结构总质量很大，传感器的质量很小，不会对结构产生明显的影响。但是我们需要着重注意的是参与模态的并不是结构的全部质量，而是结构"模态上"活跃的那部分有效质量。传感器的质量与结构总质量之比可能会非常小，但是与"模态上"活跃的那部分质量之比可能会很大。这时传感器附加质量对这阶模态影响很严重。因此，我们需要评价这些影响。

很多情况下，当进行模态测试时，可能测量位置与模态整体坐标不一致，需要安装工装，如楔形块，使传感器安装后的坐标与整体坐标一致。还有时可能结构测量表面是曲面，此时，需要安装工件，使传感器能平面安装，如图 2-18 所示。由于测量面是圆柱面，传感器无法直接安装，因此，需要在圆柱面上安装小型铝块以形成平面安装。虽然铝块很轻，但是这些安装工件附加质量的影响也可能会很严重，你必须评估这些安装工件所带来的影响。

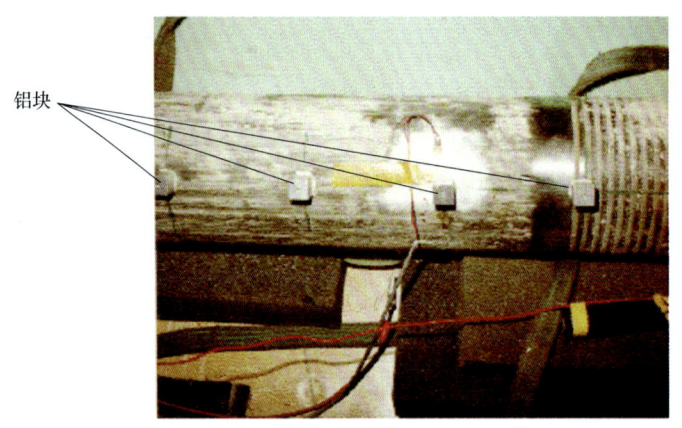

图 2-18　传感器的安装工装

如果传感器确定对模态频率影响明显，我们可以考虑使用非接触式的传感器代替。如果无法使用非接触式的传感器代替，应考虑使用质量小的传感器来测量。如果实在无法消除传感器带来的影响，可以考虑使用动力学修改软件来消除附加质量带来的影响。可以在传感器测量位置添加一个相同质量的"负质量"来消除传感器带来的影响，但是，这时要求必须有驱动点频响函数（请参考 2.5.6 节）。

2.4.3　传感器移动带来的影响

模态测试时，当测点较多时，总会受通道数目、传感器数目或导线数目的限制，不能一次完成所有测点的测量。这时可能需要多次移动传感器，以完成所有测点的测量。此时，除了传感器附加质量的影响之外，还有传感器移动带来的影响。也就是说移动传感器也会使结构模态频率发生移动，如图 2-19 所示。原本在这个频带区间只有两阶模态，但是传感器移动，使得结构在这个频带内好像存在四阶模态一样，这时传感器移动带来了数据不一致的问题。

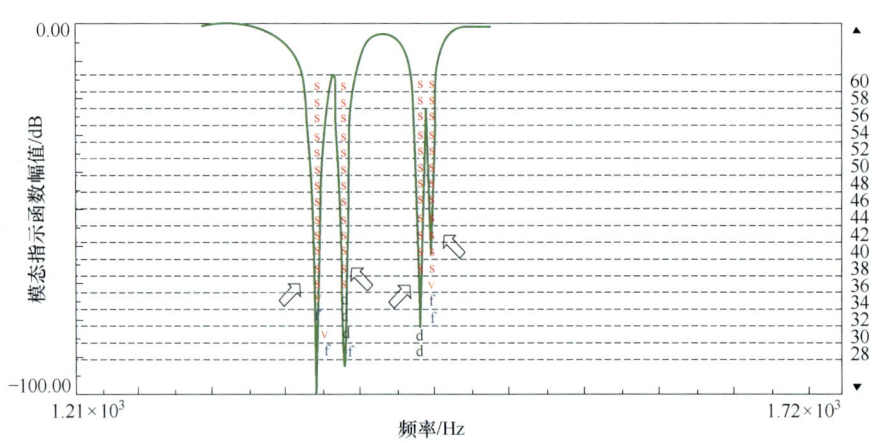

图 2-19　数据不一致

因此，也需要评估传感器移动时带来的影响。另外，传感器移动时也有相应对策，为了尽量减少移动带来的影响，在每批次布置传感器时，应尽量使传感器分布到整个结构上，而不是一个局部。如测量一根 15 个测点的梁结构，只有 5 个传感器，需要分批测量 3 次完成所有测点的测量。这时，第一批次可以测量 1、4、7、10、13 测点，第二批次测量 2、5、8、11、14 测点，第三次测量剩余测点。而不是 1~5、6~10、11~15 这种移动策略。按前一种移动策略进行测量时，除了可以使传感器的附加质量分配到整个结构上，不至于在某一局部之外，还有一个好处就是，移动的效率高，因为在移动时，每个传感器移动的距离是最短的，只移动到邻近的下一个测点。

通过以上的分析，我们知道传感器或安装工件对结构模态有影响，需要评估这些影响，同时传感器移动也会带来影响，也需要注意。特别是轻质结构，更需要多加小心。

2.5 什么是频响函数 FRF

不管是模态测试，还是固有频率测试，或者灵敏度分析，以及其他一些测试，经常是测量频响函数。那什么是频响函数，频响函数有什么性质，有哪些形式，力锤得到的 FRF 与激振器得到的 FRF 有什么区别，怎么计算频响函数，频响函数受什么因素影响，等等问题，你都了解吗？在这里，你将找到答案，这一节主要内容包括：
- FRF 定义
- FRF 性质
- FRF 形式
- 共振峰与反共振峰
- 单自由度 FRF
- 驱动点 FRF 和跨点 FRF
- 为什么有的 FRF 有反共振峰，有的没有
- 力锤 FRF 与激振器 FRF 的区别
- FRF 计算
- FRF 估计类型
- FRF 的影响因素

2.5.1 FRF 定义

我们通常所说的频响函数（Frequency Response Function，FRF），它是结构的输出响应和输入激励力之比。我们同时测量激励力和由该激励力引起的结构响应（这个响应可能是位移、速度或加速度），将测量的时域数据通过快速傅里叶变换从时域变换到频域，经过变换，频响函数最终呈现为复数形式，包括实部与虚部，或者是幅值与相位。

很多时候，为方便起见，我们将频响函数写成部分分式形式：

$$H(j\omega) = \sum_{k=1}^{m} \left(\frac{A_k}{j\omega - p_k} + \frac{A_k^*}{j\omega - p_k^*} \right)$$

我们常用矩阵形式来处理频响函数，所以用下标可以方便地确定某个输入-输出位置的 FRF。例如，由 j 点输入激励引起 i 点的输出响应，那么 FRF 中的元素为 h_{ij}，定义为 j 点单位激励力在 i 点引起的响应。第一个下标表示输出响应位置，第二个下标表示输入激励位置。

FRF 元素的分子中包含留数（可参考复变函数教材），而留数与模态振型直接相关，分母包含系统极点信息，也就是系统的频率和阻尼信息。因此，从频响函数矩阵可以得到系统全部的模态信息。频响函数矩阵中的单个元素可以写为（下标 k 表示阶数）

$$h_{ij}(\mathrm{j}\omega) = \sum_{k=1}^{m}\left(\frac{a_{ijk}}{\mathrm{j}\omega - p_k} + \frac{a_{ijk}^*}{\mathrm{j}\omega - p_k^*}\right)$$

该方程主要由系统每一阶模态的留数（分子）和极点（分母）来描述。将频响函数用模态振型表示为

$$h_{ij}(\mathrm{j}\omega) = \sum_{k=1}^{m}\left(\frac{q_k u_{ik} u_{jk}}{\mathrm{j}\omega - p_k} + \frac{q_k^* u_{ik}^* u_{jk}^*}{\mathrm{j}\omega - p_k^*}\right)$$

从这个方程可以清楚地看出 FRF 的幅值受输出响应位置的模态振型值乘以输入激励位置模态振型值的控制。这个频响函数可以用任何一个感兴趣的输入-输出组合来表示。

这个方程感兴趣的部分是留数和极点，虽然留数的改变依赖于特定的输入-输出组合，但是极点保持不变。这暗示着系统极点是全局特性，它们独立于特定的输入-输出位置。也就是说从一个输入-输出位置就能测量到系统的所有极点（频率和阻尼）信息。因此，固有频率测量，理论上讲，只需要一个测量位置即可测量出所有的模态频率（实际测量时要避开节点位置）。

然而，留数却依赖于特定的输入-输出位置，随输入-输出位置的变化而变化。也就是说不同输入-输出位置的留数是不相同的，这就说明了为什么测试模态振型时，需要大量的测点。这是因为不同测点的留数是不同的，留数是局部特征，留数不同也就是振型值不同，因此，振型依赖于不同的测量位置。为了将振型唯一地描述出来，要求测点数目尽量多，通过这些测点位置的振型值能唯一地表征这些模态的振型。

当我们用模态振型写出这个方程时，结构的模态振型对于特定 ij 位置的 FRF 幅值有强烈的影响，这一点就变得非常清晰了。留数本质上是振型缩放系数 q、响应输出位置的模态振型值与输入激励位置的模态振型值三者的乘积。这表示，如果输出位置或者输入位置的模态振型值为 0（也就是位于模态节点上），那么这阶模态就没有幅值。因此，模态参考点要避开节点。

2.5.2 FRF 性质

频响函数 FRF 具有以下性质：

1）频响函数定义为输入位置单位激励力引起的输出位置的响应。

2）频响函数是系统的固有特性，与系统本身有关，与激励、响应等外界因素没有关系。

3）频响函数具有互易性，即 $H_{ij} = H_{ji}$，也就是说，j 点单位激励力在 i 点引起的响应等于 i 点单位激励力在 j 点引起的响应，这也表明频响函数矩阵是对称的。

4）频响函数是复值函数，因而其可以用幅值与相位或者实部与虚部表示，故频响函数

具有幅频、相频和实频、虚频等多种表现形式。当幅频曲线和相频曲线用波德图显示时，如图 2-20 所示。

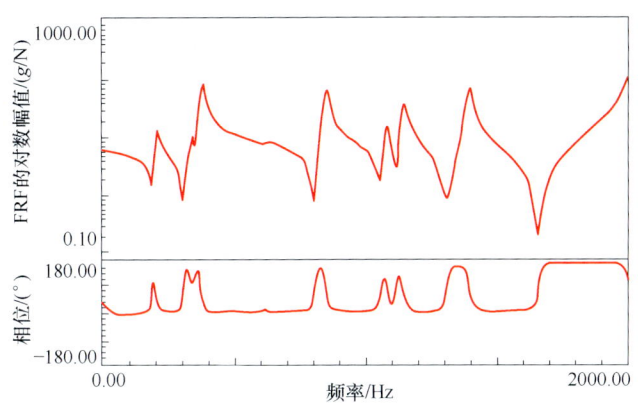

图 2-20　波德图显示 FRF 的幅值和相位

5）频响函数矩阵包括系统全部的模态信息，矩阵中每一行或每一列同样包含系统全部的模态信息。这些 FRF 由留数和系统极点组成，而留数直接与模态振型相关，极点包含系统的频率和阻尼信息。

2.5.3　FRF 形式

在这主要介绍两个方面：FRF 的表现形式和表达形式。表现形式是指可以用幅值与相位或实部与虚部来描述。而表达形式是指可以用加速度、速度或位移与激励力之比来表达。

由于频响函数是复值函数，因而可以用幅值与相位或者实部与虚部来表示，因此，频响函数具有幅频与相频和实频与虚频等多种表现形式，另外还要介绍一种特殊的图形表现形式即奈奎斯特图。

图 2-21 和图 2-22 所示为同一个频响函数不同的表现形式：幅值与相位（见图 2-21）和实部与虚部（见图 2-22）。实质上实部与虚部是直角坐标下的复数形式，而幅值与相位是极坐标下的复数形式。因此，二者本质是相同的，只是采用的坐标系不同而已（人们对复数形式的频谱更易理解且用幅值和相位的显示形式更常见）。

在幅值与相位图中，幅值的极值表征一阶模态，在模态频率处，相位变化 180°（无阻尼结构）。在实部与虚部图中，在模态频率处，实部为 0，虚部达到极值。另外，还有一点，早期有一种模态算法，称为峰值拾取法，就是把所有测点在某一阶的虚部峰值连接起来，即为这阶模态振型。

在此我们要记得一个结论：实模态的固有频率和复模态的固有频率相等，因此，二者的 FRF 重合。但是 FRF 的不同表现形式中，只有幅值谱是重合的，实部和虚部不重合，有偏移。如果这时用实部或虚部进行模态参数提取，就会出现频率提取不准确，而用幅值谱则不存在这样的问题。因此，模态参数提取时用的是频响函数的幅值谱，而非实部和虚部。

同一个复数形式的频谱还可以用之前两种方式之外的方式来表示，即众所周知的奈奎斯特图，如图 2-23 所示，显示的还是之前那条频响函数。

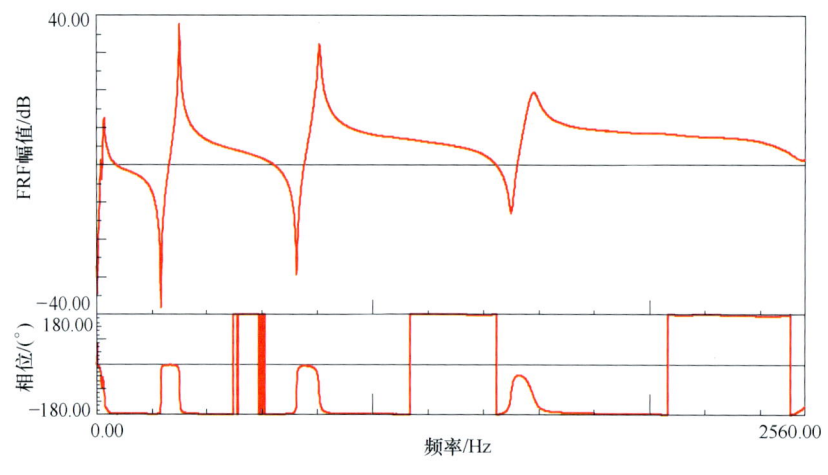

图 2-21　幅值与相位

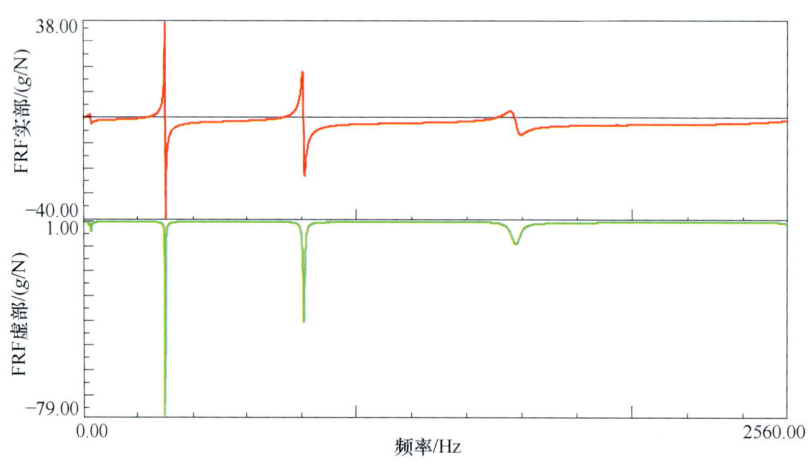

图 2-22　实部与虚部

奈奎斯特图中每一点表示特定频率下的复数振幅。它描述的是特定点的响应的幅值和相位是如何随频率变化的。关于用奈奎斯特图显示 FRF，在此会讲得更详细一些，因为大多数工程师对它都不太了解。

从之前显示的这条频响函数的幅值谱可以看出，在这个频带内有 4 阶模态。将该条频响函数用奈奎斯特图表示（见图 2-23），奈奎斯特图中每一个圆表征一阶模态。在图 2-23 中有四个圆，对应于幅值图中的 4 阶模态。圆的大小对应幅值图中 FRF 峰值的幅值。也就是说，最大的圆对应的是第 2 阶（FRF 幅值最高），幅值相位图中共振峰的幅值大小顺序对应于奈奎斯特图中圆的大小。并且，当光标位于固有频率处时，奈奎斯特图中的虚部最大。

前面介绍的是 FRF 的表现形式，接下来再介绍 FRF 的表达形式。由于响应可以用位移、速度和加速度来表征，因此，当频响函数用不同的物理量来表征时，表征的物理意义也有所区别，具体见表 2-2。在这六种表达形式中，使用最广泛的是加速度/力和力/位移，即加速度导纳和动刚度。

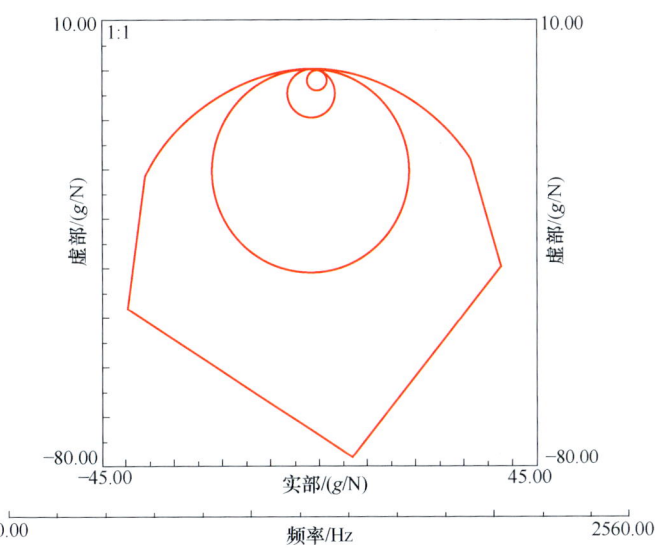

图 2-23 奈奎斯特图

表 2-2 频响函数的不同表达形式

测量量	定义	中文（英文）	单位	$\omega \to 0$
位移/力	x/f	动柔度（dynamic compliance）	m/N	$1/k$
力/位移	f/x	动刚度（dynamic stiffness）	N/m	k
速度/力	$\omega x/f$	速度导纳（mobility）	(m/s)/N	0
力/速度	$f/\omega x$	机械阻抗（mechanical impedance）	N/(m/s)	∞
加速度/力	$\omega^2 x/f$	加速度导纳（inertance）	(m/s^2)/N	0
力/加速度	$f/\omega^2 x$	动质量（dynamic mass）	N/(m/s^2)	∞

这六种表达形式下的无阻尼单自由度系统的曲线如图 2-24 所示（对数尺度）。

我们经常测试动刚度，特别是源点动刚度，实质是基于频响函数测量方法进行的，并且通常测试时使用加速度作为响应，测量频响函数得到动刚度曲线。图 2-25 所示为同一位置的加速度频响函数和该点的动刚度曲线。

从图 2-25 中可以看出，频响函数极大值对应的是动刚度曲线的极小值，也就是说频响函数幅值大的频率处，动刚度小。在该频率处，很小的激励就容易把结构激励起来。而频响函数幅值小的频率处，动刚度大，结构很难或不能被激励起来。

2.5.4 共振峰与反共振峰

在频响函数曲线中，共振频率所对应的峰称为共振峰，在这个峰值处，对结构施加很小的激励能量，结构就会产生非常大的振动，因而在共振峰处，结构很容易被激励起来。

当以 dB 形式显示频响函数时，特别当 FRF 为驱动点 FRF 时，会发现 FRF 曲线中有向下的峰值，这些峰称为反共振峰，如图 2-26 中上侧曲线所示。在线性显示的 FRF 中，看不出来反共振峰，如图 2-26 中下侧曲线所示。这是因为在反共振峰处，对应的幅值接近 0，

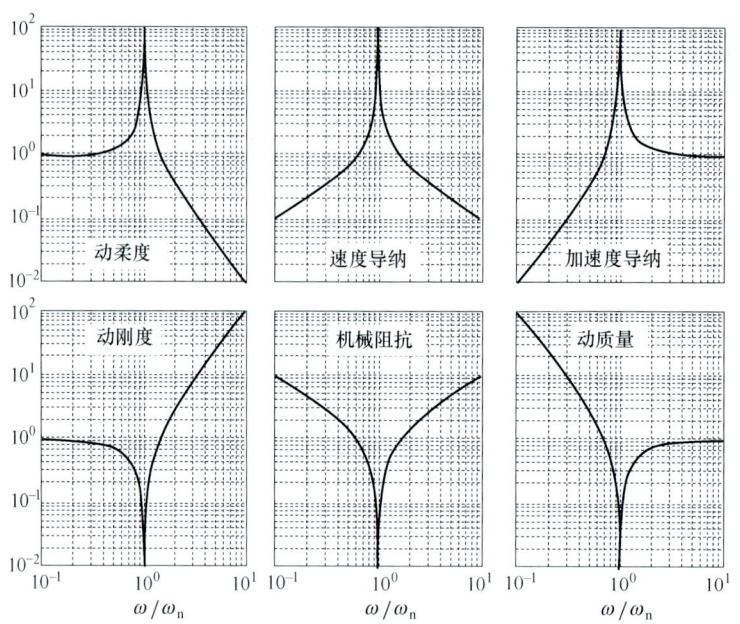

图 2-24　频响函数的六种表达形式

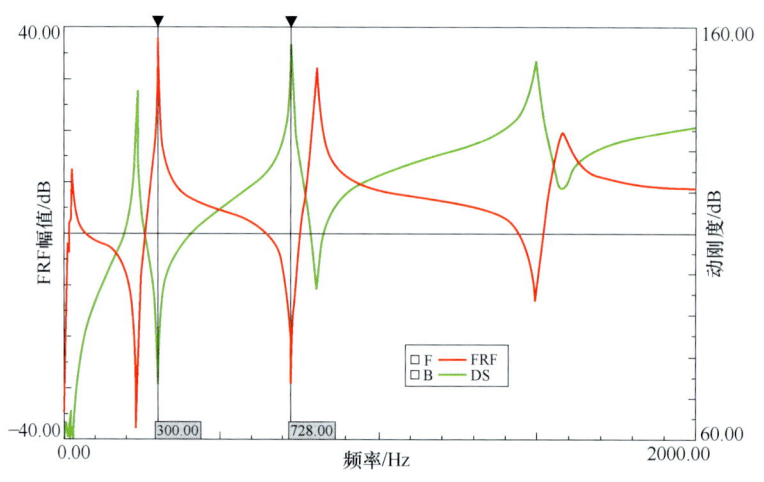

图 2-25　加速度频响函数和动刚度曲线

所以在线性显示方式中就看不出反共振峰了。而以 dB 形式显示时，幅值越接近 0，dB 值越小，因而反共振峰明显。

在反共振峰所对应的频率处进行激励，即使激励能量再大，结构也没有响应或者响应很微弱，也就是说在反共振峰所对应的频率处，结构很难被激励起来。在这个频率处可以理解为结构的刚度无限大，其实从图 2-25 中也可以看出这一点。

因此，当外界的激励频率处于结构的反共振峰处时，外界激励对结构的影响是最小的。这点类似于激励位置位于结构的模态节点处，外界的激励对结构影响也是最小的。但二者的区别在于一个是按频率来区分，另一个是按位置来区分。

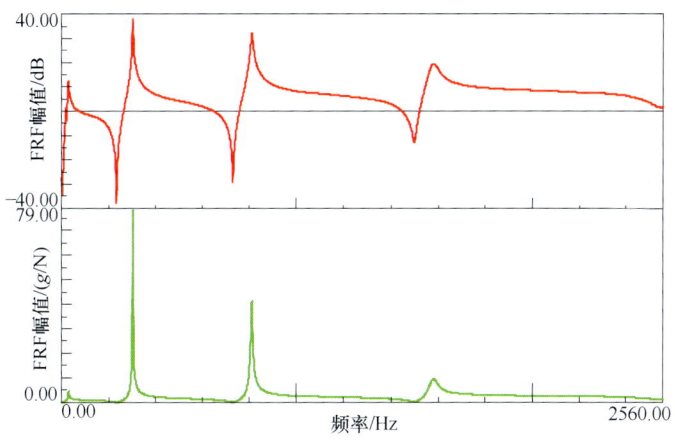

图 2-26 dB 方式和线性方式显示 FRF

若不考虑输入输出噪声，则共振峰处所对应的相干等于 1，这是因为结构的响应完全是由激励引起的，而在反共振峰处，相干很小（相干系数下坠），这是因为此时响应和激励之间没有因果关系，所以相干很小。因为在反共振峰处，即使激励力再大，结构也没有响应或者响应很微弱，所以响应与激励之间不存在因果关系，因而相干系数往下掉。

2.5.5 单自由度 FRF

单自由度模型只有一阶模态，因此，FRF 只有一个峰值。单自由度的 FRF 如下：

$$H(j\omega) = \frac{A}{j\omega - \lambda} + \frac{A^*}{j\omega - \lambda^*}$$

或者用位移与激励力之比表示为

$$H(j\omega) = \frac{X(j\omega)}{F(j\omega)} = \frac{1}{(k - m\omega^2) + jc\omega}$$

单自由度系统的频响函数如图 2-27 所示。

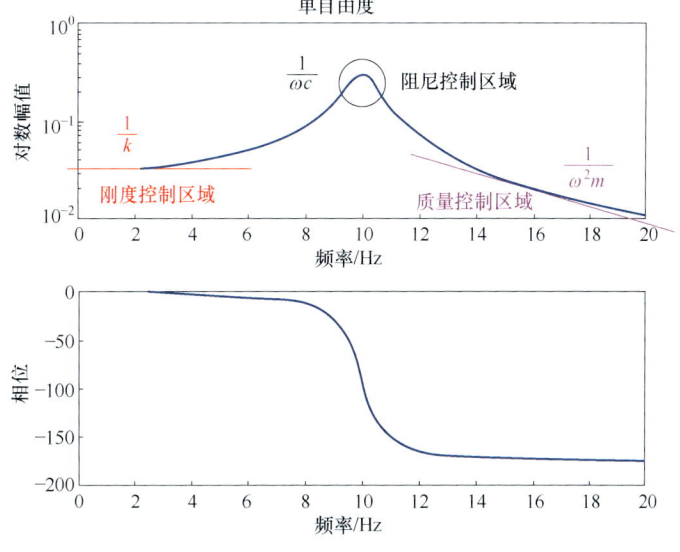

图 2-27 单自由度系统的频响函数（动柔度）

在低频段，FRF 的幅值是 $1/k(k \gg \omega^2 m + \mathrm{j}\omega c)$，相位为 0，表明共振频率以下的频率段主要用占主导地位的刚度项来描述。

在高频段，FRF 的幅值为 $-1/\omega^2 m(\omega^2 m \gg \mathrm{j}\omega c + k)$，相位为 $-180°$，表明共振频率以上的频率段主要用占主导地位的质量项来描述。

理论上，无阻尼固有频率处的 FRF 幅值应是无穷大，但是由于阻尼的存在，导致共振频率处的幅值不会无穷大，其幅值为 $1/\omega c$，相位突变 $180°$，表明在共振频率处主要受阻尼控制。

2.5.6 驱动点 FRF 和跨点 FRF

如果响应点和激励点为同一点，同一个方向测量得到的频响函数称为驱动点频响函数或源点频响函数。如果响应点和激励点不满足这个要求，则测得的频响函数称为跨点频响，也就是激励和响应不在同一位置或同一方向，典型的驱动点和跨点测量如图 2-28 所示。

图 2-28 驱动点测量与跨点测量
a）驱动点测量 b）跨点测量

悬臂梁的典型驱动点测量（第 3 个位置）结果如图 2-29 所示。

驱动点 FRF 可以看成是所有模态的叠加或者每阶模态引起的贡献。图 2-29 所示的四个子图中，每幅图上边的曲线为所有模态的叠加，下面的曲线为每阶模态（单自由度模型）的贡献。对于图示的前三阶模态，频响函数由三阶单自由度系统叠加组成。

驱动点 FRF 的性质：

1）幅值曲线中共振峰和反共振峰交替出现。

2）每经过一个共振峰时相位滞后 180°，每经过一个反共振峰时相位超前 180°。

3）频响函数虚部的所有峰值方向相同。

跨点 FRF 的性质：

1）无反共振峰出现。

2）FRF 曲线为"马鞍状"。

3）经过共振峰相位滞后 180°。

4）虚部峰值有正有负。

很多时候，在测试的开始阶段，人们只检查驱动点测量。虽然这是系统测试过程中比较关键的一次测量，特别是考虑模态振型缩放时，但是驱动点 FRF 不总是用于检查测量效果最理想的函数。例如，驱动点 FRF 的虚部的各个峰值总是具有相同的相位关系。但是若两阶模态彼此非常靠近，则有时就很难确定数据中实际存在多少阶模态。这个时候，更合适的是检查一条跨点的 FRF。注意到跨点 FRF 的虚部所有峰值不存在相同的相位关系。这对确定空间上非常接近的密集模态相当有用，在测试初期应该总是做这个检查。

另外，当对结构进行动力学修改时，驱动点 FRF 是必需的。

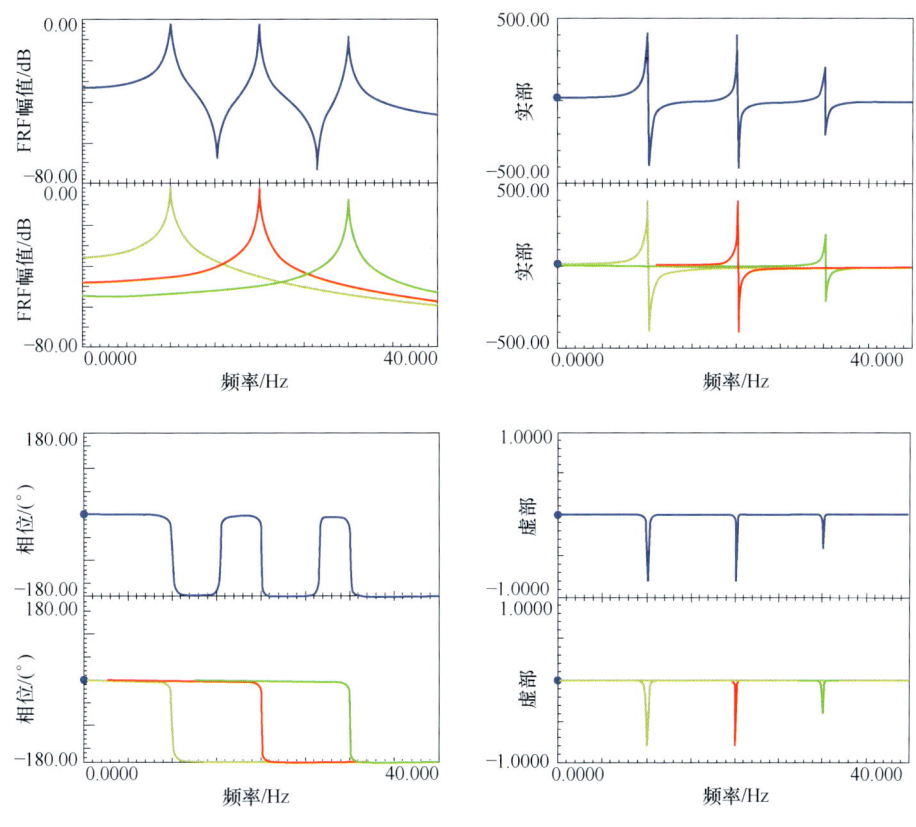

图 2-29 驱动点 FRF（幅值与相位、实部与虚部）

2.5.7 为什么有的 FRF 有反共振峰，有的没有

当用 dB 形式显示 FRF 曲线时，有的 FRF 存在反共振峰，而有的不存在反共振峰，这是为什么呢？

通过上面的分析，我们已经明白了驱动点 FRF 的虚部各峰值具有相同的方向，驱动点 FRF 幅值图中，各阶模态之间存在反共振峰。这是因为模态 1 和模态 2 在反共振频率处幅值相等，但是彼此的相位却相差 180°（从图 2-29 中的幅值和相位分解图中可以看出这一点）。

这就意味着模态 1 和模态 2 的幅值大小是相等的，但是二者方向是相反的（相位差 180°）。因此频响函数在反共振峰处幅值趋向于零（当然这还有其他阶模态的贡献，但是通常离得越远，其贡献量也就越小）。而我们知道，一个非常小的实数用 dB 表示时，其值为负的 dB 值。因此，线性接近 0 的实数在 dB 显示方式是一个负极值，这样就突出反共振峰，而线性方式接近零值，看不出反共振峰。

这暗示着当各阶模态的虚部符号相反时，相位未必反向，因而模态叠加时，反共振峰不会出现。因此，每条 FRF 中是否出现反共振峰（不出现反共振峰时，FRF 的形状是马鞍状）取决于频响函数虚部的方向。

当频响函数相邻两阶模态的虚部同方向时，这两阶模态之间将出现反共振峰；当频响函数相邻两阶模态的虚部反方向时,这两阶模态之间将不会出现反共振峰,这时频响函数的形状为马鞍状。

2.5.8 力锤 FRF 与激振器 FRF 的区别

从理论角度上讲:
1)力锤:得到 FRF 矩阵的一行。
2)激振器:得到 FRF 矩阵的一列。
3)FRF 矩阵是对称阵,互易性成立。
4)对结构施加一纯力,该力与结构不存在相互作用,且用一个无质量的传感器测量响应。

因此,从理论上讲,由力锤和激振器激励得到的 FRF 没有区别,但这仅仅是从理论角度上讲。现实区别是:
1)激振器和响应传感器往往对结构都有影响。
2)处于测试状态下的待测结构不再是最初那个要提取模态参数的结构,还要考虑结构的安装条件、传感器附加质量、激振器顶杆弯曲刚度的影响等。
3)因采集数据的实际条件所致,它们是有区别的。最显著的区别在于激振器激励时,移动加速度传感器,结构变成了时变系统,特别是轻质结构。
4)相对整个结构的总质量而言,加速度传感器的重量非常小,但相对结构不同部分的有效质量而言又是非常大,特别是在轻质结构上移动多个传感器时。
5)激振器的顶杆可能会引入弯曲刚度,带来影响。

因此,采用不同的激励方式,得到的频响函数实质上是有区别的。

2.5.9 FRF 计算

对于 SISO 或 SIMO(请参考 5.1.3 节)测试方式下的频响函数计算,无论是锤击法测试还是激振器测试,都需将捕捉到的时域数据通过 FFT 变换到频域。FFT 变换提供输入和输出信号的线性傅里叶频谱。然后计算输入自谱 G_{FF}、输出自谱 G_{XX} 和输入-输出的互谱 G_{XF}(请参考 4.8 节)。这三个谱函数使用各自的数据记录进行平均(假设平均 N 次)。

得到 G_{FF}、G_{XX} 和 G_{XF} 后就可计算频响函数和相干了。虽然频响函数可以使用不同形式的估计,但当今绝大多数单输入模态测试中,H_1 是频响函数最常用的估计形式,计算过程如图 2-30 所示。

单个激励源的 FRF 计算相对来说比较简单,得到的相干也是我们通常意义上的常相干。但若是多个激励源,FRF 计算则要复杂得多,得到的不再是我们常用的常相干了,有可能是重相干,也有可能是偏相干,视商业软件而定。如 Testlab 中则为重相干,关于这一点,下文会有简单介绍。

当用两个或两个以上的激励源时,通常是使用激振器进行测试,采用的方式是 MIMO(请参考 5.1.3 节)。而对于 MIMO 方式下的频响函数计算,由于每一个测点位置的响应来自多个激励力的作用,因此,计算 FRF 时,有别于单激励力下的 FRF 计算。

现假设两个激励源,对应为 1#和 2#,计算第 i 个测点位置的 FRF,平均 50 次,则未知量为 H_{i1} 和 H_{i2}。假若两个激励力是线性无关的,此时两个未知量至少需要两个方程,也就是

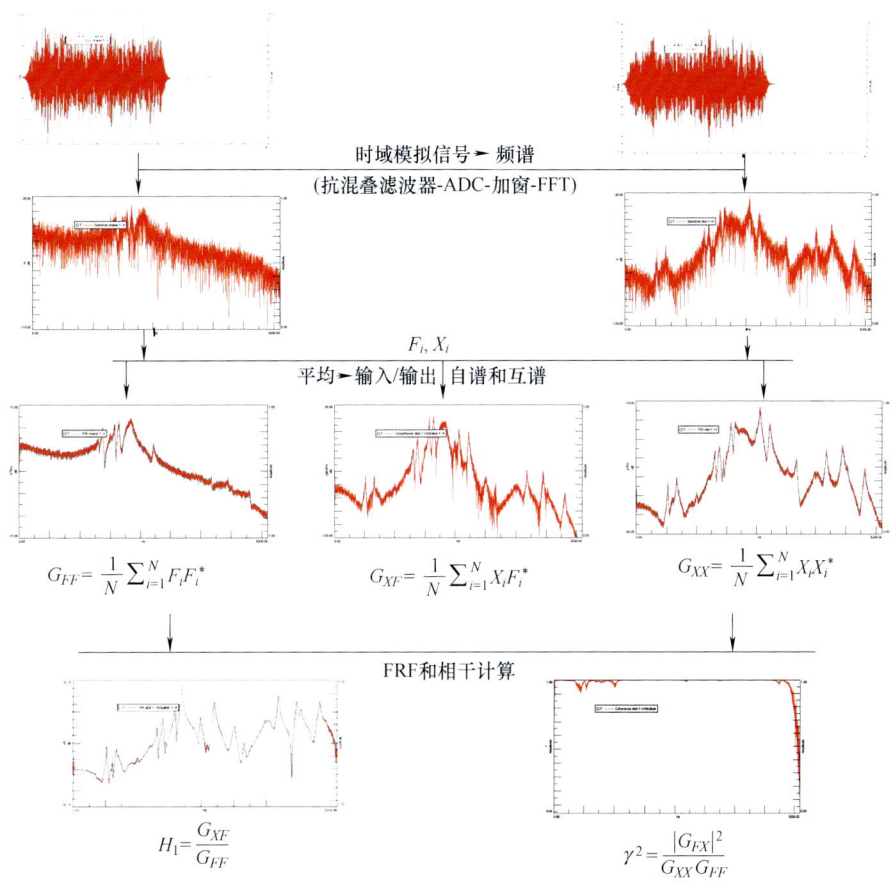

图 2-30 单点激励 FRF 计算过程

需要平均两次才能求解出这 2 个 FRF，并且要求这两次平均是线性无关的。

现实中，这两次不可能是完全线性无关的，因此需要更多的平均。另外，结构可能存在轻微非线性，多次平均可以起到平均掉轻微非线性和去噪的功能。若平均 50 次，求出 50 次平均下的两个 FRF 后，最后通过最小二乘拟合方法得到最终的两个未知的频响函数 H_{i1} 和 H_{i2}，见表 2-3。

表 2-3 两个激励下的 FRF 计算公式

平均次数	计算方程	未知量
1	$a_i^{(1)} = H_{i1}f_1^{(1)} + H_{i2}f_2^{(1)}$	
2	$a_i^{(2)} = H_{i1}f_1^{(2)} + H_{i2}f_2^{(2)}$	H_{i1} H_{i2}
…	…	
50	$a_i^{(50)} = H_{i1}f_1^{(50)} + H_{i2}f_2^{(50)}$	

重相干描述单一信号（输出谱）与另外一组视为参考信号（输入谱）之间的因果关系，它等于由多个输入信号引起的输出信号的能量与该组输入信号的总能量之比。

假设有两个激励信号,在某一测点的响应来自这两个激励源引起的响应之和。那么重相干是这个响应与这两个激励的总能量之比。因此,重相干的数量与响应测量自由度的数量相同。如图 2-31 所示,有两个激励源,因此,这个测点有两个 FRF,但是重相干数量为 1。

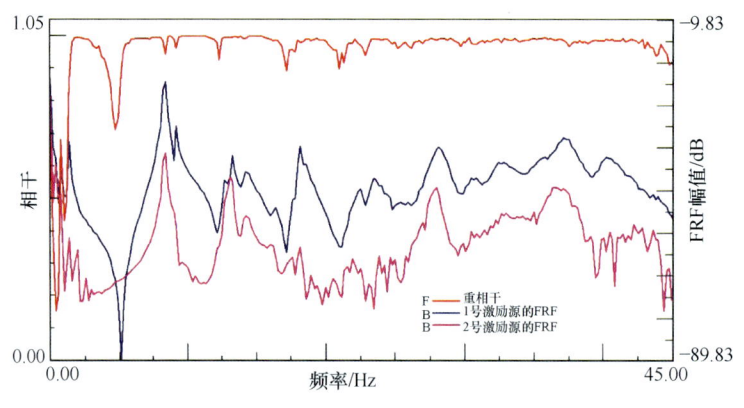

图 2-31 两个激励源下的重相干

偏相干则是计算各自激励引起的响应与自身激励之比。假设某一测点既有 1#激励源引起的响应,又有 2#激励源引起的响应,则偏相干需要分别计算由 1#激励引起的响应与 1#激励之比和由 2#激励引起的响应与 2#激励之比。因此,偏相干的数量等于测量自由度乘以激励源数目。

2.5.10 FRF 估计类型

我们之前所讨论的频响函数计算公式是理想的情况,其输出完全由输入引起,没有任何噪声混杂进来。实际上这是不可能的,输入输出中必然会包含噪声(此处的噪声是指干扰),因而人们为了减少噪声的影响,提出了各种估计方法用于从实际测量的输入和输出信号中估计出频响函数。进行 FRF 估计时,需要对每个频率进行估计。

H_1 是最常用的估计类型,它假设输入没有噪声,输出有噪声。因而,所有的激励力测量都是准确的,但输出响应包含噪声,因此对 N 个响应测量进行最小二乘估计,使得响应中的噪声最小化。由于输入没有噪声,因此最后计算 FRF 时,用的是输入-输出的互谱与输入的自谱的比值,如图 2-32 左侧部分所示。

H_2 估计与 H_1 估计刚好相反,假设输出响应无噪声,输入激励有噪声。因而,所有的响应测量都是准确的,但输入激励包含噪声,因此对 N 个输入测量进行最小二乘估计,得到噪声最小的输入。由于输出没有噪声,计算 FRF 时,用的是输出的自谱与输入-输出的互谱的比值,如图 2-32 中间部分所示。

H_v 估计是假设输入-输出中都包含噪声,因此,需要对输入和输出都采用最小二乘估计,得到噪声最小的输入和输出,然后再计算 FRF,如图 2-32 右侧部分所示。

2.5.11 FRF 的影响因素

通过单自由度的 FRF,我们已经清楚了 FRF 不同区域受不同因素控制。这些因素主要

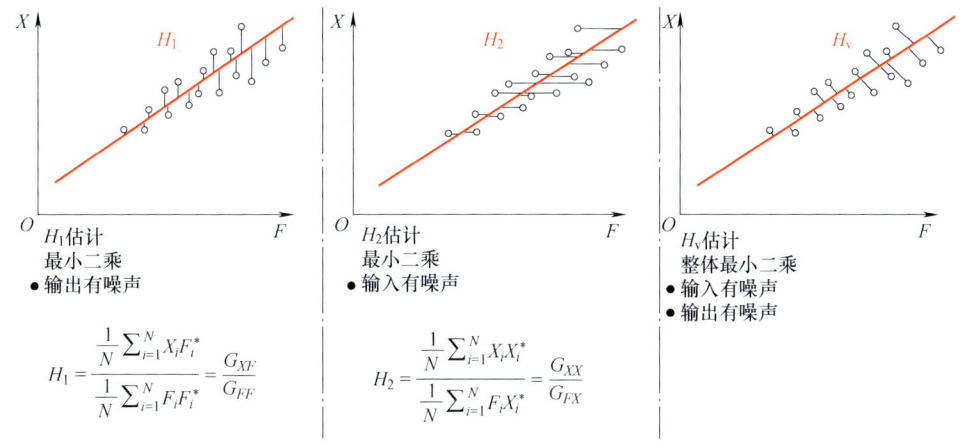

图 2-32 三种估计类型

是刚度、质量和阻尼,它们是怎么影响 FRF 的呢?在这以位移表示单自由度系统的 FRF(动柔度)为例来说明 FRF 的影响因素。

如图 2-33 所示,刚度的增加会导致共振频率的提高(这一点从频率计算公式很容易理解),并且降低了频响函数在低频段的幅值。因为频响函数低频段刚度的影响具有支配性,因此把这段区域叫作刚度线或者柔度线。

如图 2-34 所示,增大质量会降低共振频率,同时也降低了频响函数在高频段的幅值。由于质量对高频段曲线起支配作用,所以单自由度系统的频响函数的高频段叫作质量线。

这时如果再回看第 2.5.6 小节中的三个模态的分解形式,则会发现频率越高,低频段的幅值越小,而高频的幅值越大,这也正是考虑了以上两个因素的结果。

如图 2-35 所示,增加阻尼会使得共振频率略有减少,但是它的主要作用是减小频响函数在共振点的幅值,同时使得相位的改变较为平缓。

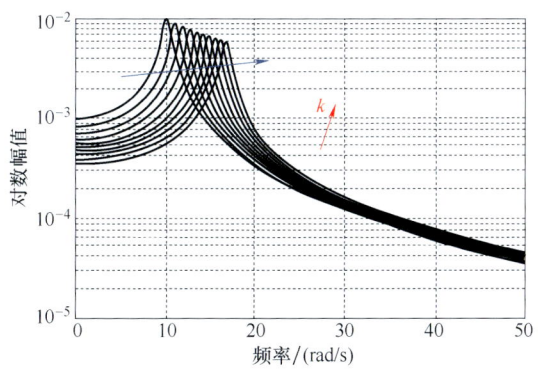

图 2-33 刚度对单自由度系统 FRF 的影响

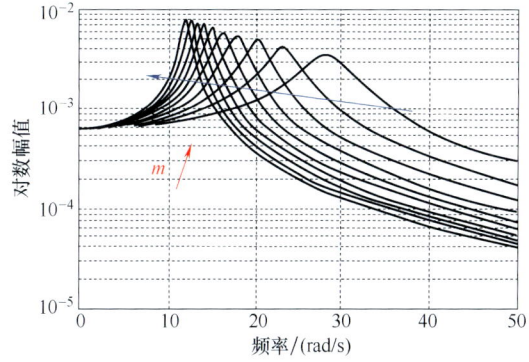

图 2-34 质量对单自由度系统 FRF 的影响

如果阻尼为零,在共振点振动幅度将趋向无穷大,相位会突变 180°,而且系统的极点将成为纯虚数,其大小等于无阻尼固有频率。但是阻尼越大,相位过渡越平滑,如图 2-36 所示。

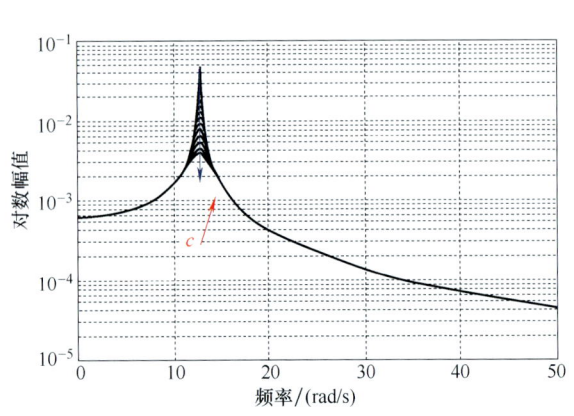

图 2-35 阻尼对单自由度系统 FRF 的影响

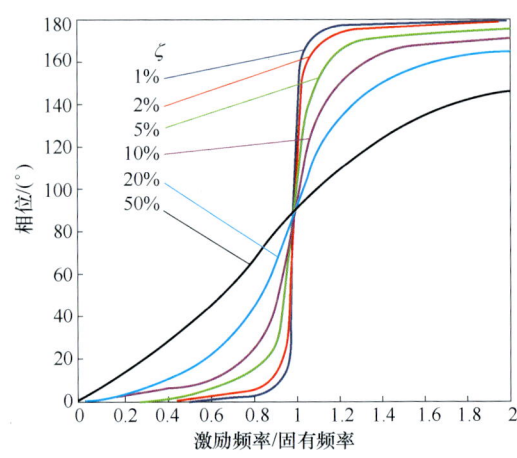

图 2-36 阻尼对相位的影响

很多时候，人们通过相位的变化来判断是不是模态极点，如果是无阻尼的情况可能相位变化比较明显，但如果有阻尼，或者阻尼特别大，这时再使用相位判定可能会不准确，因为此时相位会平滑过渡。

明白以上规律，可以帮助我们在遇到实际问题时（如故障排除）知道应该朝哪个方向着手改进，如到底是增加刚度，还是质量或者阻尼了。

2.6 FRF 先出现共振峰还是反共振峰

这一节希望能回答以下问题：

1）什么情况下先出现共振峰，什么情况下先出现反共振峰？
2）这样的先后顺序是怎么形成的？
3）反共振峰有什么物理意义？
4）影响反共振峰的因素有哪些？

2.6.1 共振峰，反共振峰谁先出现

关于这个问题，傅志方老师的《模态分析理论与应用》一书中已有说明，在这，我们直接给出答案。注意我们这里所说的共振峰或反共振峰是指弹性模态，而不包括刚体模态。

对于 N 自由度的约束系统而言，有 N 个共振频率，有 $N-1$ 个反共振频率。对于源点频响函数而言，首先出现共振峰，其次是反共振峰，然后共振峰与反共振峰交替出现，即在每一个共振峰之后一定会出现反共振峰，如图 2-37 所示为悬臂梁的驱动点频响函数，先出现共振峰，然后是反共振峰，之后是二者交替。但是对于跨点频响函数而言，则无此规律。一般来讲，两个距离远的跨点出现反共振峰的机会比距离较近跨点的少。

对于 N 自由度的自由系统而言，有 $N-1$ 个反共振峰和共振峰，首先出现的是反共振峰，其次是共振峰，然后是反共振峰与共振峰交替出现，如图 2-38 所示为两个不同的结构在自由边界下的驱动点频响函数。

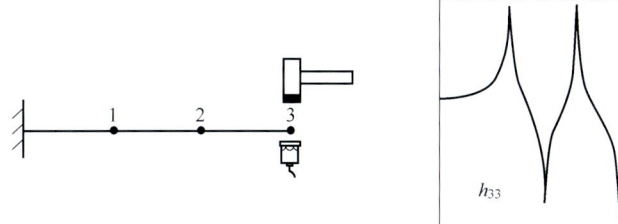

图 2-37　悬臂梁的驱动点频响函数先出现共振峰

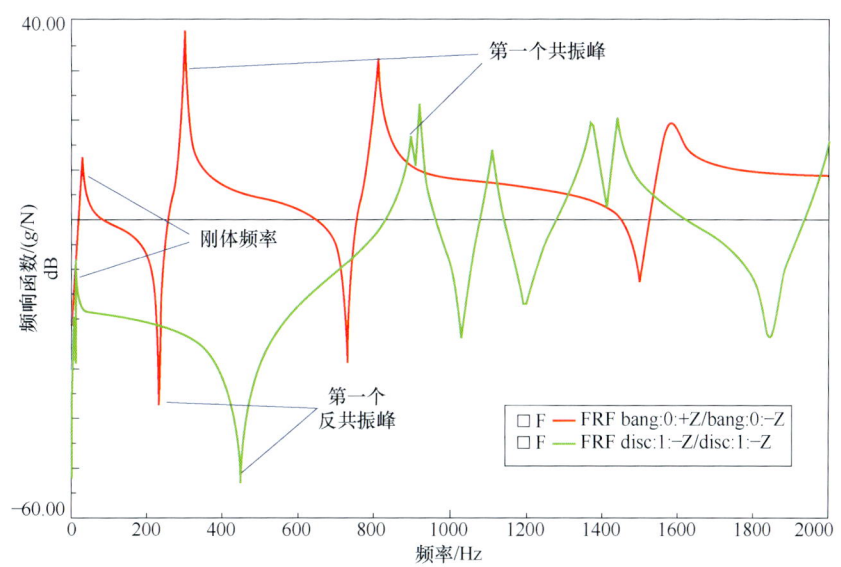

图 2-38　自由系统先出现反共振峰

2.6.2　这样的先后顺序是怎样形成的

在解答这个问题之前，我们必须先回顾一下单自由度系统的频响函数特性和反共振峰是怎样形成的。在 2.5 节中，对这两个知识点已有详细介绍，在这里，我们再简单地回顾一下。

单自由度的频响函数如图 2-39 所示，在低频段，FRF 的幅值是 $1/k$，表明共振频率以下的频率段主要受刚度控制；在共振频率处主要受阻尼控制；在高频段，FRF 的幅值为 $-1/\omega^2 m$，主要受质量控制。

在驱动点 FRF 幅值图的 dB 形式中，共振峰和反共振峰交替出现，共振峰是结构的全局属性，而反共振峰是局部属性。之所以出现反共振峰，是因为相邻的两阶模态，如图 2-40 中模态 1（蓝色）和模态 2（红色）在反共振频率处幅值相等，但是从图 2-40b 中可以看出彼此在这个频率点上的相位却相差 180°。这意味着模态 1 和模态 2 在这个反共振频率点的幅值大小相等，但相位相反向。因此，这两阶模态在这个反共振频率处的幅值叠加后等于零，但由于还有模态 3（绿色）在这个反共振频率点有幅值，当然幅值远比前两阶要小得多，这样就导致各阶模态在这个频率点处叠加后的幅值非常小，当用 dB 的形式显示时，在这个频率点处的 dB 值就是一个大的负值，在频响函数中表现为反共振峰（当然这还有其他阶模态的贡献，但是通常离得越远，其贡献量也就越小）。

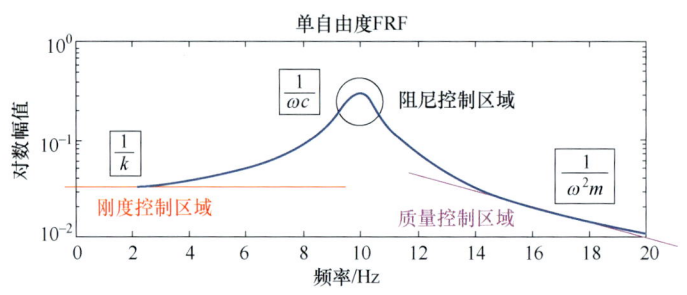

图 2-39　单自由度的频响函数

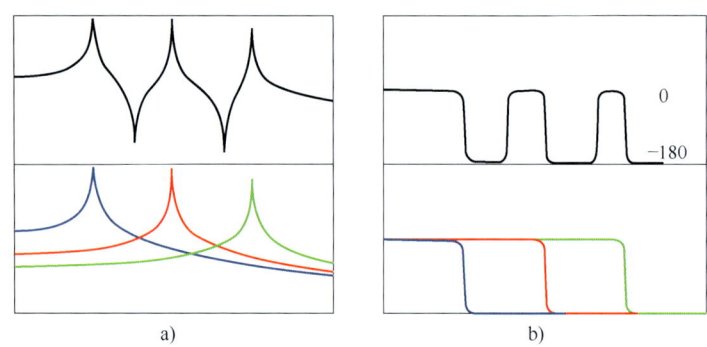

图 2-40　三自由度约束系统的 FRF 和相位及其分解形式
a）幅值及其分解形式　b）相位及其分解形式

从图 2-40 中我们可以看出，多自由度系统的 FRF 分解成每一个单自由度系统时，对应的每阶单自由度系统的频响函数（如图 2-40a 中左侧下图所示的三个单自由度 FRF）都遵循图 2-39 所示的规律，因此，约束系统在固有频率以下的频段受刚度控制，而且相位相同，那么各阶模态相互叠加时，不会出现反共振峰，最开始出现的必然是第一个共振峰。

对于自由系统而言，当对驱动点 FRF 分解时，除了遵循以上的规律之外，我们还必须考虑另外一个因素，即自由系统除了存在弹性模态之外，还存在刚体模态。那么，最后一阶刚体模态与第一阶弹性模态叠加时，仍遵循幅值相等，但相位相差 180° 的规律，因而，必然先出现反共振峰，其次出现共振峰，然后是反共振峰与共振峰交替，如图 2-38 所示。

2.6.3　反共振峰的物理意义

在共振峰处，频响函数的幅值很大，或者说响应与激励之间的放大系数很大，这样即使对结构施加很小的激励能量，结构也会产生非常大的振动，因而在共振峰处，结构很容易被激励起来。而在反共振峰处，频响函数的幅值非常小，即响应与激励之间的放大系数非常小，在这个频率处进行激励，即使激励能量再大，结构也没有响应或者响应很微弱，也就是说在反共振峰所对应的频率处，结构很难被激励起来。在这个频率处可以理解为结构的刚度无限大，从图 2-25 中也可以看出这一点。在这个图中，频响函数（红色）极大值对应的是动刚度曲线（绿色）的极小值，也就是说频响函数幅值大的频率处，动刚度小，在该频率处,很小的激励就容易把结构激励起来。而频响函数幅值小的频率处(反共振峰),动刚度大,结构很难或不能被激励起来。

当外界的激励频率处于结构的反共振峰处时,外界激励对结构的影响是最小的。这有点类似于激励位置位于结构某阶模态节点处时,外界的激励对结构这阶模态的影响是最小的。但二者的区别在于一个是按频率来区分的,另一个是按位置来区分的。

若不考虑输入输出噪声,则共振峰处所对应的相干等于1,这是因为结构的响应完全是由激励引起的;在反共振峰处,相干很小(相干系数下坠),这是因为此时响应和激励之间,二者没有因果关系,所以相干很小。因为在反共振峰处,即使激励力再大,结构也没有响应或者响应很微弱,所以,响应与激励之间不存在因果关系,因而,相干系数非常小。

因此,反共振峰的物理意义有以下几点:
1) 在反共振峰处,结构很难被激励起来。
2) 反共振峰处的动刚度有极大值。
3) 反共振峰处的响应与激励没有直接因果关系,此处的相干系数非常小。

2.6.4 影响反共振峰的因素

共振峰对应的频率是结构的固有频率,因而是结构的全局属性,不随测量位置的变化而变化。但是反共振峰是结构的局部属性,会随测量位置的变化而变化,如图2-41所示,在制动盘上测量了四个 Z 向驱动点频响函数,将制动盘的最外侧圆周等分32份,这四个驱动点位于1、7、15和22位置处。获得自由状态下的频响函数如图2-42所示,局部放大第一个反共振峰,可见,测量位置不同,反共振峰的位置也会随之变化。这是因为不同位置的各阶模态的幅值不同,这样导致相互叠加时产生的反共振峰的位置不同。

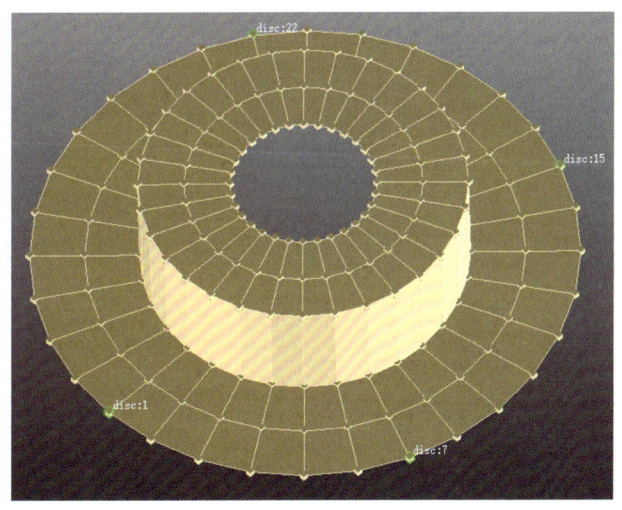

图2-41 制动盘的四个 Z 向驱动点位置

接下来我们来讨论驱动点FRF出现反共振峰的实质。通过上面的描述,我们已经明白在相邻两阶模态的分解形式的频率交叉点处,FRF的幅值相等,相位相反(见图2-40),导致在这个交叉频率处出现反共振峰。但在现实中,往往不止相邻两阶模态叠加,通常会有更多阶模态叠加,这会导致实际的反共振峰与它相邻的两阶模态形成的反共振峰有偏差。

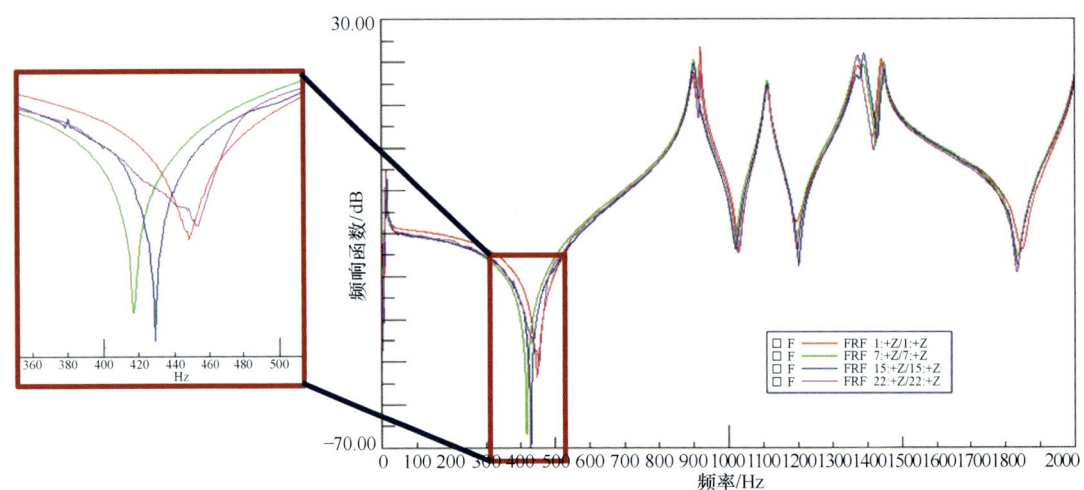

图 2-42 四个驱动点频响函数和第一个反共振峰的局部放大图

图 2-43 所示为某自由结构的驱动点 FRF（红色）和综合的 FRF（绿色）。现在考虑第一个反共振峰相邻的两阶模态的分解形式，左侧为刚体模态，右侧为第 1 阶弹性模态，在这里，我们暂且称这两阶模态为模态 1 和模态 2。对模态 1、2 进行综合时，不考虑上下残余项，得到其分解形式，以及只考虑模态 1 和模态 2 的综合 FRF，如图 2-44 所示。从图 2-44 中可以看出，模态 1 和 2 在交叉频率处幅值均为 −1.628dB，模态 1 的相位为 179.3°，模态 2 的相位为 −0.1°。满足幅值相等，相位相差 180°的原则。另外，注意到仅考虑模态 1 和模态 2 时，即由模态 1、2 综合出来的 FRF（绿色）的反共振峰与实测得到的 FRF（红色）的反共振峰有偏差，这说明其他阶模态对出现反共振峰的具体位置有影响。

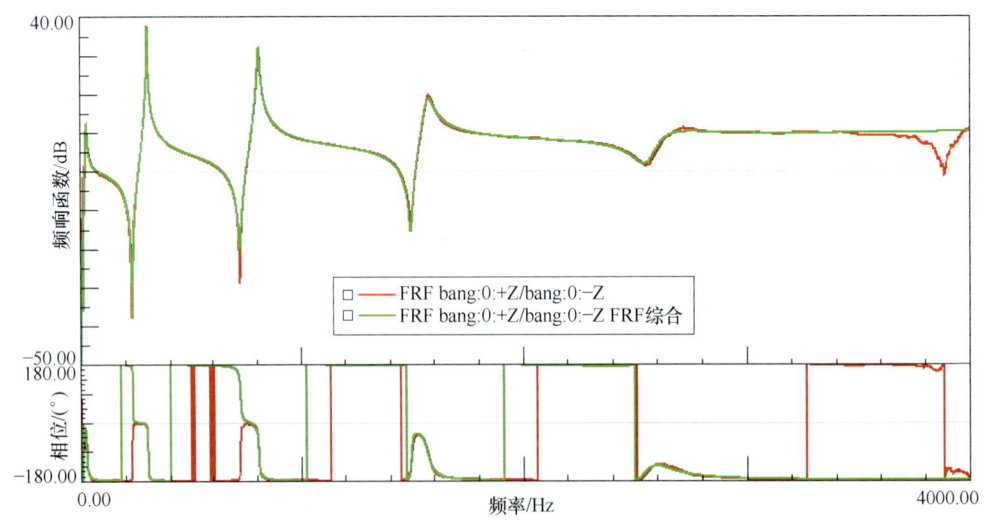

图 2-43 驱动点 FRF 和综合的 FRF

如果仅考虑模态 1 和模态 2，二者叠加出现的反共振峰频率为 227.769Hz，如图 2-45 所示。接下来，仅将综合出来的模态 1 的幅值整体降低 10dB，然后与模态 2 叠加，则此时二者的交叉频率为 165.226Hz，即此时反共振峰出现在 165.226Hz 处。由此可见，当相邻两阶

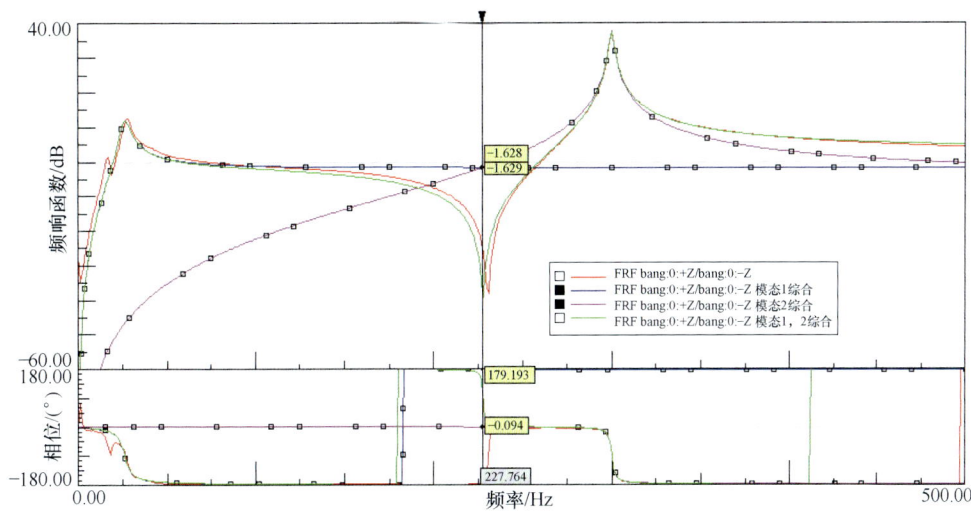

图 2-44　驱动点 FRF 和各个综合的模态

模态的幅值不同时，二者叠加会导致反共振峰出现的位置有移动。也就是说，频响函数的幅值会影响反共振峰出现的位置。而测量位置不同，频响函数的幅值必然不同，因此，测量位置会影响反共振峰出现的位置。

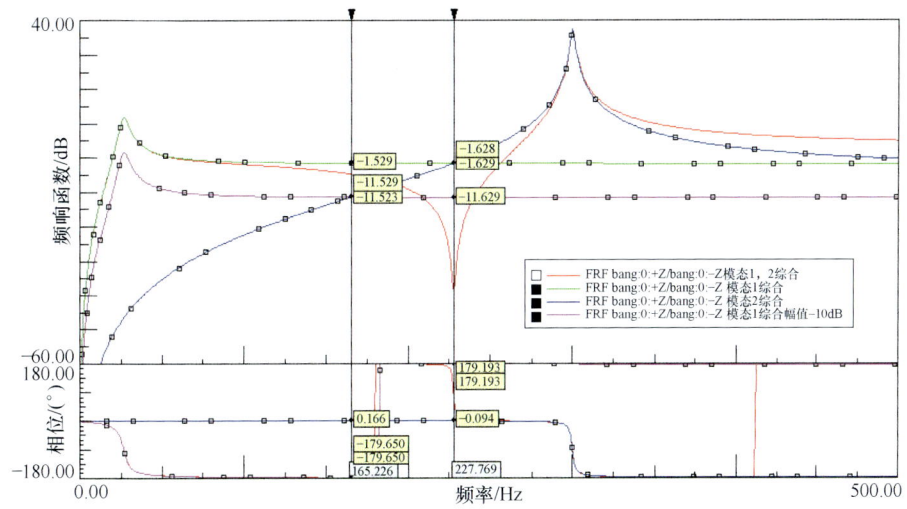

图 2-45　对比不同幅值下的模态 1 和模态 2 产生的反共振峰

对某结构采用不同硬度锤头进行锤击法频响函数测试时，虽然对结构的弹性模态没有影响，但是对刚体模态影响明显，导致刚体模态的幅值有明显差异，如图 2-46 中上图的低频段所示。这样导致刚体模态与弹性模态叠加时，由不同硬度的锤头得到的驱动点频响函数第一个反共振峰位置有明显差异，因而这些数据对应的动刚度也存在明显的差异，如图 2-46 下图所示。在图 2-46 中使用了塑料锤头、橡胶锤头和金属锤头，但是使用金属锤头时，锤击力大小不一样，这样导致金属锤头两次测量对应的刚体模态幅值高低不同，从而使得第一个反共振峰出现在不同位置。但塑料锤头和橡胶锤头得到的曲线相同。金属锤头两次测量对应的刚体模态幅值高低不同（见图 2-47 中的红色和蓝色曲线），主要可能是由于低频能量不够，或者是不同锤击力度引起了自由边界的支承系统的非线性，这样使用金属锤头两次测量的第一个反共振峰位置不同。

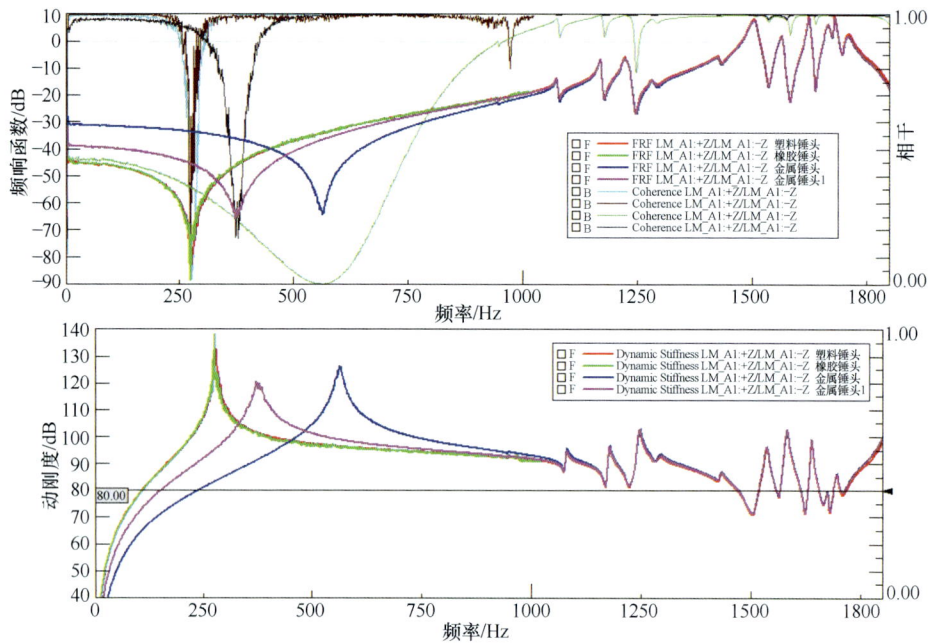

图 2-46　不同硬度锤头下的驱动点 FRF 和动刚度

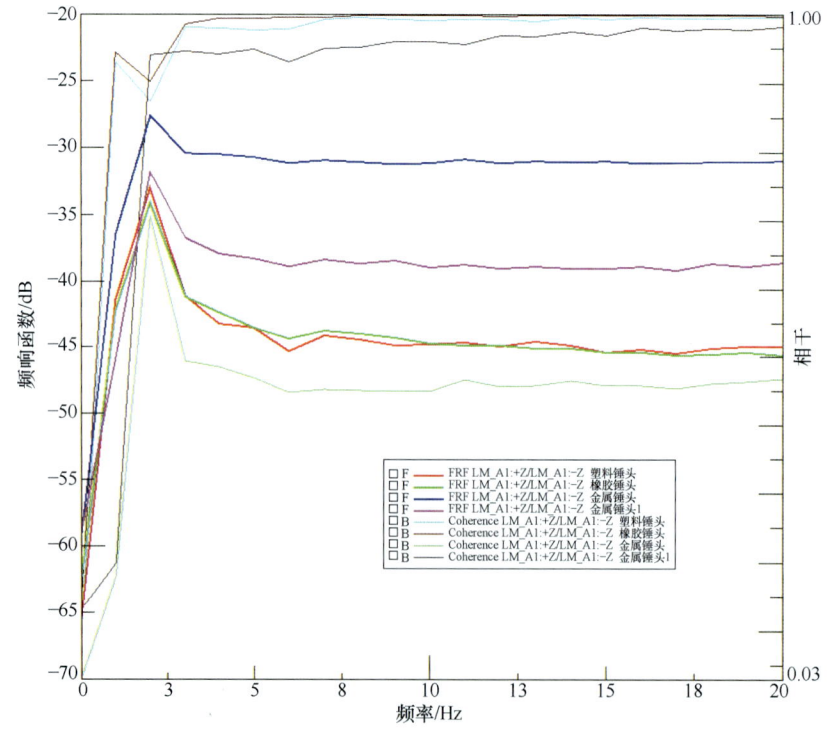

图 2-47　不同锤头下的刚体模态

2.7 传递函数、频响函数和传递率的区别

首先,让我们以部分分式的形式写出单自由度系统的传递函数,形如

$$h(s) = \frac{a_1}{s - p_1} + \frac{a_1^*}{s - p_1^*}$$

对于小阻尼系统的传递函数的根或者极点可以写为

$$s_{1,2} = -\zeta\omega_n \pm \sqrt{\omega_n^2 - (\zeta\omega_n)^2} = -\sigma \pm j\omega_d$$

因为传递函数是复值函数,所以函数的根将是两个变量 σ 和 ω 的函数,这两个变量分别为这个根的实部和虚部。分子称为系统传递函数的留数(命名为留数是因为它来自于留数定理,用它来估计这个函数)。注意到这两个根为复数,因此传递函数的自变量取值为整个复平面。

现在我们绘出这个函数所对应的曲线图,该图将映射成一个曲面,因为该函数是通过两个独立变量 σ 和 ω 定义的。因此,如果保持 σ 不变,ω 变化,然后逐渐改变 σ,重新计算 ω 的范围,这时将产生一个复数值矩阵。因为这些数值是复数,我们可以分别绘出它们的实部和虚部图,当然也可以绘出函数的幅值和相位图。无论如何,可以用这些形式中的任何一个来绘制这个曲面,用于描述系统的传递函数。这些图如图 2-48 所示。我们可以讨论系统传递函数的每一个子项(实部和虚部,幅值和相位),但在此只想关注传递函数的幅值。

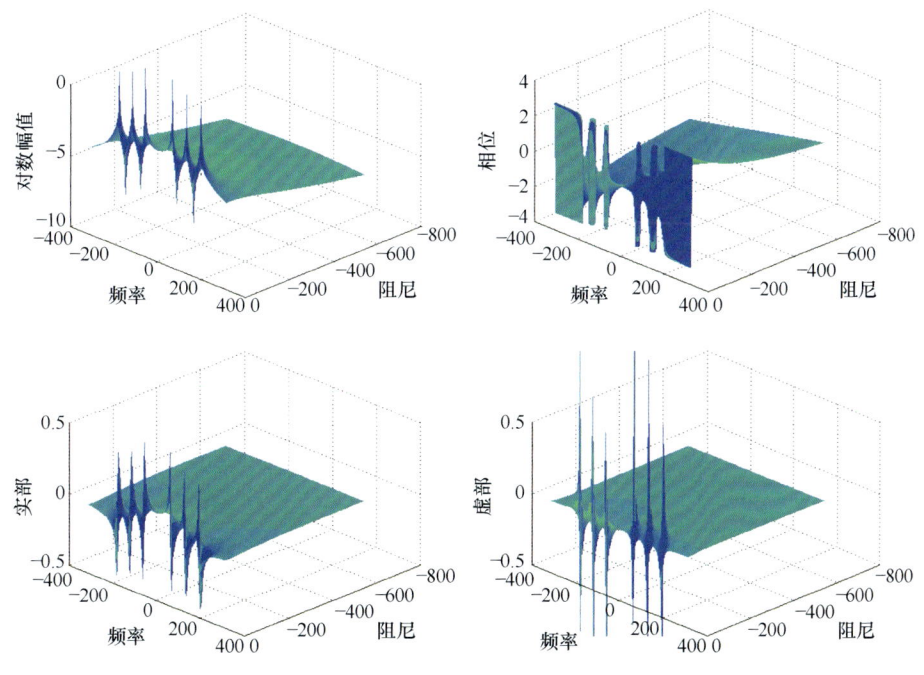

图 2-48 系统传递函数

如果考虑系统传递函数的切片——频响函数,那么在 $\sigma = 0$ 时估计这个函数,也就是说

传递函数沿频率 jω 轴估计。我们可以写出频响函数，形如

$$h(\mathrm{j}\omega) = h(s)\big|_{s=\mathrm{j}\omega} = \frac{a_1}{\mathrm{j}\omega - p_1} + \frac{a_1^*}{\mathrm{j}\omega - p_1^*}$$

如果我们对比传递函数和频响函数的表达式，会发现在传递函数中独立变量是 s，而频响函数中独立的变量是 ω，函数 h 的值依赖于这些变量。但是，同时也注意到频响函数另外两个参数为留数 a 和极点 p。因此，由这两个参数定义在给定 ω 区间下的频响函数 h 值，我们称这些参数为模态参数。

如果考虑系统传递函数沿 jω 轴估计的幅值，并且将其投影到沿 jω 轴的切片平面上，那么我们将看到如图 2-49 所示的投影切片（黑色曲线）。而这正好是我们用 FFT 分析仪测量得到的曲线——频响函数。可以看出，只有一个独立变量 ω 用于描述频响函数。同时，我们也注意到仅用一条曲线，而不是一个曲面来描述系统的频响函数。

我们已经明白了频响函数由何而来，因此我们说频响函数是传递函数的子集，是传递函数沿频率轴的估计。传递函数的自变量是整个复平面，也就是拉普拉斯域（简称拉氏域），而频响函数的自变量仅是沿虚轴，也就是沿频率轴变化，对应的是傅里叶域。这些域之间有什么关系呢？

通常我们在时域测量信号（振动噪声发生的事件）或表征基本运动方程，时域信号通过傅里叶变换到频域（傅里叶域），频域通过傅里叶逆变换到时域。频域仅仅是随频率变化，是从实数的角度来考虑的。而傅里叶域是从复数的角度来考虑的，频率轴是以 jω 为变量，注意是复数 j 与频率 ω 的乘积，而频域仅考虑频率 ω。时域信号通过拉普拉斯变换到拉氏域，拉氏域通过拉氏逆变换到时域。而傅里叶域只是拉氏域的一个子集，当我们想由频响函数获得模态参数时，需要对频响函数进行曲线拟合得到模态参数：极点和留数，那么此时实际上是从频域变换（曲线拟合）到拉氏域。另一方面，时域用于表征发生的事件，在频域能表征事件的周期特点，而拉氏域用极点和留数来描述系统，三者的关系如图 2-50 所示。

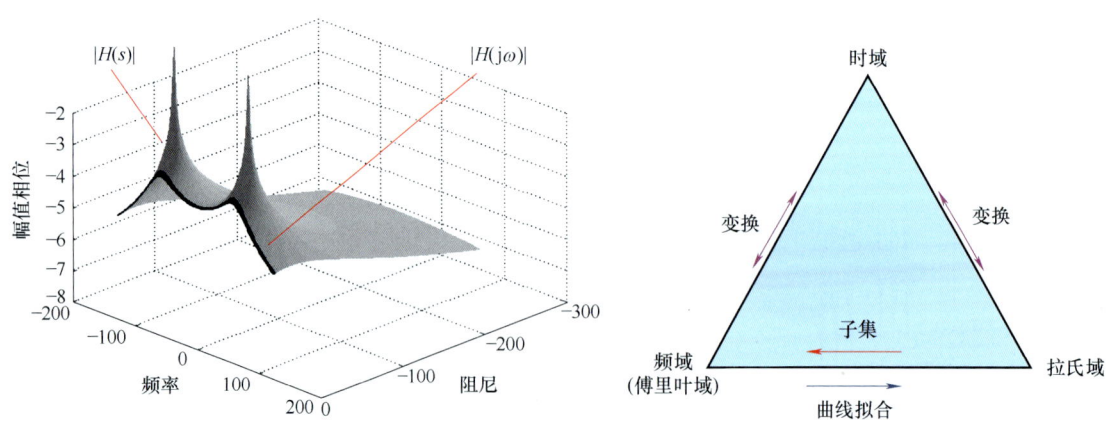

图 2-49　系统传递函数（幅值）和频响函数　　图 2-50　三个域之间的关系

另外，传递函数表示的是输出与输入之比，不仅仅用于模态分析，还可用于其他领域，可

用于为任何信号生成传递函数。测量信号可以是一般的信号，如电路分析、声学测量、传导性测量等。自变量的取值可以是复平面上任意实部与虚部，并且实部与虚部可以表征任何物理量。

频响函数是响应与激励之比。响应是振动、噪声或应变信号，输入信号为力、体积加速度等，频响函数的取值只是虚部，虚部表示的物理量一定是频率，而非其他物理量。

频响函数 FRF 是输出与输入之比，而传递率是响应与参考点响应之比（这个传递率与悬置隔振的传递率是不同的概念，关于悬置隔振传递率的定义见后文）。在这里的传递率定义如下，也就是响应和参考点响应的互谱与参考响应点的自谱之比：

$$T = \frac{响应}{参考点响应} = \frac{S_y S_x^*}{S_x S_x^*} = \frac{G_{yx}}{G_{xx}}$$

许多时候在一些不同的情况下，是需要测量传递率的。这可能是基于这样的事实，在大型振动台上对产品进行可靠性测试，测试对象安装在大型振动台上，测试件上所有的加速度计测量的数据是相对于输入到被测试件上的参考加速度（参考响应点）。

或者测试是这样进行的，设备处于运行状态，输入力无法测量，只能使用加速度计测量结构的响应。当进行飞行试验、车辆试验、悬架试验或者其他类似试验时，这类测试很常见。这时只有响应数据是可用的，如我们通常所说的工作模态分析，但这有一些轻微的差异，需要我们注意。

另一种情况是 OPA/OTPA 分析时，由于测量的所有数据都是工作数据，需要计算各路径到目标点之间的传递率，用于计算各路径的贡献量。这种方式下的某个传递率如图 2-51 所示。注意到图 2-51 中左侧的单位是 Pa/g，这是因为目标点是噪声，路径点处则为加速度。

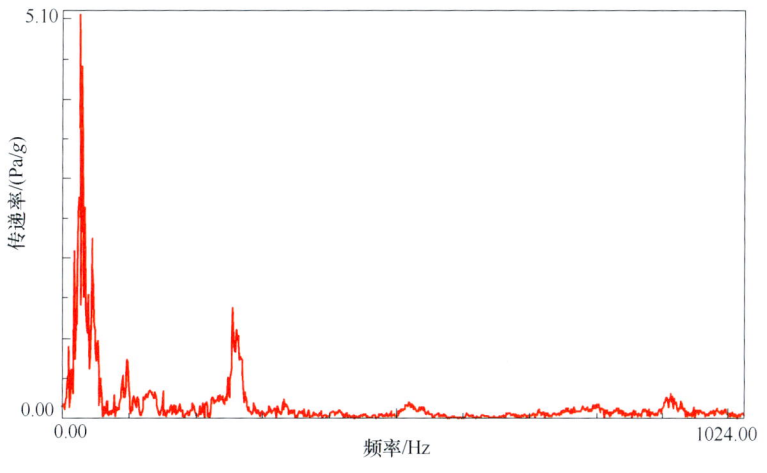

图 2-51　某个传递率曲线

很多情况下，人们不区分传递函数和频响函数，实质上测量的是频响函数，但是人们已经习惯称之为传递函数了。特别是在进行灵敏度分析时，有几类常用的频响函数如力振传函、力声传函、声声传函等，这些实质上是频响函数，但人们仍习惯称它们为传递函数。

灵敏度分析常用的几类传函如下：

力振传函 VTF：在主要路径位置，如悬置安装位置、排气系统挂钩处进行激励，测量关键点的振动（如方向盘、座椅导轨的振动），得到振动与激励力之间的传递函数。

力声传函 NTF：在主要路径位置，如悬置安装位置、排气系统挂钩处进行激励，测量耳旁噪声，得到声压与激励力之间的传递函数。通常要控制该值在一定范围内，对多数轿车而言，目标值一般设定为 55dB/N。

声声传函 P/P：指声音对声音的传递函数，如进气管口噪声、排气尾管噪声和发动机辐射噪声对耳旁噪声的传函。在空气声定量分析 ASQ 模型中就要用到该类传函。另外，在进行声腔模态分析时，用到的也是该类传函。

源点动刚度 IPI：同一位置的激励力与位移之比，主要测量车身接附点处的源点动刚度，如车身与发动机、悬架连接处、排气挂钩处等位置的局部动刚度，考虑的是在所关注的频率范围内该接附点局部区域的刚度水平，过低必会引起更大的噪声，因此，该性能指标对整车的 NVH 性能有较大的影响。

传递率：通常用于评价隔振元件的隔振效果，传递率是指主动侧的振动大小与被动侧的振动大小的比值。传递率越大，隔振装置的隔振效果就越好。通常采用加速度（主动侧加速度 a_a，被动侧加速度 a_p）来计算传递率，用分贝形式来表示如下：

$$T_{dB} = 20\lg \frac{|a_a|}{|a_p|}$$

通常当传递率大于 20dB 时，这个隔振装置被认为是满足要求的隔振装置。传递率大于 20dB 意味着加速度从主动侧传递到被动侧要衰减 90%，被动侧的加速度仅为主动侧加速度的 0.1 倍。

这些单条或多条传函，常规的显示是二维图。如图 2-52 所示为单条力声传函。

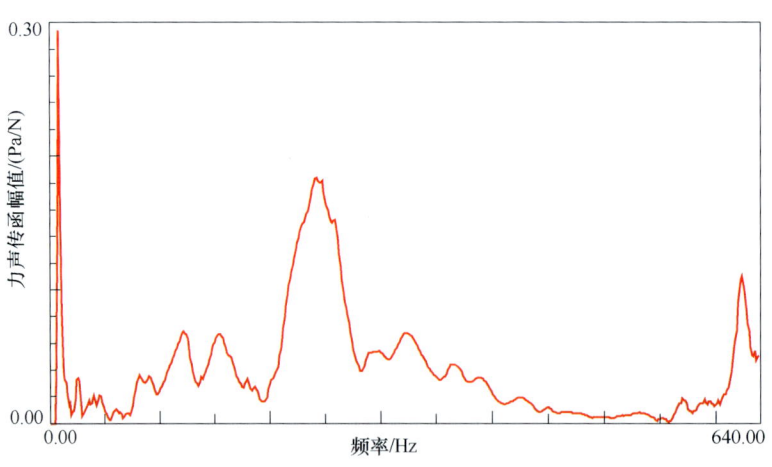

图 2-52 单条力声传函

除按常规的二维图显示之外，还可以用彩图显示，如图 2-53 所示为 15 个路径处的力声灵敏度。其中最顶部的传函即是图 2-52 中所示的单条力声传函。当采用这种方式显示时，很容易找到每个频率下最敏感的路径。因此，在 TPA 分析中多用这种显示方式。

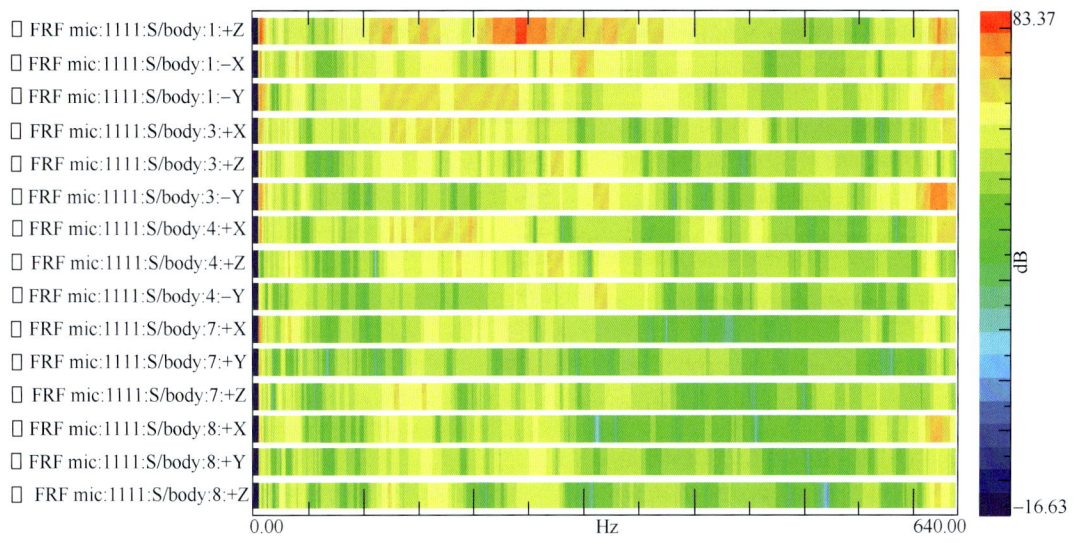

图 2-53 彩图显示多条路径的传递函数

2.8 什么是动刚度

在 NVH 领域，经常计算或测试动刚度，如悬置动刚度、支架动刚度、车身接附点动刚度等。那什么是动刚度，动刚度的大小对结构有什么影响？这一节主要内容包括：
> 静刚度
> 单自由度系统的动刚度
> 多自由度系统的动刚度
> 源点动刚度
> 悬置动刚度
> 支架动刚度

刚度是指结构或材料抵抗变形的能力。由于结构或材料所受荷载的不同，可能受到静载荷或动载荷。因此，刚度又分为静刚度和动刚度。当结构或材料受到静载荷作用时，抵抗静载荷下的变形能力称为静刚度。当受到动载荷作用时，抵抗动载荷下的变形能力称为动刚度。

相对而言，在 NVH 领域，结构或材料受到动载荷的概率远大于静载荷，普遍更关心动刚度。在 2.5 什么是频响函数 FRF 一节中也提到加速度与力之比的频响函数和力与位移之比的动刚度应用更为广泛。

2.8.1 静刚度

在讲述动刚度之前，有必要先了解静刚度。静刚度用单值即可表示，不随频率变化。由于静载荷引起的变形又分为弯曲或扭转等，因此刚度又分为抗弯刚度和抗扭刚度，材料的刚度计算可参考材料力学方面的相关教科书。

在此以弹簧为例说明静刚度，当弹簧受到静力 F 时，其静态伸长量为 x，此时 $F = kx$，k 为弹簧的静刚度，单位为 N/mm，表示弹簧每伸长 1mm 需要的拉力大小。

弹簧静刚度常数与材料的弹性模量、线径、中径和有效圈数有关。当拉力越大时，弹簧的伸长量也越大，如图 2-54 所示，但二者满足线性关系。曲线的斜率即为弹簧静刚度。

2.8.2 单自由度系统的动刚度

在 2.5 什么是频响函数 FRF 一节中，我们已经明白了频响函数可以用位移/力表示，当用力/位移时，表示的是动刚度。对于单自由度系统，我们再回顾一下用位移表征的 FRF 表达式：

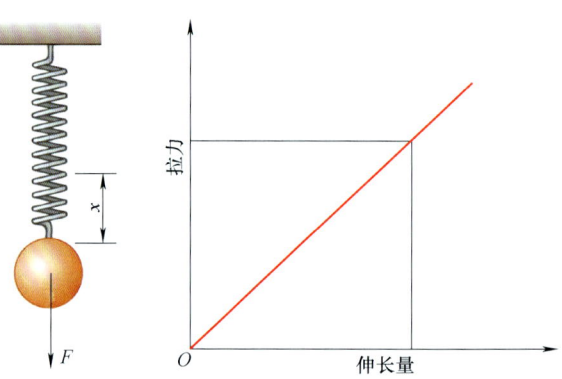

图 2-54　弹簧的伸长量与拉力成正比

$$H(j\omega) = \frac{X(j\omega)}{F(j\omega)} = \frac{1}{k - m\omega^2 + jc\omega}$$

而动刚度为力与位移之比，则

$$K(j\omega) = \frac{F(j\omega)}{X(j\omega)} = -m\omega^2 + jc\omega + k$$

从上式可以看出动刚度：
1）动刚度是复值函数。
2）动刚度随频率变化。
3）与系统的质量、阻尼和静刚度有关。
4）当频率等于 0 时，动刚度等于静刚度。

让我们再回想一下单自由度系统的 FRF 区域及性质，如图 2-39 所示。同理，单自由度系统的动刚度曲线也有类似性质，如图 2-55 所示。

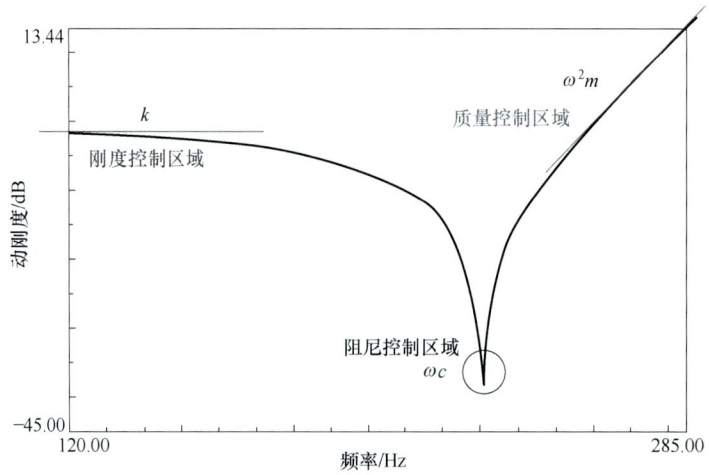

图 2-55　单自由度系统的动刚度曲线

在低频段，动刚度接近静刚度，幅值是 k，表明共振频率以下的频率段主要用占主导地位的刚度项来描述。如果作用在系统的外力变化很慢，即外力变化的频率远小于结构的固有频率时，可以认为动刚度和静刚度基本相同。

在高频段，动刚度的幅值为 $\omega^2 m$，表明共振频率以上的频率段主要用占主导地位的质量项来描述，这是因为质量在高频振动中，产生很大的惯性阻力。当外力的频率远大于结构的固有频率时，结构不易变形，即变形较小，此时结构的动刚度相对较大，也就是抵抗变形的能力强。

在共振频率处动刚度的幅值下降明显，其幅值为 ωc，表明在共振频率处主要受阻尼控制。而在共振频率处，我们知道，结构很容易被外界激励起来，结构的变形最大，因而结构抵抗变形的能力最小，也就是动刚度最小。

2.8.3 多自由度系统的动刚度

单自由度系统是基础，但现实世界中的系统大多数都是多自由度系统，因此，我们测量出来的动刚度也是多自由度的动刚度。图 2-56 所示为多自由度系统的同一位置的加速度频响函数（加速度导纳）和该点的动刚度曲线。

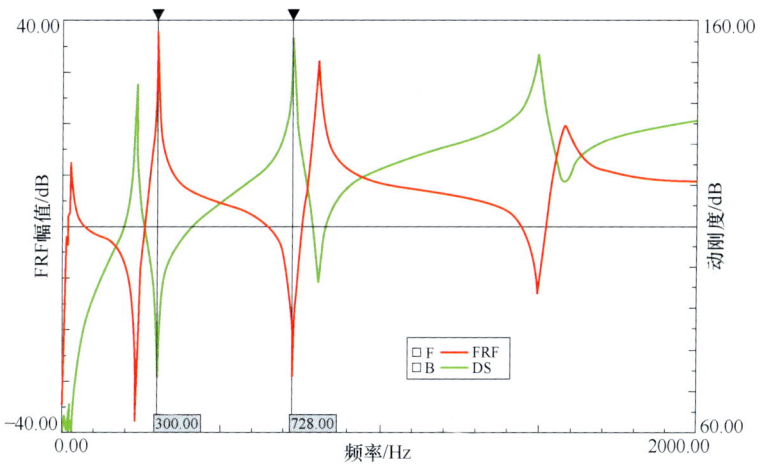

图 2-56　同一位置的加速度 FRF 和动刚度曲线

多自由度系统的驱动点 FRF 存在多个共振峰和反共振峰，在共振峰处，对结构施加很小的激励能量，结构就会产生非常大的振动（变形），因而在共振峰处，结构很容易被激励起来，结构的变形大，抵抗变形的能力弱，也就是动刚度小。

在反共振峰所对应的频率处进行激励，即使激励能量再大，结构也没有响应或者响应很微弱，也就是说在反共振峰所对应的频率处，结构很难被激励起来，结构的变形小，抵抗变形的能力强，因此，动刚度大。

从图 2-56 可以看出，频响函数共振峰对应的是动刚度曲线的极小值，也就是说频响函数幅值大的频率处，动刚度小。在反共振峰处，动刚度大，二者刚好相反。

2.8.4 源点动刚度

源点动刚度（Input Point Inertance，IPI）概念上类似源点（或称作驱动点）频响函数，指的是同一位置、同一方向上的激励力与位移之比，主要测量与车身接附点处的源点动刚度，如车身与发动机悬置、副车架、悬架连接处、排气挂钩处等位置的局部动刚度，考虑的是在所关注的频率范围内该接附点局部区域的刚度水平，过低必会引起更大的噪声，因此，该性能指标对整车的 NVH 性能有较大的影响。动刚度不足会对整车乘坐舒适性和车身结构件的疲劳寿命产生十分不利的影响。图 2-57 所示为某接附点的动刚度测量曲线。

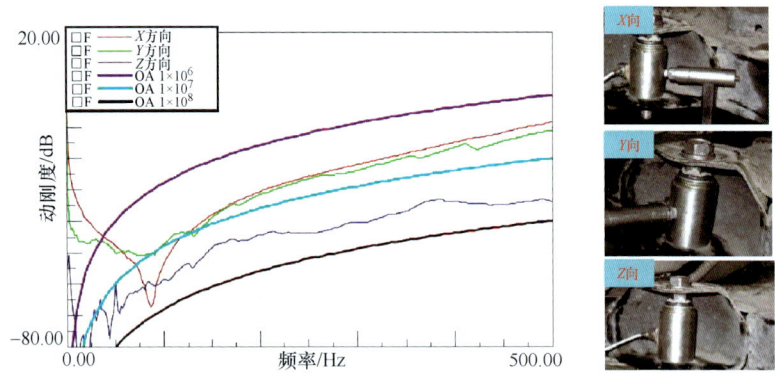

图 2-57　某接附点的动刚度测量曲线

另外通过动刚度乘以主被侧的相对位移，得到传递力，如挂钩力。一般对豪华车，挂钩传递力小于 2N，中级轿车小于 5N，一般经济型轿车小于 10N。当这个力大于 10N 时，在车内可能会感受到来自排气系统的振动和挂钩传递过来的结构噪声。

2.8.5　悬置动刚度

在做悬置隔振器设计时，要求在低频时，刚度要大；在高频时，刚度越低越好。这是为什么呢？

首先，悬置隔振器要承受动力总成的质量和来自发动机转矩的作用力，它必须有足够的刚度。路面的冲击和发动机起动时的摇摆会作用到隔振器上，这些激励频率比较低。如果隔振器刚度低，动力总成会产生较大的位移，可能会与其他结构相碰撞，并且影响到安装在动力总成上的其他部件，也就是说悬置起到限位的作用。因此，在低频段，要求隔振器的刚度大，这样动力总成的低频位移才不会过大。

另一方面，通过单自由度隔振系统传递率曲线，如图 2-58 所示，可以看出，在隔振区内（频率比大于 1.414），激励频率与系统固有频率的比值越大，隔振效果越好，即隔振器刚度越低越好。故一个理想隔振器的刚度应该在低频时刚度高，高频时刚度低。

通过对单自由度系统的 FRF 和动刚度分析可知，在共振区范围内，阻尼对降低振动幅值起决定作用。可是在隔振区域内（激励频率与系统频率之比大于 1.414）情况是相反的。从图 2-58 中可以看出，在高频段，阻尼越大，传递率的幅值也越大。因此，为了有效地达到隔振的效果，在高频时阻尼越小越好。

2.8.6　支架动刚度

隔振装置隔振效果除了取决于系统的刚度与阻尼之外，还取决于隔振器支架的刚度。隔

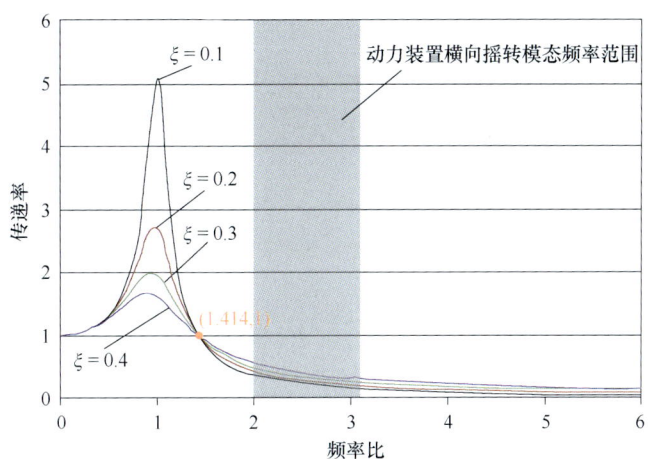

图 2-58 单自由度隔振系统传递率曲线

振器两边各有一个支架，支架-隔振器-支架三者串联起来的总刚度才是隔振系统的刚度。

如果两个支架的刚度都非常大，那么隔振系统的刚度就是隔振器的刚度。可是当支架的刚度比较小时，则达不到设计的隔振效果。支架刚度不足还会引起局部结构的共振，甚至将结构噪声传递到车厢内。

为了达到良好的隔振效果，支架的刚度必须要比隔振器的刚度大到一定程度。通常遵循两个原则：一是支架的刚度应是隔振器刚度的 6~10 倍，二是支架的最低频率应该在 500Hz 以上。

除了悬置支架之外，在车辆系统中还有其他应用，如排气系统，其支架刚度的设计必须具有足够的刚度。

第 3 章 振动噪声信号采集

现实世界中，振动噪声是普遍存在的，不同的人对不同的振动噪声的主观感觉是不一样的。比如拖拉机工作时发出的噪声，对于普通人而言，这是一种非常恼人的声音，而对于收割的农民而言，却是一种非常兴奋的声音，因为这种声音代表着收获的喜悦。所以，从主观感受来讲，是以人的意志为转移的。但是从客观评价而言，是不以人的意志为转移的。而客观测量正是不以人的意志为转移的，但如果在测量过程中，不满足一定的测试要求，那么测量出来的数据仍可能是无用的。

这一章主要介绍振动噪声信号的客观采集，采集过程中可能遇到的各类问题，包括选择合适的传感器类型、正确安装传感器、采用合适的耦合方式、采用合适的采样频率、减少测量中可能存在的误差等。因此，在数据采集过程中，应全面了解这些可能造成测量误差的因素，尽量规避这些因素，最终实现高质量的振动噪声信号采集。

另一方面，数据采集的最终目的是从采集到的数据中提取到有用的信息，以帮助相应的工程师解决产品实际的振动噪声问题。因此，采集到正确的数据是提取到有用信息的前提条件。如果采集到的数据是无用的数据或噪声（指干扰）数据，即使后续的分析功能再强大，也显得有心无力。所以，获得高质量的原始时域数据至关重要。这一章主要包括以下内容：

> 振动传感器怎样选型
> 传感器怎样安装才能满足测试要求
> 信号 AC 和 DC 的区别
> 采样频率多大才不会使信号幅值明显失真
> 采样频率 2 倍和 2.56 倍的区别
> AD 位数对信号幅值的影响
> 采样过程中存在的误差
> 如何实现高质量的信号采集
> 细说动态范围的各种定义

3.1 振动传感器怎样选型

由于传感器应用十分广泛，类型多种多样，在各行各业都有应用。因此，本节主要介绍用于振动测试的振动传感器的选型。按测量振动参量可分为三大类：位移传感器、速度传感器和加速度传感器（也称为加速度计）。一般来讲，位移传感器适用于低频测量，速度传感器适用于中频测量，加速度传感器适用于中高频测量。由于加速度传感器具有生产工艺成熟、频响范围宽、动态范围大、安装方便等特点，因而在振动测试中应用最为广泛。这一节主要内容包括：
> 传感器分类
> 常见加速度计类型
> 选型指标
> 选型原则

3.1.1 传感器分类

传感器的分类有多种，在这主要介绍两种分类，一类是有源与无源，另一类是隔离与非隔离。

有源传感器是指传感器将非电能量转化为电能量输出，只转化能量本身，并不转化能量信号的传感器，也称为能量转换型传感器或换能器。因而，这类传感器工作时需要外部能量源激励，如激励电压，才能正常工作。由于需要进行能量转化，因而，传感器内部封装了电子元器件，测量过程中会带来噪声。这类传感器有多种，如ICP型（也称为IEPE型）加速度传感器、零频加速度传感器等。

无源传感器是指不需要使用外接电源就能正常工作的传感器，且可以通过外部获取到无限制的能源。这类传感器对测量系统无噪声影响，或者影响很小，如应变片（花）传感器、压电式加速度传感器等。

隔离传感器是指传感器与待测结构之间相隔离，电流不能在二者之间流通。隔离传感器从电气层面与被测结构相分离，如应变片（花）通常与被测结构是相隔离的。传感器实现隔离的通常做法是在传感器底部安装了隔离器件，使电流不能在二者之间流通，如图3-1所示。

非隔离传感器是指传感器与被测结构之间无隔离，电流可以在二者之间进行流通。这类传感器如热电偶，某些加速度传感器等。这类非隔离的传感器通常要求采用浮地或隔离地线，以避免接地循环，关于接地循环，请参考本章3.7采样过程中存在的误差。如果传感器自身不隔离，用户可以自行使用电气隔离器件实现隔离，这类器件如云母片、玻璃片和环氧树脂等。当对处于工作状态下的待测结构进行测量时，推荐使用"隔离"传感器。

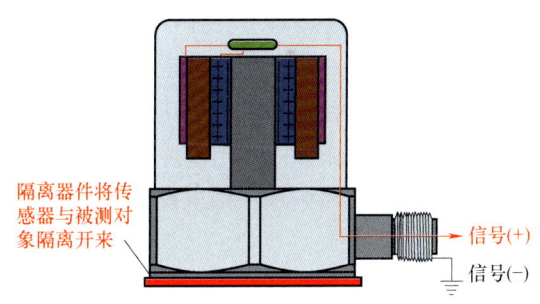

图 3-1　隔离传感器示意图

3.1.2 常见加速度计类型

振动测量一般使用加速度计，这是因为加速度计具有以下优点：生产工艺成熟、动态范围大、频响范围宽、线性度好、稳定性高、安装方便等。其常用于中小型结构的模态试验、汽车试验、旋转机械故障诊断试验和振动控制试验等。在这主要介绍两种常见类型的加速度传感器：压电式加速度传感器和 ICP 型加速度传感器。

1. 压电式加速度传感器

压电式加速度传感器是一种无源传感器，属于惯性式传感器。其主要利用压电晶体（如石英晶体）、压电陶瓷等压电材料的"压电效应"原理。在加速度计感受到振动时，质量块加在压电元件上的力也随之变化，压电晶体受力变形后，其内部会产生极化现象，同时在它的两个表面产生符号相反的电荷。当被测振动频率远低于加速度计的固有频率（谐振频率）时，则力的变化与被测加速度成正比。当外力去除后，又重新恢复到不带电状态，这种现象称为"压电效应"，具有"压电效应"的晶体称为压电晶体。

压电加速度计输出为电荷类型，故需要与电荷放大器配合使用，然后信号再传输到采集仪或者与内置电荷调理的采集仪直接连接。电荷放大器以电容做负反馈，使用中基本不受电缆电容的影响，但会受到静电场的影响。电荷放大器通常使用高质量的元器件，输入阻抗高，因而价格也比较贵，一般用得比较少。

2. ICP 型加速度传感器

由于压电式传感器的输出电信号是微弱的电荷，而且传感器本身有很大的内阻，故输出能量甚微，这给后接电路带来一定困难。为此，通常把传感器的信号先输出到高输入阻抗的前置放大器。经过阻抗变换后，电荷量转换成电压量，然后再输出给后续的记录仪器。目前，制造厂家已有把压电式加速度传感器与前置放大器集成在一起的加速度传感器，即 ICP 型加速度传感器，也称 IEPE 加速度传感器，不仅使用方便，而且也大大降低了成本。

ICP 型加速度传感器由于内置了专门的集成调理电路，因此，属于有源传感器。而该电路要正常工作需要恒流源供电。当今普遍使用的 24 位采集仪一般都自带恒流功能，因而可直接与 ICP 型加速度传感器连接使用。

内置集成电路的 ICP 型加速度传感器优势是低价位，抗干扰性好，可连长导线使用，但它的耐高温、可靠性不如电荷输出的压电式加速度传感器，且动态范围也因输出电压和偏置电压的影响而受到限制。ICP 型加速度传感器的低频频响主要受传感器的放电时间常数影响，因此大多数信号调理仪都采用交流耦合。关于交流耦合与直流耦合，请参考本章 3.3 信号 AC 和 DC 的区别。

3.1.3 选型指标

每一种型号的传感器都有特别适用的应用场景，因此，测试时必须根据测试使用要求，选择最合适的加速度传感器。在选择加速度传感器时，主要从传感器性能、环境因素、电气特性和物理特性四个方面去考虑。

传感器性能包括灵敏度、量程、谐振频率、频响特性、线性度和横向效应等指标。环境因素包括使用环境、温度响应和冲击极限等。电气特性包括激励电压与电流、稳定时间等。物理特征包括敏感材料、尺寸、质量、结构设计和出线方式等。

1. 传感器性能

量程/灵敏度：每个传感器都有测量范围，通常量程大的传感器，灵敏度低，量程小的传感器，灵敏度高。通常传感器输出电压的上限为 5V，因此，传感器灵敏度乘以量程得到的为传感器的最大输出电压 5V。如某型号传感器的灵敏度为 50mV/g，则该传感器的量程为 100g。通常 ICP 型加速度传感器满足这个规律，而其他类型，如零频加速度传感器，则不满足此规律。另一方面，传感器灵敏度越高，则传感器的质量越大，传感器输出电压越大，信噪比越高，分辨能力越强。对于测试不同的结构，应选择相匹配的传感器量程。通常，土木桥梁和超大型机械结构加速度振动量级在 0.1~10g 范围内，机械设备的振动在 10~100g 范围内。

谐振频率：传感器本身也是一个结构，因而，也存在固有频率。通常，把传感器的第一阶固有频率称为谐振频率。传感器尺寸越小，谐振频率越高。加速度计的使用上限频率取决于幅频曲线中的谐振频率。一般传感器的工作频率范围在其自身谐振频率的 1/3 以下。

频响特性：一般加速度传感器的工作频率上限为自身谐振频率的 1/3 左右。另一方面，通常加速度传感器低频特性较差，信号衰减严重，而在高频段线性度差，非线性影响严重。如图 3-2 所示为某型号加速度计的频响曲线，从图中可以看出，在 5Hz 以下没有给出频响特性，这说明在 5Hz 以下衰减严重，频响特性差，在 5kHz 以上线性度差，其谐振频率约为 18kHz。因此，该传感器的工作频率为 5kHz 以下。在选择加速度计时，加速度计的频率上限稍高于关心的被测结构的振动频率即可。一般，土木工程结构的频率范围在 0.1~1000Hz 范围内，机械设备是中频段，频率范围在 0.5~5kHz 范围内。另外，传感器的安装刚度对传感器能测的频率范围也有影响，关于这一点，请参考本章 3.2 传感器怎样安装才能满足测试要求。

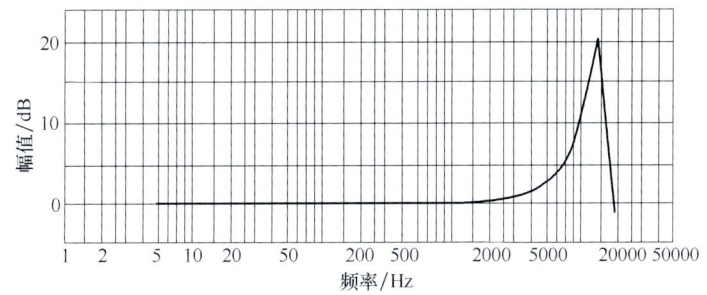

图 3-2 某加速度计的频响曲线

线性度：由于传感器测量时只能输入单一灵敏度，因此，用于描述在一定的频响范围内，传感器的灵敏度是否满足实际的灵敏度的指标，即为线性度。相对而言，在低频段（如 5Hz 以下），传感器的灵敏度会低于实际的灵敏度。而在高频段（如大于工作频率上限），灵敏度会高于实际的灵敏度。只有在中间频段，灵敏度满足线性关系，如图 3-2 所示。如果传感器不在线性区间进行测量，则测量得到的幅值误差较大，一般要求传感器非线性小于 1%。

横向效应：当测量某个方向的振动时，信号输出应该全部来自振动感知方向，但实际上在与该方向垂直的方向也有信号输出，这种效应称为横向效应。横向效应灵敏度越低，性能越好，一般而言，传感器都存在一定的横向效应，通常标称横向效应小于 5%。

2. 环境因素

使用环境：传感器使用时受温度、湿度、尘土等环境因素的影响。任何一种传感器都有自身的工作温度范围，因此必须根据实际测点位置的温度，以及环境温度来选择合适的传感器。另外，对于测试环境存在潮湿、腐蚀和电磁场等影响因素时，选择传感器时也应该考虑这些因素。

温度响应：传感器的灵敏度会受到温度的影响，当温度发生了改变，如果我们还使用常温下的灵敏度，则会给测量带来误差。如图3-3所示为某传感器的温度响应曲线，从图3-3中可以看出，在室温时，传感器的灵敏度没有偏差，但当温度远离室温时，灵敏度偏差越来越大。因此，传感器的工作温度应与温度响应曲线中灵敏度无偏差的温度一致。

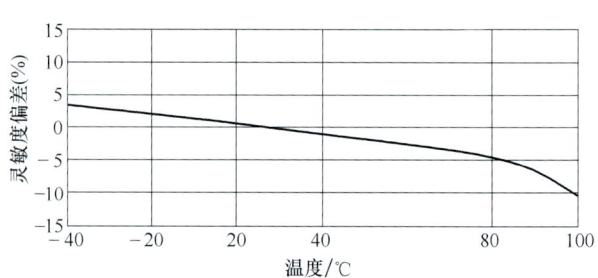

图 3-3　某传感器的温度响应曲线

冲击极限：表示传感器能经受的瞬时冲击限制，通常用峰值表示，如某传感器的冲击极限为 ±7000g pk。

3. 电气特性

激励电压/电流：有源传感器都需要提供激励电压/电流才能正常工作，像ICP型传感器需要提供DC 20~30V激励电压和2~20mA的恒流激励。当今的数据采集仪普遍内置了这样的供电装置，因此，可直接给ICP传感器供电。但还有很多其他类型的加速度传感器，如MEMS加速度传感器、力平衡式加速度传感器等，如果采集仪不能提供相应的激励电压/电流，则需要选择外部供电方式。

稳定时间：对于ICP型传感器，由于存在放电常数，当给传感器供电时，传感器输出的信号会从无穷远处慢慢地稳定到基线附近，这个时间称为稳定时间。而我们在进行测量时，应待传感器输出的信号稳定之后再进行测量。通常这个时间只需要几秒钟。

4. 物理特性

敏感材料：压电式传感器和ICP型传感器多半采用石英晶体或压电陶瓷作为敏感材料。石英晶体的介电和压电常数的温度稳定性好，适用于做工作温度很宽的传感器。具有压电效应的压电陶瓷是人工合成的材料，原始的压电陶瓷不具有压电效应。由于压电陶瓷具有制作工艺方便、耐湿、耐高温等优点，当今的压电传感器多半采用压电陶瓷作为敏感材料。

尺寸和质量：加速度传感器外形以圆柱体和六面体居多，而圆柱形的加速度传感器又分顶部出线和侧面出线两种方式。选择加速度计的外形尺寸时，主要受安装位置空间的影响，对于安装位置空间有限的测点，必须选择合适的传感器外形尺寸。另一方面，在选择传感器类型时，还必须考虑传感器本身的质量带来的附加质量的影响，特别是测试轻质结构时，传感器本身质量影响显著。可能对待测结构总质量来说，传感器的总质量很少，但是，参与振动的不是结构的全部质量，而是参与振动的那部分质量，称为有效质量，此时，传感器的总质量可能相对于参与振动的那部分有效质量会很大，此时传感器附加质量的影响也会很明显。另外，传感器安装时，可能还会使用工装，此时工装的质量对结构振动幅值会存在影响。对于测量一些小巧轻型的结构振动参数时，传感器和工装质量引起的"额外"荷载可能会改变结构的原始振动,从而使测得结果无效。因此,在这种情况下应该使用小而轻的传感器,评估加速度计质量-荷载的影响可用下式:

$$a_r = a_s \times \frac{m_s}{m_s + m_a}$$

式中　a_r——带有加速度计的结构加速度响应;
　　　a_s——不带有加速度计的结构加速度响应;
　　　m_s——待装加速度计的结构"部件"的等效质量;
　　　m_a——加速度计的质量。

因此,应注意因附加质量而改变结构振动的幅值和频率,这在大型的工程结构测试中并不突出,而对小型的机械零部件影响较大,测试分析中要考虑与评估。关于对测量频率的影响请参阅第 2 章 2.4 评价传感器附加质量对模态频率的影响。

3.1.4　选型原则

振动加速度传感器选型原则如下:

1)根据与后续设备的匹配性来选择传感器类型,如 ICP 型调理设备宜用 ICP 型传感器,电荷调理设备宜选用压电式传感器。

2)当对处于工作状态下的待测结构进行测量时,宜使用"隔离"型传感器。若传感器自身不隔离,可在传感器底部添加绝缘材料作为隔离器件。

3)测点位置的振动量级宜为选择传感器量程的 60% ~ 80%,这样能保证信噪比高,且不会过载。

4)选择的传感器的工作频率范围略高于实际测量的带宽即可。

5)根据环境因素来选择合适的传感器,如测量处的温度、湿度应保证选用的传感器能正常工作,且测量幅值不受影响。

6)根据测量位置的空间来选择传感器尺寸和出线方式。

7)对于轻质结构必须考虑传感器质量对测量的影响。

8)根据行业应用选择传感器,如机械行业宜选用振动量级大、频率范围广的传感器,而土木行业宜选用量程小、灵敏度高、低频性能好的传感器。

因此,在选择传感器时,必须充分考虑以上因素,选择最合适的传感器进行测量,尽量减少因传感器本身给测试带来的影响。

3.2　传感器怎样安装才能满足测试要求

振动测量中,对于传感器的安装需要仔细考虑,不合理的安装可能会严重影响测量结果。为了保证测量的准确性,本节将从安装位置和安装要求对传感器的安装加以说明。

3.2.1　安装位置

传感器的安装位置即测量位置,因此,安装位置的总原则是:能反映出被测结构的振动特性,满足测试要求。一般说来,振动测量分为以下几类:幅值测量、固有频率测量、传递率测量、模态测试和其他类型测量等。

1. 幅值测量

测量时传感器安装位置应位于振动明显的关键位置，这些关键位置包括输入输出位置、轴承及轴承座位置、与人体接触的位置（如方向盘、座椅、地板）等。例如，测量旋转机械，测量位置应靠近轴承，更准确地说应尽量靠近轴承中心线上，正确的安装方式如图 3-4a 所示，而图 3-4b 所示则为错误安装方式。

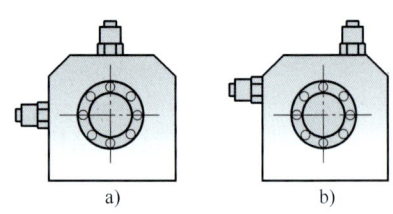

图 3-4 传感器安装位置

a）正确安装 b）错误安装

对于结构上的薄弱位置，其振动量级肯定大，但这不是我们关心的位置，应避免将传感器安装在这样的位置。另一方面，由于关心幅值，获得传感器精确的灵敏度也非常关键。

2. 固有频率测量

理论上讲使用一个传感器就可以测量到结构所有的固有频率，因为，固有频率是结构的全局特性。但此时，测量传感器的安装位置应避开关心的模态的节点位置（这跟模态参考点位置要求相同）。例如，测量简支梁的前几阶固有频率，我们知道梁的前几阶模态振型如图 3-5 所示。跨中位置的振动幅值肯定大，但跨中是模态偶数阶的节点，因此，此时应避免将传感器安装在这个位置。另一方面，结构的模态如果属于强方向性模态，则测量不同方向的固有频率，应在不同的方向布置传感器。

图 3-5 简支梁的前四阶模态振型

3. 传递率测量

经常需要评价隔振装置的隔振效果，此时，传感器的安装位置应位于隔振装置的主（被）动侧，要尽量靠近隔振装置，典型安装如图 3-6 所示。

4. 模态测试

模态测试传感器的安装位置可分为两类：一类是传感器用作模态参考点，另一类是用作普通测点。对于模态参考点位置与固有频率测量的要求是相同的，但是对于普通测点而言，通常的做法是在结构上均匀布置即可，有些测点肯定会位于模态节点上，这样才能反映出模态振型节点位置。关于模态测点布置详情请参考 5.7.3 小节。

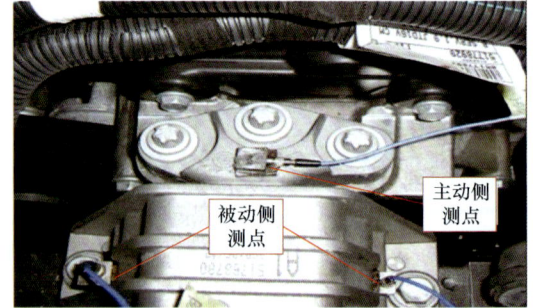

图 3-6 动力总成传递率测量布置

5. 其他类型测量

转速测量位置通常位于输入端或输出端。应变测量位置应位于应力集中位置、螺栓安装位置、结构连接位置等。对于声学测量，传声器的安装位置通常位于距待测声源平面 1m 处，且正对着待测声源。

3.2.2 安装要求

1. 安装方式

传感器安装时,最好是直接将传感器固定在被测结构上,二者之间无其他安装工件,但有时安装工件(见图3-7)又是必不可少的。但当引入这样的安装夹具之后,或多或少总会带来一些所谓的寄生振动。因此,要尽量减少安装夹具的使用,如果要用,一定要保证安装夹具的自振频率是被测振动频率的 5~10 倍以上。

工程上使用最频繁的是加速度传感器。对加速度传感器而言,有多种安装方式:手持探针、蜂蜡、双面胶、磁座、胶粘和螺栓等。不同的安装方式对应不同的安装刚度,因而

图 3-7 安装夹具

整个传感器系统的自振频率会不同。安装刚度越大,传感器系统的自振频率越高,能用于测量的频带也就越高。因此,关心的频带越高,传感器的安装刚度应越大。在这几种安装方式中,螺栓连接安装刚度最大。但是这时的安装是一种有损安装,因为,需要在结构表面开螺纹孔。

图 3-8 所示为几种不同的安装方式所对应的频响曲线:红色曲线对应螺栓安装(有硅脂),紫色曲线对应螺栓安装(无硅脂),绿色曲线对应磁座安装(有硅脂),黑色曲线对应磁座安装(无硅脂),灰色曲线对应手持式探针。

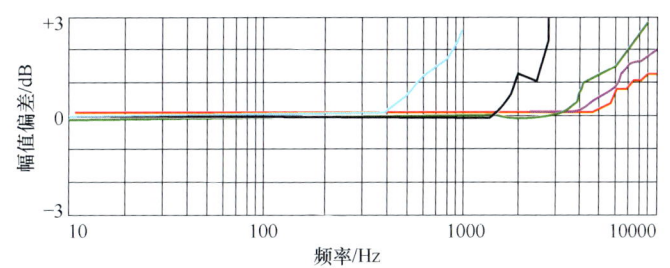

图 3-8 几种安装方式的频响曲线

从图 3-8 可以看出,使用手持式探针安装时,在 550Hz 处,幅值已偏离了 5%。用螺栓安装,且有硅脂时,在 5.5kHz 处幅值才偏离了 5%。因而,不同的安装方式,可用的频率范围是不同的。安装刚度越大,可用的频带越宽。

2. 安装平面要求

传感器安装要与被测结构良好固定,保证紧密接触,连接牢固,振动过程中不能有松动。因此,要求安装表面平整,不能有油污、尘土、碎屑等杂物。当安装平面不平整时,应适当加工使之平整。当结构表面有油漆,也应该去除表面油漆之后再安装传感器。当用磁座安装时,磁座应当安全牢靠地吸附在测量位置表面上,不能采用点接触方式,至少应该是线接触,最理想的情况是面接触。

3. 安装方向

传感器的测振方向应该与待测方向一致,否则,会造成测量幅值误差。不同的测试要求

不同的传感器安装方向。测量位置产生的振动依赖于传感器的安装方向，不同的方向振动幅值是不相同的。应根据测试要求将传感器安装在待测方向上。如果传感器方向偏离测试方向，那么此时横向运动可能远大于轴向运动，此类误差将会特别明显。

另外，对于多次重复测量或监测时，每次传感器的安装位置和安装方向应一致。不然，也会引起误差。

4. 安装手法

当用胶粘时，应沿垂直胶粘平面方向用力按压传感器，使传感器底部的胶形成较薄的一层，避免胶层太厚导致将高频阻隔掉。这类应用如桥梁测振时通常使用橡皮泥安装传感器，此时应用力按压传感器。当然了，桥梁的关心频率都比较低。

当使用磁座安装时，由于磁座有吸力，因此安装传感器时应十分小心。若通过磁力垂直吸附在结构表面，由于瞬时的磁力，会导致传感器受到撞击，影响精度。正确的做法是使磁座倾斜一定角度靠近安装表面完成安装，如图3-9a所示，而不能按照图3-9b所示直接吸附上去，这样将存在冲击，对传感器可能造成损伤。

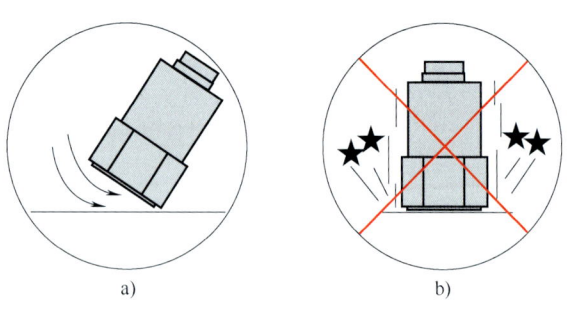

图3-9 磁座安装方法
a）正确安装　b）错误安装

5. 其他方面

安装到结构表面的传感器必然会带来附加质量的影响，特别是对小型、轻巧结构的振动测试，要注意传感器及固定件的"额外"质量对被测结构原始振动的影响。关于这一点，更多内容请阅读第2章2.4 评价传感器附加质量对模态频率的影响。

传感器安装后，信号传输导线应与被测试件固定，如图3-10所示，同时传感器与导线的接头应紧固连接，测试过程中不能出现松动。固定导线时，接头处的导线应处于舒展状态，不应拉紧受力。导线固定有三个方面的好处，第一，当传感器松动，与被测结构松开时，不会直接摔到地上，损坏传感器，因为有导线牵引着。第二，不固定的传输导线在测量过程中发生晃动，会拍打被测结构，导致出现新的振源，这一点特别是模态测试时，需要特别注意。第三，传输导线出现弯曲、拉伸等可能会引起导体与屏蔽层之间局部电容或电荷的变化，引入噪声。

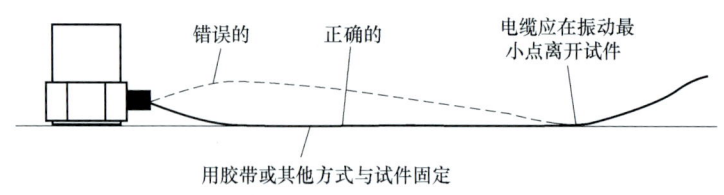

图3-10 信号传输导线固定方式

其他方面主要是考虑高温、防潮和绝缘等问题。户外高温天气进行测量时，应考虑高温对传感器的影响。对于室外需要隔夜测量时，应考虑传感器的防潮问题，如用保鲜膜包裹传感器，如图 3-11 所示。应变测量时更需要考虑这些问题。

传感器安装的总原则：

1）传感器的安装位置应能体现结构的振动特性，应该仔细地检查安装表面是否有污染物和表面是否平整（如有需要应加工使之平整）。

2）传感器的测振方向和测量方向的偏差应减到最小，否则将导致相当于横向灵敏度所引起的误差。

3）安装时，注意安装方法。尽量减少安装工件带来的影响。

4）安装时安装刚度应尽量大，这样可用的频带会更宽。

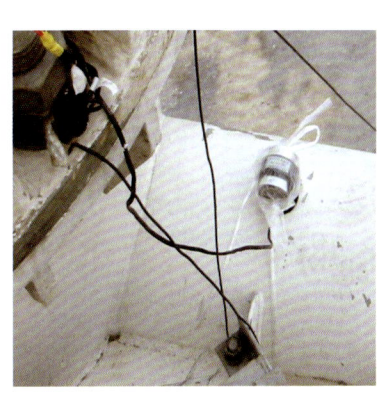

图 3-11　传感器防潮处理

5）信号电缆应固定于结构表面。

6）安装表面的状态和安装方法应在实验记录中进行记录。

7）对每个测量位置使用的传感器型号、序列号和测量方向做记录，并对安装了传感器的每个测点拍照留存。

3.3　信号 AC 和 DC 的区别

我们通常所说的振动加速度不是汽车行驶过程中的加速度。当汽车原地不动时，发动机怠速，我们可以测量汽车不同位置的振动加速度，如方向盘、座椅导轨的振动加速度等。而此时汽车的行驶加速度却是零。因此，通过这一点，我们可以明白二者虽然都是加速度，但是有着本质的区别。

但是二者同为加速度，到底又有什么区别呢？事实上，它们的区别正如本节要讲的信号 AC 和 DC 的区别。这一节主要内容包括：

➢ AC 定义和 DC 定义
➢ AC 耦合和 DC 耦合
➢ 怎样选择耦合方式
➢ 趋势项
➢ 扭振信号

3.3.1　AC 定义和 DC 定义

在信号测试设置中，输入模式或耦合方式可以选择电压 DC、电压 AC 或其他方式，如 ICP 等。Testlab 软件中的设置如图 3-12 所示，你需要为传感器选择合适的耦合方式。

AC 和 DC 是交流和直流耦合的简称，在选择输入模式时，选择不同的耦合方式可能会影响到数据中的频率成分。大多数信号都有 AC 成分和 DC 成分，DC 成分是 0Hz 的部分，对应时域信号中的直流分量（或称为直流偏置），AC 成分是信号中的交变部分，包含信号中所有的非零频率成分，如图 3-13 所示。

Direction	InputMode	Measured Quantity
None	Voltage DC	
None	Voltage DC	
None	Quarter bridge 3 wire DC	Strain
None	Voltage AC	Strain
None	Voltage DC	Strain
None	ICP	Strain
None	Full bridge DC	Strain
None	Half bridge DC	Strain
None	Quarter bridge 3 wire DC	Strain
None	Quarter bridge 2 wire DC	Strain
None	Rotated half bridge DC	Strain
	Full bridge AC	
	Half bridge AC	
	Quarter bridge 3 wire AC	
	Quarter bridge 2 wire AC	
	Rotated half bridge AC	
	Sensor with excitation, differential	
	Sensor with excitation, single ended	
	Active sensor	
	Potentiometer	

图 3-12 选择耦合方式

如图 3-13 所示，交变的 AC 部分围绕 DC 偏置波动，有时称这个直流分量 DC 部分为基线，即信号围绕基线波动。对直流偏置进行 FFT 分析，得到 0Hz 的成分。对交变部分进行 FFT 分析，则得到信号非零频率成分。

我们在 FFT 频谱图中，有时看到 0Hz 的幅值很大，而非零频率成分却很小。这时，为了更好地查看非零频率成分，有时需要去掉前面几个频率点数据或者显示 1Hz 或 2Hz 以上的频率部分。

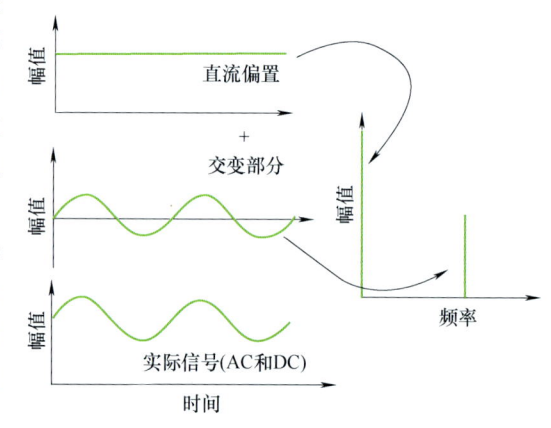

图 3-13 AC 与 DC 在信号中的区别

3.3.2 AC 耦合和 DC 耦合

耦合是指两个不同介质中通过物理连接时进行的能量传递，如传感器通过金属导线连接到数据采集仪。

AC 耦合只允许信号中的交变部分通过，将移除信号中的直流分量（DC 部分），通常使用隔直电容器实现。AC 耦合可有效地阻隔掉信号中的 DC 部分，使信号的平均值为 0。如图 3-14 所示的一个应变信号采用 AC 耦合时，得到的测量值围绕 $0\mu\varepsilon$ 波动。

DC 耦合同时允许信号中的交变部分（AC）和直流分量（DC）通过。DC 成分为 0Hz 的信号，扮演了偏置的作用，而 AC 部分则围绕这个直流偏置量进行波动。如图 3-15 所示为一个应变测量信号采用 DC 耦合时，得到的交变部分围绕 $55\mu\varepsilon$ 波动。

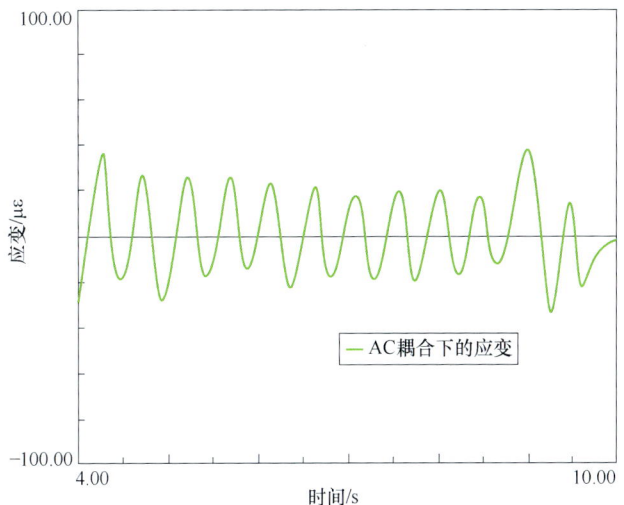

图 3-14　AC 耦合下的应变时域信号

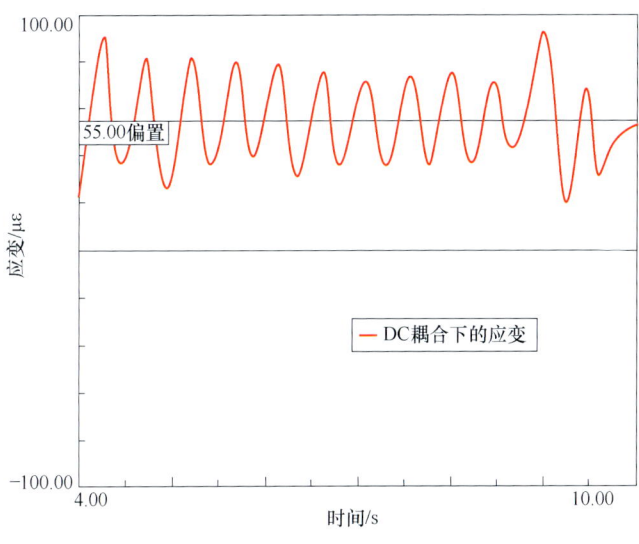

图 3-15　DC 耦合下的应变时域信号

在这个实验中，同时用两枚应变片测量一根梁的同一位置，一枚应变片采用 DC 耦合，另一枚采用 AC 耦合。得到的测量结果如图 3-16 所示，设置成 AC 耦合的应变片测量值围绕 0 波动，而设置成 DC 耦合的应变片测量值围绕 55με 波动。

3.3.3　怎样选择耦合方式

由于选择不同的耦合方式会导致信号的差异，那么，应如何选择耦合方式呢？通常而言，需要根据传感器类型来选择。对于监测缓变信号，如热电偶和应变信号，宜用 DC 耦合。下面是常用传感器建议耦合方式。

AC 耦合：

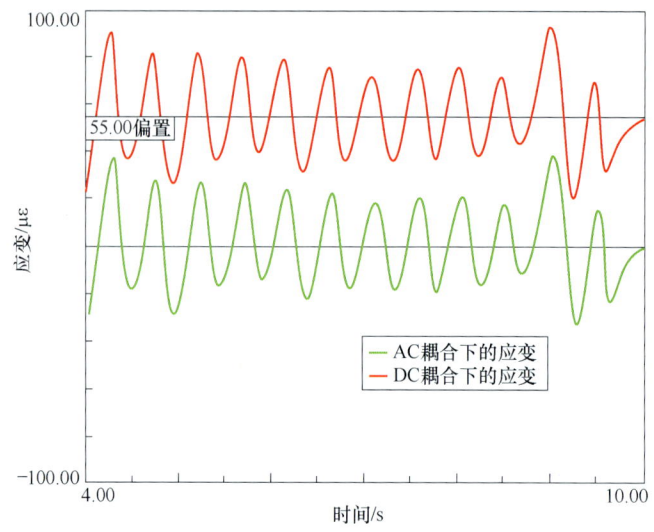

图 3-16 两种不同耦合方式得到的时域信号

1）ICP 型传声器。
2）ICP 型加速度传感器。
3）应变片（当只关心弹性/动态行为时）。
4）所有类型的 ICP/IEPE 型传感器。

DC 耦合：

1）热电偶。
2）DC 型传感器，如 941B 型速度传感器。
3）应变片（关心直流偏置，这部分是静载荷引起的）。
4）零频加速度传感器，如 PCB 3711BXX 系列传感器。

AC 耦合会移除信号中的直流分量 DC 部分，但是它只移除 0Hz 吗？其实不然，图 3-17 给出了 AC 耦合的滤波特征。滤波器的高通截止频率是在信号幅值的 0.707 倍处，也就是 −3dB 点。当然这个截止频率是耦合电路的函数，依赖于使用的电子元器件。图 3-17 中给出的是在 0.5Hz 耦合，也就是说截止频率为 0.5Hz。因此，AC 耦合会移除信号中的直流分量，但同时也会衰减额外的低频段（如 0~0.5Hz）。

3.3.4 趋势项

信号测试过程中，即使使用 DC 耦合，也很难保证直流偏置是平行于 0 线（幅值为 0），有时会出现直流分量随时间变化，忽高忽低或者一直变大的情况。那么，在信号处理中，我们把这个直流分量的变化曲线称为趋势项。趋势项也可认为是信号的平均值，如图 3-18 所示为一个应变的时域信号，可以看出具有明显的趋势项。

为什么要将趋势项放在这一小节呢，这是因为趋势项对应的是 0Hz 或者是极低的频率。在信号的采集过程中，由于电子元器件有热输出（即随温度变化产生的电压输出造成信号漂移），传感器安装不牢靠或传感器频率范围外低频性能的不稳定，以及测试环境的干扰等原因，往往会导致信号偏离基线，出现趋势项。

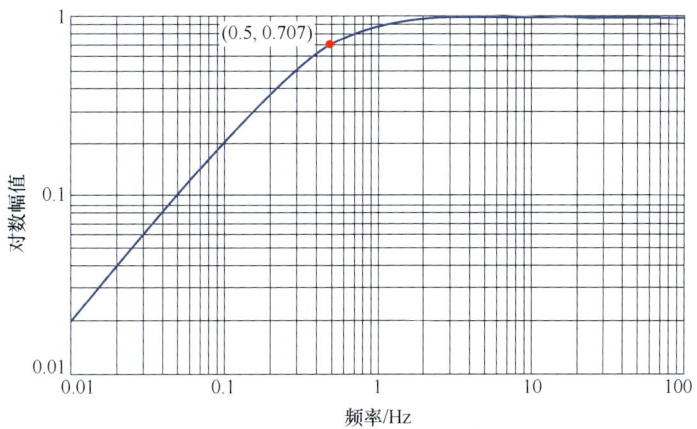

图 3-17 截止频率 0.5Hz

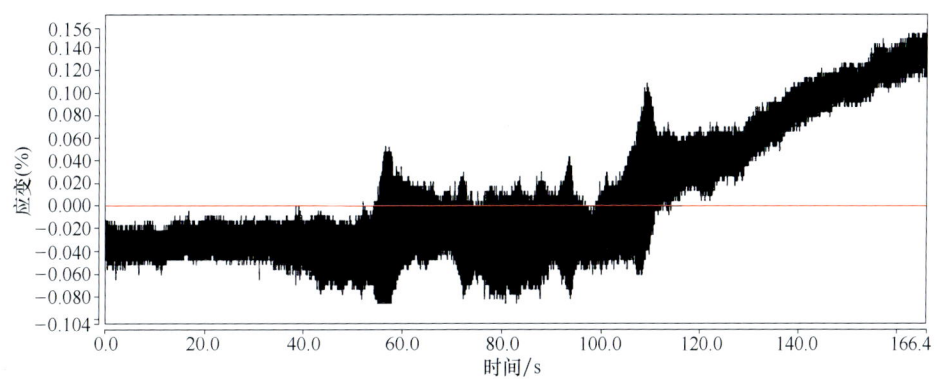

图 3-18 带有趋势项的应变信号

当信号存在趋势项时,可以通过高通滤波或者专有的去趋势项函数移除趋势项,对图 3-18 中的应变信号进行趋势项移除,得到的信号如图 3-19 所示,图 3-19 中上方所示为原始信号,下方所示为移除趋势项后的信号。

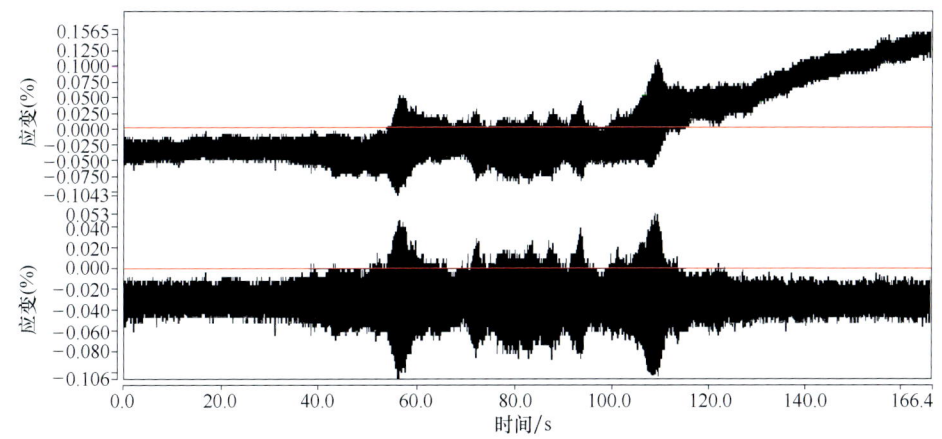

图 3-19 带有/移除趋势项的应变信号

3.3.5 扭振信号

为了准确地测量与分析扭振，要求测量时准确地测量出转速的波动部分。使用的转速传感器要求测量的每转的脉冲数（PPR）越多越好，这样能精确地测量到波动的转速。

扭振测量需要考虑两方面的转速：平均转速和围绕平均转速波动的转速，如图 3-20 所示。红色为平均转速（对应每转 1 个脉冲），绿色为带有波动的转速（每转多个脉冲）。而扭振分析实际上就是对转速波动部分进行分析。转速信号中红色对应的信号中的 DC 部分，绿色则对应信号中的 AC 部分。

因此，当进行扭振测量时，要求转速传感器采用 DC 耦合方式，因为这样也可以测得 DC 部分。

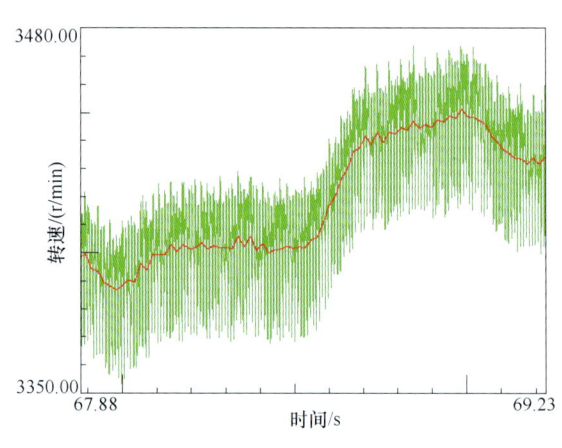

图 3-20 扭振信号

最后再回到我们最初的问题：车辆行驶的加速度和车体结构的振动加速度是同一个加速度吗？我想，到此，你已明白了：实质行驶的加速度对应 0Hz 的速度，也就是 DC 部分，车体振动加速度是非零频信号，即 AC 部分。但是，需要注意的是行驶的加速度并不是振动加速度的直流分量。

3.4 采样频率多大才不会使信号幅值明显失真

大多数传感器都是模拟信号输出，但计算机不能处理模拟信号，计算机只能处理数字信号，并且只能处理有限的数据。因此，需要将模拟信号转换成数字信号。这一步工作通常由模数转换器完成，最后输出用时间和幅值表示的已数字化的时域文件。模数转换器也就是我们通常所说的 ADC。从模拟信号转换成数字信号，这一过程，称为采样或数据采集。

采样必须按一定的速率进行，那么采样频率就是用来表示采样的速率，用 Hz 表示。本质上，我更愿意称采样频率为采样率，因为它表征的是采样的快慢，采样率高，则采样快。采样率表示每秒采集多少个样本点（或数据点），用 sample/s 或样本点数/秒表示，如采样（频）率为 1000Hz，则表示每秒采集 1000 个样本点，采样示意如图 3-21 所示，采两个样本点的时间间隔为 1ms，这个时间间隔称为时间分辨率。时间分辨率为采样频率的倒数，时间分辨率越小，则采样频率越高，采集到的数字信号越接近真实信号。

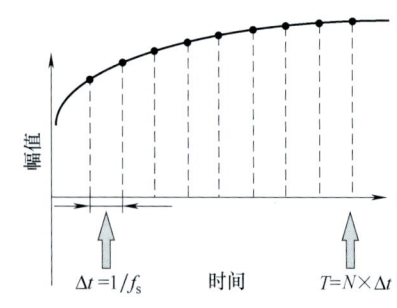

图 3-21 采样示意

与时间分辨率相对应的是频率分辨率，频率分辨率的倒数为做一次 FFT 所截取的时域数据长度 T。这个时间长度 T 所对应的数据称为 1 个数据块（time block）或 1 帧。因此，在数据采集时，可以用时间表示总的采样长度，也可以用数据块或帧数表示总的采样长度。1个数据块包含N个数据点，因此，1个数据块的时间长度$T=N\Delta t$。因此，也可以用总样本点数表示采样长度，但一般很少这样表示，因为，采样时间一长，这个总样本点数会很大。

信号采样过程中，最常见的两类误差是由采样频率和量化引起的，这两类误差可能大多数NVH工程师都知道。在这主要介绍采样频率带来的误差，其他误差，包括量化误差，还有一些可能你不知道的误差将在本章3.7采样过程中存在的误差一节中进行详细的介绍。

采样定理要求采样率至少是关心的最高频率的2倍，假设关心的最高频率为500Hz，则采样频率应至少为1000Hz。采样定理只是保证信号的频率不失真，但并没有保证信号的幅值不失真，如果按采样定理来设置采样频率，那么高频信号的幅值肯定会失真，低频信号的幅值也可能会失真。

采样频率越高，1s内采集的样本点（或数据点）越多，信号幅值越接近真实幅值。理论上讲，采样率越高越好，由采样率带来的误差会越小，但这并不现实。因为，一方面采样率受采集设备最高采样频率限制；另一方面，采样率越高，会导致采样的数据容量大增，出现大的数据文件。

采样的时域数据文件大小计算公式如下（采样时间以s为单位）：

数据总大小 = 通道数 × 采样频率 × 每个样本点的字节数 × 总的采样时间

不同的采集设备厂商每个样本点的字节数可能会有差异。如24位AD，Testlab采用3字节存储，而DASP则采用4字节存储。假设16个通道，采样率为1024Hz采集1h，则Testlab的数据大小为168.75MB，DASP为225MB。

回到我们的主题问题，到底采样频率设置多大，采集到的时域信号的幅值才不失真或失真很小。下面将以一个频率为10Hz，有效值为1V的单频信号为例来进行说明。假设采样率为1000Hz（信号频率的100倍）采集到的信号幅值是没有明显失真的。对单频正弦波而言，如果刚好按采样定理来设置采样频率，那么采集到的信号幅值会严重失真，信号为三角波，因为一个周期内只能采集2个样本点。当采样频率3倍于信号频率时，采集到的信号有效值为0.87V。当采样频率5倍于信号频率时，采集到的信号有效值为0.94V。当采样频率10倍于信号频率时，采集到的信号有效值为0.96V。各个采样率下采集到的时域信号如图3-22所示。

从图3-22可以看出，不同的采样率下，信号的幅值是不同的，采样率越高，信号幅值失真越小。因此，一般来说，如果关心时域信号的幅值，那么采样频率应大于10倍的信号频率才不会引起明显的幅值失真。

对于瞬态冲击信号，为了捕捉到冲击瞬间的幅值，则要求采样频率更高。这就是为什么DASP在进行锤击法模态测试时，要使用变时基采样的原因所在。当采样频率提高之后，通过上面数据大小计算公式可以看出，数据必然变大。因此，在一些爆炸采集时，采样率可能高达MHz，这时为了降低数据容量，采用低位AD来进行采集，有可能用12位或16位AD。

总的说来，对于常规的振动噪声采集，如果关心幅值，宜用高位AD，如24位AD，同时采样频率应大于10倍的信号频率才不会引起明显的幅值失真。

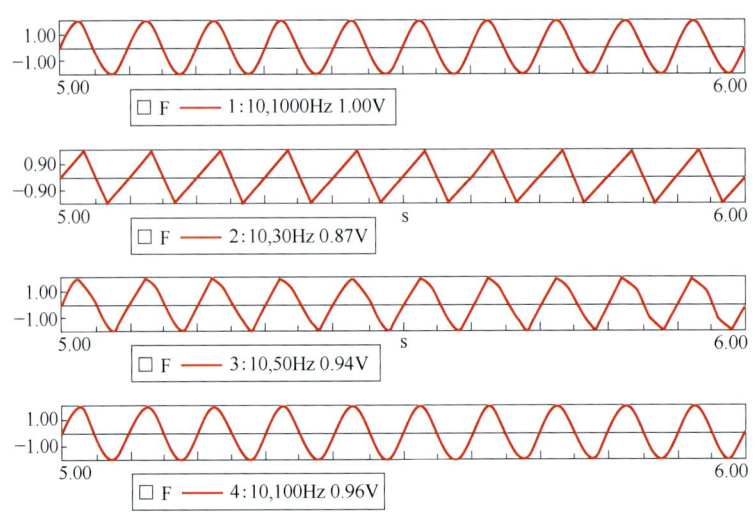

图 3-22　不同采样率下得到的信号幅值

3.5　采样频率 2 倍和 2.56 倍的区别

> 香农采样定理是这样描述的，采样频率 f_s 至少为关心的信号最高频率的 2 倍。采样频率的一半称为奈奎斯特频率，也称为分析带宽，或简称为带宽。采样定理要求采样频率为关心的频率上限的 2 倍，那为什么工程上经常用 2.56 倍？这一节中主要包括以下内容：
> ➤ 混叠
> ➤ 抗混叠滤波器
> ➤ 为什么要用 2.56 倍

3.5.1　混叠

当采样频率设置不合理时，即采样频率低于 2 倍的信号频率时，会导致原本的高频信号被采样成低频信号，如图 3-23 所示。正弦信号是原始的高频信号，但是由于采样频率不满足采样定理的要求，导致实际采样点如图 3-23 中实心点所示，将这些实心点连成曲线，可以明显地看出这是一个低频信号。在图 3-23 所示的时间长度内，原始信号有 18 个周期，但采样后的信号只有 2 个周期。也就是采样后的信号频率成分为原始信号频率成分的 1/9。这就是所谓的混叠现象。

3.5.2　抗混叠滤波器

采样过程中，如果信号中没有高于奈奎斯特频率的频率成分，则不存在混叠。但现实世界中的信号很难保证这一点。另一方面，如果采样频率极高也可以在一定程度上避免混叠，但这并不总是实用和可能的。因为最高采样频率受数采设备的限制，同时，当采样频率过高时，也会出现大的数据文件。

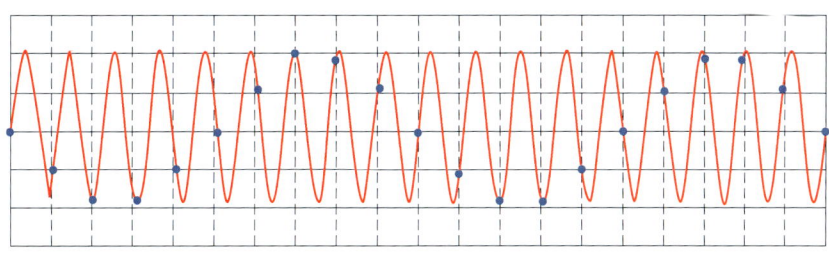

图 3-23　采样混叠实例

另外，采样定理只保证了信号不被歪曲为低频信号，但不能保证不受高频信号的干扰，如果传感器输出的信号中含有比所需信号频率还高的频率成分，ADC 同样会以所选采样频率加以采样，混入分析带宽之内。

故在采样前，应把比关心信号的最高频率成分以上的频率滤掉，这就需要抗混叠滤波，它是一个低通滤波器。低于奈奎斯特频率的频率通过，移除高于奈奎斯特频率的频率成分，这是理想的滤波器。

实际情况是任何滤波器都不是理想的滤波器，抗混叠滤波器也不例外。滤波器存在滤波陡度，在滤波截止频率（奈奎斯特频率）以上的一些区域还存在混叠的可能性，这个区域对应带宽的 80% 以上部分，也就是带宽（f_{BW}）的 80% ~ 100% 区域。如图 3-24 所示，高于奈奎斯特频率以上的频率成分会关于奈奎斯特频率镜像到带宽的 80% ~ 100% 区域，形成混叠，而带宽 80% 以内的区域，是无混叠的。

当按采样定理设置采样频率时，带宽的 80% 以上频带还可能存在混叠，如图 3-25 所示框住的区域即遭受了频率混叠的影响。

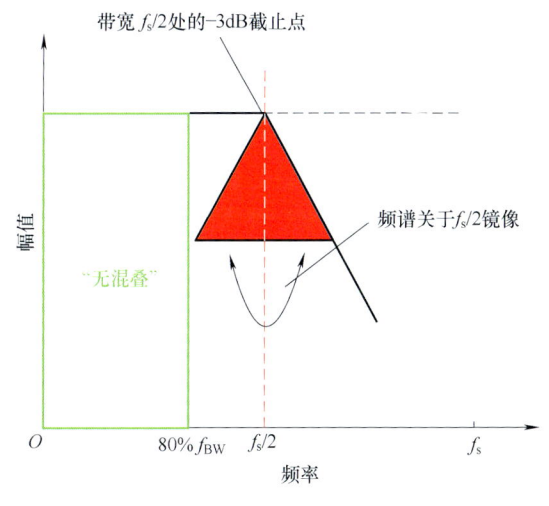

图 3-24　抗混叠滤波

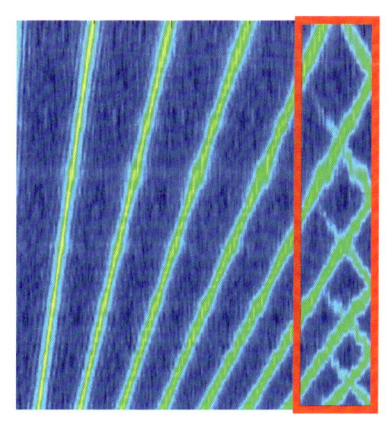

图 3-25　框住的区域遭受了混叠

3.5.3　为什么要用 2.56 倍

既然采样定理要求的是 2 倍，那为什么要用 2.56 倍呢？这基于以下两个方面的原因。

1. 关心的频带内无混叠

为了避免混叠,抗混叠滤波器是绝大多数数采系统不可缺少的组成部分。通过上一小节的讲解,我们已经了解到,带宽 80% 以上区域仍然存在混叠的可能性。因此,为了确保在感兴趣的带宽内数据无混叠,采样频率应满足以下要求:

$$f_s \geq 2.5 f_{max}$$

这就使得存在频率混叠的区间位于感兴趣的频带之外了。如要求 100Hz 内无混叠,则采样频率应设置成 250Hz,带宽为 125Hz,带宽的 80% 为 100Hz,这时,存在混叠可能性的带宽 80% 以上区域已位于感兴趣的频带之外了。当采样频率高于关心的最高频率的 2.5 倍时,关心的频带内已无混叠了。

2. 方便计算机处理

快速傅里叶变换要求处理的数据块包含的数据点为 2^N,而计算机只能用 0 和 1 来存储数据,因此,计算机处理数据时,如果是 2^N 会更方便些。我们知道 $256 = 2^8$,因此,离 2.5 最近的 2.56 便成为一个重要的"优先数"(先借用一下优先数这个概念)。

基于以上两个方面的原因,采样频率从采样定理中要求的 2 倍提高到工程上的 2.56 倍。也就是说当采样频率高于关心的最高频率的 2.56 倍时,关心的最高频率以内的带宽是无混叠的。但是要注意,这还是从频率上去定义采样频率的,如果按 2.56 倍设置采样频率,虽然频率没有混叠,但可能信号的幅值还存在失真。

当关心频率成分时,可以按 2.56 倍的关系设置采样频率,但如果关心信号的幅值(时域),那么采样频率应设置成关心的最高频率的 10 倍以上,才不会使幅值有明显的失真。

3.6 AD 位数对信号幅值的影响

数据采集设备一个重要的指标就是 AD 位数,我们都知道 AD 位数越高越好。但这个"好"到底体现在哪些方面呢?AD 位数到底对数据采集有哪些影响呢?

AD 位数的实质是指模数转换数据时使用多少位(bit)来表征数据电压幅值大小。这个位也就是存储二进制数 0 或 1 的位数,8 位为 1 个字节(byte)。位数越高,存储小数点后面的位数也就越多,因此,转换后的数据就越精确,越接近实际值。现今的数据采集设备通常使用 24 位 AD,表示可以用 24 位 0 或 1 来表示数据幅值大小(有 1 位符号位)。

3.6.1 量化

数采设备通过 AD 进行量化,量化是指现实世界中的时域信号的连续幅值离散成若干个量化量级,实质是幅值转换精度。一个量化量级是指最小的量化电平大小(电平间隔),类似于刻度尺的最小刻度,刻度尺的最小刻度是 1mm,1mm 之内的读数都是估读出来的,不精确。如果想将最小刻度再提高,这时可以用游标卡尺来测量尺寸,这样,测量的精度更高。AD 位数与这个刻度原理相似,AD 位数越高,量化量级(可理解为最小刻度)越小,转换后的数据幅值精度越高。如图 3-26 所示,虚线表示相应的量化电平(刻度),所有转换后的幅值只能位于这些虚线所表示的量化电平之上,其他位置没有任何量化电平。

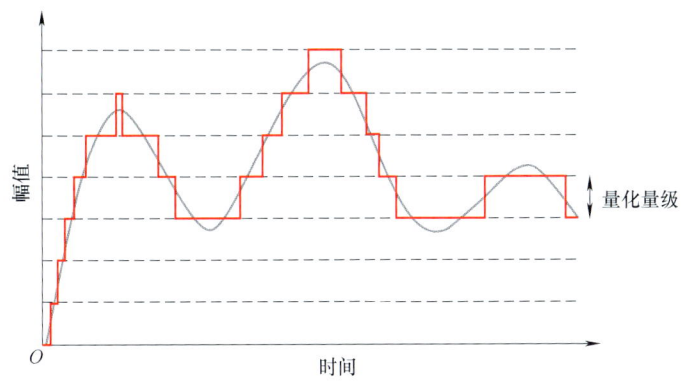

图 3-26 AD 量化

对于 M 位 AD 而言，假设为理想的模数转换器，则其对应的量化量级份数 N 为

$$N = 2^M - 1$$

对于电压满量程为 $\pm AV$ 的数采设备而言，其量化量级大小 Q 为

$$Q = 2A/2^M$$

通常数采设备的满量程是一定的，为 $\pm 10V$，因而 AD 位数越高，量化量级越小，数据转换精度越高。AD 位数对应的量化份数和量化量级见表 3-1。

表 3-1 不同 AD 位数的结果

AD 位数 M	量化份数 N	量化量级 Q：±10V
8	255	78.1mV
12	4095	4.88mV
16	65535	0.305mV
24	16777215	1.19μV

从表 3-1 可以看出，在量程相同的情况下，AD 位数越高，量化量级越小。AD 位数为 8 位时，量化电平间隔为 78.1mV，模数转换后的幅值电压只能是 78.1mV 的倍数，而 24 位 AD 转换后的幅值电压则为 1.19μV 的倍数。这就是为什么 AD 位数低于 16 位时，包括 16 位 AD 的数采设备在 AD 转换之前需要用放大器把 AD 转换前的信号放大之后再进行量化，以减小量化误差。

图 3-27 中考虑将量程为 ±1.5V 用 4 位 AD 和 5 位 AD 进行量化，来说明不同 AD 位数带来的差异。4 位 AD 只能用 4 位来存储数据，因此，满量程被划分为 15 份，而 5 位 AD 则可以划分为 31 份。从图 3-27 中可以看出，相同的量程，高位 AD 对应的量化电平间隔

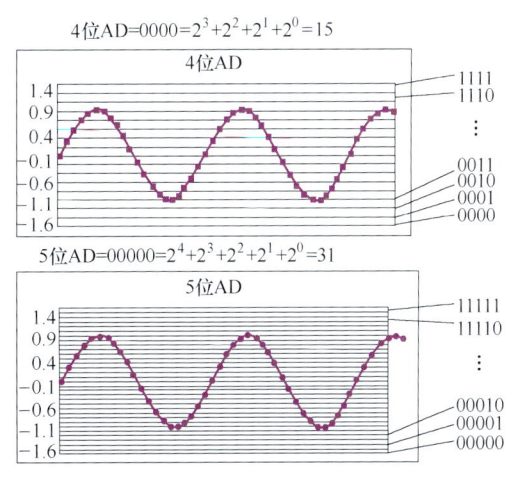

图 3-27 4 位 AD 和 5 位 AD 的区别

小，测量相同幅值的信号时，高位 AD 精度高。另外，4 位 AD 对应的动态范围为 24dB，5 位 AD 对应的动态范围为 30dB。关于这一点，将在下面进行说明。

3.6.2 量化误差

量化误差是模数转换过程中另一个重要的幅值误差源，前文 3.4 节已说明过采样频带也会给幅值带来误差。在模数转换过程中，实际模拟量值与量化数字值之间的差异称为量化误差或量化失真。这个误差归咎于取整（只能是量化量级的整数倍）或截断造成的，误差大小是随机的，在不同的采样点，这个误差大小也不相同。在进行量化时，是将信号的电压幅值按四舍五入的方式量化到最近的量化电平上。在这将通过一个实例数据来说明量化误差是如何产生的。

假设考虑如图 3-28 所示的采样过程，黑色曲线表示信号实际大小，采样间隔为时间 Δt，每个采样点上的黑色实心点表示量化后的幅值。考虑第 6 个采样点的幅值量化误差。m 表示量化电平，x 表示相邻两个量化电平的平均值，从图 3-28 中可以看出，在采集第 6 个数据点时，信号的实际幅值大小位于量化电平 m_6 和 m_7 之间，但这个数据量化之后，幅值要么是 m_6，要么是 m_7。首先，将该幅值与 m_6 和 m_7 的平均值 x_6 进行比较，发现幅值大于 x_6，因此，按四舍五入方式

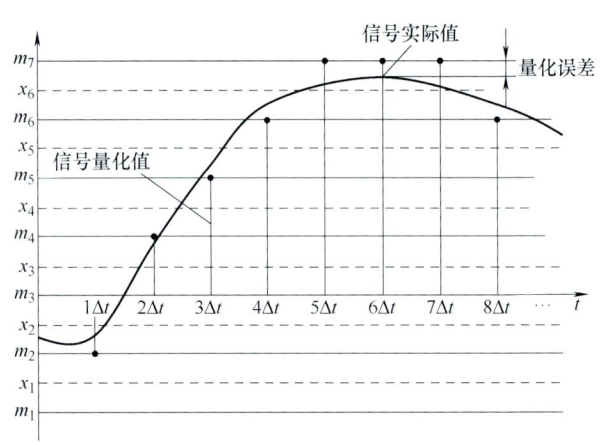

图 3-28　量化误差实例说明

量化到最近的量化电平 m_7 上，m_7 与信号实际值之差即是这个采样点的量化误差。

当 AD 位数越高时，量化电平间隔会越小，因此，量化误差会越小，转化后的幅值精度越高。理想的模数转换器，量化误差均匀分布于（−1/2 量化量级）~（+1/2 量化量级）之间，如理想的 24 位 AD，其量化误差分布于 −0.6 ~ +0.6μV 之间。对于理想的 M 位 AD 而言，信号与量化噪声之比（SQNR）（或称为动态范围）可由下式计算：

$$\text{SQNR} = 20\lg 2^M = 6.02M \text{dB}$$

由上式可以明白，1 位 AD，对应的动态范围为 6.02dB。可以这样理解，由于每一位只能存储 0 或 1，对应的数字大小为 $1 = 2^0$ 和 $2 = 2^1$，相差 2 倍。我们知道，线性 2 倍，对应 6dB。因此，1 位 AD 对应的动态范围为 6dB，常见 AD 位数对应的 SQNR 见表 3-2。

表 3-2　不同位数的 SQNR

AD 位数 M	理想的 SQNR/dB
12	72.24
16	96.32
24	144.48

3.6.3 减小量化误差的方法

现在我们已经明白了量化误差，可以用高位 AD 减少量化误差。除了用高位 AD 之外，还有以下两种方法可减小量化误差，提高信噪比。

1. 使用量程合适的传感器

使用量程合适的传感器是为了保证传感器输出的信号大小合适，既不至于过载，又不至于欠载。相对而言，信号幅值越大，信噪比越高，量化误差越小。到底量程为多大时，使用的传感器是合适的呢？一般而言，测量的信号幅值应在传感器满量程的 60%～80% 是合适的。如测量位置的振动量级约为 40g，则可以用满量程为 50g 的加速度传感器来测量。如果用量程为 500g 的传感器来测量，会有什么区别呢？

量程为 50g 的加速度传感器，对应的灵敏度为 100mV/g，则 40g 对应的电压输出为 4V。而当用量程为 500g 的加速度传感器进行测量时，传感器的灵敏度为 10mV/g，则 40g 对应的电压输出为 0.4V。那么，不同量程的传感器测量同一位置的振动时，输出的电压大小是不同的，量程越小，灵敏度越高，输出电压越大，则量化时信噪比越高，量化误差越小。这就是为什么要用合适的传感器来测量的原因。

2. 使用合适的电压量程

当 AD 位数和传感器已不能更改时，这时可以调节数采设备的电压量程来提高信噪比，减小量化误差。量化量级计算公式为 $Q = 2A/2^M$，当 AD 位数确定之后，量化量级的份数也随之确定了，即分母确定了，但是分子为电压量程，可以通过减小分子，即电压量程，来提高量化量级。例如，可以把 1m 划分 1000 等份，每 1 份为 1mm。如果把 0.1m 也划分 1000 等份，则每 1 份为 0.1mm。此时，测量精度会更高，当然，测量的最大距离将从 1m 变成 0.1m。因此，在测量大信号时用大量程，测量小信号时用小量程。可根据信号大小调节量程，但前提是数采设备的电压量程可调节。

这个量程调节功能也就是所谓的自动量程或手动量程（量程有很多档）。自动量程是根据测量信号的大小软件自动设置量程，手动量程是测试人员手动修改电压量程。测量大信号时用大量程，测量小信号时用小量程。设置合适的量程之后，大信号不会因量程不合适而过载，小信号也不会因量程不合适而欠载。

如果对大信号设置的电压量程过小，会导致削波的情况出现，如图 3-29 所示，超出量程的部分会被削掉。

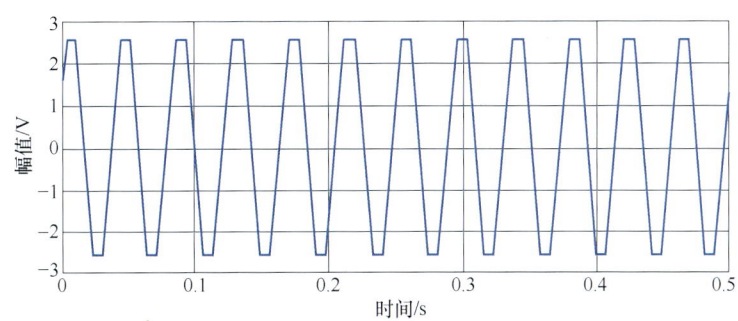

图 3-29　量程小导致信号被削掉

对幅值大小为 10mV 的单频信号设置不合适的量程，采集到的信号如图 3-30 所示，信号存在明显的杂波。

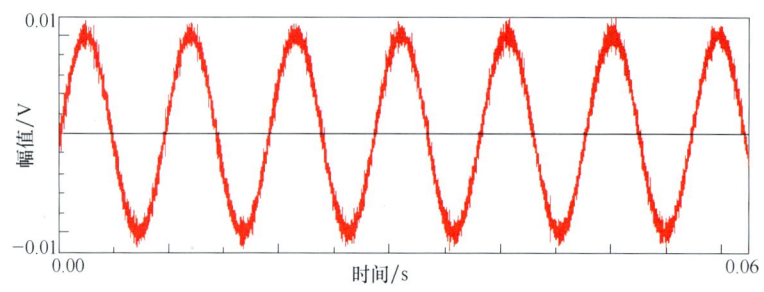

图 3-30　小信号量程不合适的结果

设置合适的量程之后，采集到的信号如图 3-31 所示。相比较图 3-30 所示的信号，设置合适量程测量到的信号的信噪比显著提高，信号干净了许多。

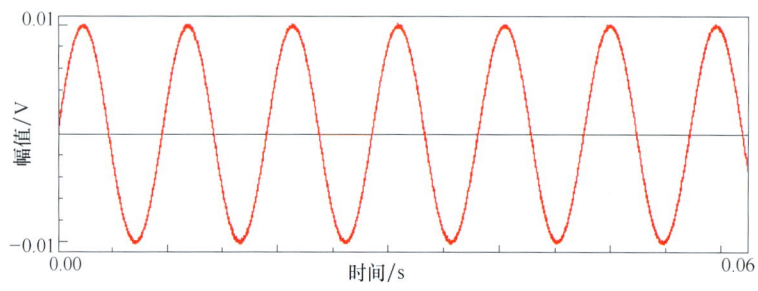

图 3-31　合适的量程测量小信号

对一个单频小信号而言，如果 AD 位数和量程设置不合适，可能会出现如图 3-32 所示结果。从图 3-32 中可以看出，当用 16 位 AD，无自动量程，即满量程 10V 进行采集时，采集到的信号为三角波，且幅值阶梯现象明显，这就是量化误差造成的。当用 24 位 AD，无自动量程，得到的信号较之前已有明显改善，但量程设置还不合适。当设置合适的量程（0.0625V）之后，单频的小信号信噪比已很高，信号很干净，这正是我们想要的结果。信号从带阶梯状的三角波到含有杂波的信号，到最终的干净单频信号，量化误差逐步减小，信噪比逐步提高，幅值精度越来越高。

到此，我想你已经明白 AD 位数对信号测量的影响了。但有一点要注意的是，之前我们所讲的一直在强调理想的 AD，也就是所有的位数都是有效位，不受噪声影响。但现实情况并不是所有的位数都是有效位。例如，24 位 AD 的动态范围理论上是 144dB，但实际的动态范围在 110~120dB 之间，也就是有效位在 18~20 位之间。这是因为数采设备都是由电子元器件组成，本身会存在噪声，降低了 AD 的位数。这个噪声也就是所谓的本底噪声，即使不测量任何信号，设备也有相应的电压输出，这部分电压就是本底噪声，占据了一定数量的 AD 位数。

因此，在进行信号采集时，为了减少误差，我们应尽量使用高位 AD、量程合适的传感器和合适的电压量程来测量。

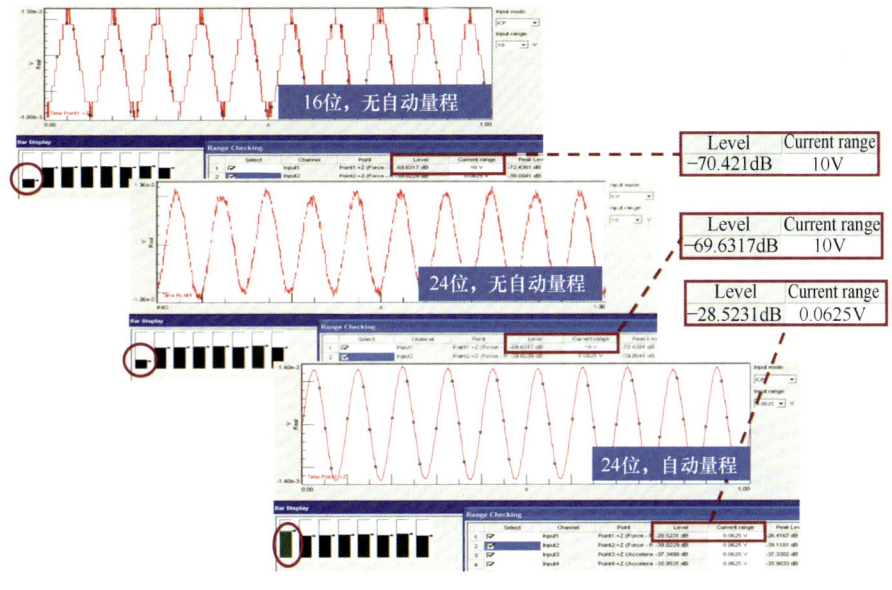

图 3-32　不同 AD 和量程下的结果

3.7　采样过程中存在的误差

通过本章 3.4 采样频率多大才不会使信号幅值明显失真和 3.6 AD 位数对信号幅值的影响两节内容，想必你对采样过程中两类明显的误差（采样误差和量化误差）已经很了解了。这两类误差是采样过程中最重要的两类误差，但是除了这两类误差之外，还有其他一些误差，将在这一节中一一介绍。

一条完整的信号测试链包括被测结构、传感器、导线、信号调理、抗混叠滤波、模数转化和时域信号输出等。这个测试链如图 3-33 所示，测试链中每一步都可能会引起噪声，带来误差。这些噪声包括传感器噪声、导线噪声、信号调理和供电噪声、滤波器噪声、ADC 噪声，以及数字信号处理（DSP）带来的噪声（计算噪声）。注意这里所说的噪声不是指我们听到的噪声，而是指干扰信号，那些我们不想要的干扰信号。

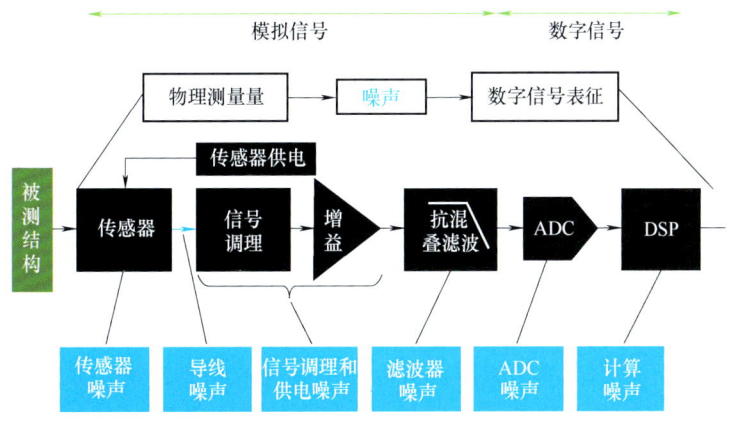

图 3-33　完整的测试链

3.7.1 潜在的结构问题

测试对象不同，结构自身的特点也不尽相同。如果我们要测量风机塔筒上面的齿轮箱、电机等设备，则可能会使用长导线，同时结构还可能存在大电流或大电压。像测试机车轨道，轨道上面的电压可能高达数百伏特。另外，结构可能还有以下噪声源：电机、变压器、荧光灯、无线电发射机等。可能在被测对象附近还有别的振动源，引入不相干的振动噪声。

另一个非常重要的影响是温度对结构的影响。例如，测试一座桥梁，可能早上测量和中午测量，桥梁的模态频率会有偏差。

3.7.2 传感器引入噪声

测量所用的传感器各式各样，从不同的角度考虑会引入不同的误差。有源传感器，如 ICP 型传感器，内部封装了电子元器件，需要外供电，这些会给测量带来噪声。而无源传感器对测量系统无噪声影响或影响很小。非隔离传感器可能会引入来自被测结构上的电流，特别是对处于运行状态下的结构进行测试时，引入电流噪声的可能性更大，所以此时推荐使用隔离类型的传感器。隔离传感器使得电流不能在二者之间进行流通，不会引入外部电流噪声。

传感器是一个换能器，是将机械能转换成电能的装置，因此传感器输出的信号都是电信号，多半是电压信号。而电压信号与工程物理量通过灵敏度发生联系，也就是传感器输出的电压除以灵敏度（可能还有增益）得到的便是工程物理量。如某型号加速度传感器灵敏度为 $100mV/g$，则表明电压每变化 $100mV$，对应的工程物理量变化 $1g$。因此，如果灵敏度有偏差会使测量的幅值偏离真实值。实际上传感器的灵敏度的线性度在低频段与高频段都与测量输入的灵敏度有较大的偏差，如果这时还采用这个灵敏度，会给测试带来较大的误差。

另外，传感器选型不合适，同样会给测量带来误差，如测量微弱的振动，而选用一个大量程传感器，那么，可能这个微小的振动完全测量不到。还有就是传感器安装不正确，如方向不对，会带来横向效应；安装刚度不够，会降低输入的信号频率范围，从而使得测量的信号幅值偏低。

3.7.3 接地循环噪声

当使用非隔离传感器，特别是测试链还有一个地方接地时，会引入接地循环噪声。接地循环噪声是指测量系统中有两点或两点以上接地时，由于这些接地位置电势不一样，必然会将这个电势差引入到测量系统中来，而这个因接地带来的电势差就叫接地循环噪声。当加速度传感器安装在导电的结构表面时，就会存在引入接地噪声的风险。当整个测试链有两点或两点以上的位置接地时，就会引入接地循环噪声。因为不同的地方，电势是不相同的，有两个或两个以上的接地点，必然导致二者存在电势差，从而引入接地循环噪声，如图 3-34 所示。

避免接地循环噪声最简单的方法是使用电气上隔离或"浮地"的传感器，中断接地循环。如果传感器本身不是隔离的传感器，可以使用绝缘的隔离材料，如绝缘磁座、云母片、玻璃片和环氧树脂等，使整个测试链中只有一点接地，如图 3-35 所示，破坏接地循环。

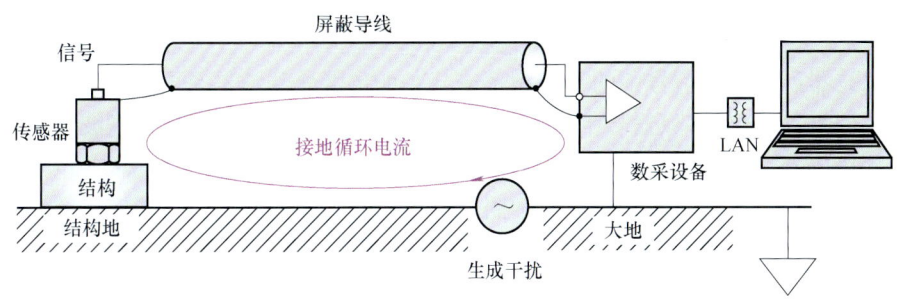

图 3-34　接地循环噪声

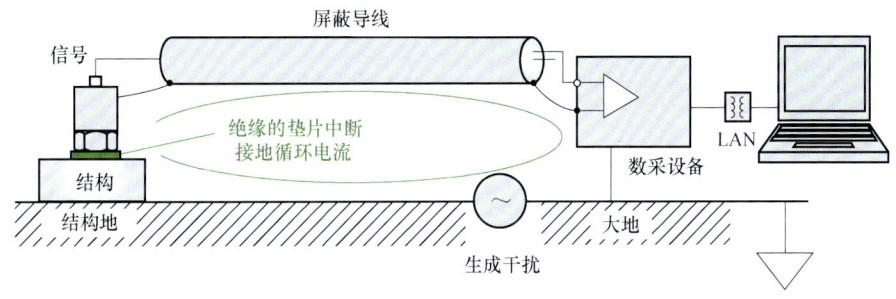

图 3-35　避免接地循环噪声

3.7.4　导线噪声

导线受电和磁干扰明显，存在两类干扰，一类为静电干扰，另一类为磁场干扰。

静电场因电压的存在而产生，而电流可能流通，也可能不流通。处于静电场中的任何导电体都会产生相应的交变的电荷信号。对于静电场最简单有效的方法是使用屏蔽导线，将静电屏蔽掉，有时也称这个屏蔽层为法拉第笼。通用型的屏蔽导线是采用网状编织型金属丝和导电箔纸组成。

磁场可以由永磁体产生，也可以由电流流动产生。我们知道导线上有大电流流过时，在导线周围会产生磁场，当导线在磁场中作"切割"磁力线运动时，则会产生电压噪声。屏蔽导线对磁场无效，对磁场噪声的应对策略是使用共模噪声抑制功能。

另外，在测试过程中，导线有不规则弹跳或者测试人员不经意间踩踏导线，会引起导线电容变化，引入噪声。所以测试时要固定好导线，避免踩踏导线。

3.7.5　信号调理噪声

信号调理是指对模拟信号进行调理操作，以满足下一阶段的处理要求。这些调理包括耦合方式，如 AC 耦合、传感器供电和放大器等环节。

信号调理模块都是由模拟电路组成，而模拟电路由电阻、电容、电感、半导体和转换开关等元器件组成。每个电子元器件都有一定的噪声贡献量。另外，这些电子元器件还有热噪声输出。传感器供电电路也会引入噪声。

3.7.6 滤波器噪声

使用滤波器可以弱化信号中的某些频率成分，如抗混叠滤波器是弱化奈奎斯特频率以上的频率成分，AC 耦合是移除信号中的直流分量。有时，我们也希望使用滤波器能突出信号中的某些频率成分，如 A 计权突出了声音信号中 1000~5000Hz 之间的频率成分。

任何一个滤波器都有通带、过渡带和阻带定义，如图 3-36 所示。任何一个滤波器都不是理想的滤波器，理想的滤波器应没有过渡带，滤波从截止频率处直线下降，但实际中的滤波器都有一个所谓的滤波陡度，这就使得过渡带存在。也就是说截止频率以上的频率成分并不是百分之百被滤掉，而只能说是大大衰减，离截止频率越远，衰减越严重，滤波效果越好。

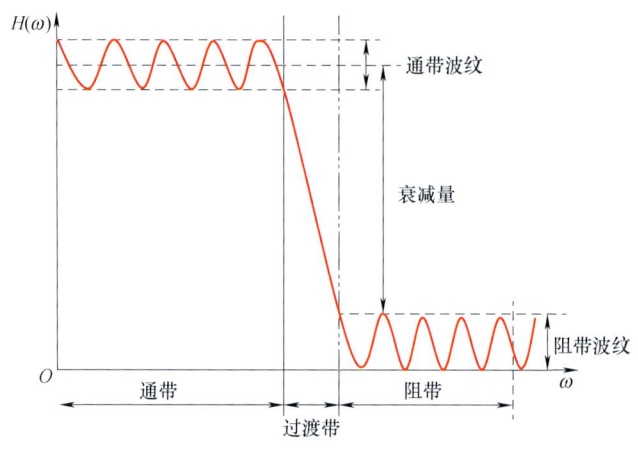

图 3-36 滤波器定义

一个重要的滤波器是抗混叠滤波器。该滤波器是一个低通滤波器，奈奎斯特频率以下的频率成分通过，阻止奈奎斯特频率以上的频率成分通过，避免混叠。但实际情况是在奈奎斯特频率 80% 以上的区间可能还有混叠的风险。

3.7.7 ADC 误差

将模拟信号转换为数字信号是模数转换器 ADC 的工作范畴。这一步除了之前我们讲的两类误差（采样和量化误差）之外，还有以下各方面的误差存在。

混叠：采样定理的前提条件是信号是有限带宽的，然而，现实中有限时间长度的信号可能带宽也不是有限的。感兴趣的信号几乎总是有限时间长度，但它们的带宽可能不受限。通过设计带合适保护带宽的采集设备，就可能得到满足精度要求的输出。

集成效应或孔径效应：这是由于采样得到的数据点是一段时间平均的结果，而不等于采样时刻的瞬时信号值。这个效应在摄影中显而易见，当曝光时间太长，图像就变得模糊，理想的照相机的曝光时间应该是零。在基于电容的采样和保持电路中，引入的集成效应是由于电容不能瞬间改变电压，因而，采样有一定的时间宽度。

抖动或偏离：来源于精确的采样时间间隔，由于采样有一定的时间跨度，因而，对于一个缓变的信号，可能影响不大，但是对于一个幅值改变大的信号，可能会导致幅值有较大的偏离。

噪声：包括热敏元器件噪声、模拟电路噪声及热噪声等。

转换速率限制误差：ADC 输出值不能改变得足够快。模数转换器本身也有一定的转换速率，当数据容量大时，可能来不及及时转换，就会造成误差。当今的 AD 模数转换速率相当快，并且通常是每通道会有一个或多个 AD 存在，所有的通道全并行采样，能满足最高采样率下的模数转换速率要求。但是在早期，可能会使用多路复用技术，即所谓的采保技术，也就是多通道共用 AD 的情况，这时必然导致 AD 来不及转换多通道采集的数据，多通道循环采样，导致通道之间的数据出现偏差，各通道之间不同步，信号出现偏斜现象，如图 3-37b 所示。图 3-37a 所示为并行采样得到的多通道数据，通道之间数据完全重合，图 3-37b 所示为多路复用技术采集到的多通道信号，信号之间存在一定的偏斜。

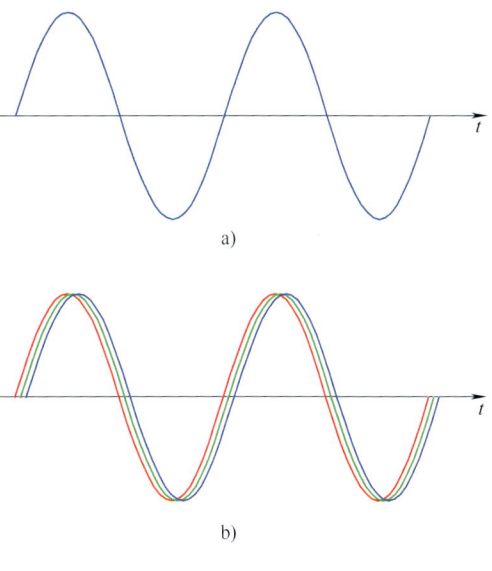

图 3-37　两种采集方式
a）并行采集　b）多路复用

输入电压转化为工程物理输出值之间的非线性也会造成误差（不同于量化）。这个非线性误差是指传感器的灵敏度不是线性的，存在非线性。通常，数据采集时，我们只输入单个灵敏度，但这个灵敏度是对应一定频带的，超出这个频带范围，就会存在这个非线性误差。另一方面，传感器使用一段时间后，灵敏度本身也可能出现偏差，这时还使用之前的灵敏度，必然带来新的误差。因此，传感器都要定期进行标定。

3.7.8　本底噪声

本底噪声是指数据采集系统在没有任何输入时的电压输出，也就是没有信号输入时，仪器自身各类噪声之和。这类噪声会降低数采设备的 AD 位数，如果本底噪声太大，而信号又太小，可能会出现信号完全淹没在本底噪声之中，此时测量得到的信号是完全无用的噪声信号。

3.7.9　计算误差

采集到时域信号之后，需要对信号做 DSP 处理，在这个过程中同样也会存在计算误差，最明显的特征是信号的频率成分与实际值不一致。还有可能是 DSP 之后的幅值与实际值不一致。当然，这部分误差不是采样带来的误差，而是由于信号不满足 FFT 变换要求，存在泄漏造成的。

总的说来，测试链的各个环节都会引入噪声。希望通过以上的说明，你对采样过程中可能存在的误差或噪声有全面的了解，因而能在测试过程中尽量减少噪声的引入，实现高质量的信号采集。

3.8 如何实现高质量的信号采集

进行振动噪声分析,第一步是采集信号。只有采集到了高质量的数字信号,才能从这些信号中提取到希望得到的有用信息,帮助人们解决实际存在的问题。如果数据测量不准确或者质量低下,即使经验丰富的专家也可能有心无力。因此,实现高质量的数据采集对后续分析而言,至关重要!这一节主要内容包括:
- 数据采集的目的
- 测量链的组成
- 影响测量的因素
- 测量前的准备工作
- 采样参数设置
- 现场测试
- 如何判断信号

3.8.1 数据采集的目的

结构运行产生的振动噪声肯定是与某个特定的问题相关的,为了弄清楚这些问题的本质,实现解决问题的目的,需要通过相应的传感器对结构进行测量,获得数字信号进行后续分析,从中提取到有用的信息,帮助工程师解决实际问题。

另一方面,大多数传感器输出的信号都是模拟信号,计算机不能直接处理模拟信号,只能处理用 0 和 1 表示的数字信号。因此,需要将模拟信号转换为数字信号,这就需要进行数字信号采集。采集得到的数据为用时间和幅值表示的数据,也就是所谓的时域数据文件。在这里,我们所叙述的数字信号采集就是指采集到高质量的时域数据文件。有了时域文件才能进一步做数字信号处理。

为了从信号中提取到解决实际问题所需的有用信息,需要采集到高质量的数字信号,因此,应避免采集到低质量的数据。如图 3-38 所示,图 3-38a 中的信号明显受到干扰,出现了很多毛刺,图 3-38b 中的信号出现了明显的漂移,且信噪比不高。因此,实际采样时,应尽量避免采集到这样的信号。

3.8.2 测量链的组成

一条完整的测量链从物理设备角度上讲应包括:被测结构、传感器、导线、信号调理(这个设备也有可能集成在数据采集仪中)、数据采集仪和控制分析软件。数据采集仪的主要功能是实现抗混叠滤波和模数转换,最后通过控制软件输出我们想要的时域数据文件。

测量链组成如图 3-39 所示,被测结构因受到激励产生的物理量被传感器感知到,从而以模拟量的形式输出给信号调理仪,然后进行抗混叠滤波,滤掉不感兴趣的高频成分,再进行模数转换,最后输出时域数据文件。在模数转换前,数据为模拟信号,经过模数转换后,模拟信号转换成了计算机能处理的数字信号。

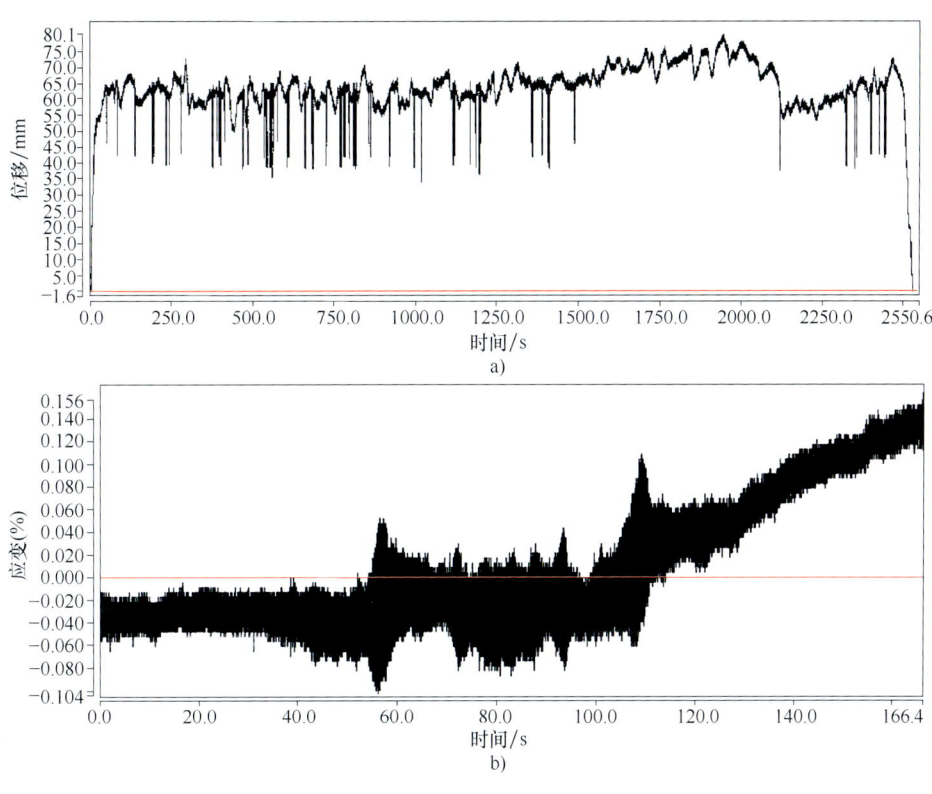

图 3-38 低质量的信号

a) 信号带明显的毛刺　b) 信号出现了明显的漂移

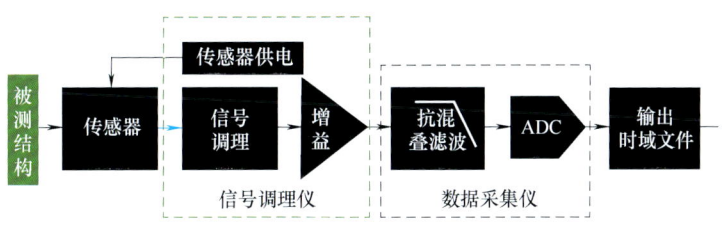

图 3-39 测量链组成

3.8.3 影响测量的因素

理论上讲，传感器可在被测结构的任何位置进行测量，但是由于被测结构所处的工作环境等因素会影响测量如潜水艇在水下航行，飞行器在空中飞行，港口机械处于高湿的环境等因素都会给测量带来影响，这部分影响是被测结构带来的影响，因此，被测结构对测试有影响。

另一方面，整个测量链的每一个环节都会存在或多或少的噪声，给测量带来误差，每一环节中的误差最后叠加成总的误差，像传感器、导线、信号调理和供电、滤波器和模数转换器等都会带来噪声，如图 3-40 所示关于每一环节的噪声请参考本章 3.7 采样过程中存在的误差。

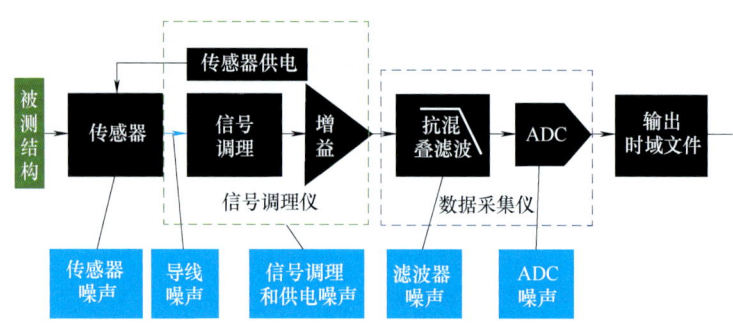

图 3-40 各个环节都可能存在噪声

除了上述影响因素之外，还有其他影响因素，如传感器的选择、采样参数设置和常见干扰等方面都将影响最终的时域文件质量。关于传感器选型请参考本章 3.1 振动传感器怎样选型。而对于采样参数设置和常见干扰接下来将进行讲述。

3.8.4 测量前的准备工作

很多时候都是外场试验，需要把试验设备带出去做试验，如路试。这样的试验准备工作尤其重要，因为到现场后发现缺少设备，将会特别麻烦。因此，需要将准备工作做得特别细致。这些工作包括以下各个方面：

检验所有要用到的设备，包括传感器、导线、信号调理仪、数采设备、软件等。将所有设备正常连接，通过逐一晃动传感器查看输出信号，对传感器、导线、通道和软件按通道进行检查。

对导线逐一按某种方式进行编码，每根导线前后端（传感器端和数采通道端）编码相同，当测点特别多、传感器数量也多时，这个工作显得更加必要。

将所有传感器的型号、编号、灵敏度等信息存成 Excel 文件。例如，PCB 提供的传感器灵敏度信息所用纸张太小，易丢失，且为喷墨打印，长时间使用字迹会变得模糊。另外，现场输入灵敏度时直接从 Excel 表中复制，减少了出错概率。或者将传感器相关数据输入传感器数据库，方便直接读取。

建立试验仪器清单，包含所有试验中要用到的设备和工具等，以防遗漏小物品，如磁座、黏合剂等。特别是外出进行现场试验，仪器清单在试验前后清点设备时，都是很方便的。

传感器使用时，建议按编号由小到大、方向按 X、Y、Z 的顺序对应递增的通道。

在被测结构上或地面上注明总体坐标系的定义，在被测对象上的测点位置，标明测点 ID。测点的测量方向尽可能与整体坐标一致。

制定详尽的试验实施方案。方案中应包含试验目的、仪器设备、测点布置、初步参数、分析方法、人员安排、时间安排等内容。特别是复杂的试验，工程人员可按着方案进行布置，减少出错的概率。

相对而言，导线和传感器属于易损件，特别是导线，在测试过程中出现问题的可能性最大。因此，外场试验这两类设备应有备件，建议备件数目为 2。

所有的准备工作做好之后，宜将所有设备按现场实际测量的连接与设置进行实际连接，全面检查设备与信号，将此时的采样参数等各种设置存储成试验模版，现场试验可直接调用，提高现场试验效率。

真正一次试验，可能80%乃至90%以上的时间都是准备时间，用于试验采集的时间比较短，最快可能几分钟就采集完成了。

3.8.5 采样参数设置

采样参数主要包括 AD 位数、通道设置、采样频率、采样时间、量程设置和测量数据组数等。

有些软件可以设置 AD 位数，如 Testlab 可设置 AD 位数，为了提高信噪比，减少量化误差，应使用高位 AD。关于 AD 是如何影响量化精度的，请参考本章 3.6 AD 位数对信号幅值的影响。

通道设置主要包括通道分组、测点号、方向、输入模式（也称为耦合方式）、灵敏度等。

通道分组（Testlab 功能）的作用有两个方面：不同的组可以使用不同的采样频率，不同的组可以分析不同的函数类型。在此强调一点，如果是扭振测试，则转速信号的通道分组强烈建议使用振动组，这样设置的好处是会同时生成振动组和转速组的信号，不必再进行后续的通道复制改成振动组，因为转速组的信号是没法进行 FFT 处理的。

测点号和方向用于表示自定义测量的具体位置和方向，如模态测试时，如果测点 ID 与几何模型中的 ID 不一一对应，那么模态分析得到的动画则静止不动。另一方面，标明具体测量位置，也可方便他人清楚地知道这个数据来自于结构哪个位置和方向。

如果不是模态分析，可能测量方向的影响有限，如普通的振动测量。但如果是模态分析，则每个测点的测量方向必须设置正确，且每个通道定义的方向不是传感器上面标注的方向，而应该是测量的总体坐标系方向。

输入模式必须根据传感器的类型进行选择，如果选择不正确，那么输出的信号完全是错误的。常见的输入模式有电压 DC、电压 AC 和 ICP。现今大多数传感器，包括加速度传感器、声压传感器和力传感器等以 ICP 型居多。但也有一些传感器的输入模式是电压，到底是选择电压 AC 还是 DC 请参考本章 3.3 信号 AC 和 DC 的区别。

灵敏度关系到信号幅值的准确性，如果灵敏度比真实值偏大，则测量得到的信号幅值偏小，反之亦然。另外，对于声压传感器而言，由于易受测量环境的影响，应采用现用现校的方式获得真实的灵敏度。对于加速度传感器而言，需要定期校准灵敏度，以减小测量的幅值误差，通常加速度传感器的校准周期为一年。

采样频率的高低也会影响到幅值精度，相同的时间长度内，采样点数越多，信号越接近真实信号，幅值越准确。因而，理论上讲，采样频率越高幅值越精确。但是太高的采样率，会导致出现大的数据文件，给后续分析带来影响。通常，如果关心时域信号，建议采样率大于信号最高频率的 10 倍。如果关心频域，满足采样定理即可。关于采样频率对幅值的影响请参考本章 3.4 采样频率多大才不会使信号幅值明显失真。

一次试验到底该采集多长时间的时域数据才能满足要求呢？对于试验工况来说，通常分两类，一类为稳态试验，另一类为升降速试验或启停试验。稳态试验采集时间太长也没有必要，但也不能太短，太短会导致平均次数太少，因而，一般可采样 30～60s 的时域文件。对于升降速试验，采样时间应包含整个升降速周期，采样应先于升速开始时刻，待升降速结束后再结束采样，这样采样的时间包含完整的升降速过程。同理，启停试验采样时间也是相同的道理。

量程对测量信号有明显的影响，特别是对小信号，如果量程设置不合适，会导致信号的信噪比差，受噪声影响严重。如图 3-30 所示的信号由于量程设置不合适，受噪声干扰严重。另一方面，如果对大信号使用小量程，则会出现信号被削波的情况，即超出量程的部分全都测量不到了。关于量程设置，请参考本章 3.6 AD 位数对信号幅值的影响。

商业振动噪声测试软件通常具有自动量程和手动量程两种设置方式。自动量程是根据当前所测量的这段时间的最大值来设置的，如阈值为 6dB，则量程应大于当前最大值的 2 倍，然后选取离这个值最近的一档作为当前测量所使用的量程。如果是非稳态工况，这样设置可能会导致在实际测量过程中出现比当前量程还大的信号，导致过载。手动量程是指用户自行设置量程档位，这样设置的前提是清楚最大信号所对应的电压。如果自动量程之后发现信号过载，需要手动调大量程。

对于一次试验，为了获得有效的数据，建议测量三组数据作为最终的存储数据。最后分析时，可以从三组中选取一组作为最终分析所用的数据，也可以将三组数据分别分析的结果做平均，得到最终的分析结果。

3.8.6 现场测试

在测试之前，对测试环境进行检查也是必要的。包括测试现场附近是否有其他振动噪声源，如果存在这样的源，需要判断是否对测量有影响（影响测量幅值、产生工频等）。检查附近是否有电磁设备、变压器等，这些设备在测量过程中都应该关闭。对测量所用的电源进行检查，看是否满足左零右火中间地的规范，零线与地线之间是否存在电势差等。

对于测点位置的选取应根据试验目的来选择，如固有频率测量，应避开模态节点，如悬置隔振效果测量，传感器应布置在主（被）动侧，而非支架上。关于测量位置和传感器安装方式等具体内容，请参考本章 3.2 传感器怎样安装才能满足测试要求。

对已布置好的测点（传感器已固定、导线已连接到相应的通道上）在试验前逐一进行检查：检查的方式可以轻敲被测结构，查看传感器输出信号是否正确，或者有无输出，对于传声器也可击掌检查，如果振动传感器灵敏度高，击掌时也会有信号输出。

测试完毕时，再次对测点进行检查，检查传感器安装、导线连接是否出现松动，以确保本次测量是有效的。

对测量导线进行固定，防止接头在测量过程中出现松动，影响测量结果。特别是长时间测量时更有必要。在传感器一端应该将导线固定，这样做的好处是如果传感器安装不牢靠，松掉了，会有导线牵拉着，不至于摔到地上，损坏传感器。另一方面，导线固定，不会拍打结构，从而防止产生不必要的激励源。

测量导线应理顺，相互缠绕的导线测试过程中易引入工频干扰。测试过程中严禁踩踏导线，以防引入干扰。导线易受静电场和磁场的影响，因此，避免静电场的方法是使用屏蔽导线，而对于磁场，建议导线附近不放电磁设备。另外，导线附近不应有大电流的电线，因为在大电流的电线附近会产生磁场。

对已布置好的测点逐一进行拍照存档，以备日后检查。

根据需要对测试现场进行拍照存档，包含待测结构全貌、局部、测量仪器等，以备后续撰写报告使用。

对测试进行详尽的记录，包括测试对象、日期、人员、工况和测量参数、测点位置、参考点等信息。记录测试过程中出现低质量数据的原因、测点位置及时段等信息。

每测试完一次试验，不急于进行下一次试验，而应对已完成的测量数据从时域和频域进行检查，确认无误后再进行下一次测试。

由于试验数据会包含多层命名，如工程命名应体现试验对象与试验类型，从该名称能一眼看出是对什么结构做了什么试验，如 PowTra_Vib，那么就能清楚知道是对动力总成做振动试验。工程下面的项目名和试验命名应体现试验类别和试验工况。

3.8.7 如何判断信号

测试过程中，有可能会采集到完全无用的信号，这样的测试是无效的，浪费了时间与精力。避免出现无用信号的有效措施是学会判断信号是否异常。在避免出现异常信号之前，应尽量确保信号正常。

为了确保信号正常，应从以下几个方面着手：①正确连接各类传感器，包括供电。②正确设置各类参数。③确保各类设备都能正常运转。在正常连接、设置参数后，可将所有同一类型的传感器放在同一位置，查看所有传感器示波信号是否基本相同。

信号异常的可能表现如下：数据采集仪通道指示灯提示异常，软件提示异常（如过载欠载），工频干扰，电磁干扰，存在毛刺信号，信号发生漂移等。

如果数据采集仪面板上的灯显示为红色，则表示该通道有问题，可能原因是开路或过载。检查各连接处是否存在虚接的情况，重新连接各接头。通常每一通道的硬件为传感器、导线和通道，如果某通道异常，可将该通道与正常的通道进行交换，判断是通道问题，还是传感器或导线的问题。如果通道正常，那么更换正常的传感器，验证传感器与导线。如果此时还有问题，可更换导线。采用逐一排查方式确定问题来源。

如果是过载引起的通道异常，应检查量程是否太小，改大量程后查看是否还过载，如果还过载，建议更换大量程的传感器进行测量。

软件提示欠载，可能是待测结构还没有正常工作，或者测点位置的信号太微弱，或所使用的传感器量程太大，导致灵敏度过低，输出信号小，同时又使用了大量程。此时再降低量程，或者更换高灵敏度传感器进行测量。

软件提示过载，可能是量程设置太小，导致信号超量程了，出现了削波现象，如图 3-29 所示，超出量程的部分都被削掉了，这时应增大量程。如果增大量程还不能解决这个问题，应更换低灵敏度、大量程的传感器进行测量。

另外还有一种过载情况，测量过程中出现过载提示，但采集完毕之后检查数据却没有过载。有些商业软件在检查过载时，分两种检查，一种是检查 ADC 是否过载，如果 ADC 过载则出现削波现象。另一种是检查传感器是否过载，由于在模数转换之前，传感器输出的是宽频带的模拟信号，这个频带可能超出了带宽，可能信号在带宽以内没有过载，但超出带宽部分却过载了，当进行模数转换以后，将带宽以上的信号都滤掉了，所以，在测量完毕之后检查发现信号没有过载，但测量过程中却提示过载。对于这种情况，我们不用理会，这属于正常现象。

如果出现明显的工频干扰，其表现是信号为正弦波，从频域看信号的频率成分为 50Hz 及它的倍频。幅值最高的不一定是 50Hz，可能是其他倍频，如图 3-41 所示。工频来源可能是发电机、电动机、泵、市电、供电设备、荧光灯、电磁场等。因此，对于解决工频干扰，有以下措施：尽可能关闭测试现场附近的电磁设备、良好接地、切断测试链的 AC 供电（如果使用 AC 供电，应确保电源的地线工作）、使用直流供电、使用隔离的传感器等。

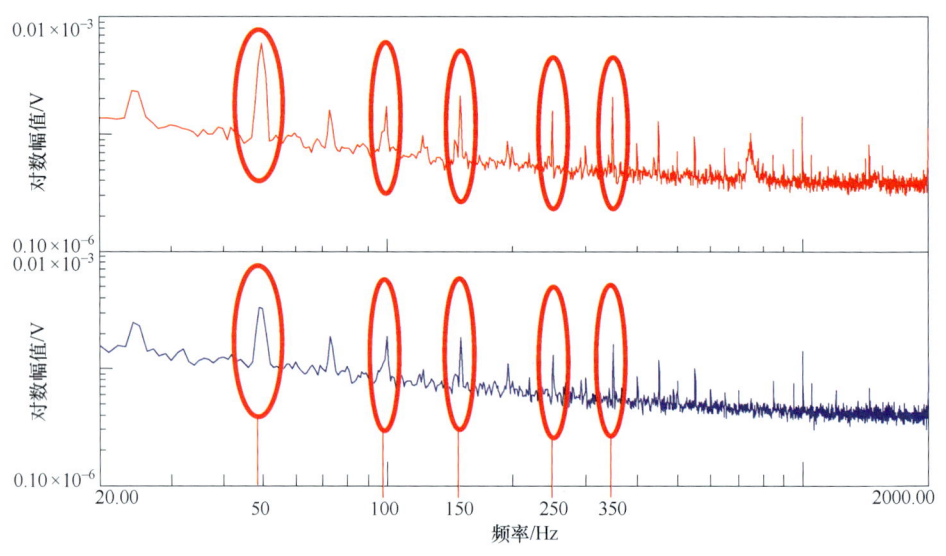

图 3-41　工频干扰

电磁干扰是干扰电缆信号并降低信号完好性的电子噪声，通常由电磁辐射发生源如电机和机器产生。电场干扰是干扰源以电压形式，与信号之间存在电场耦合，干扰电容耦合到信号电路，形成干扰源。当平行布置导线时，由于分布电容较大，容性耦合严重。所以测试宜用双绞线或者屏蔽线进行信号传输。信号耦合干扰是信号在导线上进行传输时，容量受到干扰，导致所传输的信号发生畸变或失真。传输导线周围空间电磁场对传输线的电磁感应干扰，以及靠得很近的导线，通过线间分布电路和互感而形成的线间干扰。

信号出现毛刺，检查接头连接是否牢靠，通常在应变测量中出现这类异常信号的可能性更大一些，振动测量中很少见。对于这类干扰，如果现场没有更好的办法，可以使用专门的毛刺滤波器或中值滤波器滤除。

信号发生漂移可能是由于传感器安装不牢靠，或者信号受温度和时间的影响，如应变测量中会发生温漂和时漂。对于这类异常信号可使用高通滤波或去趋势项解决。因为，漂移所对应的频率都是低频或者零频。

总的说来，如果信号不正常，应从以下几个方向入手排查：

1）检查各个接头，将不正常的通道所有的接头都检查一遍，看是否有接头出现松动。
2）检查参数设置是否合理。
3）交换通道，将正常的通道与不正常的通道进行交换，以排查是否是采集仪或放大器的问题。
4）更换导线，在振动噪声测试过程中 10 次问题 9 次与导线有关，所以导线是检查的重点。

5）检查电源，是否不存在地线，各线之间电压是否正常。
6）检查接地及其他方面。

3.9 细说动态范围的各种定义

采集振动噪声信号时，离不开必要的数据采集设备，数据采集设备有一项重要的指标是动态范围。对于 24 位 AD 的数据采集仪而言，有的厂家声称动态范围为 110～120dB，有的声称超过 150dB。同为 24 位 AD 的数据采集仪，为什么动态范围相差这么大呢？实际上是不同厂家使用了不同的动态范围定义公式。首先让我们回顾一下动态范围的定义，然后说明为什么会产生这样的差异。

动态范围（Dynamic Range，DR）指测量系统或设备可测量的最大与最小信号之比，用幅值的分贝形式表示，计算公式如下：

$$DR = 20\lg \frac{Y_{\max}}{Y_{\min}}$$

相对而言，人耳可听到从窃窃私语到喷气式飞机起飞噪声之间的任何声音，那么这个范围就是听力的动态范围。眼睛可以看到星光或明亮的阳光下的物体，因此，从最暗到最亮之间的可见范围就是视力的动态范围。以上给出的定义是一种一般性的定义，如果最大值与最小值取值不同，取值的域不同，则有不同的定义。

定义 1：对于理想的 N 位 AD 而言，动态范围 [也称为信号与量化噪声之比（SQNR）] 可由下式计算（最大值取满量程，最小值取量化噪声）：

$$DR = 20\lg 2^N = 6.02N$$

从上式可以明白，1 位 AD，对应的动态范围为 6.02dB。可以这样理解，由于每一位只能存储 0 或 1，对应的数字大小为 $1 = 2^0$ 或 $2 = 2^1$，相差 2 倍。我们知道，线性 2 倍，对应 6dB。因此，1 位 AD 对应的动态范围为 6dB，常见的 AD 位数，对应的动态范围见表 3-2，如理想的 24 位 AD，其动态范围为 144.48dB。

从以上定义似乎可以得出这样的结论：动态范围正比于 AD 位数，与信号的大小没有关系，是一个固定的值。

得出以上结论基于以下两个方面：第一，这是理想情况，没有考虑测量仪器的噪声，关于测试过程中的噪声来源请参考本章 3.7 采样过程中存在的误差，实际上测量仪器输出的噪声远大于量化噪声，因而，实际的动态范围小于理想的动态范围。第二，没有考虑量程档位，因而对于每一档位而言，理想的动态范围都是相同的。

定义 2：动态范围为时域信号与噪声之比（SNR），即为通道满量程信号的 RMS 与噪声的 RMS 之比。定义如下：

$$DR = 20\lg(V_{\max RMS}/V_{noiseRMS})$$

通常考虑 20kHz 带宽上的动态范围。

按这个定义给出的动态范围小于定义 1 给出的动态范围，这是因为每位 AD 都起作用才能达到表 3-2 所述的动态范围，但实际上，测量仪器不可能做到每位 AD 都起作用。这是因为，测量仪器总会存在本底噪声，本底噪声远大于量化噪声，使得实际起作用的 AD 位数小于理想位数，导致实际的动态范围小于理想的动态范围。理想的动态范围与实际的动态范围之差则是本底噪声所占用的动态范围,使得起作用的 AD 位数小于理想位数,采样过程中实际起作用的 AD 位数称为有效位。

有的测试设备供应商声称的动态范围为 110~120dB,则是按以上定义给出的,此时测量仪器 AD 的有效位为 18~20 位。另一方面,由于每一档量程的本底噪声都不相同,因而,每一档量程下的实际动态范围也是有差异的。因此,按这种定义的动态范围给出一个区间也是合理的。

如 LMS SCM V8E 板卡(24 位 AD)参数指标中关于动态范围给出的数据见表 3-3,表 3-3 中第二列则是按定义 2 给出的数据,不同档位量程下的动态范围为 110~115dB。

表 3-3 动态范围

输 入 范 围	SNR	SFF
10V	115dB	-150dB
3.16V	115dB	-150dB
1V	115dB	-150dB
316mV	110dB	-148dB

定义 3:以上两种定义均是从时域上来定义的,而定义 3 则是从频域上来定义。此时动态范围指满量程信号的最大输入电压与 20kHz 频带内噪声频谱成分的峰值之比(SFF):

$$DR = 20\lg(V_{pk}/V_{noise\_pk})$$

如 LMS SCM V8E 板卡输入量程设置为 10V,测量 20kHz 带宽内的峰值噪声为 0.316μV,计算得到的动态范围为 150dB,表 3-3 中第三列所列为该种定义方式下得到的结果。

定义 4:总的动态范围(Overall Dynamic Range,ODR)认为是仪器的整体性能评价指标,因为它表明了仪器在所有输入量程下可测量的最小和最大值。以上三种定义都是同一量程下给出的定义,而 ODR 则要考虑不同量程档位,是满量程信号的最大输入电压与最小输入量程下 20kHz 频带内本底噪声最高频谱峰值之比,计算公式如下:

$$ODR = 20\lg[V(\max\_range)_{pk}/V(\min\_range)_{noise\_pk}]$$

如 LMS SCM V8E 板卡最大输入量程为 10V,最小输入量程 100mV 下 20kHz 带宽内的本底噪声最高频谱峰值为 0.013μV,计算得到总的动态范围则为 178dB。

以上四种定义,定义 1、2 属于时域定义,定义 3、4 属于频域定义,前面三种定义不考虑量程档位,第四种定义则考虑到不同的量程档位。对于 24 位 AD,量程分别为 10V、3.16V、1V、0.316V 和 0.1V(每一档位相差 10dB)的数据采集仪而言,定义 1 下的动态范围为 144dB,但由于采样过程存在噪声,导致实际的动态范围为 115dB,也就是第二种定义。定义 3 和定义 4 的动态范围分别为 150dB 和 178dB,以上总结见表 3-4。

表 3-4 四种定义总结

	时 域	频 域	量程档位	24 位 AD
定义 1	是		不考虑	144dB
定义 2	是		不考虑	115dB
定义 3		是	不考虑	150dB
定义 4		是	考虑	178dB

定义1与定义2的差异是因为采样过程中存在的噪声导致的。由于时域信号是频域各种信号的叠加，因此，时域的噪声远大于频域噪声的最大峰值，从而导致定义2的动态范围小于定义3的动态范围（因为定义3的噪声频域峰值更小）。

当考虑不同的量程档位时，由于量程不同，仪器本身的噪声也不相同，因此，量程档位不同，动态范围也不相同，如量程0.316V时定义2的动态范围只有110dB。定义2的各种量程档位下的动态范围如图3-42所示。注意图3-42中的纵坐标上限只到160dB，小于定义4的178dB的动态范围，这是因为动态范围的最小值取值是不同的，前者取的是时域的噪声，而后者取的是频域噪声的最大峰值，我们知道时域噪声远大于频域噪声最大峰值，因而，图3-42中的纵轴上限只到160dB，小于178dB。

虽然每一量程下的动态范围都在115dB左右，但是上下限是不同的，如10V量程的动态范围是40~155dB，3.16V量程的动态范围是30~145dB，随着量程的变小，动态范围的下限也越来越小。

图3-42是从时域来描述，同理，也可以从频域来显示各档位下的动态范围（定义3）。相同的道理，随着量程的降低，虽然每档量程下的动态范围都是接近150dB，如图3-43所示，但量程不同，动态范围的上下限也不同，量程越低，下限越低。从0.1V量程到10V量程，总的动态范围是178dB。

在选择仪器设备时，相对而言，应优选高的动态范围，因为它能保证：
1）测量的信号更可靠。
2）减轻对仪器设置的依赖（如数据可靠）。
3）提高测量信号的质量。
4）传感器的辨识能力得以充分体现。

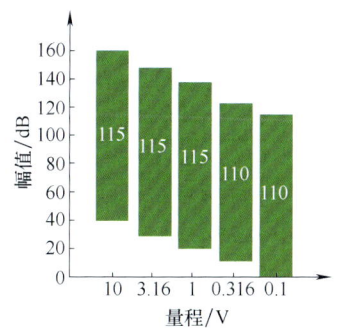

图3-42 各量程档位的动态范围

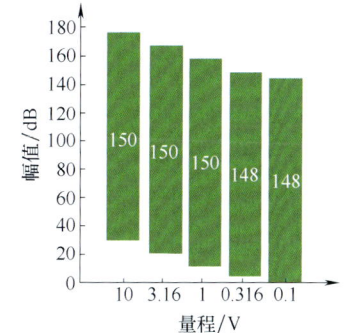

图3-43 频域定义各量程的动态范围

第 4 章 振动噪声信号处理

信号处理的实质是对采集到的时域信号进行处理，提取有用的信息以帮助工程师解决产品的实际振动噪声问题。但是，在信号处理过程中会遭遇到各种各样的数字处理问题，如泄漏、混叠和加窗等。因此，为了提取到有用的信息，有必要了解这些数字处理问题的实质。

另一方面，表征信号特征的谱函数多种多样，如频谱、自谱、PSD、互谱和频响函数（FRF）等。选择合适的函数来表示信号的频域特征才能突出要提取到的信息，不然，可能即使时域信号是高质量的，但频域的特征也会不明显，不利于特征信息提取。这些信息可以帮助工程人员进行工程决策，解决实际工程问题，因此，正确地进行信号处理是前提。这章主要介绍信号处理中可能涉及的各个环节，主要包括：

➢ DSP 基本名词术语及关系
➢ 信号处理若干名词解释
➢ 计算信号的 RMS
➢ 什么是泄漏
➢ 什么是混叠
➢ 什么是窗函数
➢ 什么是 Overall Level
➢ 各种谱函数的区别与应用
➢ 幅值修正与能量修正
➢ 各种平均方式的区别
➢ 频谱和线性自功率谱的区别
➢ 频谱真的不能线性平均吗
➢ 谱线对随机信号和周期信号的 PSD 或自谱的影响
➢ 什么是 ZoomFFT

4.1 DSP 基本名词术语及关系

对采集到的时域信号进行数字信号处理（DSP），得到它们的频域结果。那么，信号从时域变换到频域时有一些专门的 DSP 名词术语，并且这些名词术语之间有着重要的数学关系，这些 DSP 名词术语如下所示：

　　　　　　时域　　　　　　　　　　　　频域
　　帧长度/frame size：T　　　　采样率：f_s
　　时间间隔/时间分辨率：Δt　　最大频率/带宽：f_{max}
　　时域数据块大小：N　　　　　频率分辨率：Δf
　　　　　　　　　　　　　　　　谱线数：$N/2$

4.1.1 时域名词术语

1. 帧长度/frame size

进行一次 FFT 分析所截取的时域信号长度，称为 1 帧或 frame size，单位为 s，也称 1 个时域数据块。由于实际采集的时域信号时间很长，而一次 FFT 分析只能分析有限长度的时域信号，因此，需要将采样时间很长的时域信号截断成一个一个的时域数据块，这个过程叫作信号截断。而信号截断又分为周期截断和非周期截断，关于这一点将在 4.4 节中进行详细介绍。

假设有一段 10s 的时域信号，取 1 帧的时间长度 $T=1s$，无重叠，则该信号将被截断为 10 帧，如图 4-1 所示。按此规律进行 FFT 计算，将得到 10 个瞬时频谱，如果将这些瞬时频谱进行平均，那么平均次数为 9 次，最终的 FFT 分析结果为这 10 个瞬时频谱的平均结果。

图 4-1 信号截断

以上信号截断过程是没有考虑信号重叠的，有时会用百分比来表示重叠，若重叠 50%，表示这一帧的时域信号将与下一帧的信号有 50% 是共用的。也就是第一帧的后 50% 作为第二帧的前 50%。有时也用时间增量或转速增量来表示，在此以时间增量为例进行说明。我们每截取的一帧时间长度是固定的，但是隔多长时间截取一帧呢？这个隔多长时间截取一帧，就是所谓的步长或增量（increment），如图 4-2 所示。

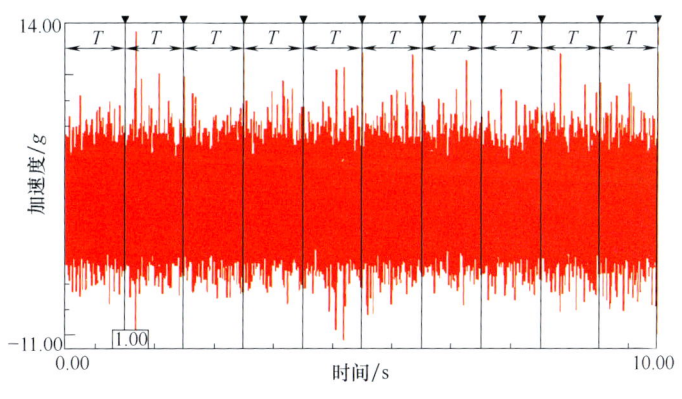

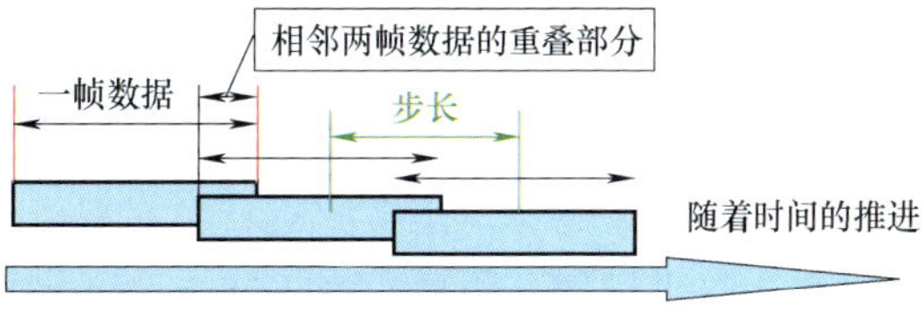

图 4-2 步长与帧

当增量小于 frame size 时，相邻两帧数据之间有重叠，重叠率计算公式如下：

　　　　重叠率 = (frame size − increment)/frame size × 100%

当增量等于 frame size 时，相邻两帧数据之间无重叠，两帧数据刚好无缝连接，如图 4-1 所示。

当增量大于 frame size 时，相邻两帧数据之间无重叠，但两帧数据之间有间隙，也就是有部分时域数据是不参与 FFT 计算的。

2. 时间间隔/时间分辨率

相邻两个时域数据点的采样时间差，称为时间间隔或时间分辨率，等于采样频率的倒数，单位为 s。时间分辨率越小，采样率越高，采样越密集，信号越接近真实信号，时间分辨率如图 3-21 所示。假设采样频率为 1000Hz，则时间分辨率为 1ms，表示采集两个数据点的时间间隔为 1ms，同时表明 1s 采集 1000 个数据点。

3. 时域数据块/time block

一帧数据所对应的数据点数（样本点），称为时域数据块大小（time block size），如图 3-21 所示的黑色实心点，即表示 1 个数据点。因此，一帧时域数据除用时间长度来描述之外，也可以用数据点数来描述。它们之间的关系如下：

$$T = N\Delta t$$

根据上式，一帧数据包含多少个数据点，是可以计算出来的。有的软件不是通过设置频率分辨率的大小来决定一帧数据的长度（等于频率分辨率的倒数），而是通过设置数据块大小 N 来决定一帧数据的长度，像 DASP 就是这样的设置模式。

以上描述的是时域数据块，实际上频域的数据也可以称为数据块。一个时域数据块通过 FFT 变换得到的频域结果就是一个数据块，确切地说是一个频域数据块。因此，单独讲数据块时需要根据上下文来确定到底是时域数据块还是频域数据块。

4.1.2 频域名词术语

由于计算机不能处理模拟信号，因此，必须通过采样将模拟信号转换成数字信号。用来表征采样快慢的参数称为采样（频）率，单位为 Hz。本质上，我更愿意称采样频率为采样率，因为它表征的是采样的速率，采样率高，则采样快。采样率表示每秒钟采集多少个样本点（或数据点），也可用 sample/s 或样本点数/秒表示。

采样频率越高，采两点的时间间隔越短，采集到的数字信号越接近真实信号。还记得我们之前说过，采样频率多大时才不至于使信号幅值明显失真吗？如果忘记了，请翻阅第 3 章 3.4 采样频率多大才不会使信号幅值明显失真。

1. 最大频率/带宽

采样频率的一半，称为带宽，或最大分析频率，或奈奎斯特频率。它与采样率的关系如下：

$$f_{max} = f_s/2$$

也就是说，最终分析出来的所有频率都位于带宽以内，哪怕是存在频率混叠，呈现出来的频率也在这个区间。因此，为了防止高于带宽以上的频率成分混叠到带宽以内，需要在模数转换前进行抗混叠滤波。

2. 频率分辨率

我们已经明白采集到的时域信号是离散的，相邻两个时域数据点的时间差称为时间分辨率。同理，频谱也是离散的，相邻两条谱线的频率差或频率间隔称为频率分辨率。FFT 计算得到的结果只位于频率分辨率的整数倍处,也就是谱线处,其他地方无结果,如图 4-3 所示。假设图 4-3 中的虚线为谱线(实际这个频谱图的谱线远密于图中的虚线),各条谱线对应的频率为频率分辨率的整数倍,计算得到的频谱结果只位于这样的谱线处。

频率结果只能位于各条谱线上,谱线与谱线之间是没有结果的,频谱的这种离散效应,称为栅栏效应。就好比人们通过篱笆看外面的世界一样,只能通过相邻两块篱笆之间的缝隙看到外面的世界,而篱笆却挡住了人们的视线。那么,相邻两块篱笆之间的缝隙比拟为频谱图中的谱线,也只有谱线上才有数据,谱线之间的区域是没有结果的,如图 4-4 所示,只有谱线上才有频率结果,最后的频谱曲线是根据这些谱线上的离散点连成的曲线。

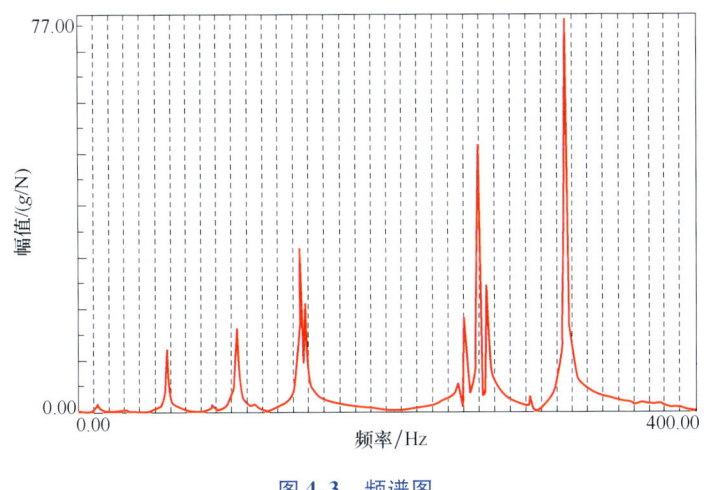

图 4-3　频谱图　　　　　　　图 4-4　栅栏效应

频率分辨率越大,相邻谱线间隔越远,因此,求得的频率误差越大。FFT 分析时,频率误差最大不会大于半个频率分辨率。因为频率是按四舍五入的原则归到最近的谱线上。频率分辨率的倒数为做一次 FFT 所截断的时域信号的长度 T,也就是一帧数据长度。当频率分辨率较小时,一帧数据的长度必然很大。因此,在做 FFT 计算时,不能设置过小的频率分辨率,也不能设置过大的频率分辨率,频率分辨率过大可能导致频率误差加大。

另一方面,当对旋转机械进行瀑布图分析时,频率分辨率的大小与转速改变速率有直接关系。图 4-5 所示分别为 0.5Hz 和 5Hz 的频率分辨率的瀑布图结果。0.5Hz 对应的时域数据块长度为 2s,5Hz 对应的时域数据块长度为 0.2s,从图 4-5 中可以看出,5Hz 的频率分辨率下各阶次更明显,这是因为相应的时域数据块更短,在这个更短的时间内,转速变化没有 0.5Hz 对应的时域数据块的转速变化大,因此,频率更清楚。时域数据块越短,越可以认为在该时间段内信号是稳态信号。

因此,当做瀑布图分析时,需要根据转速的变化速率来选择合适的频率分辨率。更优的频率分辨率(频率间隔越小),频谱拖尾更严重,特别是在转速高的情况下。信号出现"拖尾"现象是因为信号的频率在采集时域数据块的过程中变化显著。故对于旋转机械的瀑布图分析,你应着重注意频率分辨率对分析结果的影响。

3. 谱线数

频谱图中谱线的总条数,称为谱线数。也可以理解为带宽按频率分辨率进行等分,等分

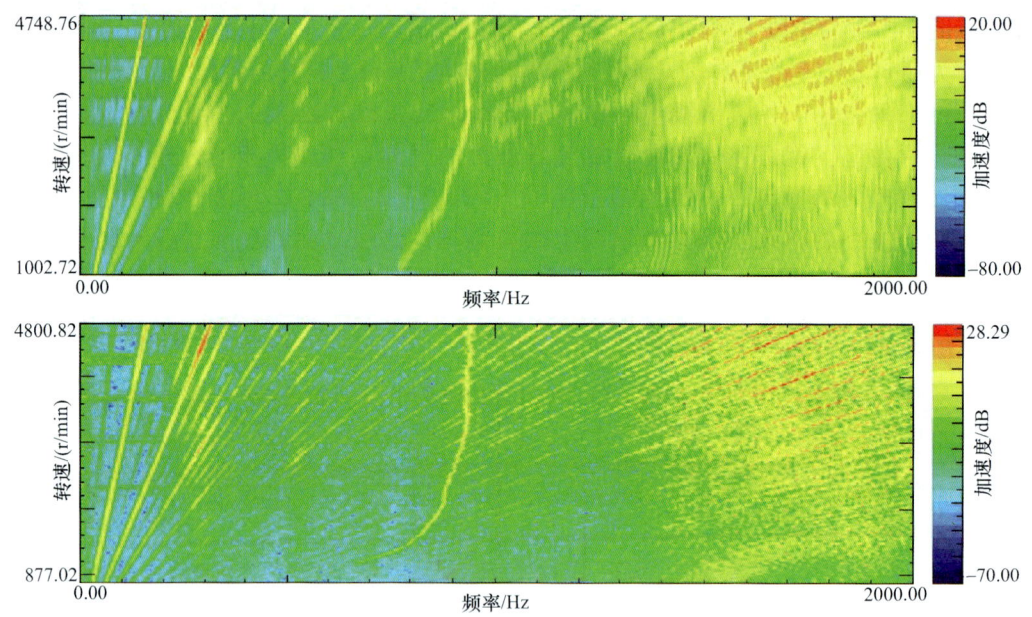

图 4-5 不同频率分辨率下的 colormap 图

的份数即为谱线数。N 个时域样本点的数据经 FFT 变换能得到 $N/2$ 条谱线，也就是说两个时域数据点能得到一条谱线。谱线数与带宽、频率分辨率的关系如下：

$$N/2 = f_{max}/\Delta f$$

由于这三者是相互关联的，因此，当进行数据采集时，只需要设置其中两个参数就可以了，第三个参数，自动变化为相对应的值。如在 Testlab 软件中，这三个参数的设置界面如图 4-6 所示。在这，建议设置带宽和频率分辨率这两个参数。因为设置了带宽后，采样频率也随之确定了。确定频率分辨率后，谱线数也随之确定了。另外，设置频率分辨率更直观。

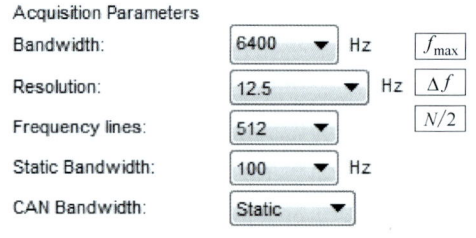

图 4-6 Testlab 中的设置

4.1.3 各名词术语之间的关系

时间分辨率与采样频率的关系：

$$\Delta t = 1/f_s$$

帧长度与数据块大小、时间分辨率、采样频率和频率分辨率的关系：

$$T = N\Delta t = N/f_s = 1/\Delta f$$

带宽与采样频率、频率分辨率、谱线数和帧长度的关系：

$$f_{max} = f_s/2 = \Delta f N/2 = (N/2) \times (1/T)$$

频率分辨率与帧长度、采样频率、数据块大小、带宽和谱线数的关系：

$$\Delta f = 1/T = f_s/N = f_{max}/(N/2)$$

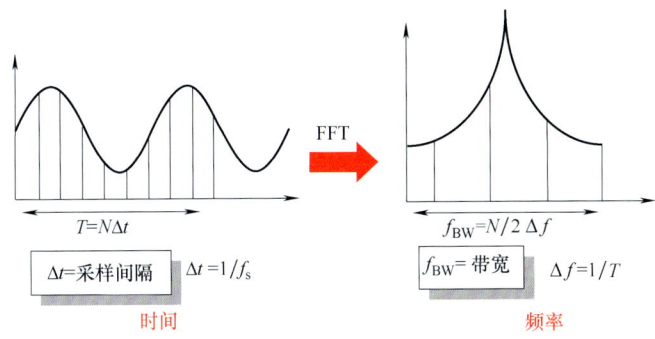

图 4-7　名词术语之间的关系

用图形表示如图 4-7 所示：

通过上面的关系式，我们明白了频率分辨率与一帧数据长度的关系。减少一帧数据长度 T，相当于增大频率分辨率 Δf，意味着差的频率分辨率。若想获得更优的频率分辨率 Δf，需要截取更长的时域数据 T，如图 4-8 所示，增加一帧数据长度 T，频率分辨率将减小，谱线更密，计算得到的频率更精确。

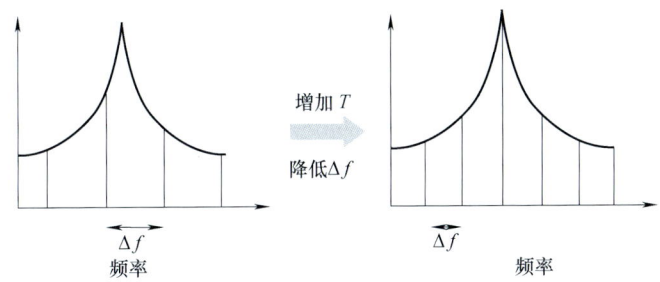

图 4-8　时间 T 与频率分辨率 Δf 的关系

4.2　信号处理若干名词解释

振动噪声信号处理时，经常出现一些令人混淆的名称，如宽带与带宽、谱线与线谱、相关分析与相干分析等。特别是对初学者而言，这些几近相同的名词更难于理解。在这，将对这些易混淆的名称进行解释说明，使你明白它们之间的区别与联系。

4.2.1　模拟信号与数字信号

模拟信号是指在时间和幅值上都是连续变化的信号。表征的物理量是连续变化的，如某个位置的振动加速度、背景噪声、温度等。许多传感器输出的信号都是连续的模拟信号，但是模拟信号不能用于计算机处理。

数字信号指时间和幅值的取值都是离散的，用有限个离散的数值来表征连续变化的信号。通常这些离散的数值用有限位的二进制数来表示，方便计算机处理。

如图 4-9 所示的信号为随时间变化的连续模拟信号，为了方便在计算机上处理这个信号，需要将它转化为数字信号，也就是从时间轴上对它进行采样，从幅值轴上进行量化。用这些离散的采样数据点（实心黑色点）来表征它，采样点之间的信息是未知的，因此，采样时会丢失很多信息。

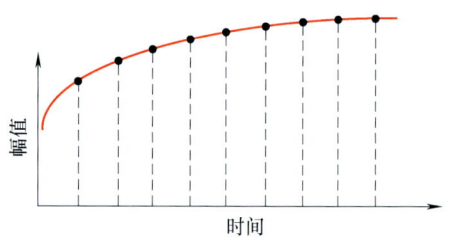

图 4-9　模拟信号与数字信号

4.2.2　时域与频域

采集到的信号都是随时间变化的数字信号，如图 4-10 所示为加速度信号随时间变化的曲线。这个信号横轴为时间，也就是说信号的幅值随时间变化，因而，说信号是时间的函数，把这个信号称为时域信号。所以，时域是指以时间为变量的函数所在的域。

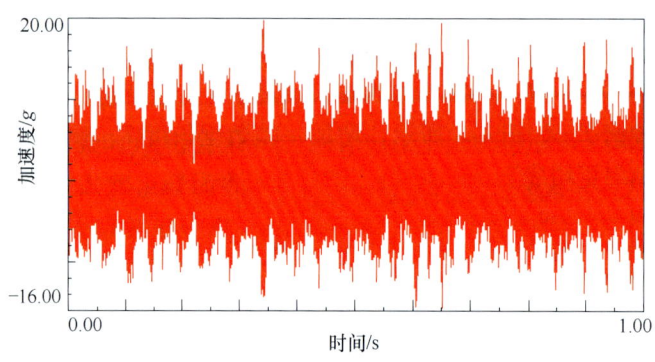

图 4-10　加速度时域信号

对时域信号进行 FFT 变换，得到的结果是幅值随频率变化的曲线，也就是以频率为变量的函数，因此，频域是指以频率为变量的函数所在的域，某信号的频域结果如图 4-11 所示。

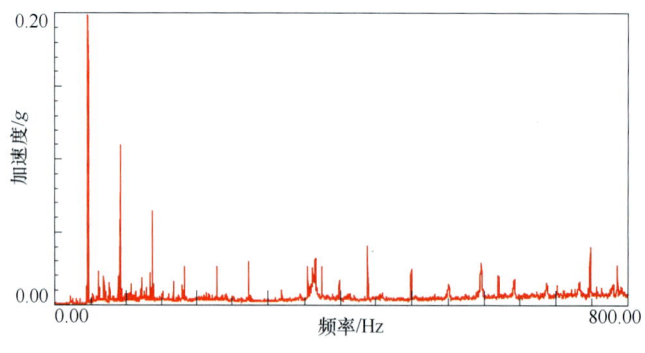

图 4-11　频域信号

4.2.3　角度域与阶次域

对于旋转机械而言，如果采集信号的同时还采集了旋转轴的转速信号，那么，时间与角度是有对应关系的。因此，可以将时域信号转换到角度域，也就是说，此时信号是角度的函数,所以,角度域是指以角度为变量的函数所在的域,某测点位置的角度域加速度信号如图 4-12 所示。

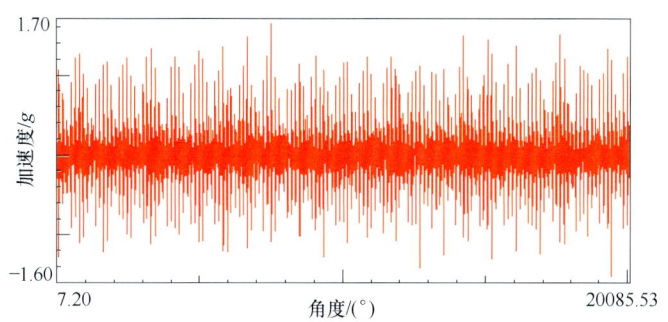

图 4-12　角度域的加速度信号

对角度域的信号做 FFT 变换,得到的结果是幅值随阶次变化的函数,此时信号的横轴是阶次。因此,阶次域是指以阶次为变量的函数所在的域,如图 4-13 所示。

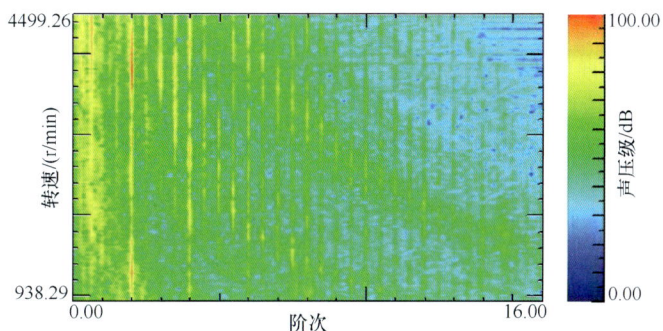

图 4-13　阶次域结果

4.2.4　传递函数与频响函数

以部分分式的形式写出单自由度系统的传递函数,即

$$h(s) = \frac{a_1}{s - p_1} + \frac{a_1^*}{s - p_1^*}$$

因为传递函数是复值函数,所以传递函数是两个变量 σ 和 ω 的函数,这两个变量分别是复平面的实部和虚部。

如果我们考虑系统传递函数的切片——频响函数,那么在 $\sigma = 0$ 时估计这个函数,也就是说传递函数沿频率 $j\omega$ 轴估计。那么我们可以写出频响函数,即

$$h(j\omega) = \frac{a_1}{j\omega - p_1} + \frac{a_1^*}{j\omega - p_1^*}$$

如果我们对比传递函数和频响函数的表达式,会发现在传递函数中独立变量是"$s = \sigma + j\omega$",而频响函数中独立的变量是"$j\omega$",因此,频响函数是传递函数的子集。

另一方面,传递函数表示的是输出与输入之比,不仅仅用于模态分析,还可用于其他领域,可用于为任何信号生成传递函数。测量信号可以是一般的信号,如电路分析、声学测

量、传导性测量等。自变量的取值可以是复平面上任意实部与虚部,并且实部与虚部可以表征任何物理量。而频响函数是响应与激励之比。响应是振动、噪声或应变信号,输入信号为力、体积加速度等,频响函数自变量的取值只是虚部,虚部表示的物理量一定是频率,而非其他物理量。

4.2.5 拉普拉斯域与傅里叶域

通过上一小节已经明白传递函数和频响函数的区别:传递函数的自变量是复平面的实部和虚部,而频响函数的自变量仅仅是虚轴。现在如果我们绘出传递函数所对应的曲线图,该图将映射成一个曲面,因为这个函数是通过两个独立变量 σ 和 ω 定义的。因为这些数值是复数,所以,可以分别绘出它们的实部和虚部图,当然也可以绘出函数的幅值和相位图,如图 4-14 所示。

在这,传递函数的自变量取值是整个复平面,包括实部和虚部,因而,称实部与虚部为自变量的函数所在的域为拉普拉斯域。之所以称为拉普拉斯域是因为对传递函数进行变换的方法是拉普拉斯变换。

如果我们考虑系统传递函数沿 $j\omega$ 轴估计的幅值,并且将其投影到沿 $j\omega$ 轴的切片平面

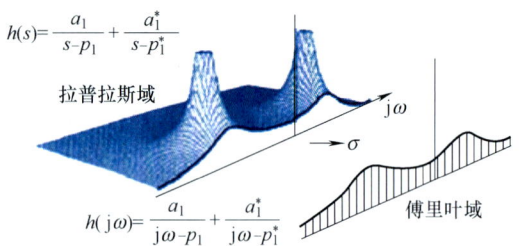

图 4-14 拉普拉斯域和傅里叶域

上,那么我们将看到如图 4-14 所示的投影切片。而这正好是我们用 FFT 分析仪测量得到的曲线:频响函数。并且可以看出,这只有一个独立变量 $j\omega$ 用于描述频响函数。同时,我们也注意到我们仅用一条曲线,而不是一个曲面来描述系统的频响函数。把以虚部(频率轴)为自变量的函数所在的域称为傅里叶域,之所以称为傅里叶域,是因为变换方法为傅里叶变换。

频响函数是传递函数的特例,实际上我们也可以说傅里叶变换是拉普拉斯变换的特例。传递函数的自变量是整个复平面,也就是拉普拉斯域,而频响函数的自变量仅是沿虚轴,也就是沿频率轴,对应的是傅里叶域。

在这你可能会问:傅里叶域不就是沿频率轴变化,那么,它跟频域有什么区别呢?频域仅仅是随频率变化,是从实数的角度来考虑的。而傅里叶域是从复数的角度来考虑的,频率轴是以 $j\omega$ 为变量,注意是复数 j 与频率 ω 的乘积。

4.2.6 物理空间与模态空间

物理空间是指我们生活中的现实世界,而模态空间是指用模态来表征的模态坐标空间。从数学角度上讲,对物理空间上的运动方程通过特征值求解和模态变换方程,将这组物理空间上耦合的方程进行解耦,解耦后的方程为一组单自由度系统的运动方程,此时转换后的新坐标系,称为模态空间。

因此,模态转换是将方程从物理空间通过模态转换方程转换到模态空间的过程,是将一组复杂的、耦合的物理方程转换成一组解耦的单自由度系统的过程。因而,我们可以将图 4-15 中的物理模型分解成一组单自由度系统,如图 4-15 所示。模态空间使得我们更易于用单自由度系统去描述结构系统。

在物理空间上任一位置测量得到的响应实际上是当前结构所受的激励力所激起的模态空间中的各阶模态在当前测量位置产生的响应的叠加。

以上各种域或空间：时域与频域、角度域与阶次域、模态空间和物理空间并没有实质性的不同，仅仅是形式不同而已。每个域只是描述或者查看数据更方便。然而，有时从一个域察看某些信息会比其他的域更容易、更便捷。比如，总

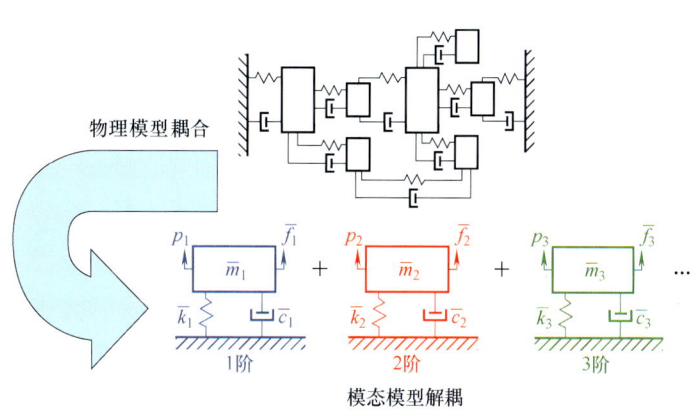

图 4-15　物理空间和模态空间

的时域响应不能确定有多少阶模态对结构的响应有贡献，但是频域的频响函数就能清楚地显示有多少阶模态被激起和每一阶模态对应的频率是多少。因此，我们经常将数据从一个域变换到另一个域，仅仅是因为数据更易于处理或易于解释某些问题。

4.2.7　阶与阶次

描述结构的固有频率或模态，通常用阶，而描述旋转机械通常用阶次。阶次是结构旋转部件因旋转造成的振动或（和）噪声的响应，这个阶次响应与转速和转频之间有对应关系。确切地说阶次是转速或转频的倍数，对转速保持不变。独立于轴的实际转速，是参考轴转速的倍数或者分数。而结构的振动噪声响应通常出现在转速的倍数或者分数处，也就是这些阶次处。

而"阶"是结构固有属性的一种描述方式，跟外界的激励是没有关系的，描述的是结构的固有频率或模态有多少"阶"或第几"阶"。并且，一般是针对结构而言的，该结构可以是旋转结构，也可以不是旋转结构。而阶次一定是针对旋转结构而言的，只有当结构处于旋转激励时，我们才谈阶次，此时，也经常将阶次简称阶，但不是我们描述结构固有属性所说的那个"阶"。

如图 4-16 所示，左侧瀑布图中斜线是我们所说的某阶次，右侧垂直频率轴的亮线或峰值是共振频率，对应结构某阶固有频率。阶用来描述固有频率或模态，阶次用来描述响应与转速或转频的倍数关系。确切地讲，频率是指事件（振动噪声）每秒发生的次数，而阶次是指旋转中的结构的事件每旋转一周所发生的次数。因此，阶次一定是针对旋转结构而言的。

4.2.8　带宽与宽带

FFT 分析时，信号分析的最大频率范围称为带宽，通常是采样频率的一半，如图 4-17 所示，分析的最高频率为 4096Hz，因此，带宽为 4096Hz。也就是说带宽是频谱分析时能观测到的最大频率上限。

宽带是指信号的频率分布，若信号频率范围很广（信号频率成分是连续的），可以认为

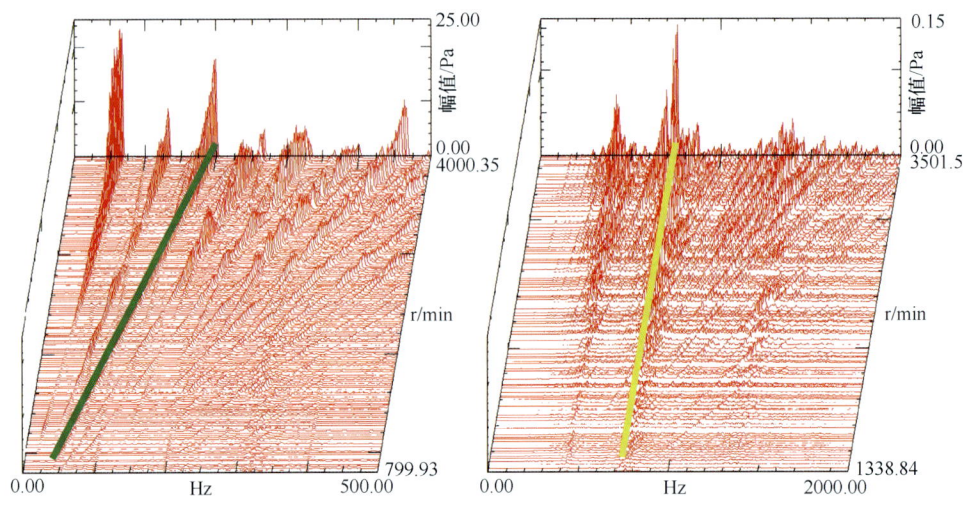

图 4-16 阶次与共振频率

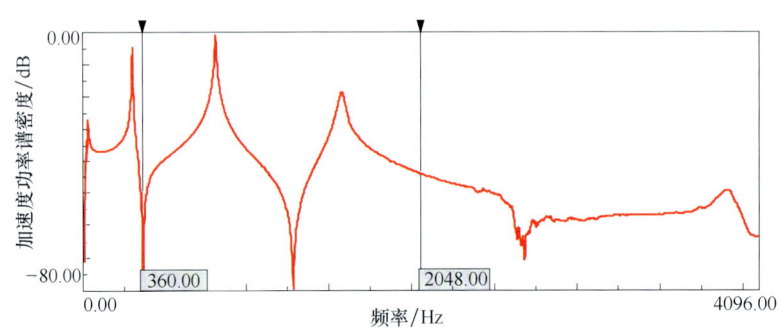

图 4-17 某信号的 PSD 曲线

是一个宽带信号。对于锤击法而言，则是一种宽带激励技术，这是因为力脉冲对应的力谱是一个连续的宽频信号，能激起很宽的频率区间内的模态。

带宽和宽带都可以认为是一个频率区间，但带宽一定是指这样一个频率区间：0～半个采样频率；而宽带是指信号的频率分布在一个连续的宽频带内。

4.2.9 宽带与窄带

与宽带相对应的是窄带，假设信号的频率宽度为 B，中心频率为 f_0，如图 4-18 所示。通常认为窄带信号满足以下要求：信号的频率宽度 B 远小于中心频率 f_0，通常要求 $B/f_0 < 0.1$。例如，单频信号则属于窄带信号，以及我们大多数情况下测量的信号只包含若干个单频成分，那么这也是窄带信号，对应的频谱称为窄带谱。如使用步进正弦进行激励时，则这种激励技术是一种窄带激励技术，因为每一时刻只有一个频率成分进行激励。

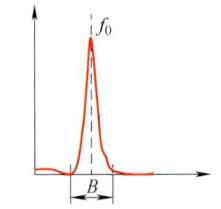

图 4-18 信号频率示意

另外，也可以从频率成分来理解宽带与窄带，若信号相邻频率成分相差很小，则可认为是一个宽带信号，如宽带随机信号；若相邻频率成分相差甚远，则属于窄带信号，如正弦信号。

宽带与窄带并没有严格的区分,如信号频率宽度多少以下为窄带,多少以上为宽带。因此,二者是一个相对的概念。

4.2.10 谱线与线谱

FFT 分析得到的频谱不是连续的,而是离散的,相邻两个离散频率点的间距为一个频率分辨率,这些离散的频率点对应一条条谱线。或者说,带宽按频率分辨率来划分,划分了很多等份,每个等分处为一条谱线,如图 4-3 中的虚线所示,这些谱线处的频率是频率分辨率的整数倍。若带宽为 400Hz,频率分辨率为 1Hz,则有 400 条谱线,频率对应 1~400 之间的自然数。FFT 计算得到的结果只分布在这些谱线上,其他地方没有数值。这些谱线并不是真实存在的线条,而只是代表在这个位置有一个 FFT 计算数值。

线谱是指信号的频率成分近似一条直线,如对正弦波做 FFT 分析,如果信号截断刚好是信号周期的整数倍,那么,得到的频谱结果就是线谱,如图 4-19 所示,线谱是从频谱的形状上来说的。

4.2.11 时间分辨率与频率分辨率

对时域信号进行采样时,两个采样点之间的时间差称为时间分辨率,大小等于采样频率的倒数。因此,采样频率越高,时间分辨率越高,采集到的信号越接近真实信号。

频率分辨率是指两条离散谱线之间的距离(即频率间隔),其大小为一次 FFT 变换所取时域信号长度(一帧数据)的倒数。在进行频谱计算时,信号的频率误差在半个频率分辨率之

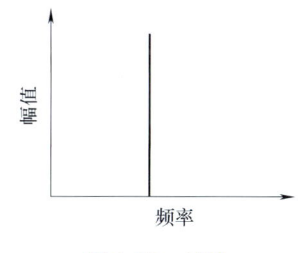

图 4-19 线谱

内。因此,为了获得准确的频率值,应该提高频率分辨率。提高频率分辨率则要求 FFT 分析时截取更长的时域信号。

这两个参数告诉我们,采集到的时域信号是离散的,数据点之间有时间间隔。同理,时域信号通过 FFT 变换到频域,得到的频谱也是离散的,两条谱线之间有频率间隔。

4.2.12 平均

平均是指对各帧时域数据的频谱(图 4-20 中的 S 表示 FFT 频谱,是一个频域数据块)进行平均,最后得到平均的频谱结果。对瞬时频谱进行平均时,不是最后才进行平均,而是边计算边进行平均。如图 4-20 所示,第一帧数据的频谱结果 S_1 与第二帧数据的频谱结果 S_2 进行第一次平均得到平均的结果 A_1,然后 A_1 再与第三帧数据的频谱结果 S_3 进行第二次平均,得到结果 A_2,如此进行,直到与最后一帧数据的频谱结果进行平均,得到最终的结果为止。

平均的方式有很多种,如线性平均、能量平均、指数平均等,每一种平均方式计算公式都是不一样的,因此,做 FFT 平均时,还需要选择合适的平均方式。

4.2.13 重叠与步长

FFT 分析只能对有限长度的时域信号进行变换,当频率分辨率确定以后,每次 FFT 变换

的时域数据块长度是固定不变的，或者说一帧数据的长度是固定的，等于频率分辨率的倒数。因此，FFT 分析所截取的时域信号长度是固定的，但每次如何截取这一段固定长度的时域信号，就可能会采用不同的方式了。常见的方式有重叠和步长（时间步长或转速步长）。

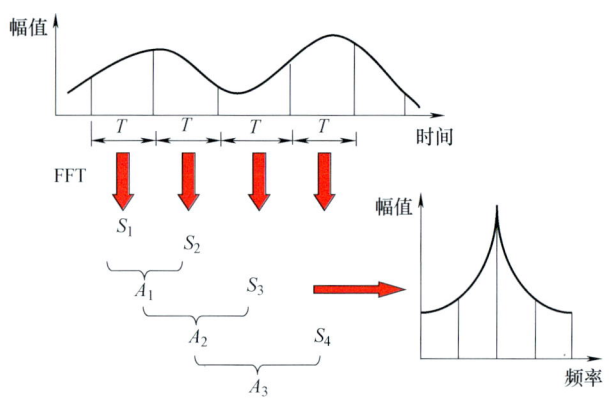

图 4-20　频谱平均示意图

如果采用重叠的方式，通常用百分比来表示重叠，表示相邻两帧数据之间重叠的比例。如重叠 50%，表示这一帧的信号将与下一帧的信号有 50% 是共用的。也就是第一帧的后 50% 作为第二帧的前 50%。

如果用步长的方式，又分为时间步长和转速步长，在这以时间步长为例进行说明。我们每截取的一帧数据时间长度是固定的，但是隔多长时间截取一帧呢？这个隔多长时间截取一帧，就是所谓的步长或增量，如图 4-2 所示。

当步长小于帧长度时，相邻两帧数据之间有重叠；当步长等于帧长度时，相邻两帧数据之间无重叠，两帧数据刚好无缝连接；当步长大于帧长度时，相邻两帧数据之间无重叠，两帧数据之间有间隙，也就是有部分时域数据是不参与 FFT 计算的。若频率分辨率为 1Hz，时间步长为 0.5s，则重叠率为 50%，因此，实质上重叠与步长只是不同的表示方式，本质上是相同的。

如果用转速步长方式，则表示转速每变化多少截取一帧数据，如转速每变化 40rpm 截取一帧。按转速步长时每帧数据的重叠情况与时间步长类似，此时与转速改变速率有关。

4.2.14　稳态与跟踪

FFT 分析时有两种模式：稳态和跟踪。稳态模式得到的结果为所有帧时域数据对应频谱的平均结果，且是一张二维频谱图。但跟踪模式不做平均，分别计算各帧时域数据对应的频谱，将这些频谱按时间或转速先后顺序排列保存起来，每个瞬时频谱也是一张二维频谱，但如果要显示所有的频谱结果，则需要用瀑布图或 colormap 图来显示跟踪模式的结果。

4.2.15　自谱与互谱

自谱也称为自功率谱，本质是由频谱计算得到的，它是复数频谱乘以它的共轭。因此，自谱是实数，没有相位信息。由于它是实数，因此可以进行线性平均。由于是复数频谱与它的共轭的乘积，因此自谱有平方形式，平方形式的自谱称为自功率谱。对平方形式的自谱再求平方根，对应为线性形式，称为线性自功率谱。

线性自功率谱是最常用的，因为对于窄带信号而言，用它来表示是最合适，原因见本章 4.13 谱线对随机信号和周期信号的 PSD 或自谱的影响。因为绝大多数情况下，测量的信号都是窄带信号，因此它是很多商业软件默认的谱函数形式。

互谱也是通过频谱计算得到的，但是是一个信号的频谱乘以另一个信号的频谱的共轭得到，它的结果为复数形式，有幅值和相位信息，任一频率下的相位为两个信号的相位差。因此，计算互谱时，一定是两个信号。互谱只有平方形式，因此，互谱一定是互功率谱。如果对互谱进行线性平均，两个信号不相关的成分将会被弱化。

互功率谱蕴涵两个信号之间在幅值和相位上的相互关系信息。它在任意频率处的相位值，是这两个信号在该频率的相对相位（相位差），因此，可用于研究两个信号的相位关系。另一方面，相位移动表示的是时间移动，因此，可利用互谱检测和确定信号传递的延迟。

自谱与互谱的一个典型应用是计算频响函数 FRF 和相干。如进行 H_1 估计时，用的是响应与激励的互谱除以激励的自谱，而 H_2 估计刚好相反，用的是响应的自谱除以响应和激励的互谱。

4.2.16 自相关与互相关

自相关函数描述信号某瞬时数值与另一瞬时数值的依赖关系，由于自相关是偶函数，函数值可正可负，但在 0 时刻有最大值，这个最大值为信号的均方值。自相关函数是时域分析方法，它与自谱是一对傅里叶变换对。由于自相关在时间轴上是偶函数，当取时间为正值部分来计算频谱时，得到的频谱称为半谱。自相关可用于检测混淆在无规则信号中的周期信号。

两个信号的互相关函数表示这两个信号之间一般的依赖关系，互相关函数也是一个可正可负的函数，不一定在 0 时刻处有最大值，也不一定是偶函数，但如果两个信号互换时，函数对称于纵轴。互相关与互谱是一对傅里叶变换对。若两个信号是两个相互独立的信号，则它们的互相关函数为零。反之，若互相关函数不等于零，则可用相关函数来表述它们的相关性。

4.2.17 相关分析与相干分析

通过上面的描述，我们已经明白相关分析是时域的分析方法，用于检测信号中的相关性。实质上，相关分析是一种线性滤波。相关分析主要应用于以下几个方面：

1) 对信号本身的分析，主要找出隐藏于不规则信号中的规律信号。
2) 求两个信号之间的关系。
3) 系统动态特性的测量。
4) 以相关函数为基础，进行 FFT 变换计算自功率谱和互功率谱。

相干函数定义为输入和输出信号的互功率谱的平方除以输入信号自功率谱和输出信号自功率谱的乘积。因此，相干分析是频域的分析方式，可用于检验互功率谱和传递函数测量的有效性。

二者有一定的联系：用时域内互相关函数获得的信息，可以用频域的相干函数来获得。这是因为相干分析时用到的互功率谱函数可以由时域互相关函数得到。

4.2.18 阶次分析与阶次跟踪

阶次分析是从频域对阶次进行分析，但阶次跟踪是从阶次域对阶次进行分析，如图 4-21 所示。虽然二者最终的目的都是提取到想要的阶次，但又有太多的差异。阶次跟踪更偏向于对高阶次进行分析，如齿轮箱、离合器等结构。二者都需要测量转速，但阶次分析的转速是用来跟踪做频谱分析的，阶次跟踪测量转速是为了获得等角度采样数据；阶次分析是频域的，阶次跟踪是阶次域的；阶次分析是等时间采样的，阶次跟踪是等角度采样的（变采样频率）；阶次分析对于共振测量是有帮助的，但阶次跟踪却起不到这个作用；对于高阶次而言，阶次分析效果不如阶次跟踪好；阶次分析时频率分辨率固定不变，阶次跟踪时阶次分辨率固定不变；阶次跟踪不存在泄漏，无须加窗，但阶次分析需要加窗。

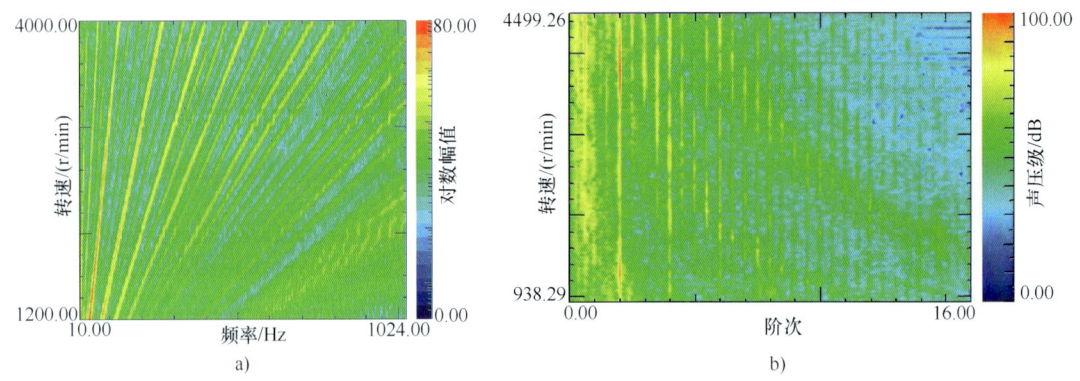

图 4-21 阶次分析与阶次跟踪
a）阶次分析 b）阶次跟踪

4.3 计算信号的 RMS

FFT 变换各种计算中，经常会计算信号的 RMS，如 Overall Level 计算、阶次计算和声压级计算等。以及在评价隔振装置的隔振效果时，对于稳态工况使用 RMS 进行计算；对于加速工况，使用 Overall Level 进行计算。这时，你可能会问，怎么得到 RMS？由于信号处理中多处要计算 RMS，所以，将本节内容放在本章的前面。下面，将介绍怎么从时域和频域计算信号的 RMS。

RMS，也称为有效值，是信号的平方根，用于表征信号中能量的大小。

对于从时域上计算 RMS，应计算时间序列所有幅值的平方和，然后再除以总的样本点数目，最后再取平方根。计算公式如下：

$$RMS = \sqrt{\frac{1}{k+1}\sum_{i=0}^{k} y_i^2}$$

在这里 $k+1$ 表示计算区间的总样本点数。对于幅值为 A 的正弦波而言，其 RMS 为 $A/\sqrt{2}$。

如果我们从频域上计算 RMS，是不会出现除法运算的。对于频域而言，由于信号的频谱形式有多种，而常用的自（功率）谱又有线性和平方形式。线性自功率谱是自功率谱的平方根形式。而频谱的格式又有峰值和 RMS 的形式。如求图 4-22 中 $f_1 \sim f_2$ 频率区间

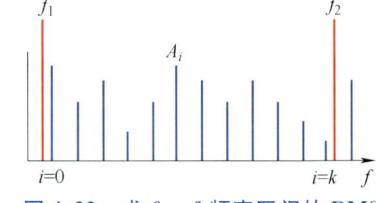

图 4-22 求 $f_1 \sim f_2$ 频率区间的 RMS

的 RMS，这时的 RMS 也称为窄带 RMS。

如果图 4-22 中的频谱形式为线性自功率谱（AutoPower Linear）或频谱（Spectrum），其格式为 RMS，则 $f_1 \sim f_2$ 频率区间的 RMS 计算公式为

$$\text{RMS} = \sqrt{\frac{A_0^2}{2} + \sum_{i=1}^{k-1} A_i^2 + \frac{A_k^2}{2}}$$

如果幅值格式是 Peak 形式，则 $f_1 \sim f_2$ 频率区间的 RMS 计算公式为

$$\text{RMS} = \sqrt{\frac{\frac{A_0^2}{2} + \sum_{i=1}^{k-1} A_i^2 + \frac{A_k^2}{2}}{2}}$$

如果图 4-22 中的频谱形式为自功率谱（AutoPower），其格式为 RMS，则 $f_1 \sim f_2$ 频率区间的 RMS 计算公式为

$$\text{RMS} = \sqrt{\frac{A_0}{2} + \sum_{i=1}^{k-1} A_i + \frac{A_k}{2}}$$

如果幅值格式是 Peak 形式，则 $f_1 \sim f_2$ 频率区间的 RMS 计算公式为

$$\text{RMS} = \sqrt{\frac{\frac{A_0}{2} + \sum_{i=1}^{k-1} A_i + \frac{A_k}{2}}{2}}$$

如果图 4-22 中的频谱形式为功率谱密度 PSD，其格式为 RMS，则 $f_1 \sim f_2$ 频率区间的 RMS 计算公式为

$$\text{RMS} = \sqrt{\frac{A_0 \Delta f}{2} + \sum_{i=1}^{k-1} A_i \Delta f + \frac{A_k \Delta f}{2}}$$

如果幅值格式是 Peak 形式，则 $f_1 \sim f_2$ 频率区间的 RMS 计算公式为

$$\text{RMS} = \sqrt{\frac{\frac{A_0 \Delta f}{2} + \sum_{i=1}^{k-1} A_i \Delta f + \frac{A_k \Delta f}{2}}{2}}$$

如果计算整个频率区间的 RMS，则称为 Overall Level，也就是说 Overall Level 是整个带宽内的 RMS。RMS 的另一个应用是阶次切片。对于阶次切片而言，也是计算相应频带内的 RMS，只是此时对应的频率宽度为阶次宽度内的 RMS。关于这一点，请见 4.7.4 小节。

另一方面，如果按以上公式计算，某些情况下，可能与商业软件计算得到的 RMS 有差异。产生差异的具体原因在于，以上计算公式没有考虑窗函数的影响。如果不加窗或加矩形窗，是没有差异的，但当对信号应用别的类型的窗函数时，则二者会产生差异。

各种窗函数都会有自身的特征，不同的窗函数差别主要在于集中于主瓣的能量和分散在所有旁瓣的能量的比例。窗的选择取决于分析的目标和被分析信号的类型。加窗会改变信号的原有属性，因此，需要对加窗后的信号进行修正，通过修正因子使加窗后的信号恢复到与原信号有相同的幅值或能量。所以，修正分为幅值修正和能量修正。由于是计算 RMS，属于能量范畴，因此，只考虑能量修正。在加汉宁窗情况下，加窗后信号的能量仅为原信号能量的 61%。因此，加窗后的数据需要倍乘 1.63，以校正能量的大小。补偿加窗所需的校正因子，取决于校正类型和加窗的次数，常见的窗函数的校正因子见表 4-1。

表 4-1 窗函数的校正因子

窗 的 类 型	幅值校正因子	能量校正因子
矩形窗	1	1
汉宁窗 ×1	2	1.63
汉宁窗 ×2	2.67	1.91
汉宁窗 ×3	3.20	2.11
布莱克曼窗	2.80	1.97
凯赛窗	2.49	1.86
哈明窗	1.85	1.59
平顶窗	4.18	2.26

因此，如果直接使用上面的公式进行计算是没有考虑能量修正的。以加一次汉宁窗为例，按上面公式计算得到的 RMS 还除以 2（幅值修正因子），再乘以 1.63（能量修正因子），这才是加汉宁窗之后的 RMS。

4.4 什么是泄漏

做信号处理时，经常涉及"泄漏"这个名词。那泄漏是什么，是什么原因造成了泄漏，泄漏对信号处理有什么影响？在这一节将告诉你答案。

4.4.1 信号截断

一次 FFT 分析截取 1 帧长度的时域信号，这 1 帧的长度总是有限的，因为 FFT 分析一次只能分析有限长度的时域信号。而实际采集的时域信号总时间很长，因此，需要将采样时间很长的时域信号截断成一帧一帧长度的数据块。这个截取过程叫作信号截断。

假设有一段 10s 的时域信号，取 1 帧的长度 $T = 1s$，无重叠，则该信号将被截断为 10 帧，如图 4-1 所示。每次只能对这块截取出来的有限长度的数据块进行 FFT 变换，而我们知道 FFT 变换要求的是周期信号，那么，对于从原始时域历程中截取的这一帧有限长度的数据块而言，可能是周期信号，也可能不是周期信号。当然，我们期望截取的信号能满足 FFT 变换要求，也就是希望截取的这段信号是周期信号。因此，信号截断分为周期截断和非周期截断。周期截断是指截断后的信号为周期信号，而非周期截断是指截断后的信号不再是周期信号，哪怕原始信号本身是周期信号。

4.4.2 周期截断

我们知道周期信号最明显的特征是信号的起始和结束时刻的幅值相等，哪怕是一个周期。在这假设采样时间很长的信号为单频正弦波（周期信号），若 1 帧的时间长度等于这个正弦波周期的整数倍，那么，截断后的信号仍为周期信号。取 1 帧的时间长度 T 等于原始信号的 1 个周期长度，那么截断后的信号仍为周期信号，如图 4-23 所示。

将这个截断后的信号再重构，可以得到原始的正弦波，如图 4-24 所示，因为截断后的信号仍为周期信号，在每块数据的交接处幅值是连续的。

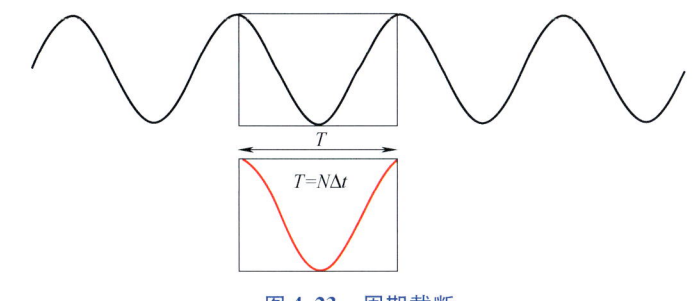

图 4-23 周期截断

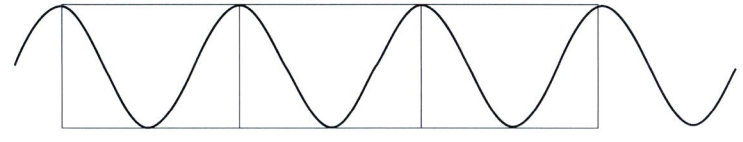

图 4-24 周期信号重构

对截断的这一帧数据做 FFT 分析,得到它的频谱如图 4-25 所示。从图 4-25 中可以看出,得到的频率成分为原始信号的真实频率,并且幅值与原始信号的幅值相等（100% 幅值）。

假设原始信号的频率为 f_0,则周期为 $1/f_0$。因为截取的时间长度 T 为信号周期的整数倍（假设为 k 倍）,即

$$T = k/f_0$$

而频率分辨率为 $1/T$,即

$$\Delta f = 1/T = f_0/k$$

因而,信号的频率成分

$$f_0 = k\Delta f$$

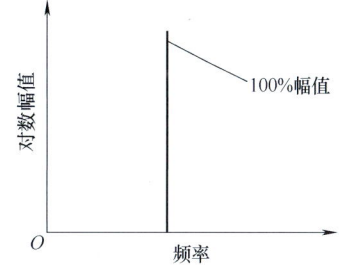

图 4-25 周期截断后的频谱

即信号的频率成分为频率分辨率 Δf 的整数倍,也即是频谱图中有一条谱线与信号的频率成分重合,这也就是所谓的信号"压谱线"。因而,对这个周期信号进行 FFT 分析时,信号的频谱样子与实际情况完全相同,与我们预期的样子相同。

4.4.3 非周期截断

倘若信号截断的长度不为原始正弦信号周期的整数倍,那么,截断后的信号则不为周期信号,哪怕原始信号是周期信号。并且现实世界中,进行 FFT 分析时,绝大多数情况都是非周期截断。

对之前的正弦信号进行非周期截断,如图 4-26 所示。截断后的信号起始时刻和结束时刻的幅值明显不等,将这个信号再进行重构,在连接处信号的幅值不连续,出现阶跃,如图 4-26 所示。

对截断后的信号做 FFT 分析,得到的频谱如图 4-27 所示。这时的 FFT 频谱已远远不是我们预期的那种单条线谱形状了（周期截取的频谱样子）。对比周期截断的频谱,可以看出,此时频谱在整个频带上发生了"拖尾"现象。峰值处的频率与原始信号的频率相近,

但并不相等。另一方面,峰值处的幅值已不再等于原始信号的幅值,为原始信号幅值的 64%(矩形窗的影响)。而幅值的其他部分(36% 幅值)则分布在整个频带的其他谱线上。

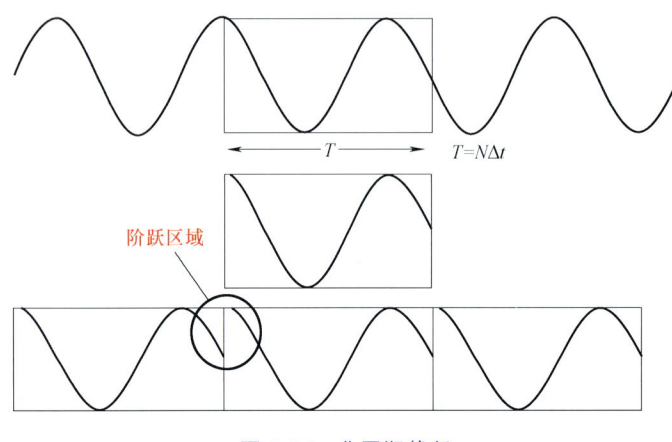

图 4-26 非周期截断　　　　　图 4-27 非周期截断后的频谱

由于非周期截断的时域数据块长度不等于信号周期的整数倍,因此,信号的频率成分 $f_0 \neq k\Delta f$,也就是说,在频谱图中,没有一条谱线与信号的频率成分完全相同。

4.4.4　FFT 变换要求

在做进一步说明之前,让我们回顾一下 FFT 变换要求。FFT 变换要求为:信号要么从 $-\infty \sim +\infty$,要么为周期信号。现实世界中,不可能采集时间从 $-\infty \sim +\infty$ 的信号,只能是有限时间长度的信号。

回想以前学过有关傅里叶级数的一些基本知识。对于一个单频正弦波信号,我们知道用傅里叶级数描述该信号是非常容易的。通常用傅里叶级数中的一项就可以描述了,形如 $A\sin\omega t$。但是对于一些信号,如矩形脉冲信号,其傅里叶级数展开会是什么样的呢?我想你应该记得傅里叶级数展开项是一系列不同频率和不同幅值的正弦信号之和。对于矩阵脉冲,傅里叶级数要包含很多项,才能近似这个信号,这是因为矩形脉冲信号不连续,不像平滑的正弦波。

4.4.5　泄漏

由于信号的非周期截断,导致频谱在整个频带内发生了拖尾现象。这是非常严重的误差,称为泄漏,是数字信号处理所遭遇的最严重误差。但是为什么会出现这种误差呢?原始实际信号为一个单频正弦波,它的频谱怎么会变得如此失真?这个问题很容易解释。这是因为截断后的信号不再是周期信号。

对比一下正确的频谱与发生泄漏的频谱,如图 4-28 所示,可以看出,泄漏后的频谱的幅值更小,频谱拖尾更严重。当截断后的信号不为周期信号时,就会发生泄漏。而现实世界中,在做 FFT 分析时,很难保证截断后的信号为周期信号,因此,泄漏不可避免。

现在返回到非周期截断的正弦波,如图 4-26 所示,可以看出在截断时间长度内没有捕捉到整数倍个周期正弦波,导致波形发生了失真,似乎在信号周期的末端波形出现了不连续。这就解释了为什么 FFT 会在整个频带上发生拖尾现象了。本质上,这需要多个傅里叶展开项(多条谱线)去近似这个明显不连续的信号,因此,频谱出现了拖尾现象。

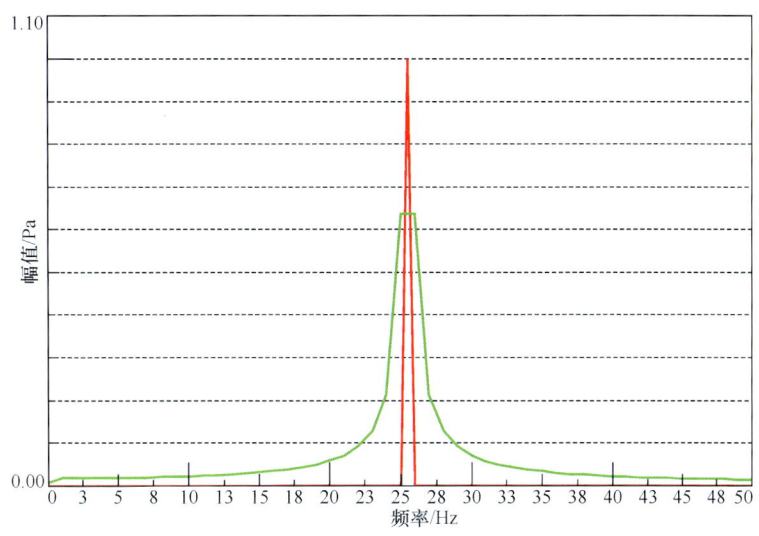

图 4-28　正确的频谱与泄漏的频谱对比

4.4.6　窗函数

为了将这个泄漏误差减小到最低程度（注意此处说的是减小，而不是消除），我们需要使用加权函数，也叫窗函数。加窗主要是为了使信号似乎更好地满足 FFT 处理的周期性要求，减少泄漏。

如图 4-29 所示，若周期截断，则 FFT 频谱为单一谱线。若为非周期截断，则频谱出现拖尾，如图 4-29 中部所示，可以看出泄漏很严重。为了减少泄漏，给信号施加一个窗函数（图 4-29 中曲线所示），原始截断后的信号与这个窗函数相乘之后得到的信号为右侧上面的

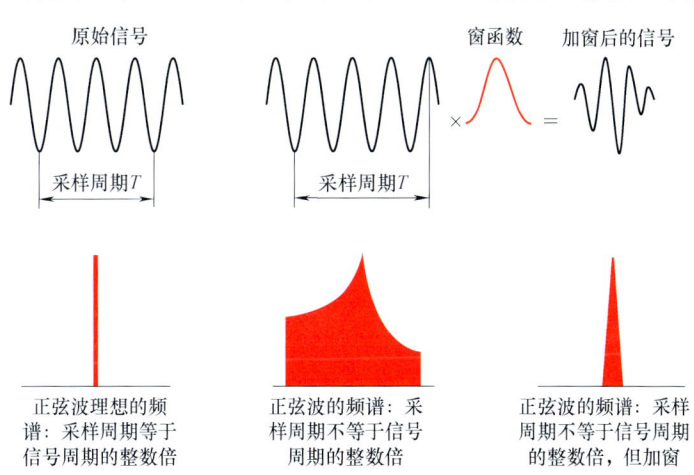

图 4-29　周期信号的泄漏与加窗示意

信号。可以看出，此时，信号的起始时刻和结束时刻幅值都为 0，也就是在这个时间长度内，信号为周期信号，但是只有一个周期。对这个信号做 FFT 分析，得到的频谱如图 4-29 右侧下边所示。相比较之前未加窗的频谱，可以看出，泄漏已明显改善，但并没有完全消除泄漏。因此，窗函数只能减少泄漏，不能消除泄漏。关于窗函数的详细介绍，请参考本章 4.6 什么是窗函数。

4.5　什么是混叠

数据采集时，如果采样频率不满足采样定理，可能会导致采样后的信号存在混叠。

> 那什么是混叠,混叠会造成什么样的误差?除了频率误差之外,是否还有其他误差?幅值正确吗?这一节主要内容包括:
> - 混叠的定义
> - 混叠实例
> - 怎样最小化混叠
> - 计算混叠后的频率
> - 阶次混叠

4.5.1 混叠的定义

当采样频率设置不合理时,即采样频率低于 2 倍的信号频率时,会导致原本的高频信号被采样成低频信号。如图 4-30 所示,原始的高频信号由于采样频率不满足采样定理的要求,导致实际采样点如图 4-30 中实心点所示,将这些实际采样点连成曲线,可以明显地看出这是一个低频信号,这就是所谓的混叠:高频混叠成低频了。

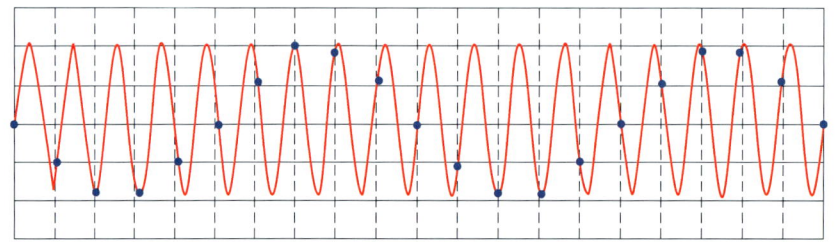

图 4-30 对高频信号进行低频采样

对连续信号进行等时间采样时,如果采样频率不满足采样定理,采样后的信号频率就会发生混叠,即高于奈奎斯特频率(采样频率的一半)的频率成分将被重构成低于奈奎斯特频率的信号。这种频谱的重叠导致的失真称为混叠,也就是高频信号被混叠成了低频信号。

4.5.2 混叠实例

倘若对一个正弦信号进行采样,如果采样频率等于信号频率,那么采样的时间间隔等于信号周期,因而,信号的每个周期只能采集到一个数据点,如图 4-31 所示,将这样的采样数据点连成线条,得到的线条将是一条直线,因而,对应的频率成分为 0Hz。

如果采样频率为这个正弦信号频率成分的 2 倍,因而,采样的时间间隔为信号周期的一半,因此,信号每个周期内的采样点数为 2 个,也就是每个周期采集两个数据点,如图 4-32 所示。将这些采样点连成线条,得到的信号形状为三角波,虽然信号的频率成分没有失真,但是很难保证信号的幅值不失真。因为这两个采样点很难位于正弦信号的波峰与波谷处。也就是说,在很大程度上,采样后的信号的幅值是失真的。

通常情况下,若采样频率 f_s 小于 2 倍的信号频率 f_a,即 $f_s < 2f_a$,那么,采样后的信号将存在混叠。如图 4-33a 所示,由于信号中存在超出奈奎斯特频率的信号,采样后的信号将会使超过奈奎斯特频率成分之上的频率关于奈奎斯特频率镜像到奈奎斯特频率以下的可观测区域,如图 4-33 所示。

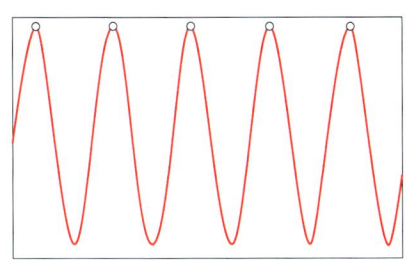
图 4-31　采样频率等于信号频率

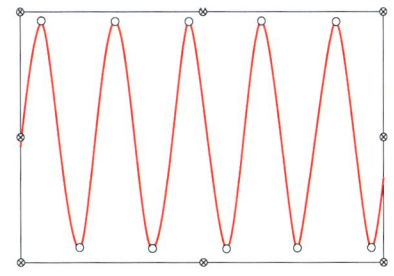
图 4-32　采样频率等于信号频率的 2 倍

在这给出一个扫频的混叠实例。扫频信号为 100~600Hz，采样频率为 1000Hz，因而可观测到 500Hz 以内的信号成分。因此，对 100~500Hz 以内的信号进行采样，FFT 变换后的频率是没有问题的，但是对于超出 500Hz 以上的频率成分（500~600Hz），由于混叠的原因，最终将导致这部分信号混叠成了 400~500Hz。

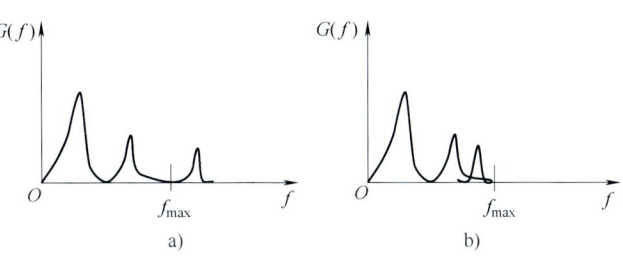

图 4-33　信号混叠
a) 实际信号频率　b) 采样后的信号频率

用于演示混叠现象的最经典例子之一是所谓的"车轮效应"。在影片里当马车越走越快时，马车车轮似乎越走越慢，然后甚至朝反方向运转。刚开始轮辐逆时针运转，然后逐渐变慢并开始顺时针运转。

与车轮效应相同的是转动的吊扇，小时候都见过家中的吊扇，当转速越来越快时，出现的现象是先顺时针旋转，然后静止，然后逆时针旋转。这是因为人眼在看物体时，人眼也有一定的采样速率。当人眼的采样速率跟不上越来越快的转速时，就会出现混叠现象。静止不动时的转速对应的频率就是人眼的采样速率。

人眼在观看转动的吊扇时，对于倒转现象是因为高速旋转的叶片转速非常快，在短时间内从 0° 顺时针旋转到 330° 时（假设的情况），人眼观察到的似乎是从 360° 逆时针旋转到 330°，因此，看起来像是在反转。

4.5.3　怎样最小化混叠

既然信号可能存在混叠，怎样才能最小化混叠或者消除混叠呢？初看起来，如果信号中没有高于奈奎斯特频率的频率成分，那么则不存在混叠。这要求采样频率极高，使得实际信号都位于奈奎斯特频率以下。但这不总是实用和可能的，因为，你永远不知道真实信号的频率成分。另一个方面，虽然采样频率极高可以在一定程度上避免混叠，但这样会导致出现大的数据文件，同时，最高采样频率受数据采集设备的限制。

另外，采样定理只保证了信号不被歪曲为低频信号，即使高的采样频率也不能保证不受高频信号的干扰，如果传感器输出的信号中含有比奈奎斯特频率还高的频率成分存在，ADC 同样会以所选采样频率加以采样，使高于奈奎斯特频率的频率成分混入分析带宽之内。

故在采样前，应把高于奈奎斯特频率成分以上的频率滤掉，这就需要抗混叠滤波器，它是一个低通滤波器：低于奈奎斯特频率的频率通过，移除高于奈奎斯特频率的频率成分，这是理想的滤波器，如图 4-34a 所示。

实际情况是任何滤波器都不是理想的滤波器，抗混叠滤波器也不例外。滤波器存在滤波陡度，在滤波截止频率（奈奎斯特频率）以上的一些区域还存在混叠的可能性，这个区域对应带宽的 80% 以上部分，也就是带宽的 80%~100% 区域。如图 4-34b 所示，高于奈奎斯特频率以上的频率成分会关于奈奎斯特频率镜像到带宽的 80%~100% 区域，形成混叠，而带宽 80% 以内的区域，是无混叠的。

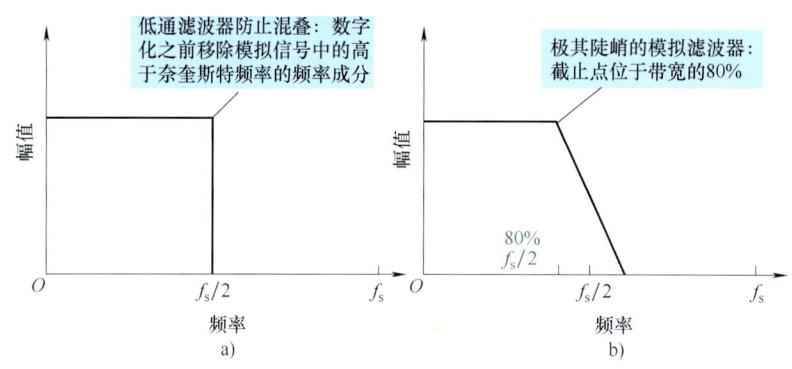

图 4-34 滤波器特征
a）理想滤波器 b）实际滤波器

如果信号中没有高于奈奎斯特频率的成分存在，则整个带宽都不存在混叠。当信号还有高于奈奎斯特频率的成分存在时，按采样定理设置采样频率时，带宽的 80% 以上频带则存在混叠，如图 4-35 所示框住区域即遭受了频率混叠的影响。由于带宽以上还有信号存在，因此，这些频率关于带宽镜像到了带宽以内。

通过这一部分的分析可知，即使使用抗混叠滤波器，在带宽的 80% 以上的频率区间还可能存在混叠，如要整个频带都无混叠，则采样频率至少高于信号频率的 2.5 倍以上。

4.5.4 计算混叠后的频率

若没有抗混叠滤波器存在，信号必然存在混叠，那么怎么求解混叠后的频率成分？在这介绍两种方法：一种为镜像法，一种为公式法。

假设信号的频率 f_a 大于采样频率 f_s，因此，采样后必然存在混叠。这时，信号频率将会关于离它最近的整数倍的奈奎斯特频率镜像，如果镜像后的频率位于观测的带宽以内，则是混叠后的频率。如果镜像后的频率还未位于观测的带宽以内，则会关于下一个整数倍的奈奎斯特频率镜像（往 0Hz 方向），直到镜像到带宽以内为止。

如图 4-36 所示，信号的频率 f_a 首先关于 3 倍奈奎斯特频率镜像，但此时还不是带宽以内，所以之前镜像后的频率又关于 2 倍奈奎斯特频率镜像，但还不是带宽以内，需要继续将关于 2 倍奈奎斯特频率镜像后的频率关于 1 倍奈奎斯特频率镜像，这时，频率终于位于观测的带宽以内，这就是混叠后的频率 f_d。

对于混叠现象，也可以从下面的数学公式得到混叠后的频率：

$$f_d = |f_a - Kf_s|$$

K 是个整数,取值从 0 开始,适当的取值应使得 $|f_a - Kf_s|$ 最小。因而,可以将上式写成
$$f_d = \min_{k=0}^{\infty} |f_a - Kf_s|$$

例如,考虑采样频率为 500Hz,采集各种不同频率的信号,结果见表 4-2,注意数字化后的频率重复出现。

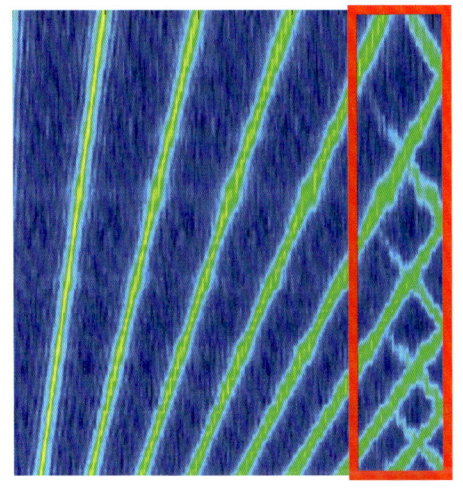

图 4-35　带宽的 80% 以上遭受了混叠

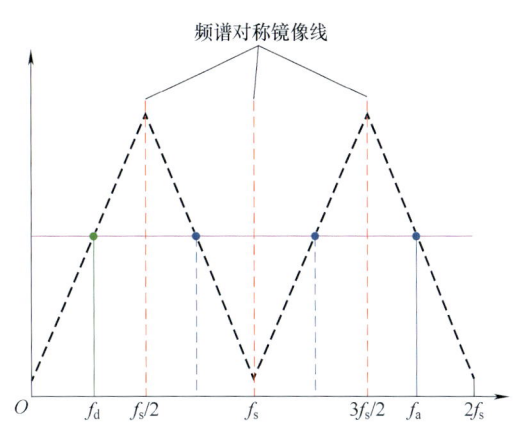

图 4-36　镜像法求混叠频率

表 4-2　混叠后的频率

实际频率 f_a/Hz	最小 K 值	混叠的频率 f_d/Hz
180	0	180
280	1	220
380	1	120
480	1	20
580	1	80
680	1	180
780	2	220
880	2	120
980	2	20

4.5.5　阶次混叠

除了频率混叠之外,还会存在阶次混叠。由于阶次可以在频域显示也可以在阶次域显示,因此,阶次混叠存在频域混叠和阶次域混叠两种情况。

在频域显示时,阶次是斜线,最大阶次(O_{max})以上的阶次成分会关于最大阶次线镜像到最大阶次以内,如图 4-37a 所示。当在阶次域时,阶次垂直于横轴,此时阶次混叠类似于频率混叠,如图 4-37b 所示。

图 4-38 中,左侧所示为 60 个 PPR 采集得到的信号,能分析到的最大阶次为 30 阶次。信号的主要阶次为 1、2、10、17 阶次。右侧所示为 20 个 PPR 采集得到的信号,能分析的最大阶次为 10 阶次。此时,主要阶次为 1、2、3、10 阶次。图 4-38 右侧图中没有 17 阶次,

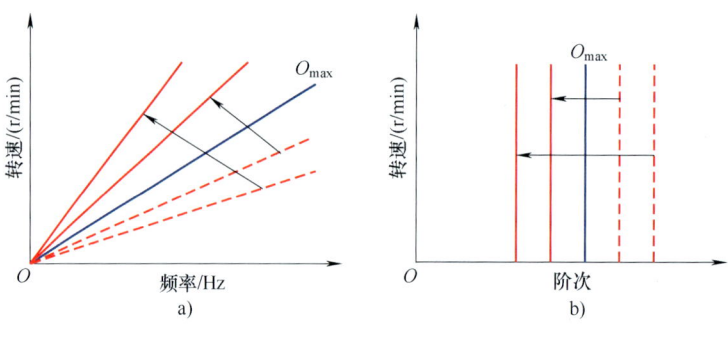

图 4-37 阶次混叠
a) 频域 b) 阶次域

多出来一个 3 阶次。这是由于采用 20 个 PPR 进行信号采集时,只能采集得到 10 阶次以内的信息,17 阶次高于最大阶次,此时,17 阶次将关于最大阶次线混叠成了 3 阶次(17 阶次关于 10 阶次镜像成了 3 阶次),这是阶次混叠现象。

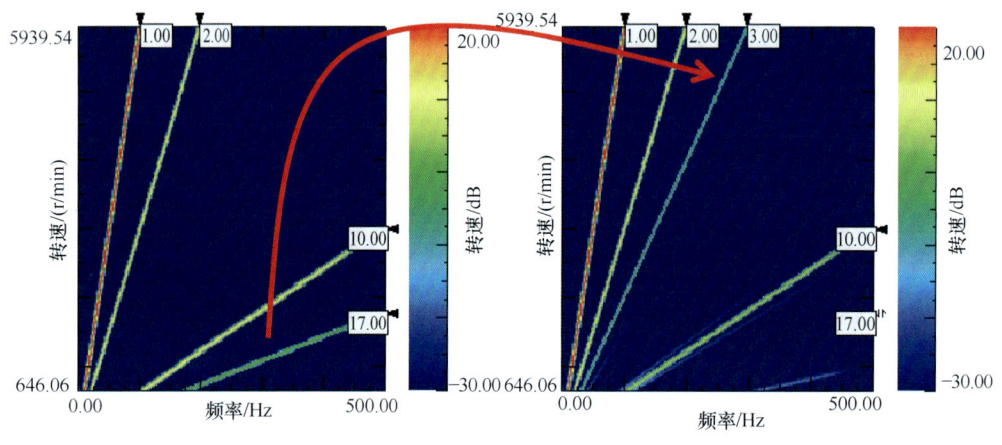

图 4-38 阶次混叠实例

4.6 什么是窗函数

似乎每次做 FFT 分析都需要加窗函数(也简称为加窗),很少有不加窗函数的时候。那为什么要加窗函数,加窗有什么好处,又有什么坏处呢,依据什么来加函数呢?这一节主要内容包括:
- 为什么要加窗函数
- 窗函数的定义
- 窗函数的时频域特征
- 加窗函数的原则
- 模态测试所用窗函数
- 窗函数带来的影响

4.6.1 为什么要加窗函数

在4.4 什么是泄漏一节中已经讲到每次FFT变换只能对有限长度的时域数据进行变换，因此，需要对时域信号进行信号截断。即使是周期信号，如果截断的时间长度不是周期的整数倍（周期截断），截取后的信号也会存在泄漏。为了将这个泄漏误差减少到最小程度，我们需要使用加权函数，也叫作窗函数。加窗函数主要是为了使时域信号似乎更好地满足FFT处理的周期性要求，减少泄漏。

如图4-29所示，若周期截断，则FFT频谱为单一谱线。若为非周期截断，则频谱出现拖尾，如图4-29中部所示，可以看出泄漏很严重。为了减少泄漏，给信号施加一个窗函数，原始截断后的信号与这个窗函数相乘之后得到的信号为上面右侧的信号。可以看出，此时信号的起始时刻和结束时刻幅值都为0，也即是在这个时间长度内，信号为周期信号，但是只有一个周期。对这个信号做FFT分析，得到的频谱如图4-29下部右侧所示。相比较之前未加窗的频谱，泄漏已改善明显，但并没有完全消除。因此，窗函数只能减少泄漏，不能消除泄漏。

因此，加窗的目的是为了减少泄漏，但加窗不能消除泄漏，只能减少泄漏。

4.6.2 窗函数的定义

信号截断时，只能截取一定长度，哪怕原始信号是无限长的，因此，好像是用一个"窗"（确切地说更像个"框"）去做这样的截取。如图4-39所示，原始信号是周期信号，时间很长，截取时用框住的"窗"去截取这个周期信号，截取得到的信号如图4-39中下部所示。

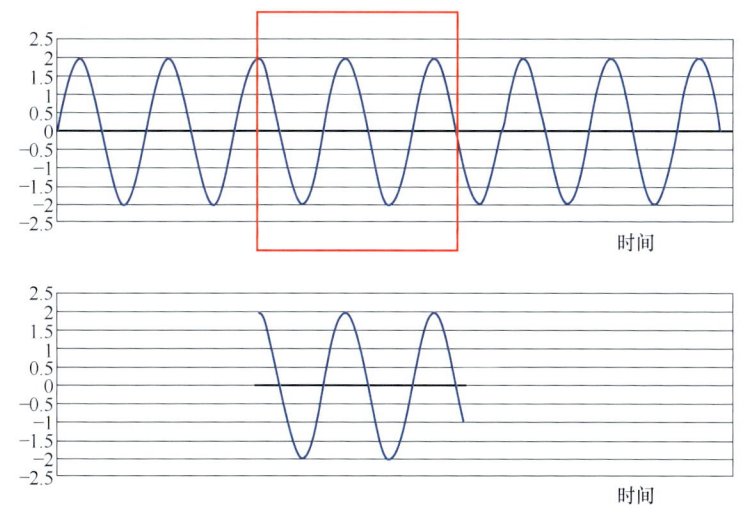

图4-39　原始信号和时间窗截断后的信号

当然这个"窗"是一个单位权重的加权函数，称为"矩形窗"。这个"窗"外的信号是看不到的，只能看到窗内的信号，这就好比通过窗户看外面的世界，世界很大也很精彩，你能看到的只是位于窗内的世界，而窗外的世界，你是看不到的。因此，这就是为什么这样的加权函数被称为窗函数的真正原因。这样称呼，更为直观形象。

图4-39中用于截取信号的时域截取函数（图4-39中框住的那个"窗"）就称为窗函数，它是一种计权函数，不同的窗函数计权是不一样的。也就是说，可以用不同的截取函数

（窗函数）来做信号截取。到底用何种窗函数要基于信号类型和分析目的来确定。常用的窗函数有矩形窗、汉宁窗、平顶窗和指数窗等。

4.6.3 窗函数的时频域特征

加窗实质是用一个所谓的窗函数与原始的时域信号做乘积的过程（当然加窗也可以在频域进行，但时域更为普遍），使得相乘后的信号似乎更好地满足傅里叶变换的周期性要求。如图 4-40 所示，原始的信号是不满足 FFT 变换的周期性要求的，变换后存在泄漏，如果施加一个窗函数，会在一定程度上减少泄漏。为了减少泄漏，用一个窗函数与原始周期信号相乘，得到加窗后的信号为周期信号，从而满足 FFT 变换的周期性要求。

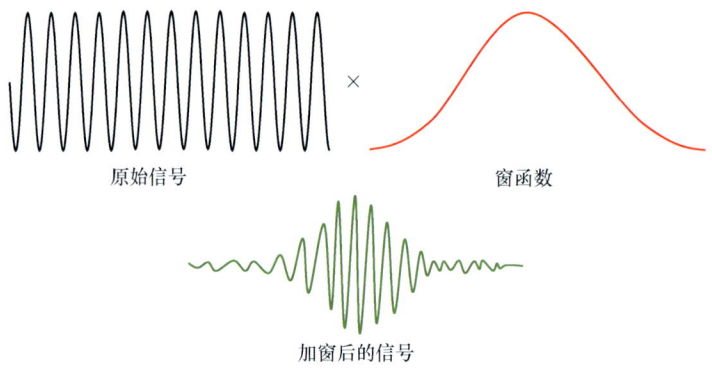

图 4-40 加窗过程示意

使用不同的时间窗，它的时域形状和频域特征是不相同的。在这，介绍三种常见的窗函数的时域表达形式，以及它们的时域窗形状和频域特征。这三种窗分别是矩形窗、汉宁窗和平顶窗。它们的时域表达形式见表 4-3，并且假设时间窗的范围为 $0 \leq t \leq T$，如果时间 t 的取值区间不同，窗函数的表达形式也会略有差异。

表 4-3 窗函数的时域表达形式

窗函数	时域表达式
矩形窗	$w(t) = 1$
汉宁窗	$w(t) = \dfrac{1}{2}\left(1 - \cos\dfrac{2\pi t}{T}\right)$
平顶窗	$w(t) = [1 - 1.93\cos(2\pi t/T) + 1.29\cos(4\pi t/T) - 0.388\cos(6\pi t/T) + 0.0322\cos(8\pi t/T)]/4.634$

矩形窗、汉宁窗和平顶窗的时域形状和频域特征如图 4-41 所示，可以看出，窗函数不同，时域和频域都是不同的。

为了减少泄漏，可采用不同的窗函数进行信号截取，因而，泄漏与窗函数的频谱特征相关。窗函数的典型频谱特征如图 4-42 所示。

各种窗函数频谱特征的主要差别在于：主瓣宽度（也称为有效噪声带宽，ENBW）、幅值失真度、最高旁瓣高度和旁瓣衰减速率等参数。加窗的主要思路是用比较光滑的窗函数代替截取信号样本的矩形窗函数，也就是对截断后的时域信号进行特定的不等计权，使被截断后的时

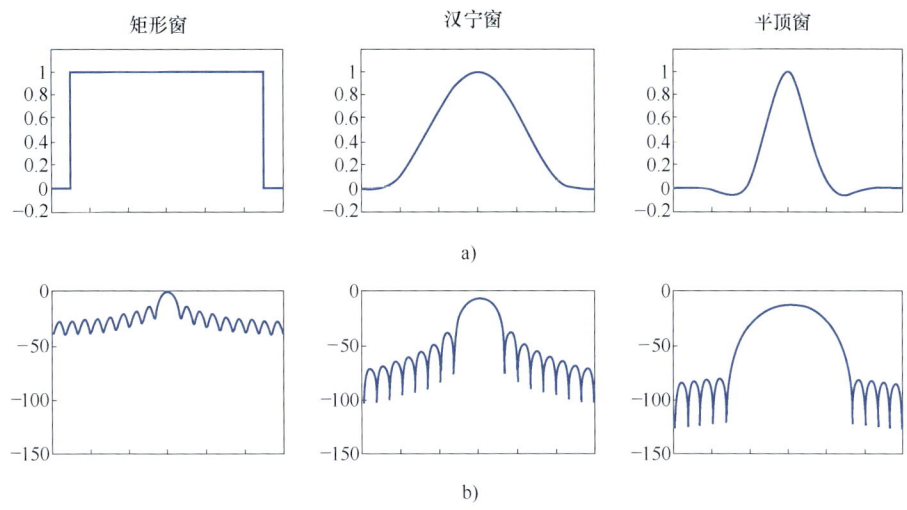

图 4-41 三个窗函数的时域形状和频域特征

a) 时域形状 b) 频谱特征

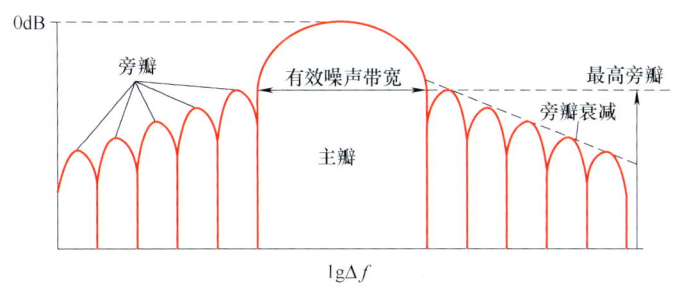

图 4-42 窗函数的典型频谱特征

域波形两端突变变得平滑些,以此压低谱窗的旁瓣。因为旁瓣泄漏量最大,旁瓣小了泄漏也相应减少了。不同的窗函数具有不同的频谱特征,表 4-4 列出了一些常用窗函数的特征。

表 4-4 常用窗函数的特征

窗类型	主瓣 ENBW	主瓣 3dB 带宽	幅值误差/dB	最高旁瓣/dB	旁瓣衰减/dB（每 10 个倍频程）
矩形窗	1.0	0.89	-3.92（36.3%）	-13.3	-20
汉宁窗	1.50	1.44	-1.42（15.1%）	-31.5	-60
哈明窗	1.36	1.30	-1.78（20.6%）	-43.2	-20
平顶窗	3.77	3.72	-0.01（0.1%）	-93.6	0
凯赛窗	1.80	1.71	-1.02（11.1%）	-66.6	-20
布莱克曼窗	2.0	1.68	-1.10（12.5%）	-92.2	-20

主瓣宽度主要影响信号能量分布和频率分辨能力。频率的实际分辨能力为有效噪声带宽乘以频率分辨率。因此,主瓣越宽,有效噪声带宽越宽,在频率分辨率相同的情况下,频率的分辨能力越差。如图 4-43 所示,红色为平顶窗（$3.77\Delta f$）,黑色为汉宁窗（$1.5\Delta f$）,蓝色为信

号频率。可以明显看出，主瓣越窄，频率分辨越准确。对于窗函数宽的主瓣而言，若有邻近的小峰值频率，则很难辨别出来。

旁瓣高低及其衰减率影响能量泄漏程度（频谱拖尾效应）。旁瓣越高，说明能量泄漏越严重，衰减越慢，频谱拖尾越严重。对 50.5Hz（频率分辨率为 1Hz）的信号分别施加矩形窗（红色）、

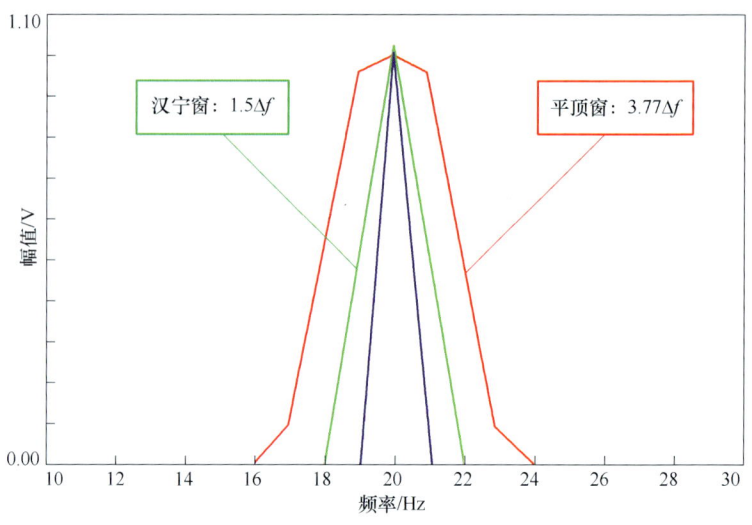

图 4-43 加窗会影响频率分辨能力

汉宁窗（绿色）和平顶窗（蓝色），用对数显示幅值，加窗后的结果如图 4-44 所示。从图 4-44 中可以看出，矩形窗的频谱拖尾更严重，因为矩形窗的最高旁瓣高，旁瓣衰减慢。

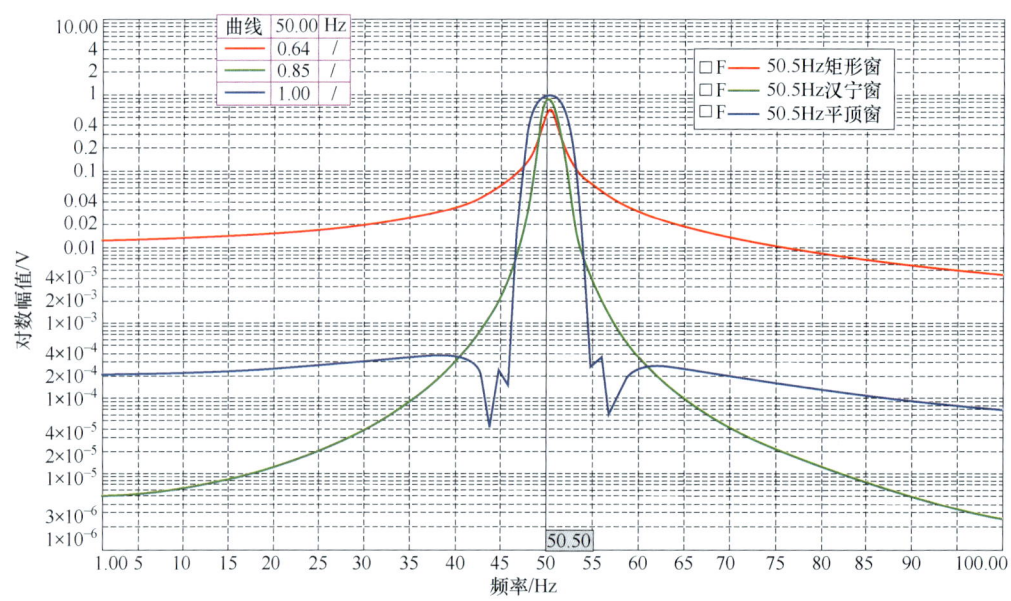

图 4-44 三种窗函数的拖尾效应

相对而言，如果旁瓣能量较小，高度趋于零，使得信号能量相对集中于主瓣，则较为接近真实的频谱。不同的窗函数对信号频谱的影响是不一样的，这主要是因为不同的窗函数，产生泄漏的大小不一样，频率分辨能力也不一样。

4.6.4 加窗函数的原则

加窗函数时，应使窗函数频谱的主瓣宽度尽量窄，以获得高的频率分辨能力。旁瓣衰减

应尽量大,以减少频谱拖尾,但通常都不能同时满足这两个要求。各种窗的差别主要在于集中于主瓣的能量和分散在所有旁瓣的能量之比。

窗函数的选择取决于分析的目的和被分析信号的类型。一般来讲,有效噪声带宽越宽,频率分辨能力越差,越难于分清有相同幅值的邻近频率。选择性(即分辨出强分量频率邻近的弱分量的能力)的提高与旁瓣的衰减率有关。通常,有效噪声带宽窄的窗函数,其旁瓣的衰减率较低,因此窗函数的选择是在二者中折中选取。因而,窗函数选择的一般原则如下:

1) 如果截断的信号仍为周期信号,则不存在泄漏,无须加窗,相当于加矩形窗。
2) 如果信号是随机信号或者未知信号,或者有多个频率分量,测试关注的是频率点而非能量大小,建议选择汉宁窗,像 LMS Test.Lab 中默认加的就是汉宁窗。
3) 对于校准而言,则要求幅值精确,平顶窗是个不错的选择。
4) 如果同时要求幅值精度和频率精度,可选择凯赛窗。
5) 如果检测两个频率相近、幅值不同的信号,建议用布莱克曼窗。
6) 锤击法试验力信号加力窗,响应可加指数窗。

4.6.5 模态测试所用窗函数

所有的窗函数都会使时域信号的开始和结束端归零。用于锤击试验的"力窗"和"指数窗"却是个例外。

力窗是单位增益的窗函数(实质是部分矩形窗),作用于脉冲激励发生的那部分时段。加力窗是为了消除可能来自于力锤激励通道的噪声。通常,设置力窗的宽度约为数据样本窗口的 2%~10%,使得力脉冲完全位于这个单位增益窗内,力窗之外的时域样本纪录则被加权置零。需要着重注意的是,力窗从来不能消除测试过程中可能出现的二次连击的影响。使用力窗消除连击所造成的影响,将严重扭曲输入力谱。

指数窗通常用于在采样时间长度内信号没有完全衰减到零的响应信号。指数窗的应用强制响应信号更好地满足 FFT 变换的周期性要求。通常,对于小阻尼结构,锤击激起的结构响应在采样时间长度的末端不会完全衰减到零。这种情况下,变换后的数据将遭受泄漏影响。为了将泄漏减少到最低程度,需要对测量的响应数据施加指数窗,如图 4-45 所示。

对于锤击法测试,应尽量实现无泄漏的测量,即响应不需要加指数窗,因为加窗之后,相对而言,阻尼会是过估计,使得估计出来的阻尼大于实际的阻尼。因此,可以通过增加采样时间,使响应有足够的时间衰减,以避免加窗。

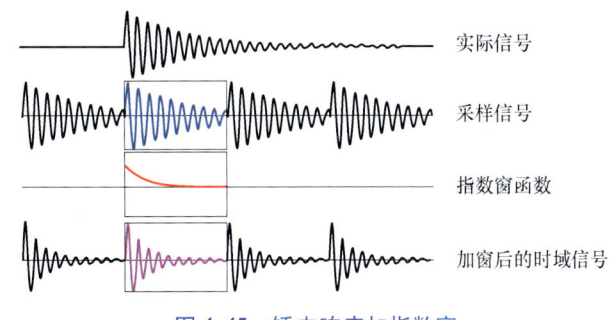

图 4-45 锤击响应加指数窗

对于激振器测试最常用矩形窗和汉宁窗。需要明白的是所有窗函数都会使数据失真。需要记住的是窗函数总是会使测到的峰值发生失真,并且总会给出这样的假象:测量得到的 FRF 中的结构阻尼大于结构实际存在的阻尼,而这两个非常重要的属性刚好是我们需要从 FRF 中估计的属性。矩形窗会使得幅值失真 36%，汉宁窗失真 15%，FRF 的幅值失真从而使得阻尼估计不准确。

4.6.6 窗函数带来的影响

窗函数会使信号幅值失真，那么窗函数对计算 RMS 是否有影响呢？由于加窗使得频率峰值失真，因此，如果计算峰值处的 RMS，必然有影响。如图 4-46 所示，由于峰值高低不一样，则对应的峰值 RMS 也不一样。但如果计算窄带 RMS 或整个频带的总 RMS 呢？

从图 4-46 可以看出，不同的窗函数，计算 19~87Hz 内的总有效值都为 0.71，因此，对于不同的窗函数，计算总有效值是没有影响的。因为能量虽然泄漏到旁瓣上，但总的能量是不变的。

从第 4.6.3 小节中对比原始信号和加窗后的信号可以看出，信号的能量在起始和结束位置都计权置零，因而，从能量的角度来考虑，加窗后的信号能量要比加窗之前的能量小。因此，如果对信号施加了窗函数，则频谱还需要进行修正。修正分幅值修正和能量修正，如果是单条谱线则为幅值修正；如果是宽带则为能量修正。但需要记住一点，这个工作，通常商业软件会自动处理，无须人工处理，只需要知道有这么一步工作即可。

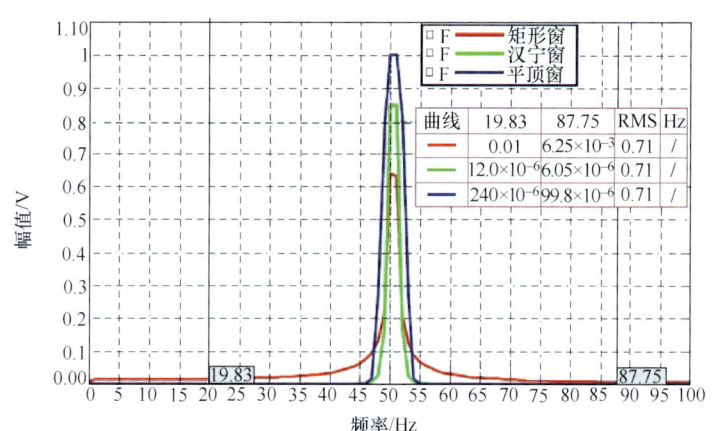

图 4-46　加窗对 RMS 的影响

如果锤击法测试中，响应在采样结束之前仍未衰减到零，则对响应加指数窗以最小化泄漏是必需的，但是如果加大的指数窗函数扭曲了真实的 FRF，会致使在 FRF 的密集模态很难观测到。因此，指数窗的使用，虽然是数字信号处理必须考虑的事项，但是当估计小阻尼结构和密集模态时，如果使用不当，将会引起一些严重的问题。

每个窗函数对数据的频域描述都有影响。一般而言，窗函数将降低函数峰值幅值的精度，并且使得最终得到的阻尼似乎比实际真实存在的阻尼要更大。尽管这些误差完全是不想要的，但相比泄漏造成的严重失真而言，它们还是更能让人接受的。

4.7　什么是 Overall Level

振动噪声测试分析时，经常要查看 Overall Level（简称 OA）曲线，OA 曲线代表什么，为什么要查看 OA，信号的 OA 是怎么计算得到的，它跟阶次切片有区别吗等问题，

在这一节中都将做介绍。这一节主要内容包括:
- OA 的定义
- 怎样计算 OA
- 窗函数对 OA 的影响
- OA 与阶次切片的区别

4.7.1 OA 的定义

在说明 OA 之前,有必要先对有效值 RMS 做一个简单介绍。RMS（Root mean square）,也称为均方根值,表征的是信号中的能量大小。包括直流部分（DC 部分）和交变部分（AC 部分）,是两者能量之和。

Overall Level 用于衡量信号中的总能量,表征是总能量随时间或转速的变化关系。但有些商业软件,OA 是不包括直流分量部分的能量,只计算交变部分的动态能量。如果信号的平均值为零,或者平均值趋于零,那么 DC（直流分量）部分是零,因此,两者是相等的,但是如果信号存在直流分量,则不同的软件计算出来的 OA 可能会存在差异。

LMS Test.Lab 中计算的 OA 是包括直流分量的,在这以具体实例进行说明。如图 4-47 所示,将原始的噪声信号加上 0.5Pa 的直流分量,然后分别计算它们的 OA 曲线,得到的结果分别为图 4-47 中两条 OA 曲线所示,这表明 LMS Test.Lab 软件中计算的 OA 是包括直流分量部分的。

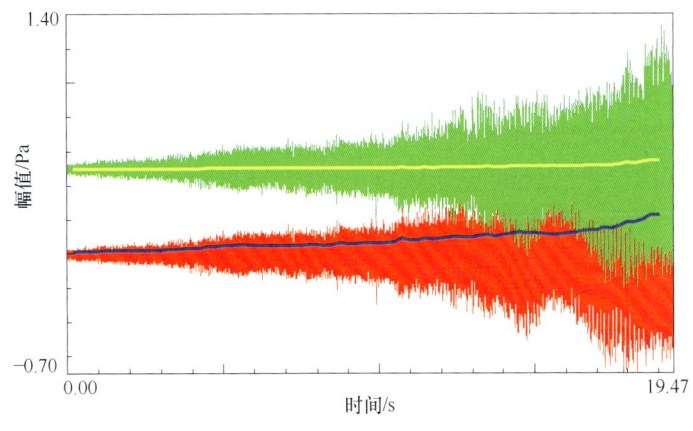

图 4-47 将原始信号偏置 0.5Pa

4.7.2 怎样计算 OA

由于有效值计算可以从时域获得,也可以从频域获得,关于怎么计算 RMS,请参考本章 4.3 计算信号的 RMS。因此,计算 OA 也可以从时域和频域角度来计算。理论上讲,时域能量和频域能量是守恒的,因而,从时域和频域计算出来的 OA 是相同的。在此,先介绍频域计算方法。

1. 频域计算方法

由于 OA 是整个频带上的总有效值，因此，计算 OA 需要计算 RMS。在这，需要注意的是，计算 OA 考虑的是整个频率带宽内的总 RMS，而不是一个窄带内的总 RMS。

频域计算 OA 的思路如下：第一帧时域数据计算得到瞬时频谱 S_0 之后，计算这个瞬时频谱整个频率带宽内的总 RMS A_0，然后再按步长计算下一帧时域数据的瞬时频谱 S_1，再计算这个瞬时频谱整个带宽内的总 RMS A_1，循环这个过程，直至计算最后一帧时域数据所对应的总 RMS A_N，将每个瞬时频谱所对应的总有效值 A_0、A_1、…、A_N 按时间或转速先后顺序排列连成曲线，就是所谓的 OA 曲线，整个计算过程如图 4-48 所示。

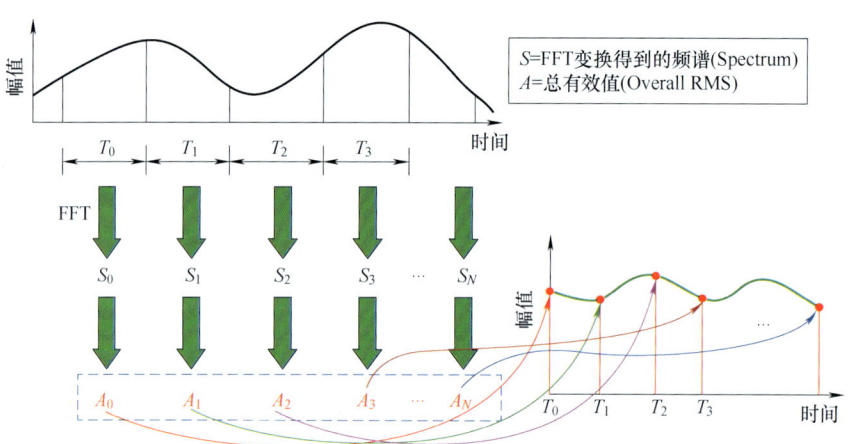

图 4-48　OA 计算过程示意

如对 4.7.1 小节图 4-47 中的下部噪声信号按频域计算 OA 曲线，计算参数为频率分辨率 2Hz（一帧时域数据长度为 0.5s），时间步长为 0.25s，不加窗函数得到的 OA 曲线如图 4-49 所示。按该参数得到 76 个瞬时频谱，则 OA 曲线由 76 个总 RMS 数值点连接而成。

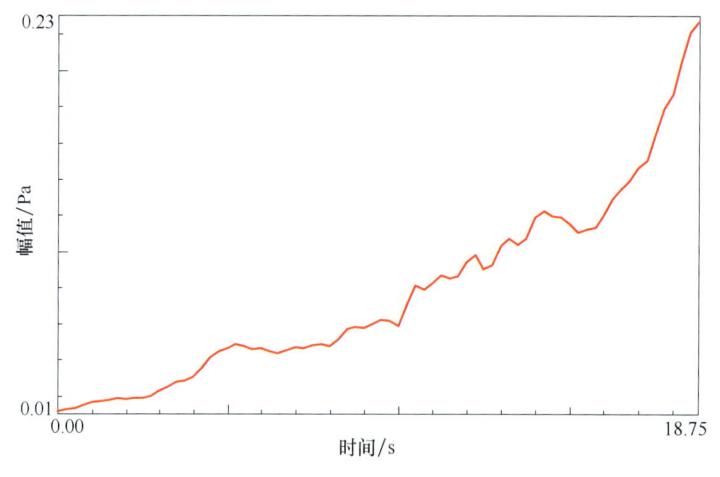

图 4-49　某信号的 OA 曲线

2. 时域计算方法

时域计算 OA 时，则不需要计算瞬时频谱，在这也有两个计算参数："积分长度"和

"时间步长"。对每个积分长度内的时域信号按时域计算 RMS 的方法求这个时域数据长度内的总有效值，然后按时间步长截取下一个积分长度，然后再计算这个积分长度内的总有效值，循环这个过程，直至计算最后一个积分长度，将所有积分长度所对应的时域总有效值按时间先后顺序连成曲线，就是时域 OA 曲线。

时域的积分长度对应计算一个 OA 值截取多长的时域数据，时间步长则对应每隔多长时间截取一个积分长度。这两个参数实质上对应频域上的一帧数据长度（频率分辨率的倒数）和时间步长。

仍对之前的噪声信号按积分长度为 0.5s，时间步长为 0.25s 计算它的时域 OA 曲线。该计算参数与之前的频域计算参数相同，将二者得到的 OA 曲线放在同一图中（频域计算加矩形窗），对比差异，如图 4-50 所示，可以看出，二者计算得到的 OA 曲线完全重叠。因此，时域与频域计算得到的 OA 是相同的。

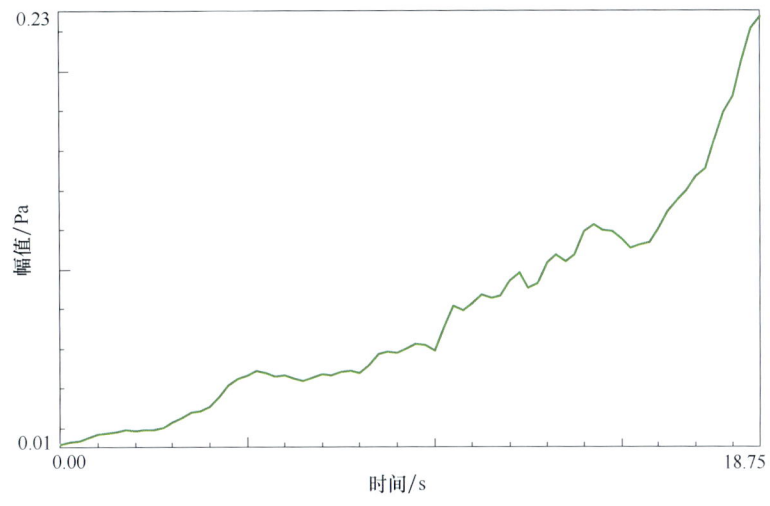

图 4-50 时域计算和频域计算结果

4.7.3 窗函数对 OA 的影响

理论上讲，加窗对计算整个频带内的总有效值是没有影响的。如图 4-46 所示，对 1V 频率为 50.5Hz 的周期信号加矩形窗、汉宁窗和平顶窗，计算某一频带内的 RMS，可以看出，三种不同的窗函数对峰值有影响，但是计算出来的有效值都是 0.71，因而，加窗对计算总 RMS 是没有影响的。

由于时域计算 OA 不考虑窗函数，因此，只有当频域计算时才可能导致窗函数对 OA 值有影响，在这以实例说明窗函数对频域计算 OA 的影响。分别对信号加矩形窗和汉宁窗，计算 OA，得到的结果如图 4-51 所示。从图 4-51 中可以看出，二者整体上没有明显的差异，但是在个别数据点上存在小的差异，这个差异就是因为受到了窗函数的影响。

在 4.3 计算信号的 RMS 一节中，我们曾经总结过，对时域信号加窗函数之后，需要进行幅值或能量修正，修正窗函数带来的影响。而图 4-51 中二者一些数据点的差异，正是由于窗函数修正带来的差异。这个差异很细微，实质上是可以忽略。因此，可以认为窗函数对计算 OA 没有影响。

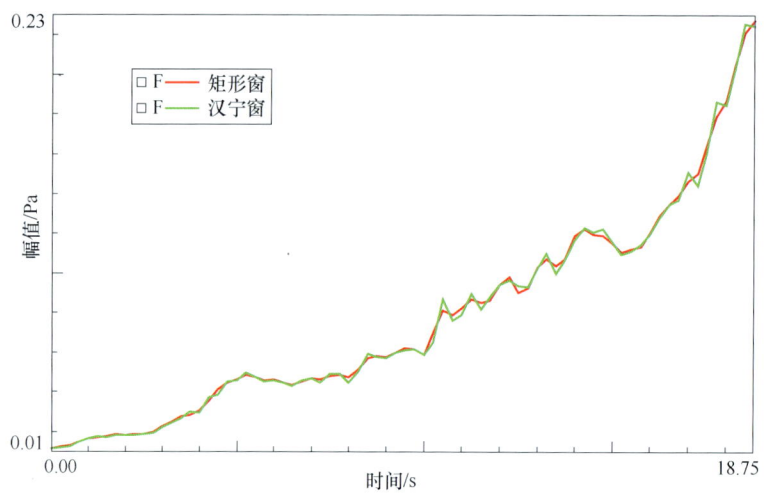

图 4-51 加不同窗函数的结果

4.7.4 OA 与阶次切片的区别

OA 计算考虑每个瞬时频谱下整个频率带宽内的总有效值。因此，OA 计算的能量实质上包括了阶次部分的能量和非阶次部分的能量，同时也包含了噪声（指干扰）。也就是说 OA 考虑整个频带内的能量，如图 4-52 所示，若频带为 400Hz，则 OA 考虑 0~400Hz 内的所有谱线的能量。

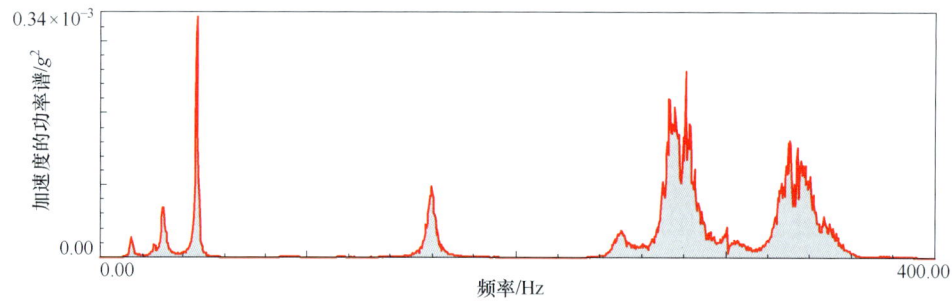

图 4-52 OA 计算考虑整个频带

当考虑阶次时，我们知道转速是时刻变化的，瀑布图中的阶次曲线只斜交通过一些频率。在那个转速下的 FFT 分析频率不可能完全刚好匹配相应的阶次频率。FFT 频谱会遭受泄漏和拖尾效应。这二者对 FFT 频谱的实际影响是使得频谱"宽胖平坦"。能量是分布在一些谱线上，因此，对这些谱线求有效值，这将近似等于阶次频率范围内的 RMS。这个频率范围通常称为阶次带宽，而仅取峰值计算阶次是非常不精确的。

因此，阶次切片只考虑阶次频率范围内（阶次带宽）的谱线，如图 4-53 所示。对于特定的某阶次，我们只考虑图 4-53 中的非阴影区域频率区间。对这个区间内的所有谱线幅值求平方和，取平方根，那么，这样求出来的 RMS 就是这个特定阶次在所选转速下的 RMS。

如果我们考虑所有重要的阶次，对其求平方和，取平方根，那么，我们将此值作为总

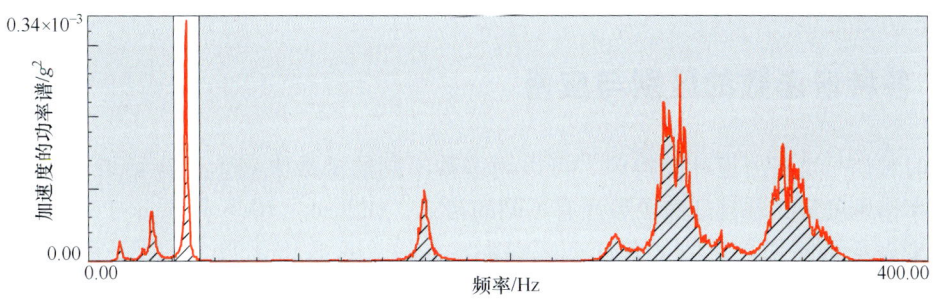

图 4-53 阶次计算仅考虑阶次宽度

RMS 的一种估计。如果阶次分离合适，那么我们将漏掉一些噪声和一些能量非常小的阶次。因此，由阶次计算得到的总 RMS 将小于总的 OA 值。有时一些阶次对应的带宽会重叠，这样一些能量将会重复计算。这时计算的总 RMS 将大于真实的 RMS。如果出现这种情况，那么说明有阶次带宽重叠。

如图 4-54 所示，对上边 colormap 图中的重要阶次（2、4、6、8 阶次）以及它们的和（Order Sum 曲线）与 OA 曲线进行对比，可以看出，OA 曲线（红色）大于各个阶次曲线，也大于这几个重要阶次之和（蓝色），在某些转速区域，Sum 曲线还大于 OA 曲线，这说明在这些转速对应的阶次带宽存在频率重叠，才使得求和之后的 Sum 值大于 OA 值。

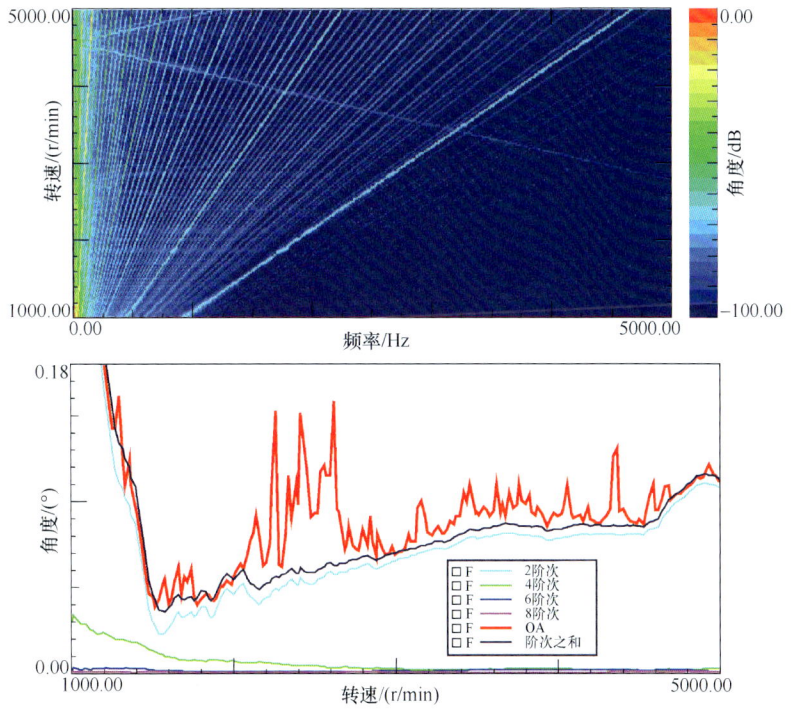

图 4-54 对比 OA 与阶次

因此，OA 曲线考虑整个瞬时频带内的 RMS，而阶次切片只考虑该阶次宽度内的 RMS。本质上讲，所有的阶次与非阶次（能量相对较小）之和应等于 OA 值，但是某些阶次可能存在重叠，导致阶次与非阶次之和会大于 OA 值。

4.8 各种谱函数的区别与应用

对时域信号进行傅里叶变换时，可以用多种不同的函数来表示计算结果，如频谱、自谱、功率谱密度等，并且这些函数还有不同的格式，如 Peak、RMS 和 Peak-Peak。到底用哪个函数来表示更贴切，它们又有什么区别呢？在讨论这些谱函数之前，让我们明确一下 Peak、RMS 和 Peak-Peak 的定义。

4.8.1 Peak、RMS 和 Peak-Peak 定义

对于一个正弦波而言，假设其表达式为

$$X(t) = A\sin(2\pi ft + \theta)$$

那么幅值 A 称为单峰幅值 Peak，幅值 A 的 0.707 倍称为有效值 RMS，正负幅值的绝对值之和称为峰峰值 Peak-Peak。若某信号的幅值 Peak，$A = 5g$，那么 RMS = 3.5g，Peak-Peak = 10g，用图形表示如图 4-55 所示。

Peak、RMS 和 Peak-Peak 的关系见表 4-5。

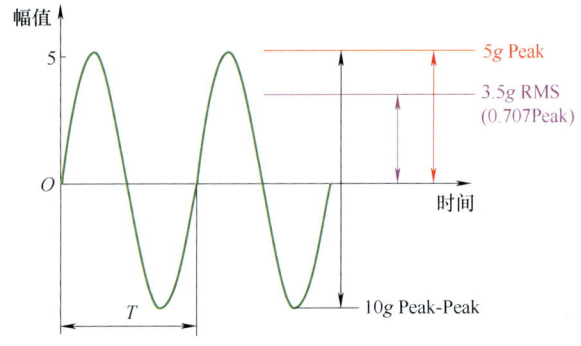

图 4-55 正弦波的定义

表 4-5 正弦波的幅值关系

Peak	RMS	Peak-Peak
A	$0.707A$	$2A$

那么在各种谱函数中，到底用哪种格式来表示呢？答案是用哪种格式都可以，因为通过 FFT 变换之后，频域中的每一条谱线都是单频信号，因此，其 Peak、RMS 和 Peak-Peak 都是可以按表 4-5 中的关系式相互转换。一般商业软件默认的可能是 Peak 格式。某一个信号其自谱线性形式的这三种格式表示如图 4-56 所示，可以看出，这三条曲线满足表 4-5 中的关系。

4.8.2 频谱 Spectrum

对时域信号做傅里叶变换得到的直接结果即为频谱 Spectrum。它是复

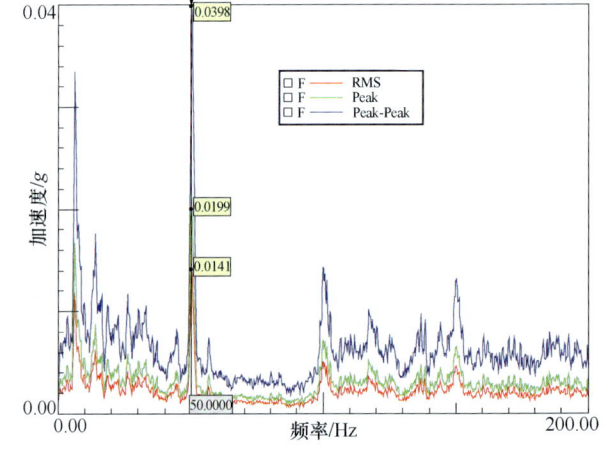

图 4-56 三种格式表示同一信号

数值,因此有幅值和相位信息。同时显示同一频谱的幅值和相位的图形称为波德图(bode),如图4-57所示。

频谱图中的0Hz表示时域信号的平均值或称为直流偏量。频谱只有线性形式,不像自谱有线性形式和平方形式。由于频谱是复数形式,包含相位信息,当信号中包含不相关的噪声成分时,由于噪声成分的相位是杂乱无序的,那么多次线性平均之后,可以将不相关的噪声平均掉。另外,即使是相关的频率成分,如单频信号进行线性平均时,线性平均次数越多,幅值也越趋向于0(关于这一点,请参考本章4.11 频谱和线性自功率谱的区别)。

如两个单频信号幅值和频率相同,但相位相反,当对这两个信号进行线性平均时,它们的幅值将为0,如图4-58所示。在汽车排气系统中,有一种主动消音机制,即是先接收声音,然后将声音反相回放回去,从而达到主动消音的目的,利用的就是这个原理。

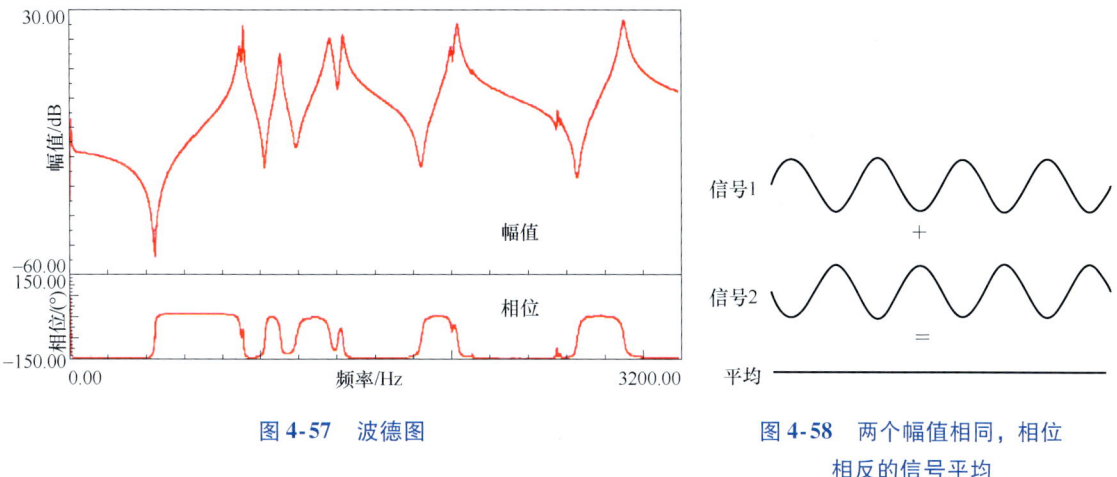

图 4-57　波德图　　　　　　　　　图 4-58　两个幅值相同,相位
　　　　　　　　　　　　　　　　　　　　　　相反的信号平均

相对而言,频谱是计算其他谱函数的基础,如计算自谱、互谱和频响函数等,都需要用到频谱。

在频谱的基础上,衍生出了相位参考谱。顾名思义,在计算相位参考谱时,需要选择一个信号作为参考信号,那么与此信号相关的成分将不会被平均掉,而与此信号不相关的成分将会被平均掉。像在做发动机 TPA 时,经常在发动机上表面安装一个单向的加速度传感器,这个单向加速度传感器信号的作用之一就是用来做相位参考的。

另外,由于频谱还包含相位信息,因此,还可用于 ODS 分析(工作变形分析)。

4.8.3　自谱 AutoPower

自谱或称为自功率谱(AutoPower),本质是由频谱计算得到的,它是复数频谱乘以它的共轭。因此,自谱是实数,没有相位信息。由于它是实数,因此可以进行线性平均。

由于它是复数频谱与它的共轭的乘积,因此自谱有平方形式,平方形式的自谱称为自功率谱。对平方形式的自谱再求平方根,对应为线性形式,称为线性自功率谱(AutoPower Linear)。

线性自功率谱是最常用的，它是很多软件默认的谱函数形式（关于默认设置线性自功率谱的原因，请参考本章 4.13 谱线对随机信号和周期信号的 PSD 或自谱的影响），它告诉我们信号中含有哪些频率成分，某信号的线性自功率谱如图 4-59 所示。

4.8.4 功率谱密度 PSD

功率谱密度 PSD 表征的是单位频率上的能量分布，它等于自功率谱除以频率分辨率。由于自谱是实数，因此，功率谱也是实数，可进行线性平均，且它只有 RMS 格式。

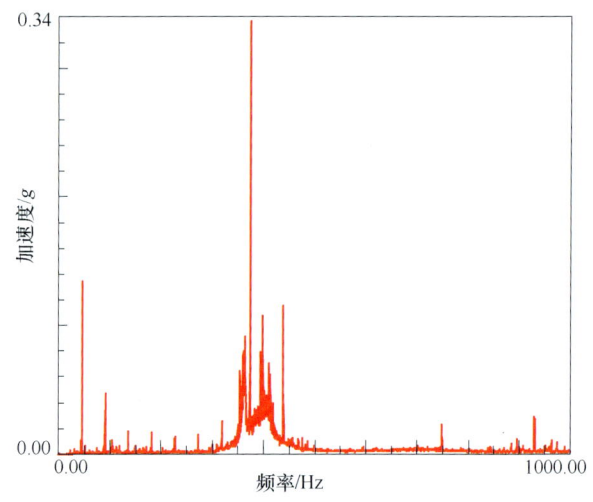

图 4-59 某信号的线性自功率谱

不同的试验人员试验时可能会采用不同的频率分辨率，因此，谱函数的幅值可能会有差异，不方便进行对比。而 PSD 剔除了频率分辨率的影响，因而，可比性更强。在各类国标中，通常用的都是 PSD 来描述信号的频域结果。

如果信号是随机信号，当用线性自功率谱时，不同的频率分辨率下，线性自功率谱幅值明显不同，如图 4-60 所示。

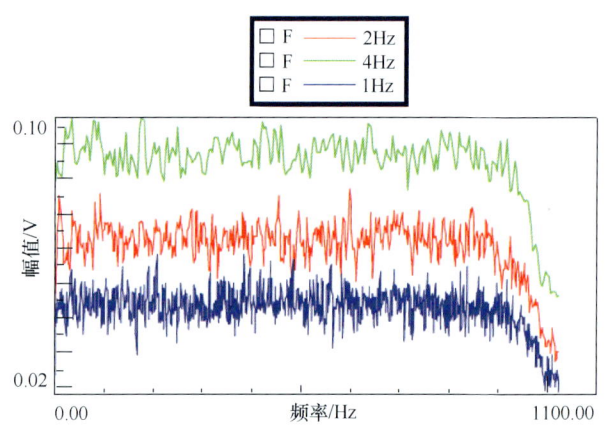

图 4-60 线性自功率谱表示同一随机信号

而当用 PSD 表示时，即使采用不同的频率分辨率，PSD 都相同，如图 4-61 所示。

因此，对于随机信号，通常应用 PSD 来表征。

4.8.5 能量谱 ESD

能量谱 ESD 通常用于瞬态信号。因为对于瞬态信号而言，研究它的总能量比研究它在采样总时间内的平均功率更有意义，它也只有 RMS 格式。另外，能量与速度相关，所以能量谱 ESD 用速度来表示。实际运算是将 PSD 的值倍乘以测量周期 T 的值。因此，一般很少用 ESD，某信号的 ESD 如图 4-62 所示。

4.8.6 互谱 CrossPower

互谱也是通过频谱计算得到的，但是是一个信号的频谱乘以另一个信号的频谱的共轭得到，它的结果为复数形式，有幅值和相位信息，任一频率下的相位为两个信号的相位差。因此，计算互谱时，一定是两个信号。

如果对互谱进行线性平均，那么两个信号不相关的成分将会被弱化。

互功率谱蕴涵有两个信号之间在幅值和相位上的相互关系信息。它在任意频率处的相位值，表示两个信号在该频率的相对相位（相位差），因此，可用它研究两个信号的相位关系。

另一方面，相位移动表示的是时间移动（相移对应时移）。因此，可利用互谱检测和确定信号传递的延迟。

在声强估计时，通过声强探头上两个传声器，计算它们的互谱，进行声强估计。

在 OMA 分析时，用到的也是互谱。计算传递率（这个传递率不同于评价隔振装置隔振效果用的传递率，虽然名称一样，但表示的物理意义完全不同）时，也是互谱与自谱之比，只不过此时是两个响应信号之比。

互谱另一个重要的应用是计算频响函数 FRF 和相干。如进行 H_1 估计

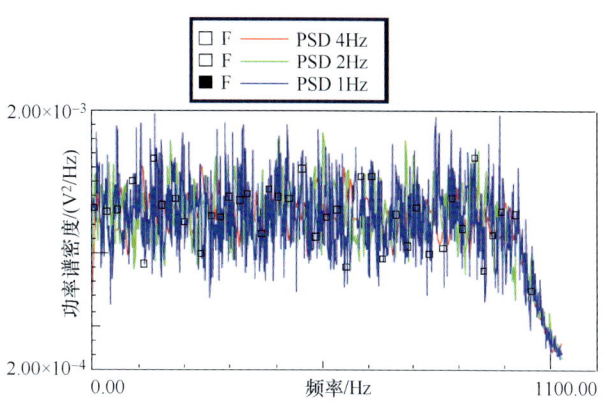

图 4-61　用 PSD 表示随机信号

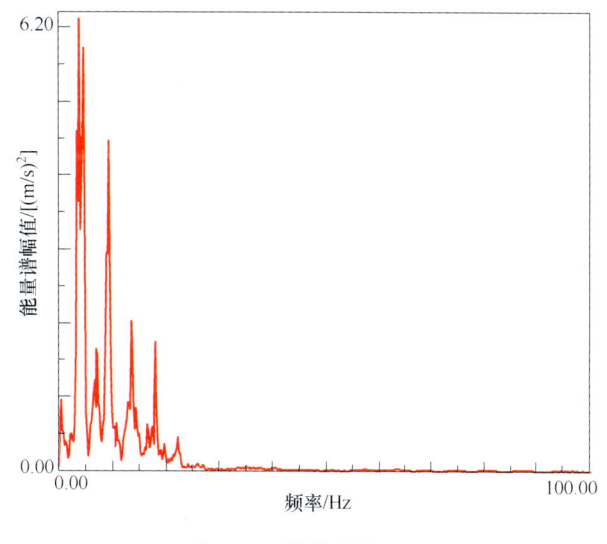

图 4-62　某信号的 ESD

时，用的是响应与激励的互谱除以激励的自谱，而 H_2 估计刚好相反，用的是响应的自谱除以响应和激励的互谱。

4.8.7　频响函数 FRF

频响函数是响应与激励之比，表征的是结构的固有属性。可类比弹簧的静刚度来理解，当弹簧制作好之后，它的刚度也就确定了，拉力大一点，弹簧的伸长量也大一点。类似，频响函数也有这样的特点，激励大一点，结构的响应也会大一点。与弹簧静刚度不同的是，它是随频率变化的，是结构的动态特性，是固有属性，与外界激励没有关系。

我们都知道锤击法或激振器法进行模态测试都测量频响函数。频响函数是模态分析所必需的数据。关于频响函数 FRF 的详细介绍请参考第 2 章 2.5 什么是频响函数 FRF，因而，在这暂不对频响函数做过多说明了。

4.8.8 相干函数

相干反映多分量组成的输出信号中最大能量与输出信号中总能量的比值。相干可用于检测由别的通道信号功率引起的一测量通道的功率。据此用于评估频响函数的测量质量。另外，它不仅用于评估输入输出关系，还可用来评估多个激振器给出的激振力之间的相干关系。

相干函数是个平均函数，如锤击法测试时，当力锤锤击第一次，相干完全为1，这是因为第一次，起不到平均的作用。要体现出相干函数的作用，至少要锤击两次或两次以上。

相干函数的取值范围在0~1之间。高值（接近于1）表明输出几乎完全由输入引起，你可以充分相信频响函数的测量结果。低值（接近于0）表明有其他的输入信号没有被测量出，或存在严重的噪声、泄漏，或系统有明显的非线性，或时延等问题。

图4-63所示为某一测点的频响函数和相干曲线，从相干曲线上可以看出，在反共振峰处，相干系数往下掉，如图4-63中728Hz处，相干只有0.28。这是因为，在反共振峰处，结构没有响应或响应很微弱。因此，激励与响应之间没有因果关系。而在共振峰处，刚好相反，结构很容易被激励起来，相干系数接近1。

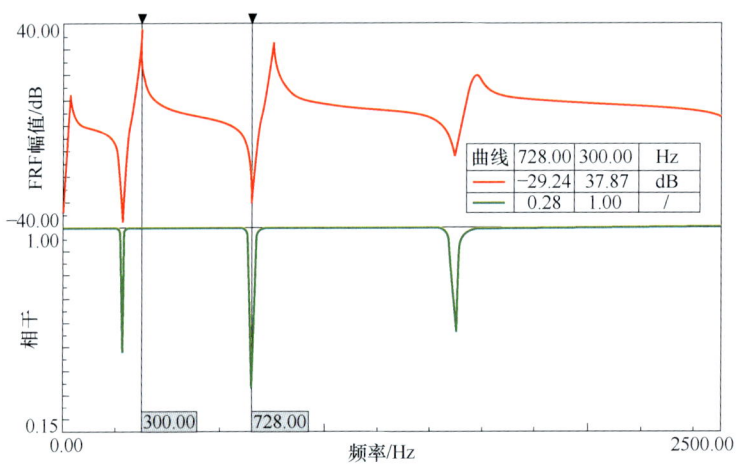

图4-63 某信号的FRF和相干

4.8.9 Overall Level

Overall Level（OA），也称为总量级，表征的是信号的总有效值随时间或转速（或其他信号）的变化曲线。我们知道有效值表征的是信号的能量，因此，Overall Level表征的是信号能量的变化趋势。所以，通常在做FFT计算时，同时计算Overall Level。

Overall Level的计算过程如下：对一帧长度的时域信号做FFT，得到瞬时频谱S，计算该瞬时频谱整个带宽内的总有效值A，然后根据FFT计算的参数设置（重叠或步长参数），重复上一步的计算过程，直到计算完所有的时域信号。将各瞬时频谱得到的总有效值，按时间或转速先后关系连成曲线，就是所谓的Overall Level。大致过程如图4-48所示。对于旋转机械而言，所有的阶次切片和非阶次成分的总和就是Overall Level。关于Overall Level的详细介绍请参考本章4.7什么是Overall Level。

综上所述，频谱是各种谱函数的计算基础，一般很少用它，除非在 TPA 或 ODS 中才可能用到。AutoPower Linear 是最常用的，也是大多数软件做 FFT 计算时的默认设置。而 AutoPower（自功率谱）也很常用，计算 AutoPower Linear、PSD 时都要用到它。PSD 也很常用，如应用在模态分析、路谱测试、随机信号采集等方面。ESD 一般用来表征瞬态信号。互谱是个中间量，经常用它来计算 FRF、相干、估计声强或 OMA 分析等。FRF/相干是模态分析必需的数据类型，一些接附点的灵敏度分析也是用它。Overall Level 表征的是信号能量的变化趋势，因此，这个也经常用来表示信号能量的变化趋势，特别是对于旋转机械。各种谱函数的 Peak、RMS 和 Peak-Peak 格式不关键，因为可以相互转换，默认可能是 Peak。

4.9 幅值修正与能量修正

对振动噪声信号进行频谱分析时，总是会涉及与修正相关的问题：什么时候使用幅值修正，什么时候用能量修正？还是对每条谱线都进行修正吗？

我们知道，施加窗函数可以减少泄漏，但窗函数本身会使数据在两个方面失真：幅值失真和能量失真。可使用窗函数的修正因子去补偿这方面的影响。有两种修正方式：幅值修正和能量修正。常见窗函数的幅值修正因子和能量修正因子见表 4-6。为了修正幅值或能量失真，加窗后的频谱每条谱线都要乘以一个固定的修正因子，这个因子由施加的窗函数的类型决定。

表 4-6 幅值修正因子和能量修正因子

加窗的类型	有效噪声带宽（ENBW）	幅值修正因子	能量修正因子
矩形窗	1.0	1	1
汉宁窗	1.5	2	1.63
平顶窗	3.8	4.18	2.26
哈明窗	1.36	1.85	1.59
布莱克曼窗	2.0	2.80	1.97
凯赛窗	1.8	2.49	1.86

假设一个有效值为 1V，频率为 20Hz 的正弦波，如图 4-64 所示。

对这个信号设置频率分辨率为 1Hz，施加矩形窗，得到的频谱如图 4-65 所示，结果是有效值为 1V 的单条谱线，与预期相同。由于施加的窗函数是矩形窗，信号满足 FFT 变换要求，即使不考虑修正，这个频谱也不存在失真（修正因子是 1）。

对这个正弦信号施加汉宁窗进行频谱分析，结果如图 4-66 所示，即不再是单条谱线，而是 3 条谱线，这 3 条谱线对应的频率分别为 19Hz、20Hz 和 21Hz，不考虑幅值修正时，频谱图中每条谱线对应的有效值分别为 0.25V、0.5V 和 0.25V，如图 4-66 所示。如果考虑幅值修正，那么，修正后的 3 条谱线对应的幅值分别为 0.5V、1V 和 0.5V，如图 4-67 所示。修正前后每条谱线的幅值相差 2 倍，这也就说明了汉宁窗的幅值修正因子为 2。其他窗函数的幅值修正因子见表 4-6。

对加窗的信号进行修正时，不可能同时修正幅值和能量，也就是说，不能同时进行两种修正，只能按一种方式进行修正。对比图 4-65 和图 4-67 所示的频谱，我们发现，在 20Hz

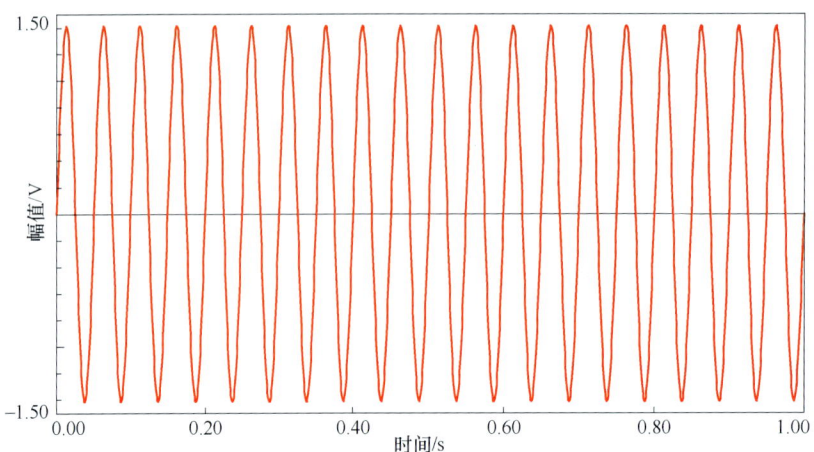

图 4-64　有效值为 1V，正弦波频率为 20Hz

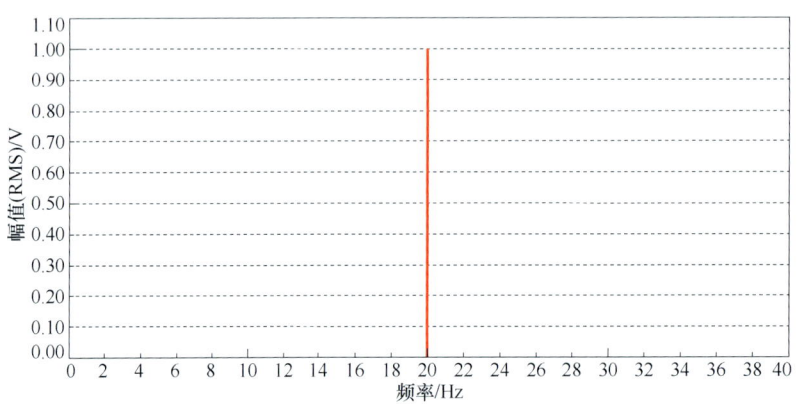

图 4-65　1V 有效值的预期频谱

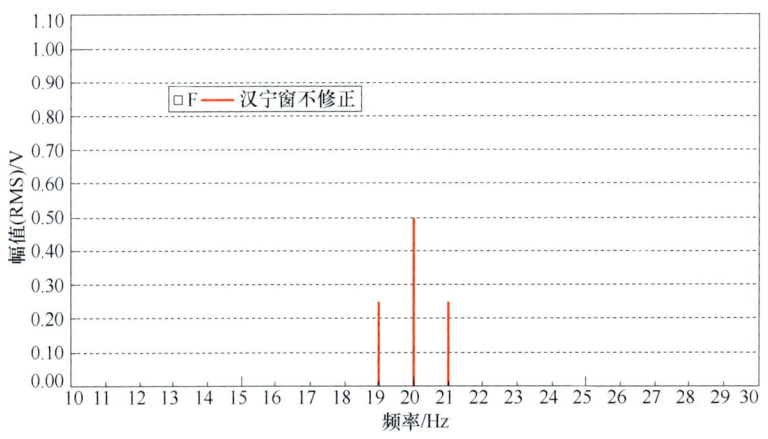

图 4-66　不考虑幅值修正的频谱

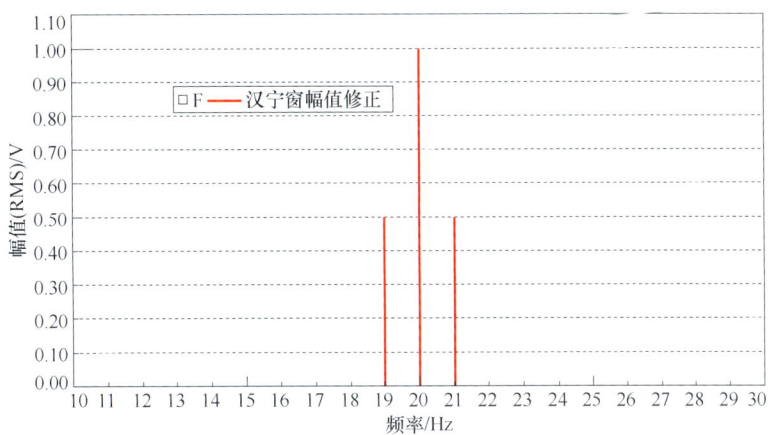

图 4-67 幅值修正的频谱

处两者的幅值相同,但图 4-67 所示的频谱在 19Hz 和 21Hz 也出现了 0.5V 的幅值,这将必然导致图 4-67 所示的频谱的能量大于图 4-65 所示情况。

应用不同的修正因子去调整信号的能量大小。对于汉宁窗而言,进行能量修正时,每条谱线不能再乘以幅值修正因子 2 了,而应该乘以能量修正因子 1.63。对之前的正弦信号施加汉宁窗,按能量修正方式得到的频谱如图 4-68 所示。在 19Hz、20Hz 和 21Hz 处对应的幅值分别为 0.4075V、0.815V 和 0.4075V。但这个幅值与幅值修正的结果有明显的差别,计算的能量与原始信号相同。原始信号在不修正、幅值修正和能量修正时相应谱线处的幅值大小见表 4-7。从表 4-7 中可以看出,两种修正方式下峰值处的幅值是不相等的,查看频谱结果时,每次只能按一种方式进行修正。当关心幅值时,应采用幅值修正方式。

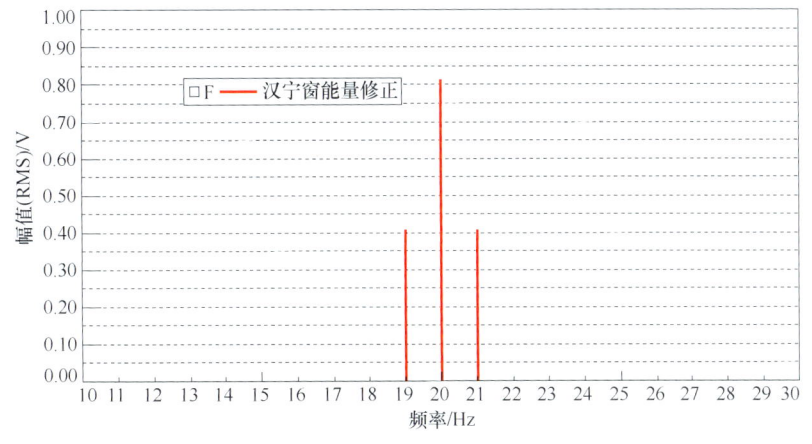

图 4-68 能量修正的频谱

虽然在这是用正弦信号来说明的,但其他类型的信号同样也是这样的修正过程。在 Testlab 软件中,你可以通过"选项"下面的"通用"选项卡中的"2D Correction Mode"来选择修正方式,如图 4-69 所示。2D 是指二维显示,如前后图、波德图、上下图等。软件中默认的设置是"自动"。

表 4-7 加汉宁窗时，不同修正方式下的谱线 RMS 值　　　　　　　　（单位：V）

修正方式	19Hz	20Hz	21Hz
真实频谱	—	1.0	—
不修正	0.25	0.5	0.25
幅值修正	0.5	1.0	0.25
能量修正	0.4075	0.815	0.4075

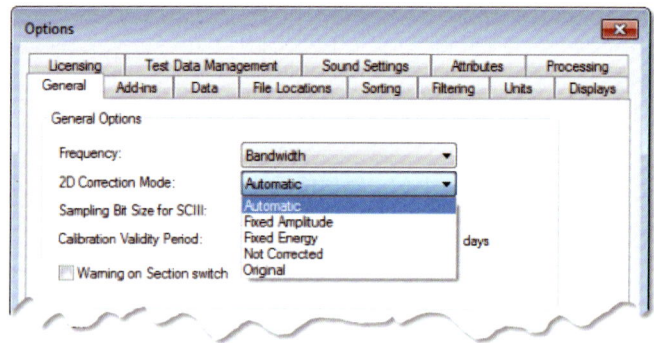

图 4-69　选择修正方式

二维修正模式下的选项意义如下：

1）Automatic（自动）——修正模式基于频谱类型：①对频谱、自功率谱（包括线性形式）和阶次采用幅值修正；②功率谱密度采用能量修正。

2）Fixed Amplitude（幅值修正）——所有类型的频谱都采用幅值修正。

3）Fixed Energy（能量修正）——所有类型的频谱都采用能量修正。

4）Not Correctd（不修正）——不进行任何修正，谱线的幅值是最小的。

5）Original（最初修正方式）——如果数据采集时应用了某种修正，将显示这种修正方式的结果。

窗函数修正另一个重要的应用是计算信号的 RMS 值。按 4.3 计算信号 RMS 一节中计算 RMS 的公式计算，图 4-67 所示频谱的有效值为

$$\text{RMS} = \sqrt{0.5^2 + 1^2 + 0.5^2}\,\text{V} = \sqrt{1.5}\,\text{V} = 1.225\,\text{V}$$

可见，这样计算出来的 RMS 值大于 1V，原始时域信号的有效值并没有改变，但为何计算出来的有效值却变大了呢？这是因为我们计算出来的有效值是按幅值修正来计算，正确的做法应该是按能量修正来计算，因为有效值反映的是信号的能量。如果之前修正的方式是幅值修正，那么，需要转换成能量修正。需要对幅值修正后的信号除以相应的幅值修正因子，然后再乘以能量修正因子，再按以上公式进行计算。

很多读者可能曾经碰到这样的问题：通过软件计算某个频段内的 RMS 值与将数据导出到 Excel 自行计算得到的总 RMS 值对不上。这就是因为采用了幅值修正来计算有效值，而不是能量修正。

如果是幅值修正，我们也可以考虑采用有效噪声带宽（ENBW）来修正有效值。施加汉宁窗时，汉宁窗的有效噪声带宽是 1.5，需要用修正后的所有谱线的有效值幅值平方和除以

这个有效噪声带宽，然后再取平方根。此时，计算图4-67所示的频谱得到的结果为1V的有效值，与预期一样。因此，如果是幅值修正，计算有效值时可用总能量或总功率（所有谱线幅值的平方和）除以有效噪声带宽，然后再开二次方，即

$$RMS = \sqrt{\frac{\sum (RMS_{幅值})^2}{ENBW}}$$

为什么以上计算有效值的方式与按能量修正得到的结果相同呢？这是因为，本质上两者是相同的。如以施加汉宁窗为例，如果是按能量修正方式，那么幅值修正后的谱线幅值（RMS形式）还需要除以幅值修正因子2（还原成不修正时的幅值），然后再乘以能量修正因子1.63。而按上式计算，得到的结果与能量修正相同，这是因为

$$\sqrt{\frac{1}{1.5}} = 1.63/2$$

窗函数的有效噪声带宽是个常数，如矩形窗的有效噪声带宽为1.0，汉宁窗的为1.5，哈明窗的为1.36，平顶窗的为3.77等。仍对之前的时域正弦信号施加哈明窗，频率分辨率为0.5Hz，得到的频谱如图4-70所示，仍为3条频谱，频率分别为19.5Hz、20Hz和20.5Hz，幅值修正后的幅值分别为0.4254V、0.9989V和0.4254V，而哈明窗的有效噪声带宽为1.36，求解有效值为

$$RMS = \sqrt{\frac{(0.4254^2 + 0.9989^2 + 0.4254^2)}{1.36}}V = 1V$$

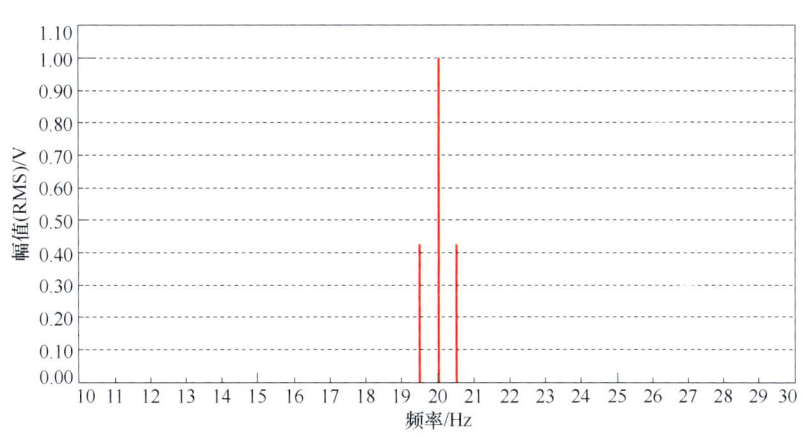

图4-70 加哈明窗的频谱

对上面内容总结如下：

1）窗函数会降低信号的幅值和能量，需要进行修正。

2）在频域，需要对每条谱线进行修正，不能同时应用能量修正与幅值修正，只能按一种方式进行修正。

3）修正通过乘以相应的修正因子实现。

4）在Testlab中频谱、线性自功率谱、功率谱默认采用幅值修正，功率谱密度PSD默认采用能量修正。

5）计算RMS时，总是考虑能量修正，即使应用了幅值修正。

6）由幅值修正计算 RMS 时，结果需要乘以能量修正因子与幅值修正因子的比值。

4.10　各种平均方式的区别

> 在使用 Testlab Signature 模块进行信号采集或者对时域信号进行后处理时，如果进行稳态平均分析，那么有五种不同的平均方式可用于频域数据分析，这些平均方式分别为：
> - 能量平均
> - 线性平均
> - 能量指数平均
> - 最大值平均
> - 最小值平均

对于大多数 NVH 试验工程师而言，可能都曾思考过这样的问题：在这些平均方式之间，有什么不同呢？如果进行了一次测量，哪种平均方式是合适的呢？

我们知道，Testlab Signature 有两种常用的测量模式：跟踪和稳态，只有当选择测量模式为稳态时，最终的结果才是对所有帧的时域数据的瞬时频谱进行平均，得到一个平均的频谱结果。而跟踪测量模式保存每帧时域数据对应的瞬时频谱，不做任何形式的平均。

在实际测量的时候，通常时域数据很长，如果采用稳态测量模式，会进行多次的平均。在这从简化与说明问题的角度出发，假设只采集了三块（三帧）自谱数据，对这三块自谱数据进行平均得到最终的结果。当采用以上五种平均方式时，对比这三块数据的平均结果，以表明这几种平均方式的差异。

假设，这三块数据为仅包含 20Hz 的电压信号，但电压幅值不同，因此，每块数据的频率成分只位于 20Hz 对应的频线处，但幅值从第一块到第三块自谱数据的幅值分别为 5V、7V 和 12V。

由于线性平均最简单，所以首先考虑这种平均方式，它是所有数据块幅值的线性代数和除以数据块的块数的结果，或者说是计算所有数据块的算术平均，其计算公式为

$$\overline{A}_{线性} = \frac{1}{N}\sum_{i=1}^{N} a_i$$

如果数据块是实数（如自谱），那么，线性平均非常直观：将同一谱线下的幅值代数相加除以数据块块数即可。按上式对之前三块自谱数据进行线性平均，最终结果是 20Hz 谱线处的幅值为 8V。

$$\overline{A}_{线性} = \frac{1}{3}(5+7+12) = 8$$

以上针对的是实数频谱，如自谱。如果平均的数据块是复数（如频谱、互谱或 FRF），那么线性平均将分别对实部和虚部进行平均，然后用平均后的实部与虚部构建一个平均的复数结果。平均后的复数幅值为实部和虚部的平方和的平方根，即

$$\overline{A}_{幅值} = \sqrt{实部^2 + 虚部^2}$$

线性平均对每个幅值采用相同的计权。线性平均在处理过程中会包含相位，如果相位可用的话。例如，频谱是包含相位的，自谱是不包含相位的。当对频谱进行线性平均时，会随着平均的进行，得到的结果越来越趋向于零，即使信号是周期信号。如果相位的影响很重要，那么应谨慎使用线性平均。

接下来，将采用能量平均方式对这三块数据进行平均，能量平均是稳态测量模式默认的平均方式。能量平均计算所有幅值的平方的平均值，如果信号带有相位，将会移除相位。能量平均计算公式如下：

$$\overline{A}_{能量} = \sqrt{\frac{1}{N}\sum_{i=1}^{N} a_i^2}$$

按上式对之前三块自谱数据进行能量平均，最终结果是20Hz谱线处的幅值为8.52V。

$$\overline{A}_{能量} = \sqrt{\frac{1}{3}(5^2 + 7^2 + 12^2)} = 8.52$$

由于能量平均计算公式的特性，这种平均类型的最终结果是对大幅值采用更高的计权。这样，数据中夹杂的噪声对平均的结果不会有大的贡献，峰值数据将占主导。因为能量是正比例于幅值的平方，能量平均能度量有多少能量来源于每一个数据块。不同于线性平均，能量平均只考虑绝对值或幅值，因此，不管数据是实数还是复数，采用能量平均都没有区别。通常在声学应用中采用能量平均，如采用能量平均计算一些声压传感器的平均声功率。

能量指数平均方式将对不同的数据块采用不同的计权，后采集的数据块计权大于先采集的。如假设计权因子为50%，则表示最后一块数据的权重为50%；倒数第二块数据的权重为最后一块的50%，即25%；倒数第三块数据的权重为倒数第二块的50%，即12.5%，依次类推，直至第一块数据。其计算公式如下：

$$\overline{X}_n = \frac{1}{T}X_n + \frac{T-1}{T}\overline{X}_{n-1}; \quad T = \frac{1}{1-计权因子}$$

式中　$\overline{X}_n$——第 n 次平均的结果；

X_n——第 n 块数据序列。

每次平均时，由于系数 $1/T + (T-1)/T = 1$，因而，数据块之前的系数之和均为1。

指数计权因子由用户指定，取值位于 0~100% 之间。如果计权因子为0，最终结果为最后一块数据的结果；如果计权因子为100%，最终结果为第一块数据的结果。

在这个例子中，假设指数计权因子为50%，由于有3块数据，那么只需要平均2次即可，依据上面的公式，则

$$\overline{X}_2 = \frac{1}{2} \times 12 + \frac{2-1}{2}\left(\frac{1}{2} \times 7\right) + \left(\frac{2-1}{2}\right)^2 \times 5 = 9$$

在这个例子中三块数据的序列分别为5V、7V和12V，20Hz处指数平均后的值为9V。注意到，对于指数平均方式，测量数据块的先后顺序很重要，如果之前的三块数据顺序不同，则最终结果不同。如果这三个数据是按7V、12V和5V的顺序，则20Hz处指数平均后的值为7.25V。因此，不同于其他的平均方式，当使用指数平均时，数据块的先后顺序会影响最终结果。

最大值平均是在每一条谱线下，选择所有数据块中的最大值作为最终的结果，因此，经常称最大值平均为峰值保持平均。最大值平均取值规则如下：

$$\overline{x}_n(k) = x_n(k) \quad 如果 |x_n(k)| > |\overline{x}_{n-1}(k)|$$

否则
$$\bar{x}_n(k) = \bar{x}_{n-1}(k)$$

式中　x_n——第 n 次的频谱幅值；

　　　$\bar{x}_n$——第 n 次的平均频谱幅值。

对于这个例子：5V、7V 和 12V，最大值平均的结果是 20Hz 处的幅值为 12V。最大值平均对于测量最激烈的振动是有用的。

最小值平均是在每一条谱线下，选择所有数据块中的最小值作为最终的结果。其过程与最大值平均方式相反：最大值平均取所有数据块中每条谱线的最大值作为最终结果，而最小值平均取所有数据块中每条谱线的最小值作为最终结果。对于这个例子：5V、7V 和 12V，最小值平均的结果是 20Hz 处的幅值为 5V。

由于最大值平均是所有频谱结果的上限（包络），而最小值平均是所有频谱结果的下限，因此，两者的结果就可以确定频谱的范围。

从上面分析可以看出，平均方式会严重影响相应频谱中的幅值，如图 4-71 所示，对之前的例子采用不同的平均方式时，20Hz 处的幅值明显不同。从图 4-71 中可以看出，当采用不同的平均方式时，由于每条谱线的幅值不相同，那么必然影响信号的 Overall Level 值。如计算信号的声压级时，必然导致声压级大小不同。

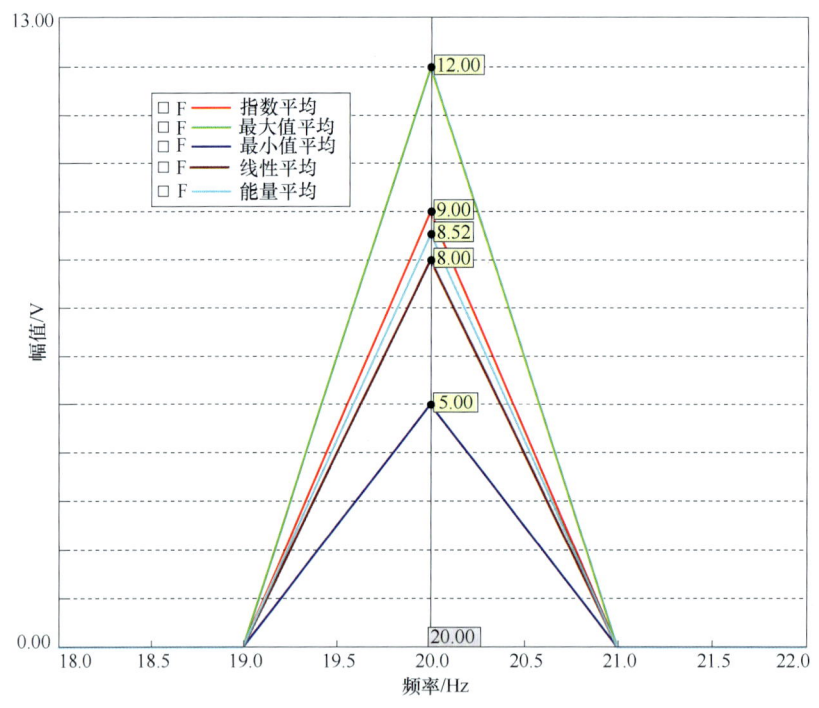

图 4-71　平均方式影响最终结果

接下来，我们将以一个实测噪声数据为例来对比这几种平均方式带来的影响。实测的噪声信号为稳态工况下的信号，时域信号如图 4-72 所示。对这个信号采用不同的平均方式，FFT 其他参数（频率分辨率、重叠系数）相同，得到的自功率谱线性形式结果如图 4-73 所示，纵轴为分贝形式，这样便于对比不同平均方式带来的差异。

从图 4-73 可以看出，最大值平均与最小值平均得到的频谱曲线分别位于图中的最高与

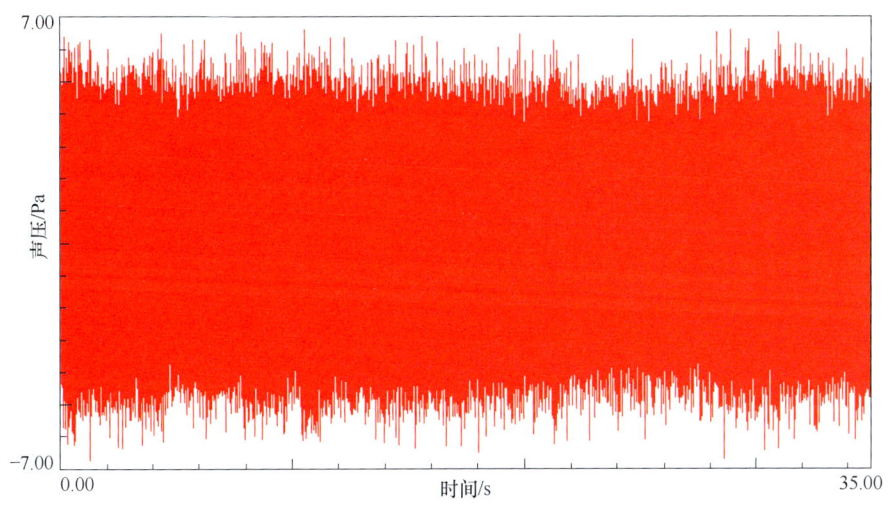

图 4-72 实测的噪声时域信号

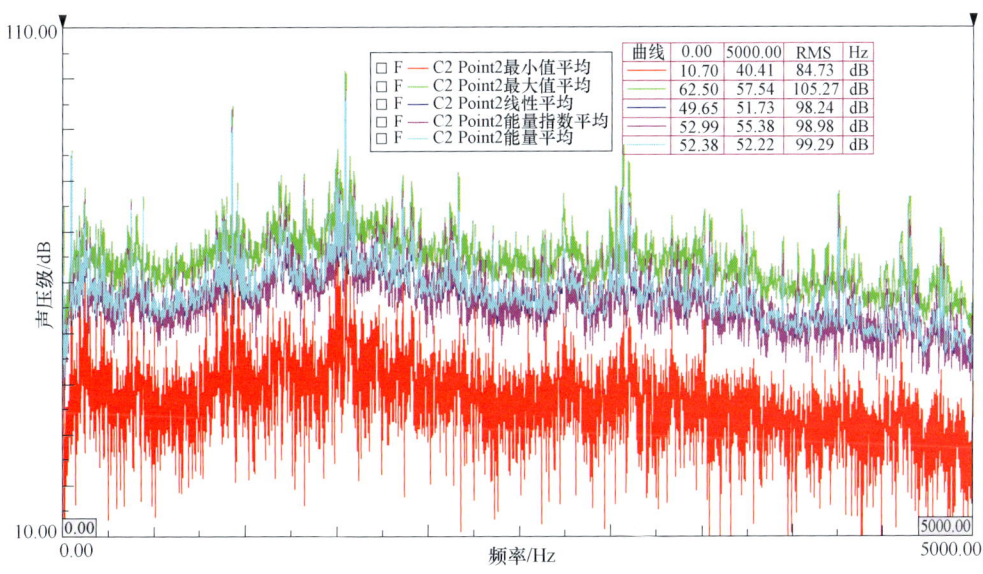

图 4-73 不同平均方式得到的频谱

最低位置,因而,确定了这个数据频谱的范围。其他三种平均方式得到的幅值从高到低依次为能量平均、能量指数平均和线性平均。因此,不同的平均方式得到的频谱结果是不同的。在这个例子中,后面这三种平均方式差异不大,这主要是因为两个方面的原因:第一,信号是稳态信号,所以采用指数能量平均与能量平均差异不大;第二,由于计算的函数为自功率谱线性形式,结果为实数,所以采用线性平均时,忽略了相位,如果计算的函数是频谱,则随着平均的进行,幅值会越来越小,导致线性平均的幅值大幅减小。

由于每种平均方式得到的每条谱线的幅值不同,因此,计算整个频带内的 Overall Level 值时,也会不同,如图 4-73 中的表格所示,当采用不同的平均方式时,计算得到的声压级不同。

结论:能量平均由于是谱线幅值的平方和,因此,对大幅值的数据计权较大,降低夹杂在信号中的噪声对平均结果的贡献。线性平均对所有数据计权相同，如果数据带有相位，则会考虑相位的影响。如果数据为复值，则分别对实部和虚部进行线性平均，然后用平均后的实部与虚部构建平均后的幅值。指数平均通常越后采集的数据块计权越重。最大值平均为所有数据的最大值，也称为峰值保持；最小值为所有数据的最小值，两者联合可得到数据的包络或范围。另外，平均方式也会影响整个频带内的 Overall Level 值。

4.11 频谱和线性自功率谱的区别

前面一节 4.8 各种谱函数的区别与应用里面已或多或少地介绍了这两种函数的区别和应用场合。但没有进一步细致地比较它们之间的区别。本节将通过实例比较它们的区别。

4.11.1 概念描述

Spectrum 称为频谱，AutoPower Linear 称为线性自功率谱。将时域信号通过 FFT 变换到频域后，可以用 Spectrum 或 AutoPower Linear 来描述。其中 Spectrum 是 FFT 变换得到的直接结果，是复数形式的结果，包含幅值和相位，而 AutoPower Linear 是 Spectrum 和它的共轭的乘积的平方根，是实数，只有幅值，无相位信息。

由于 Spectrum 包含相位信息，因此，当线性平均时会引起问题，而 AutoPower Linear 是信号的平方根，忽略了相位信息，因此可用于线性平均。

由于每次平均，信号的相位都会发生改变，这对瞬时 Spectrum 没有影响，但是对于平均的 Spectrum 却有影响，会使其幅值逐渐趋于零。而 AutoPower Linear 是瞬时 Spectrum 和其共轭的乘积，移除了相位的影响，因此，平均对 AutoPower Linear（以下所有的 AutoPower Linear 简称为 AutoPower）没有影响。

由 LMS SCADAS 数采 DA 信号源分别发出 5V 的随机信号和正弦信号，为了更明显地对比幅值大小，这里设定灵敏度为 100mV/V（实际应为 1000mV/V），这样幅值会比实际值大 10 倍。将该信号接入 AD 通道 1，设定为 vibration 组，同时利用虚拟通道复制该信号，定义为 other 组。Online processing 设置时对 vibration 组（通道 1）计算 Spectrum，对 other 组（虚拟通道）计算 AutoPower，每秒平均 2 次，频率分辨率都为 1Hz，默认加汉宁窗，幅值形式为 Peak。对随机信号计算 1~4500Hz 以内的平均值，对正弦信号取单峰幅值，实际采样设置见表 4-8。

表 4-8 参数设置

序号	信号类型	通道	通道组	带宽/Hz	平均方式	时长	谱类型	平均幅值/V
1	随机	CH1	vibration	5120	能量平均	30s	Spectrum	0.311
		虚拟通道	other				AutoPower	0.311
2	随机	CH1	vibration	5120	线性平均	30s	Spectrum	0.035
		虚拟通道	other				AutoPower	0.276
3		CH1	vibration	5120	线性平均	300s	Spectrum	0.011
		虚拟通道	other				AutoPower	0.276
4	正弦 75Hz	CH1	vibration	160	线性平均	30s	Spectrum	0.82
		虚拟通道	other				AutoPower	49.78

4.11.2 能量平均与线性平均

首先，采用能量平均方式，从图 4-74 可以看出能量平均方式下，Spectrum 或 AutoPower 的曲线完全一样（重叠），没有任何差异，哪怕是细微的差异都很难看出来。因此，能量平均方式下随机信号的 Spectrum 或 AutoPower 完全相同。

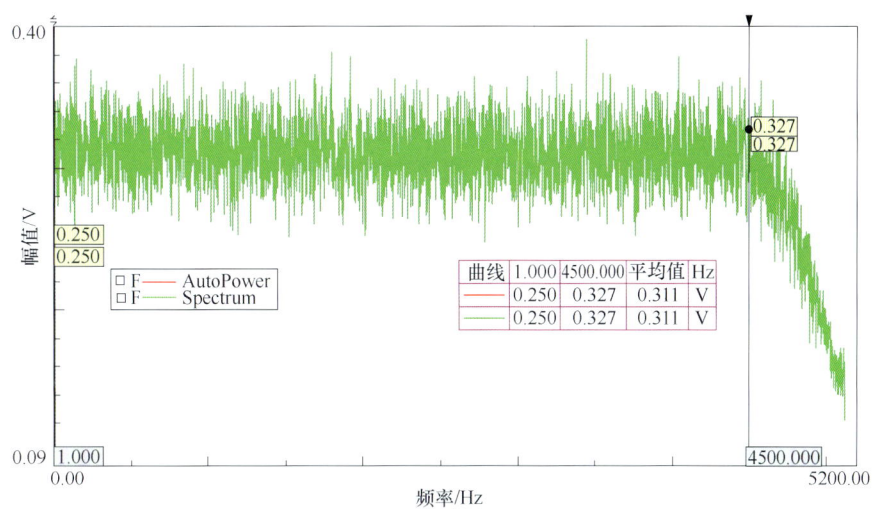

图 4-74　能量平均 30s

当采用线性平均方式时，从图 4-75 和图 4-76 中可以看出，Spectrum 的幅值比 AutoPower 的幅值小得多，Spectrum 趋向于 0，并且测量过程中，随着时间的推进，发现 Spectrum 的幅值越来越小。这一点，可从图 4-77 中看出，平均 300s，此时 Spectrum 的幅值为 0.011V，比平均 30s 的 0.035V 更小。但是，两种时长下，AutoPower 的幅值无明显变化。也就是说，平均的时间越长，Spectrum 的幅值会越接近 0。但是，Autopower 的幅值不随平均时间长度的变化而变化。

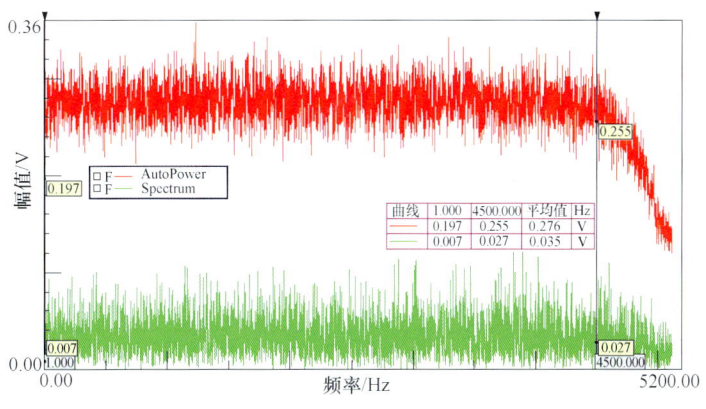

图 4-75　线性平均 30s

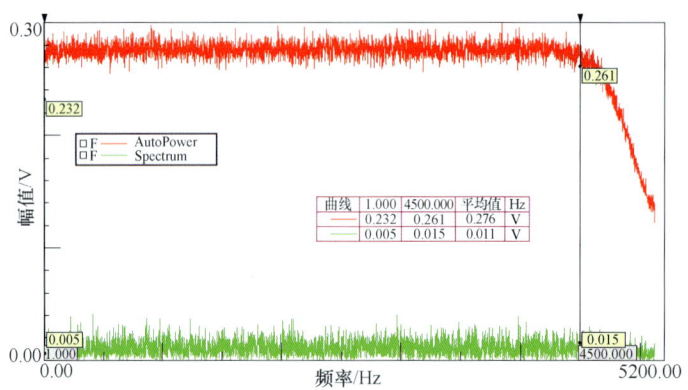

图 4-76 线性平均 300s

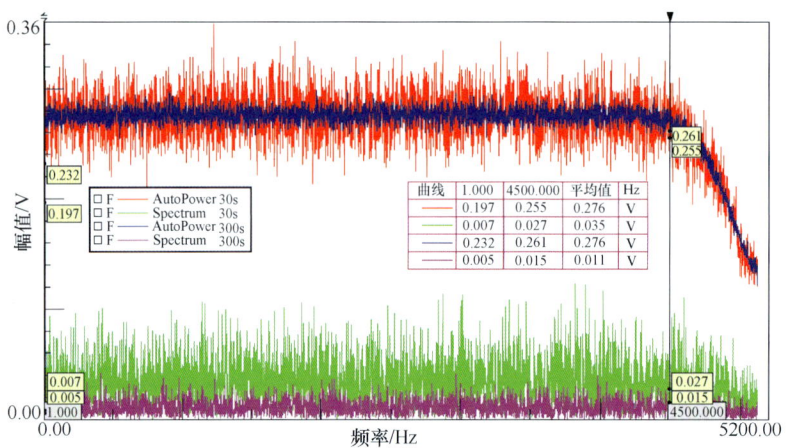

图 4-77 对比线性平均 30s 与 300s

4.11.3 对比能量平均和线性平均

从图 4-78 中可以看出,随机信号的线性平均与能量平均得到的 AutoPower 的幅值有差异,

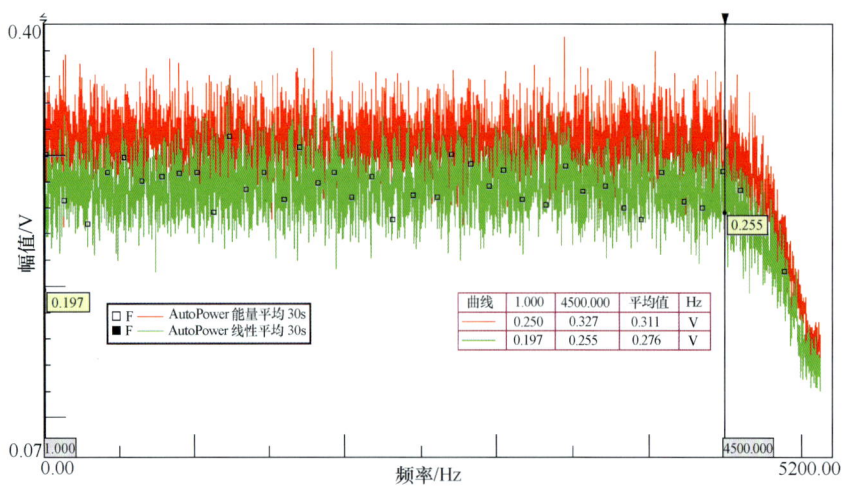

图 4-78 对比能量平均与线性平均

本次测试得到的能量平均方式下的幅值比线性平均方式下的幅值大。但这并不能说明能量平均得到的 AutoPower 幅值大于线性平均的幅值。两者到底哪个大，跟信号类型与幅值大小有关系。

对于正弦信号而言，由于频率分辨率为 1Hz，因此信号截断的长度为 1s，1s 内有 75 个周期（如果刚好从 0 幅值处开始截断，刚好有 75 个周期）。对正弦信号进行线性平均时，从图 4-79 可以看出，平均后的 Spectrum 幅值接近 0，而 AutoPower 的幅值保持不变。

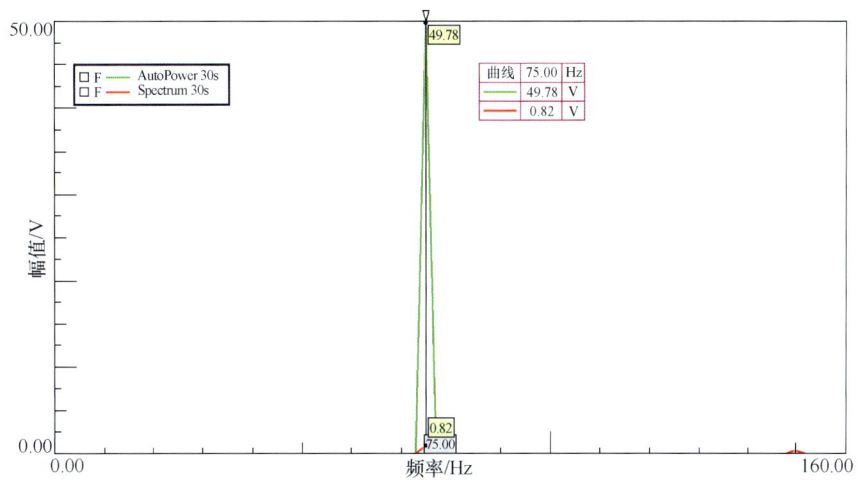

图 4-79　正弦信号做线性平均

4.11.4　结论

通过以上分析可以得出以下结论：

1）能量平均方式下随机信号的 Spectrum 或 AutoPower 完全相同。

2）线性平均方式下的随机信号的 Spectrum 幅值接近于 0，平均的时间越长，其幅值越接近 0。

3）线性平均方式下 AutoPower 的幅值不随平均时间长度的变化而变化。

4）线性平均与能量平均得到的 AutoPower 的幅值有差异。

5）对正弦信号进行线性平均，Spectrum 的幅值也会趋向于 0，而 AutoPower 的幅值保持不变。

4.12　频谱真的不能线性平均吗

在本章 4.11 频谱和线性自功率谱的区别中讲到对于随机信号和正弦信号做线性平均计算频谱 Spectrum 时，随着平均次数的增加，得到的 Spectrum 幅值会越来越趋向于 0。这时，不禁让人感觉到，计算 Spectrum 是不能使用线性平均的。但是，真是这样的吗？真的不能对 Spectrum 做线性平均吗？答案当然不是，Spectrum 也能有条件地做线性平均，那就是做相位参考谱。

由于每次线性平均时，信号的相位都会发生改变，因此对平均的 Spectrum 有影响。因为各个时域数据块的相位不相同，因此，将各瞬时 Spectrum 平均时，会使其幅值逐渐平均为零。对随机信号采用线性平均方式时，Spectrum 的幅值比 AutoPower Linear 的幅值小得多，Spectrum 趋向于 0，并且测量过程中，随着时间的推进，Spectrum 的幅值越来越小，如图 4-80 所示。另外一个方面，即使对正弦波进行线性平均，计算 Spectrum，其幅值也会逐渐趋向于 0。

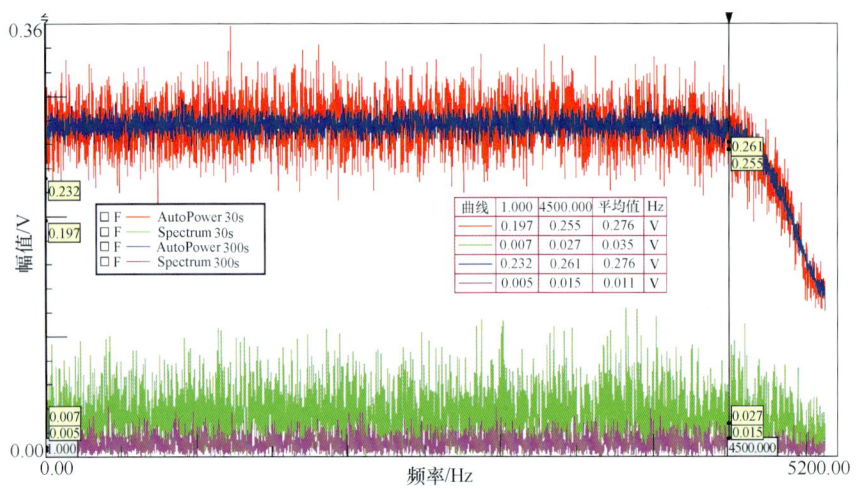

图 4-80　随机信号做线性平均

相位参考谱是指选取一个信号作为参考信号，计算以此参考信号为相位参考的频谱。计算相位参考谱时，对于信号中的随机噪声会随着平均的增加而逐渐趋于 0，而相对于参考信号有确定相位关系的部分，则不会随着平均的进行而趋于 0，这就是相位参考谱与频谱的不同之处。

首先对比一下同一个时域信号的自谱和频谱，都做线性平均，得到的结果如图 4-81 所示。从图 4-81 中可以看出，此时的线性平均方式下，频谱的幅值明显低于自谱幅值，这就是之前所说的原因。

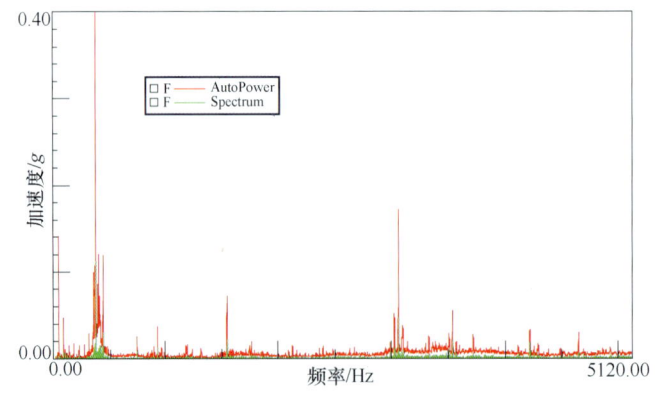

图 4-81　自谱和频谱

如果再添加一个信号，用于相位参考，计算这个信号相对于新添加信号的相位参考谱。对比一下之前得到的线性平均频谱，如图 4-82 所示。可以看出，相位参考谱得到的幅值明显大于平均的频谱。

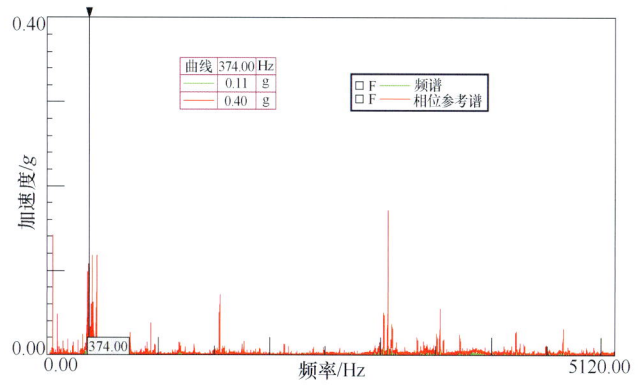

图 4-82　相位参考谱对比频谱

再对比一下相位参考谱与自谱的幅值大小，对结果局部放大，可以更仔细地对比两者的区别，如图 4-83 所示。从图 4-83 中可以看出二者的幅值相差不大。相差的部分正是由于信号中的随机噪声随着平均的进行而逐渐趋于零的缘故。

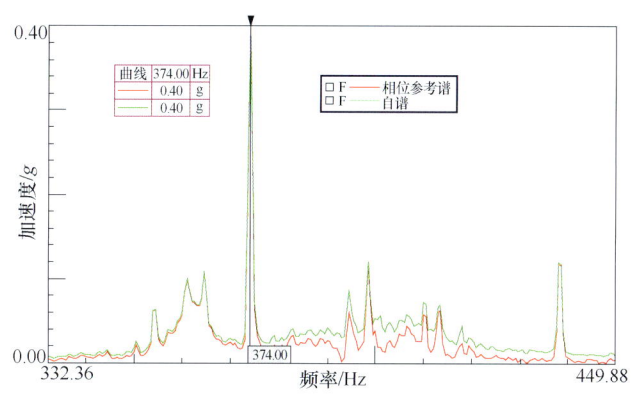

图 4-83　相位参考谱对比自谱

再以波德图显示频谱和相位参考谱的幅值和相位，分别如图 4-84 和图 4-85 所示，可以看出，除了频谱的幅值明显小于相位参考谱之外，频谱相位毫无规律，而相位参考谱相位大体趋势则较为清晰。

最后，你可能会问：相位参考谱到底有什么用呢？较为明显的用途有两个，一个是进行 ODS 分析时，可以用平均的相位参考谱，而不用自谱，因为自谱没有相位信息，而相位参考谱则包含相位信息。二是进行 TPA 测试时，通常会在发动机的顶部放置一个单向的加速度传感器，用作参考，此传感器的作用除了用于分批测量时因传感器或通道不够作为参考之外，当工况数据选 Spectrum 时，可用于计算相位参考谱，作为相位参考谱计算中的参考信号。

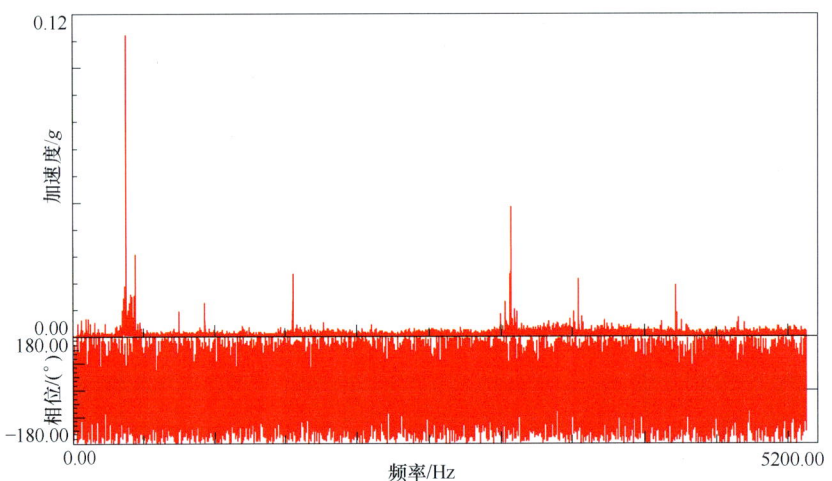

图 4-84 波德图显示频谱

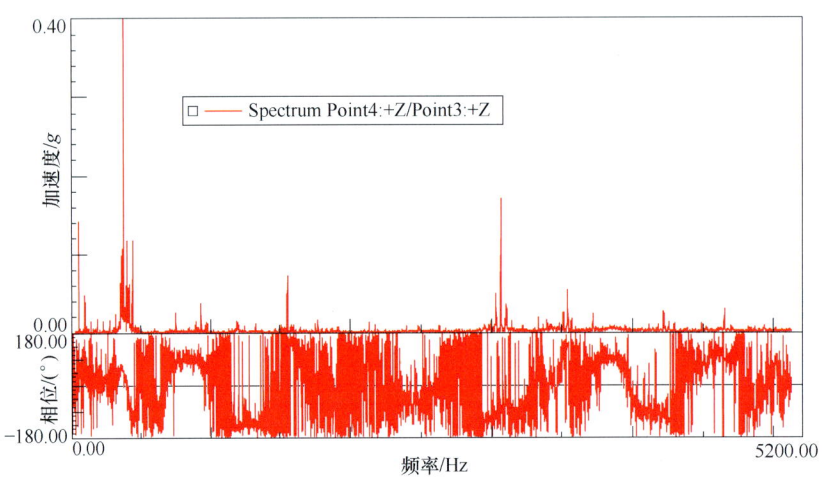

图 4-85 波德图显示相位参考谱

4.13 谱线对随机信号和周期信号的 PSD 或自谱的影响

在本章 4.1 DSP 基本名词术语及关系中已经讲解了什么是谱线和频谱的栅栏效应。本章 4.8 各种谱函数的区别与应用介绍了函数 PSD 和自谱的区别。本节主要讨论谱线是怎样影响 PSD 和自谱的。

4.13.1 讨论参数

在这,我们主要讨论的函数类型为自谱线性形式和 PSD,信号类型为正弦信号(周期信号)和随机信号,讨论不同谱线数下的这两个函数的幅值是否相同。讨论参数见表 4-9。

表 4-9 参数讨论表

	正弦信号（周期信号）	随机信号
自谱	?	?
PSD	?	?

我们知道谱线数的关系为

$$谱线数 = 带宽/频率分辨率$$

因此，在带宽一定（很多情况下数据已采集完成，因此分析带宽也就随之确定了）的情况下，谱线数与频率分辨率大小成反比。频率分辨率越高（数值越小），谱线越密。所以，在这将讨论不同的频率分辨率下，这两个函数的幅值是否相同。

讨论的频率分辨率分别为 1Hz、2Hz 和 4Hz，假设频率分辨率 4Hz 对应的谱线数为 N，则 1Hz 和 2Hz 的频率分辨率下的谱线数分别为 $4N$ 和 $2N$。

4.13.2 啤酒和杯子

看到这个小标题，你可能会很纳闷，啤酒和杯子跟信号处理有啥关系？本质上是没有关系，但在这里，真的要使两者发生关系。在这用啤酒表示信号，用杯子表示谱线。用啤酒和杯子来比拟信号和谱线可以使你更加形象地明白谱线到底是怎么影响函数的幅值的（见图 4-86）。

图 4-86 用啤酒和杯子表示信号和谱线

4.13.3 随机信号的自谱与 PSD

我们知道随机信号包含频带内所有的频率成分，也就是说在每条谱线上都有能量分布。在这我们对同一个随机信号采用不同的频率分辨率（1Hz、2Hz 和 4Hz）来分析，讨论不同的频率分辨率下的自谱幅值结果。

在讨论这个问题之前，我们讨论一个日常生活问题：在啤酒总量一定的情况下，3 人聚会和 6 人聚会，哪个聚会更开心（判定原则：每人喝的啤酒越多，则越开心）？

由于啤酒总量是一定的，参加聚会人数越多，对应的杯子也就越多，因此，每位参加聚会人员杯子中的啤酒也就越少。那么，人数少的聚会每人杯子中分得的啤酒也就越多，因而，3人聚会比6人聚会更Happy，因为每人分得的啤酒更多，如图4-87所示。

对于随机信号的自谱幅值而言，在不同的频率分辨率下，自谱幅值也有上述特点，即谱线越多，幅值越小，如图4-88所示。

所以，对于随机信号而言，频率分辨率越高，自谱幅值越小。不同的频率分辨率（谱线数不同）下，自谱幅值不同。

通过上面的分析，我们已经明白，人数不同的聚会，每人杯子中的酒量是不相同的，但有没有办法使之相等呢？（见图4-89）

上面考虑的是每个杯子中的啤酒总量，如果我们换一个评价指标，用单位体积上的啤酒总量，也就是啤酒密度来评价。那么，杯子中啤酒多的所占的体积也大，因而，即使杯子中的啤酒总量不同，但是每个杯子中单位体积上的啤酒密度是相同的，如图4-90所示。

因此，当用单位体积上的啤酒密度来评价聚会时，则不管参加聚会人数的多少，每人杯子中的啤酒密度是相同的。而当用PSD来描述随机信号时，也有相同的特点。即采用不同的频率分辨率，随机信号的PSD都相同，如图4-91所示。

所以，对于随机信号而言，即使采用不同的频率分辨率，各自的PSD是相同的。

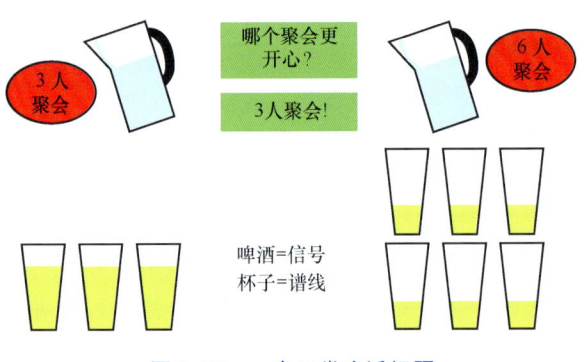

图4-87 一个日常生活问题

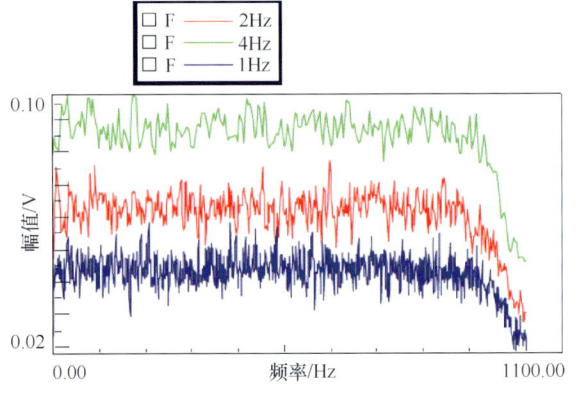

图4-88 随机信号的自谱

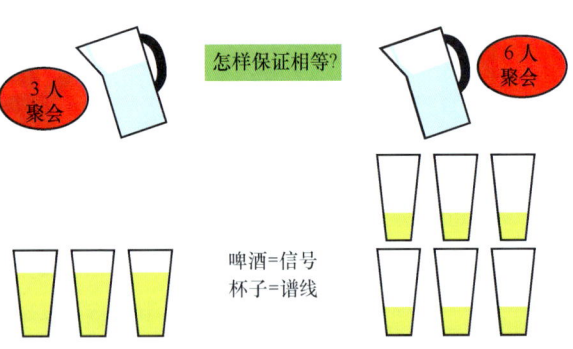

图4-89 如何保证公平

4.13.4 正弦信号的自谱与PSD

随机信号包含整个频带上所有的频率成分，而正弦信号（假设为单频）则只包含一个频率成分。因此，随机信号在每条谱线上都有能量分布，而正弦信号只分布在一条谱线上，如图4-92所示。

还是3人聚会和6人聚会，现在假设是某位参加聚会人员的庆功宴，聚会中只让他喝

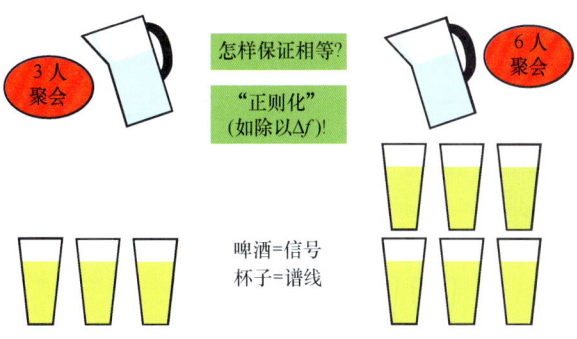

图 4-90　用密度保证相等

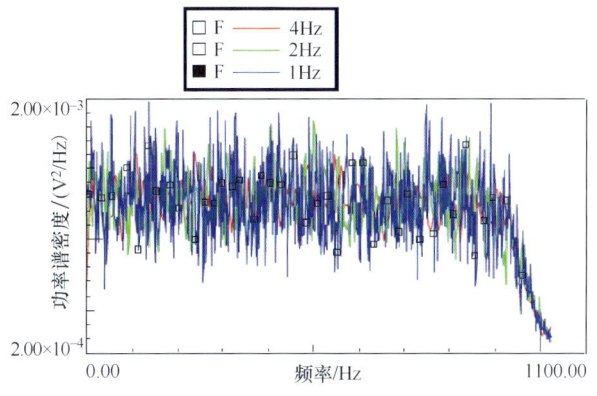

图 4-91　PSD 表示随机信号

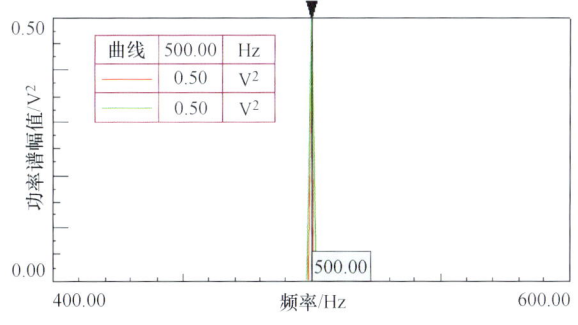

图 4-92　正弦信号的频谱

酒。因此，不管聚会人数多少，只往他的杯子中倒酒，那么，由于只有一人喝酒，因此，两类聚会下这两个杯子中的酒量总是相等的，如图 4-93 所示。

因此，正弦信号也有这种特点，因为正弦信号只包含一个频率成分，频率分布在一条谱线上，所以，正弦信号的自谱幅值在不同的频率分辨率下是相同的，如图 4-94 所示。

还是这两类聚会，还是用单位体积上的啤酒密度来评价。但稍稍有点不同的是，用于计算的体积有变化。在这我们主要考虑频率分辨率为 1Hz 和 2Hz 的情况，假设 1Hz 表示 1 个杯子的体积，2Hz 表示 2 个杯子的体积。我们知道 PSD 是自功率谱除以频率分辨率。由于啤酒总量是相同的，但是参与计算的杯子数量不同。因为体积不同，所以啤酒密度是不相同的，如图4-95所示。

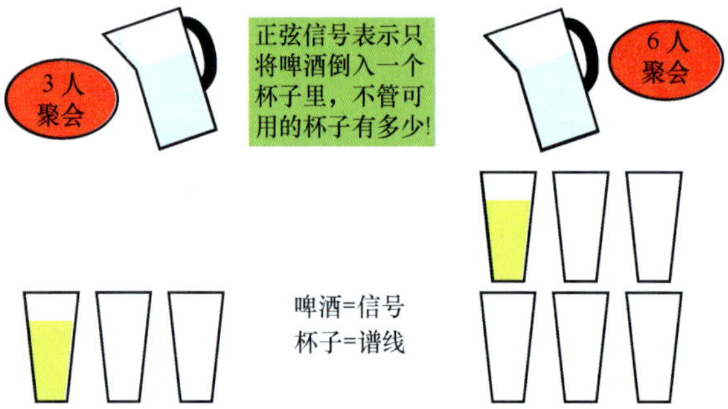

图4-93　只往一个杯子里倒酒

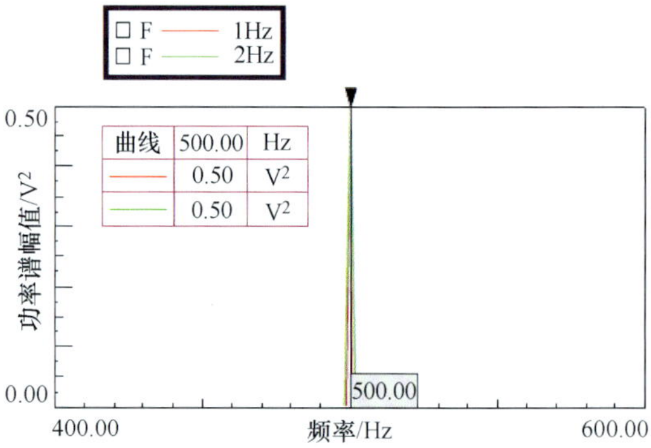

图4-94　不同频率分辨率下的自谱

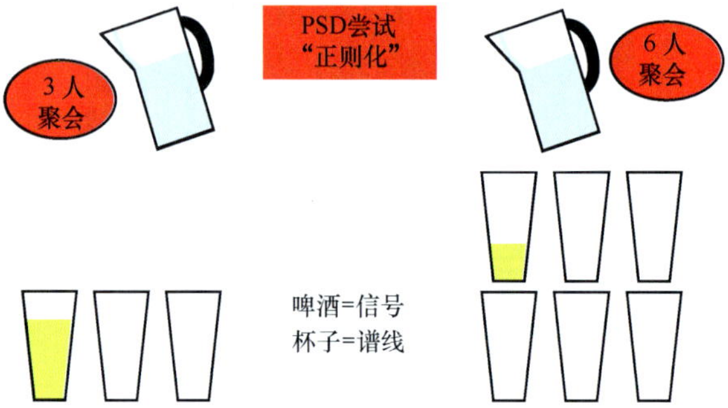

图4-95　密度不能保证相等

参与计算的杯子数量越少，则单位体积上的啤酒密度越大。因而，对于正弦信号而言，不同的频率分辨率下，正弦信号的PSD幅值是不同的。频率分辨率越高，PSD越大，如图4-96所示。

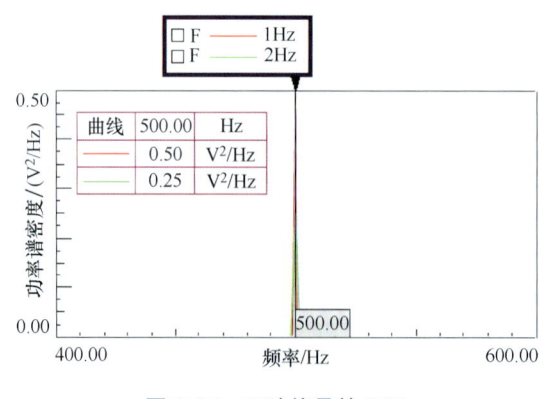

图4-96　正弦信号的PSD

4.13.5 结论

通过以上分析可知，当改变谱线条数时（使用不同的频率分辨率），随机信号和周期信号的 PSD 与自谱的幅值大小变化规律见表 4-10。

表 4-10 幅值大小变化规律

类 别	正弦信号（周期信号）	随 机 信 号
自谱	相同	不同
PSD	不同	相同

用频谱表示如图 4-97 所示。

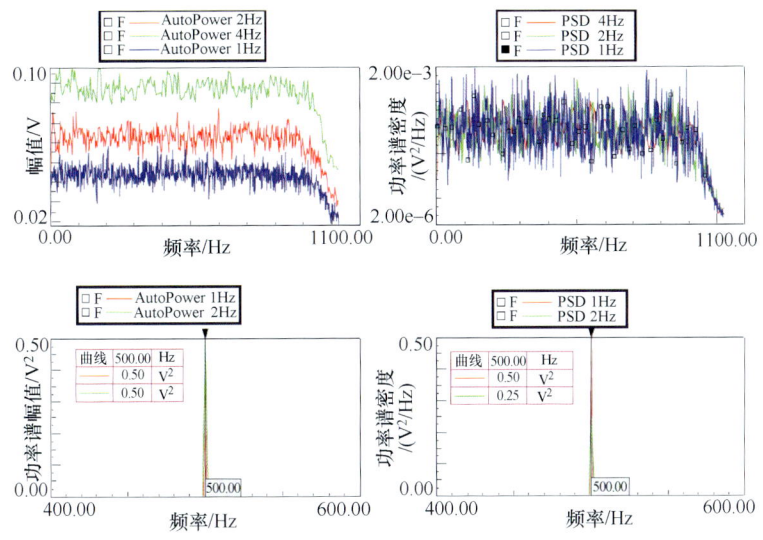

图 4-97 四种情况的频谱

通过上述分析，我们还可以得出一个结论：随机信号用 PSD 描述更合适，正弦信号（周期信号）用自谱描述更合适。我们知道，通常结构有若干阶固有频率，每阶固有频率是一个单频信号，因此，对一般的结构进行振动测试时，其频谱是窄带谱（有若干个单频成分）。由于频谱包含若干单频成分，因此，用自谱描述其频域结果是最合适的，这就是为什么商业软件默认的谱函数设置是自谱的原因所在。

4.14 什么是 ZoomFFT

ZoomFFT 实质上是一种频率细化的分析方法，当采样频率很高，而 FFT 分析点数又较少时，频率分辨率是很粗糙的，为了提高某个频率区间的分辨率，则需要用到 ZoomFFT。现今计算机的处理能力大大提高，频率分辨率可以提高到 0.02Hz 或者更小，因此，一定程度上，ZoomFFT 用得越来越少。但是，在某些领域，仍有它的使用价值。

在介绍 ZoomFFT 之前，让我们先介绍一下常见的傅里叶变换对。

4.14.1 傅里叶变换对

研究一些傅里叶变换对，对于理解傅里叶变换的一些基本特征是非常有帮助的。表4-11给出了一些常见的傅里叶变换对，除了第8个傅里叶变换对是频率移动之外，表4-11中左侧描述的都与时域信号相关。

表 4-11 常见的傅里叶变换对

序号	描述	$x(t)$	$X(f)$
1	微分	$\dot{x}(t)$	$j\omega X(f)$
2	积分	$\int x(t)\,dt$	$\dfrac{X(f)}{j\omega}$
3	常数	1	$\delta(f)$
4	单位脉冲函数	$\delta(t)$	1
5	高斯脉冲	$e^{-\pi t^2}$	$e^{-\pi f^2}$
6	对称	$X(t)$	$x(-f)$
7	时移（延迟）	$x(t-\tau)$	$e^{-j2\pi f\tau}X(f)$
8	频移	$x(t)e^{j2\pi at}$	$X(f-a)$
9	复数共轭	$x^*(t)$	$X^*(-f)$
10	矩形窗	$1.0 \leqslant t \leqslant T$	$T\dfrac{\sin(\pi fT)}{(\pi fT)}e^{-j\pi/T}$
11	乘积	$x(t)y(t)$	$\int_{-\infty}^{\infty} X(u)Y(f-u)\,du$
12	卷积	$\int_{-\infty}^{\infty} x(u)y(t-u)\,du$	$X(f)Y(f)$
13	帕斯瓦定理	$\int_{-\infty}^{\infty} x(t)y^*(t)\,dt$	$\int_{-\infty}^{\infty} X(f)Y^*(f)\,df$

在这要着重介绍第8个变换对：频移，它有一个重要的应用，即ZoomFFT。原始时域信号乘以某个函数，可以把要细化的频率移动到±f区间，这便可以对原始的时域信号做低通滤波处理了，然后再进一步处理。

4.14.2 ZoomFFT 变换过程

很多时候分析振动噪声信号时，可能要求集中关注一个有限的频率区间$f_{min} \leqslant f \leqslant f_{max}$，需要对这个频率区间做细化处理，也就是所谓的ZoomFFT。该方法本质上是基于表4-11中的第8个傅里叶变换对。这个傅里叶变换对表明，如果一个时域信号$x(t)$有一个傅里叶变换$X(f)$，那么这个时域信号$x(t)e^{j2\pi at}$将存在傅里叶变换$X(f-a)$。因此，测量的时域信号通过乘以指数项$e^{j2\pi at}$，那么，信号的频谱将向下移动到$f-a$。

我们将通过一个实例，表明这个变换过程。我们有一个信号，是按10kHz采样得到的，因此，这个信号对应的频率范围为$0 \leqslant f \leqslant 5kHz$。我们将细化的频率范围为$1900Hz \leqslant f \leqslant$

2100Hz，FFT 变换样本点数为 1024。

整个变换过程步骤如下：

1) 定义要进行分析的频率范围 1900Hz≤f≤2100Hz 的中心频率 $f_c = 2000$Hz。

2) 整个测量的时域信号乘以 $e^{j2\pi f_c t}$，注意这将产生一个复数信号。这一过程同时使频率移动到 -100Hz≤f≤100Hz。

3) 对这个频率发生移动的信号的实部和虚部施加一个低通滤波器，带宽为 100Hz。

4) 对上一步低通后的信号进行抽样，每 25 个点抽样一个（5000/200 = 25）。

5) 将抽样后的实部和虚部再组合成一个复数信号。

6) 对这个复数信号按每帧 1024 个样本点进行 FFT 变换。

7) 将负频率移动到频谱的下半段。

注意到 ZoomFFT 处理并没有违背频谱分析这个重要的关系：时域数据块的时间长度等于频率分辨率的倒数：$T = 1/\Delta f$。在第 4) 步中，对原始数据进行了抽样，因此，我们不得不使用 25 倍原来长度的时域信号才能保持 1024 个样本点。

为了获得相同的频率分辨率，另一种可行的办法是使用更大的数据点 $N = 25 \times 1024$。对于大数据块进行 FFT，早期是很难实现的，现今实现起来可能会容易些。虽然现在很少用到 ZoomFFT，但它仍有使用价值与作用。

当用 1024 个样本点对原始信号做 FFT 时，其频率分辨率为 9.765625Hz，而使用 ZoomFFT，相应的频带的频率分辨率为原来的 1/25，为 0.390625Hz，频率分辨率提高了 25 倍。

第 5 章 试验模态测试

模态测试分析可以帮助用户评价现有结构的动态特性、控制结构的辐射噪声、降低产品的噪声水平，并找到振动噪声产生的根源（如消除部件开裂问题），以及进行结构动力学修改、产品优化设计、验证有限元模型、提高数字模型的精度等。通过模态分析，用户可以深入了解产品的系统动力学特性，使得系统动力学设计对产品开发决策带来积极的影响。用户也可以使用模态测试和分析的结果来检测产品的变化或损坏，以便及时采取优化对策。因此，模态测试分析广泛用于机械、汽车、航天航空、国防军工和土木桥梁等行业。

根据分类，模态分为实验模态分析和工作模态分析。实验模态分析时激励力与响应同时测量，而工作模态分析只测量响应，激励力无法测量或不可预知。本章主要介绍传统的实验模态测试基础，实验模态是模态分析最基础的部分，掌握它的测试与分析方法是进一步进行其他类型模态分析的基础。

本章主要介绍传统实验模态测试过程中的边界条件、激励方式、几何模型、模态参考点选择、窗函数及锤击法与激振器法等内容。本章主要包括以下内容：

- 什么是模态分析
- 细说模态分析四大基本假设
- 试验模态测试分析一般流程
- 模态边界条件：自由边界与约束边界的差异
- 为什么要做自由模态分析
- 怎么选择激励方式
- 模态测量自由度的数目与分布
- 模态分析之几何模型
- 什么是模态参考点
- 模态分析之窗函数
- 模态测试之数据采集
- 什么是锤击法
- 锤击法测试注意事项
- 制动盘模态实例
- 风机叶片模态实例
- 什么是激振器法
- 常见的各种激励信号
- 激振器的安装

➢ 白车身模态试验注意事项

5.1 什么是模态分析

从方法论角度来讲，模态分析分计算模态分析和试验模态分析。如果模态参数是由有限元计算方法获得的，则称为计算模态分析。如果是通过传感器和数据采集设备获得数据，然后通过参数识别获得模态参数，则称为试验模态分析。关于二者的区别与联系，将在本书第 6 章 6.14 试验模态与计算模态的区别与联系中进行详细介绍。这一节主要从试验层面介绍什么是模态分析，主要内容包括：
➢ 为什么要进行模态分析
➢ 模态测试与振动测试的区别
➢ 试验类型的分类
➢ 试验方法的分类
➢ 模态试验设计

5.1.1 为什么要进行模态分析

分析与控制结构的噪声与振动，可以将任何一个振动噪声系统按"源-路径-接收者"模型来表示，如图 5-1 所示。在这个模型中，结构振动特性是结构的固有属性，也就是结构的模态参数。因此，模态分析主要是针对这个模型中的第二部分，即要获得结构动态特征参数。而模型的第三部分，也就是基本的振动噪声分析是结构的 NVH 性能表现，它与模态分析是不同的方面，关于它们的区别将在 5.1.2 小节中进行讨论。

结构的响应（输出）等于激励（输入）乘以频响函数，如果频响函数在激励频率处刚好有峰值，那么结构将产生严重的振动噪声问题。因而，在结构设计的初始阶段就应该考虑好，避免出现这样的共振问题。

另一方面，为了减振降噪，也应从这个模型中的三个方面来考虑：首先要减少激励源的振动与噪声；其次是切断源与接收者之间的噪声和振动的传递路径；最后是对接收者进行保护。但相对而言，第一和第三方面的工作要困难些，而第二方面，即修改结构特性避免振动噪声问题似乎相对容易些。例如，对车身的结构声进行控制，主要是通过模态来控制。因此，获得结构的模态参数是至关重要的。而要获得结构的模态参数，就必须要进行模态分析。

在结构设计的初始阶段为了保证产品成型后的 NVH 性能满足设计要求，需要做模态分析，当样件生产出来之后，要验证产品是否满足设计目标，也需要做模态分析，以及后期产品出现故障，要排除故障，也需要做模态分析。

简单地说，模态分析是一种分析方法，是根据结构的固有特性，包括频率、阻尼和振型这些动力学属性去描述结构的过程。严格从数学意义上定义是指将线性定常系统振动微分方程组中的物理坐标变换为模态坐标，对方程解耦使之成为一组以模态坐标及模态参数描述的独立方程，以便求出系统的模态参数。坐标变换的变换矩阵为模态矩阵，其每列为模态振

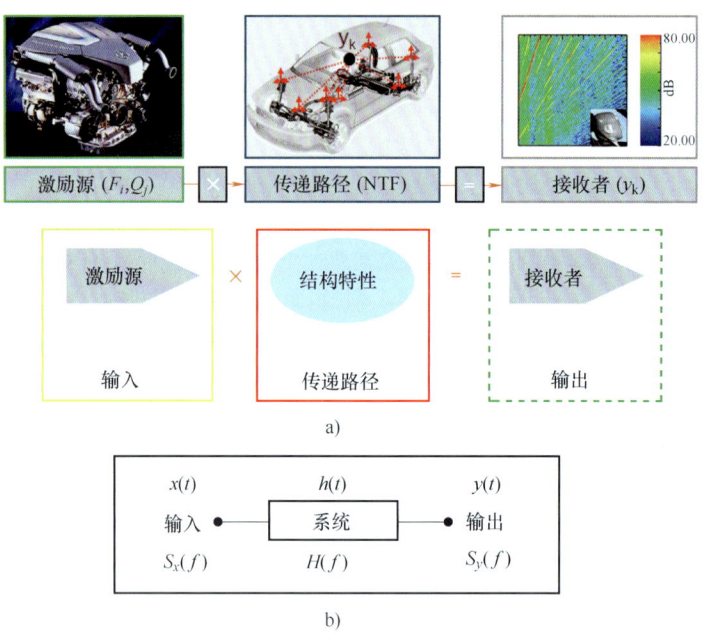

图 5-1 "源-路径-接收者"模型
a) 结构表示 b) 数学表示

型。因此,模态变换是将方程从物理空间通过模态变换方程变换到模态空间的过程,是将一组复杂的、耦合的物理方程变换成一组单自由度系统的、解耦的方程的过程。

模态分析的最终目标是识别出系统的模态参数,为结构系统的振动特性分析、振动故障诊断和预报,以及为结构动力特性的优化设计提供依据。因此,模态分析主要研究结构的固有特征,理解固有频率和模态振型有助于设计出符合要求的噪声和振动应用方面的系统。模态分析主要用于:

1. 评价现有结构的动态特性

通过模态分析可以求得结构的各阶模态参数,同时考虑结构所受的载荷,可得到结构的响应,从而评价结构的动态特性是否符合要求。

2. 振动故障诊断和预报

随着结构故障诊断技术的迅速发展,模态分析已成为故障诊断的一个重要方法。利用结构模态参数的变化来诊断故障是一种有效方法。例如,根据模态频率的变化可以判断裂纹的出现,根据振型的分析可以确定断裂的位置,根据转子支承系统阻尼的改变可以诊断与预报转子系统的失稳等。

3. 控制结构的辐射噪声

结构声是源激励结构振动,通过结构振动传递到接收者附近,再向外辐射到达接收者位置的噪声,像这类结构辐射噪声主要通过模态匹配进行控制。如车顶棚奇数阶模态对车内噪声贡献量比较大,而偶数阶贡献较小。为了减少结构声的辐射,就必须抑制或调整奇数阶模态。

4. 深入洞察振动发生的根本原因

根据"源-路径-接收者"模型,可以确定到底是源的问题,还是结构特性问题,或者二者都有问题。从而确定到底是修改源还是修改结构特性以改善问题发生的根本原因。

5. 有助于识别出设计中的薄弱环节

产品设计中出现了薄弱部分，其刚度必然降低。因此，薄弱区域必然影响模态参数，导致出现明显的局部模态。另一方面，薄弱部分辐射的噪声也必然增大。

6. 结构动力学修改（SDM）

当获得了结构的模态参数之后，可在不修改实际结构的情况下，基于模态数据进行动力学修改（如加减质量、弹簧-阻尼、动力吸振器等），验证修改之后的动力学行为，为实际结构的动力学修改提供指导。

7. 结构健康监测（SHM）

很多时候需要对处于运行中的结构进行健康监测，如机械设备、桥梁等大型结构的模态参数也是健康监测中一个非常重要的参数。通过参数的渐变可以提前预报故障，防止发生重大安全事故。

8. 检验产品质量

当产品质量出现问题时，其模态参数与正常产品的必然不同。例如，在制动盘生产流水线上，就有通过检测产品的频响函数来区分残次产品的装置。

9. 获得合理的安装位置

当需要在结构上安装一些别的结构时应考虑合理的安装位置。例如，排气系统需要吊挂在车身上，但到底排气系统吊挂在什么位置就由排气系统的模态参数决定。通过合理选取模态阶数，综合考虑这几阶的模态节点，可以确定最终的吊挂位置。

10. 验证有限元模型的准确性

在试验模态前期阶段，通过有限元模态分析可以帮助确定试验中的测点分布和参考点位置。而在后期阶段，试验模态的结果可以用于校准有限元模型，提高模型的准确性，因为有限元模型是做了很多简化处理的，如装配与接触等方面。

11. 其他方面

目前，模态分析作为一种分析手段，广泛应用于航天航空、国防军工、船舶、汽车、土木、桥梁、机械等行业。

5.1.2 模态测试与振动测试的区别

模态测试时，需要给被测对象施加激励，通过传感器测量结构的响应，然后计算结构的频响函数，再进行参数识别，最后得到模态参数。因而，模态测试可以用"输入-结构-输出"模型来表示，类似于"源-路径-接收者"模型。输入看作源，路径是结构特性，接收者是响应。当然，模态测试时，结构多半是处于静止状态的。

基本的振动噪声测试时，通常结构是处于某种工作状态，测量结构在这种工作状态下的响应。此时，处于工作状态下的结构受到工作载荷的激励，通过各种传递路径，在测量位置体现出来相应的振动噪声响应。

通常受工作载荷的激励，结构会被激起一些模态（注意不是全部模态，而只是被工作载荷激起来的那些模态），激励起来的每一阶模态都会在测量位置处产生相应的响应，这些激励起来的模态在测量位置的响应的叠加，就是基本振动噪声测量获得的这个响应。因而，这个响应是结构在受当前工作激励下的总响应。也就是说，当前测量获得的响应是结构受工作载荷的激励,所激起来的所有模态在这个测量位置处产生的响应的总和。

ODS 分析(工作变形分析)实质上是各阶模态的线性叠加。在进行 ODS 分析时,不像模态分析,需要进行参数识别,获得各阶模态参数,而 ODS 是直接使用各个测量数据在当前时刻的实际响应来查看结构的变形,不进行任何分析。当然了,这是指时域 ODS,如果是频域 ODS 则是将各个测量数据转换到频域之后,用频域的数据直接查看在当前频率处的实际变形,也是总变形或总响应。

模态分析帮助人们获得各阶模态参数,得到的模态振型是矢量,是相对量,非绝对量,因而可对模态振型进行任一缩放。有时,缩放比例较大时,模态振型可能都有冲破电脑屏幕的趋势,当然了,这仅是从缩放的角度来考虑的。因为一个向量,可乘以一个无限大或无限小的比例因子。而只有当模态参数乘以了输入,从而产生相应的响应才是绝对量。而这个绝对量也正是基本振动噪声要测量的响应。也就是说受工作载荷激励的结构所产生的响应是激起的各阶模态乘以当前工作载荷在测量位置处所产生的各阶响应的总和。有时,人们也把工作状态下的这个响应数据称为工作数据。例如,工作模态分析时,需要测量工作数据,然后再进行模态分析。

工作数据是激起来的各阶模态在测量位置处产生的响应的线性叠加,各阶模态在叠加时,每阶模态都存在一个加权系数,如图 5-2 所示,实际工作状态下的振动响应等于各阶模态乘以相应的加权系数之和。各个加权系数的大小取决于输入力的大小、个数、位置与频率成分等因素。这个加权系数其实就是模态参与,也称为模态坐标。

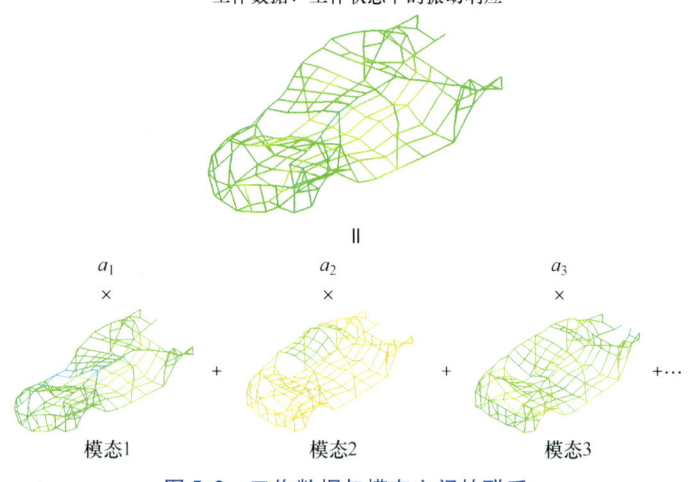

图 5-2 工作数据与模态之间的联系

因此,工作状态下的振动噪声测量是激起的各阶模态的线性叠加,是结构在当前载荷下的总变形或总响应。既然已有工作数据,那为什么还要这么麻烦去采集模态数据呢?模态数据采集和参数提取过程似乎更烦琐。这是因为工作数据是工作条件下结构行为的真实描述,这是非常有用的信息。然而,许多时候工作数据让人迷惑不解,未必能为解决或改正工作状态中出现的问题提供明确的指导。能同时结合工作数据和模态数据去解决动力学问题,那是最理想的情况。

总的说来,模态分析是分析"源-路径-接收者"模型中的路径,获得结构的动态特性。振动分析是分析"源-路径-接收者"模型中的接收者(某个测量位置)的响应(NVH 表现)。这些位置的响应是结构被激起来的各阶模态在当前测量位置处产生的响应的线性叠加。因此，这是模态分析与振动分析最本质的区别与联系。

5.1.3 试验类型的分类

模态分析类型主要分三类，分别是实验模态分析 EMA、工作模态分析 OMA 和工作变形分析 ODS。

实验模态分析（Experimental Modal Analysis，EMA）也称为传统模态分析或经典模态分析，是指通过激励装置对结构进行激励，在激励的同时测量结构响应的一种测试分析方法。激励装置主要有力锤和激振器。因此，实验模态分析又分为锤击法和激振器法。

根据激励个数和响应个数，EMA 又分为单输入单输出测量技术（SISO）、单输入多输出测量技术（SIMO）和多输入多输出测量技术（MIMO）。SISO 通常是指只有一个激励和一个单向传感器，一般锤击法有可能采用这种测量方式。SIMO 是指仅使用一个激励，有多个响应测量自由度，锤击法和激振器法都有可能采用 SIMO 方式。MIMO 是指使用多个激振器激励结构，多个响应测量自由度。MIMO 方式具有输入能量更大、更均匀、数据一致性更好、能分离出密集模态和重根模态等优点，一般在大型复杂或轴对称结构模态试验中采用该方法，分析效果更理想。

工作模态分析（Operational Modal Analysis，OMA）也称为只有输出的模态分析，在土木桥梁行业，工作模态分析又称为环境激励模态分析或脉动法模态分析。这类分析最明显的特征是仅测量结构的输出响应，不需要或者无法测量输入。当受传感器数量和采集仪通道数量限制时，可能需要分批次进行测量。

工作变形分析（Operational Deflection Shape，ODS）也称为运行响应模态分析，严格意义上讲，此类分析不是模态分析。前面我们已经讲过，ODS 是各阶模态的线性叠加。它又分为时域 ODS 和频域 ODS，时域 ODS 是所有模态在当前这一时刻的叠加，频域 ODS 是所有模态在当前频率处的叠加。ODS 跟模态分析的区别在于，模态得到的是结构的模态振型，而 ODS 得到的是结构在某一状态下的变形或总响应，如图 5-2 所示。此时分析出来的 ODS 振型已不是我们常说的模态振型，它实际是结构模态振型按某种线性方式叠加的结果。只是人们还习惯性地称这种变形形式为振型而已。

实验模态分析需要激励，一般现场试验较难实现，多半在实验室中进行。相对于 OMA 而言，EMA 需要使用激励装置，故增加了设备费用，成本加大。另一方面，在实验室中进行 EMA 测试，结构在实验室的状态可能与实际使用的状态大不相同。实验室易于进行部件试验，难以完成大型系统试验。

工作模态分析 OMA 无须测量激励，节省了激励设备投资。由于仅测量响应，相当于把"模态试验"简化为"响应测量"，故可用于机械状态监测和结构健康监测。测量时，可以用单个或多个测点作为参考点，因此，OMA 还具有多输入多输出 MIMO 的特点，能区分密集模态和重根模态，适用于复杂结构。

5.1.4 试验方法的分类

对于 EMA 而言，可以采用多种频响函数测量方法，根据激励参数的类型和响应传感器的类型，可分为振动模态、声振模态、声（腔）模态和应变模态等。

如果频响函数是基于力（力锤或激振器）和振动传感器（位移、速度或加速度等类型传感器）测量得到的，那么，把这种方式下得到的模态称为振动模态。这些频响函数在 TPA 分析中也称为力振传函 VTF。

如果频响函数是基于力（力锤或激振器）和声压传感器测量得到的，那么，把这种方式下得到的模态称为声振模态。这些频响函数在 TPA 分析中称为力声传函 NTF。如图 5-3 所示为对一块铝板进行的频响函数测量，红色为振动模态 FRF，绿色为声振模态 FRF。对比模态峰值，可以发现，两种方法得到的峰值频率是相同的。

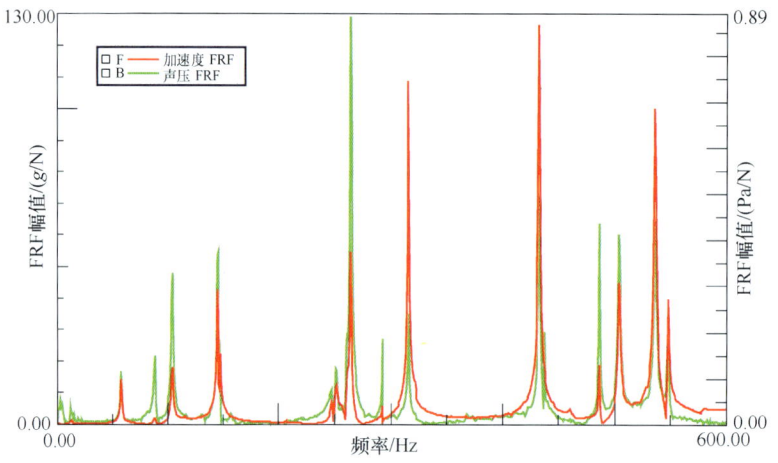

图 5-3 振动模态 FRF 与声振模态 FRF 对比

另一方面，根据对称性，声振模态也可以采用体积声源当激励，测量加速度响应获得 FRF。

如果激励采用体积声源，响应用声压传感器进行测量，那么，把这种方式得到的模态称为声（腔）模态。该方式下获得的频响函数在 TPA 分析中称为声声传函 P/P。通常一些封闭的腔室需要做声模态，如汽车乘员舱。图 5-4 所示为某汽车乘员舱的某一阶声腔模态结果。

以上几种测量方法，可以用图 5-5 来描述。最常见的还是采用力锤或激振器进行激励，测量振动响应得到振动模态。因为这样获得的频响函数质量高、信噪比好。而声振模态和声模态，相对而言，测量较少，特殊情况下才会采用这些方法测量分析。

EMA 除了以上几种类型之外，还有一种是用力作为激励，响应用应变片（花）进行测量，得到所谓

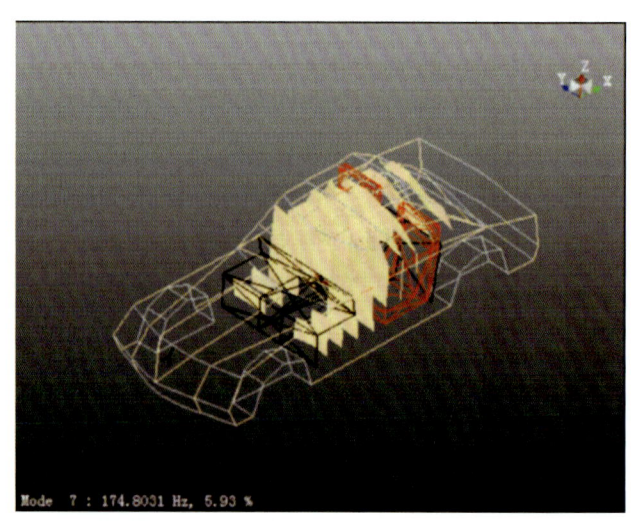

图 5-4 某汽车乘员舱的某一阶声腔模态结果

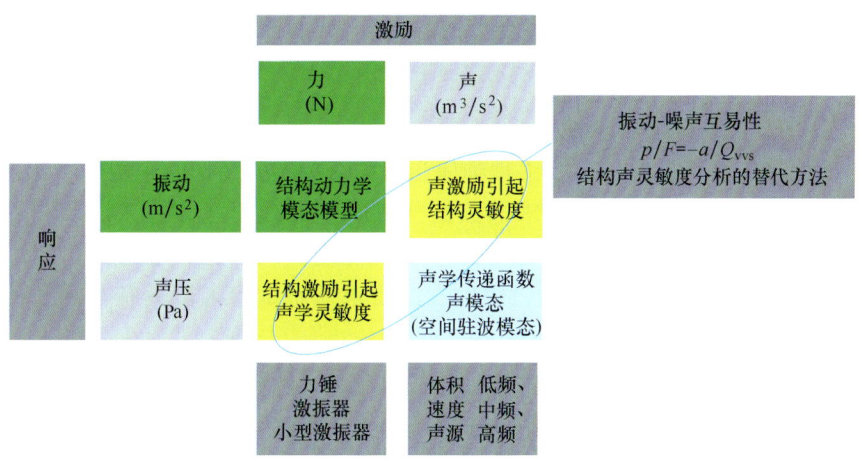

图 5-5　典型的模态方法分类

的应变模态。由于应变片质量轻，相对于加速度传感器而言，质量载荷不会成为问题。但是应变测量下得到的频响函数信噪比比振动传感器测量差很多，这是由于结构的变形很微弱的原因。另一方面，从测量设置来说，应变测量比振动测量要付出更多的努力。理论角度上，位移模态的频响函数中包括的是输入输出位置的振型值，但在应变模态的频响函数中包括的是应变振型值和位移振型值。因此，应变模态的频响函数矩阵不再是对称矩阵。图 5-6a 所示为某个结构的位移模态，图 5-6b 所示为这个结构同一阶的应变模态，右侧的应变模态用颜色的深浅来表征变形大小。

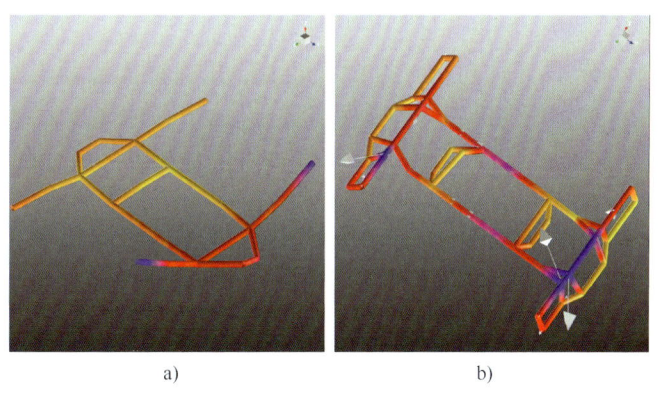

a)　　　　　　　　　　b)

图 5-6　位移模态与应变模态
a）位移模态　b）应变模态

OMA 除了使用常规的振动传感器测量响应进行模态分析之外，还有一种类型称为基于阶次的模态分析（Order-Based Modal Analysis，OBMA），提取的也是模态参数。但使用的是阶次数据，因此，需要测量转速，并且尽可能多地使用多个 PPR 获得阶次数据，同时需要使用原始的时域信号。由于是基于阶次的模态分析，因此，选择的阶次不同，获得的频带宽度是不一样的，当要获得低频的模态时，应选择低阶次。

还记得在阶次分析中，瀑布图中存在明显的共振频率线吗？这就是说明结构的固有频率被阶次激励起来了。因此，进行阶次模态分析时，要求主要的阶次应能激起感兴趣的带宽，这样模态响应才能被很好地激起来。

5.1.5 模态试验设计

准备一次模态分析实验时，试验工程师应当考虑有关实验结构的一切可用知识。其中包括实验目的、方法、测试设置、所要求的数据（频响函数或模态参数）以及测量结果的精度等信息。在设计实验时，应尽可能地考虑一切可能遇到的问题，运用一切能运用的知识（包括经验），合理地安排、组织实验。因此，这要求模态试验人员具有丰富的理论知识与经验。

对于一名模态试验人员而言，能设计一次合理的模态试验，是在具备以下条件的基础上完成的。这些条件包括：

（1）熟悉测试设置　要求试验人员对待测结构的模态预期样子有了解，可以做到预料出模态结果，同时对测量设备，包括激励设备和传感器等有深入的了解。

（2）具有丰富的测量经验　要求试验人员熟悉信号处理的相关知识，包括泄漏、加窗、FFT 和各种激励技术等。能合理地选择激励设备和参考点，以便获得高质量的 FRF 测量。

（3）熟悉模态理论　要求试验人员对模态分析理论有深入的认识，了解各种模态参数估计技术。

（4）熟悉模态结果验证　结果验证是试验模态分析必不可少的环节，要求试验人员具备这方面的知识与经验。

实践角度上，一个好的试验设计应符合以下准则：

（1）对应性　测量出的模态应与实际存在的模态相对应，也就是模态分析的极点必须全部是物理极点，不存在数学极点。

（2）激励装置　试验设计应包括一套激励装置，以保证能激励出所有感兴趣的模态。应根据结构特点，选择力锤或激振器等激励装置。

（3）响应　应根据结构特点，选择合适的传感器用于测量响应，避免出现明显的附加影响或低的信噪比。

（4）识别　测量数据应包括识别有关参数所必需的信息，因而参考点选择至关重要，应使所有的模态在参考点的 FRF 中都是可见的，这样才能保证能识别出所有的模态参数。

（5）结果验证　分析人员要会观察这些模态振型，并通过视觉或工具判断模态的精度，并将直观结果与计算结果进行相应的比较。

（6）鲁棒性　设计的实验应该是稳健的，也即是对模型的误差不能太敏感。

（7）可达性　所选取的响应和激励自由度应当易于触及操作。

因此，试验工程师在设计模态试验时，应考虑有关试验的方方面面，包括时间进度安排、测量仪器选取等，综合考虑各种可能出现的情况，尽量减少试验过程中出现的问题。

5.2　细说模态分析四大基本假设

模态分析有四大基本假设，分别为线性假设、时不变性假设、可观测性假设和互易性假设。我们总是希望结构模态分析能全部满足这些假设，但现实情况是很难全部满足。可能结构全部满足，但是由于测量设置等因素会一定程度上破坏这些假设。下面我将分别说明可能受到的影响与相关应用。

5.2.1 线性假设

线性假设：结构的动态特性（模态参数）是线性的，任何输入组合引起的输出等于各自输出的组合，其动力学特性可以用一组线性二阶微分方程来描述。

结构的响应 X 等于频响函数 H 乘以激励力 F（这些函数为矩阵或向量），即

$$X = HF$$

当激励力为某种组合形式时（α 为向量），响应为

$$\alpha X = H\alpha F$$

当激励力为另一种组合形式时（β 为向量），响应为

$$\beta X = H\beta F$$

当以上两种激励组合时，引起的响应为各自响应的叠加，即

$$(\alpha + \beta) X = H(\alpha + \beta) F$$

我们知道频响函数是结构的固有属性，不随激励力变化，但是这个的前提条件是结构是线性的。因此，线性结构这个假设总是满足的。在试验过程中，我们如何对结构进行线性检查呢？根据以上公式可知，当激励力增大，结构对应的响应也会增大，而结构的频响函数是不变的。因此，对结构分别施加不同量级的激励力，测量各自的频响函数，将各个激励力下的频响函数放置在同一张视图中，对比各个激励力下的频响函数的重合性，若重合性非常高，则结构是满足线性假设的。图 5-7a 所示为不同量级的激励力的力谱，图 5-7b 所示为图 5-7a 中三个不同量级激励力下的三条频响函数曲线重叠图。

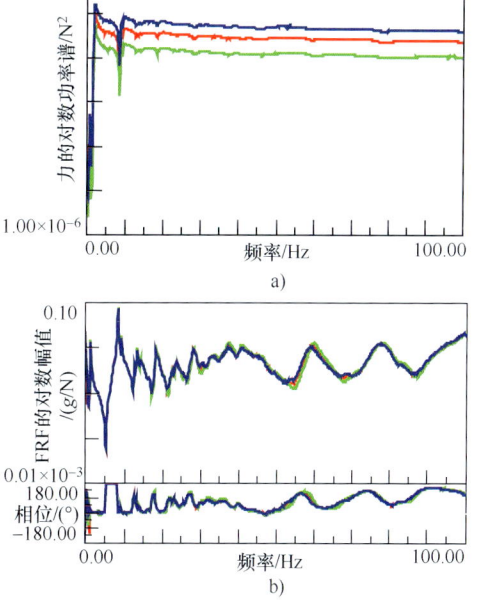

图 5-7 线性检查
a）三个不同量级的激励力 b）三条频响函数

从图 5-7 中可以看出，不同量级激励力下的三条频响函数曲线重合性非常好。相对而言，由于激振器的激励力大小是可控的，因此，激振器测量更易于对结构进行线性检查。做线性检查时，假设第一次激励力为 F，第二次激励力可调整为 $2F$，但前提是激励力不能使待测结构出现明显的刚体位移。

对于非线性结构而言，在不同量级激励力的激励下，结构的频响函数是有移动的，如图 5-8 所示。图 5-8a 所示为三个不同量级的激励力，图 5-8b 所示为这三个激励力下的三条频响函数曲线。从图 5-8 中可以看出，频响函数存在明显的移动，一致性较差。

一般说来，单一金属材质的结构是满足线性假设的，但对于复杂结构，可能就需要进行

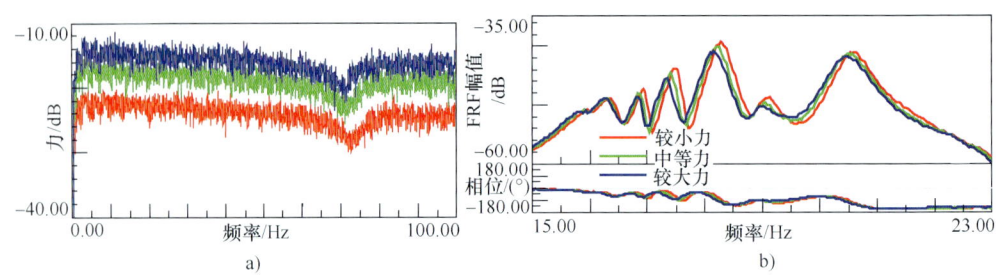

图 5-8 结构存在非线性
a) 三个不同量级的激励力 b) 三条频响函数

线性检查了，而如果结构具有非线性，就更应该做这项工作，因为通过施加不同量级的激励力，获得频响函数之后，能使你明白激励力改变时，频率移动了多少。因此，如果有条件，最好对结构进行线性检查，通过数据验证更具有说服力。

5.2.2 时不变性假设

时不变性假设：结构的动态特性不随时间变化，因而微分方程的系数是与时间无关的常数。

理论上，结构的动态特征是不随时间变化的，但是因为测试设置的原因，可能会导致动态特征随时间变化，主要体现在以下几个方面：

（1）质量载荷 当测点较多，而测量传感器和数采通道有限时，可能需要分批移动传感器，而传感器是有重量的，因此会引起待测结构的质量（附加了传感器的重量）随着传感器的移动产生变化，从而影响到结构的动态特性。尤其是轻质结构，这个问题更突出。因此，当需要传感器分批移动测量时，分批移动也有一定的技巧。尽量使传感器的重量分布到整个结构中，而不是分布在一个局部小区域。当然也可以使用轻质的传感器。虽然这种移动策略仍然对待测结构有影响，但一定程度上可减少移动质量载荷的影响，保证数据的一致性。

如图 5-9 所示为某变速器壳体的模态结果，壳体本身是一个薄壁结构，由于传感器的移动，使结构变成了一个时变系统，从而使结构的动态特性发生变化，造成分析频带内多阶模态出现了移动，如图 5-9a 所示，而正常的模态应如图 5-9b 所示。

（2）支承刚度变化 如果测量过程中，支承结构的支承系统的刚度发生变化，肯定会影响到结构的动态特性。因此，测量过程中要保证支承刚度不发生变化。经常存在这样的情况，由于测点较多，而各类测试任务又很繁重，一次模态试验中途因其他的测试任务导致中断，数天后重新测量时需要重新支承待测结构，这就可能导致两次支承刚度出现明显的差异，从而影响到模态结果。

（3）温度变化 结构的某些属性，如材料参数，可能会受温度影响，从而导致结构的动态特性的变化。例如，对桥梁进行模态参数测量时，有时就会出现早晨测量的频率与中午测量的频率有明显的差异，而这个差异正是温度引起的。

温度变化的另一个典型情况是做发动机 TPA 时工况数据是在车辆行驶状态下测量的，此时发动机附近的温度可能高达 70℃。但是频响函数测量却是在常温下测量的，因此，这

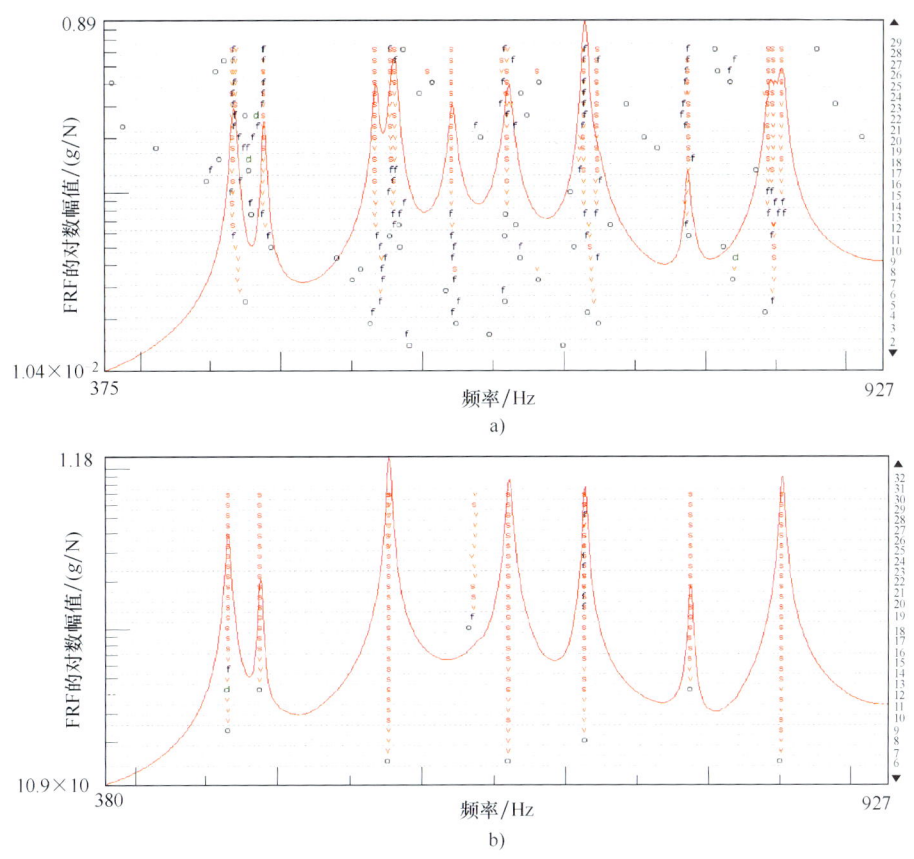

图 5-9　某变速器壳体模态结果
a）传感器移动带来的影响　b）正常的模态

就给载荷识别和贡献量分析带来了误差，但这个误差又不可避免。

5.2.3　可观测性假设

可观测性假设：这意味着用以确定我们所关心的系统动态特性所需要的全部数据都是可以测量的。

这个假设这样表述没有问题，但实际上能测量出来的动态特性是受测量设置影响的，具体体现在以下几个方面：

（1）激励　如果激励不能充分激起感兴趣频带内的所有模态，那么相对而言，没有激起来的模态就不可能被测量到。如图 5-10 所示，图 5-10a 所示为没有充分激起所有模态的 FRF，图 5-10b 所示为充分激起整个关心频带的 FRF。如果用图 5-10a 中的 FRF 进行参数识别，要想识别出所有模态就有困难了。

另一方面，如果模态具有强方向性，那么激励也应该分方向进行，不然会丢失其他方向的模态。如图 5-11 所示，Y 方向激励下的模态（红色 FRF 曲线）明显不同于 Z 方向激励得到的模态（绿色 FRF 曲线），只有对两个方向都进行激励时，才能将这个频带内的所有模态都测量到。

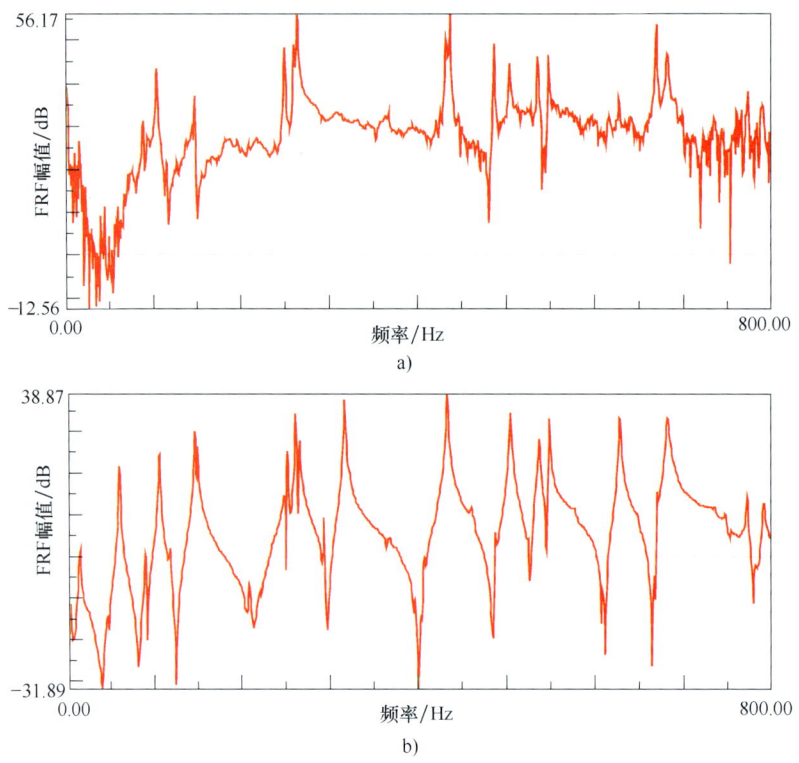

图 5-10 激励对结构模态的影响

a) 结构没有被充分激励起来　b) 结构被充分激励起来

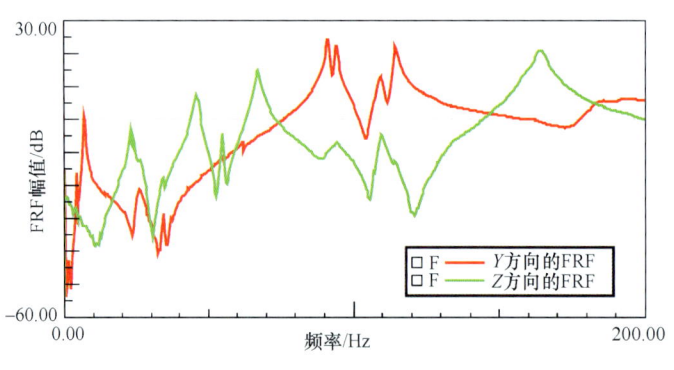

图 5-11 不同方向激励得到的 FRF

（2）测量自由度　我们知道当采样频率不满足采样定理时，会发生频率混叠现象，同样地，当空间上测点不够时，会发生空间混叠现象（空间上布置测点，实质也是一种采样方式，是空间上的位置采样）。空间混叠导致高阶模态振型与低阶模态振型非常相似，从而不能唯一地确定高阶模态振型。

（3）模态参考点　如果参考点选择不合适，那么会导致某些模态在 FRF 曲线中不可见，这时这些模态是识别不出来的。如图 5-12 所示，如果选择绿色的测点作为模态参考点，那么圆圈中的这几阶模态将测量不出来。因此，模态参考点要避开关心频带内的所有模态的节点，可以合理选择参考点或考虑多参考点来避免这一问题。

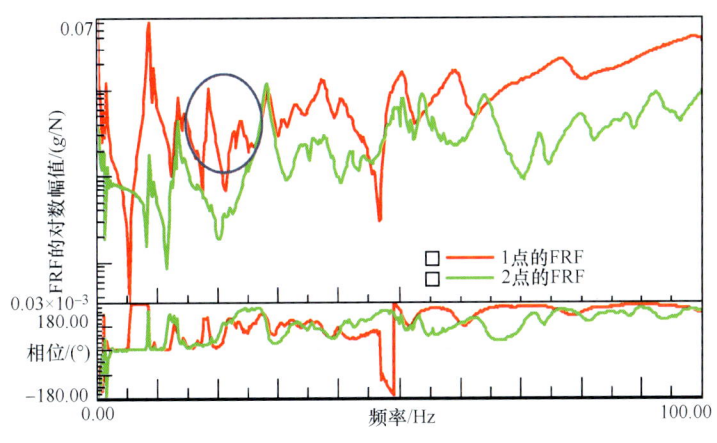

图 5-12　模态参考点的影响

5.2.4　互易性假设

互易性假设：结构应该遵从 Maxwell 互易性原理，即在 j 点输入所引起的 k 点响应，等于在 k 点的相同输入所引起的 j 点响应，如图 5-13 所示。此假设使得质量矩阵、刚度矩阵、阻尼矩阵和频响函数矩阵都成了对称阵。

在进行互易性检查时，也是检查两条 FRF 曲线的重合性。若两条 FRF 曲线重合性好，则结构满足互易性假设，如图 5-14 所示。

在这提出一个问题，两个位置的方向要相同吗？如图 5-13 中的 j、k 点都是同一个方向。答案是这不是必须的。我们也可以做如图 5-15 所示的

图 5-13　互易性测量

互易性检查，甚至可以是两个互相垂直的方向。在做白车身模态时，互易性检查通常就是这种情况，因为有可能两个激振器都是倾角激励或者一个是垂向激励，另一个倾角激励。

根据互易性假设，频响函数矩阵成了对称阵，因此，锤击法测试与激振器测试得到的频响函数理论上是相同的，但实际上二者是有差异的。其区别在于激振器和响应传感器往往对结构都有影响，顶杆可能会引入弯曲刚度、移动传感器会导致数据不一致等。

互易性一个典型应用是 TPA 分析时测量频响函数。如果目标点位置测量的是声压，那么可以在目标点位置放置一个体积声源，在指示点位置上布置加速度传感器，这样，可以快速获得所有指示点到目标点位置的 FRF，省时省力，效率高。

总的说来，理论上这些假设都是满足的，但是由于测试设置总会引起这样或那样的问题，从而使结构不满足这些假设。因此，在进行模态测试时，应充分注意到这些可能的因素对结构动态特性带来的影响。而且在测试过程中，应做相应的检查，以确定这些假设是否满足。

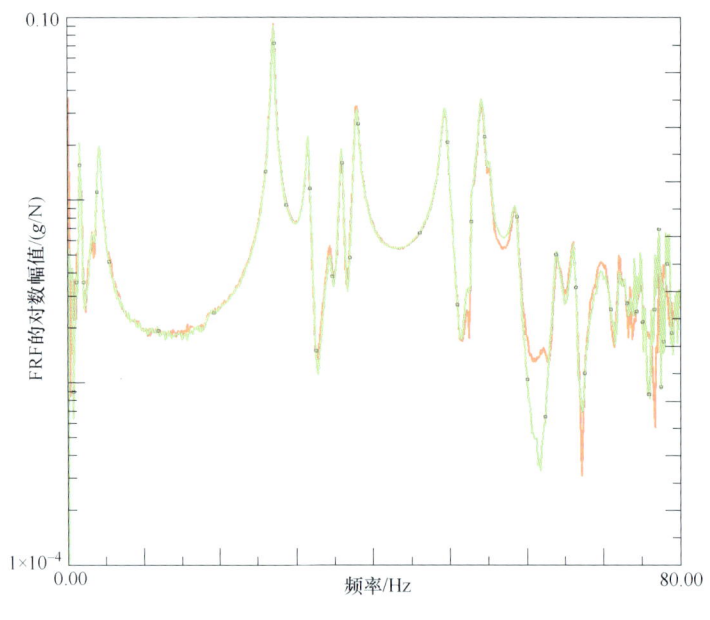

图 5-14 互易性检查

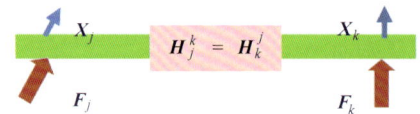

图 5-15 不同方向的互易性测量

5.3 试验模态测试分析一般流程

准备一次试验模态大致可分为五步：预试验分析（不必须）、建立模态模型、数据采集、参数识别和结果验证。下面将就这五步进行详细的说明。

5.3.1 预试验分析

在测试之前，被测结构或类似结构的计算模型或试验模型可以为试验工程师提供有关试验方面的许多有价值的信息，如测量自由度多少合适，参考点选择什么位置才能合理地观测到所有感兴趣的模态等。因此，在试验之前，进行预试验分析（见图 5-16），可以指导试验设置，从而提高测量数据的质量，节省试验时间，大幅度提高试验效果。

通过预试验分析得到计算模态振型，从而可以确定在关心的频带范围内布置多少个测点才能唯一地区分出所有关心的模态，另外也可以确定测量或激励方向，以及激励点或参考点的位置，也可以确定大致的试验带宽等。

虽然这一步对试验来说有很大的帮助，但是在大多数情况下，可能都没有计算模型或者类似的试验结果可用。所以，很多情况下都没有这一步，因此，这一步工作不是必需的。

5.3.2 建立模态模型

无论有没有上一步的工作,测试人员都需要建立一个用于试验的模态模型。这一步主要分为以下几个方面:

图 5-16　预试验分析

(1) 确定被测结构的边界条件　需要确定边界条件是约束边界还是自由边界(见图 5-17)。二者的区别在于自由边界除了弹性模态之外还存在刚体模态,而约束边界只有弹性模态。到底采取何种边界条件取决于试验目的。如果是自由边界,应使支承系统与待测结构组成系统的刚体模态频率低于结构第一阶弹性模态的 1/10。

(2) 标识出测试所使用的总体坐标系　在地面或待测结构上用胶带或记号笔标识出坐标系各个方向,以防各个测点因坐标方向出错导致模态振型不正确。

(3) 确定激励方式　对于 EMA 而言,分锤击法和激振器法,如图 5-18 所示。由于力锤移动方便,不影响试件的动态特性,因此,锤击法通常适用于简单的线性结构(部件级),不适用于非线性结构。激振器测试激励能量更大,分布更均匀,获得的数据质量更高,所以,通常用于大型复杂结构,且是研究非线性的唯一方法。但是激振器也存在难于安装、操作复杂、存在附加影响等问题。

图 5-17　自由边界条件

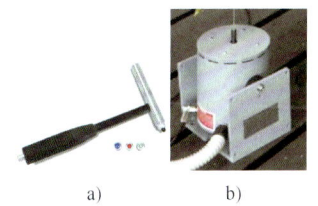

图 5-18　激励方式的选择
a) 力锤　b) 激振器

(4) 根据测试要求和被测结构实际振动量大小选择合适的传感器类型及相应的安装方式　由于模态测试的激励力通常不会太大,因此,模态传感器的灵敏度通常比较高,常用的有 100mV/g。关于传感器的安装与影响评价,请参考第 3 章 3.2 传感器怎样安装才能满足测试要求和第 2 章的 2.4 评价传感器附加质量对模态频率的影响。

(5) 根据测试要求确定测量自由度　包括确定测点数目和方向,并在结构相应测量位置做标识。测量自由度应合理分布,使得能唯一地描述所有关心的模态振型。

(6) 根据确定的测量自由度生成几何模型　线框模型表示(非实体模型,仅用测点来表示)用于表征模型动画,通过后续的振型动画,可以确定各阶模态的节点位置。

(7) 连接数据采集系统、校准测量系统　确定所使用的各个设备都能正常工作,同时对测量系统进行校准。

5.3.3 数据采集

这一步又分为预采集和正式采集。预采集是为了确定合理的参数，包括采样频率、采集仪量程设置、采样时长等。如果是锤击法需要确定触发，如果是激振器法需要确定激励信号、确定参考点位置等。另一方面还需要对数据进行检查，包括线性检查、FRF 和相干检查、互易性检查等。

确定了这些参数，并且也进行了相应的检查之后，就可以正式采集了。正式采集完一组数据后，应立即从时域和频域检查测量数据，防止某些测点测量数据出现问题。如果某些测点数据存在问题，应立即重测这些测点。分批测量时还应检查各批数据的一致性。

对于 EMA 而言，数据采集应至少包括所有测点的 FRF 和相干数据。如果是进行 OMA 分析，则只需要采集各个测点的时域信号即可。

5.3.4 参数识别

实质上这一步是对测量的数据进行模态分析，通过分析从测量数据中提取模态参数（频率、阻尼和模态振型）的过程。模态分析主要分为两步：第一步确定系统极点（频率和阻尼），第二步计算模态振型。

由于系统极点是全局特性，所以图 5-19 所示的稳态图为参数识别的工具。我们甚至可以选择一条频响函数来进行极点估计，但选择的这一条频响函数很关键，应包括所有我们关心的模态，不然可能会出现丢阶的情况。通常的做法是全部选择所有的频响函数来进行极点估计，最后得到的各阶极点是所有频响函数最小二乘估计的结果。当然也可以舍弃部分质量较差的 FRF，以便提高极点估计质量。

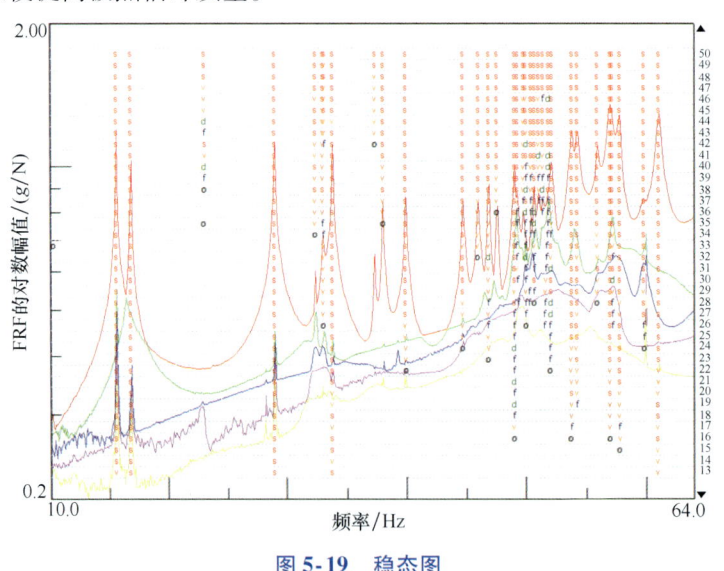

图 5-19 稳态图

计算模态振型这一步必须要包括所有测点的 FRF，因为振型是局部特性，跟测点位置有关。若不包括所有测点的 FRF，则计算不出相应测点的振型值，在振型动画中该测点即为不动点，但又不是节点，这是因为没有计算这一测点的振型值导致的。

模态分析的实质是曲线拟合的过程，根据测量的数据（FRF），通过曲线拟合获得模态参数。获得各阶模态参数之后，可以根据这些参数综合出各个测点的 FRF。而曲线拟合又分为单自由度拟合和多自由度拟合，局部拟合和整体拟合。

5.3.5 结果验证

最后是验证结果，对得到的模态结果进行验证，验证的目的是对模态参数估计得到的结果的正确性进行检验。有经验的工程师凭借经验在一定程度上也可以做判断。当然，除了经验判断之外，我们还有许多手段。模态模型验证可以按照三种级别进行，分别如下：

第一级验证相当直观，不涉及任何数学工具。对振型进行视觉检查（这时经验就显得尤为重要），或者把实测得到的频响函数与从模态参数识别过程中综合得出的频响函数进行比较，这些都是这一级模态模型验证的典型方法。

第二级验证是利用某些数学工具来检验估计出来的模型的质量，如模态判定准则（MAC）（见图 5-20）、模态参与（MP）、互易性、模态超复杂性、模态相位共线性、平均相位偏移、模态置信因子（MCF）等。

第三级验证是外部工具验证，可以使用计算模型对试验模型进行验证，如相关性分析。

当然，试验模态分析过程还包括其他一些方面的验证。首先是测量设置，如试件固定、校准，验证传感器信号的正确性等，其次是测量得到的频响函数必须通过

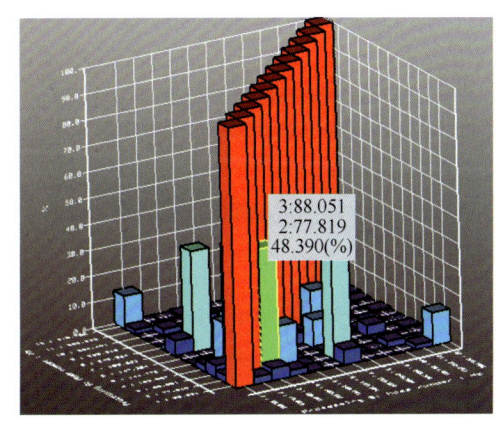

图 5-20　MAC 矩阵

相干函数加以验证。实质上这些验证更为重要，因为这是前期测试过程中的验证，这些都正确了，才能进一步保证后期模态结果的正确性。关于模态验证，更详细的介绍请参考第 6 章 6.10 什么是模态验证。

5.4　模态边界条件：自由边界与约束边界的差异

对结构进行模态测试，总需要考虑边界条件，到底是采用自由边界还是约束边界？两种边界条件又有什么区别与联系？在讨论两种边界条件的区别与联系之前，让我们先来讨论一下刚体运动与弹性运动，以及刚体模态和弹性模态。这一节主要内容包括：
- 刚体运动与弹性运动
- 刚体模态与弹性模态
- 自由边界与约束边界的区别
- 自由边界与约束边界的联系
- 边界支承刚度要求

5.4.1 刚体运动与弹性运动

刚体是指在任何力的作用下，体积和形状都不发生改变的物体。不论是否受力，在刚体内任意两点的距离在运动过程中都不会改变，也即是刚体不发生变形。理想的刚体是一个固体的，尺寸有限的，变形情况可以被忽略的物体。我们常说的"弹簧-质量"模型中的那块质量可以认为是刚体。当一个大结构上安装一个小块体时，这个小块体可以认为是刚体。

由于刚体不发生变形，因此，刚体有 6 个自由度：三个平动自由度和三个转动自由度。平动时，刚体上任意一条直线始终平行于它们初始的位置。转动时，刚体内各质元绕同一直线做圆周运动。刚体任何复杂的运动，都是这两种基本运动的叠加。如图 5-21a 和图 5-21b 所示为常规的平动和转动，而图 5-22a 和图 5-22b 所示为两种原始刚体运动叠加后的刚体运动。

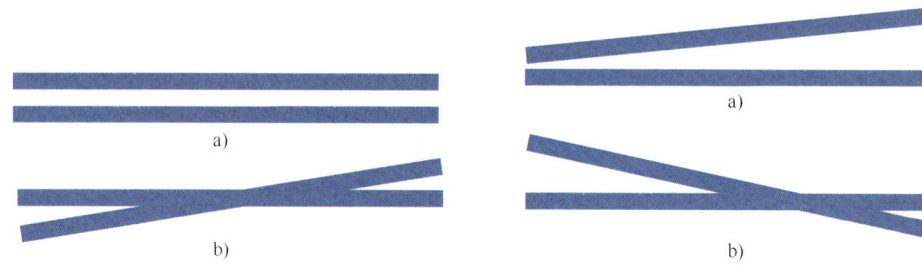

图 5-21　围绕几何中心的刚体运动
a) 刚体平动　b) 刚体围绕中心的转动

图 5-22　不围绕几何中心的刚体运动
a) 平动基础上带有轻微转动　b) 偏离中心的转动

与刚体相对应的是弹性体，也称为柔性体。刚体是理想模型，实际物体受外力作用时，形状或多或少会发生变化。若外力不是很大时，物体的变形也不大，去掉外力后，物体能完全恢复到原来的形状，则称这样的物体为弹性体，相应的变形称为弹性变形。

刚体有 6 个自由度，而弹性体可以认为有无穷多个自由度。因此，刚体只有 6 种运动形式，但弹性体有多种弹性变形运动形式。暂且将发生弹性变形的运动方式称为弹性运动，与刚体运动相对应。很多情况下，如果运动过程中结构没有发生变形，哪怕结构是弹性体，我们也称之为刚体运动。因此，自由边界的结构（弹性体）有可能会发生刚体运动、弹性运动或者是二者的组合。

5.4.2 刚体模态与弹性模态

刚体模态跟刚体运动定义相似，结构内部不发生变形的模态振型即为刚体模态，即刚体运动对应刚体模态，如图 5-23 所示。图 5-23a 所示为梁的转动刚体模态，图 5-23b 所示为平板的转动刚体模态。

弹性运动对应弹性模态，产生弹性模态时，结构内部发生变形，如图 5-24 所示。图 5-24a 所示为自由-自由梁结构的一阶弹性模态，图 5-24b 所示为自由平板的一阶弹性模态。

5.4.3 自由边界与约束边界的区别

对于一个真正的自由-自由系统而言，意味着这个系统与大地没有任何约束，它完全

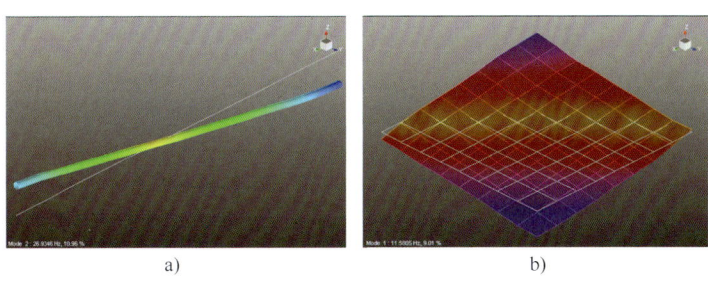

图 5-23 刚体模态
a) 梁的转动刚体模态 b) 平板的转动刚体模态

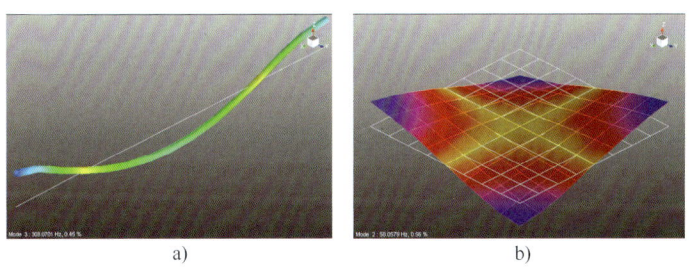

图 5-24 弹性模态
a) 自由-自由梁结构的一阶弹性模态 b) 自由平板的一阶弹性模态

自由地悬浮在空中。但在现实世界中，不可能使系统完全悬浮在空中，因此，需要使用某种机制来实现自由边界。目前，用于模拟自由边界的方法主要有：橡皮绳悬挂（但要求橡皮绳足够长、足够柔）、海绵垫支承、气囊支承、橡胶垫支承、空气弹簧支承、软弹性支承或悬挂等。国外有人甚至用棉花糖或马桶吸盘来支承待测结构用于模拟自由边界条件，如图 5-25 所示。图 5-25a 中白色物体为棉花糖，图 5-25b 中黑色物体为马桶吸盘。

对于约束边界条件，又可能分为两类，一类是结构处于实际的装配状态，另一类是通过夹具实现约束边界。

自由边界和约束边界对于模态分析而言，最大的区别在于是否具有刚体模态。刚体只有刚体模态，但弹性体既有刚体模态，又有弹性模态。在有限元

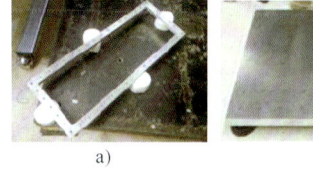
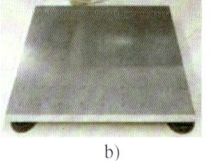

图 5-25 自由边界支承方式
a) 棉花糖支承 b) 马桶吸盘支承

分析中，对于自由边界条件而言，计算出来的前 6 个模态即为刚体模态，这 6 个模态频率为 0 或者值很小，从第 7 阶模态开始才是结构的弹性模态。

现实世界中的试验，没有真正的自由边界条件，因此，需要通过一些柔性支承来模拟自由边界条件。这时，结构和柔性支承组成的系统存在刚体模态。由于支承刚度不为 0，因此，系统的刚体模态频率不为 0，可能是几赫兹，或者更大，视柔性支承的刚度而定。

在这通过一个实例来说明自由边界与约束边界的区别。考虑一根等截面，质量均匀分布的梁。首先，让我们来描述这根平面梁的前几阶模态。图 5-26 所示为梁的前四阶模态，注

意到前两阶模态是刚体模态，后两阶模态是系统的弹性模态（1弯和2弯）。注意到第1阶模态是上下运动的沉浮刚体模态，第2阶模态是围绕梁几何中心的转动刚体模态。这些是自由梁结构的自由-自由模态。

由于考虑到梁不能悬浮在空间不受约束，所以在梁两端使用弹簧支承。我们让弹簧刚度范围从接近零的状态上升到刚度非常大的状态，甚至接近完全约束状态，这个示意过程如图5-27所示。

现在我们仅考虑第1阶模态随梁端部弹簧刚度的增加的变化。考虑随着弹簧刚度的增加，梁的这阶模态将发生怎样的变化。图5-28所示为梁的这阶模态振型的变化过程，从顶部到底部弹簧刚度逐渐增加。

第1个振型图是自由状态的第1阶刚体模态振型。当我们增加梁端部的弹簧刚度时，梁的固有频率将向上移动（因为刚度增加了），这与我们的预期一样。如果刚度稍微

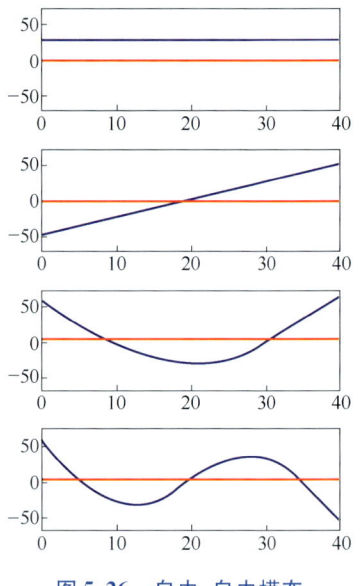

图5-26　自由-自由模态

增大，模态振型可能变化不那么明显。我们注意到第二个振型图中的振型仍然与刚体模态很相似，但是已经有了轻微的弯曲。随着刚度的增加，注意到第三个振型图看起来不像完美的刚体模态了，振型的弯曲程度更大，更像系统的第1阶弹性模态。等到再增大刚度，第四和第五个振型图已经完全不再像刚体模态了，此时，模态振型本质上真的像弹性模态，但还是带有少许刚体运动。直至刚度无限增大，模态振型完全成为弹性模态（第五个振型）。此时，梁的边界条件也转变为完全固支的约束边界。

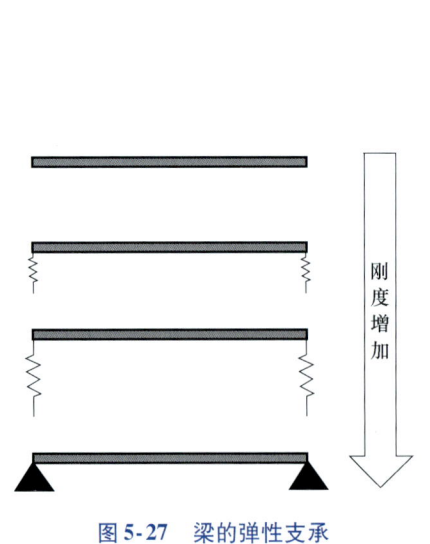

图5-27　梁的弹性支承　　　　图5-28　1阶模态振型的演变

从上面可以看出，有些情况下，结构虽然受约束，但是是弹性约束，结构与约束件之间

还存在相对位移，这时，系统也会存在刚体模态，如动力总成刚体模态就属于这种情况。

因此，自由边界和约束边界的最大区别在于：自由边界不仅有刚体模态，还有弹性模态；完全固支的约束边界只有弹性模态。很多时候，由于结构的振动噪声产生的根源都与弹性模态相关，因此，人们经常忽略刚体模态。

5.4.4 自由边界与约束边界的联系

实际测量时，试件应尽可能地接近实际工作状态的边界条件。但现实中由于某些零部件可能在实际边界条件下无法进行测量，或者基于其他一些原因，工程上很多时候在自由边界条件下进行测试。

同一个试件，不同的边界条件下，模态振型之间存在一定的关系。改变试件的边界条件，实质是对结构进行了动力学修改（SDM），而我们知道对同一结构进行动力学修改后的结构最终模态振型是修改前原始结构模态振型的线性组合。例如，使用自由梁的前五阶模态，就获得了简支梁非常精确的修改后的模态振型。如图 5-29 和图 5-30 所示，简支梁的第 1 阶弹性模态可由自由梁的第 1 阶刚体模态和第 1 阶弹性模态组合得到，简支梁的第 2 阶弹性模态可由自由梁的第 2 阶刚体模态和第 2 阶弹性模态组合得到。

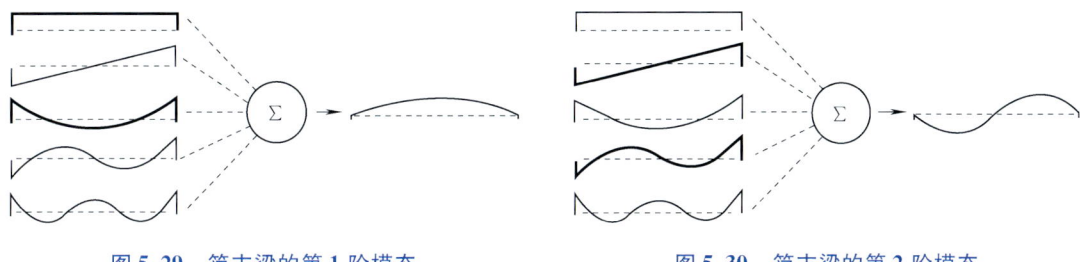

图 5-29　简支梁的第 1 阶模态　　　　图 5-30　简支梁的第 2 阶模态

当然不是所有的试件都能用修改前的模态叠加得到，前提是最终修改后的模态必须能够由修改前的模态的线性组合得到。如果能做到这一点，那么可以得到准确的结果。如果不能，那么由于模态截断的原因将会产生误差。

5.4.5 边界支承刚度要求

自由边界和约束边界理论上容易实现，但现实中实现起来却有困难。由于用于自由边界的悬挂或支承系统不可能刚度为零，用于约束边界的夹具系统不可能刚度无穷大，因此，试验条件下不可能做到完全自由和完全约束（固支）。

对于自由边界，要求实际支承的最高刚体频率小于结构的最低弹性频率（见图 5-31），这样可减少悬挂系统对结构模态的影响，实现模拟近似自由的边界条件。因此，对于低频模态实现自由边界很困难，但是对于高频模态实现自由边界很容易。

如模拟自由边界条件，要求刚体频率是第 1 阶弹性体频率的 10%~20%。如果不满足此要求，应考虑更换刚度更小的支承系统。

对于约束边界而言，由于实际约束条件的夹具系统不可能刚度无穷大，因此要实现约束边界，必须要求用于支承的夹具系统的最低弹性频率远高于试件结构的最高分析频率。一般说来，中小结构实现约束边界较容易，但对于大型结构实现约束边界较困难。

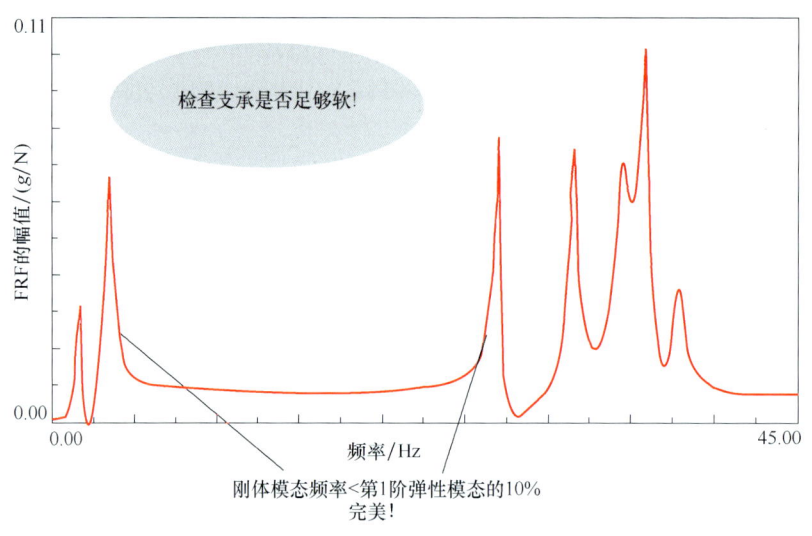

图 5-31 自由边界支承刚度要求

从这可以看出边界条件对试验有显著影响，特别是对轻质结构。因此，采集到的数据必须进行检查，以确定因不同的测试设置边界条件引起频率和模态振型的变化情况。可能模态振型是感兴趣的参数，其差异并不大，但对于处于评估状态的设计而言，频率可能是个敏感参数，这严重依赖于实际应用。因此，这时该怎样做呢？

如果有分析模型可用，那么研究不同边界条件下的频率和振型的影响是件非常容易的工作。这样的分析可在实际测试之前进行，有任何影响都可以观测到。这样一来，有关模态特征的预期变化就可做一些估计，通过分析可以确定这些模态特征的变化可能怎样影响系统的最终响应。如果影响显著，那么就需要仔细评估支承条件的影响。但是如果系统响应结果差异不大，那么可以认为测试支承条件的影响不是关键因素。但是需要有人去做这样的评估，不能单单使用经验方法，必须做更深入的评估。

如果没有分析模型可用，那么需要你自己评估你的支承系统是否满足了测试要求，对测试结果有无明显影响，或者影响有多大。需要记住的是测试支承刚度的改变必然对所有频率有影响。如果增加刚度，频率必然变大，问题是频率变化有多大，是否影响严重，需要你来做评估。

5.5 为什么要做自由模态分析

同一个结构在不同的边界条件下，模态参数是不相同的。很多情况下，结构实际工作条件下的边界并非自由边界，那为什么还要做自由边界条件下的模态分析呢。在说明具体原因之前，让我们先回顾一下自由模态与约束模态的区别与联系。

在 5.4 模态边界条件：自由边界与约束边界的差异一节中已经说明，当对自由边界的结构施加约束时，随着约束刚度的增大，结构的刚体模态会逐渐向弹性模态转化。对同一结构，从自由边界变换到约束边界，是对结构进行了动力学修改，那么修改后的约束边界下的模态可以通过修改前的自由边界的模态的叠加得到。当然不是所有的试件都能用修改前的模态叠加得到，前提是最终修改后的模态必须能够由修改前的模态的线性组合得到。如果能做到这一点，那么可以准确地由自由边界的模态得到约束边界的模态结果。如果不能，那么由于模态截断的原因将会产生误差（关于模态截断，请参考第 6 章 6.5 什么是模态截断）。因此，自由模态可以在一定程度上得到约束模态。

从模态分析难易程度上讲，自由模态比约束模态更容易实现。不管是试验模态还是计算模态，约束边界都要更困难些。实际约束边界在有限元计算中难于实现，而自由模态在有限元计算中很容易实现，不需要施加任何约束。约束边界条件下的试验模态需要夹具，而夹具也是弹性体，因此，相比自由模态边界，试验模态的约束边界也更难于实现。另一方面，自由模态不仅有弹性模态，还有刚体模态，而约束模态只有弹性模态。

虽然同一结构的约束模态与自由模态的模态参数完全不同，但现实世界中很多情况下仍然做自由模态，这可能是基于以下方面的原因。

5.5.1　实际工作边界为自由边界

一些结构实际的工作状态就是自由边界，如飞机、导弹、卫星等航天器结构，因此，对这些结构进行测试或计算时，采用自由边界条件。

另一个典型情况是动力总成刚体模态。动力总成由具有弹性的悬置支撑，悬置决定了动力总成的边界、支承和动力本身。由于悬置是具有弹性的减振器，因此，由弹性悬置支承的动力总成存在刚体模态，也就是说动力总成的工作边界可视为一种自由边界，当然了，不完全自由，还具有一定的约束性，界于完全自由与约束之间的一种边界。在这，我们暂时还称它为自由边界。

动力总成为什么要做刚体模态呢？悬置匹配时要求动力总成刚体模态解耦，解耦最理想的情况是动力总成 6 个刚体模态频率完全分开，频率相隔很远。但是很难做到 6 个频率都分得很开，因此，至少要求 3 个刚体模态完全分开，解耦非常好。这 3 个刚体模态为 bounce、pitch 和 roll 模态。怎么做动力总成模态解耦设计呢，要求选好悬置位置、悬置刚度等参数，通常借助有限元工具进行解耦优化迭代，得到非常理想的解耦率。但这一步需要试验数据提供支撑，通常是通过试验获得刚体特征参数：质心位置和转动惯量。把这两个参数提供给有限元，才能进行解耦优化迭代。悬置优化完成之后，选择了合适的位置，装到了整车上，那么这时要验证 6 个刚体模态是否解耦，解耦效果怎么样，尤其是非常重要的 3 个刚体模态，因此，需要做动力总成刚体模态。

5.5.2　为供应商提自由模态指标

对于主机厂而言，其生产的是车身，其他的部件都是由供应商生产设计的。因此，对于供应商而言，主机厂给他们提的要求都是自由模态的要求，因为供应商手中的零部件无法装配到主机厂要开发的实车上，只能做自由模态分析。而主机厂对各个零部件提自由模态要求，这个工作正是基于模态分离表的要求。

对于车辆 NVH 而言，终极目标就是车内振动噪声（暂时不考虑法规要求，即通过噪声）满足目标要求，而每一个零部件如果不满足前期的 NVH 性能要求，那么装配到整车上之后都会带来或多或少的振动噪声问题。因此，要求车辆开发过程中前期规划要做得更仔细，这样后期的故障排除（trouble shooting）工作才会更少，也就是供应商设计生产的零部件都应满足 NVH 性能要求。

5.5.3 校准数字模型

复杂结构通常是由不同的零部件按一定的装配关系装配在一起，最终还会具有一定的边界条件。当对复杂结构进行仿真计算时，必须考虑各零部件之间的装配关系和结构的实际边界条件。因此，从试验与仿真对比的角度而言，也应有个先后顺序来进行对比，以提高数字模型的准确性。对比时应首先进行部件级对比，即先对比零部件的自由模态结果，二者的误差在可接受范围以内后再进行装配体对比。装配体的边界条件仍然是自由边界，对比自由边界下的装配体的试验与仿真结果，如果这一步满足要求了，最后对比施加边界条件的模型。

虽然这个对比过程比较烦琐，但是对模型修正非常有利。因为，对于部件而言，材质较单一，这时对比起来的误差会较小，如果计算模型误差较大，修改起来也容易些。所有部件对比的精度都在可接受的范围以内后再考虑装配关系。计算模态有一种算法称作模态综合，可以将之前的部件结果按模态综合的方式得到装配体的模态结果。最后再对比考虑边界条件的装配体。在对比过程中，前两级的对比均为自由边界，最后一步才考虑结构实际的边界条件，这样有利于减小施加了约束边界的结构的仿真结果误差。但现实中，可能绝大多数对比过程，都是直接对比考虑了边界条件的装配体。这时，当误差很大时，可能都不知道该从哪个方面着手修改计算模型。因此，最好的校准数字模型精度的办法是先校准自由边界的部件，然后校准自由边界的装配体，最后才是校准考虑了实际边界条件的装配体。

5.5.4 确定合适的安装位置

我们都知道模态节点是模态振型值为零的位置，假设结构只有一阶模态被激励起来，那么，将这个结构安装在其他结构上的最合适的位置就是这个结构在自由状态下的这阶模态的节点位置。当然，现实世界中任何一个结构很少会只有一阶模态，所以，当考虑一个结构安装在其他结构之上时，要综合考虑这个结构自由边界条件下的前几阶模态的节点位置，然后确定一个或几个合适的安装位置，这类结构如排气系统、车门等。

在确定安装位置之前，要做自由模态，以确定主要关心的几阶模态的节点位置，综合考虑这些节点位置，确定最终的安装位置。待结构安装到另一结构上之后，如排气通过吊耳安装到车身之后，还要验证效果，这时就需要做约束模态分析。因此，在确定安装位置之前，要做自由模态分析，待安装之后，为了验证结果，要做约束模态分析。

5.6 怎么选择激励方式

对于传统的实验模态分析，通常可选择力锤或激振器作为激励设备。但是使用不同类型的激励设备，可能会带来不同的影响。那么，我们该如何选择激励设备呢？哪种激励方式更合适呢？还有一种激励方式是使用体积声源激励，用于声腔模态分析，在这不做讨论。这一节主要讨论力锤与激振器激励的差异，主要内容包括：

> 测试设置的差异
> 频响函数的差异
> 优缺点总结
> 选择的原则

5.6.1 测试设置的差异

力锤（见图5-32）作为激励设备，设备简单，投资小。相对激振器而言，力锤移动方便、不影响被测结构的动态特性，除了适用于锤击法模态测试之外，还适用于快速地进行结构故障诊断。另外力锤激励属于宽带激励，可根据不同的关心频率范围，选择不同的锤头。但力锤操作者为测试工程师，因而激励力的大小、方向和锤击点位置受人为因素影响严重，锤击同一测点难以保证每次锤击力大小和方向都相同，并且可能每次锤击都不在同一点，理论上要求每次都锤击同一点（实际上是一个小区域）。

每次锤击的时域信号为作用时间有限的力脉冲信号，所以，激励能量有限，信噪比不高。由于激励能量有限，当进行驱动点测量时，传感器易过载，而远离激励点的传感器又极易欠载。另外由于力信号幅值不变化，因而，只适用于线性结构。除此之外，在某些测量位置，如悬臂端，即使再老练的测试工程师也不可避免地会出现二次连击。

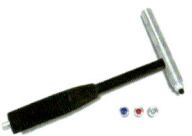

图5-32 力锤

激振器作为激励设备时，难于安装，移动不便。这是因为激振器笨重，还需要功率放大器和信号源等配套设备，安装操作起来较为复杂。完整的激振器系统如图5-33所示，包括信号源、功率放大器、激振器、推力杆（也称为顶杆）和力传感器等。相比力锤而言，安装较为费劲，而且还有可能需要工装将激振器安装到合适的高度位置。

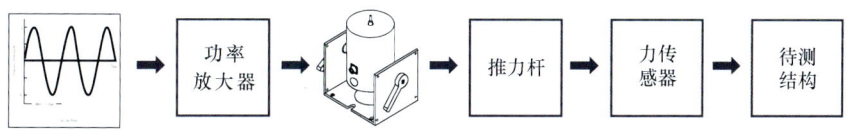

图5-33 完整的激振器系统

另外，激振器的顶杆始终与结构接触可能会带来弯曲刚度或（和）顶杆与结构耦合等方面的影响。因为，顶杆要求轴向特别刚，径向特别柔，但实际上可能达不到要求，从而对测试产生影响。图5-34所示为激振器安装实例。

另一方面，激励信号为已知信号，并且有多种激励信号可供选择（请参考本章5.17常见的各种激励信号），因而可根据需要选择合适的激励信号。对结构而言，总存在一种最合适的激励信号，选择合适的激励信号能改善线性结构的测量结果。特别是结构存在轻微非线性时，选择合适的激励信号可以将结构中存在的非线性平均掉。

相对于力锤激励而言，激振器激励能量更大、分布更均匀、数据的质量更高，因而，更适用于大型复杂结构。但激振器测试，通常是激振器固定激励，分批次移动响应传感器进行测试。

5.6.2 频响函数的差异

锤击法测试时，通常是移动力锤，加速度计固定不动，此时得到的是频响函数 FRF 矩阵的一行或多行（使用一个单向加速度计，得到 FRF 矩阵的一行；使用一个三向或多个加速度计，得到 FRF 矩阵的多行）。激振器测试时，通常移动加速度计，激振器固定不动，此时得到的是频响函数 FRF 矩阵的一列或多列（使用一个激振器，得到 FRF 矩阵的一列；使用多个激振器，得到 FRF 矩阵的多列）。

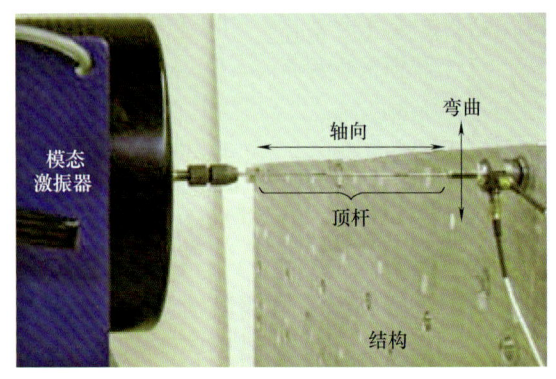

图 5-34　激振器安装实例

根据互易性原理可知，由锤击法得到 FRF 矩阵的一（多）行与由激振器得到 FRF 矩阵的一（多）列，理论上两种方式获得的数据是完全相同的，但这仅仅是理论观点。实际上，如果我们能够在结构上施加一个纯力，该力与结构二者之间不存在任何的相互作用，并且可以使用一个无质量的传感器测量响应，那么此种情况下，不管哪种测量方式对结果都是没有影响的，理论是成立的，但现实却不是这样的！

实际上在模态测试过程中，激振器和响应传感器通常对结构都有影响。需要明白的主要事项是处于测试状态下的被测结构已不再是你最初想得到模态参数的那个结构了。因为结构上已附加了与数据采集过程有关的其他东西，如结构支承方式、安装的传感器，以及激振器顶杆潜在刚度的影响等。因此，虽然理论告诉我们，锤击法测试和激振器测试二者没有任何区别，但现实测量中却因实际数据采集中各个方面的影响，使得二者的测试结果存在很大的差异。

激振器测试过程中，最明显的差异出现在移动加速度计的过程。加速度计的质量相对于结构的总质量可能非常小，但是它的质量相对于结构的有效质量（结构振动时，不是结构所有质量都参与响应，只是结构的一部分质量参与响应，这部分参与响应的质量称为有效质量）可能非常大。在多通道测试系统中，为了获得所有的 FRF，有多个传感器沿着结构移动，此时这个影响尤为突出。特别是轻质结构，这个影响会是一个严重的问题。解决此问题的方法之一是在结构上所有测点位置安装传感器（即使每次测量只用到少量几个传感器）；另一个方法是在未测量的测点位置安装与传感器质量相等的质量块，这样就能消除移动质量的影响。但是，这样做附加质量明显，可能会导致频率偏低，虽然数据一致性较好。

另一个不同之处是激振器顶杆的影响。结构的模态可能本质上会受激振器附属装置质量和刚度的影响。当我们试图最小化这些影响时，它们仍然可能存在。顶杆的作用是分离激振器给结构带来的影响。然而，对于大多数结构而言，激振器附属装置的影响仍然可能显著。既然锤击法测试不会遭遇这些问题，因而必将得到不同的结果。

因此，虽然理论告诉我们，激振器测试和锤击法测试二者得到的结果没有差异，但实际上，因实际测量中各个方面的差异必然导致二者产生一些不同。

5.6.3 优缺点总结

对于力锤激励而言，其具有以下优缺点：

1) 人工激励，受人为因素影响严重。
2) 设备简单，投资小。
3) 移动方便，不影响试件的动态特性。
4) 快速地宽带激励技术。
5) 适合于故障诊断确定结构频响函数。
6) 信噪比低。
7) 不适用于非线性结构。
8) 容易连击。
9) ADC 容易欠载或过载。

对于激振器激励而言，其具有以下优缺点：
1) 测试快速、可靠。
2) 较高的质量/时间比。
3) 激励能量更大，分布更均匀。
4) 难于安装，操作复杂，存在附加影响。
5) 有多种激励信号可供选择，且激励信号已知。
6) 经常用于大型复杂结构。
7) 适当选择激励信号能改善线性结构的测量结果。
8) 结构存在轻微非线性时，选择合适的激励信号可以把非线性平均掉。
9) 研究非线性的唯一方法。
10) 一般固定激励位置，多个响应点-多批次测试方式。

5.6.4 选择的原则

激励方式选择的一般性原则如下：
1) 线性结构通常选择力锤激励。
2) 零部件结构通常选择力锤激励。
3) 激振器安装空间不够时，采用力锤激励。
4) 大型复杂结构通常采用激振器激励。
5) 当结构具有非线性时，只能使用激振器激励。
6) 纯模态测试只能使用激振器激励。
7) 结构庞大，单点激励能量不足以充分激起感兴趣的模态时，宜用激振器激励。
8) 结构比较脆弱，不能施加太大的激励时，优先使用激振器激励。

虽然锤击法有诸多缺点，但锤击法测试比激振器法更为普遍。

5.7 模态测量自由度的数目与分布

对结构进行模态测试，总需要在待测结构上布置测点，并且根据这些测点生成几何模型。那么，每个测点考虑测量几个方向呢？需要多少个测点才足够描述关心的所有模态振型呢？这些测点是如何分布的呢？如果某些部位不布置测点又会出现什么状况呢？

这一节主要内容包括：
- 测量自由度
- 测量自由度多少足够
- 测点布置原则
- 测点不合理的影响

5.7.1 测量自由度

结构运动时，用以完全确定结构在空间上的运动位置所需的最少独立坐标个数，称为自由度。例如，描述可在空间任意运动的一个质点的位置需 3 个独立坐标，则其自由度为 3，若限制质点在某曲面或某曲线上运动，则其自由度减为 2 或 1。又如自由运动的刚体有 6 个自由度，即 3 个平动自由度和 3 个转动自由度。三个平动自由度确定质量中心的位置，三个转动自由度确定刚体的方位。

任意连续结构都可认为有无限多个自由度，但是测量时只能测量有限自由度。这些能够测量的自由度数受某些实际条件的限制，如转动自由度测量极其困难、有限的频率范围、测试系统（如传感器、信号调理仪和数据采集仪）动态范围有限也限制了可测的模态阶数。

测量的自由度数等于物理测点数乘以每个物理测点的测量自由度，例如，100 个物理测点，每个测点测量自由度为 1，则总测量自由度为 100，若每个测点的测量自由度为 x、y、z 方向，那么结构总的测量自由度为 300。

由于每个测点都可以测量三个方向，在测试时，如何确定测量的方向呢？相对而言，当结构某一个方向的尺寸远大于或小于其他两个方向时，只测量一个方向即可，如杆系轴向尺寸远大于其他两个方向，平板结构厚度方向远小于其他两个方向。但是若截面较大，虽然一个方向远大于其他两个方向，如列车车厢，这时也应考虑两个测量方向。复杂结构通常每个测点测量三个方向。

因为物理测点的选择有些任意性，因而在结构自由度与测量自由度之间不存在特定的关系。一般而言，为了确定系统的 N 阶模态，那么输入自由度和输出自由度应该大于或者等于 N。需要注意的是，即使输入和输出自由度大于 N，也并不能保证从输入和输出自由度中能得到 N 阶模态。

5.7.2 测量自由度多少足够

模态测试时，测点数目多少足够？总的原则是需要测量足够数目的测点，使得你能唯一地描述系统所有关心的模态振型。测点数目越多，可测量的模态阶数越多，模态振型越光滑。

考虑简支梁前 3 阶模态振型，如图 5-35 所示。分别考虑由 1、2、3 和 4 个测量自由度（Z 向）得到的模态振型。由于两个端点在振型中不动，所以假设不测试两个端点。第一次测量只考虑 1 个测量自由度，位于跨中位置。第二次测量考虑 2 个测量自由度，分别位于梁上两个三等分点位置。第三次测量考虑 3 个测量自由度，分别位于梁上三个四等分点位置。第四次测量考虑 4 个测量自由度，分别位于梁上四个五等分点位置。

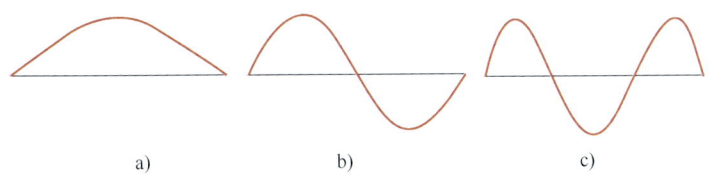

图 5-35　简支梁的前 3 阶模态振型

a）1 阶　b）2 阶　c）3 阶

如图 5-36 所示，较大实心圆点表示测量自由度，小实心圆点表示端部两个不动点。从图 5-36 中可以看出，1 个测量自由度仅能得到 1 阶模态，但此时的模态振型为三角形状，且所有的奇数阶振型都相同（空间混叠），偶数阶测量不出来，因为跨中为偶数阶模态节点。

当测量自由度为 2 时，可以测量得出前 2 阶模态振型，3 阶以上的模态振型都与这两阶相同。注意到第 1 阶模态振型比 1 个测量自由的振型更光滑了，但第 2 阶振型不光滑，为两个三角形，如图 5-37 所示。

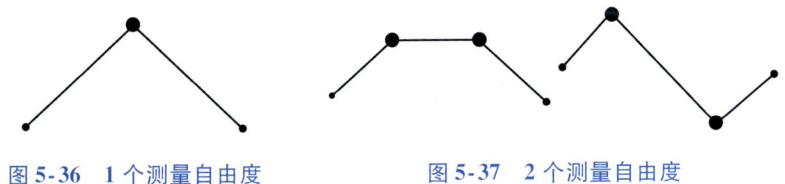

图 5-36　1 个测量自由度　　　　图 5-37　2 个测量自由度

当测量自由度为 3 时，可以测量得出前 3 阶模态振型，4 阶以上的模态振型都与这三阶相同。注意到第 1 阶模态振型比 2 个测量自由度的振型更光滑了，但第 2、3 阶振型仍不光滑，如图 5-38 所示。

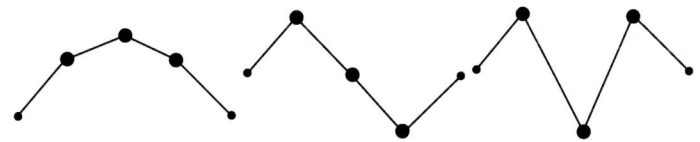

图 5-38　3 个测量自由度

当测量自由度为 4 时，可以测量得出前 4 阶模态振型，5 阶以上的模态振型都与这四阶相同。注意到测量自由度越多，第 1 阶模态振型越光滑、越连续、越接近实际振型，第 2 阶振型也有所改善，如图 5-39 所示。

图 5-39　4 个测量自由度

从这个实例我们知道模态阶数越高,结构的振型越复杂(波峰波谷数目越多),为了能唯一地识别出这些高阶模态,需要更多的测量自由度。此原理类似曲线拟合,当使用的拟合点数目越多,拟合得到的曲线越光滑,越接近实际形状。因此,测点布置的总原则是:测量自由度要足以唯一描述所有关心的模态振型。但是测点过多,虽然振型越光滑,但是测量工作更耗时间。因此,需要在时间与数据质量之间进行折中。

另外,有一点值得注意,测量自由数不等于能测量出来的模态阶数,在这个例子中,只是一种特殊情况。通常,测量自由度≥测点数目＞能测量出来的模态阶数。

5.7.3 测点布置原则

通过上一小节的讨论,我们明白了测量自由度越多,振型越光滑。但实际上,要充分描述模态振型不仅跟测点数目有关,还跟测点分布有关。对于简单的结构,如杆、梁或板结构,则直接按尺寸均匀布置测点即可,如图 5-40 所示。

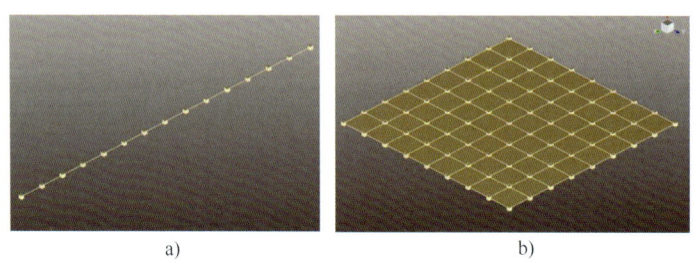

图 5-40 测点均匀布置
a) 梁 b) 平板

对于复杂的结构,如汽车、飞机测点布置又如何呢?图 5-41a 所示为某汽车白车身测点分布图,图 5-41b 所示为某型号飞机的测点分布图。相对而言,由于汽车飞机结构复杂,不能再简单地按尺寸均匀布置测点了,还需要考虑结构特点细节。虽然整体上不能均匀布置,但在小区域方面,如 B 柱、顶棚这样的位置还是可以按均匀布置原则来处理。

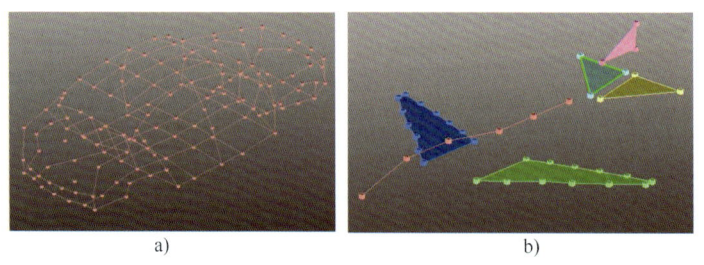

图 5-41 复杂结构的测点布置
a) 白车身 b) 飞机

另一方面,还要考虑关心的模态主要在结构哪个区域运动,如飞机,则主要关心的模态应位于机翼、尾翼和方向舵上。所以,在这些地方测点相对多些,机身上测点较少,图 5-41b 中只用 6 个测点连成一条线来表示机身,这是因为机身的模态频率更高,已超出我们关心的频率范围,此时,测点可大为减少。由于机身太庞大,机翼、尾翼和方向舵如同悬臂结构一样装配在机身上，因此，这些部件更容易出现低频模态。所以，要重点关心这些区域。

当测点分布合理时，在测点数目足够的前提下则能唯一地区分出感兴趣的各阶模态振型。因此，在考虑测点分布时，应考虑以下方面：

1) 受结构空间位置的限制，测点位置要应易于测量、可达。
2) 杆、梁、板等简单结构要均匀布置。
3) 复杂结构应根据结构特点来布置，局部也应尽量均匀布置。
4) 着重考虑关心的模态可能出现的区域，高频模态区域可减少测点。
5) 对称结构由于存在对称和反对称模态，不能只布置结构的1/2或1/4区域。
6) 通过这些分布的测点能表征出所有感兴趣的模态。
7) 能表征出结构的大致形状。

因此，在考虑测点数目与分布时，要充分考虑结构特点、模态的测试要求、测点分布位置和时间安排等因素。使得确定的测点数目和测点分布能充分、唯一地区分出所有感兴趣的模态振型。

5.7.4 测点不合理的影响

测点不合理可能是数目不合理，也可能是位置不合理。在这主要考虑三种情况：

1) 当测点数目过少时，会造成空间混叠。空间混叠是指空间上布置的测点数目过少，造成多阶（≥2）模态振型相似程度高，不能唯一地区分出关心的各阶模态振型。空间混叠表现是高阶模态振型混叠成低阶模态振型，有点类似频率混叠，高频混叠成了低频。如图5-42所示，由于测点太少，导致第7阶模态与第1阶混叠。

2) 只测量结构的一部分。只测试结构的一部分，可能会出现有多阶振型非常相似，从振型上不易区分这些模态。因为，没有测点的那部分区域，可能是这些模态振型的区分区域，测量的区域在这些振型中又非常相似。所以，会导致多阶振型区分不开。没有测量的区域，类似拿布遮盖起来，是不知道它的具体振型样子的。

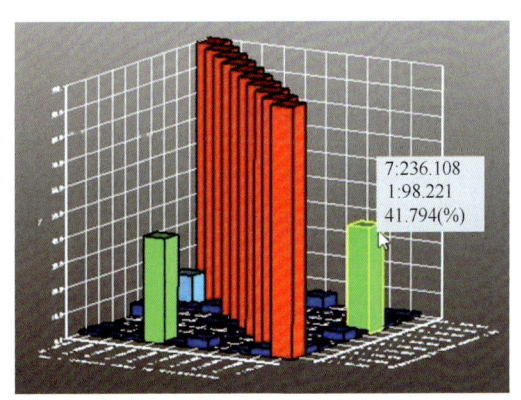

图5-42 空间混叠

3) 多层结构中有些层没有测点分布。多层结构中，有些层因为测点无法布置而没有测量时，会导致出现多阶相同的模态振型。这与第2点类似，但又有自身的特点。多层结构会出现层与层之间同步与异步的振型，如果只测量一些层，而不是全部，则分辨不出这些同步与异步的振型。如图5-43所示的结构，为二层平板结构，当只测上面一层时，前2阶模态振型是完全相同的，而区分在于第二层平板。1阶振型二层平板是同步的，2阶振型二层平板是异步的。因此，只测量上面一层是无法区分出这两阶模态振型的。

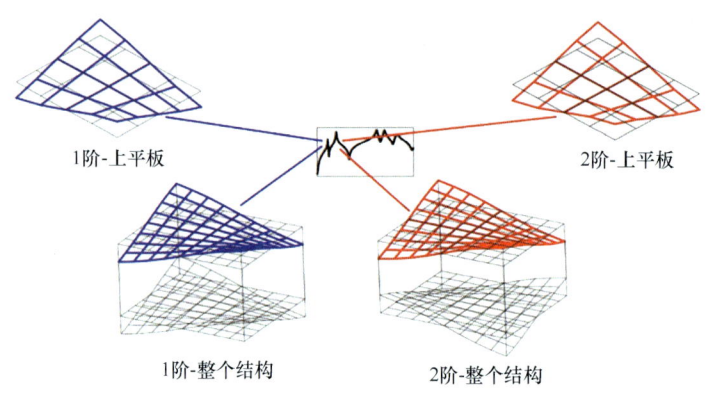

图 5-43 双层平板结构的前 2 阶模态振型

5.8 模态分析之几何模型

模态参数包括频率、阻尼和振型,而表征振型动画需要用到几何模型。因此,在商业模态分析软件中,都有生成几何模型这一功能。几何模型主要是用于表征振型动画,这一节主要内容包括:
- 几何模型的作用
- 如何生成几何模型
- 测点方向与总体坐标不一致
- 某些测点没有测量数据可用

5.8.1 几何模型的作用

不管是计算模态分析,还是试验模态分析,都离不开几何模型,但计算模态的几何模型与试验模态的几何模型有着本质的区别,具体请见第 6 章 6.14 试验模态与计算模态的区别与联系。在这里,我们主要讲述试验模态分析中的几何模型。

为了表征振型动画,我们需要一个几何模型。几何模型由点、线或面构成,而模型中的点用于表征实际的测量位置。最终生成的几何模型就是由这些实际的测点位置的坐标表示的,然后再是点与点之间连线,三个或四个点连成面(有时可能不建立面的信息)。因此,由实际测点位置表示的几何模型是线框模型,而非实体模型。图 5-44a 所示为带网络划分的实体几何模型用于计算模态分析,图 5-44b 所示为同一结构的线框几何模型用于试验模态分析。

在振型动画中,我们可以从几何模型上知道各阶模态的节点位置(关于节点、节线、节径和节圆,请参考第 6 章 6.4 节点、节线、节径和节圆),如图 5-45 所示的两条白线为一个平板结构某阶模态振型的节线。节点位置是非常重要的信息,如对于确定排气系统的吊耳位置,就是综合考虑前几阶模态的节点位置确定最终的吊耳位置。

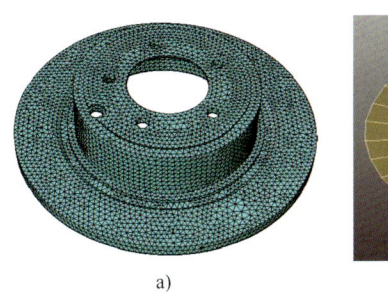 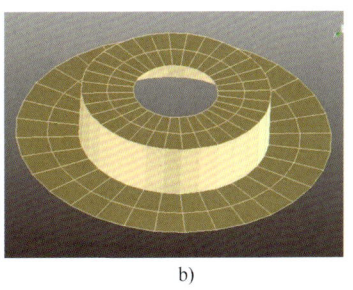

图 5-44 制动盘
a) 实体几何模型　b) 线框几何模型

5.8.2 如何生成几何模型

几何模型的生成有两种方式，一种是传统的由点到线、由线到面的方式，另一种是针对规则结构采用均匀划分方式（DASP 模态称为自动生成）。多数建模的情况是两种方式混用，对于规则部件采用均匀划分方式，对于不规则的部件采用传统方式。生成几何时尽量由所有的实际测点生成相对应的几何模型。如果生成的几何模型中的点多于实际测点数，将导致没有测量数据与之相对应，从而使得该点在振型动画中静止不动。另一方面，如果测点数目太少，可能生成的几何模型与实际结构相差甚远，造成视觉上的差异，还存在不能唯一地区分出所有感兴趣的模态的风险。

对于复杂结构，由于实际测点数目过多，建议在采集数据之前（注意此时已确定了所有测点的实际位置）应该将几何模型分批次生成。分批次是指建立一些点的坐标之后，立即将这些点连成线或面，然后再进行下一批次。不要将所有的测点坐标都输入之后再连线和面，因为几何中的点太多会起到干扰的作用，反而不利于准确的连线和连面了。如图 5-46 所示的白车身几何模型，假设总共有 180 个测点，那么，可以每批次按 30 个点来建立点线面信息，如果将 180 个测点坐标信息都输入后再连线，必然导致测点太多，干扰到连线。对于对称结构，测点分布时也应对称布置，这样获取测点的坐标信息会大为简化，建立几何模型也会更为方便。

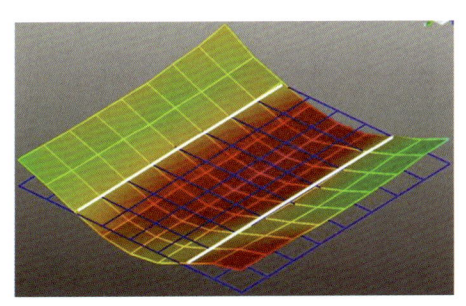 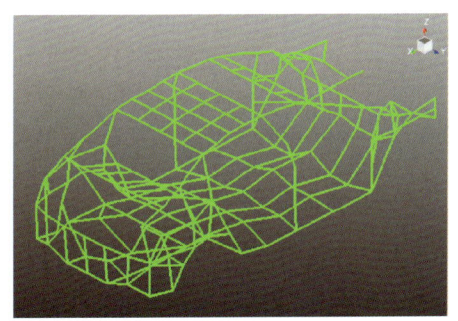

图 5-45 平板的弯曲振型　　　　图 5-46 白车身的几何模型

有一条非常重要的信息是，各个测点的几何坐标是否需要按实际的尺寸来输入还是可同比例缩放？如果生成的几何模型仅用于模态分析，那么，你可以按实际尺寸，也可以同比例缩放，没有任何问题。但如果你还有其他用途，如导入有限元中进行相关性分析，那么，建议按实际尺寸输入。

Testlab 几何生成后，在进行模态测试时，在通道设置中需要用建立的几何模型来指定实际的测点位置。这样一来，实际的测点位置就与几何模型中的点一一对应起来了。如果测试过程中，没有进行这样的指定，那么，模态分析之后整个几何模型是不动的。此时，需要手动将所有的 FRF 数据名称修改成实际的几何点名称，极为麻烦。因此，在测试时指定测点的几何点名称非常必要。

DASP 模态分析时，不需要在测试过程中指定几何模型的名称，而是在数据分析过程中对生成的几何模型施加约束。这个约束不同于力学中的边界约束条件，这里所指的约束是指实际的测量自由度与几何模型中的点的一一对应关系。实质是自由度分配，一个点对应 X、Y、Z（假设是直角坐标系）三个方向，因而对应三个测量自由度，在哪个方向进行测量，就将该测点号与该点这个方向对应起来，这就是 DASP 所谓的"约束"。

5.8.3 测点方向与总体坐标不一致

当某些测量表面与总体坐标系有夹角时，如 A 柱，我们可以安装一个楔形块使测量所用的传感器方向与总体坐标系一致。如果不安装楔形块，将导致传感器的测量方向与总体坐标系有夹角。这时，若使用的是 Testlab 软件进行测试，则可以在几何模型中解决这个问题。

如图 5-47 所示，每一行表示一个测点位置，后面的 X、Y、Z 列表示坐标信息，而 XY、XZ、YZ 列表示该位置的传感器坐标平面绕另一个轴旋转的角度，称为欧拉角，当传感器测量方向与总体坐标系不平行时，可以通过输入相应的欧拉角来解决二者坐标不一致的问题，无须安装楔形块。在获得相应的角度信息之后，软件会自动将测量方向的数据转换到总体坐标系下。

	Parent Comp...	Name	Full Name	X (m)	Y (m)	Z (m)	XY (°)	XZ (°)	YZ (°)
1	body	1	body:1	0.0000	50.0000	36.0000	0.0000	0.0000	0.0000
2	body	2	body:2	0.0000	-50.0000	36.0000	0.0000	0.0000	0.0000
3	body	3	body:3	20.0000	50.0000	36.0000	0.0000	0.0000	0.0000
4	body	4	body:4	20.0000	-50.0000	36.0000	0.0000	0.0000	0.0000
5	body	5	body:5	25.0000	75.0000	68.0000	0.0000	0.0000	0.0000
6	body	6	body:6	25.0000	-75.0000	68.0000	0.0000	0.0000	0.0000
7	body	7	body:7	28.0000	80.0000	50.0000	0.0000	0.0000	0.0000
8	body	8	body:8	28.0000	-75.0000	48.0000	0.0000	0.0000	0.0000
9	body	9	body:9	55.0000	50.0000	36.0000	0.0000	0.0000	0.0000
10	body	10	body:10	55.0000	-50.0000	36.0000	0.0000	0.0000	0.0000

图 5-47 测点的几何坐标

如图 5-48 所示的方框区域为白车身的 A 柱，这个位置上的传感器测量方向与总体坐标系有夹角，此时，通过调节这些位置相应平面的夹角使得几何模型中的方向与实际方向一致，从而无须安装楔形块，节省时间，提高效率。

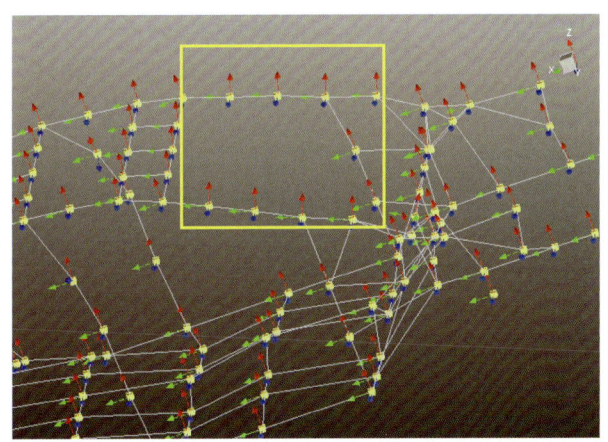

图 5-48　白车身的几何模型

5.8.4　某些测点没有测量数据可用

很多时候，可能存在以下情况：分批测量时最后一批测完，发现还有 1 或 2 个测点没有测量，如果再测，时间又来不及；或者少数几个测点位置由于空间不够，无法测量；或者测完数据之后，发现少数几个点的数据有问题等。这些测点如果没有对应的数据，那么在振型动画中这些点是静止的；如果数据有问题，那么动画中的显示也会异常。因此，需要一种机制来解决这样的问题。

Testlab 软件中提供了一种称为 Slave 的机制来解决这个问题，如果某一测点没有测量数据可用或者该点数据明显有问题，那么可以将该测点选作从点，蓝色表示，方向可以是一个、二个或者三个方向，最多可选择邻近的 4 个点作为主点，使用这几个从点按距离插值得到主点的数据，如图 5-49 所示。当从点的数目为 1 时，主点直接使用从点的数据，只有当从点的数目大于等于 2 时，才是由这些从点插值得到主点的数据。

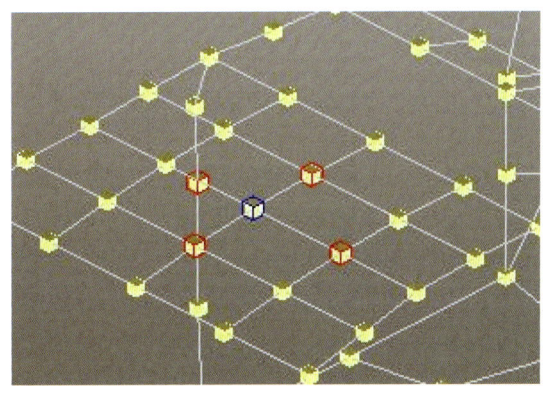

图 5-49　Slave 功能

DASP 模态分析软件也具有这种功能，称为合成方式，但是从点的数量最多为 2。

由于插值得到的数据非真实该点的测量数据，因此，可能与实际数据有差异。所以，生成几何时尽量用实际测点数目生成，并且所有的测点都应该进行测量，获得实际的数据，而非插值数据。

5.9 什么是模态参考点

模态参考点在模态分析中至关重要，如果选择的参考点不合理，可能存在丢失模态的风险。因此，这一节主要对模态参考点的定义、怎么选择模态参考点和多参考点的好处等内容做介绍，主要内容包括：
➢ 模态参考点的定义
➢ 怎样选择模态参考点
➢ 多参考点的好处
➢ 多参考点的布置原则
➢ 参考点与驱动点的区别
➢ Testlab 中设置的 Reference 不一定是模态参考点

5.9.1 模态参考点的定义

首先，让我们回顾一下用模态振型值表示的频响函数的方程：

$$h_{ij}(j\omega) = \sum_{k=1}^{m} \left(\frac{q_k u_{ik} u_{jk}}{j\omega - p_k} + \frac{q_k^* u_{ik}^* u_{jk}^*}{j\omega - p_k^*} \right)$$

或者对于所有的测量自由度，留数的矩阵形式为

$$\begin{pmatrix} a_{11k} & a_{12k} & a_{13k} & \cdots \\ a_{21k} & a_{22k} & a_{23k} & \cdots \\ a_{31k} & a_{32k} & a_{33k} & \cdots \\ \vdots & \vdots & \vdots & \end{pmatrix} = q_k \begin{pmatrix} u_{1k}u_{1k} & u_{1k}u_{2k} & u_{1k}u_{3k} & \cdots \\ u_{2k}u_{1k} & u_{2k}u_{2k} & u_{2k}u_{3k} & \cdots \\ u_{3k}u_{1k} & u_{3k}u_{2k} & u_{3k}u_{3k} & \cdots \\ \vdots & \vdots & \vdots & \end{pmatrix}$$

理论角度上，我们只需要测试频响函数矩阵中的一行或一列就可以将系统所有的模态都识别出来，当然，前提条件是参考点不能位于关心的所有模态的节点上。

到底怎样的点才是模态参考点呢？对于锤击法而言，有两种测量方式，一种是移动力锤，另一种是移动传感器。实质上，不管是哪种移动方式，整个测试过程中固定不动的测点就是我们的模态参考点。对于移动力锤而言，响应传感器固定不动，则响应传感器位置是模态参考点（一个测量方向计一个模态参考点）。对于移动传感器而言，力锤锤击位置是固定不动的，因此，力锤锤击位置是模态参考点。

我们知道频响函数中的留数是激励点位置和响应点位置的模态振型值的乘积（还有比例常数），那么模态参考点就可能是激励位置，也可能是响应位置。不管是哪个，相对而言，由于参考点位置始终保持不变，那么频响函数矩阵中参考点的振型值也就不变，也就是说模态参考点的振型值是公因子。因此，如果我们选择一个测量位置（假设为单向）作为参考点，例如，第一列 u_1 作为模态参考点，那么对于第 k 阶模态而言，此次测量的频响函

数中的留数矩阵可以写成

$$\begin{Bmatrix} a_{11k} \\ a_{21k} \\ a_{31k} \\ \vdots \end{Bmatrix} = \boldsymbol{q}_k \boldsymbol{u}_{1k} \begin{Bmatrix} u_{1k} \\ u_{2k} \\ u_{3k} \\ \vdots \end{Bmatrix}$$

从上式可以看出，此时 u_1 位置的模态振型值是公因子，因此，在模态测试过程中，测量位置保持不变的测点就是我们的模态参考点。当响应传感器固定不动时，响应传感器作为参考点，得到的是频响函数矩阵的一行，当激励位置不变时，得到频响函数矩阵的一列。由于频响函数矩阵是对称阵，因此，理论上讲测试一行与一列是等价的。

总的说来，测试过程中始终固定不动的测点就是模态参考点，而在测量软件中不需要设置哪个或哪些测点是模态参考点，是根据测试过程中所使用的测量方式而定的。

5.9.2 怎样选择模态参考点

从上面的公式我们已经明白，如果选择的模态参考点处的振型值为 0，那么这一阶或这几阶的模态都不能识别出来。因此，模态参考点处的振型值不能为 0，也就是说要模态参考点要避开关心的所有模态的节点位置。

假设模态参考点处的振型值比较小，那么相应的留数也会比较小，模态的共振峰也可能比较小，因而，识别这样的模态可能比较困难。因此，模态参考点处的振型值应比较显著，方便有效地识别出想要的模态参数。

图 5-50 中有三个位置的频响函数曲线。从图 5-50 中可以看出，曲线 3 FRF 中第二个共振峰不明显，曲线 2 FRF 中第三个共振峰不明显，只有曲线 1 FRF 三个共振峰都特别明显。因此，如果从这三个位置选择一个测点作为模态参考点，则应选曲线 1 FRF 所在测点位置。

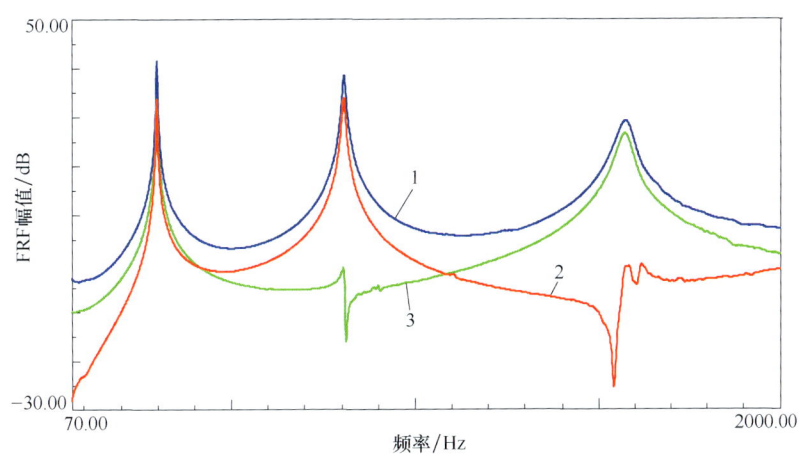

图 5-50　三个位置的频响函数曲线

模态参考点选择的总原则是：避开关心的模态节点位置，振型值要比较显著。假设你对测试结构的振型很了解，你可以根据经验知识来选择参考点。或者你已经有有限元的分析结果了，你也可以根据有限元的结果选择参考点。如果以上二者都没有，那么你可以选择多参考点来进行测试。

因此，参考点的选择总结如下：
1）避开关心的模态节点。
2）参考点处的振型值要显著（振动明显）。
3）根据先验知识，分析模型等。
4）选择多个测点作为参考点。

5.9.3 多参考点的好处

模态分析理论清楚地表明为了确定系统所有模态，只需要一个参考点，至少理论上是成立的。虽然理论的确成立，但从实际角度考虑，许多测试情况都需要使用多参考点。

我们总是设法将加速度计置于这样一个位置：使用相同的测试精力，在感兴趣的频率范围内，由该位置能观测到结构所有的模态。然而，做到这一点经常极其困难，许多情况几乎不可能做到。因此，很多情况下，我们需要使用多参考点。

通过使用多个参考点去改善一个参考点很难得出所有模态的状况。如果使用多参考点，那么将会得到频响矩阵的多行或多列。注意矩阵中有冗余（存在多行或多列），每一列包含的信息都与系统某阶模态振型乘以参考自由度相关（同时需要注意，根据对称性，每行也包含相同的信息）。

更重要的是，如果某一个参考点位置没能有效地激起某一阶特定的模态（如参考点紧临那阶模态的节点），那么其他位置的参考点就可能是更合适的参考点，就能辨别出该阶模态。因此，使用多参考点能减轻仅使用一个参考点完全确定系统所有模态的压力。

使用多参考点，考虑一些参考点的选择，这时每一个参考点可能可以确定系统的某几阶模态，但不能完全确定系统所有模态。因而，使用多参考点，通过参考点的组合就能达到充分描述系统所有模态的目的。这样一来，多参考点充分确定系统所有模态的可能性最大，防止丢失模态。而仅使用一个参考点，就不可能完全做到这一点，即使理论上是可能的。

但是这些多余的参考点对所有模态而言，有时可能不是最佳的（当有一个最合适的参考点时）。但现实原因是，万一其中有一个参考点没有位于最合适的位置，那么还有其他的参考点可用，而这些参考点可能包含更理想的模态信息。这就是为什么经常使用多参考点的真正原因。

基于多参考点技术的应用，锤击法测试有一种叫作多参考点锤击测试技术（MRIT）。通常，在结构上不同位置放置多个加速度计作为参考点固定不动，采用移动力锤逐点遍历所有测点进行锤击而实现多参考点锤击测试，对于识别结构大多数模态，这些参考点要求是相对合理的参考位置。那怎样才算是相对合理的位置呢？

5.9.4 多参考点的布置原则

如果使用多参考点，选择怎样的测量位置才是更合理的参考点位置呢？如果结构是对称的，参考点也应该对称布置吗？

一次锤击法模态测试，选择了9个参考点，移动力锤进行多参考点锤击测试。可能最初想法是用9个参考点，怎么可能还会丢失模态呢。然而，你不知道的是，所有9个参考点刚好全部位于一阶模态的节点上。图5-51所示为这样的一次难以置信的测试，9个参考点，还是丢失了一阶模态。

仔细分析这 9 个参考点的位置，你会发现这 9 个位置是对称的，组成了一个正方形。可以将这 9 个参考点分成 3 类，第一类为中心处的参考点；第二类为正方形 4 个角点位置处的参考点；第三类为正方形 4 个边中点处的参考点。

我们知道对称的结构存在对称和反对称的模态振型，因此，当选择多参考点时，选择的参考点位置一定要避开对称点位置。如果选择的是对称

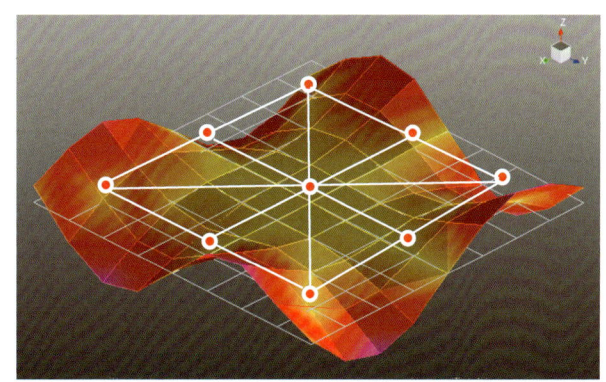

图 5-51　9 个参考点全位于一阶模态节点上

点位置当作参考点，那么这些位置的参考点与其中一个位置的参考点在识别模态参数时所起的作用是完全相同的。

因此，多参考点的选择一定要避免在对称点位置再选择参考点位置。如图 5-51 中所示的 9 个参考点，实质上 9 个参考点与 3 个参考点的作用是相同的，即中心位置、角点位置和边上中点位置。但不幸的是，这 3 个位置刚好是同一阶的模态节点，所以，这 9 个参考点全部位于这一阶模态的节点上了，因而，不能识别出这一阶模态。

所以，当选择多参考点时，一定要避开对称结构的对称点。选择的第一个参考点应是能提供的模态最多的测点。第二个参考点能提供有别于第一个参考点所提供的那些模态，也就是说第二个参考点要提供第一个参考点不能提供的那些模态。同理，第三个参考点要求能提供前两个参考点不能提供的模态，按这个要求直到最后一个参考点。

5.9.5　参考点与驱动点的区别

先让我们回想一下驱动点的定义：激励和响应在同一位置，同一方向的测点。通常用来描述频响函数 FRF（驱动点 FRF 和跨点 FRF），要求是激励与响应二者在同一位置同一方向。而参考点只要求一个参量（激励或响应位置）即可，通常是用来描述测量的位置。

参考点是模态测试过程中固定不动的测点，可以是激励点，也可以是响应点。由于模态测试过程中，要么移动激励设备，要么移动响应传感器，二者不能同时都移动，因此，参考点处得到的频响函数类型可能是跨点频响，也可能是驱动点频响。如果激励位置和响应位置位于同一点，并且是同一方向，那么此时，驱动点与参考点是相同的。但很多情况下，参考点与驱动点是不同的。

只有当激励位置与响应位置位于同一点同一方向时，二者才相同。因此，驱动点肯定是参考点，但是参考点不一定是驱动点。参考点通常用来描述测量位置，驱动点通常用来描述频响函数类型。

5.9.6　Testlab 中设置的 Reference 不一定是模态参考点

用模态测试软件 Testlab 进行模态测试时，通道设置中要设置 Reference，由于英文 reference 对应的中文意思即为参考（点），所以，当进行这个参数设置时，可能部分测试工程师

就误认为这个设置就是设置模态参考点了。这在一定程度上误导了人们对参考点的认识。Testlab 模态测试中通道设置要勾选 Reference 通道，如图 5-52 所示。那么，这个 Reference 是我们模态分析中的模态参考点吗？答案是否定的，这个设置不是用于设置模态参考点，但有时这个 Reference 跟模态参考点相同。因此，这个设置在一定程度上会造成对模态参考点设置的误解。

在模态测试通道设置页面中，设置的 Reference 不是我们的模态参考点。对于锤击法而言，软件要求不论是移动力锤还是移动响应传感器，通道设置中的 Reference 永远都是力锤所在的通道。对于激振器法而言，这个 Reference 要求永远是激振器力传感器所在的通道。因此，这个 Reference 不是用于设置模态参考点，而是用于设置力传感器所在通道的。但是，有时这个 Reference 又与模态参考点相同，这依据你所选择的模态测试方式了。

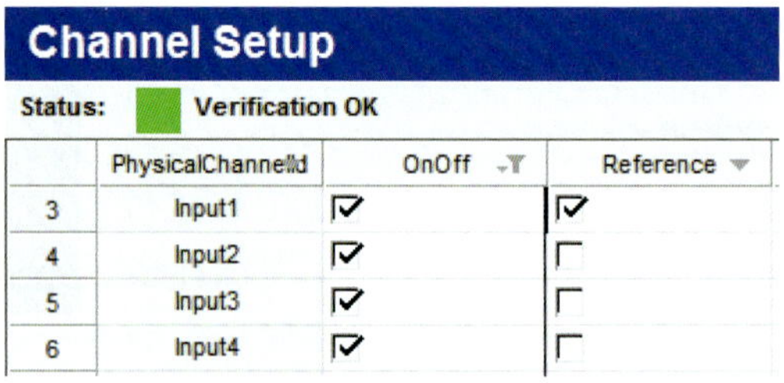

图 5-52 锤击法测试通道设置

如果力锤固定在某一点锤击，那么这个 Reference 与模态参考点相同。如果是移动力锤，响应传感器固定不动，那么这时这个通道设置中的 Reference 与模态参考点不相同。对于锤击法试验而言，后一种测试方式更常用，也就是说，锤击试验多半是移动力锤方式，那通道设置页面中的 Reference 与模态参考点完全不同。对于激振器法而言，由于激振器的激励点当作模态参考点，这时这个 Reference 与模态参考点相同。这就引出了另一个问题，这个 Reference 到底起什么作用？

我们知道频响函数是响应与力之比，相对而言，不管是移动力锤还是移动响应传感器或激振器测试，频响函数计算都是响应除以力。因此，通道设置中选择 Reference 只是告诉软件在计算 FRF 时激励力所在的通道，在计算 FRF 时，需要用响应通道的数据除以这个激励通道的数据。

因此，选择 Reference 只是为了计算 FRF，而不是选择模态参考点。当固定力锤或激振器法时，二者是一致的，当移动力锤时，二者不一致。对锤击法而言，常用的还是移动力锤的方式进行模态测试，这时这个 Reference 就与模态参考点不相同。

因此，通道设置中选择 Reference 的实质是计算 FRF 的需要，不是设置模态参考点。模态参考点不需要要单独设置，是依据测试过程中移动方式而定的。

5.10 模态分析之窗函数

通过 4.6 什么是窗函数一节，想必我们对为什么要加窗函数、窗函数的定义、窗函数的时频域特征、加窗的原则和加窗带来的影响有所了解了。但对于模态测试所加的窗函数而言，又有自身的特点，所以，本节主要介绍模态分析中所使用的窗函数。

FFT 变换要求采集到的时域信号从负无穷到正无穷，但是我们只能在有限的时间段内采集数据。另一方面，如果信号是周期信号，那么 FFT 变换要求也是满足的。周期性信号最明显的标志是信号起始和结束时刻的幅值大小相同。在有限时间段内采集的信号，哪怕是一个周期，如果也满足信号起始和结束时刻的幅值大小相同，那么也满足 FFT 变换要求，不存在泄漏。然而，很多时候，即使采集周期信号，如果采样频率设置不合理，也不能满足 FFT 变换要求，更何况其他类型的信号。由于信号不满足 FFT 变换要求，为了减少泄漏，需要给信号施加窗函数，使其似乎更好地满足 FFT 变换要求。

窗函数只能减少泄漏，不能消除泄漏。是一个令人讨厌的东西，但很多时候又离不开它。所有窗函数都有一个共同特征，即总是会使测到的峰值发生失真，并且总会给出这样的假象，测量得到的 FRF 中的结构的阻尼大于结构实际存在的阻尼，而这两个非常重要的属性刚好是我们需要从 FRF 中估计的属性。这些窗函数的影响在频谱图中最易于呈现。所有的窗函数都有特有的形状，这个形状可以确定幅值可能失真的程度、加窗带来的阻尼影响和谱线拖尾效应的程度。相比泄漏所造成的严重畸变而言，它还是更能让人接受。由于加窗会引起数据失真，应尽量避免加窗，实施无泄漏的测量。

现今模态测试中，激振器测试最常用是矩形窗和汉宁窗，锤击法测试最常用的是力窗和指数窗。

5.10.1 激振器法的窗函数

矩形窗（也叫均衡窗或不加窗）是单位增益的加权函数，如图 5-53 所示，施加于一个时域数据块上。当采集的时域信号是一个数据块时或者保证信号满足 FFT 处理的周期性要求时，一般加矩形窗。矩形窗可用于锤击法测试，但要求输入信号和响应信号在一个采样纪录内能完全观测到。矩形窗也用于激振器测试，此时要求激励信号为猝发随机、伪随机、周期随机、正弦扫频和步进正弦等，这些信号通常都满足 FFT 变换的周期性要求。

汉宁窗是个余弦状（钟状）的加权函数，如图 5-54 所示，强制时域数据块的起始端和末端严重加权至零。这对那些不满足 FFT 变换周期性要求的信号非常有用。激振器进行实验模态测试时，有一种激励方式是随机激励。但随机激励的问题在于信号在采集周期内永远不具有重复性。因此，必须加窗，以减少泄漏。随机激励最常用的窗是汉宁窗。汉宁窗的使用使得幅值失真了 15%。当然，这时的失真比不加窗下的泄漏造成的失真要少得多。随机激励和一般的现场实验信号通常都属于这类，因而要求加汉宁窗。

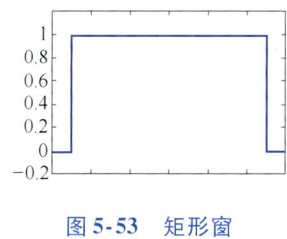
图 5-53 矩形窗

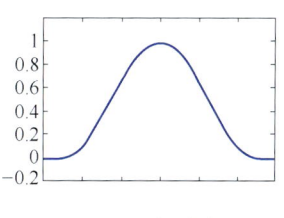
图 5-54 汉宁窗

由于泄漏和加窗与数据失真相关，因此开发了其他一些激励技术，特意用于消除泄漏和窗函数的使用。这样的激励技术包括伪随机、周期随机、猝发随机、正弦扫频和步进正弦等。这些激励方式都满足 FFT 变换要求，因而不需要加窗函数。

5.10.2 锤击法的窗函数

锤击法模态测试时，通常应用力窗和指数窗。在许多数据采集系统中，为力脉冲激励部分施加力窗。力窗是单位增益的窗函数，如图 5-55 所示，作用于脉冲激励发生的那个时段。

加力窗是为了消除可能来自于力锤激励通道的噪声。通常，设置力窗的宽度约为数据样本窗口的 5%，使得力脉冲完全位于这个单位增益窗内，力窗之外的时域样本记录则被加权置零。力窗不一定总是必需的，但是几乎所有的数据采集系统都有。需要着重注意的是，力窗从来不能消除测试过程中可能出现的二次连击的影响。使用力窗消除连击所造成的影响，将严重扭曲输入力谱。

图 5-55　力窗

锤击法测试是模态测试非常常用的测试方法。它总是会引起一些类型的瞬态响应，而该响应为一系列指数衰减的正弦波的组合。这种情况下，如果能完全捕获到瞬态响应信号，便可满足 FFT 变换的要求，测量不存在泄漏。但是大多数结构，特别是小阻尼结构，指数衰减响应信号经常在采样时间内基本上没有完全衰减。那么，这就意味着不满足 FFT 变换的要求。这种情况下，通常为响应信号施加指数窗，加窗后的信号可以更好地满足 FFT 变换要求，如图 5-56 所示。

加指数窗的响应能更好地满足 FFT 处理的要求。这时整个响应信号似乎都可以捕获到，但其实是以加窗为代价的。减少指数窗应用的一个方法是调整测量时间，从而考虑捕获更长的时域数据，或者增加样本总数，其直接效应就是获取更长的时域数据。无论如何，如果信号在采样周期的末端本质上没有衰减到零，那么必须加指数窗，以减少泄漏所造成的影响。

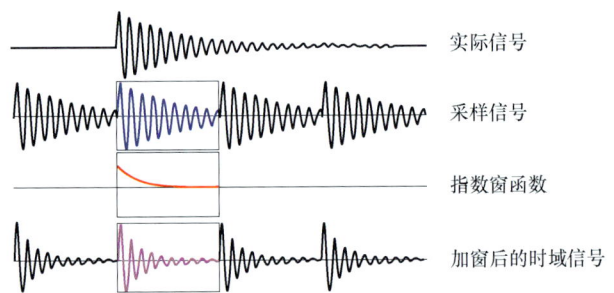

图 5-56　指数窗使响应信号满足 FFT 变换要求

另一方面，如果指数窗使用不合理，将会引起一些问题。如果需要使用迅速衰减的指数窗（大指数窗）以便最小化泄漏所造成的影响，那么你将会冒着丢失密集模态的风险。当必须为数字信号处理使用指数窗时，在估计小阻尼结构和空间上有密集模态时，将会引起一些严重的问题（丢失模态）。虽然加指数窗以最小化泄漏可能是必需的，但是窗的使用可能会隐藏或者扭曲 FRF 中的模态。故锤击法测试时，当需要使用指数窗时，需要极其小心。

在使用指数窗之前，总是需要考虑的是，增加谱线的条数或者减半带宽，二者本质上都是增加总的采样时间。这种考虑很有帮助，因为这是在考虑系统响应在采样周期结束之前自然地衰减到零。如果这一点能够实现，那么没必要使用指数窗。在应用指数窗之前，应先考虑前面提及的两个方法作为最小化泄漏影响的可能方法。在没有考虑时域响应的情况下，就在测试的第一步任意地加指数窗，这是不推荐的。

各类窗函数都有自己的应用条件，在使用窗函数时必须多加小心。另外，在模态测试过程中尽量提供无泄漏的测量，避免加窗。无泄漏的测量，本质上是设法使信号满足傅里叶变换的要求：要么采集周期信号，要么采集在一个采样间隔内能完全观测到的信号。回想一下,像伪随机、猝发随机、正弦扫频和步进正弦信号,这些信号在大多数情况下都满足这个要求,因而不存在泄漏,也就不必加窗。另外锤击法测试,也有方法(前面提到的)使信号满足 FFT 变换的要求,无需加窗。

5.11 模态测试之数据采集

有同行可能会认为模态数据采集特别简单,特别是在此之前我已经介绍了数据采集的一些内容之后,但实际上笔者想说的是,模态分析是基于采集的模态数据,如果数据有问题,或者参数设置不正确,必将影响最终的分析结果。模态测试数据采集分为两步:第一步预采集,主要是确定各种参数是否设置合理。第二步正式采集,在完成第一步的情况下,开始正式采集,直到采集完所有测点的数据。这一节主要内容包括:
➢ 采集的基本步骤
➢ 预采集
➢ 正式采集

5.11.1 采集的基本步骤

基本的数据采集过程分为多个步骤,并且锤击法测试和激振器测试又稍微有些不同,在这将分别介绍。

不管是锤击法还是激振器法,第一步都是仪器连接、调试仪器,然后再设置一系列参数,包括通道参数、分析带宽、频率分辨率等。待仪器连接、参数设置正确后才开始采集数据。

对于锤击法测试,用力锤或其他一些类型的冲击设备对结构进行激励,此时作用在结构上的力信号是可测的。通常使用加速度计,但有时也用激光传感器或者其他类型的测量传感器测量结构的响应。通常,数采系统的第一通道测量作用到结构上的激励力。虽然这对大多数采集系统来说不是必要条件,但如今,许多测试工程师仍然遵循这个习惯。其余通道测量响应信号(依赖使用的采集系统的通道数和使用的传感器个数)。

为了开始数据采集,通常对力锤所在通道加触发条件。开始测量前,必须为数采系统指定一个最小的触发电压。对于大多数模态测试,通常触发标准为激励力对应的最大电压的 5%~50%。对于大多数采集系统,为了捕捉到整个冲击设备的瞬时力脉冲信号,必须为力信号所在通道指定预触发。使用预触发,不会遗漏部分冲击力脉冲信号。

传感器采集到的数据,在进行任何数字化之前,总是要通过一个低通、模拟滤波器(抗混叠滤波器)。这样做的目的是滤掉信号中不感兴趣的高频成分,防止出现混叠。

然后数据传送到模数转换器(ADC),在此采集数据并转换成数字信号。采样必须按一定的速率进行,以便将时域数据转换到频域时充分描述其特征。通常,采样频率至少为关心的最高频率的 2 倍。为了正确地表征信号的幅值特征,模数转换器必须设置合适的电压量程。如果设置不合理,那么量化误差将可能成为新的问题。模数转换器的电压量程如果是手动设置量程,必须不断尝试设置,以确保所有的采集通道设置都合适。也可以用自动量程,软件系统会根据测量信号的大小自动设置合适的电压量程。如果量程设置不合适：设置太高，信号会遭受量化误差；设置过低，会因过载而削波。

根据实际信号的时域特征，可能需要加窗，以便将其他原因产生的任何泄漏减少到最小程度。锤击法测试数据采集过程中没有完全捕捉到整个瞬态信号，那么将会出现泄漏。如果锤击通道存在显著的噪声，那么可能需要加力窗，以减少噪声的输入。如果响应信号在采样周期末端还没有充分衰减到零，那么需要为响应信号加指数窗，以避免因傅里叶变换引起的信号失真。如果发现响应信号需要加指数窗，那么应该考虑采集更长的时域信号使得响应信号自然地衰减到零，因而可以最小化指数窗的应用，实现无泄漏的测量。

对于激振器测试，通常数据采集系统的第一通道测量激振器的激励信号（这不是必需的），其余通道测量响应信号。依据使用的激励技术，采集控制模式（触发）也将不同。对于随机激励，通常使用"自由触发"模式。然而，其他的激励技术，如猝发随机通常采用猝发模式。另外，需要为猝发信号指定渐入渐出时间，以保证信号满足FFT变换要求。

对于大多数激振器的激励技术，不需要加窗，因为这些激励信号本身满足FFT变换要求，能提供无泄漏的测量。然而，如果采用任意的激励技术，如随机激励，那么就需要加窗（如汉宁窗），以最小化泄漏。

无论是锤击法测试还是激振器测试，都需将捕捉到的时域数据通过FFT转换到频域。FFT变换为输入和输出信号提供线性傅里叶频谱（注意这些函数都是复值函数）。这将进一步得到输入自谱（G_{xx}），输出自谱（G_{yy}）和输入-输出的互谱（G_{yx}）。这三个谱使用各自的时域数据进行平均。一旦得到G_{xx}、G_{yx}和G_{yy}，那么就可计算频响函数和相干了。虽然频响函数估计可以使用不同的形式，但H_1估计是当今大多数单输入模态测试最常用的形式。

5.11.2 预采集

预采集，也称预试验，目的是为模态试验设置合适的参数和对待测结构进行检查。参数设置包括通道参数、带宽、频率分辨率和参考点选择等，检查包括相干检查、线性检查、互易性检查、驱动点检查、数据一致性和非线性评估等。

预试验时，应选择多个测点位置进行激励，响应传感器应分布在结构各个特征部件上，当传感器数量不够时，可分批次移动传感器。数据采集时尽量提供无泄漏的测量，避免加窗。

采集到时域信号以后，首先查看时域相关信息，然后再进一步查看频域相关信号。从时域信号可以反映出力脉冲的作用时间、采样长度、触发电平、模数转换器（ADC）的电压量程等设置是否合理。如果是锤击法测试，从响应可以看出在采样周期末端，信号是否自然地衰减到零。如果信号还没有完全衰减到零，则此时需要考虑增加采样长度或者加大谱线数。锤击法测试时需要设置触发电平，如果设置的电平过高，则需要使用较大的锤击力；如果设置过低，可能导致误触发。因此，在设置触发电平时，需根据现场预试验合理地设置触发电平。通常软件会自动根据多次锤击结果给出建议值。

在设置ADC电压量程时，通常采用自动量程的功能。即测试系统自动根据测量信号的大小，就近选择与该信号最大电压值最接近的一档电压量程。如阈值设置为6dB，那么自动量程的设置原则如下：选择离两倍的当前信号最大电压值最近的量程作为自动量程设置的结果。但很多时候，可能预试验的自动量程设置会因为锤击点的不同，而出现过载的现象，需要后续手动再调节量程。

如果是锤击法测量，还需要确定合适的锤头，以保证能激起感兴趣带宽内的所有模态，如果 FRF 和相干都可接受，哪怕力谱衰减 30dB，测量也是可接受的。

预试验还有一个重要的作用是确定合适的模态参考点。通常通过驱动点测量来确定，需要从多个驱动点测量数据中选择出一个或几个测点作为模态参考点。选择的原则是从候选的驱动点测量中选择峰值多且明显的测点作为第一个模态参考点，第二个模态参考点应有别于第一个模态参考点，也就是说，第二个模态参考点能提供第一个参考点不可见的模态，同理，第三个参考点应能提供第一、二个参考点不可见的模态，其他的同理。这样能保证每个参考点都能提供一些额外的模态信息，可最大限度地测量出所有关心的模态。

很多时候，在预试验时，人们只检查驱动点 FRF。虽然这是系统测试过程中比较关键的一次测量，特别是考虑模态振型缩放时，但是驱动点测量不总是效果最理想的测量。因为驱动点 FRF 的虚部的各个峰值总是具有相同的相位关系。如果两阶模态彼此非常靠近，那么有时就很难确定数据中实际存在多少阶模态。此时，更好的方法是检查跨点 FRF。注意到跨点 FRF 的虚部所有峰值不存在相同的相位关系。这对确定空间上非常接近的密集模态相当有用，在预试验时应该总是做这个检查。

如果待测结构是轻质结构，必须要考虑传感器附加质量对模态频率的影响，这一点，可以参考第 2 章 2.4 评价传感器附加质量对模态频率的影响。

不管是锤击法还是激振器法，都需要进行相干检查，要确保相干系数在 0.85 以上。

对于激振器而言，还需要对结构进行线性检查和互易性检查，就如何进行线性检查和互易性检查，请参考本章 5.2 细说模态分析四大基本假设。

5.11.3 正式采集

预试验完成之后，各种试验参数已相对合理确定。此时，便可开始进行正式采集。正式采集与预采集的区别在于，预采集只采集结构上部分测点的数据，测点位置具有随意性，而正式采集则采集所有测点的数据。为了确保测点命名与几何结点命名一致，在确定所有的测点位置和方向以后，则应先生成几何模型，再进行正式采集。采集时测点号 ID 应与几何模型中的点名称一致，这样在后续分析中，几何才能进行动画显示，否则，几何模型将静止不动。

若测点数目过多，而采集仪通道数和加速度计数量有限，则需要分批次移动加速度计进行测量。此时在移动安装加速度计时，可能会出现方向出错、安装不牢靠等人为因素造成的影响，特别是激振器测试中，因为锤击法测试过程更多的是移动力锤。此时要仔细检查每个测点的 ID 和方向。

另外锤击法测试时，特别是在测试周期长，测点多的情况下，随着测试时间的推进，整个测试过程中很容易出现厌烦情绪，因而很难保证整个测试过程中锤击的一致性（每次锤击同一点、同一方向），这样会造成相干质量降低。当锤击位置处于结构顶部或底部等不方便进行锤击的位置时，或者测试过程中更换锤击工程师等情况下，这个问题更普遍。因此，在整个测试过程中，务必时刻谨慎小心，确保测试数据的质量。

所有测点的数据采集完毕后，应立刻检查所有的时域数据，观察是否存在有问题的数据。测试数据没有问题后再拆卸测试设备。如果数据有问题，应立即重新进行补测。测试过程中若有任何问题，则应立即停下来检查，解决问题后再进行正式测量。

分批测量时，必须对数据的一致性进行检查。因为有可能存在因传感器移动带来的数据不一致，或测试过程中其他因素变化引起的数据不一致的情况。

最后，作为一名测试工程师，应该养成好的测试习惯，这些习惯包括通过预试验确定参数、纪录任何可能出现的现象、纪录现场进行的一切设置、对测试设置拍照保存等。试验数据在存储与命名时也应该遵循一定的规则，应让他人一眼就明白。

5.12 什么是锤击法

> 传统实验模态分析时，如果激励设备采用力锤，则称为锤击法测试。锤击法由于具有安装方便、移动性强、通道要求少等特点，是应用最为广泛的模态测试方法。关于锤击法的优缺点，我们在本章 5.6 怎样选择激励方式一节中已经进行了说明，在这一节主要介绍以下内容：
> ➢ SRIT 和 MRIT
> ➢ 移动力锤与移动传感器的区别
> ➢ 锤击法的主要步骤

5.12.1　SRIT 和 MRIT

锤击法测试要求数据采集设备通道数至少为 2 个，即一个通道接力锤，另一个通道接单向响应传感器。因此，两通道数据采集设备就可以做锤击法模态测试。这种情况下，单向响应传感器固定不动作为模态参考点，力锤移动遍历所有的测点，称为单参考点锤击测试技术（Single Reference Impact Testing，SRIT），或者力锤固定在一个测点锤击，移动响应传感器遍历所有测点。这种测试方式能得到频响函数矩阵完整的一行或一列（力锤固定锤击得到频响函数一列）。

当连接响应传感器的通道数大于 1 时，如使用 1 个或多个三向传感器或多个单向传感器，传感器固定在结构上不动，固定不动的多个传感器作为参考点，移动力锤遍历所有测点，这种方式称为多参考点锤击测试技术（Multiple Reference Impact Testing，MRIT），这种方式测量得到的是频响函数矩阵的多行。如果力锤固定测点锤击，移动传感器，也可以实现MRIT。这时的做法是力锤固定锤击的测点数大于等于 2，但要求锤击每个测点时，传感器应测量到所有的测点，这样将能得到频响函数矩阵完整的多列。但这样得到的多列不是同时测量得到的多列。

当采用传感器固定不动，移动力锤时，通常使用的传感器不会特别多，所以，要求的采集仪通道数也不会太多，一定程度上可以减少硬件投资。也正是因为锤击法测试对通道数量要求没有激振器法那么多，而且早期多通道数据采集仪也没有当今这么普遍，所以，这是锤击法应用最为普遍的原因之一。

5.12.2　移动力锤与移动传感器的区别

对于锤击法而言，通常的做法是响应传感器固定不动，移动力锤，但也不乏采用移动响应传感器，固定力锤敲击的方式。

对于固定响应传感器，移动力锤而言，由于传感器固定不动，因此没有移动质量载荷的影响，也就是说系统是一个时不变系统，满足时不变性假设。相比于移动传感器，移动力锤更容易实现，因为不需要固定安装，锤击完一个测点即移走，不影响结构的动态特性。由于传感器固定不动，可以固定多个响应传感器，因此，可以获得频响函数矩阵的多行，属于 MRIT 方式，如图 5-57 所示，获得多参考点数据组，可最大限度提取到所有感兴趣的模态。

移动力锤，固定响应传感器虽然有以上好处，但也有一些不利的方面。由于挥动力锤敲击的空间远大于响应传感器安装所需要的空间，因此，有些测点因空间限制可能无法进行锤击。移动力锤时，很多测点很难能敲击到三个方向，对于面内的测点只能敲击面的法向，对于棱上的测点，可以锤击两个方向，而只有角点位置才能锤击三个方向，这样可能导致得不到频响函数矩阵完整的多行。

对于固定测点锤击，移动响应传感器而言，由于每个测点可以使用三向传感器进行测量，因此每个测点都有三个方向的信息。但是由于力锤在一个固定测点处进行锤击，因此这种方式属于 SRIT 方式。力锤锤击测点为参考点，可以获得频响函数矩阵的一列，如图 5-58 所示。锤击的位置可能不是最合适的，这将导致参考点选择不合适，从而存在丢失模态的风险。另一方面，传感器在待测结构上移动，将存在移动质量载荷的影响，如果待测结构是个轻质结构，这些影响将尤为严重。

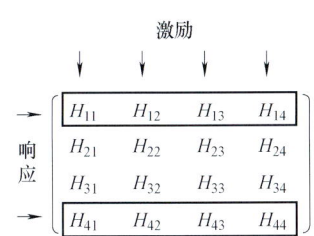

图 5-57　移动力锤，固定响应传感器

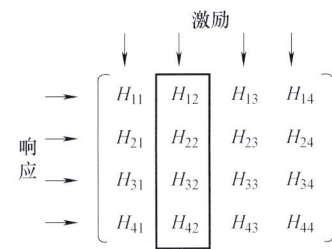

图 5-58　固定测点锤击，移动响应传感器

一般对于小型结构更多采用移动力锤，固定响应传感器的方式。对于大型结构，更多采用固定测点锤击，移动传感器的方式。

5.12.3　锤击法的主要步骤

锤击法测试除了常规的建立几何模型，设置通道参数之外，还有其特有的步骤，主要包括确定触发、带宽和窗函数。另外，确定驱动点可能不是必需的，但在此也一并介绍。

锤击法测试时，力锤所在的通道作为触发通道。如果触发量级太大，可能导致需要用很大的力进行锤击。如果触发量级太小，又容易造成误触发（另外，力锤导线接触不良时也容易产生误触发）。因此，需要综合考虑锤头和待测结构以确定一个合适的触发量级。

确定触发时还有一个重要的参数是预触发。所谓的预触发是指在触发时，多采集触发之前一定时间或多个数据点的时域数据，以保证力脉冲的完整性。力脉冲不完整将导致计算得到的力谱失真。

接下来是确定带宽，也就是分析的频率范围。通常人们做测试时，会有一个关心的频率范围或者模态阶数来确定这个参数。而为了满足要求，需要采用不同的锤头，不断试敲以确定最终采用合适的锤头才能实现要求的带宽。实际上，带宽除了由锤头硬度决定之外，还由锤击点的刚度决定。如果锤头很硬，但锤击点的刚度小，那么得到的带宽可能比较窄；如果锤头很软，但锤击点刚度很大，得到的带宽也可能比较宽。另外，由于结构刚度随位置变化，因此，在测试过程中也会出现某些测点数据质量下降的情况。

确定完带宽之后，就需要为时域信号加窗函数了。由于力脉冲作用时间很短，锤击结束之后，理论上应再无信号输出，但实际上通道还存在本底噪声，导致还有噪声信号输出、因此，为了减少这部分的输出，需要为力脉冲加力窗或者力-指数窗。力窗和力-指数窗的区别在于，力窗为矩形窗，由于力脉冲为半个正弦波，因此脉冲上部分窄，下部分宽，而力-指数窗右侧是一个指数衰减形状，如图 5-59 中曲线 2 如示，框住的为力窗，曲线 1 所示为力脉冲。

锤击法产生的响应为衰减的时域信号，如图 5-60 所示，因此，若在采样末期，响应未能衰减至零，则存在泄漏，需要为响应信号加指数窗。加指数窗在一定程度上加快了响应衰减，因此，估计出来的阻尼会偏大。为了避免加窗，实现无泄漏的测量，可以通过增加谱线数来提高采样时间，使得响应有充分的时间衰减，在采样末端衰减到零，从而无须加窗。因此，锤击法测试时应尽量避免对响应加窗，做到无泄漏的测量。可能对于小阻尼结构必须加窗，但加窗时应十分小心，应避免加得过大，导致存在丢失模态的风险。

图 5-59　力窗

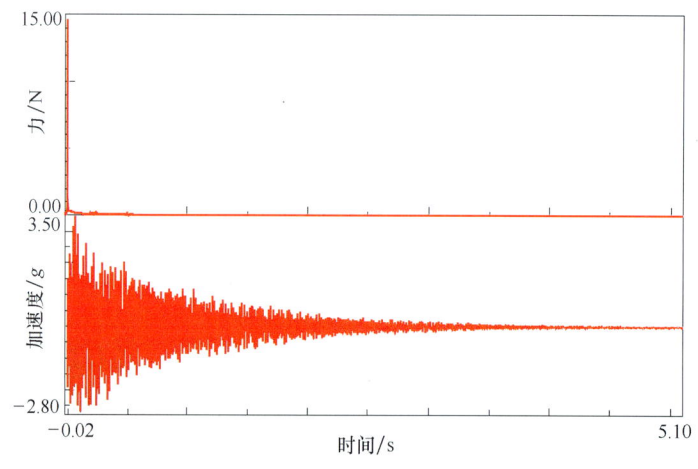

图 5-60　力脉冲和响应的时域信号

进行驱动点测量主要目的是确定模态参考点，这一步不是必需的。因为有些结构，人们知道哪些地方是合适的模态参考点，或者以前测试过类似的结构，能判断出合适的模态参考点，因此，这一步就不是必需了。如果是一个全新的结构，或者之前从来没有测量过类似的结构，那么建议你进行驱动点测量。

驱动点测量时，通常需要多测量几个测点，例如，要确定 2 个模态参考点，可以测量 5 个或者更多的驱动点数据。然后将这些驱动点的 FRF 放置在同一张图中，首先从中选出峰值明显且阶数最多的第一个参考点位置，然后再从剩余的 FRF 中挑选出第二个参考点位置，此时，要求第二个参考点的数据能提供第一条参考点之外的模态信息，这样二者组合才可能最大限度地提取到所有感兴趣的模态。

锤击法测试获得的主要数据为频响函数和相干，有了这些数据可以进一步进行模态分析。但很多情况下，测量 FRF 并不用于模态分析，而是用于其他一些分析，如固有频率分析、TPA 分析、动刚度分析等。因此，锤击法应用最为广泛。

5.13 锤击法测试注意事项

> 锤击法测试的注意事项包括两个方面，一方面与力锤相关，如锤头选择、预触发、二次连击、力谱衰减、锤击手法等；另一方面与响应有关，如窗函数和无泄漏测量等。本节将先对之前已经讲过的注意事项进行一个简单的回顾，然后再深入讨论如下内容：
> - 锤头选择与预触发
> - 力谱衰减多少可接受
> - 平均
> - 锤击手法
> - 无泄漏测量

5.13.1 锤头选择与预触发

锤击获得的频谱带宽与锤头关系密切。使用的锤头硬度范围通常从最软的橡胶头到最硬的金属头，以及一些中等硬度的锤头，如软塑料头、硬塑料头、铝头等。每种设计好的锤头，在锤击过程中都有一个确定的弹性变形量。锤头总的作用时间直接与激起的频率范围有关。通常，脉冲作用时间越短，激励的频带越宽。但实际上锤头的硬度和锤击点的刚度二者共同决定了带宽的宽度。即力脉冲的作用时间是锤头硬度与锤击位置刚度共同组合的结果，二者的作用时间越短，力脉冲越窄，带宽越宽。带宽越宽，能量越往高频分布，因此，当用硬锤头进行锤击测试时，可能低频段的相干质量会降低。

另外，当力锤遍历所有测点时，可能结构的刚度会发生明显的变化，因此，当锤击点刚度大，而关心的频率又较窄时，可以使用较软的锤头。当锤击点刚度较小时，可以使用较硬的锤头，以达到获得相同带宽的目的。

当确定触发量之后，还需要确定预触发，以保证力脉冲的完整性，这样计算得到的力谱才不会失真。如果不使用特定的预触发滞后，那么将会丢失部分脉冲，造成相应的力谱失真。通常，通过设置多少秒钟或多少个数据点（不同的商业软件，参数设置不一样，也有可能是按时间窗的百分比来设定，如 2%）来实现预触发。如图 5-61 所示（仅显示了数据块的起始部分），0 时刻之前的时间为预触发时间，约为 0.02s，13.41N 为触发量。通过检查时域脉冲以确保整个脉冲在采样时间内能被完全捕获到。

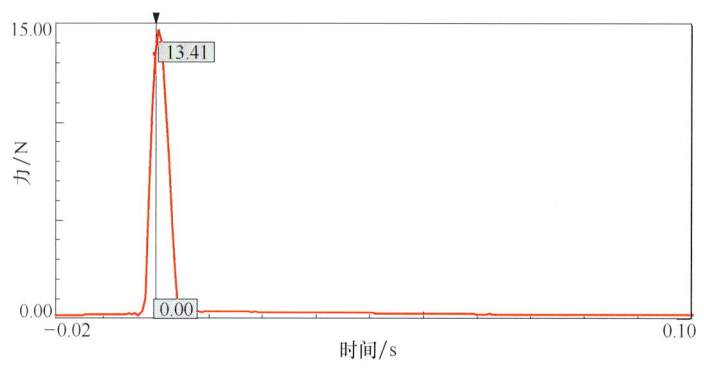

图 5-61 预触发

另外,若设定的触发量太小,则很容易误触发。若设定过大,则很难触发。因此,需要设定一个合适的触发量级才能保证既不误触发,也不会难于触发。

5.13.2 力谱衰减多少可接受

记得早期曾有过这样的规则:要求力谱尽量平坦,在关心的频率范围内衰减不能超过 3dB。这样的规则的制定可能是基于当时仪器设备不如当今先进的基础上,在如今普遍使用高精度仪器的情况下,是可以改变这样的规则的。如图 5-62 所示,红色为力谱,绿色为 FRF,蓝色为相干,虽然力谱在显示的频率范围内衰减了 40dB,但我们观察一下 FRF 和相干,发现它们完全是可接受的。

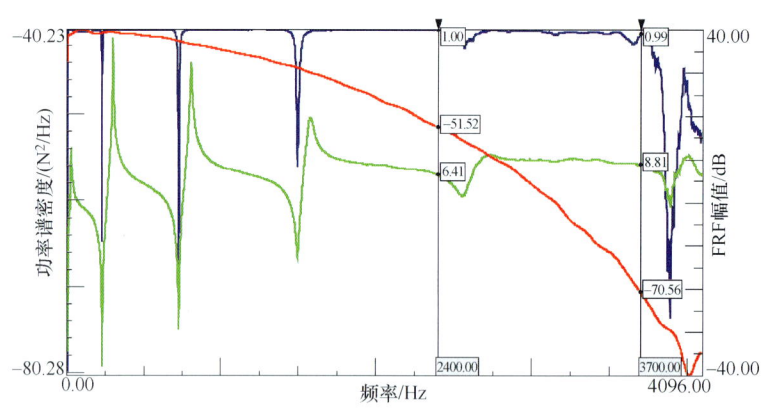

图 5-62 锤击试验的 FRF、相干和力谱

如果只关心前 4 阶模态,此时将带宽定为 2400Hz,力谱衰减了 11dB,相干非常完美。如果观察力谱衰减了 30dB 的带宽和相干,发现此时带宽为 3700Hz,相干仍然不错,虽然没有 2400Hz 之前完美,但我觉得仍然可接受。因此,对于锤击法而言,即使力谱衰减比较严重,只要 FRF 和相干的质量仍可接受,那么这时相应的带宽也是可接受的。

带宽除了受锤头硬度、锤击点刚度的影响之外,还受锤击力度的影响。相同硬度的锤头,锤击同一个测点,锤击力度越大,带宽越宽。如果力度相同,锤头硬度越硬,锤击产生的带宽越宽。因此,锤击每个测点时,为了保证数据的一致性,应要求每次锤击的力度相当。

从图 5-62 中可以看出，锤击法测试可以激起整个频带内的多阶模态，因此，锤击法测试是一种宽带激励技术。

5.13.3 平均

锤击法测试需要对每个测点进行多次锤击，然后将当前锤击的 FRF 与之前平均的 FRF 进行平均，得到平均后的 FRF。如一个测点需要锤击 5 次，那么第 2 次锤击的 FRF 与第 1 次做平均得到前两次平均的 FRF，第 3 次锤击的结果为第 3 次锤击的 FRF 与之前平均的 FRF 再做平均作为当前的结果，直至平均第 5 次锤击的 FRF 得到最后的结果。因此，每次锤击都需要进行平均（第 1 次除外），因而，软件中的平均次数实质上是每个测点的锤击次数。

平均时一定是指锤击同一个测点的 FRF 进行平均。记得曾经碰到过这样的情况，测量一根钢轨的模态，总共有 100 个测点，每个测点平均 3 次，当时的测试工程师是这样做的，从 1 号测点锤击至 100 号测点，每个测点锤击 1 次，重复 3 次。这是他所理解的平均，当然，这完全是错误的做法。平均的数据一定要来自同一个测点的数据，不同测点的数据进行平均没有意义。

多次平均可以一定程度上起到减少误差的作用。另外，相干函数为平均函数，当锤击 1 次时，相干函数杂乱无序地全为 1（注意图 5-63a 中的纵轴区间）。只有当锤击 2 次及以上时，才可进行平均，相干才能起作用，如图 5-63b 所示。

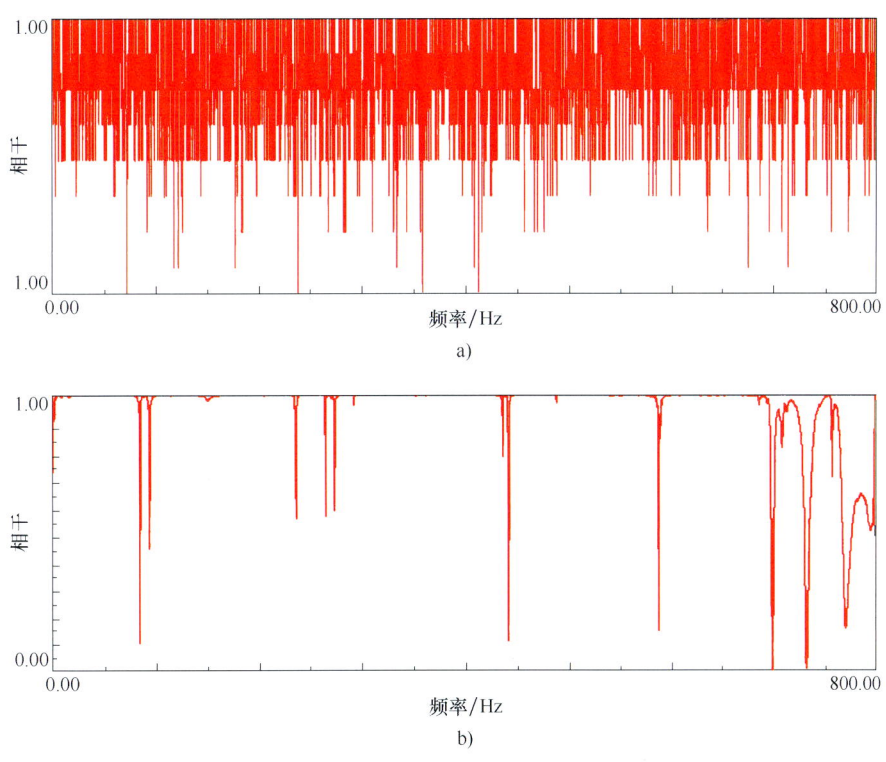

图 5-63 锤击测试的相干

a) 第一次锤击的相干 b) 多次锤击的相干

另一方面,由于每个测点需要进行多次锤击,而锤击点的位置受人为因素的影响。我们希望每次锤击都是同一点,但实质上锤击的是一个小区域。如果这个小区域比较大,可能会导致相干出现较大的变化,因此,为了保证数据的一致性,要求锤击的区域尽可能地小。最好事先对锤击位置划上十字标识,每次尽量锤击十字中心位置。

如图 5-64 所示,所有的相干曲线均为对一块钢板锤击 5 次的结果。图 5-64 上部所示红色相干来自同一个测点,绿色相干为 5 次锤击中有 1 次锤击了距测点 10mm 的位置(人为设置)。从中可以看出,当进行平均时,如果锤击位置不是同一点,特别是锤击的区域变大时,将导致相干质量明显降低。图 5-64 下部所示为 5 次锤击中分别有 1 次、2 次和 3 次锤击距测点 10mm 的位置得到的相干曲线,从中可以看出,这三次相干较为一致。也就是说,当锤击位置变化明显时,平均得到的相干曲线质量降低明显,哪怕只有 1 次锤击了非测点位置。

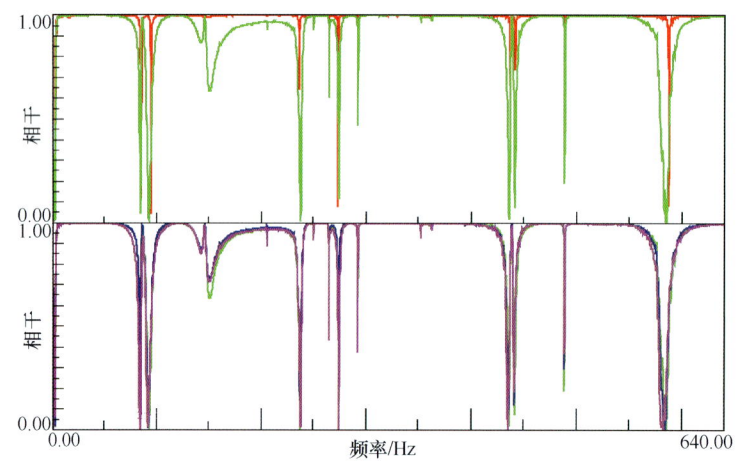

图 5-64 锤击位置变化对相干的影响

锤击位置的变化对相干影响明显,但对于 FRF 几乎无影响,图 5-65 所示为以上 4 种锤击方式下得到的 FRF 曲线,从中可以看出锤击位置改变对 FRF 影响很小。

5.13.4 锤击手法

由于锤击过程为人工完成,因此,锤击手法可能对结果产生影响。锤击手法包括锤击技巧、方向、力度等各个方面,在此进行介绍。如果锤击手法有问题,可能会导致出现二次连击和数据质量降低的情况。

二次连击通常会产生不一致、不平坦的力谱,还有可能出现"波纹"效应,这是不希望发生的。通常二次连击可能是因新手或经验不足的测试人员引起的,毕竟模态锤击不同于钉钉子,它是一门专门技术。但有时二次连击可能不可避免,哪怕是经验丰富的测试工程师也不可避免。新手或经验不足可以通过学习加以改善,但不可避免的二次连击,也只能接受。

不可避免的二次连击可能是锤击了结构的自由端位置或者是小阻尼结构,结构的响应非常迅速,导致力锤来不及从锤击点移开。一个尽量避免的二次连击的可能办法是采用互易性

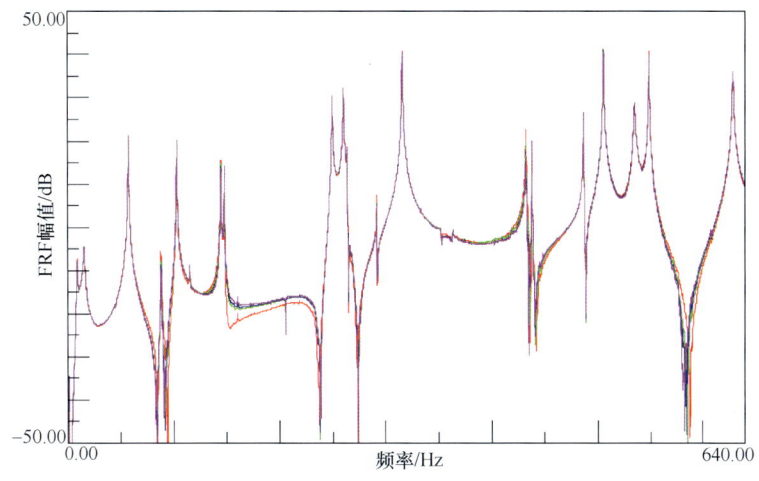

图 5-65 4 种锤击方式下的 FRF

测量,即响应与锤击位置互换。

挥动力锤进行锤击的正确手法是锤击时手腕作为活动关节,手臂不动,来回挥动力锤,角度视锤击力的大小来定,挥动迅速使锤击干脆利落,减少人为的二次连击。

除了手法正确之外,还要求每次锤击的方向应为同一方向,同一位置,关于位置的影响在上一小节中已经进行了说明。在这主要考虑方向变化对 FRF 和相干的影响。考虑对同一点进行 5 次锤击平均,分别为同一方向,有 1 次、2 次和 3 次倾斜约为 15°的 FRF 和相干,如图 5-66 所示。

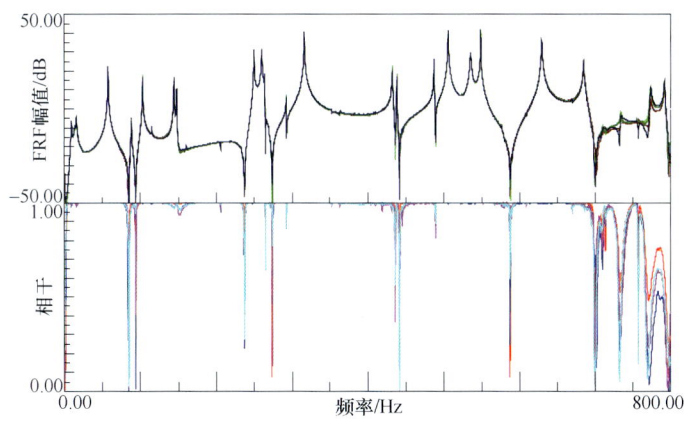

图 5-66 4 种情况下的 FRF 和相干

从图 5-66 中可以看出,锤击同一测点时,如果不为同一方向,虽然数据质量没有明显降低,但是有角度时,锤击力实际上是一个分量,会导致力度减少,从而影响带宽,所以,每次锤击还应保持同一角度。

锤击力度的影响在第一小节已说明,相同的锤头,力度越大,带宽越宽。相同的力度,锤头越硬,带宽越宽。

5.13.5 无泄漏测量

无泄漏测量是指测量的时域数据块满足 FFT 变换要求，不存在泄漏。因此，满足 FFT 变换要求的测量，称为无泄漏测量。锤击法测试要测量力信号和响应信号，由于力信号需要设置预触发，并且力脉冲作用时间短，因此，即使不加力窗，力信号也是满足 FFT 变换要求的，满足无泄漏测量要求。

由于预触发不仅对力脉冲起作用，也对响应起作用，如图 5-67 所示（仅显示了数据块的起始部分），因此，响应对应的时域数据块的起始时刻信号幅值为零，如果响应信号在数据块的末端也能衰减到零，那么，响应也满足 FFT 变换要求，不存在泄漏，属于无泄漏测量。

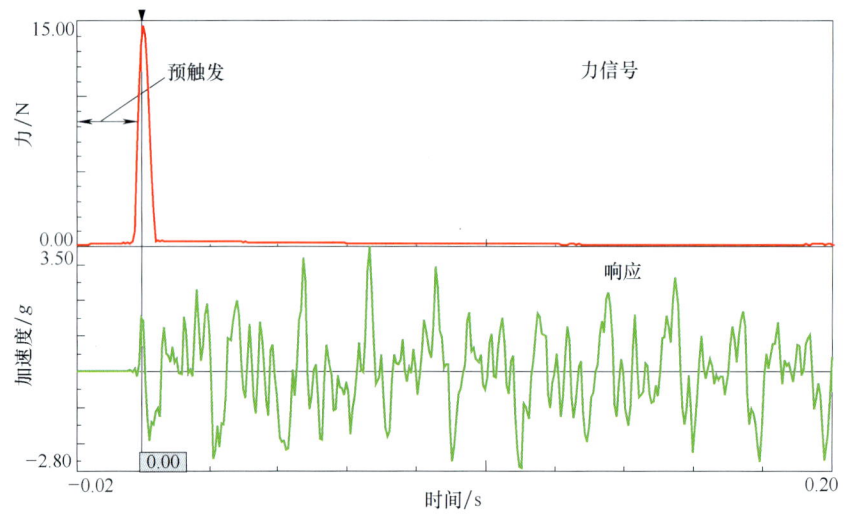

图 5-67 预触发设置

如果响应信号在采样时间末端还没有衰减到零，那么，信号会出现泄漏，需要施加指数窗。加窗函数会加快响应衰减，虽然此时信号满足 FFT 变换要求，但是会使得估计出来的阻尼大于结构真实存在的阻尼，所以，要尽量避免加指数窗。

如何避免加窗，实现无泄漏的测量呢？前提条件是在采样周期内，使响应自由地衰减到零。如果采样时间足够长，那么响应有充足的时间去衰减，因而无须加窗。可能不同的商业软件加长采样时间（也可能是采样点数）的方法不一样。如有的为带宽减半，那么采样时间将增加一倍（降低采样频率，而总的采样点数保持不变）。或者是增加总的采样点数，这样就改变了信号样本总量。而 Testlab 通过增加谱线数来加长采样时间，这是因为在相同的带宽下，谱线越多，频率分辨率越小，采样时间越长。

在锤击设置时，应不断尝试相应的参数，以确保能实现无泄漏测量。但如果结构阻尼特别小，在采样末端仍未能衰减到零，这时指数窗是必需的。但加窗时仍需特别小心，不宜加得过大，不然可能存在丢失模态的风险。

综上所述，锤击法测量时应十分小心，根据测量需要选择合适的锤头，锤击时应干脆利落，防止二次连击。为了确定数据的一致性，每个测点多次锤击时应为同一位置，同一方向，力度相当。设置锤击参数时，应不断尝试，尽量实现无泄漏测量。

5.14 制动盘模态实例

现实世界经常会遇到轴对称的结构，如制动盘、机床主轴、圆柱形的围筒等。这类结构具有典型的重根模态特征，本节将着重介绍这类重根模态的概念以及怎么做制动盘模态。这一节主要内容包括：
- 什么是重根模态
- 制动盘测量方案
- 制动盘模态分析结果
- 试验模态与计算模态不一致

5.14.1 什么是重根模态

重根模态是指模态频率相同（特征值相同，对于计算模态，模态分析是一个特征值求解问题，因此，求得的特征值即为模态频率，特征值对应的特征向量即为模态振型）、模态振型也相同，但是振型之间存在一定的角度差，相当于一个振型围绕对称轴旋转了一个角度成为另一阶模态频率所对应的模态振型。如图5-68所示，每行为一对重根模态，第一对重根振型旋转了90°；第二对振型旋转了45°。

理论上的重根模态应该是频率完全相同，振型也完全相同，但振型之间有角度差。注意这仅仅是从理论角度上来说的，现实世界中，由于材料本身致密性不均匀，结构内部有气泡、裂纹等原因，或者不对称的开孔，测量时布置有重量的传感器等原因，在一定程度上破坏了结构的轴对称性。因此，现实世界中的重根模态频率会存在频率差（几赫兹或者更大），振型看起来仍相同，但旋转了一个角度。

如图5-69所示的制动盘，内环盘面有一个开孔与其他5个孔是不对称的，安装的4个响应传感器也是不对称的，因此，这些特征在一定程度上破坏了结构的轴对称性，导致测量出来的重根模态频率存在频差。

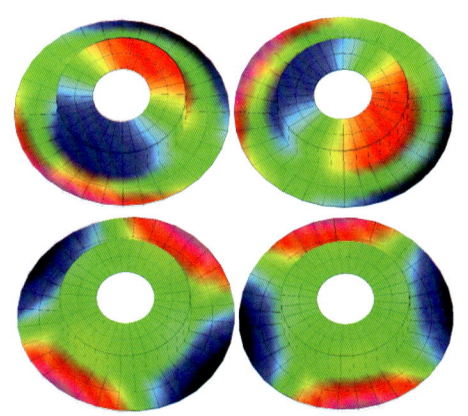
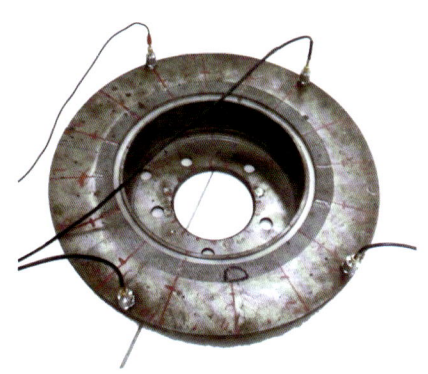

图5-68　两对重根模态振型　　　　图5-69　制动盘

按以上 4 个响应传感器测量出来的前三对重根模态频率对比用传声器测量（声振互易法）出来的重根模态频率和有限元计算模态结果见表 5-1。从表 5-1 中可以明显看出，即使采用有限元计算，得到的重根模态频率也有频差，并不完全相等，这是因为有不对称的开孔或计算也有小差异等。而当布置 4 个加速度计时，则严重破坏了结构的轴对称性，导致重根模态频差明显增大。采用互易法测量时，相比较加速度方法，结果改善明显。

从表 5-1 中可以看出，有限元法重根模态频率最接近，这是因为几何模型中的材料是完全致密均匀的。其次是声振互易法，因为没有附加质量的影响。而使用 4 个传感器得到的重根模态频差最大，第一对重根频率相差了 18.4Hz，第二对相差了 18.6Hz，第三对相差了 7.1Hz。

表 5-1　对比不同方法得到的结果

阶　数	对比模态频率/Hz		
	声振互易法	加速度方法	有 限 元 法
1	924.678	899.904	923.18
2	924.824	918.321	923.76
3	1402.994	1370.586	1401.2
4	1403.335	1389.175	1401.5
5	1455.481	1440.720	1436.0
6	1457.843	1447.838	1437.0

除了重根模态，还存在伪重根模态，从理论上讲是指一个频率分辨率内存在两阶模态，但模态振型不相同，因此，伪重根模态是不同的模态。密集模态是指模态频率很靠近，振型完全不同的模态，相当于模态密度高。密集模态在模态试验中经常遇到。

5.14.2　制动盘测量方案

测量的制动盘外径 150mm，内径 90mm，空心圆直径 40mm，高 60mm，底部厚 10mm，壁厚 7mm，顶部厚 5mm。测量制动盘这类轴对称结构的模态时，需要考虑以下因素：坐标系统的选择、测点布置、参考点的位置和锤头的选择等。

由于结构本身是轴对称的，因此，在几何建模时，采用柱坐标建模方式会方便很多。另一方面，采用柱坐标时，测点划分也会更方便。

测点布置方案是分别将制动盘内、外环面沿径向划分 2 等份，共 5 圈，每圈均分 32 个测点，共 160 个测点，最外圈测点号为 1 ~ 32，从外往内，最内圈测点号为 129 ~ 160，测点如图 5-70 所示，其中外环最内圈使用内环最外圈的数据（slave 功能），因此，测点总数不是 192 个，而是 160

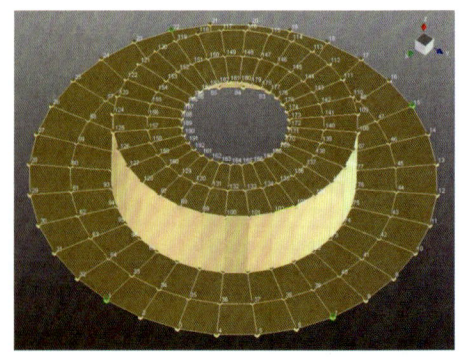

图 5-70　测点布置

个。也可以沿半径方向，按扇形来布置测点，即半径小区域的测点少，半径大的区域测点多。

由于结构有重根模态，为了提取到重根模态，需要使用多参考点。四个单向加速度传感器固定不动作为模态参考点，通过胶粘的方式分别布置在1、7、15和22号测点位置的背面，如图5-70所示，避开对称测点。安装在制动盘的背面位置是为了获得真正意义上的驱动点FRF，锤击在制动盘的正面进行。

模态测试的边界为自由边界，因此，在这使用3块海绵支撑在背面侧。因为在关心的频率范围内，制动盘的模态主要在盘面法向运动，故传感器和锤击方向都沿盘面法向。锤击从1号测点开始遍历所有测点，每个测点锤击3次。

试验采用传感器固定，移动力锤的方式进行。分析频带为6kHz，由于测试要求分析频率带宽较高，因而需要不断更换锤头试敲，以确定最合适的锤头，最终选用尼龙头作为锤击锤头。

锤击测试时，采样点数为4096个，得到的响应信号如图5-71所示。从图5-71中可以看出，响应信号已充分衰减到零，因此，无须加窗函数。

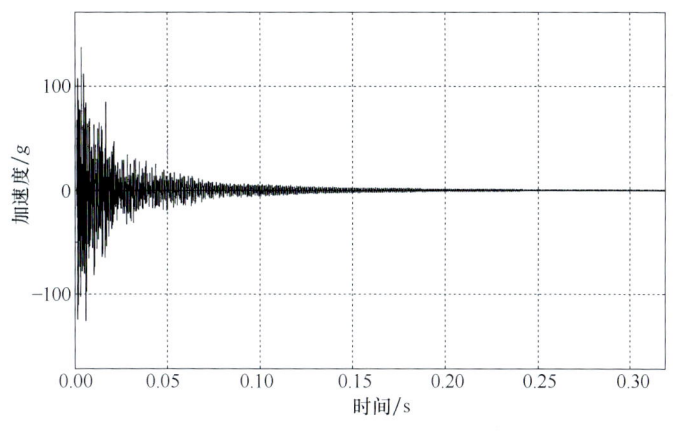

图5-71 响应信号

5.14.3 制动盘模态分析结果

在这使用DASP MIMO模态分析下的特征系统实现算法（ERA）进行模态参数识别。当模态频率较密集，传统频域法识别有难度时，将频响函数逆变换得到脉冲响应函数，用ERA方法进行识别，可得到更令人满意的结果。

得到频响函数后，从中任选一条频响函数（1号测点的驱动点FRF），如图5-72所示，从中可以看出，相干非常好，这说明结构的响应完全是由激励引起的，因而也充分说明选用尼龙锤头是满足测试要求的，充分激起了关心频率范围内的模态。

用MIMO模态分析方法中的ERA算法，对数据进行分析，在6kHz以内得出了前28阶模态。在这28阶模态中，其中有12对重根（24阶模态），具体的28阶模态频率、振型和阻尼见表5-2，其中表5-2还列出了计算模态结果，并对二者进行了对比。

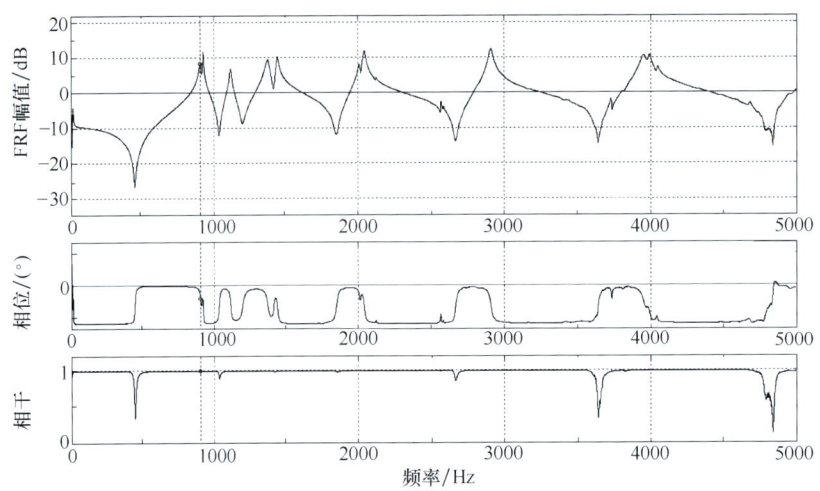

图 5-72 某测点的 FRF 和相干

表 5-2 试验结果与有限元计算结果对比

试验结果	有限元计算结果	相对误差(%)	试验结果	有限元计算结果	相对误差(%)
1 899.904Hz 0.400%	1 907.26Hz	−0.82	5 1389.175Hz 0.328%	5 1377.3Hz	0.85
2 918.321Hz 0.227%	2 907.83Hz	1.14	6 1440.72Hz 0.23%	6 1411.2Hz	2.05
3 1111.506Hz 0.349%	3 1087.0Hz	2.20	7 1447.838Hz 0.143%	7 1412.3Hz	2.45
4 1370.586Hz 0.495%	4 1377.0Hz	−0.47	8 2006.501Hz 0.252%	9 1956.3Hz	2.50

(续)

试 验 结 果	有限元计算结果	相对误差(%)	试 验 结 果	有限元计算结果	相对误差(%)
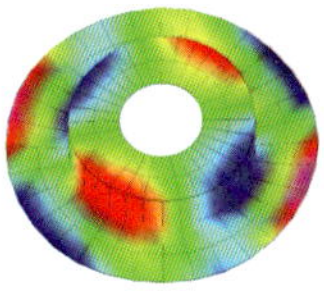 9 2014.629Hz 0.513%	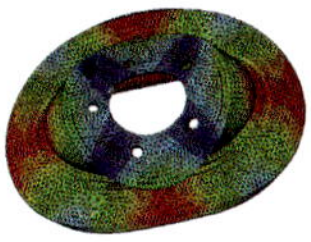 10 1956.5Hz	2.89	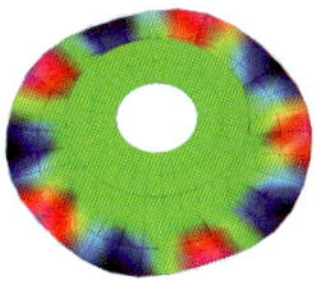 16 2906.578Hz 0.378%	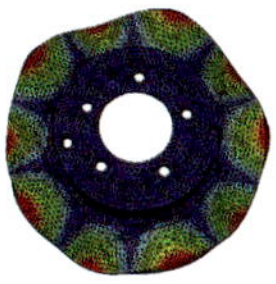 16 2827.3Hz	2.73
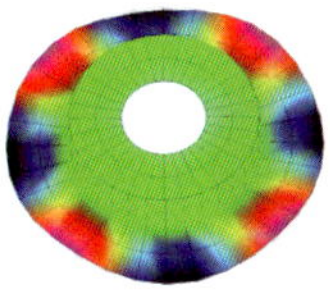 10 2024.728Hz 0.367%	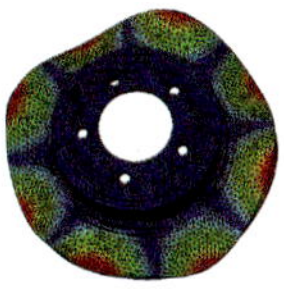 11 2015.4Hz	0.46	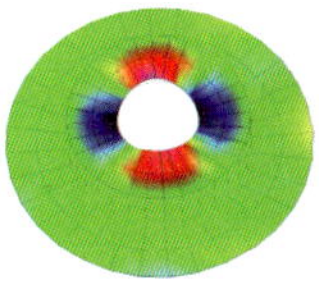 17 3711.758Hz 0.163%	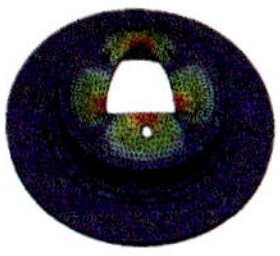 17 3411.5Hz	8.09
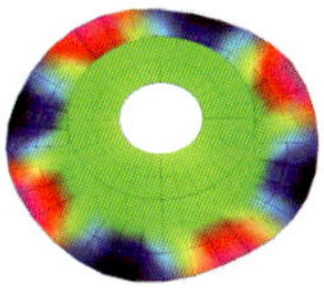 11 2034.485Hz 0.325%	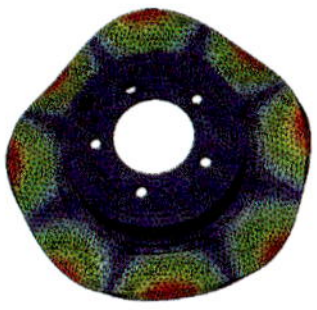 12 2015.5Hz	0.93	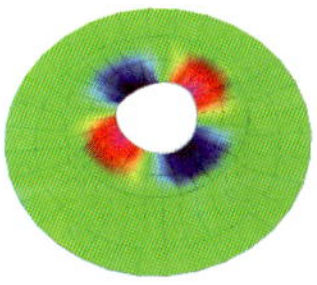 18 3726.08Hz 0.155%	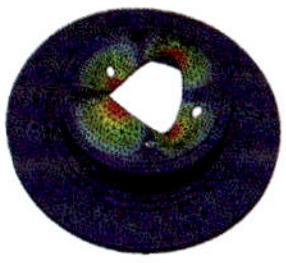 18 3419.5Hz	8.23
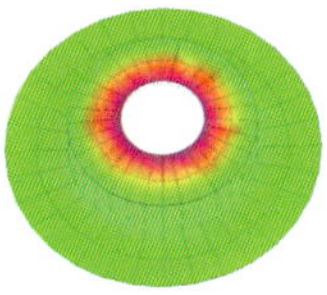 12 2112.059Hz 0.17%	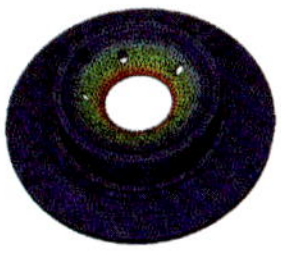 8 1749.0Hz	17.19	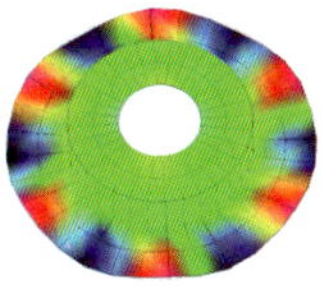 19 3951.368Hz 0.336%	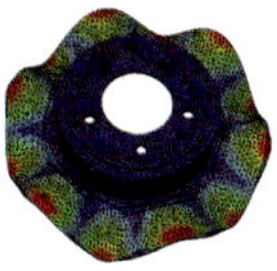 21 3923.9Hz	0.70
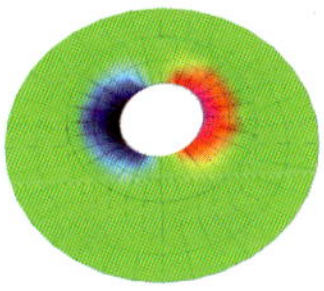 13 2554.74Hz 0.195%	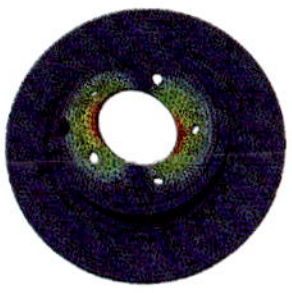 13 2252.0Hz	11.85	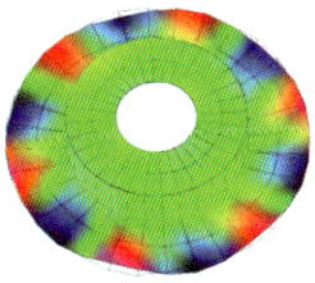 20 3991.236Hz 0.444%	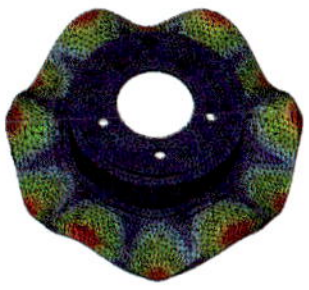 22 3924.0Hz	1.68
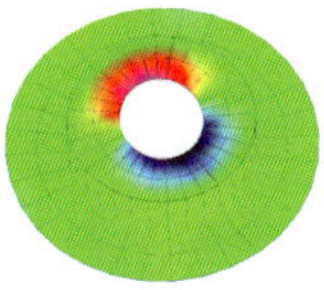 14 2570.009Hz 0.508%	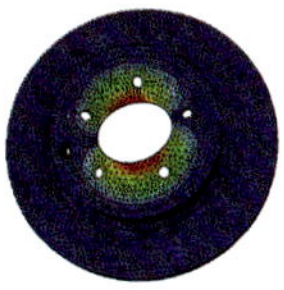 14 2266.5Hz	11.81	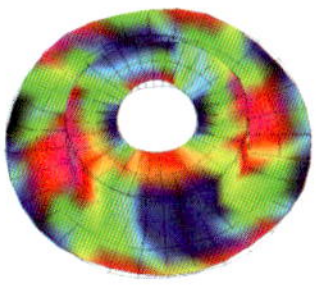 21 4017.121Hz 0.222%	 19 3834.7Hz	4.54
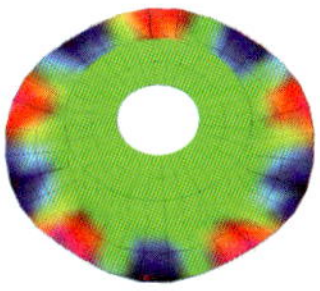 15 2898.48Hz 0.621%	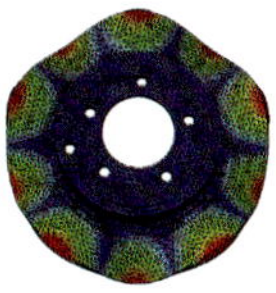 15 2827.1Hz	2.46	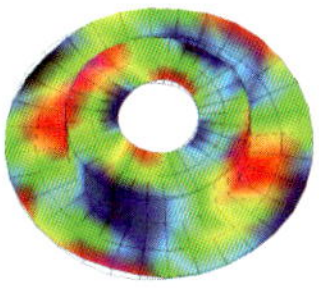 22 4045.799Hz 0.528%	 20 3869.5Hz	4.36

303

(续)

试验结果	有限元计算结果	相对误差(%)	试验结果	有限元计算结果	相对误差(%)
23 5188.586Hz 0.451%	25 5148.8Hz	0.77	26 5483.386Hz 0.185%	24 5086.6Hz	7.24
24 5224.271Hz 0.725%	26 5148.9Hz	1.44	27 5917.813Hz 0.242%	27 5593.6Hz	5.48
25 5471.689Hz 0.219%	23 5084.9Hz	7.07	28 5921.273Hz 0.231%	28 5670.0Hz	4.24

另外，如果从四个传感器数据中，任选一组数据作为 SISO 数据，仍然用 ERA 算法分析，只得出了 22 阶模态，因为有 6 组重根没能区别出来，因此，对于这类对称结构进行模态分析时，MIMO 方式得出的结果优于 SISO 得出的结果。

在这前 28 阶模态中，共有 12 对重根模态，这也说明了轴对称结构存在多对重根，且相对密集。对比试验模态分析结果和有限元分析结果，可以看出，由于四个传感器仅布置在盘面的法向，所以有限元分析中的 9、10、19、20 和 28 阶含有少许水平方向的运动，而在试验模态分析中没能体现出水平方向的运动。

另外，由于四个传感器分别布置在 1、7、15 和 22 号测点，避开了 8、16 和 24 号这些对称测点，因此可以有效地将前 28 阶模态中的 12 对重根模态全部区别出来。

5.14.4　试验模态与计算模态不一致

有限元计算得出的前 28 阶弹性模态振型与 MIMO 试验方法得出的前 28 阶模态振型完全一样，但是二者模态振型的顺序有所不同。前七阶模态顺序二者完全相同，二者的这七阶频率相对误差在 2.5% 以内。但是试验模态的第 8～11 阶分别对应有限元模态的第 9～12 阶，二者的这四阶频率相对误差都在 3% 以内。试验模态的第 12 阶对应着有限元模态的第 8 阶，因为模态顺序不同，所以导致二者这一阶频率相差较大，但振型是一致的，此时该阶模态的相对误差达到了 17.19%，因而也导致第 13、14 阶频率的相对误差达到 11.85%。试验模态与有限元模态的第 15～18 阶顺序相同，此时二者的频率误差最大达到 8.23%。关于试验模态与计算模态对比请参考本书第 6 章 6.14 试验模态与计算模态的区别与联系。

试验的第 19 和 20 阶是一对重根模态，对应着有限元的重根模态为第 21 和 22 阶。试验的第 21 和 22 阶也是一对重根模态，分别对应有限元的重根模态为第 19 和 20 阶。试验的第 23 和 24 阶是一对重根模态，对应有限元的重根模态为第 25 和 26 阶。试验的第 25 和 26 阶模态是一对重根模态，对应有限元的重根模态为第 23 和 24 阶。因此，试验模态与计算模态的先后顺序不完全一致。

实际上我们已经明白：各阶模态的先后顺序只受结构质量和刚度分布的影响，不受其他因素影响。导致二者模态顺序不完全一致的可能原因有以下两点：

1) 试验模态传感器和导线都有重量，而计算模态却没有考虑这些。虽然四个传感器总重只有 32g（制动盘重 5000g），但是因这些重量，使得附加质量明显，从而影响到结构的质量和刚度分布。

2) 经过仔细检查，发现制动盘顶面厚度从外到内逐渐变小，虽然幅度不是很大，但在计算模态却是以等厚度考虑的。因而，实际结构顶部区域的质量与刚度分布与有限元模型存在差异。

当然，制动盘本身制造工艺的原因或致密性等也会导致二者存在差异。所有这些原因最终都将影响到结构的质量与刚度分布，最终导致二者的模态先后顺序不一致。

5.15 风机叶片模态实例

风机叶片模态代表了一种典型的模态类型：强方向性模态。强方向性模态是指模态振型具有明显的方向性，结构某阶模态所对应的响应主要是在一个方向上，其他方向的响应很小或者没有响应，而结构的另一阶模态所对应的响应主要是在另一个方向，其他方向的响应很小或者没有响应。本节中主要测试叶片的摆振和挥舞模态。

5.15.1 测试设置

首先，我们需要说明一下叶片方向的常规定义。沿叶片长度方向称为轴向（axial），沿叶片宽度方向称为摆振方向（edgewise），叶面宽度所在平面的法向称为挥舞方向（flapwise），如图 5-73 所示。通常人们只关心摆振方向和挥舞方向的模态。

图 5-73　叶片结构与坐标定义

本次测试的叶片长 48.8m，要求得到叶片的模态参数包括一阶扭转、前三阶挥舞模态和前三阶摆振模态,为风机叶片动态特性分析提供试验依据。

模态测试采用锤击法,实际上笔者也对比过脉动法,但效果没有锤击法好。首先,进行摆振测试,然后进行挥舞和扭转测试。采集完数据后,对数据进行检查,然后再进行模态分析。为了更好地激起叶片的低频振动信号,使用的大型力锤采用橡胶锤头。

为了真实反映叶片工作状态,模态测试时叶片完全模拟工作状态进行安装,即通过法兰刚性约束,如图 5-74 所示。

由于此次试验使用的是 13 个单向加速度传感器,因此,测试不同的方向需要调整传感器方向和移动传感器。如果传感器数量足够,也可以将两个单向传感器通过六面体拼装成一个双向传感器。由于叶片频率很低,传感器安装时采用较厚较软的双面胶片(密封结构胶)粘贴,如图 5-75 所示。另外,为了防止测量过程中传感器跌落,需要在传感器附近固定导线。由于叶片越长,频率越低,而此次测量的叶片第一阶频率为 0.7Hz,故要求用于叶片模态测量的加速度传感器个头应较大以保证低频特性较好,灵敏度高,工作频带不宜太宽。

图 5-74 叶片安装状态

图 5-75 传感器安装

5.15.2 模态测点布置

测试叶片的摆振模态时,在叶片相关位置布置 13 个水平测点,测点 1 距叶片根部 6.8m,剩余 42m 均分为 12 等份,共 13 个测点,每等份 3.5m。力锤采用橡胶锤头,激励点分别布置在测点 10、11 位置,进行 Y 向(水平向)激励,模态测点具体位置如图 5-76 所示,激励示意如图 5-77 所示。在此请注意,只测量一侧的测点,另一侧的测点直接使用对面测点数据。

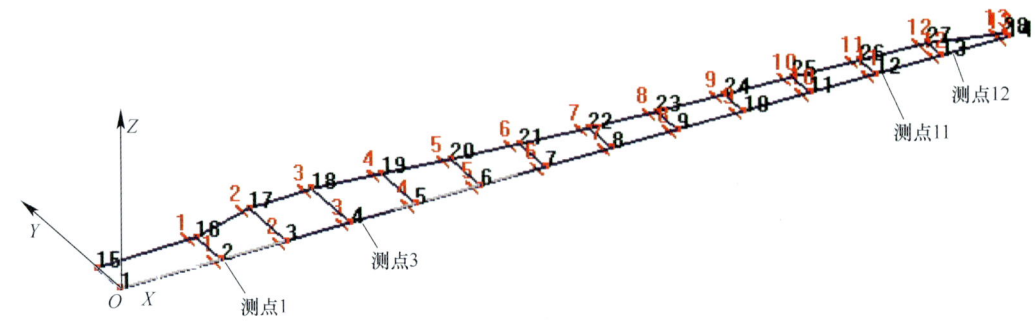
图 5-76 摆振时测点位置

测试叶片的扭转及挥舞模态时，在叶片相关位置布置 26 个垂向（垂向即 Z 向）测点，具体测点位置见图 5-78 所示，其中测点 1、14 距离叶片端部为 6.8m，剩余 42m 均分为 12 等份，即每等份 3.5m。力锤采用橡胶锤头，激励点分别布置在测点 10、11 位置，进行 Z 向激励。由于传感器数量有限，测试时分两组进行，第一组测试第 1~13 测点，第二组测试第 14~26 测点。也就是说，叶片一侧测量完毕后，将传感器移动至同一截面另一侧。

测量时首先测量摆振方向的模态，锤击位置在 10 和 11 点，可获得两组数据用于分析。测量完摆振方向的模态之后，将传感器在原位置从水

图 5-77　摆振时锤击示意

平方向调整到垂直方向，然后仍在这两个位置进行锤击，但锤击的方向改为垂直方向。测量完这组数据之后，再将传感器移动到对面一侧的垂直方向。因此，这种锤击方式属于固定力锤锤击、移动传感器的方式进行，锤击点就是模态参考点。

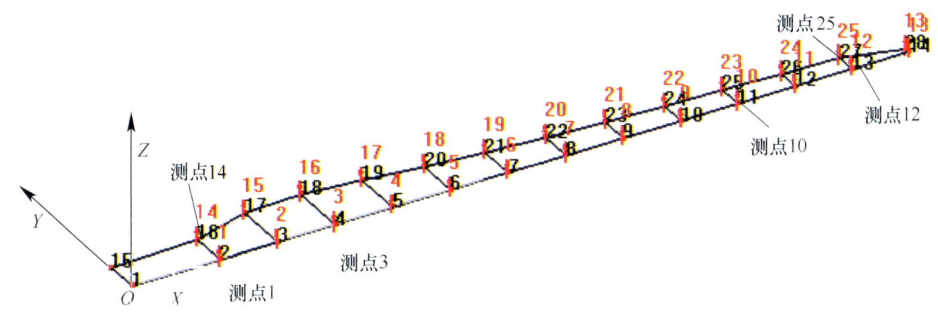

图 5-78　扭转及挥舞时测点位置

加速度响应信号采样率为 80Hz，每次采集 4096 个样本点。这样频率分辨率为 0.01953Hz，每个测点进行 3 次平均。每一批次测量完毕之后，为了保证数据的可靠性，都需要对数据进行质量检查，待确定数据质量没有问题之后，再移动传感器进行下一批次测量。

5.15.3　模态分析结果

测试过程中的典型力谱信号、加速度响应信号的时域波形及频谱如图 5-79~图 5-81 所示。力谱（见图 5-79）在 0~30Hz 范围内比较平坦且光滑，衰减很小，说明充分激起了关心频段内的模态。

通过预试验确定采样点数为 4096 时，加速度响应信号充分衰减，无须加窗，实现了无泄漏测量。由图 5-80 和图 5-81 可知，摆振和挥舞时各通道加速度振动信号频率响应特性一致性较好，从而说明所采集的信号是可信的。

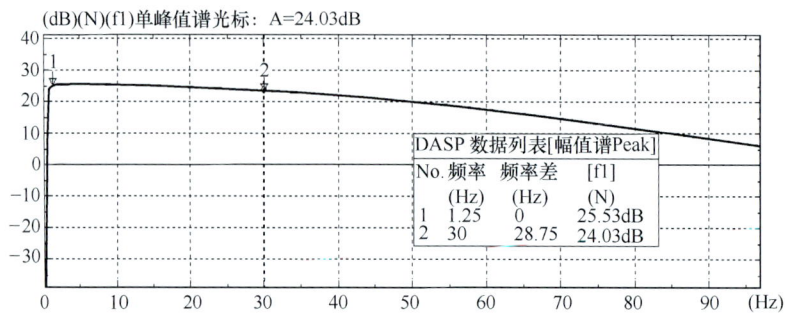

图 5-79　摆振时力信号的频谱

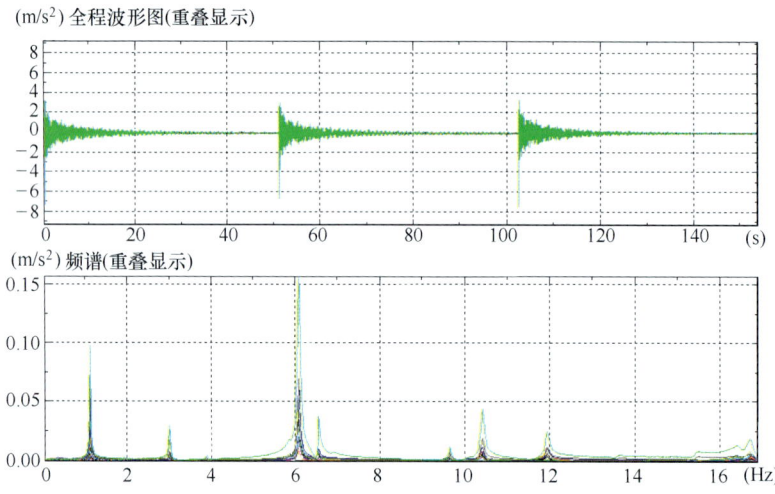

图 5-80　摆振时加速度响应信号及其频谱

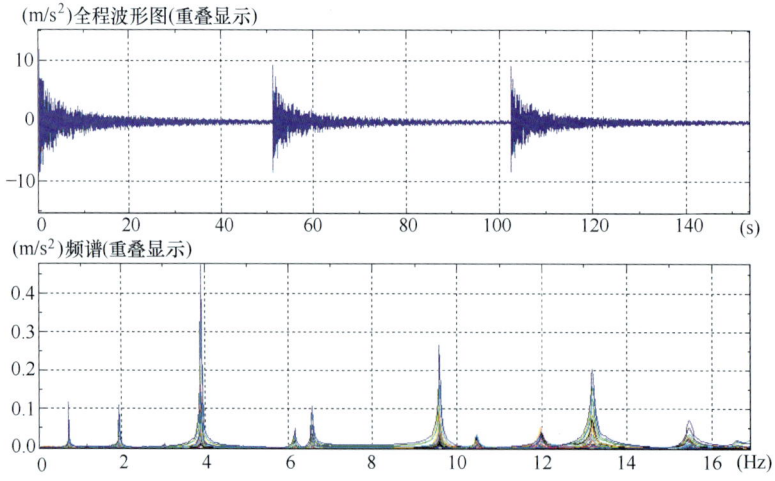

图 5-81　挥舞的加速度响应信号及其频谱

由图 5-82 和图 5-83 可知，除了在 0.5Hz 以下相干较差外，其他频段的相干接近于 1，说明得到的频响函数是高质量的，使用的力锤有效地激起了叶片的振动模态。

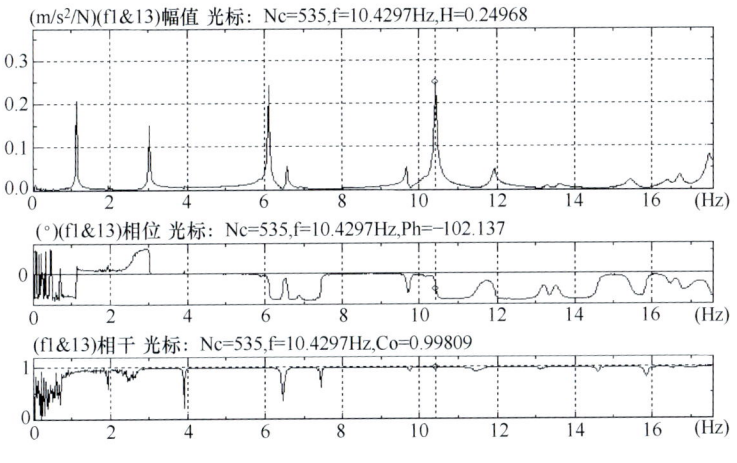

图 5-82 摆振模态频响函数

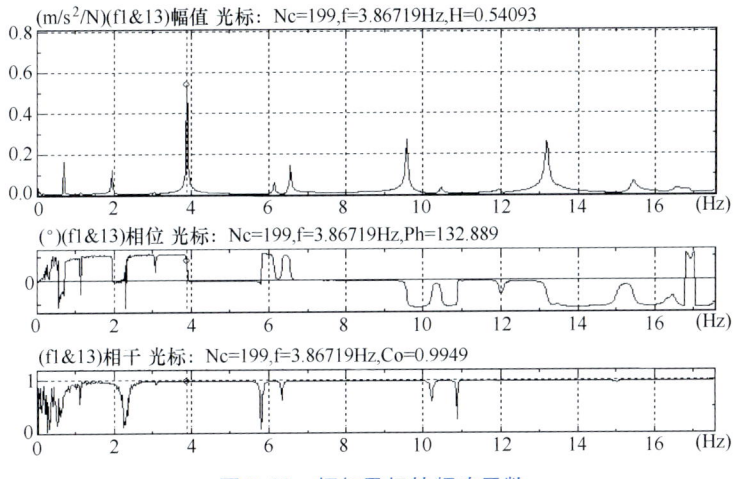

图 5-83 挥舞及扭转频响函数

对试验数据进行模态分析，分析软件为 DASP 模态分析软件，得到了叶片的前 4 阶摆振模态、前 4 阶挥舞模态和 1 阶扭转模态，见表 5-3。出于某种原因，表中的模态频率不精确，仅供参考。

表 5-3 叶片的前 9 阶模态

阶数	频率/Hz	振 型	挥 舞 振 型	摆 振 振 型
1	0.7	挥舞		

（续）

阶数	频率/Hz	振型	挥舞振型	摆振振型
2	1.1	摆振		
3	1.9	挥舞		
4	3.0	摆振		
5	3.9	挥舞		
6	6.1	摆振		
7	6.5	挥舞		
8	10.4	摆振		
9	10.5	扭转		

5.16 什么是激振器法

激振器激励能量远大于力锤，且激励力可控，因此，对于大型复杂结构或研究结构的非线性特性，激振器法是必选方法。但另一方面，激振器法也有自己的缺点，如移动性差、安装麻烦等。这一节主要介绍以下内容：
- ➢ 激振器系统
- ➢ 常见的激励信号
- ➢ 激振器测量的 FRF
- ➢ 激振器法的注意事项

5.16.1 激振器系统

完整的激振器系统包括信号源、功率放大器、激振器、推力杆（也称为顶杆）和力传感器等（见图 5-33）。

信号源可以是外置的信号发生器或者是带 DA 输出的采集设备，提供的信号可以是模拟信号，也可以是数字信号。但由于数字信号的质量比模拟信号高得多，所以数字信号逐渐成为主流。另一方面，由计算机软件实现的数字信号更易于控制和改变，因此，使用的信号绝大多数都是计算机辅助产生的信号，通过 DA 以模拟电压输出。

由信号源提供的激励信号通常能量很小，无法直接驱动激振器，因此，必须先对信号源发出的激励信号进行放大，而这个功能则由功率放大器实现。功率放大器将信号源发出的激励信号进行功率放大后转换成具有足够能量的电信号，以驱动激振器工作。

功率放大器按工作原理又分为定电压功率放大器和定电流功率放大器。定电压功率放大器保证输出信号电压恒定，而定电流功率放大器保证输出信号电流恒定。定电流功率放大器输出信号电流恒定，因而通过激振器产生的激励力幅值恒定。当待测系统进入共振区时，会产生很大的响应，容易产生过载。而定电压功率放大器在待测系统进入共振区时，响应增大，电压恒定，但电流减少，通过激振器产生的激励力幅值减小；而在反共振区，响应减小，电流增大，激励力幅值增大。因此，定电压功率放大器在进行频响测试时具有很大的优越性。但如果是进行多点激振，定电流放大器可能更适合。

激振器按工作原理又分机械式、电动力式、电动液压式、电磁式、涡流式和压电式等。在模态试验中，常用电动力式和电动液压式激振器。

电动力式激振器的基本原理是电磁感应定律，具有频率范围大（上限频率可高达 30kHz，下限频率可低至 1~3Hz），激励力幅值、频率及相位易于控制，可动部件质量和刚度小，激励力大的优点。缺点是低频特性不好，对超大型结构，如飞机、火箭、航天器等，激励能量不够。尽管如此，电动力式激振器仍是常规结构模态试验最常用的激励装置。

电动液压式激振器是一种电控制、液压驱动的激振器，结构比电动式激振器复杂得多。它是一种大型激振设备，可承受几千牛顿的预压力和高达几百千牛顿的激励力，低频性能良好，可输出 1Hz 以下的激励力，非常适用于大型和超大型结构的模态试验。这种激振器缺点是频率上限较低，一般最高也仅至 1000Hz。

推力杆也称为顶杆，当激振器激励结构时，激振点不仅产生轴向振动，还产生横向振动，而力传感器只能测量沿推力杆轴向的激励力，因此，要求推力杆轴向刚，径向柔。如果推力杆太粗，可能会因横向运动引入额外的弯曲刚度，而力传感器是测量不到这种弯曲刚度的。另一方面，太粗的推力杆还可能易于与待测结构产生耦合，给测试带来严重影响。因此，推力杆选择十分重要。推力杆通常是细长的杆件，由于待测结构不同，推力杆的粗细也不同，有时，还使用鱼线或琴弦作为推力杆，当然，这种线只能承受拉力，不能承受压力。

5.16.2　常见的激励信号

常见的激励信号有随机信号、伪随机信号、猝发随机信号、周期随机信号、正弦扫频信号和数字步进正弦信号等。可以将这些激励信号分为确定性激励信号和不确定性（或随机）激励信号。

确定性激励信号是时域上任何一点都可用确定的数学函数来描述的信号，它们能完全确定。自然界中这类典型的信号为正弦信号，如正弦信号、猝发正弦信号、正弦快速扫频信号、正弦扫频信号和数字步进正弦信号等。另一方面，随机信号不能通过数学函数来描述，但是能从统计学角度描述它们的特性。这类典型的信号为随机信号、猝发随机信号、伪随机信号和周期随机信号等。

通常，线性系统使用确定性激励信号。也使用确定信号对一个系统做线性检查，检查该系统是否为线性系统。使用随机信号可平均由其他因素，如颤振引起的系统轻微非线性。理解这两类信号之间的不同有助于我们决定哪种激励方式将提供最佳的测量。

另一方面，激振器的激励信号为已知信号，并且有多种激励信号可供选择（请参考下节 5.17 常见的各种激励信号），因而，可根据需要选择合适的激励信号。对待测结构而言，总存在一种最合适的激励信号，选择合适的激励信号能改善线性结构的测量结果。特别是结构存在轻微非线性时，选择合适的激励信号可以将结构中存在的轻微非线性平均掉。

5.16.3　激振器测量的 FRF

由于激振器系统难于移动、安装麻烦，所以，激振器法模态测试通常是激振器在固定位置进行激励，移动响应传感器的方式来进行测试。此时，激振器激励位置是模态参考点，测量得到频响函数矩阵的一列或多列（使用多个激振器激励）。如果使用一个激振器激励，计算 FRF 流程与锤击法并无差异，但是如果使用多个激振器进行激励，那么 FRF 计算有别于单个激振器激励。这是因为每个响应点都是来自多个激励点激励在该点产生响应的叠加，所以 FRF 计算跟单点激励差异明显。有关多点激励计算 FRF，请参考第 2 章 2.5 什么是频响函数 FRF。

由于激振器的推力杆始终与结构连接，激励力连续持久，不像锤击法仅是一个脉冲激励，所以，激振器激励能量更大，测量的信号信噪比更好，得到的 FRF 质量更高。当使用多个激振器激励时，属于 MIMO 测量方式，此时，可以得到频响函数矩阵的多列，属于多参考点模态测试方式，使得激励能量更大，更均匀，获得的 FRF 质量更高。对于重根模态或密集模态来说，多参考点模态测试方式是必需的。

5.16.4 激振器法的注意事项

激振器法模态测试时,如果测点过多,需要分批移动响应传感器,而由于测点位置不同,响应传感器的方向会因安装位置的变化而变化,故需要正确设置每个测点响应传感器的方向,不然,将会导致模态振型出现明显的错误。

传感器分批在结构上移动时,传感器附加质量将导致待测结构变成了一个时变系统,特别是轻质结构。虽然传感器的重量相对于待测结构总质量来说很小,但是由于参与每阶模态响应的有效质量并不是结构的全部质量,因此,传感器的附加质量与参与响应的模态有效质量之比可能会非常大,导致附加质量影响明显。另一方面,为了保证数据的一致性,传感器分批移动时,应尽量将传感器的质量分布到整个结构上,而非分布在一个局部区域。

对结构进行激励,若激励力过小则不足以充分激起所有感兴趣的模态。若激励力过大,则结构可能会因为几何变形过大而出现非线性特征。因此,激振器法要求采用合适的激励力,通常要求 FRF 质量高,且不能使结构出现明显的非线性。

使用激振器法进行模态测试时,一些必要的检查是不可少的,这些检查包括线性检查、互易性检查、相干检查和激励位置检查等。另一方面,还需要对分批测量的数据从时域和频域上进行检查。

总之,相比锤击法而言,激振器安装麻烦,有可能还需要工装将激振器安装到合适的高度位置,且又不便移动。这是因为激振器还需要功率放大器和信号源等配套设备,安装操作起来较复杂。但是相对于力锤激励而言,激振器激励能量更大、分布更均匀、数据的质量更高,因而,更适用于大型复杂结构。激振器有多种激励信号可供选择,因此,选择合适的激励信号可用于研究结构的非线性特征。

5.17 常见的各种激励信号

使用激振器对结构进行激励时,有多种确定性和不确定性的激励信号可供选择。对于任何一个待测结构而言,总存在一种最合适的激励信号可获得高质量的测量。因此,需要比较每种激励信号,以确定哪种激励信号最合适。这一节主要介绍以下内容:
- 各种激励信号介绍
- 各种激励信号对比
- 激励信号的选择

5.17.1 各种激励信号介绍

不确定性(或随机)激励信号包括随机信号、伪随机信号、猝发随机信号和周期随机信号。确定性激励信号包括正弦信号、猝发正弦信号、正弦快扫信号、正弦扫频信号和步进正弦信号等。理解这两类信号之间的不同之处,以及每种激励信号的优缺点有助于帮助我们决定哪种激励方式将提供最佳的测量。

首先,考虑随机信号,又称为白噪声信号,由于它易于实现,因此是最常用的激励技术,现今广泛用于普通的振动测试。随机信号的随机特性是信号的频率成分、幅值和相位完全随机,每一帧信号都不相同,不具有周期性,如图 5-84 所示(不同的颜色表示不同的信号)。随机信号包含关心频带内的所有频率成分,但任一时刻,这些频率成分都是随机的,且任何频率成分所包含的能量相等。随机信号的幅值和相位随采集到的平均值的变化而变化,这样易于平均掉结构中可能存在的任何轻微非线性(因为幅值有变化)。

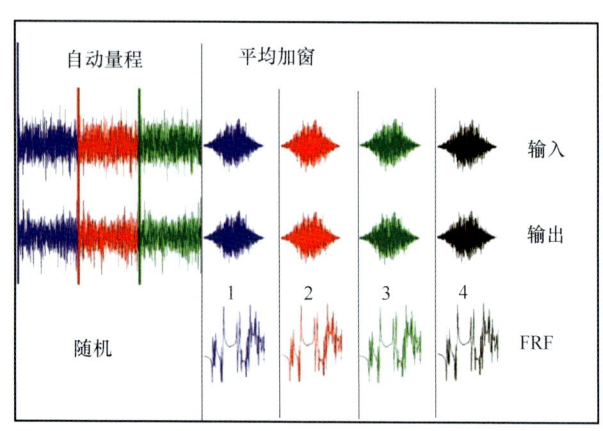

图 5-84 随机激励信号

虽然随机激励能平均掉结构存在的轻微非线性,这是有利的一面,但是随机信号从不满足 FFT 变换的周期性要求,因而泄漏是个极其严重的问题,这就导致采用随机激励会降低数据质量。甚至施加汉宁窗,相应的 FRF 仍然存在泄漏,FRF 峰值幅值仍将受到影响。由于泄漏和窗函数的影响,使得结构看起来像是个大阻尼结构,因此,随机激励下阻尼是一种过估计。图 5-85 所示为相应于图 5-84 的频响函数和相干。注意相干在系统共振频率处有突变下降尖峰,这是随机激励显著的特征。

使用随机激励经过多次平均可消除噪声的干扰和非线性的影响,能得到线性估计较好的 FRF,图 5-86 所示为平均 3 次、10 次、20 次和 40 次的结果。从图 5-86 中可以看出平均次数越多,得到的 FRF 幅频曲线和相频曲线质量越高。

由于随机激励不满足 FFT 变换要求,汉宁窗总是需要的。当施加汉宁窗之后,可减少 FRF 的能量拖尾现象,相干函数也有显著提高,如图 5-87 所示为施加汉宁窗和不施加汉宁窗的数据经过 40 次平均之后的结果。窗函数对小阻尼结构影响会更明显。尽管随机激励仍经常使用,但是对于获得模态测试所需的 FRF 而言,随机激励并不是最佳的激励技术之一。因此,模态测试很少用随机激励信号。

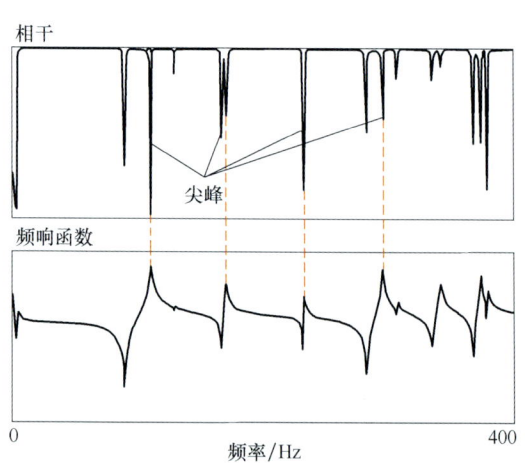

图 5-85 加汉宁窗的随机激励(平均 10 次)

伪随机激励信号是感兴趣频带内的一组频率谱线通过傅里叶逆变换(IFT)到时域,产生激励信号的一种激励技术。因为伪随机激励信号本质上是正弦信号,倘若激励时间足够长,能得到系统的稳态响应,则不存在泄漏。这就证明了伪随机激励是一种非常有用的激励技术。然而,因为激励信号是重复的,如图 5-88 所示(注意不同数据块的激励信号颜色相同),所以系统将以一种确定的方式进行响应。伪随机信号的频率成分和幅值大小是确定

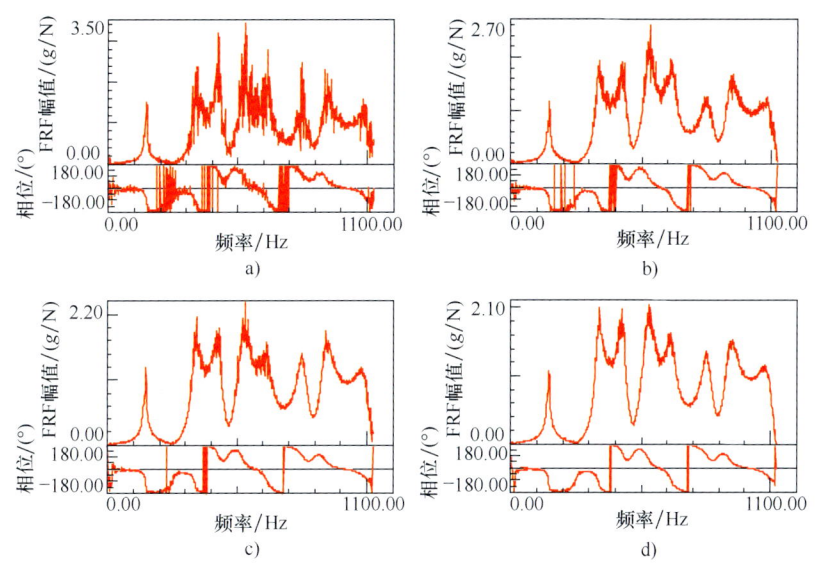

图 5-86 不同平均次数的影响

a) 平均 3 次　b) 平均 10 次　c) 平均 20 次　d) 平均 40 次

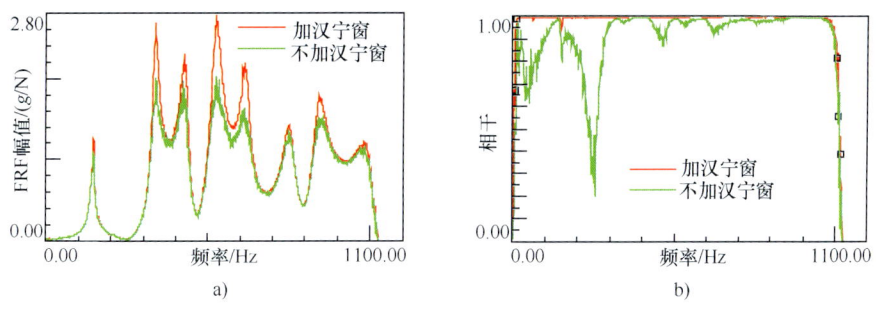

图 5-87 汉宁窗的影响

a) FRF　b) 相干

的，相位随机。由于幅值大小是确定的，这将不能平均系统中可能存在的任何轻微非线性。由于本质上是正弦信号，且各帧数据相同，也就是信号是重复出现的，因此不存在泄漏，无须加窗函数。对于线性系统，伪随机激励效果突出。如果要突出非线性特征，也可以使用伪随机激励。

猝发随机激励信号与随机激励唯一不同之处在于数据采集过程中只使用了一部分随机信号，如果采用预触发延迟（让信号有时间淡入淡出），那么猝发随机信号在一个采样周期内能完全观测到。如果激励信号和响应在信号采样周期内能完全观测到，那么猝发随机信号满足 FFT 变换的周期性要求。这意味着信号不存在泄漏也不需要加窗函数。对于大多数结构而言，这一点很容易实现。猝发随机激励信号的猝发时间长短与结构的阻尼有关，如果是小阻尼结构，那么猝发时间可以短一些，即尽快结束激励，使响应有足够的时间衰减，以满足 FFT 变换要求。如果结构是大阻尼结构，那么猝发时间可以长一些。因此，试验时需要不断尝试，以确定合理的猝发时间。由于信号幅值是随机的，所以可以平均掉测量中可能存在的轻微非线性。猝发随机激励技术集成了随机激励和伪随机激励两者的优点。图 5-89 所示为一次典型的这类信号的时域测量。注意到中断激励是为了确保响应信号在采样周期内衰减到零。图 5-90 所示为相应于图 5-89 的 FRF 和相干。与随机激励得到的图 5-85 相比较，注意到 FRF 和相干有明显的改善，峰值更陡峭、更清晰，共振峰处的相干也特别好。但由于猝发随机只占满部分采样周期，所以激励能量比随机激励偏小。

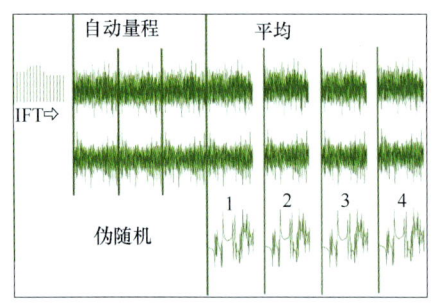

图 5-88 典型的伪随机激励信号

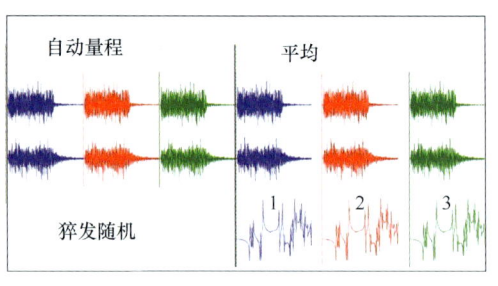

图 5-89 典型的猝发随机测量序列

周期随机激励信号也是感兴趣频带内的一组频率谱线通过傅里叶逆变换到时域，产生激励信号的一种激励技术。它与伪随机的区别在于，伪随机信号的频率成分和幅值是确定的，只有相位是随机，而周期随机只有频率成分是确定的，幅值和相位都是随机的。因此，周期随机是一种统计特性变化的伪随机信号。在每一个周期内，都是一种伪随机信号，但是各个周期内的伪随机信号统计特性不同，即各周期内的伪随机信号互不相关。周期随机信号综合了随机信号和伪随机信号的优点，既有周期性，又具有随机性，从而也避免了两种信号的缺点。利用周期性，可以消除泄漏误差。利用随机性，可以采用多次平均减少

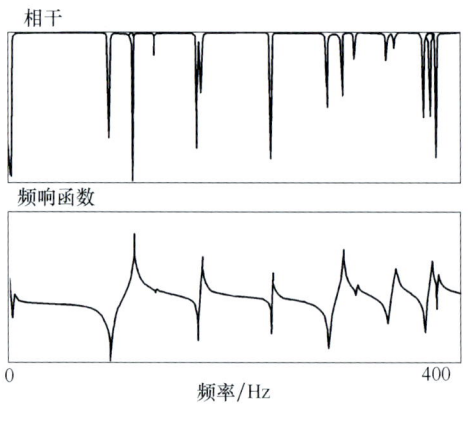

图 5-90 猝发随机激励得到的
FRF 和相干（平均 10 次）

噪声和平均结构中存在的非线性。周期随机激励最大的缺点是其比随机激励和伪随机激励都要慢一些，是上述所有类型随机激励信号中用时最长的。如图 5-91 所示，周期随机激励信号在采集用于计算 FRF 的数据块之前，还存在多帧延迟数据块，用于消除信号中的瞬态信号，这将导致这种激励技术用时加长。另一方面，周期随机信号因为重复出现，所以满足 FFT 变换要求，不存在泄漏，无须加窗函数。

以上各种激励信号都是不确定性信号，接下来将介绍确定性信号。最典型的确定性信号是正弦信号，频率成分单一，如果采样周期刚好是信号周期的整数倍，那么信号满足 FFT 变换要求，不存在泄漏，无须加窗函数。由于正弦激励不是宽带激励信号，通常只用于某些特殊情况下：

1）用于移除非线性，当对具有强非线性的结构进行模态测试时，可用一个激振器使用

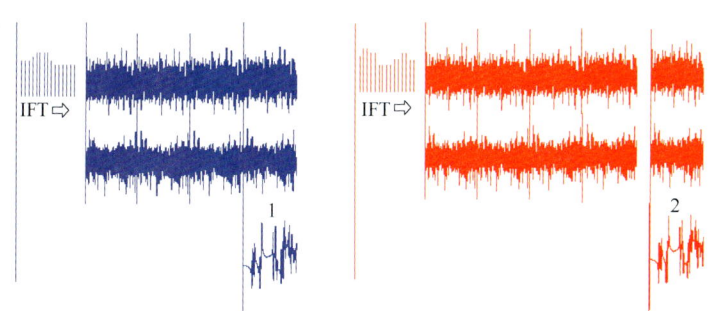

图 5-91　典型的周期随机激励信号

低频正弦激励信号移除这个非线性,而其他的激振器使用其他激励信号,如猝发随机激励,这样得到的测量更具有线性特点。

2) 仅激励某一阶模态。

猝发正弦的特征类似正弦激励信号,只不过猝发正弦信号也存在一定的猝发时间,如图 5-92 所示。

正弦快速扫频激励信号是在一个采样周期内,信号从低频快速扫到高频的一种快速扫频激励方式。信号重复出现,如图 5-93 所示,因而满足 FFT 变换的周期性要求。这意味着信号不存在泄漏,无须加窗。当然,信号必须连续,以便结构获得稳态响应。这种激励技术的优缺点非常类似于伪随机激励技术。正弦快速扫频激励得到的测量结果非常类似猝发随机激励。一个额外的优点是输入力的大小可以控制,通过改变作用在系统上的输入力的量级,使用这种激励技术可以很容易地对结构进行线性检查。由于正弦快速扫频的幅值是确定的,所以不能平均掉结构中可能存在的任何轻微非线性。

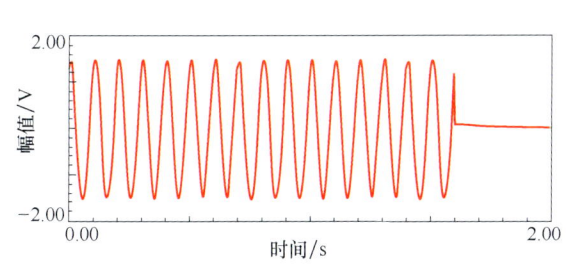

图 5-92　猝发正弦信号

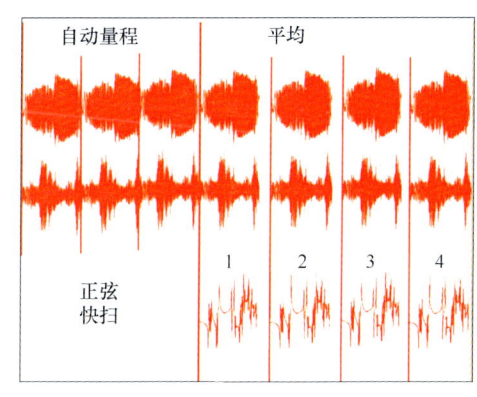

图 5-93　正弦快速扫频信号

正弦扫频信号是按一定的扫频速度从低频扫至高频的激励方式,如图 5-94 所示,扫频速度可自由设定,因而短时间内能量更集中,激励能量大,可获得更高的信噪比,从而获得更高质量的 FRF 数据。由于激励能量大,适合于大型结构模态测试。另外,响应信号可分批测量,测量时间比得上猝发随机激励。扫频方式有线性方式和对数方式,如果采用对数方式,低频谱线数量多,高频谱线数量少。如果关心的模态频率范围不大,可采用线性扫频。如果关心模态频率范围较大,对数扫频要更快速有效。

正弦扫频信号的扫频速度对测量结果可能存在影响，特别是针对小阻尼结构，会存在共振峰延迟现象。这是因为小阻尼结构响应衰减时间较长，如果扫频速度过快，将导致共振峰出现偏离实际值的现象出现。如图 5-95 所示为对一个小阻尼结构采用两种不同的线性扫频速度，可以看出，共振峰出现了明显的偏离。因此，对于正弦扫频激励，需要不断尝试，以确定合适的扫频速率，使结构响应达到稳态。

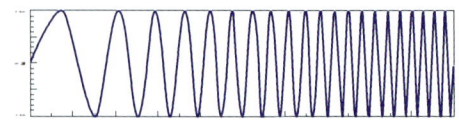

图 5-94　典型的正弦扫频信号

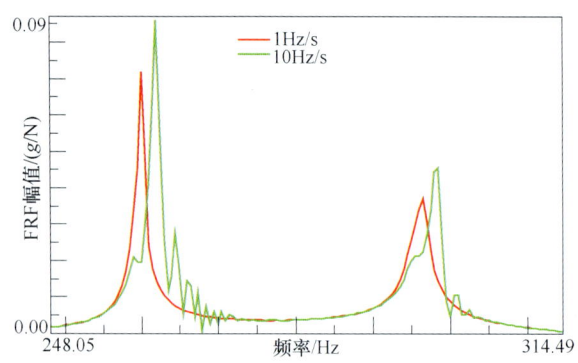

图 5-95　扫频速率对测量的影响

步进正弦激励技术是另一种非常有用的窄带激励技术。任一时刻其激励信号均为单频信号，其频率成分与频谱的谱线重合，通过傅里叶逆变换到时域，如图 5-96 所示。因为能保证满足 FFT 变换的周期性要求，所以步进正弦信号无泄漏存在，不需要加窗函数。除了每个时刻只有一个频率激励外，其他特征类似于伪随机激励。但是一个重要的不同之处就是其对信号幅值进行了改进。宽带技术要求模数转化器捕捉到整个频谱范围内信号的所有能量，但是其频率可能具有以下特征：在频谱上幅值变化幅度大。这对步进正弦来说，不成问题，因为任一时刻步进正弦激励方式的激励或（和）响应的所有能量在频谱图中只体现在单条谱线上。因此，激励能量非常大，信噪比高，可获

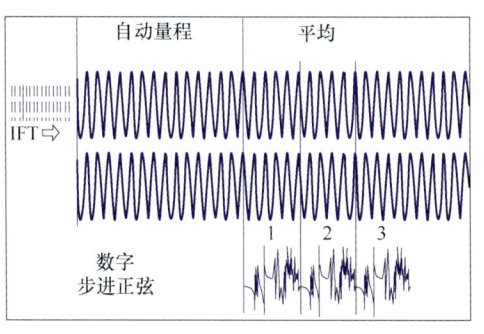

图 5-96　典型的数字步进正弦信号

得高质量的 FRF。因为它本质上不是带宽激励，所以它是所有激励方式中最慢的（每条谱线都需要单独估计）。由于步进正弦激励用时较长，可通过改变步长来提高测量效率，通常在共振区，步长小，在非共振区，步长长。还有一点值得注意，由于步进正弦激励能量大，为了安全考虑，闭环控制是必需的。由于激励信号的频率和幅值易于控制，对于证明结构的非线性，它的表现又是卓越的，上面所有讨论的激励方式，步进正弦激励可能产生最优的测量结果。

5.17.2 各种激励信号对比

从上面的介绍可知,从不确定性信号到确定性激励信号,激励能量越来越大,测量用时越来越长,获得的数据质量也越来越高。使用不确定性信号的幅值波动性可以使一个非线性系统看起来更像一个线性系统。对于不确定性激励信号而言,由于能量分布在整个频带上,因此激励能量偏低,信噪比也低,数据的质量一般,为了减少噪声的干扰,还需要多次平均。而对于确定性激励信号,测试重复性好,对非线性系统评估更佳。另一方面,由于激励能量集中在单条谱线上,因此激励能量更大,信噪比更高,数据质量更好。由于确定性的激励信号幅值是确定的,因此,利用这个特点可用于描述或评价结构中的非线性特征。表5-4中列出了以上介绍的几种常见的激励信号的相关特征对比情况,其中还包括锤击法。

表 5-4 几种常见激励信号特征对比

	宽带激励技术						窄带激励技术			
	瞬态	非周期	瞬态	周期						
	锤击	随机	猝发随机	伪随机	周期随机	正弦快扫	正弦	猝发正弦	正弦扫频	步进正弦
频率成分可控	×	√	√	√	√	√	√	√	√	√
幅值可控	×	×	×	×	×	×	√	√	√	√
窗函数	√	√	×	×	×	×	×	×	×	×
平均掉非线性	×	√	√	×	√	×	×	×	×	×
特征化非线性	×	×	×	√	√	√	√	√	√	√
消除失真	×	×	×	√	√	√	√	√	√	√
信噪比	低	一般	一般	一般	一般	高	很高	很高	很高	很高
RMS/Peak	低	一般	一般	一般	一般	高	高	高	高	高
测量用时	短	短	短	短	长	长	一般	一般	长	很长

注:×表示不满足;√表示满足。

5.17.3 激励信号的选择

结构的模态测试因为有这么多种激励信号可供选择,所以总存在一种最合适的激励信号。选择合适的激励信号能改善线性结构的测量结果,特别是结构存在轻微非线性时,选择合适的激励信号可以将结构中存在的轻微非线性平均掉。这时要求激励信号的幅值是可变化的,这些信号包括随机信号、猝发随机和周期随机信号。如果想对非线性特征进行描述和评价,那么应该选择幅值确定的信号,这些信号包括伪随机信号和确定性信号。

对于一般的模态分析而言,最常使用的激励信号是猝发随机和锤击法,特殊场合也使用正弦扫频信号。当需要极高分辨率的 FRF 时,可以使用步进正弦激励技术。通常,线性系统使用确定性信号。确定性信号也用于检查一个系统是否为线性系统。使用随机信号可平均由其他因素引起的系统轻微非线性。如果结构具有显而易见的非线性,那么我们应该停止测试,并思考一个线性的模态分析结果是否有用。

比较这些激励技术,发现猝发随机和正弦快速扫频对于线性系统将产生相似的结果。通常,随机激励总会遭受泄漏的影响,因而测量的数据质量将会降低。为了说明随机激励测量质量的降低,比较随机激励和猝发随机的测量效果,图5-97放大了某系统的第一个共振峰附近区域。随机信号包含太多的变化量,并且在共振峰处幅值出现失真(在此处相干有突变下降尖峰)。此处几乎看起来像有两阶模态,但是实际上这是由泄漏失真引起的。猝发随机测量得到的共振峰清晰且陡峭。显然,猝发随机激励得到的结果优于随机激励得到的结果。

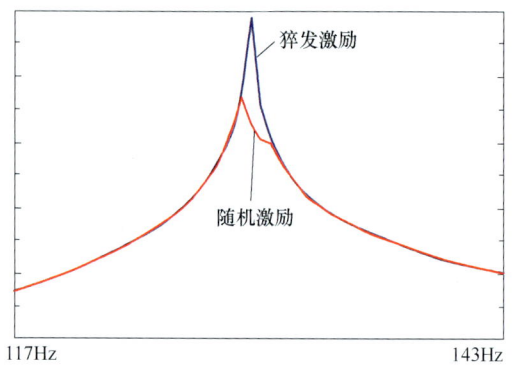

图 5-97 猝发激励和随机激励得到的 FRF

笔者认为,对于一些情况,相对于其他激励技术而言,总会存在一种最佳的激励技术能提供效果最佳的测量。因此,需要比较每种激励技术,以确定哪种激励技术最合适。不要只依赖于一种激励技术,虽然在过去它可能是一种可接受的激励技术,但现今它不一定效果最佳。

5.18 激振器的安装

使用激振器对结构进行激励时,必须将激振器产生的激励力有效地施加到待测结构上,因此,安装激振器时,需要考虑待测结构的动态特性、激振器的动态特性、安装支承方式、合适的激励点和选择合适的顶杆等方面。这一节主要介绍以下内容:
- ➢ 激振器支承方式
- ➢ 力传感器的安装
- ➢ 激励点的选择
- ➢ 顶杆的影响

5.18.1 激振器支承方式

为了使激振器的激励能量尽量作用于激振对象的激励上,在激振时最好让激振器基座在空间上基本保持静止。激振器对待测结构进行激励时,需要将激振器进行合理地安装,安装时存在安装频率。安装频率是指激振器与支承基础所组成的振动系统的第一阶固有频率。对待测结构进行激励的频率称为激振器工作频率。通常激振器有三种支承方式。

1. 激振器刚性固定在基础上

这种方式是指将激振器刚性连接在固定的基础上或固定支架上,如图5-98所示。但实际上基础不可能是理想的刚性基础,二者组成的系统总会存在一定的安装频率。当低频激振时,即安装频率远大于激振器工作频率时,宜采用这种方式连接。通常要求,安装频率高于激振器工作频率3倍以上。这类安装常见的是白车身自由模态测试,将激振器与基础固定,将车身悬挂起来。

2. 激振器弹性固定在基础上

弹性固定是指用弹簧或弹性绳等柔性连接方式将激振器支承起来，这种安装方式的安装频率低。如果关心结构的固有频率很高，需要高频激振，采用刚性连接时，将导致安装频率与工作频率相差不大，所以，为了满足安装频率远小于激振器工作频率的要求，可采用弹性连接方式，如图 5-99 所示。通常这种安装方式要求使安装频率低于激振器工作频率的 1/3 以下。这种安装方式的缺点是激励力偏小。通常大型的结构，如飞机、大型机床等，激振器采用这种安装方式，如图 5-100 所示为对航空发动机进行激振器测试，用于支承激振器的支架通过弹簧与激振器相连。

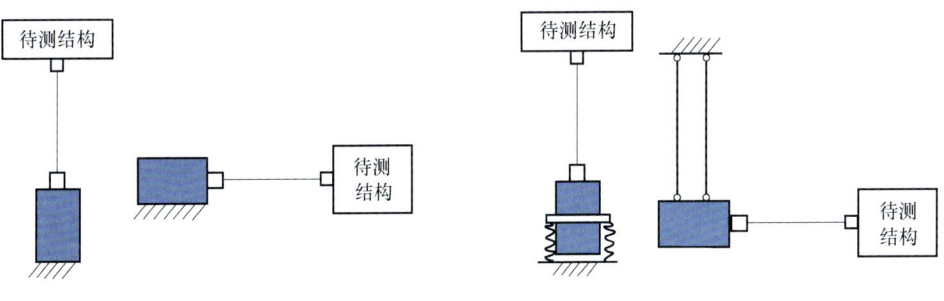

图 5-98　激振器与基础刚性连接　　　图 5-99　激振器与基础弹性连接

当激振器处于柔性安装方式时，为了进一步降低激振器的低频工作频率范围，增大激振力，通常会在激振器外壳上附加一些质量块，如图 5-101 所示，用于改善低频激振。

图 5-100　激振器柔性安装激励刚性结构

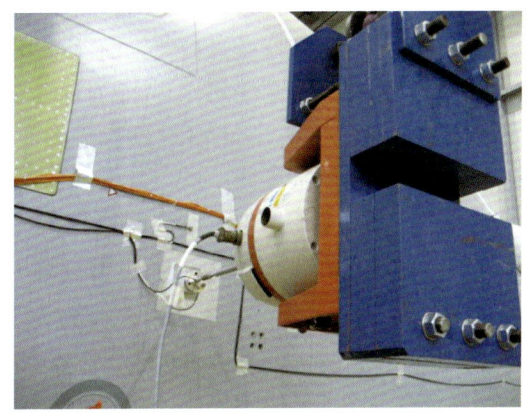

图 5-101　增加质量块改善低频激振

3. 激振器弹性固定在待测结构上

上述两种安装方式都是将激振器安装在基础上，而不是待测结构上。有些时候，试验现场很难找到合适的安装基础，特别是一些大型结构，如飞机、桥梁等，往往无法在周围的基础上固定激振器。这时的解决办法是将激振器弹性固定在待测结构本身的适当部件上，如

图 5-102 所示。对于大型结构而言，激振器的附加质量可以忽略。采用这种方式安装时，应尽量减少支撑刚度，以避免由支撑传递到结构的力较大而产生明显的多点激励。

5.18.2 力传感器的安装

激振器顶杆与待测结构之间都要安装力传感器或阻抗头。阻抗头是将力传感器和加速度传感器做在一起的传感器，使用这种类型传感器适用于测量驱动点频响函数。如果仅使用力传感器，想测量驱动点频响函数，还需要额外安装一个加速度传感器，但此时除了力传感器外，还有一个加速度传感器，相对于单个阻抗头而言，附加质量更明显。

由于力传感器安装在顶杆端部，但顶杆有两个端部可供选择：靠近激振器端和靠近待测结构端。正确的安装方式是将力传感器安装在靠近待测结构端，这样力传感器起到了分离待测结构与激振器的作用。如果力传感器安装在靠近激振器端，而顶杆需要与待测结构刚性连接，那么，此时顶杆将成为待测结构的一部分了，这是不正确的，如图 5-103 所示。

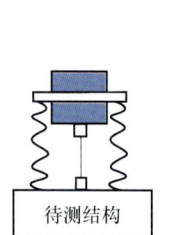

图 5-102 激振器弹性固定在待测结构上

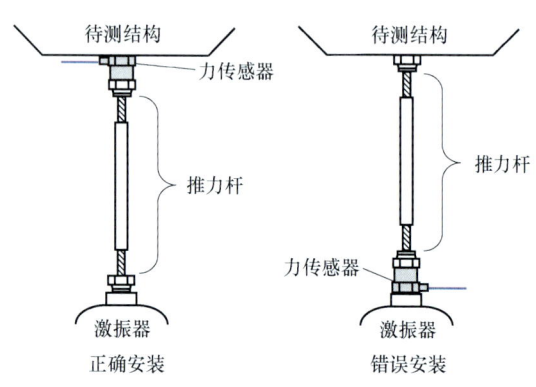

图 5-103 力传感器的安装

很多情况下，由于激励点位置为曲面或斜面，或者需要使激励力在多个方向有分量，通常会采用倾角激励。如果采用倾角激励，测试工程师需要考虑两个方面的事情：是否需要将倾角的激励力进行分解，怎样定义激励力的方向。

事实就是真的不需要将激励力分解到整体坐标系下各个方向的力分量。即使你能将激励力分解成整体坐标系中的两个分离的分力，实际上你也得不到两个独立分离的分力，这两个分力与施加到结构的这个独立激励力是线性相关的。还记得当使用多个激振器对结构进行激励时，要通过 PCA 分析（主分量分析）来检查各个激励力之间是否线性无关吗？因此，当使用倾角激励结构时，不需要分解激励力。

在进行参数设置时，必须定义一个激励力的激励方向，由于使用倾角激励，激励力的方向与总体坐标有一定的夹角，因此，定义激励力的方向时，通常选一个力分量最大的方向作为通道设置中的激励力方向。

当对结构施加激励时，通常使用胶水将力传感器（带底座）粘贴在待测结构上，虽然激励力仅沿顶杆轴向激励，但结构在激励点还是会产生横向振动，因此，粘贴力传感器的胶水还需要承受一定的剪切力，像 502 胶就不满足要求，通常的做法是采用 AB 胶粘贴力传感器。

5.18.3 激励点的选择

激振器系统难于移动,因此通常是在固定位置进行激励,这个激励位置就是模态参考点。通过本章5.9什么是模态参考点的介绍,我们已经明白,在选择模态参考点时,要避开关心的模态的节点。对于激振器模态而言,在选择激励位置时,同样需要避开模态节点位置。

我们知道模态反节点是合理的参考点位置,但是如果激励点正好位于某阶模态的反节点附近,则激励力能有效地激起该阶模态。但是,由于反节点是振动幅值最大的位置,特别是低阶模态,此时,需要较大的预压力才能使力传感器与结构不脱离,这将导致增大预压力对结构的影响。另一方面,由于反节点振幅较大,特别是低阶模态,位移也会较大,此时,要求激振器的位移也要较大才能满足要求。当结构的位移大时,还可能出现横向位移变大,那么,此时容易导致顶杆变弯,从而引入不必要的弯曲刚度。如对悬臂结构进行测试时,我们都知道自由端不会是各阶模态的节点,但自由端的位移是最大的。如果将激励位置选择在自由端,那么,除了要求激振器要有较大的行程之外,还会导致顶杆变弯,如图5-104所示,从而引入不必要的弯曲刚度。

因此,对于激振器模态测试而言,在选择激励位置时,除了要考虑避开各阶模态的节点之外,还需要考虑激励位置对激振器和顶杆的影响。选择的激励点应避开结构位移较大的位置。

5.18.4 顶杆的影响

对于激振器顶杆而言,在此我们仅考虑以下三种典型的情况,以表明由于激振器和顶杆测试设置不合理导致频响函数测量失真。

情形1:考虑激振器顶杆与待测结构未对齐产生的影响。如果顶杆与待测结构未对齐,在测量过程中顶杆将引入弯曲刚度,如图5-105所示。我们记得顶杆的作用是只向待测结构提供沿顶杆长度方向的轴向激励,最小化任何横向的弯曲效应。当顶杆出现弯曲时,能导致出现两种现象。第一种情况,顶杆产生了转动载荷,而这个载荷力传感器是测量不到的。我们知道力传感器只能测量到沿顶杆轴向的拉压载荷,任何力矩都测量不到。当向结构传递力矩时,力传感器是无能为力的。另一种情况是顶杆向待测结构引入了转动刚度,而这个刚度却不是结构真实动力特性的一部分,是激励设备导致产生的。

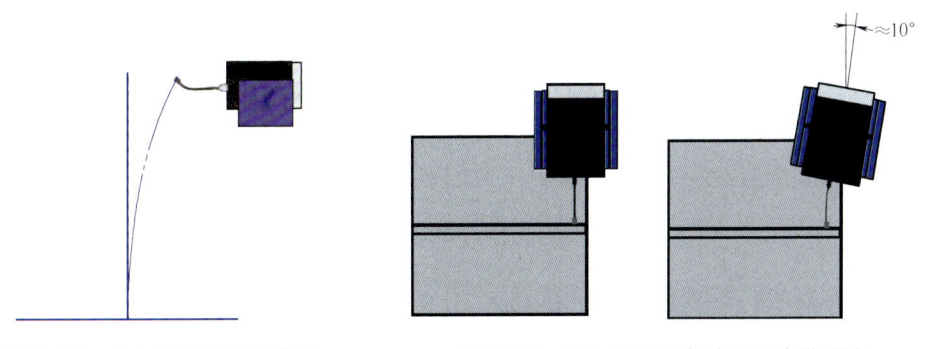

图 5-104　自由端使得顶杆变弯　　　图 5-105　未对齐的顶杆产生了弯曲刚度

情形2:另一个考虑事项是测试过程中使用不同长度的顶杆。图5-106所示的测量结果表明顶杆长度不同,得到的结果也不同。因此,必须进行预试验确定这个影响是否严重。

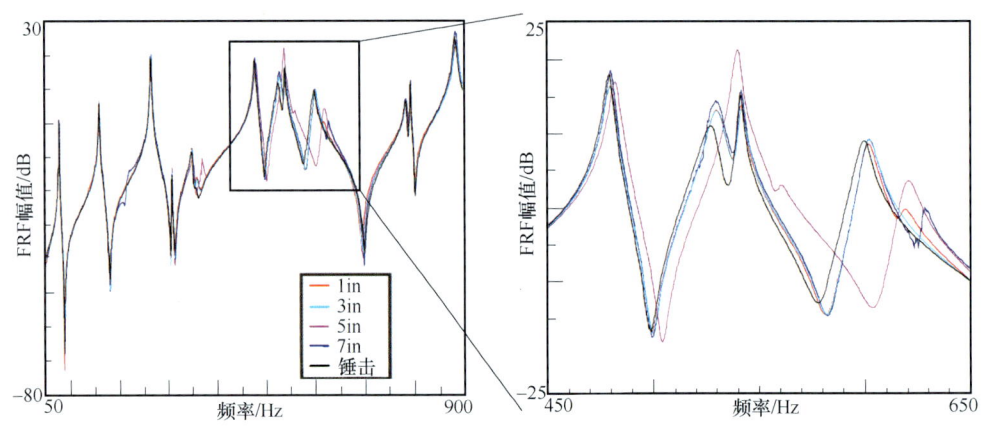

图 5-106　顶杆长度的影响

情形 3：最后考虑不同类型的顶杆对测量的影响。图 5-107 所示的结果表明不同类型顶杆产生的影响。因此,应该在测试的起始阶段检查这一点。

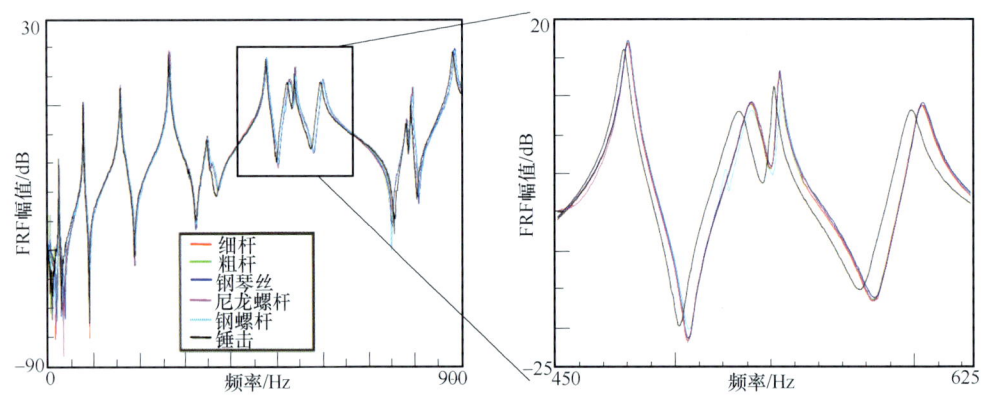

图 5-107　不同类型顶杆产生的影响

从以上情形可以看出,顶杆对测试结果有影响。无论是激励位置、未对齐待测结构、顶杆长度还是不同类型的顶杆,顶杆都存在弯曲效应,这将影响频响函数的测量。因此,激振器模态测试设置时必须小心。不幸的是,没有人能明确回答什么样的顶杆配置能提供最优的测量结果。这严重依赖于待测结构和感兴趣的频率范围。因而,你需要尝试各种情形,以确保最终使用的顶杆配置能得到最优的频响函数测量。

总的来说,激振器安装时必须十分小心,以确保选择的支承方式、激励位置和顶杆是合适的。

5.19　白车身模态试验注意事项

对于汽车生产厂家而言,白车身模态是最常见的模态试验之一,通常白车身模态用来提高数字模型的精度与验证开发目标。因此,白车身模态试验对于车型开发而言,至关重要。

5.19.1 试验工具清单

白车身模态试验所用到的辅助工具见表5-5。

表5-5 试验工具清单

序号	名称	数量	单位	用途
1	带电动葫芦的龙门架	2	个	起吊白车身
2	弹簧	4	根	悬挂白车身
3	可调吊具	4	根	微调车身悬挂高度
4	插线板	1	个	对电流大小有要求
5	AB胶	1	套	用于粘贴力传感器或阻抗头的底座
6	吹风机	1	个	加速AB胶凝固
7	裁纸刀	1	把	
8	粗砂纸	2	片	打磨力传感器的底座安装处
9	乐泰406或502胶	2	管	用于粘贴传感器底座
10	19mm开口扳手	1	把	拆卸粘贴后的传感器底座
11	剪刀	2	把	清理传感器底座上的胶
12	胶带	1	卷	用于固定传感器端的导线
13	角度仪	1	把	测量车身表面的倾角
14	黑色记号笔	1	支	标记测点和编号
15	红色记号笔	1	支	标记已测量的测点
16	卷尺	1	把	测量测点距离

① 电动葫芦可调节车身悬挂高度，合适的起吊高度可使激振器直接放在试验场地地面上，省去了垫高激振器的工装，如图5-108所示。

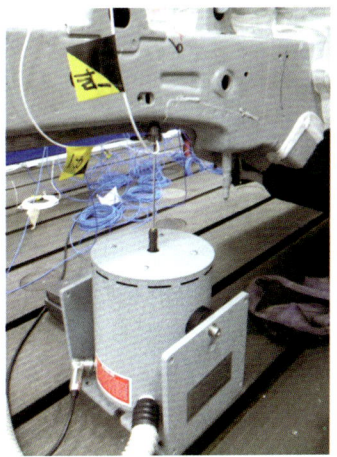

图5-108 电动葫芦可调节车身悬挂高度

② 对于小汽车白身车而言，第一阶弹性模态一般在30Hz左右，考虑刚体模态小于第一阶弹性模态的1/10，因而弹簧的刚度要求如下：

$$\frac{1}{2\pi}\sqrt{\frac{4k}{m}} \leq 3\text{Hz}$$

弹簧可在五金店购买，根据车身的重量进行购买。

③ 可调吊具如图 5-109 所示，起到微调高度的作用：

④ 由于白车身模态试验至少需要 2 个激振器，因而配套的功放也至少需要 2 个，对于满负荷的 MB 功放而言，需要 15A 的电流，因此，试验使用的电源插线板的电流应大于或等于 30A。另外，插线板上三孔插头个数不少于 4 个（1 个数采、1 个笔记本、2 个功放）。

⑤ 力传感器的底座很难保证试验过程中始终不脱掉，因此，需多次在激振位置处粘贴 AB 胶，可先用裁纸刀去掉之前的 AB 胶，然后用砂纸打磨平整。

⑥ 对于 PCB 356A16、356A26、356A25 等型号的三向加速度传感器而言，配套的六边形传感器底座为 19mm，因而需要 19mm 的开口扳手拆卸粘贴后的底座。

⑦ 由于测点较多，使用不同颜色的标识可快速明确哪些测点已测量过，哪些测点未测量，标识见图 5-110。

图 5-109　可调吊具

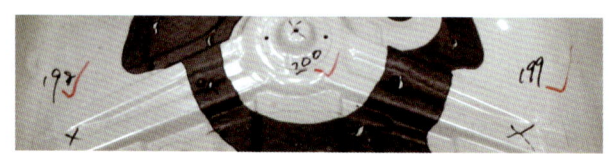

图 5-110　红色标识已测量的测点

5.19.2　测量准备工作

1. 测点分布

在汽车领域 X 方向为车身前进方向，Y 方向为车身横向，Z 方向为垂直方向。

将车身平放在试验场地地面上，以车身方向的对称线作为 $Y=0$ 的平面（XZ 平面），测点按此平面成对称分布。以地面作为 XY 平面（$Z=0$），以车头作为 YZ 平面（$X=0$）。测点平均间距约 30cm。

沿横向方向，车顶可划分 5 个测点，车底可划分 7 个测点。测点分布尽量不要分布在薄弱的面板上（由于振型值是矢量，局部测点的振型值过大，会导致整体其他测点的振型值相对过小）。如车顶前后两端的测点离边线的距离稍远一点，车轮位置的测点稍往里靠。

在确定测点位置时，先不要编号，等全部测点确定完毕后，再统一编号，确定测点时按车身方向尽量成对称分布。编号的顺序从车头开始（$X=0$ 的平面），沿 $+X$ 方向，先左后右，先下后上的原则进行，先编完同一 X 值平面，再到下一截面。这样做的目的是方便测量各个测点的坐标值用于建立几何模型，尽量减少测点坐标的测量，提高效率。由于对称分布，同一 X 值截面，X 的值只需测量一次即可；Y 轴测量对称两测点的距离除以 2 即可。在没有 3D 模型的情况下，几何模型只能通过测量各个测点的坐标的方式来进行建立。

2. 几何建模

当将整个车身建成一个部件时，建议在输入一定数量（如 30 个）的测点坐标之后，先进行连线操作，不然输入的测点过多，会导致分不清哪些点需要与哪些点相连。太多的测点会引起视角上的混乱。

3. 传感器选型

激振器推力杆上的传感器尽量选择阻抗头,这样方便进行互易性检查。不需要额外再粘贴加速度传感器。

相对而言,激振器法进行白车身模态试验,测点的加速度响应不会超过2g,因此,可选用 PCB 356A16 型三向加速度传感器。如果该型号传感器不够,可混用 356A26、356A25 等型号的三向加速度传感器。

4. 通道数

按 2 个激振器算,需要 2 个阻抗头,占用了 4 个通道。而每个测点要用一个三向加速度传感器,则需要 3 个通道。因此,通道数不少于 40 通道,效率会较高。此时,2 个阻抗头,12 个三向加速度传感器,刚好 40 通道。如果通道更多,相应的传感器也足够,从效率角度出发,则应全部用上,可大大提高工作效率。

5. 测量顺序

由于移动传感器会给系统带来附加质量的影响(系统变成为了时变系统),因此,为了防止局部附件质量过大,传感器按车身 4 个角点均匀分布。如 12 个三向传感器,可以在每个角点按车身方向对称布置 3 个传感器。这样附加质量较均匀地分布到整个车身上,不会使局部附加质量明显。

对已测量的测点,需要进行标识。由于测点较多,不标识已测量的测点会引起分不清测点是否已测量。

6. 测量方向

传感器按 XYZ 顺序从小到大接入到数采的通道中,每个测点的测量方向根据粘贴传感器的方向进行确定,如传感器的 X 方向此时测量的是整体坐标系的哪个方向。一定要弄清楚所有测点的方向,不然会引起振型错误。如图 5-111 所示,B 柱上的传感器的 $+X$ 方向为背离出线方向,传感器的 XYZ 方向如图 5-111 中传感器附近的方向所示,整体方向如图 5-111 左下角坐标方向所示,那么传感器的 XYZ 方向测量的整体坐标方向为 $+X$、$-Z$、$+Y$。

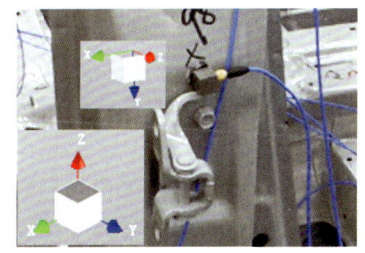

图 5-111 B 柱上的测点方向

测量时,粘贴传感器尽量与上一次的方式一致,这样避免在软件中再次修改测点的测量方向。粘贴传感器时尽量使传感器的方向与整体坐标平行,这样避免调整测点的欧拉角。当测点坐标与整体坐标平面有夹角时,可通过调整相应测点的 3 个平面的欧拉角使该测点的欧拉角与粘贴时的传感器方向保持一致。

每测量一批测点,需要在测量前对该批次的测点 ID 和方向进行修改,其他人再对修改后的测点 ID 与方向从车身上逐一检查。

5.19.3 测量建议

1. 测量参数

如没有特殊要求,一般可设带宽为 102.4Hz,频率分辨率为 0.1Hz。采用猝发随机信号作为激励信号，猝发时间可设为 50%（猝发时间大小要求响应信号在采集周期内能衰减到 0）。如果结构是线性系统，平均次数可少些。如果结构具有轻微的非线性，可加大平均次数。一般平均 50 次左右。

由于猝发随机信号满足 FFT 变换要求，不需要加窗。

FRF 和相干是必须要测量的，建议测量时保存时域信号，这样方便检查时域信号。

2. 激励力大小

激励力的大小由两级控制，一级为激励信号的电压量级，另一级为功率放大器的增益。为了有效地激励出关心的所有模态，激励能量应尽量大。激励信号的电压量级可首先设定为 3V，然后调节功率放大器增益。设置原则如下：激励能量非常大，但又不会引起结构的非线性，或者看到车身出现明显的刚体位移为止。一般激励力约为 50N 左右（供参考）。

3. 线性检查

首先将激励力大小设定一个量级，如 20N（激励信号为正弦快扫信号），测量相关测点的 FRF，然后将激励力的量级加大一倍到 40N，再测量相同测点的 FRF。测量完毕之后，对比两次相同测点的 FRF，若重合度高，则说明结构是线性的，平均次数可减少。若重合度差，则说明结构具有非线性，平均次数应加大。由于白车身材质单一，属于线性结构，所以这一点一般都满足。

4. 互易性检查

将力传感器安装在激励位置附近的车架上，激励方向沿实际激励方向，先开 1#激振器（2#激振器关闭），测量 2#位置的加速度响应；然后开 2#激振器（1#激振器关闭），测量 1#位置的加速度响应。然后对比二者的 FRF，看重合度。若重合度高，则说明结构满足互易性。若重合度差，则说明存在问题。是否结构存在非线性问题或安装是否有问题等，需要进一步判断。

5. 激励位置

为了使激励能量均匀地分布到整个车身上，激励位置可选左前轮和右后轮附近，或者右前轮和左后轮附近。激励位置刚度要大一些，这样激励能量才能传遍整个结构。另一方面，至少有一个激振器要进行倾角激励，或者两个激振器都倾角激励。

6. 其他检查

其他检查包括相干检查、激振力不相关性检查、模态数据一致性检查等。

激励力不相关性检查主要通过 PCA 分析得到，若激励力相关，则两个激振器与一个激振器的作用是相同的。

每测量完一批测点，应立即对该批次的测点分方向进行检查，看是否有异常的 FRF，若出现异样，则需要重新测量该批次数据。若正常，则移动传感器到下一批次的测点。

测量开始前需要对通道连接、测点的方向进行检查，以防出错。

测量完毕后，首先不要拆除所有的测试设备，应先对数据进行全面的检查，包括是否有丢失测点，是否有过载的测点等。如果数据全部正确，再拆除设备。

7. 其他事项

导线两端都需要编号。

试验过程中，严禁触碰车身或踩踏试验导线。

移动和粘贴传感器的动作力度要小，以免引起车身运动过大，导致力传感器与结构脱开。

第 6 章 试验模态分析

在结构设计的初始阶段为了保证产品成型后的 NVH 性能满足设计要求，需要做模态分析，当样件生产出来之后，要验证产品是否满足设计目标，也需要做模态分析，以及后期产品出现故障，要排除故障，也需要做模态分析。

简单地说，模态分析是一种分析方法，是根据结构的固有特性，包括频率、阻尼和振型去描述结构的过程。严格从数学意义上定义是指将线性定常系统振动微分方程组中的物理坐标变换为模态坐标，对方程解耦使之成为一组以模态坐标及模态参数描述的独立方程，以便求出系统的模态参数。坐标变换的变换矩阵为模态矩阵，其每列为模态振型。因此，模态变换是将方程从物理空间通过模态变换方程变换到模态空间的过程，是将一组复杂的、耦合的物理方程变换成一组单自由度系统、解耦的方程的过程。

模态分析的最终目标是识别出系统的模态参数，为结构系统的振动特性分析、振动故障诊断和预报以及结构动力特性的优化设计提供依据。因此，从根本上讲，模态分析主要研究结构的固有特征，理解固有频率和模态振型有助于设计出符合要求的噪声和振动应用方面的系统。这一章主要包括以下内容：

- 试验模态数据分析的一般流程
- 什么是极点
- 什么是模态振型
- 节点、节线、节径和节圆
- 什么是模态截断
- 什么是曲线拟合
- 各种常见的曲线拟合方法
- 什么是稳态图
- 各种常见的模态指示函数
- 什么是模态验证
- 什么是工作模态 OMA
- 什么是工作变形分析 ODS
- 什么是刚体惯性参数
- 试验模态与计算模态的区别与联系

6.1 试验模态数据分析的一般流程

采集完所有测点的模态数据之后，就需要对这些数据进行模态分析了，模态数据分析实质只有两步：第一步确定系统极点，第二步计算模态振型。从操作上讲是非常简单的，但实质上也存在一些经验与技巧。模态数据分析过程非常简单快捷，选择了模态数据之后，完成模态数据分析只需用时几分钟甚至更短。这一节主要介绍以下内容：
- 模态数据选择
- 确定分析频带
- 确定系统极点
- 计算模态振型
- 结果验证

6.1.1 模态数据选择

试验模态测试时必须要保存的数据类型是频响函数 FRF 和相干函数，而数据分析时，只需要 FRF 即可，那为什么测试时还要保存相干函数呢？测试过程中保存相干函数是为了便于对测量数据的质量进行检查：如果相干不满足要求，那么可能出现测量的模态数据受噪声干扰明显或者结构没有被充分激励起来等情况。因此，试验模态数据分析过程中只需要频响函数，不需要相干函数。

依据测试过程中模态参考点的数量，选择数据时可以按单参考点数据或多参考点数据来进行分析。即使测试过程中使用了多个参考点，但如果选择模态分析数据时，只选择其中的一列（即使测试时测量了频响矩阵的一行或多行，但一些商业软件也会将行转化为列），那么最终分析时，也是按单参考点来分析的，因为只选择多个参考点数据中一个参考点的数据。选择多参考点数据是有好处的，这样可最大限度地提取到所有关心的模态，丢失模态的可能性最小。因此，如果是多参考点模态数据，优先选择所有的参考点数据，除非某个参考点数据质量太差，才不选择它。

根据模态理论可知，模态分析时只需要完整的一行或一列即可提取到所有的模态参数。因此，在进行模态数据选择时，应选择完整的一列（行）或多列（行），这样模态分析才不会出错。

对于声腔模态分析而言，测量的响应是声压，虽然声压是标量，通道设置中的方向可以设置成 none 或 s（s 是标量 scalar 的首字母），但对于后续的模态分析而言，必须在通道设置中设置成 s 才能确保在模态数据选择页面中能调入数据。

模态分析分两步，第一步是确定系统极点，第二步是计算振型。系统极点是全局特征，最少只需要选择一条 FRF 就可以确定系统极点，而振型是局部特征，需要使用所有测点的数据。因此，整个模态分析过程中，可以分两次选择数据。第一次选择的数据用于确定系统极点，第二次选择所有的测量数据用于计算模态振型。但通常的做法是只进行一次数据选择，即选择所有的模态数据，这也是商业软件的默认设置。但实际上可以分阶段来选择模态数据，确定系统极点时选择一次，计算振型时再选择一次。有的商业软件已考虑了这一点，对模态数据进行选择时，可使用"极点估计时排除这个测点"选项来实现数据一次性选择。这样，极点估计时使用高质量的 FRF，振型计算时使用全部数据。

6.1.2 确定分析频带

测量得到的 FRF 包含多个共振峰，如图 6-1 所示的共振峰，这些共振峰可能相隔较近，也可能相隔甚远，模态密度大，共振峰之间相隔必然较近。相隔较近的各阶模态相互影响严重，而相隔较远的模态相互之间的影响较轻。在确定分析频带时，必然存在带内与带外的区域。带内是指要进行模态分析的频带，而带外则是分析频带之外的频带。如图 6-1 所示，双光标之内的频带为要分析的频带，即带内。即使选择整个频带作为分析带宽，实质上还是存在带外，这个带外也就是频响函数中的上下残余项所对应的频带。

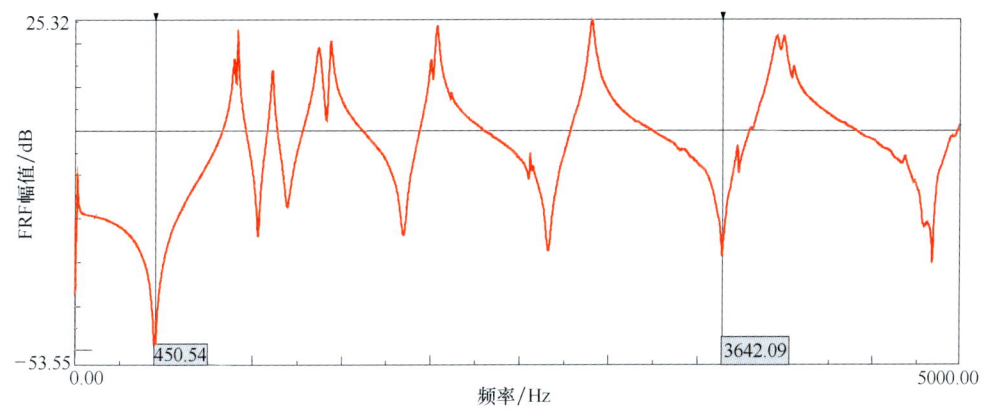

图 6-1 确定分析频带

为了减少带外对分析频带内的影响，确定的分析频带的边界应位于反共振峰位置处，如图 6-1 所示的光标位置，这样带外的数据对分析频带内的影响是最小的。如果选择的 FRF 不存在反共振峰，如跨点 FRF 或 SUM 函数，那么选择的分析频带边界应位于幅值最小的频率处。

另外，如果数据带宽较宽，且模态密集，那么可以分多个频带进行分析，而没有必要选择整个频带进行分析。一般的建议是一次选择的分析频带内的模态阶数不多于 10 个。如果将模态数据带宽分成了多个分析频带，那么最后可将多个分析结果合成一个整体结果。因为每个频带单独分析时，模态的阶数都是从第 1 阶开始的，最后通过相应的处理工具可将所有单独分析的结果合成一个整体，从而得到阶数正确的最终结果。

6.1.3 确定系统极点

极点是系统的全局属性，可选择一条、几条或全部 FRF 数据来确定系统极点。由于最终的结果是所选择的 FRF 的最小二乘估计结果，因此最终得到的极点信息与单条 FRF 相比较，会存在明显的差异。

确定系统极点通常是通过稳态图获得，如图 6-2 所示。因而，在确定系统极点时，有两个关键的因素需要确定：一是 Model size 多大合适；二是选择极点时，选择哪个位置的 s 更合适。

在描述这个问题之前，让我们先回顾一下频响函数基本方程：

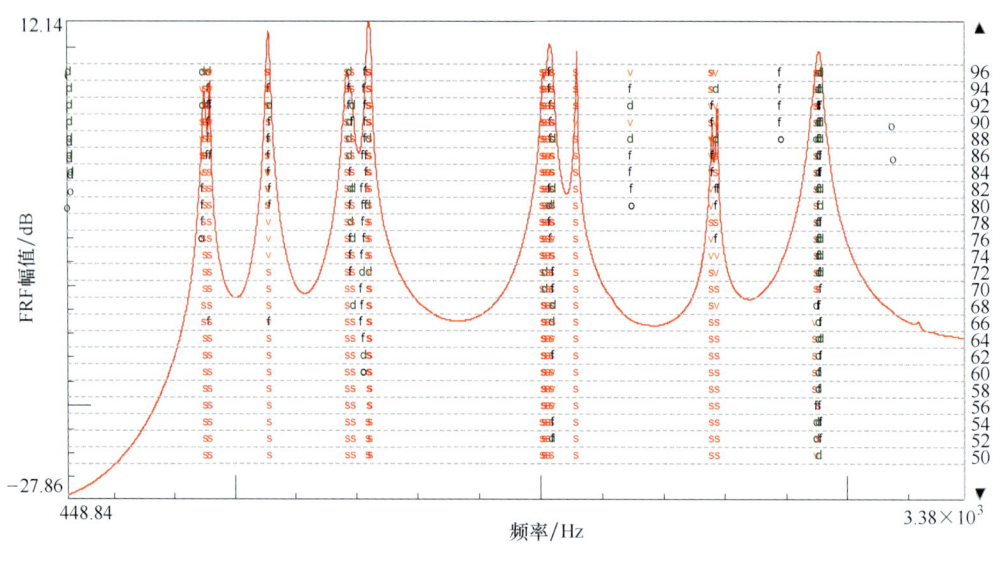

图 6-2 稳态图

$$H(\mathrm{j}\omega) = 下残余项 + \sum_{k=i}^{j}\left[\frac{A_k}{(\mathrm{j}\omega - p_k)} + \frac{A_k^*}{(\mathrm{j}\omega - p_k^*)}\right] + 上残余项$$

在这个方程右侧，中间是分析频带内的模态，但实际上在分析频带之外还存在上、下残余项。

所谓的 Model size，从字面上理解为模型规模，实际上是参与拟合的多项式的多少，也就是图 6-2 中右侧的最大数字。一阶模态对应一个多项式（就是一阶频响函数，即上式括号内的多项式），因为这个方程每多包含这么一项，就表明多一项参与拟合，一阶模态会有相对应的一项存在。因此，这个 Model size 就是用于确定拟合的多项式的数量。在有限的分析频带内，结构的模态阶数是一定的，为了不丢失真正关心的模态，上面这个方程应该包含我们关心或者是在这个频段内所有的真正的模态。假设在分析频带内有 10 阶模态，那么用于拟合的方程式应该包含这 10 阶模态，也就是形如上式中间项的多项式有 10 项，刚好是这 10 阶模态所对应的多项式。但是，如果刚好只有这 10 阶模态对应的多项式，那么会给模态分析带来截断误差。因此，有必要在这个方程中包含更多的多项式。类似于多项式拟合，如果关心三次方的函数，可能在多项式中会出现 4 次项和 5 次项，再高的项也许可以忽略，因为对结果影响不大。同理，模态拟合也是如此。因此，模态分析时，分析频带内的多项式除了要有真正的那些模态所对应的多项式外，还要包含更多的多项式。这样一来，既保证了包含分析频带内真正的模态，又能使稳态图中的 s 列持续出现，便于分析人员确定极点。

另一方面，如果 Model size 过高，即参与拟合的多项式太多，会导致在非物理极点（参考 6.2.2 节）处出现明显的持续 s 列，这是分析人员不希望看到的。因此，通常确定 Model size 为分析频带内模态阶数的 3~6 倍。例如，分析频带内有 10 阶模态，Model size 可设置为 30~60。当然，这只是一般性原则，有些情况下，如用硬锤头激励结构，能量偏向于中高频，在 Model size 满足上述一般性要求时，可能在低频极点处不会出现任何 s 字母用于确定该极点，此时，可能提取不到这些低频模态，这种情况下可以将 Model size 设高一些，这将有助于确定这些低频极点。

还有一个问题，在 s 列什么位置确定系统极点更合适。首先，让我们来看一个例子，如图 6-3 所示为某结构的前 2 阶模态，当选择不同的 s 位置（选择 Model size 大还是小）时，可以看出极点信息是有明显偏差的。第 1 阶模态选择 s 的位置靠下与靠上频率相差了 0.515Hz，阻尼比相差了 0.11%。第 2 阶模态频率相差了 0.134Hz，阻尼比相差了 0.02%。那么到底选择哪个位置的 s 作为确定系统极点更合适呢？

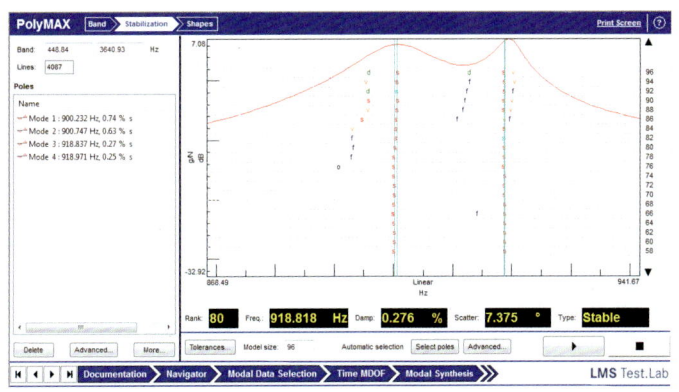

图 6-3　确定系统极点

相对而言，可能这些差值对于模态频率而言是很小的，在一定程度上选择哪个位置的 s 来确定极点都是可接受的。但是，严格意义上二者还是有区别的，区别在于 Model size 的影响。靠近下端的 s 位置说明 Model size 较小，而靠近上端的 s 位置则说明 Model size 较大。因此，选择不同位置的 s，实际上代表了参与拟合的多项式的多少。Model size 越大，参与拟合的多项式越多，得到的结果越稳定。但是，Model size 太高了可能导致在非物理极点的位置也会出现明显的 s 列，这是不希望出现的。因此，从严格的数学意义上讲，选择 s 的位置应该是极点出现稳定，而 Model size 又不大的位置，也就是靠近下端的 s 位置。这说明使用很小的 Model size，极点就趋于稳定了，所以应该选择这样的 s 位置来确定系统极点。

6.1.4　计算模态振型

确定系统极点之后，需要计算模态振型，这一步必须要包括所有测点的 FRF。若不包括所有测点的 FRF，则计算不出相应测点的振型值。如果某个测点没有计算振型值，那么在振型动画中该测点即为不动点，但又不是节点。对于软件操作而言，计算模态振型只需要单击一下鼠标，模态分析软件就能完成振型计算。在此，笔者扩展一下振型计算相关的理论，使你明白为什么振型可以任意缩放，以及软件是如何确定振型的。

我们知道留数直接与系统模态振型相关，留数等于输入-输出位置的振型值与比例因子的乘积，即

$$A_k = q_k u_k u_k^T$$

其展开式为

$$\begin{pmatrix} a_{11k} & a_{12k} & a_{13k} & \cdots \\ a_{21k} & a_{22k} & a_{23k} & \cdots \\ a_{31k} & a_{32k} & a_{33k} & \cdots \\ \vdots & \vdots & \vdots & \end{pmatrix} = q_k \begin{pmatrix} u_{1k}u_{1k} & u_{1k}u_{2k} & u_{1k}u_{3k} & \cdots \\ u_{2k}u_{1k} & u_{2k}u_{2k} & u_{2k}u_{3k} & \cdots \\ u_{3k}u_{1k} & u_{3k}u_{2k} & u_{3k}u_{3k} & \cdots \\ \vdots & \vdots & \vdots & \end{pmatrix}$$

我们不会采集所有的输入-输出组合（理论也告诉我们，不需要测量所有的输入-输出组合）。如果我们测量了第一列，那么上式可以写为

$$\begin{pmatrix} a_{11k} \\ a_{21k} \\ a_{31k} \\ \vdots \end{pmatrix} = q_k u_{1k} \begin{pmatrix} u_{1k} \\ u_{2k} \\ u_{3k} \\ \vdots \end{pmatrix}$$

从上面的公式可以看出，对于第 k 阶模态而言，由于 q_k 和 u_{1k} 都是数值确定的公因子，因此，模态振型正比例于留数，如果能确定前面这两个公因子的值，那么这阶模态振型就确定了。对这阶模态任一位置的留数而言，有

$$a_{ijk} = q_k u_{ik} u_{jk}$$

上式中的留数大小通过曲线拟合得到，但方程右边的三项就无法完全确定了。在这个方程中有三个未知量，即右边的三个，故而无法直接求解。但是如果有驱动点的数据，那么上面的方程将转变为

$$a_{iik} = q_k u_{ik} u_{ik}$$

此时，方程中只有两个未知数，如果假设比例因子 $q_k = 1$（实际上是模态 a 矩阵归一法），那么振型 u_{1k} 的值也就随之确定了，即

$$u_{1k} = \sqrt{a_{11k}}$$

其他测点的振型值等于

$$u_{ik} = \frac{a_{i1k}}{\sqrt{a_{11k}}}$$

至此，假设比例因子 $q_k = 1$ 时，这阶模态的振型值就完全确定了。而系统的模态参数，即模态质量、模态阻尼和模态刚度分别由下式求得：

$$\overline{m}_k = \frac{1}{2q_k \overline{\omega}_k}$$

$$\overline{c}_k = 2\sigma_k \overline{m}_k$$

$$\overline{k}_k = (\sigma_k^2 + \overline{\omega}_k^2) \overline{m}_k$$

当然也有其他的比例换算方法，如模态质量归一化法，则是 $m_k = 1$，然后根据上面的关系求出模态振型。

6.1.5 结果验证

得到模态结果之后，就需要对模态分析结果的正确性进行验证。关于结果验证请参考本章 6.10 什么是模态验证，在此暂不做具体介绍。

6.2 什么是极点

> 模态分析分两步，第一步是确定系统极点，即频率和阻尼信息。第二步是计算振型。计算模态是通过对系统方程进行特征值求解，先求得特征值，然后再计算特征向量，

而特征值就是系统极点。因此，不管是计算模态还是试验模态，都是这两个基本步骤。这一节主要介绍以下内容：
- 极点的定义
- 极点的类型
- 极点的性质
- 确定极点的方法

6.2.1 极点的定义

首先，让我们回顾一下拉氏域单自由度系统的传递函数：

$$H(s) = \frac{1}{Ms^2 + jcs + K} = \frac{1/M}{s^2 + j\left(\frac{c}{M}\right)s + \left(\frac{K}{M}\right)}$$

上式右端的分母叫作系统特征方程，它的根，即系统极点为

$$\lambda_{1,2} = -\frac{c}{2M} \pm \sqrt{\left(\frac{c}{2M}\right)^2 - \left(\frac{K}{M}\right)}$$

临界阻尼 c_c，定义为使上式中根式项等于零的阻尼值，即

$$c_c = 2M\sqrt{\frac{K}{M}} = 2M\Omega_1$$

Ω_1 称为无阻尼固有频率。对于现实世界中的系统而言，系统的实际阻尼比很少有大于 10% 的，除非这些系统含有很强的阻尼机制，如减振器。因此，在这里进一步讨论的系统都是欠阻尼系统（$\zeta < 1$）。从上面的公式，可以看出，这两个根是复数共轭的。对于欠阻尼系统而言，特征方程的根也可以写成

$$\lambda_1 = \sigma_1 + j\omega_1 \quad \lambda_1^* = \sigma_1 - j\omega_1$$

式中 σ_1——阻尼因子；
ω_1——有阻尼固有频率。

特征方程的根也可以写为

$$\lambda_1, \lambda_1^* = -\zeta_1\Omega_1 \pm j\Omega_1\sqrt{1 - \zeta_1^2}$$

阻尼因子 σ_1 定义为特征方程根的实部，描述了信号的指数衰减，国内常称阻尼因子为衰减系数。这个参数同特征方程根的虚部有相同的单位：rad/s。阻尼比 ζ 是系统实际阻尼与临界阻尼之比，阻尼比是无量纲：

$$\zeta_1 = \frac{c}{c_c} = -\sigma_1/\Omega_1$$

$$\Omega_1 = \sqrt{\omega_1^2 + \sigma_1^2}$$

知道了系统极点之后，可以用部分分式的形式写出单自由度系统的传递函数：

$$H(s) = \frac{1/M}{(s - \lambda_1)(s - \lambda_1^*)} = \frac{A}{(s - \lambda_1)} + \frac{A^*}{(s - \lambda_1^*)}$$

传递函数是复值函数，所以函数的根将是两个变量 σ 和 ω 的函数，这两个变量分别为这个根的实部和虚部，分子称为系统传递函数的留数。这两个变量在拉氏域代表了一个变化的平

面（复平面），又因为传递函数是复数，因此，可以用实部与虚部或幅值与相位（线性）来表示，如图 6-4 和图 6-5 所示。

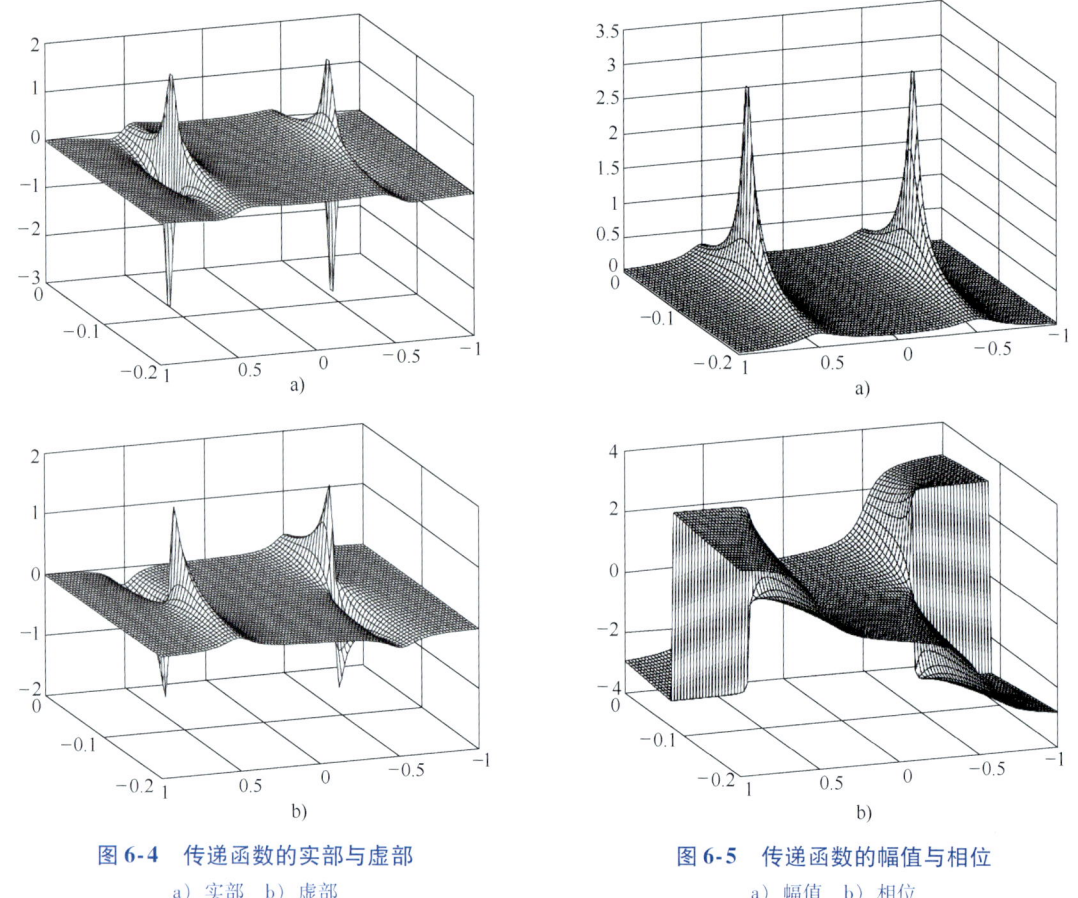

图 6-4　传递函数的实部与虚部
a）实部　b）虚部

图 6-5　传递函数的幅值与相位
a）幅值　b）相位

图 6-4 和图 6-5 都是关于平面 $\omega=0$ 对称的，这是因为特征方程的根是复数共轭的。在此我们以幅值为例来说明极点（其他的类似），在幅值图中你可以看到有两个明显的极值点（两个是因为共轭），难道正是因为使传递函数达到极值对应的 S_p 才称为极点吗？你的理解一定程度上是正确！在 S_p 点，传递函数有极值，但是，实质上的极值是无穷大或者说不能确定传递函数的值，因为实际上传递函数在这一点是没有定义的。极点的概念来源于复变函数，有关极点详情可参考复变函数相关的书籍（留数也相同）。

传递函数的两个变量（σ 和 ω）在整个复平面上取值，而频响函数的变量只有 ω，因此，频响函数仅沿虚轴估计，也就是 $\sigma=0$。也就是说系统传递函数的幅值沿 $j\omega$ 轴估计，并且将其投影到沿 $j\omega$ 轴的切片平面上，之后我们将得到频响函数。有一点需要注意，我们说频响函数在 $\sigma=0$ 估计，并不是真的说阻尼是 0，而是说频响函数沿频率 $j\omega$ 轴估计。这个域就是所谓的傅里叶域，也就是说拉氏域是傅里叶域的一般形式。在傅里叶域，单自由度系统的频响函数表示为

$$H(j\omega) = \frac{A}{(j\omega-\lambda_1)} + \frac{A^*}{(j\omega-\lambda_1^*)}$$

在傅里叶域，频响函数的实部与虚部或幅值与相位（实质是传递函数在 $\sigma = 0$ 平面的切片），如图 6-6 和图 6-7 所示。而在模态分析过程中，第一步是确定系统极点，实际上就是确定模态参数：频率和阻尼。因此，系统极点包含系统的频率和阻尼信息。

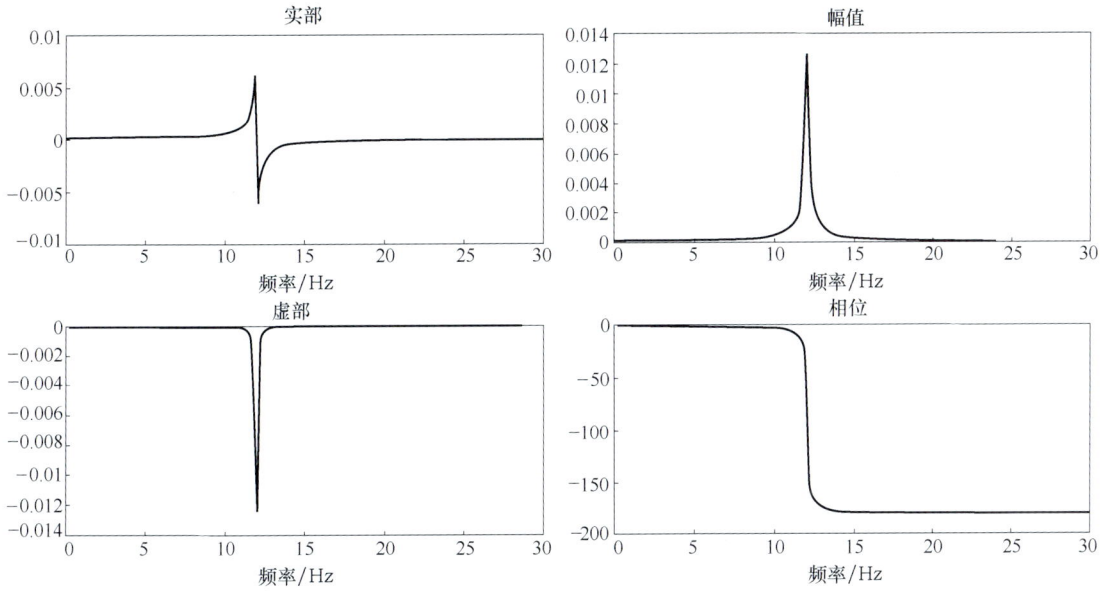

图 6-6　频响函数的实部与虚部　　　　图 6-7　频响函数的幅值与相位

6.2.2　极点的类型

极点的类型分为物理极点和数学极点两类。物理极点是指系统真正的极点，对应系统真正的模态，而数学极点是指模态分析过程中出现的虚假极点或是确定极点时人为选择的虚假极点，对应的模态为虚假模态。因此，在模态分析过程中应剔除数学极点，仅选择物理极点。

数学极点的来源有以下几个方面：

1）模态测量过程中受到干扰，导致测量的模态数据受干扰明显，因而易在模态分析过程中出现数学极点。

2）模态分析过程中的数学运算所引入的，由于模态分析过程中有大量的矩阵运算使得稳态图中在非物理极点位置处出现了明显的 s 列（代表模态参数稳定）。

3）分析人员在确定极点时，人为地选择了错误的极点位置，这将导致出现明显的虚假模态。

判断数学极点可以按三个方法来判断：

1）从模态振型上判断，对于一些简单的结构，从振型上可直接判断出数学极点，因为简单结构振型存在一定的规律性。但如果结构是一个复杂的结构，这个方法就无能为力了。

2）从阻尼比上判断。对于现实世界中的结构而言，除了一些含有主动阻尼机制的结构之外，如减振器，通常结构的各阶弹性模态阻尼比都小于 10%，若弹性模态的阻尼大于 10%，则很大程度上可判断该极点为数学极点。注意，此处说的是弹性模态，不是刚体模态，因为，有时刚体模态的阻尼比会比较大，这是由支承边界所决定的，而不是结构自身的阻尼比。

3）从 MAC 矩阵上判断。如果分析过程中出现了数学极点，那么在非对角线的 MAC 元素的值会比较大，当然还有其他原因导致非对角线元素偏大。但如果相邻两阶模态的非对角 MAC 元素值偏大，很大可能有一阶模态是数学极点对应的模态。通常，应删除模态能量小或振型协调性差的模态。

6.2.3 极点的性质

系统极点具有以下性质：

1）系统极点是全局特征。这表明通过任一测点可获得结构的频率和阻尼信息，与测点位置没有关系，因此，如果测量结构的固有频率，布置一个测点即可。但是这是理论上而言满足这样的要求，实际测量过程中需要避开各阶模态的节点。

2）极点处的频响函数幅值有极大值。在极点处，也就是固有频率处，对结构施加极小的激励，结构的响应就很大，因此，在极点处结构很容易被外界激励起来，所以，频响函数的幅值在极点处有极大值。

3）阻尼对极点处的 FRF 幅值起控制作用。理论上讲，在极点处结构的 FRF 幅值应无穷大，但正是阻尼的存在使得 FRF 幅值在该点处才不会无限大，从理论公式也可以明确，极点的 FRF 幅值受阻尼控制。阻尼越大，幅值越低，FRF 共振峰越宽。

4）实模态实部关于极点反对称，虚部关于极点对称。同一结构的复模态和实模态的 FRF 幅值是重合的。实模态的实部关于极点中的频率点成反对称，而虚部关于极点处的频率线对称，但复模态不具有这样的特征。

5）模态分析得到的极点信息与单条频响的极点信息存在差异。模态分析得到的最终极点信息与单条频响函数的极点信息存在明显的差异，这是因为模态分析得到的最终结果是所有测点最小二乘估计的结果。

6.2.4 确定极点的方法

模态分析时需要选择模态数据，通常默认是选择全部频响函数，但实际上可以选择部分频响函数，甚至只选择一条频响函数也可以确定系统极点，但计算振型时必须选择所有测点的频响函数。因此，模态分析时可进行两次模态数据选择，一次为确定系统极点，另一次为计算模态振型。模态分析的第一步就是确定系统极点，通常有三种方法来确定系统极点。

1）利用 SUM 函数（集总平均）确定极点。常用的是 SUM 函数，SUM 函数是选择的所有频响函数的平均值，如图 6-8 所示，但如果有密集模态，可能在 SUM 函数中不明显，如果各阶模态相隔甚远，利用这个函数是非常合适的。

2）利用单条频响函数确定极点。由于极点是系统的全局特征，因此，可以用一条频响函数来确定系统极点。但实际选择用于确定极点的单条频响函数很关键，要求选择的单条频响函数应包含所有模态信息，也就是不能漏模态，图 6-8 中显示了明显的 3 阶模态，如果选择的单条频响函数如图 6-9 所示，这将丢失一个系统极点或遗漏一阶模态。

3）利用多条频响函数确定极点。可以从所有测点中选择一部分频响函数集中显示来确定极点，如果选择所有的频响函数，则称为集总显示。这样显示时，如果测点过多，模态又

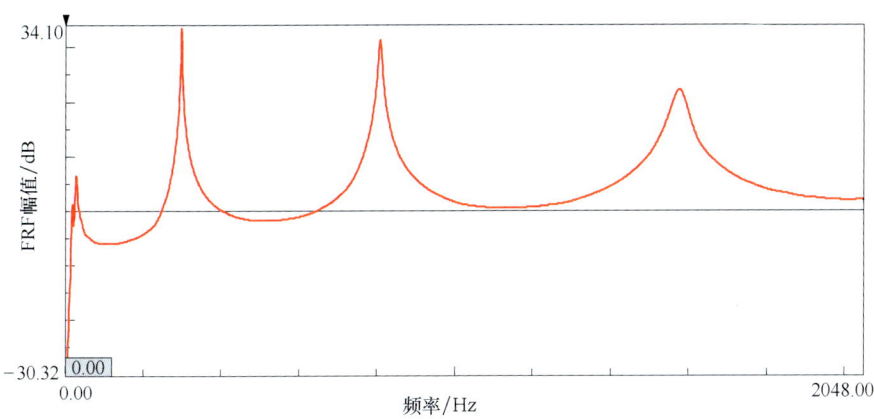

图 6-8　SUM 函数确定极点

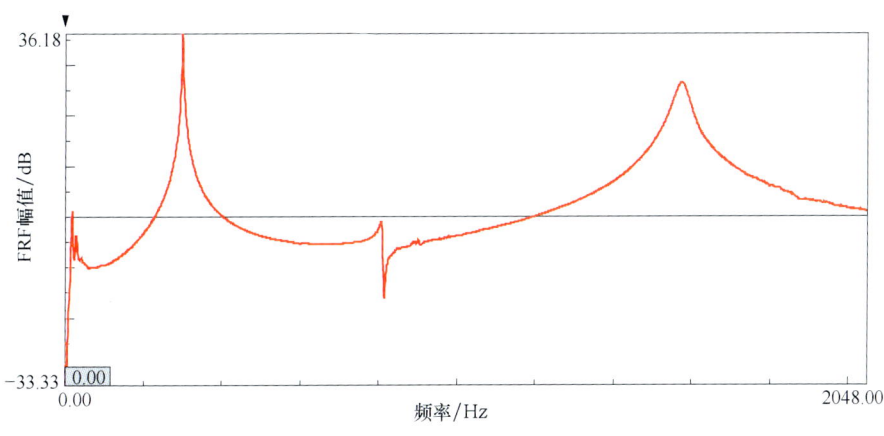

图 6-9　单条频响函数确定极点

密集，可能显示会比较凌乱，图 6-10 所示为 15 条 FRF 集总显示的结果。

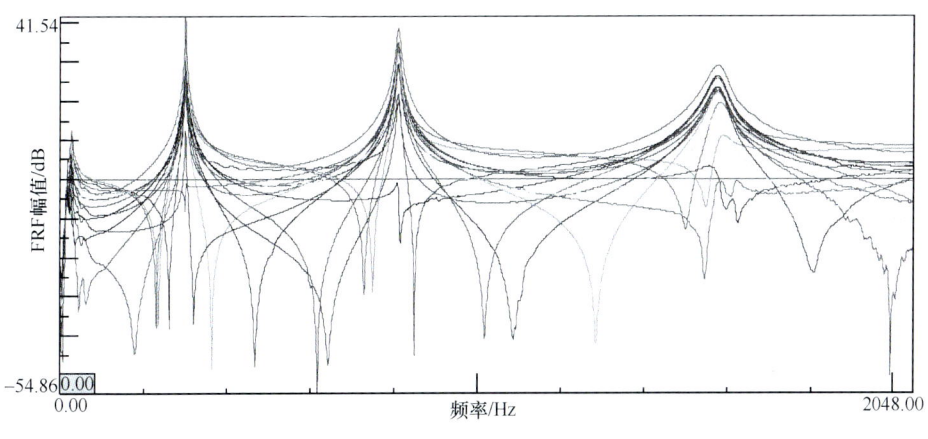

图 6-10　多条频响函数确定极点

6.3 什么是模态振型

> 模态分析实质上是一种坐标变换方式,是将物理空间上耦合的运动方程变换成一组单自由度系统的运动方程的过程,那么变换后的单自由度系统与我们通常所说的单自由度相同吗?模态分析最终目的是获取模态参数,也就是获得频率、阻尼和振型信息。频率和阻尼也称为极点,模态振型也称为模态向量,那到底什么是模态振型呢,它又起什么作用呢?这一节主要介绍以下内容:
> - 模态中的单自由度系统
> - 模态振型的定义
> - 模态振型的性质
> - 模态振型的缩放方法

6.3.1 模态中的单自由度系统

从计算角度上讲,模态分析是将物理空间上复杂的、耦合的运动方程通过特征值求解和模态变换方程变换到模态空间,在模态空间这组物理空间上耦合的方程变成了一组解耦的单自由度系统的运动方程,如图 6-11 所示。模态空间使得我们更易于用单自由度系统去描述结构系统。

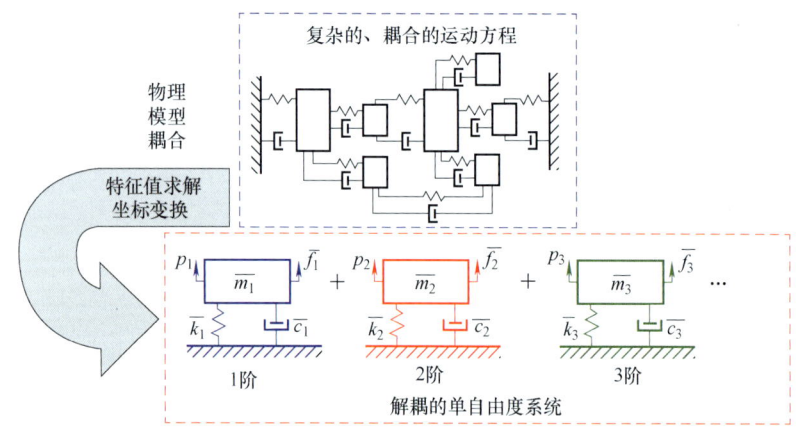

图 6-11 模态坐标变换

从试验模态分析角度上讲,通过对测量的频响函数进行曲线拟合,提取到各阶模态参数,每阶模态都是单自由度系统,如图 6-12 所示,试验模态分析将图 6-12 中上侧的 FRF 曲线分解成下侧的三个单自由系统。

通过 2.2 什么是固有频率一节,我们已经明白,1 个自由度对应 1 阶模态(包括频率、阻尼和振型)。如图 6-13 所示为自由-自由梁的第 1 阶弹性模态,测量自由度为 15,也就是说由这 15 个测量自由度绘得第 1 阶的模态振型(见图 6-13)。这阶模态是一个单自由度系统,但是在这个振型中却有 15 个测量自由度,而不是 1 个测量自由度,那模态中的单自由度与我们平常所说的自由度相同吗？一个测点一个方向是一个自由度，在这个梁中它有 15 个测点，每个测点仅测量一个方向，因此，它有 15 个测量自由度。

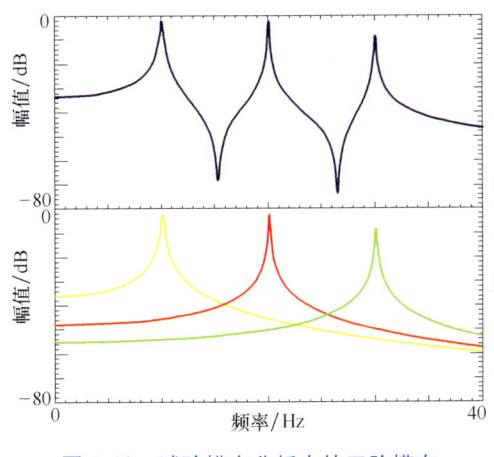

图 6-12　试验模态分析中的三阶模态

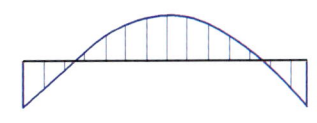

图 6-13　自由-自由梁第 1 阶模态振型

首先，让我们回顾一下自由度的定义。自由度是确定系统在空间上运动所需要的最少、独立的坐标系的个数。在这个梁结构中，一个测点是一个自由度，共有 15 个自由度，但是在这阶模态振型中，只要确定其中任何一个测点的振型值（也称振型系数），那么其他测点的振型值也就确定了（包括方向），也就是说每个测点之间都存在特定的关系，而这种特定的关系就是由这阶模态振型所决定的，因此，只需要使用一个自由度就可以确定这阶模态的振型，所以，一阶模态称之为一个单自由度系统。因而，模态中的单自由度系统与我们平常所说的单自由度是相同的。一阶模态称为一个单自由度系统，这时与测点数量没有关系，因为每个测点之间都有固定的关系，这个关系就是由模态振型决定的。

6.3.2　模态振型的定义

从计算模态的角度来讲，由特征值求解得到的特征值和特征向量分别对应一阶模态频率和模态向量（当然也可能存在重根）。模态振型也称为模态向量、模态振型向量、模态位移向量。模态振型是结构节点（注意不是模态中的节点）或测点的函数，如有限元模型节点数上万，甚至上百万，模态振型就是这些节点的函数。而在试验模态中，由于测点数量远小于有限元模型的节点数，通常测点数从数个到数百个，因此，试验模态振型就是这些测点的位置函数。由于结构有无限多阶模态，因此每一阶模态振型都不相同，也就是模态振型除了是结构位置的函数之外，还是模态阶数的函数。

对计算模态而言，由于节点数成千上万，因此，对于描述每一阶模态振型来说，这些节点数量总是足够的。但对于试验模态而言，为了合理地描述模态振型，要求测量自由度必须足够，不然不仅不能唯一地描述所关心的模态振型，而且还可能存在空间上的混叠。

模态振型，通俗地讲是每阶模态振动的形态。但从数学上讲，模态振型是模态空间的基向量。在线性代数中，基向量是描述、刻画向量空间的基本工具。向量空间中任意一个元素，都可以唯一地表示成基向量的线性组合。在模态空间，这个基向量的个数就是模态的阶数。

在进一步介绍模态振型之前，先让我们回顾一下二维空间上的一些特征。在二维空间，也就是直角坐标系中，相应的基向量是（1，0）和（0，1）。二维空间，如图6-14所示，空间上任一坐标都可以用这两个基向量来表示（当然这个相当简单）。

$$\begin{pmatrix} x \\ y \end{pmatrix} = \begin{pmatrix} 1 & 0 \\ 0 & 1 \end{pmatrix} \begin{pmatrix} x \\ y \end{pmatrix}$$

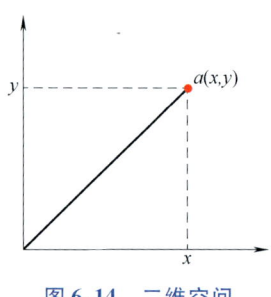

图6-14 二维空间

而在模态空间中，对应的为模态向量与模态坐标，模态向量就是模态振型，是模态空间中的基向量。而模态坐标是加权系数，是各阶模态对响应的贡献量。因此，对于线性时不变系统而言，系统任一点 i 的响应均可表示为各阶模态振型值与模态坐标 q 的乘积，即各阶模态在这个位置产生的响应的线性叠加：

$$x_i(\omega) = q_1(\omega)\varphi_{i1}(\omega) + q_2(\omega)\varphi_{i2}(\omega) + \cdots + q_N(\omega)\varphi_{iN}(\omega) = \sum_{r=1}^{N} q_r(\omega)\varphi_{ir}(\omega)$$

式中 φ_{ir} ——第 i 个测点的第 r 阶模态振型值；

N ——模态阶数。

由 M 个测点的振型值所组成的列向量，就是第 r 阶模态向量：

$$\boldsymbol{\phi}_r = \begin{pmatrix} \varphi_1 \\ \varphi_2 \\ \vdots \\ \varphi_M \end{pmatrix}$$

它反映的是该阶模态的振动形状，即这阶模态振型。由各阶模态向量组成的矩阵称为模态矩阵，记为

$$\boldsymbol{\Phi} = (\boldsymbol{\phi}_1, \boldsymbol{\phi}_2, \cdots, \boldsymbol{\phi}_N)$$

它是一个 $M \times N$ 的矩阵。将各阶模态坐标记为

$$\boldsymbol{Q} = (q_1(\omega), q_2(\omega), \cdots, q_N(\omega))^\mathrm{T}$$

因此，各个测点的响应为

$$\boldsymbol{X}(\omega) = \begin{pmatrix} x_1(\omega) \\ x_2(\omega) \\ \vdots \\ x_M(\omega) \end{pmatrix} = \begin{pmatrix} \varphi_{11} & \varphi_{12} & \cdots & \varphi_{1N} \\ \varphi_{21} & \varphi_{22} & \cdots & \varphi_{2N} \\ \vdots & \vdots & & \vdots \\ \varphi_{M1} & \varphi_{M2} & \cdots & \varphi_{MN} \end{pmatrix} (q_1(\omega), q_2(\omega), \cdots, q_N(\omega))^\mathrm{T}$$

可以简记为

$$\boldsymbol{X}(\omega) = \boldsymbol{\Phi} \boldsymbol{Q}$$

通过上式，我们可以明白，结构任何一点的响应都可以用模态向量与模态坐标的乘积来表示，这也验证了模态分析实质上是一种坐标变换方式。从这也可以验证普通的振动测试是模态的表象，实质起作用的还是模态。或者可以说，通常我们测试的响应是处于某种运动状态下的结构被激起来的那些模态在测量位置处响应的叠加。

由于频响函数为复数，得到的模态振型值也为复数。因此，可以用幅值与相位或实部与虚部来表示模态振型值。在这，给出一个自由-自由梁第1阶弹性模态振型实例。对一根自

由-自由梁划分15个测点，通过试验模态分析得到的第1阶模态振型如图6-13所示，这15个测点的模态振型值见表6-1。另一方面，虽然振型值有实部与虚部，但振型动画用的是幅值与相位来显示。幅值表示运动幅度，而相位则表示运动方向。

表6-1 梁的第1阶弹性模态振型

DOF	幅 值	相 位	实 部	虚 部
beam: 0: +Z	1.586e-003	-89.04	2.669e-005	-1.586e-003
beam: 1: +Z	1.413e-003	-88.71	3.172e-005	-1.413e-003
beam: 2: +Z	6.685e-004	-91.26	-1.474e-005	-6.684e-004
beam: 3: +Z	8.432e-006	-51.49	5.251e-006	-6.597e-006
beam: 4: +Z	5.856e-004	89.53	4.820e-006	5.856e-004
beam: 5: +Z	1.016e-003	88.89	1.971e-005	1.016e-003
beam: 6: +Z	1.283e-003	89.01	2.213e-005	1.283e-003
beam: 7: +Z	1.354e-003	89.04	2.261e-005	1.354e-003
beam: 8: +Z	1.274e-003	89.31	1.544e-005	1.273e-003
beam: 9: +Z	9.787e-004	90.44	-7.454e-006	9.787e-004
beam: 10: +Z	4.997e-004	89.96	3.304e-007	4.997e-004
beam: 11: +Z	8.692e-005	-84.73	7.982e-006	-8.655e-005
beam: 12: +Z	7.778e-004	-89.44	7.604e-006	-7.778e-004
beam: 13: +Z	1.669e-003	-88.71	3.765e-005	-1.668e-003
beam: 14: +Z	2.433e-003	-87.48	1.068e-004	-2.431e-003

6.3.3 模态振型的性质

模态振型具有以下性质：

1) 模态振型为相对量，可任意缩放。也就是说各个位置的振型系数是相对的，可以将各阶模态振型乘以任何一个非零数，仍为同一阶模态振型。有时，在动画显示时，可以看到振型要破屏而出，这时实际上是振型放大了很多倍。只有当模态向量乘以了模态坐标，这时得到的结果（也就是响应）才是绝对值。

2) 用位移表示（应变模态除外）。模态测试的响应传感器类型可以是位移、速度和加速度，但最终得到的模态振型值一定是用位移表示，与响应传感器类型没有关系，这也是我们称常规模态为位移模态的原因所在。

3) 模态向量关于质量和刚度矩阵正交。注意正交性不是指模态向量彼此之间正交，而是指通过坐标变换到模态空间得到的模态向量是关于质量和刚度的加权正交。正交性是使系统方程解耦而进行坐标变换的基础。如果模态向量彼此是正交的，那么MAC矩阵就可以做正交性检查，但实际是MAC不是做正交检查的，而只是检查各阶模态振型之间的相似程度。

4) 模态振型是局部特征。模态参数频率和阻尼是结构的全局特征，从一个测点（避开各阶模态的节点）理论上就可以得到所有模态的频率和阻尼，而想得到模态振型就必须测量许多测点。因此，模态振型是结构的一种局部特性。

5)模态振型是位置的函数。从表6-1也可以看出,同一阶模态,测点位置不同,振型系数也不相同。因此,模态振型是位置的函数。另一方面,不同阶的模态,即使同一位置,振型系数也不相同。

6.3.4 模态振型的缩放方法

由于模态振型是相对量,因此可以任意缩放,常用的缩放方法有质量归一法、刚度归一法、最大元素归一法等。

质量归一法:各阶模态质量设置为1,得到模态振型。由于模态质量、模态刚度和模态阻尼都是相对量,因此可设置其中一个为1。当对比试验模态振型与计算模态振型时,通常使用质量归一法。

刚度归一法:各阶模态刚度设置为1,得到模态振型。

模态 a 矩阵归一法:模态 a 矩阵是一个对角阵,是模态变换过程中的一个中间矩阵(关于它的详细介绍请参考相关书籍)。将模态 a 矩阵设为单位阵,得到模态振型。

模态向量归一法:取模态振型中各测点的模态振型系数的平方和为1,得到模态振型。

最大元素归一法:将模态振型中振型系数最大的设为1,得到模态振型。

任意元素归一法:将选择的测点的振型系数设定为1,得到模态振型。如果刚好选择的是振型系数最大的测点,那么将与最大元素归一法得到的振型相同。

6.4 节点、节线、节径和节圆

6.4.1 节点

理论上讲,模态节点是指模态振型值为零的位置,也即在振型动画中不动的点即为节点,也是模态振型与原始未变形的结构的交点位置,并且每一阶模态的节点位置都不相同。如常见的自由-自由梁、简支梁和悬臂梁的前三阶模态振型(见图6-15~图6-17),振型与未变形结构的交点即为模态节点。

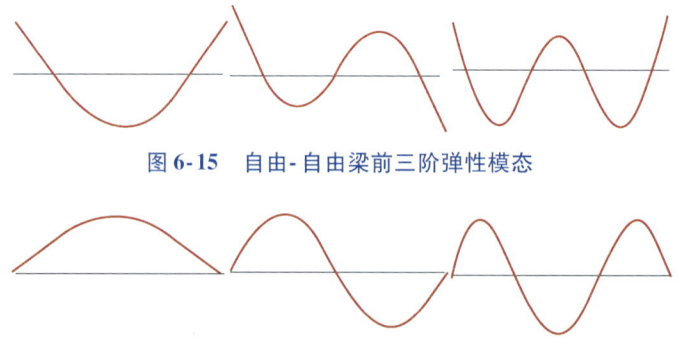

图 6-15　自由-自由梁前三阶弹性模态

图 6-16　简支梁前三阶模态

对于图6-15所示的自由-自由梁而言,第1阶弹性模态有两个节点,第2阶有3个节点,第3阶有4个节点。因此,对于第 N 阶弹性模态的节点数为 $N+1$。若考虑前两阶刚体模态(一阶平动和一阶转动),那么第1阶弹性模态是整体模态的第3阶,此时,第 N 阶模

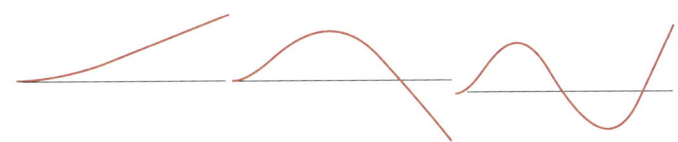

图 6-17 悬臂梁前三阶模态

态的节点数为 $N-1$。

对于简支梁和悬臂梁而言，第 1 阶模态无节点（不计边界），第 2 阶为 1 个节点，第 3 阶为 2 个节点。因此，对于第 N 阶模态的节点数为 $N-1$。因此，对于自由-自由梁、简支梁和悬臂梁而言，第 N 阶模态节点数均为 $N-1$ 个。

对于质量均匀分布的自由梁和简支梁而言，跨中永远是偶数阶模态的节点，是奇数阶模态的振型最大值点，也称反节点。

了解这些简单结构的节点位置与规律，以及模态振型，可以帮助我们判断其他相似结构的模态参考点和模态结果：是否丢失模态，或存在虚假模态等。另外，现实世界中的很多结构都可认为是这简单结构的不同形式或组合。

6.4.2 节线

对于节点我们已经明白了，那什么又是节线呢？节线是指由节点组成的线条，也就是说在这根线上，模态振型值全为零。平板一弯振型的两条节线如图 6-18 白色线条所示。作垂直于节线方面的截面，可以看出，这个方向平板截面的振型其实就是自由-自由梁的振型。

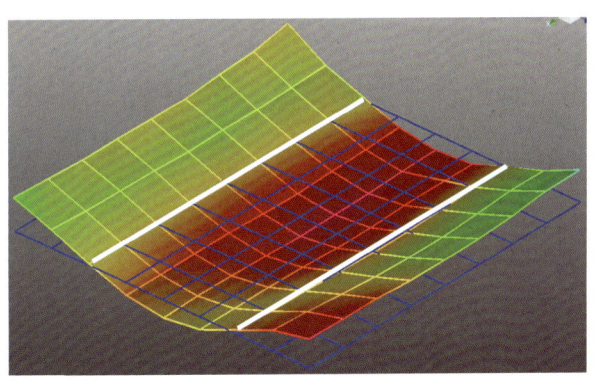

图 6-18 平板的一弯振型节线

6.4.3 节径与节圆

至此，我们对于节点，节线已经清楚了，那节径和节圆又是什么呢？对于圆形结构而言，节径是指模态振型值为零的直径，节圆是指模态振型值为零的圆周。图 6-19 所示为制动盘的模态振型，图 6-19a 中白色线条表示节径，图 6-19b 中白色圆周表示节圆。

不管是节点、节线、节径还是节圆，都是结构的一种局部特性，随着模态阶数的不同，这些位置也不相同。在模态测试中，要求模态参考点避开模态节点位置，但有的测点肯定是位于这些位置上，这样才能把节点位置表征出来。

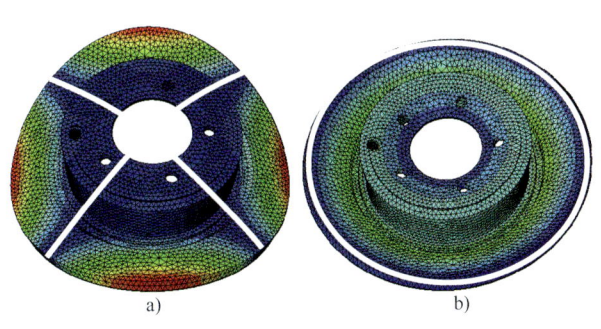

图 6-19 制动盘的两阶模态
a) 节径 b) 节圆

6.4.4 用节点来表示模态

传统模态阶次数的顺序都是按着模态频率从小到大的顺序排列。在一些文献中经常看到用 mode（m，n）来描述模态的阶次，这两个数可能是指两个正交方向的节点数，也可能是指两个正交方向的反节点数。如对于二维平面类结构的某一阶 mode（m，n）而言，m 是指沿平面一个方向模态振型的反节点数，n 是指平面内与前一个方向正交的方向的反节点数。如图 6-20 所示为某平面类结构按这种方式表示的模态。

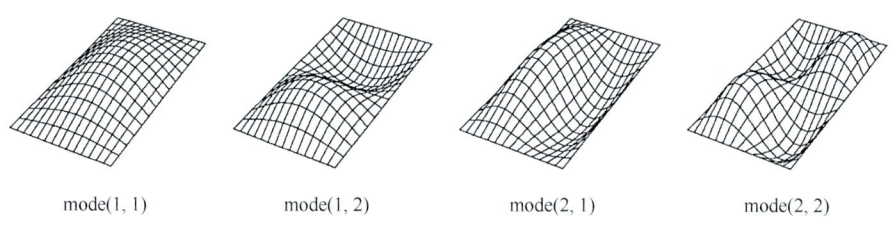

图 6-20　某平面类结构的模态表示方式

对于圆形、圆盘形或圆柱形结构而言，也用 mode（m，n）来描述模态，但这些的 m，n 则分别指两个不同方向的节点（节圆或节径）数。如图 6-21 所示为某圆盘类结构的模态振型，此时 m 表示节径数，n 表示节圆数。

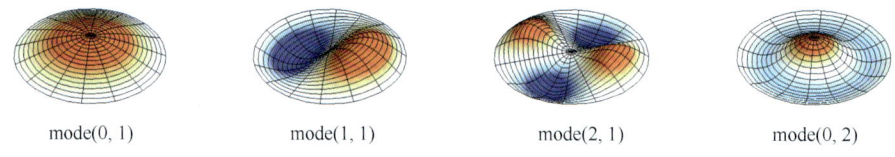

图 6-21　圆盘类结构的模态表示方式

电机的定子是一个空心圆柱形结构，如图 6-22 所示，当用 mode（m，n）来描述其模态时，m 表示轴向的节点数，n 表示周向节点数。但这里的 n 是周向节点数的一半，也可以认为 n 是径向的瓣数。周向各阶模态振型如图 6-23 所示，分析中红色表示振型，黑色表示未变形图。

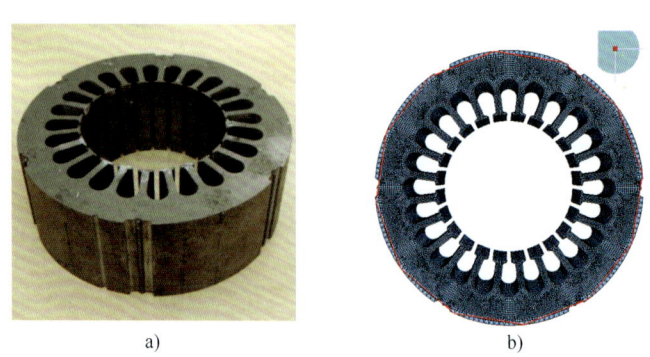

图 6-22　电机定子实物与 FE 模型

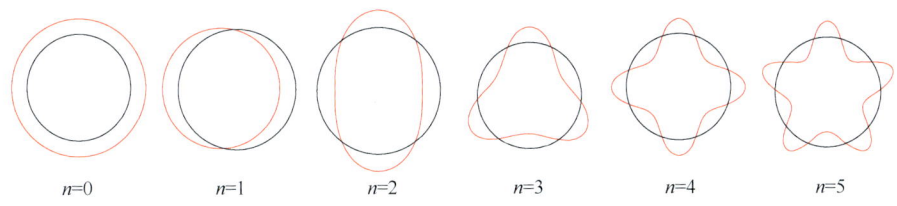

图 6-23 $m=0$ 时，前 6 阶（$n=0\sim5$）模态振型

从图 6-23 可以看出，如当 $n=3$ 时，周向节点数为 6，但对应的模态阶次为 3。因此，周向节点数的一半对应模态的空间阶次。或者也可以认为 n 所对应的模态空间阶次为相应振型的瓣数，如 $n=3$ 的振型有 3 瓣。另一方面，按空间阶次排序时，各阶模态频率不再是按频率从小到大的顺序排列，图 6-23 中的 0 阶次对应的频率远高于 5 阶次的频率。在图 6-23 中，$n=1$ 为刚体模态，$n\geq2$ 为弹性模态，$n=0$ 是传统表示方式中的高频模态，由于它的振型是沿径向变大或缩小，因此，这阶模态也称为"呼吸"模态。由于电机定子为轴对称结构，因此，弹性模态还存在重根，如图 6-24 所示。

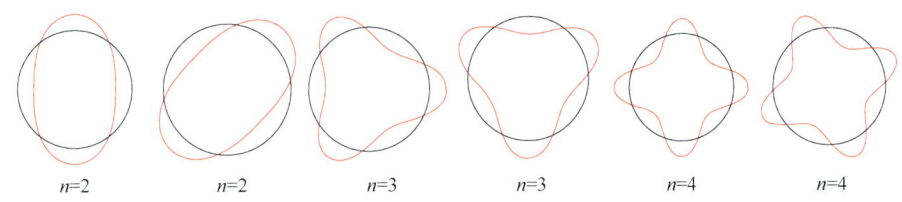

图 6-24 电机弹性重根模态

以上描述的情况都是 $m=0$ 时，也就是轴向无节点时的模态，但实际上，电机定子除了轴向无节点的模态之外，还有轴向有 1 个或多个节点的模态，如图 6-25 中的 mode（1，2）（频率为 1051Hz）和 mode（1，3）（频率为 3476Hz）。对于周向节点数相同的模态，轴向节点数 m 越高，频率越高，如图 6-25 中的 mode（1，3）（频率为 3476Hz）的频率比 mode（0，3）（频率为 2751Hz）高 725Hz。

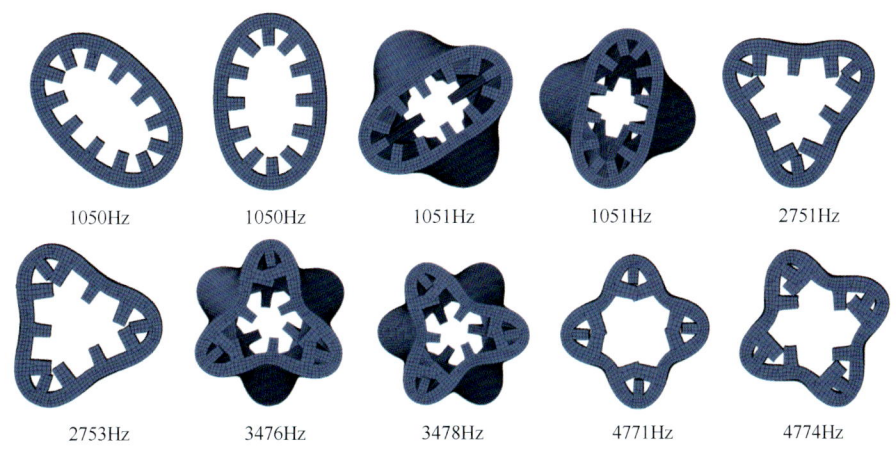

图 6-25 某电机定子的模态

6.5 什么是模态截断

在一些文献或资料中经常会看到模态截断这个名词,可能文中会这样说:由于模态截断的原因,导致最终结果存在差异。单单做模态分析,似乎不提模态截断这个概念,那到底什么是模态截断呢?它有什么影响呢?

在讲述模态截断之前,让我们先回顾一下信号截断,这样会帮助我们理解模态截断。在 4.4 什么是泄漏一节中曾经对信号截断做过明确的定义。在此,我们再回顾一下,FFT 分析时一次只能分析有限长度的时域信号,而实际采集的时域信号时间很长,因此需要将采样时间很长的时域信号截断成一帧一帧长度的数据块,这个截取过程叫作信号截断。所截断的这一帧数据,由于长度有限,因而所包含的信息也是有限的。如图 6-26 所示,将 10s 的时域信号按 1s 长度截成了 10 段,不考虑重叠,这就是信号截断的过程。

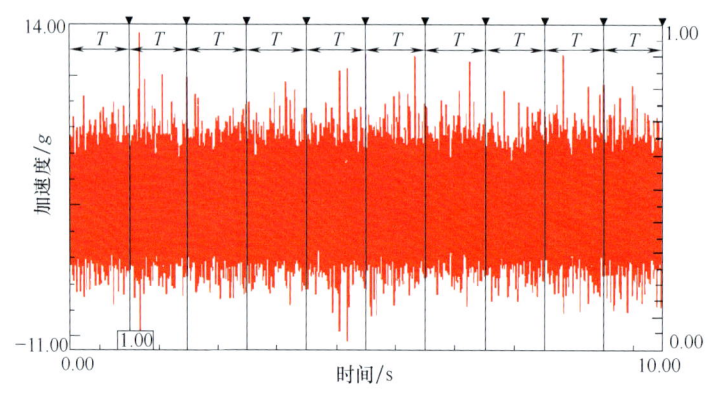

图 6-26 信号截断

理论上讲,结构有无穷多阶模态,但实际我们在试验测量或进行有限元分析时,只能得到有限阶的模态,可能都是一些低阶模态,相对而言,我们测量或分析得到的模态只是结构全部模态的一部分,这就是模态截断。进行的任何测量或分析都不可能得到结构所有的模态,所以模态截断总是存在的。通常试验模态测量或计算模态分析时,只能选择一定的频带,这个频带内的模态阶数是确定的,因此,选择的频带就相当于进行了模态截断。当然了,有的商业有限元软件进行模态分析时,是按模态阶数来提取模态的,这也是进行了模态截断。所以,不管是试验模态分析还是计算模态分析,只能获得一定数量或一定频带内的模态,而不是全部的模态,这就是模态截断的概念,相当于从结构所有模态中截取了一部分模态。

由于不管是计算模态还是试验模态,模态截断总是存在的,那到底我们凭什么来进行模态截断呢?对于计算模态而言,有一个参数即模态有效质量,要求提取到的模态有效质量占结构总质量的 90% 以上。对于试验模态而言,通常要求应包含结构工作状态下所激起来的模态,如在车辆行业,通常按频率进行截断(如 80Hz 或 100Hz 以内的模态);在桥梁行业,通常要求获得桥梁前三阶模态。

由于模态截断总是存在,因此,我们需要明白的是模态截断是否会对我们想得到的结果有影响。初看起来，如果只是做模态分析，似乎看不出来有明显的影响，但是当你使用模态分析的结果去做进一步的应用时就可能会存在明显的影响。当然了，如果获得了足够多的模态，那么模态截断的影响也是可以忽略的。本节主要介绍三种应用情况。

6.5.1 模态叠加计算响应

通过 6.3 什么是模态振型一节，我们已经明白结构任一位置的响应都可以表示成模态向量 φ 与模态坐标 q 的乘积，即各个测点的响应为

$$X(\omega) = \begin{pmatrix} x_1(\omega) \\ x_2(\omega) \\ \vdots \\ x_M(\omega) \end{pmatrix} = \begin{pmatrix} \varphi_{11} & \varphi_{12} & \cdots & \varphi_{1N} \\ \varphi_{21} & \varphi_{22} & \cdots & \varphi_{2N} \\ \vdots & \vdots & & \vdots \\ \varphi_{M1} & \varphi_{M2} & \cdots & \varphi_{MN} \end{pmatrix} (q_1(\omega), q_2(\omega), \cdots, q_N(\omega))^{\mathrm{T}}$$

当通过模态叠加法进行响应计算时，如果使用的模态阶数 N 大于或等于结构实际被激励起来的那些模态，那么，相对而言，此时的模态截断对响应计算结果没有影响或者说影响可以忽略。但是，如果响应计算过程中使用的模态阶数小于结构实际被激励起来的那些模态阶数，那么模态截断必然对响应计算结果造成明显的影响。因而，在响应计算中必须考虑至少使用多少阶模态才对结果没有影响。也就是说响应计算中必然要考虑模态截断的影响。

6.5.2 结构动力学修改 SDM

结构动力学修改 SDM 是一个分析工具，主要是用模态数据（分析数据或实验数据）去估计系统的动态特性如何随系统的质量、阻尼和刚度这些基本量的变化而变化。注意仅仅是用模态数据（频率、阻尼和模态振型）预测结构动态特性的改变，原始的 FEM 数据或测试数据不需要做任何修改。然而，一旦进行了结构动力学修改，强烈建议再次分析修改后的 FEM 或者再次测试修改后的被测对象。根据理论可知，结构动力学修改后的系统的最终模态是修改前原始系统模态的线性组合。

在 5.4 模态边界条件：自由边界与约束边界的差异一节中已经说明对同一结构从自由边界变换到约束边界，是对结构进行了动力学修改，修改后的约束边界下的模态可以通过修改前的自由边界的模态的叠加得到。当然不是所有的试件都能用修改前的模态叠加得到，前提是最终修改后的模态必须能够由修改前的模态的线性组合得到。如果能做到这一点，那么可以准确地由自由边界的模态得到约束边界的模态结果。如果不能，那么由于模态截断的原因将会产生误差。

如图 6-27 所示，对自由-自由梁进行结构动力学修改，得到简支梁和悬臂梁。

修改后的简支梁模态很容易由原始系统未修改的自由-自由梁模态的线性组合得到。观察图 6-27，注意到原始自由-自由梁系统的 2 阶和 4 阶模态是最终修改后的简支梁的第 2 阶模态的主要贡献者。那么这时，由自由-自由梁的前 5 阶模态完全可以得到简支梁的第 2 阶模态，也就是说此时，自由-自由梁的 5 阶模态截断对结果没有影响。

考虑修改后的悬臂梁的模态，如图 6-28 所示，发现原始自由-自由梁系统的前 5 阶模态对悬臂梁的模态都有很大的贡献。事实上，需要更多的模态才能得到悬臂梁第 2 阶模态的精

确结果，因此，自由-自由梁的前5阶模态得不到悬臂梁的第2阶模态振型。所以此时自由-自由梁的5阶模态截断对结果造成了明显的影响。若需要获得悬臂梁的第2阶模态，则需要更多的自由-自由梁的模态。

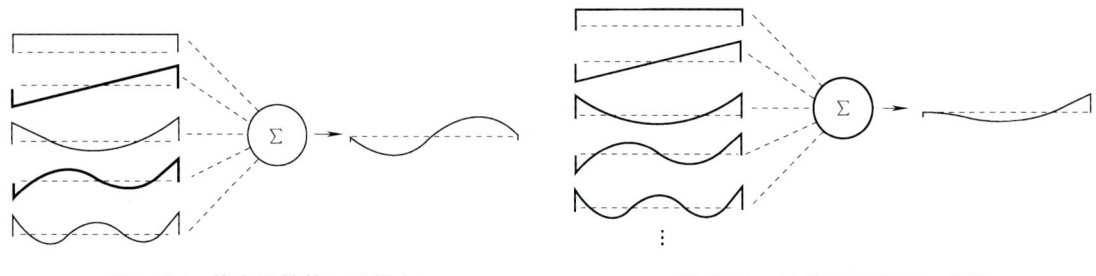

图6-27　简支梁的第2阶模态　　　　　图6-28　悬臂梁的第2阶模态

因此，使用SDM获得准确的修改后的模型的原则是，最终修改后的模态必须能够由修改前的模态的线性组合得到。如果能做到这一点，那么可以得到准确的结果。如果不能，那么由于模态截断必将会产生误差。

6.5.3　模态贡献量分析

模态贡献量分析实质上与模态叠加计算响应是一个互逆的过程。响应计算是通过模态向量与模态坐标的乘积获得结构的总响应，而模态贡献量是由总响应来求各阶模态对总响应的贡献，也就是求模态坐标。所以，二者在一定程度上是一个互逆的过程。

模态贡献量是某阶模态引起的响应在总响应中的比重，也就是模态坐标。总响应可以是时域ODS结果，也可以是频域ODS的结果。ODS是模态振型以某种线性方式的组合，也可以说是模态线性叠加的结果。因为我们总是只能分析一定带宽之内的模态，也就是模态截断，而分析带外还有模态。在进行模态贡献量分析时，带外的模态就会对应一个残余项，假设对某ODS进行模态分解，有

$$X_i(\omega) = q_1\boldsymbol{\Psi}_1 + q_2\boldsymbol{\Psi}_2 + \cdots + q_n\boldsymbol{\Psi}_n + \text{Rest}$$

式中　　X_i——被分解的第i个ODS。

$\boldsymbol{\Psi}_n$——模态向量矩阵中的第n阶模态振型。

q_n——满足该方程的比例系数（比重），或模态坐标。

Rest——分析带宽外的模态的贡献。

因此，进行模态贡献量分析时，首先要获得模态分析结果，如果这时模态截断得到的模态分析结果不能充分描述结构的总响应，那么在进行贡献量分析时Rest项的比重会加大，为了减少Rest的比重，必须要获得足够多的模态。也就是说在模态贡献量分析时，必须考虑模态截断带来的影响。

总的说来，模态截断总是存在的，不论是试验模态还是计算模态，因为我们只能分析一定带宽内的模态，因而得不到结构所有的模态。如果仅从模态分析的角度上讲，很难判定模态截断对结果有多大的影响，但是，当我们利用模态分析结果去做进一步应用时，就必须要考虑模态截断带来的影响，如响应计算、模态贡献量分析等。

6.6 什么是曲线拟合

> 曲线拟合的过程本质上是提取模态参数（频率、阻尼和振型）的过程，因此，称它为模态参数估计（或模态参数提取、模态参数识别等）更合适，但是长期以来，人们一直称它为曲线拟合，所以，我们习惯上仍称它为曲线拟合。从另一个方面来讲，整个模态参数提取的过程用到的数学方法就是曲线拟合，所以这也是为什么称它为曲线拟合的本质所在。这一节主要介绍以下内容：
> ➢ 为什么要进行曲线拟合
> ➢ 曲线拟合简介

6.6.1 为什么要进行曲线拟合

当我们对一个结构进行试验模态测量时，能获得所有测点位置的频响函数，从频响函数的共振峰位置可以获得结构的固有频率，同时也可以获得阻尼信息，直接获得不到振型信息，但如果把每一阶模态的所有测点的 FRF 虚部都连接起来，实际上也能近似得到模态振型。也就是说，从频响函数中可以获得结构的频率、阻尼和振型信息。那我们为什么还要进行曲线拟合呢？

某结构其中一条频响函数的幅值谱如图 6-29 所示。从图 6-29 中共振峰的位置能获得频率和阻尼信息，因为这两个特征是结构的全局特征。但实际上，每一个测点得到的共振峰的位置与实际值都有一定的偏差，因此，从每个测点得到的某一阶模态频率都是有偏差的。第二，由于测点位置不同，同一阶模态的共振峰的幅值高低也不相同，这样由每条 FRF 计算得到的阻尼信息（如半功率带宽法）也是不一样的。那模态结果到底使用哪个频率和阻尼呢，这就让分析工程师感到为难了。

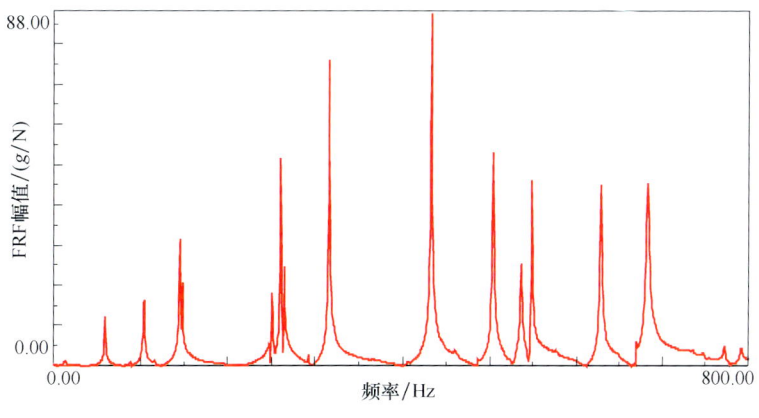

图 6-29 频响函数的幅值谱

另一方面，FRF 的虚部同时表明了幅值和响应的方向，其中方向是最重要的信息。我们知道 FRF 虚部的峰值幅值直接与留数相关（而留数与模态振型相关）。如果将所有测点的

FRF 虚部连接起来，就近似是这阶模态振型。如图 6-30 所示为悬臂梁 15 个测点的 FRF 虚部连线得到的前三阶近似模态振型。这个方法确定模态振型过于简单，得到的模态振型还不是真实的模态振型，只能称为近似模态振型。

从以上可知，虽然通过一些简便的方法也能获得近似的模态参数，但总的说来，这些模态参数是不精确的，需要通过一些更为精确的方法来获得模态参数。虽然测量获得了每个测点的 FRF，但是从这些 FRF 曲线，我们并不知道每阶模态参数是多少。因此，需要一种方法，也就是曲线拟合来获得这些模态参数。而当我们通过曲线拟合获得每阶模态参数之后，又可以由这些模态参数来绘制新的 FRF 曲线，这些 FRF 曲线就是所谓的综合的 FRF。通常将实测的 FRF 与综合的 FRF 进行对比，确定二者的相关性与误差，如图 6-31 所示。

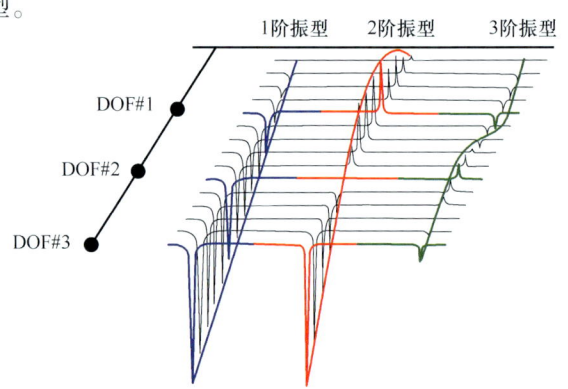

图 6-30　悬臂梁前三阶近似模态振型

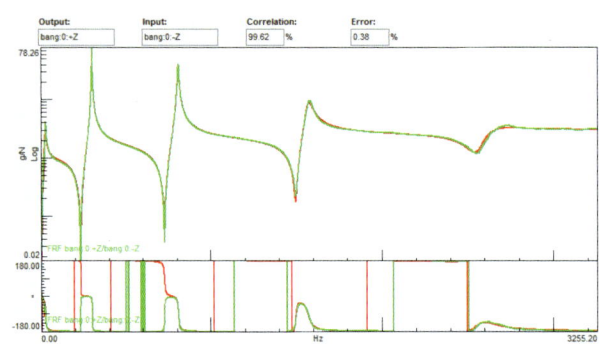

图 6-31　实测 FRF 与综合 FRF 的对比

6.6.2　曲线拟合简介

在进一步讲解曲线拟合之前，我们需要明白两个事情。

第一，实测获得的 FRF 是离散的，不是连续的，可能初看起来，类似图 6-29 所示的 FRF 曲线是连续的，但实际上是离散的，是由若干条谱线所组成的，而每条谱线对应一个数据点，所以 FRF 实质上是由若干个离散的数据点组成的，而曲线拟合就是对这些离散的数据点进行拟合，得到一条新的由各阶模态参数表征的曲线，也就是综合的 FRF 曲线。这就是为什么模态参数提取的过程称为曲线拟合的原因所在。

第二，我们常说模态参数是这三个参数：频率、阻尼和振型，而极点包含频率和阻尼信息，留数与振型直接相关，因此，曲线拟合实际上是得到每阶模态的极点和留数信息。如果在测量的频带内有 n 阶模态，而每阶模态都有这两个参数（极点和留数），总共有 $2n$ 个模态参数需要提取。那么曲线拟合就是为了提取这 $2n$ 个模态参数。

为了理解曲线拟合，先考虑一下最简单的直线拟合和二次抛物线拟合。

考虑用一根直线拟合一些测量数据。我打算用最小二乘误差最小的方法为图 6-32 所示的数据进行拟合。当然，使用的数学模型为

$$y = kx + b$$

这有两个参数定义这条直线，也就是斜率 k 和 Y 方向的截距 b。通过曲线拟合是为了获得这两个参数。同时认识到这两个参数是由一组测量数据得到的，而这些测量数据存在一些变动，如图 6-32 所示，如果选择不同的两组数据：一组两个点（曲线 1）与另一组两个点（曲线 2），两组数据计算出来的斜率和 Y 方向的截距显著不同。换句话说，斜率和 Y 方向的截距都有差异，数据不一致，这依赖于提取参数所使用的数据。而使用最小二乘拟合所有的数据则是斜率和 Y 方向截距的"最优"估计。

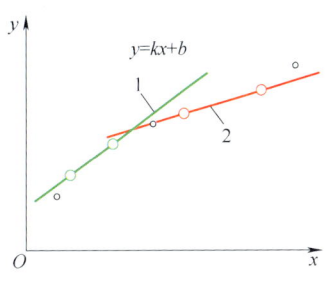

图 6-32 测量数据带来的影响

同理，让我们考虑一下二次抛物线，它的方程为

$$y = ax^2 + bx + c$$

确定这条曲线需要确定三个参数 a、b 和 c。当对数据点进行拟合时，就是为了确定这三个参数。同直线拟合一样，使用不同的测量数据进行拟合时，得到的这三个参数是有差异的，这时为了将差异最小化，也需要使用最小二乘估计以获得这三个参数的最优估计。在这还有一点需要强调一下，当使用的曲线幂次越高时，需要确定的参数也就越多，从二次抛物线和直线拟合可以看出，二次抛物线需要确定的参数比直线拟合多了一个。

实际上，模态参数提取所用的曲线拟合跟上面的直线或抛物线拟合原理是类似的，只不过比上面要复杂些。结构的模态可以通过下面的频域表达式来描述：

$$h(j\omega) = 下残余项 + \sum_{k=1}^{N}\left(\frac{A_k}{(j\omega - p_k)} + \frac{A_k^*}{(j\omega - p_k^*)}\right) + 上残余项$$

从上式可以看出，模态的曲线拟合是用复数，而不是实数。

与之前的直线或抛物线拟合相比，FRF 曲线比它们更复杂，数据点更多。单个 FRF 有多少条谱线就有多少个数据点，有多少个测量自由度，就存在多少条这样的 FRF 曲线，如果同时有两个或两个以上的激励点，还需要乘以激励点数，这样，实际用于拟合的数据点是非常庞大的。

与抛物线相比，模态的曲线拟合不是使用更高幂次项曲线，而是使用上面方程中括号里的多项式。那是不是表明，假如在分析带宽内只有 10 阶模态，就只用这 10 阶模态所对应的多项式来进行曲线拟合呢？当然要包括这 10 阶所对应的多项式，但同时也要包含更多的残余项，这样拟合得到的结果才会更精确。而具体使用多少阶参与拟合，这就由 Model size 这个参数来决定。

与直线或抛物线拟合相比，模态的曲线拟合得到的参数更多，具体参数的多少视分析带宽内的模态阶数而定。每阶模态需要确定两个参数：极点和留数，因此，需要确定的参数是模态阶数的 2 倍。

模态中的曲线拟合，除了数据是复数、曲线更复杂和需要确定的参数更多外，实际跟直线拟合相同。原理上跟直线拟合是相同的方法论。我们在离散数据点测量到的数据是复数形

式,将这些数据拟合成频响函数曲线,目的是用最小二乘估计找到描述这组数据最合适的参数。

因此,如果你理解了这个直线拟合流程,那么你不得不同意在模态参数估计过程中应用相同的流程(当然了,模态拟合中这些数都是复数形式,且曲线更复杂,参数更多)。模态参数估计仅仅是简单的直线拟合的延伸。

6.7 各种常见的曲线拟合方法

> 通过上一节 6.6 什么是曲线拟合的介绍,我们已经明白为了获得想要的模态参数,必须对测量数据进行曲线拟合。在进行曲线拟合时,根据选择的拟合方法又分为时域拟合与频域拟合、单自由拟合与多自由度拟合和局部拟合与整体拟合等方法。
>
> 当你对测量数据进行模态分析时,你的头脑中会迅速出现一些疑问:我需要怎样选择模态数据?模型存在多少阶模态?曲线拟合频带之外的模态对结果有何影响?对所有模态可以采用相同的拟合技术吗?何时使用 SDOF(单自由度)拟合技术?何时使用 MDOF(多自由度)拟合技术?应该使用时域还是频域拟合?整体拟合还是局部拟合?这一节主要介绍以下内容:
> - 时域拟合与频域拟合
> - 单自由度拟合与多自由度拟合
> - 局部拟合与整体拟合

6.7.1 时域拟合与频域拟合

结构的模态可以通过下面的频域表达式来描述:

$$h(j\omega) = 下残余项 + \sum_{k=1}^{N}\left(\frac{A_k}{(j\omega - \lambda_k)} + \frac{A_k^*}{(j\omega - \lambda_k^*)}\right) + 上残余项$$

对上式进行傅里叶逆变换,可以得到脉冲响应函数(见图 6-33):

$$h(t) = 下残余项 + \sum_{k=1}^{N}(A_k e^{\lambda_k t} + A_k^* e^{\lambda_k^* t}) + 上残余项$$

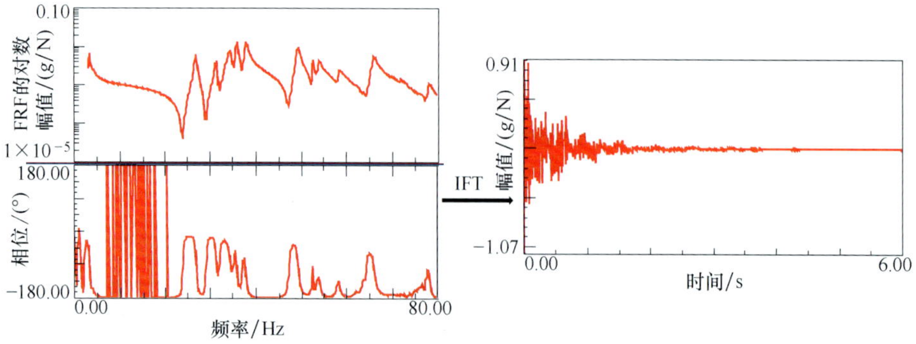

图 6-33 由频响函数到脉冲响应函数

频响函数与脉冲响应函数本质上数学关系是相同的，只是看起来形式不同而已，这类似于时域与频域。很多时候我们以某种给定形式书写数学关系式，是因为这些形式的关系式含有一些数学处理技巧，使得方程更易于求解或从计算角度来考虑求解更高效。但是，本质上时域和频域是等价的，例如，从时域上看信号的幅值是很方便的，从频域去看频率成分是很方便的。因此，从理论上讲，采用时域拟合或频域拟合并没有什么大不同，但是还是有一些现实方面的差异。

模态分析要获得极点和留数，至少有一点是比较明确的，即从频域上很容易一眼就看出在关心的带宽内有多少阶模态，每阶模态频率是多少。但是这些信息从时域上看却不能一眼就看出来，需要进一步分析才能得到。

由于脉冲响应函数是近似指数衰减的信号（与锤击法响应相似），如果阻尼太大，那么脉冲响应函数将衰减非常快，导致信号中包含的有用的数据点过少，这样对于模态参数提取非常不利。因此，很多时候我们趋向于对小阻尼系统使用时域拟合技术，大阻尼系统使用频域拟合技术。

6.7.2 单自由度拟合与多自由度拟合

单自由度拟合是指一个拟合带宽内只拟合一阶模态，而多自由度拟合是指一个带宽内同时拟合两阶或两阶以上的模态。需要意识到一件事，拟合区域不必重叠或覆盖整个频率带宽。

如果各阶模态相隔较远，即相互之间影响小，那么可以对每阶模态使用单自由度拟合。如果各阶模态相互之间影响严重，或者模态密集程度高，那必须使用多自由度拟合。在图6-34所示的带宽内，第三阶模态与前两阶模态相隔甚远，对这阶模态可使用单自由度拟合，而前两阶模态相距很近，属于密集模态，所以对这两阶模态使用多自由度拟合。

因此，何时使用 SDOF 或者 MDOF 拟合技术，取决于从一阶到下一阶模态是否相互影响严重或重叠较多，如图6-34所示，前两阶模态的分解成单自由度曲线后，这两阶模态重叠区域较多。如果系统阻尼非常小，各阶模态相隔较远。这类模态可以用 SDOF 拟合技术。但如果系统阻尼非常小，各阶模态较密集，从一阶到下一阶模态存在一定的重叠，故 SDOF 拟

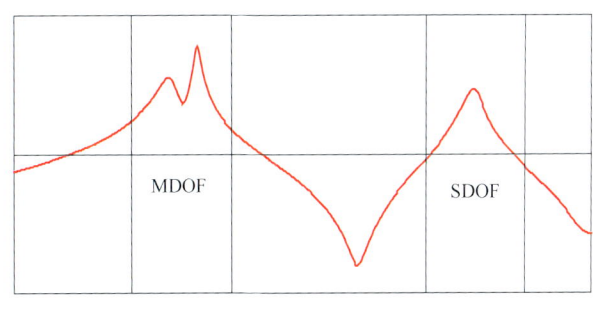

图 6-34　可能的曲线拟合带宽

合不能合理的补偿重叠模态，需要采用 MDOF 拟合这些模态。另外，如果模态相隔较远，但是阻尼引起了一定的重叠，同样需要 MDOF 进行拟合。

从图6-34可以看出，在一次模态分析过程中，可以同时使用单自由度和多自由拟合方法，这取决于选择的带宽内存在的模态阶数。而前面的时域拟合或频域拟合，只能选择一种拟合方法。

6.7.3 局部拟合与整体拟合

我们知道极点是系统的全局特性，也就是说测量不同测点时系统极点不会改变。但留数是局部特征，会随着测量位置的变化而变化。因为系统极点不随每个测量位置的改变而改变，这说明系统极点是系统的一个"整体"特性。这意味着从一次测量到下一次测量，留数会发生改变，但是极点不会改变，至少理论上是成立的。但是现实测量中，未必是这样的。现实测量时系统极点可能会移动，这将会引起问题。

由于实际测量时，系统极点也可能变化，这依赖于使用的 FRF，虽然理论上表明这是不会发生的。然而，用实测的 FRF 提取模态参数，且单独考虑每个 FRF 时，的确会出现极点发生移动的情况。这个过程称为"局部"拟合。也就是说，局部拟合对每条 FRF 数据单独进行分析，由分析人员判定哪个估计最佳或设法求出所有估计的最佳平均。

为了规避这个问题，同时使用所有的 FRF 作为一组数据，采用最小二乘法找到最佳极点，描述极点的"整体"表达。一旦估计出系统极点，接下来在模态参数估计方程中使用"整体"的极点估计去估算留数。这个过程共有两个步骤，首先估计系统的"整体"极点，接下来使用先前估计的系统"整体"极点估计留数，此时的极点已锁定为一个固定值，这就是"整体"拟合。也就是说整体拟合要使用全部的测量数据。

当使用局部拟合时，如果选取的 FRF 不合适，在所选择的 FRF 曲线中没有峰值，如图 6-35 所示，如选择曲线 2 或曲线 3 FRF 进行估计，那么怎么估计系统极点？这将会引起严重的问题，如果对这类数据采用局部拟合，对这两个 FRF 采用局部拟合，那么提取得到的模态参数将包含较差的提取值，这是因为极点估计较差。这个现象类似于模态参考点，如果模态参考点位于节点上，那么将得不出来这阶模态。同样，这样的问题也是局部拟合的常见问题。

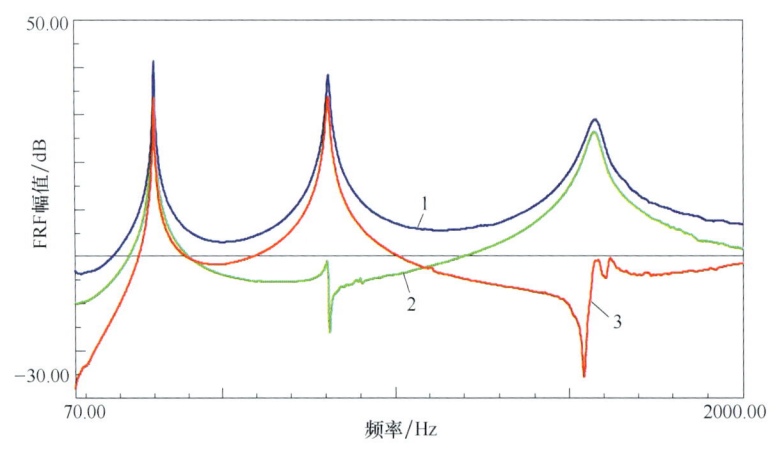

图 6-35 用于拟合的 FRF 数据

当采用整体拟合时，首先估计系统最合适的整体极点，然后立刻用整体极点估计留数。确切地说，此时估计得到结构的模态振型才是预期想得到的模态振型。当采集数据时，必须不断地尝试，以确保数据满足整体拟合的条件：在所有测量得到的 FRF 中，模态必须是整体的！如果数据不一致，那么在参数估计过程中可能会产生误差。

6.8 什么是稳态图

> 参数估计过程是模态参数（极点和留数）提取过程中非常重要的一步。这个过程通常分为两步：第一步提取极点，第二步估计留数。稳态图是一种从测量数据中提取极点的有效工具。这一节主要介绍以下内容：
> - 稳态图的定义
> - 稳态图的计算过程
> - 残余项对稳态图的影响

6.8.1 稳态图的定义

在确定系统极点时，有多种指示工具（如函数 SUM、MIF、CMIF 和稳态图等）可帮助分析人员指明系统极点的位置，但是在这些所有的工具当中，稳态图是最常用的工具。稳态图的基本原理是，如果极点是系统的全局特征，那么随着参与拟合阶数的增加，由阶数逐渐增加的数学模型提取到的系统极点将重复出现。随着模型阶数的增加，其他的指示工具不具备这种连续指示的特点。当极点达到稳定后，用图形表征这些特性将对系统极点提供一些额外的洞察。

图 6-36 所示为一个典型的稳态图，随着参与拟合的模态阶数的增加，在稳态图中会持续给出指示系统极点的特性，即稳定的 s 列，这些稳定的 s 列指明了极点的位置，根据这些 s 列的位置可以帮助模态分析人员确定系统极点。因此，稳态图是一种表明系统极点的工具。

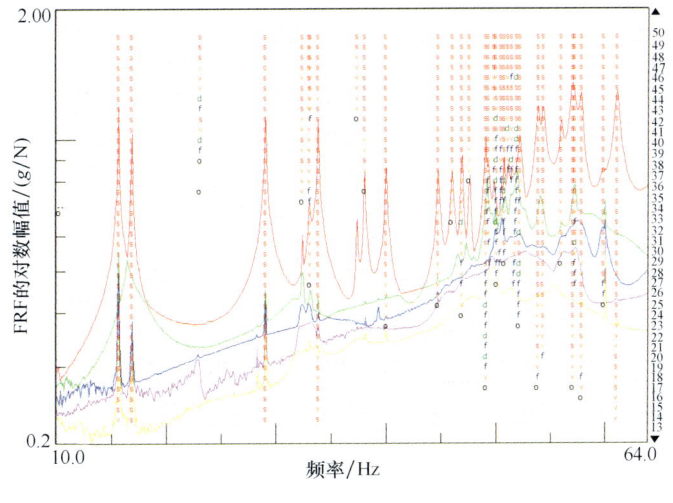

图 6-36　典型的稳态图

6.8.2 稳态图的计算过程

系统的频响函数表示如下：

$$H(j\omega) = 下残余项 + \sum_{k=1}^{N}\left(\frac{A_k}{j\omega - p_k} + \frac{A_k^*}{j\omega - p_k^*}\right) + 上残余项$$

由于模态分析只能分析一定带宽内的模态，所以，在这个方程中，中间是分析带宽内的模态，也就是我们感兴趣的频带，但是在分析带宽之外还存在所谓的上下残余项，这些残余项用于补偿分析带宽之外的影响。

在数学的曲线拟合中，如果要对一组数据估计它的某个参数，如斜率，可以使用一阶方程（线性方程 $y = kx + b$），也可以使用二阶方程（二次项）、三阶方程和四阶方程或者更高阶方程等。随着估计方程阶次的提高，估计出来的斜率趋于稳定，误差控制在一定的范围之内（如1%），高阶方程基本上起微调作用。当估计出来的斜率误差在误差容限之内变化时，我们可以认为不论拟合的阶次多高，本质上都将得到相同的斜率。

在稳态图的计算过程中也存在相同的道理，只不过拟合得到的参数是系统极点，使用的方程是上面方程中的多项式。每阶模态对应一个多项式，随着参与拟合的多项式的增加，拟合得到的每阶模态的极点越来越趋于稳定，因而用 s 表示稳定的极点，当 s 持续出现在某一个位置时，则表明该位置为某阶模态的极点。由于模态参数有三个：频率、阻尼和振型，因此，只有拟合出来的这三个参数同时位于误差容限之内时才用字母 s 表示，除此之外，还用其他字母表示不同的参数的稳定情况，具体见表 6-2。

表 6-2 稳态图中各个字母所表示的含义

字母	描述
o	极点不稳定
f	频率稳定
d	频率和阻尼同时稳定
v	振型向量稳定
s	频率、阻尼和振型向量同时稳定

参与拟合的多项式的多少由参数 Model size 决定。当进行稳态图计算时，需要确定这个参数，其实就是确定使用上面方程中多少个多项式参与拟合。每增加一阶多项式参与拟合，软件会自动计算一个结果，这个结果包含频率、阻尼和振型三个参数，如果这三个参数与上一次拟合得到的结果相比较，结果都在误差容限之内，则用 s 表示。如果出现别的情况，则按表 6-2 所列的情况给出相应的字母表示其稳定情况。通常，这三个参数的误差容限设置如图 6-37 所示。

因此，稳态图的计算过程是，首先使用某个数字的多项式进行拟合，如图 6-38 是从 6 开始计算的，此时会得到一个结果，但通常参与拟合的多项式越少，极点稳定的可能性越小，只有参与拟合的多项式达到一定数量之后，极点才开始趋于稳定。从最初的参与拟合的多项式算起，在原来的基础上每增加一阶多项式，会将这次的计算结果

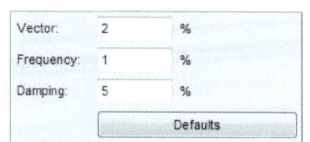

图 6-37 稳态图计算中的误差容限设置

与上一次的计算结果进行对比，如果这两次计算得到的三个参数的误差都在设置的容限以内，则用 s 表示。如果是其他情况，则用表 6-2 中其他字母表示。每增加一个多项式，会进行一次比较，同时给出相应的字母表示稳定情况，参与拟合的多项式个数直至 Model size

为止。

如果将图 6-37 中的三个误差容限都修改得更大,那么将使得更容易出现 s 列。如果改小,则表征稳定的 s 出现会比较困难。因此,一般情况下,不建议修改这个设置,使用软件默认设置即可。如果任意改大或改小,反而不利于获得精确的结果。

另外,还有一点需要注意,在计算的最初阶段,稳态图并没有出现明显的 s 列,这是因为参与拟合的多项式太少。如果在分析的带宽内有 N 阶模态,那么参与拟合的模态阶数应大于 N,系统极点才开始出现稳定,随着参与拟合的阶数的增加,极点也会越来越稳定。如图 6-38 所示,当参与拟合的阶数少于 16 时,各个极点都不稳定,从 16 阶开始才慢慢得到稳定的 s 列,而在这个带宽内有 13 阶模态。

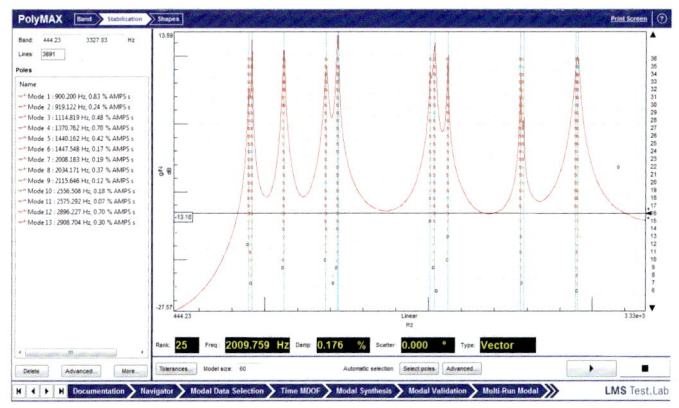

图 6-38　稳态图

以上使我们深刻地明白了软件是怎样计算稳态图的。随着模型阶数的增加,将会对极点进行不同的估计。从一阶到下一阶,如果极点估计的变化很微小,那么软件将提供一个字母标记帮助指示极点是否已达到稳定值,而这些稳定值位于设定的误差容限之内。这些稳定的指示可叠加在 SUM 函数、MMIF 函数或 CMIF 函数之上。随着模型阶数的增加,稳态图帮助确定哪些极点是"一致的"或是稳定的。

6.8.3　残余项对稳态图的影响

模态分析时,我们仅对感兴趣的带宽内进行模态分析,但是在感兴趣的带宽之外还受其他多项式的影响,带宽外的多项式称作残余项,感兴趣的带宽之下受下残余项的影响,感兴趣的带宽之上受上残余项的影响,这些残余项用于补偿带宽之外的影响,如图 6-39 所示,阴影区域用残余项进行补偿。

模态软件都考虑在多项式中使用残余项以考虑带宽之外的影响。这对于获得准确的模态参数来说,是非常有用的。不管何种方法,用户能指定残余项以改进数据拟合结果。在此,我们主要考虑残余项对稳定图和综合出来的 FRF 的影响。

考虑图 6-39 所示的带宽,在这个带宽内有 5 阶模态,因此分别考虑用 10 阶、20 阶、30 阶和 40 阶残余项来补偿带外的影响。因而,这四种情况下的 Model size 还需要加上 5,分别为 15、25、35 和 45。这四种情况下的稳态图如图 6-40 所示。

从图 6-40 可以看出,随着参与拟合残余项的增加,在这 5 阶模态位置处 s 列越来越明

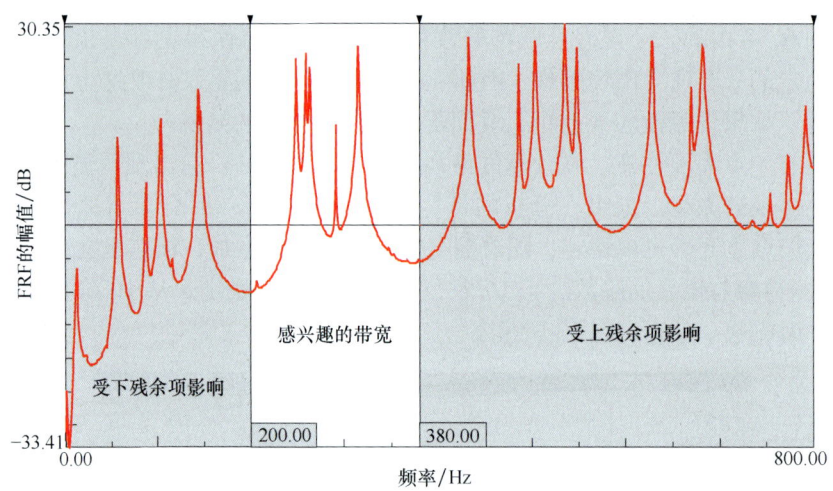

图 6-39　感兴趣的分析带宽

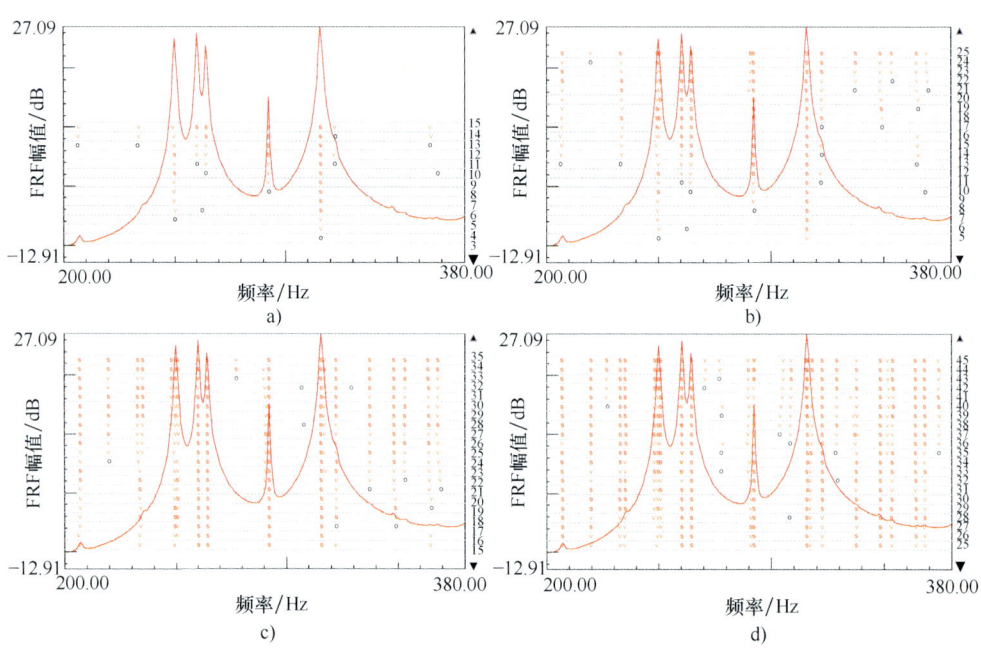

图 6-40　残余项对稳态图的影响
a) 10 阶残余项　b) 20 阶残余项　c) 30 阶残余项　d) 40 阶残余项

显,但与此同时,在非物理极点位置处也开始持续出现明显的 s 列,特别是在图 6-40d 中,数学极点位置的 s 列尤为明显,也就是说,参与拟合的残余项越多,非物理极点位置处也趋于稳定。因此,指定过多的残余项不是提取准确的模态参数的优先方法。

现在考虑这四种情况下综合出来的 FRF 与实测 FRF 之间的相关性,得到的结果如图 6-41 所示,二者的相关性与误差结果见表 6-3。从图 6-41 及表 6-3 中可以明显看出,使用过多的残余项对结果并无明显改善。

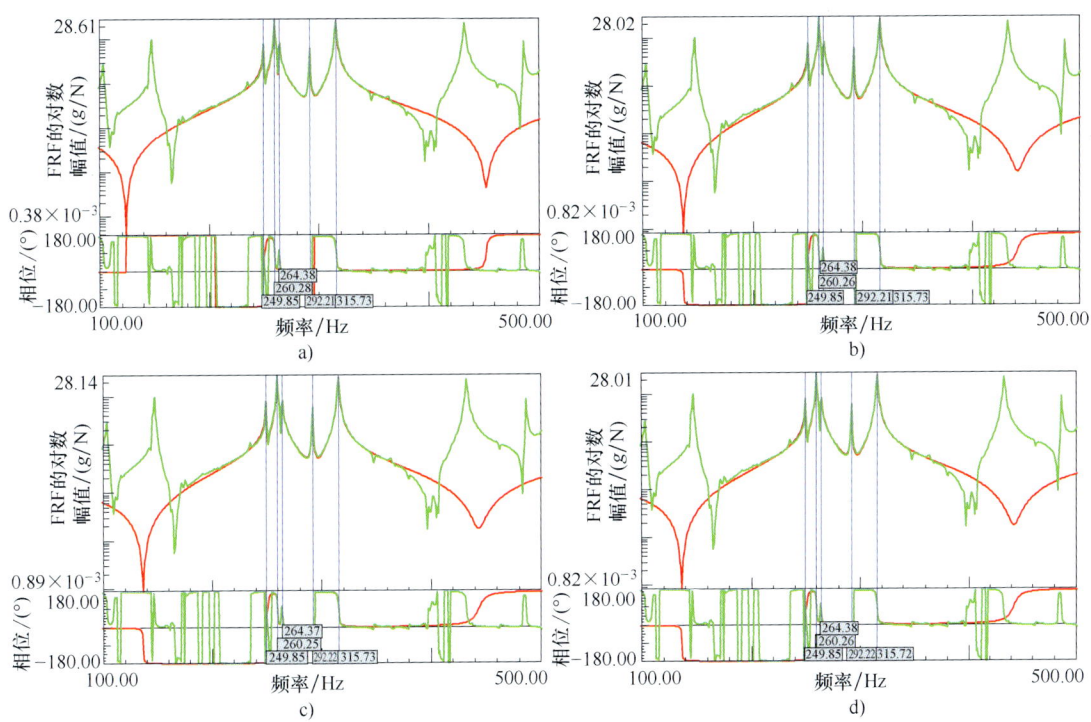

图 6-41 残余项对综合 FRF 的影响

a) 10 阶残余项　b) 20 阶残余项　c) 30 阶残余项　d) 40 阶残余项

表 6-3 四种情况下的结果对比

残余项	相关性（%）	误差（%）
10	99.11	0.89
20	99.26	0.74
30	99.26	0.74
40	99.25	0.75

从以上分析可以看出，增加过多的残余项并没有改善参数估计，实际上还可能起到干扰分析的作用，因为在非物理极点位置处也出现了明显的 s 列。模态参数估计使用过多的残余项仅仅是设法补偿频响函数中的噪声或者不完整性（带外的影响）。使用过多的残余项不认为是合理提取模态参数的有效方法。大多数商业模态软件中指定残余项数的默认设置对于大多数曲线拟合的情况是合理的。

6.9　各种常见的模态指示函数

由测量得到的频响函数可以看出结构存在多少阶模态，但只用一条频响曲线时，就很难确定有多少阶模态存在了。使用一条 FRF 会是个问题，因为在一条特定的 FRF 曲线中，可能不能激起所有感兴趣的模态。另外，模态可能具有方向性，由一条 FRF 曲线可能不容易观测到所有方向的模态。这个问题在驱动点测量中尤为普遍，因为所有的峰值都具有相同的相位关系，空间上非常靠近的两阶模态可能很难识别出来。因此，为了帮助分析人员选择系统极点，多年来人们开发了许多不同的工具。这些工具包括 SUM 函数、MIF 函数、MMIF 函数、CMIF 函数和稳态图等。稳态图在上一节 5.12 什么是稳态图中已经介绍过，这一节主要介绍以下模态指示工具：

➢ SUM 函数

➢ MIF 函数和 MMIF 函数

➢ CMIF 函数

在这以制动盘模态为例，考虑 1700Hz 以内的模态，我们知道制动盘有重根模态，因此，使用 4 个参考点，在这个带宽内共存在 7 阶模态，模态结果见表 6-4，用它来说明各个指示函数的功能。

表 6-4 制动盘前 7 阶模态

阶　　数	频率/Hz	阻尼比（%）
1	899.904	0.400
2	918.321	0.227
3	1111.506	0.349
4	1370.586	0.495
5	1389.175	0.328
6	1440.721	0.23
7	1447.838	0.143

6.9.1　SUM 函数

本质上，SUM 函数是所有测量得到的 FRF 之和（有时也仅使用所有 FRF 的一部分）。在系统模态频率处，SUM 函数将达到极值。SUM 函数的基本思想是：如果考虑所有的 FRF，那么所有模态在绝大多数 FRF 中都是可见的。随着包含的 FRF 越来越多，那么所有模态在 SUM 曲线中都可见的机会就更大。这明显优于某一条 FRF，因为在一条 FRF 曲线中可能不是所有的模态都可见。

计算 SUM 函数采用一种特殊的计算方法。它的实部是各个频响函数实部绝对值的平均值，虚部是各个频响函数虚部绝对值的平均值。

$$H_{\text{SUM}} = \frac{1}{n}\left(\sum_i \sum_j |\text{Re}(H_{ij})| + j \sum_i \sum_j |\text{Im}(H_{ij})|\right)$$

使用这个公式而不是普通的和或平均值公式，因为它确保不同点的峰值的正负号不会在 SUM 函数中抵消。此外，共振峰在虚部通常更尖，如图 6-43 所示。如果你看一下这个 SUM 函数的虚部，它会给你一个更明显的峰值指示。如果模态在频率上彼此接近，就比较容易区分它们。最后，SUM 函数除以频响函数的数目 n，以确保你可以将单个频响函数的量级与 SUM 函数进行比较，并对特定位置处的共振峰有一个明确指示。

由所有测量的频响函数得到的一条 SUM 函数，如图 6-42 所示。SUM 函数能合理地识别出各阶模态，特别是各阶模态相隔较远，密集程度不高时。在图 6-42 中，能观测到五个峰，这就表明在显示的频带范围内至少有 5 阶模态存在，但实际上在后面两个峰值附近还存在两阶模态（见表 6-4），只不过这两阶模态与邻近的模态很接近，所以，在 SUM 曲线中不明显，只能看到五个峰值。SUM 函数的另一个重要特征是每个峰都相当宽胖，如果空间上存在非常靠近的密集模态，那么 SUM 函数可能不能有效地显示出这些密集模态。另外，从表 6-4 可以看出，制动盘的各阶模态阻尼是非常小的，但 SUM 曲线却非常宽胖，因此，SUM 曲线不能用于表征模态的阻尼大小。

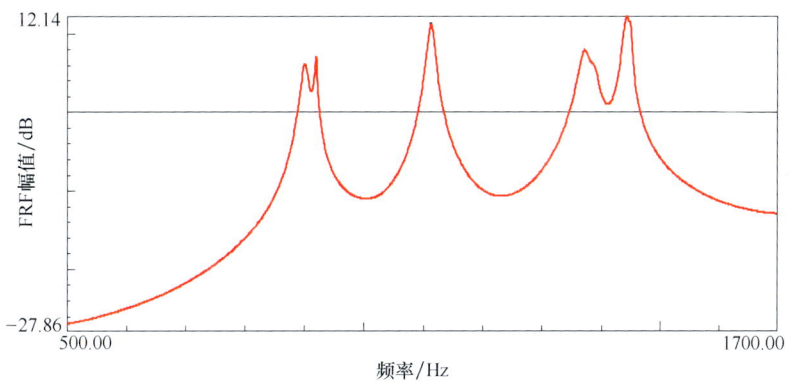

图 6-42　制动盘的 SUM 函数

除了常规的 SUM 函数之外，还有虚部 SUM 函数，仅考虑频响函数的虚部。我们知道，对于驱动点 FRF 而言，所有模态的虚部都位于频率轴的同一侧，但是跨点 FRF 的虚部有正有负，因此，对于识别密集模态而言，跨点 FRF 更有帮助。虚部 SUM 是所有 FRF 虚部的绝对值之和，制动盘在 1700Hz 以内的虚部 SUM 曲线如图 6-43 所示，从图 6-43 中可以看出，在这个带宽内存在 7 个明显的峰值，因此指示出了这 7 阶模态。

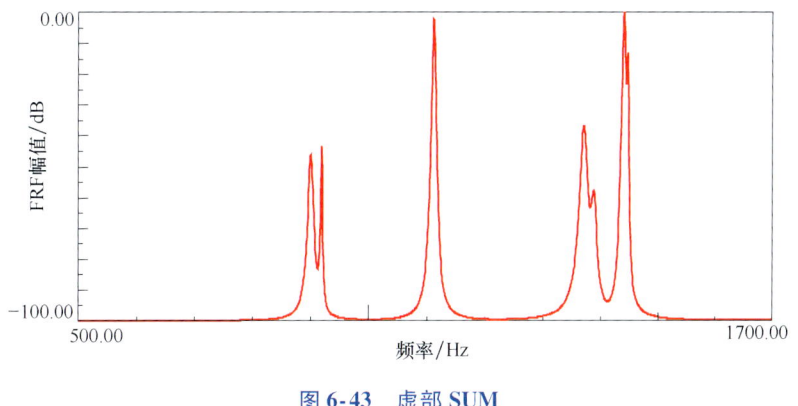

图 6-43　虚部 SUM

将这两个 SUM 曲线叠加在一起，如图 6-44 所示，可以明显看出它们的差异，在常规 SUM 曲线中没有指示出来的两阶模态在虚部 SUM 中指示出来了。因此，对于空间上存在密集模态的结构而言，虚部 SUM 函数更有助于指示出这些密集模态。

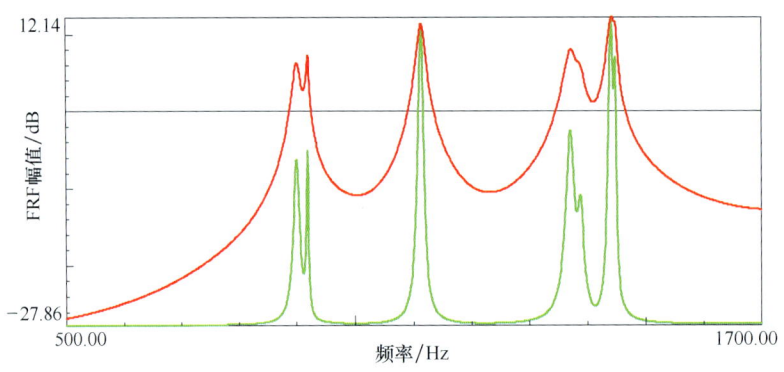

图 6-44　常规 SUM 与虚部 SUM 叠加

6.9.2　MIF 函数和 MMIF 函数

虽然 SUM 函数非常有用，但是不能总是有效地分辨出空间上的密集模态。另一个指示工具模态指示函数 MIF 对识别空间上的密集模态更为有效。MIF 函数的数学表达式是 FRF 函数的实部除以 FRF 的幅值。因为实部在共振峰处迅速通过零位置，所以 MIF 函数值在通过模态频率处发生急剧突变。FRF 的实部在共振峰值为零，因此在模态频率处，MIF 函数的值将达到极小值，从而指示出一阶模态的存在。

MIF 函数的延伸是多变量的 MIF 函数（MMIF），它是对多参考点的 FRF 数据而言的，是多参考点的 MIF 函数的数学扩展。MMIF 函数同样遵循单个 MIF 函数的基本特征。MMIF 函数的最大优点是多参考点数据将具有多个 MIF 函数（每一个参考点数据对应一个 MIF 函数），并且能甄别重根。对于第一条 MIF 曲线而言（函数值最小的 MIF），在结构的固有频率处，都表现为局部极小值。对于第二条 MIF 曲线而言（函数值第二小的 MIF），仅当存在重根时，才会有局部的极小值。依次类推其他条 MIF 曲线，在其他条 MIF 曲线中，如果不是与第一条相同的频率处有极小值，那都不是模态的指示。

制动盘的 MMIF 函数如图 6-45 所示，由于有 4 个参考点，因此有 4 条 MIF 曲线。注意到第一条红色的 MIF 曲线有 7 个下降的尖峰，因此，表明这个频带内有 7 阶模态，每一

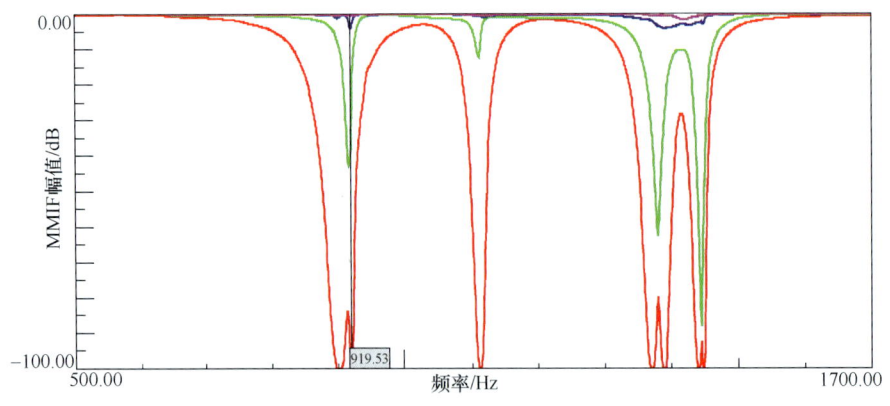

图 6-45　4 个参考点的 MMIF

个极小值的尖峰指示了一阶模态，但是第二条 MIF 曲线（绿色）在相同的频率处并没有局部极小值，因此，在这些位置没有重根存在，即使在第三条 MIF 曲线在第二阶模态频率处有局部极小值，但这也不表明在此存在一阶重根模态，因此，在这里仅指明了 7 阶模态。

6.9.3 CMIF 函数

CMIF 函数是对 FRF 矩阵进行奇异值分解（SVD）确定 FRF 中观测到的所有模态。对频响函数进行奇异值分解时，在固有频率处，奇异值曲线在该处的奇异值有极大值，因此，频响函数的奇异值图能帮助识别系统极点。CMIF 函数达到极大值就指明了系统极点。在进行 CMIF 计算时，主要分两步，第一步是对频响函数进行奇异值分解。第二步是对第一步求得的奇异值曲线求极值。每个参考点存在一条奇异值曲线，对所有的奇异值曲线分别求极大值、第二极大值，直到第 N 极大值，N 为参考点数。最后得到的各条极值曲线就是所谓的 CMIF 曲线。因此，CMIF 曲线的条数与参考点数目是相等的。

制动盘模态的 CMIF 曲线如图 6-46 所示，从图 6-46 中可以看出，由于有 4 个参考点，所以对应 4 条 CMIF 曲线。查看 CMIF 曲线的原则是，首先查看最上面的 CMIF 曲线的峰值个数，每个峰值对应一阶模态，因为这条红色的 CMIF 曲线有 7 个峰值，因此在这个带宽内至少有 7 阶模态。然后，查看第二条绿色 CMIF 曲线，如果在第二条 CMIF 曲线中，在与第一条曲线相同的峰值频率处也存在峰值，那么这就指示了结构在那个频率处存在两阶模态，但是第二条曲线的峰值频率必须与第一条曲线的峰值频率相同，否则即使在别的频率处存在峰值也不是模态。其实查看最上面的 CMIF 曲线之后，只需要查看其他条 CMIF 曲线在第一条曲线的峰值频率处是否也存在峰值，若存在峰值则表明了一阶模态；若没有峰值，则不用考虑其他位置的峰值。

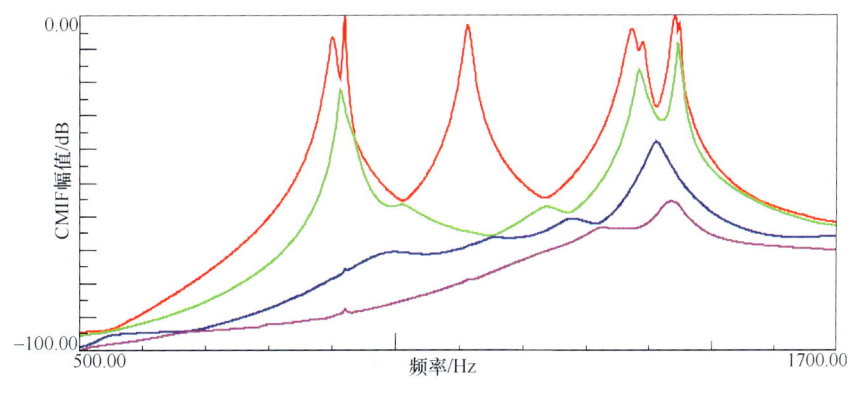

图 6-46　4 个参考点的 CMIF 函数

除第一条曲线峰值及其他曲线在第一条曲线指示的峰值频率处之外的峰值，图 6-46 中绿色、蓝色和粉色 CMIF 曲线中的峰值是什么呢？这些峰值频率是所谓的交叉频率。在对 4 条奇异值曲线求极值时，第一条极值曲线是所有奇异值曲线的极大值曲线，因此这条曲线的峰值能指示出各阶模态，而其他条 CMIF 曲线中的峰值是相邻两条奇异值曲线在该处交叉形成的峰值，不是结构真正的模态，所以不能作为模态的指示。

6.10 什么是模态验证

对模态分析得到的结果进行验证的目的是对模态参数估计得到结果的正确性进行检验。有经验的工程师凭借经验在一定程度上也可以做出判断。当然，除了经验判断之外，我们还有许多手段。模态模型验证可以按照三种级别进行。它们分别如下：

第一级验证相当直观，不涉及任何数学工具。对振型进行视觉检查（这时经验就显得尤为重要），或者把实测得到的频响函数与从模态参数识别过程中综合得出的频响函数进行比较，这些都是这一级模态模型验证的典型方法。

第二级验证是利用某些数学工具来检验估计出来的模态的质量。比如模态判定准则（MAC）、模态参与（MP）、互易性、模态超复杂性、模态相位共线性、平均相位偏移等。

第三级验证是外部工具验证，可以使用计算模型对试验模型进行验证，如相关性分析。

当然，试验模态分析过程还包括其他一些方面的验证。首先是测量设置，如试件固定、校准、传感器信号的正确性验证等。其次是测量得到的频响函数必须通过相干函数加以验证。实质上这些验证更为重要，因为这是前期测试过程中的验证，这些都正常了，才能进一步保证后期模态结果的正确性。本节主要介绍前面两级的模态验证。

6.10.1 振型动画验证

通过模态分析获得了模态结果，可直接对结果进行验证。首先，检查各阶模态的阻尼比。对于一般结构而言，除了含有主动阻尼机制的结构，如减振器，通常结构阻尼比少于8%，如果发现某阶弹性模态阻尼比大于该值，则需要进一步验证其结果，刚体模态阻尼除外。

然后再对模态振型进行验证，从肉眼上也可以看出一些端倪。对于简单的结构，通过节点规律可判断是否丢失模态或者存在虚假模态。对于复杂结构，可根据经验做出判断，如果没有类似的经验，直接从振型上判断。判断振型之间的相似程度、各个测点之间的运动方向是否一致、振型是否连续（尤其是交界处振型也应该连续）等。

6.10.2 FRF 综合

实验模态分析对测量获得的 FRF 进行曲线拟合，得到了模态参数，根据这些拟合出来的模态参数又可以得到综合的 FRF，综合的 FRF 是根据各阶模态参数绘制出来的。因此，在模态验证阶段可对比实测 FRF 与综合的 FRF，得出二者的相关性与误差，如图 6-47 所示。

综合出来的 FRF 与实测 FRF 的一致性可能会比较差，这主要受分析带宽、残余项和噪声等因素的影响。由于分析时只能选择一定带宽进行分析，所以，可能带宽之内的 FRF 综合与实测 FRF 一致性较好，而在分析带宽之外二者的一致性则较差，如图 6-48 所示，曲线 1 为实测的 FRF，曲线 2 为综合的 FRF，二者只在分析带宽内一致性较好，而在分析带宽之外，一致性极差。

另一方面，残余项对综合的 FRF 也有影响，考虑的残余项的多少也有影响，但当残余项数量大于某一数值之后，再增加过多的残余项对 FRF 综合也无影响，或者影响可忽略。

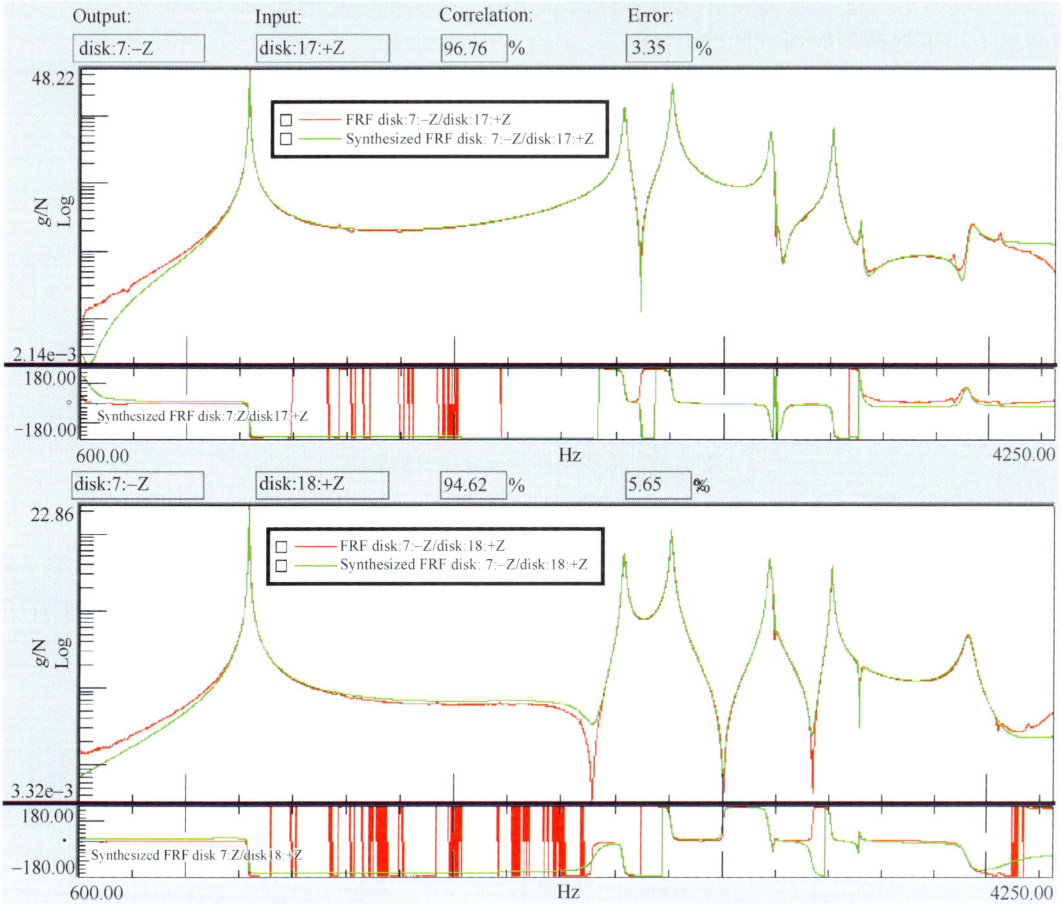

图 6-47 两个测点的实测 FRF 与综合 FRF 对比

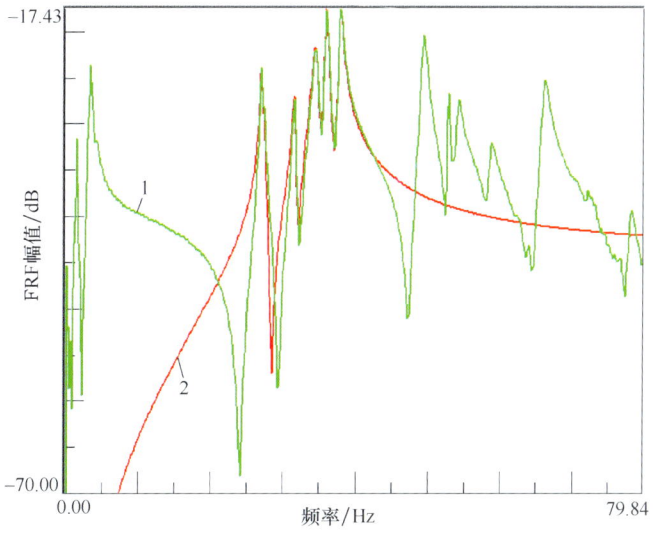

图 6-48 对比分析带宽内的实测 FRF 与综合 FRF

如图 6-49a 所示为仅考虑上残余项得到的综合 FRF 与实测 FRF 的对比。图 6-49b 所示为同时考虑上、下残余项时得到的综合 FRF 与实测 FRF 的对比。

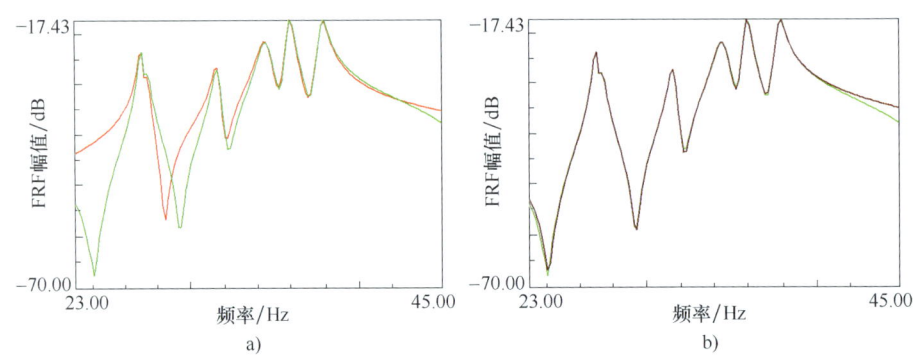

图 6-49　考虑不同的残余项时的影响
a）仅考虑上残余项　b）同时考虑上、下残余项

实测的 FRF 在测量过程中可能受噪声的影响，导致二者在对比时一致性较差。鉴于以上原因，当二者的相关性较差时，一定程度上并不代表得到的模态结果有问题。即使二者的一致较好时，也不代表得到的模态结果就完全正确。

6.10.3　MAC

模态置信准则（MAC）是振型向量之间的点积，用于评价两个模态振型向量几何上的相关性，计算得到的标量值位于 0~1 之间，或者用百分数来表示。如果 MAC 值接近 0，那么我们可以说这两个振型向量之间相关性很小或者是正交的。如果 MAC 值接近 1，那么说明这两个振型向量彼此平行或非常相似。笔者倾向于用两个振型向量之间的相似程度这个词来描述 MAC。MAC 矩阵中对角元素是各阶振型向量与自身的点积，因此，MAC 值为 1，而非对角元素为不同阶振型向量之间的点积，因此 MAC 值应该非常低，接近 0，如图 6-50 所示。

当 MAC 矩阵中非对角元素值很大时，需要对模态结果做进一步检查。通常有以下三个原因导致非对角元素 MAC 值偏高：

1) 存在虚假模态，导致相邻两阶模态的 MAC 值偏大。

2) 测点过少造成空间上混叠，导致相隔较远的两阶模态 MAC 值偏大。

3) 测点位置布置不合理，在两阶模态有明显差异的区域测点过少，因此，从振型上区别不开，导致 MAC 值偏高。

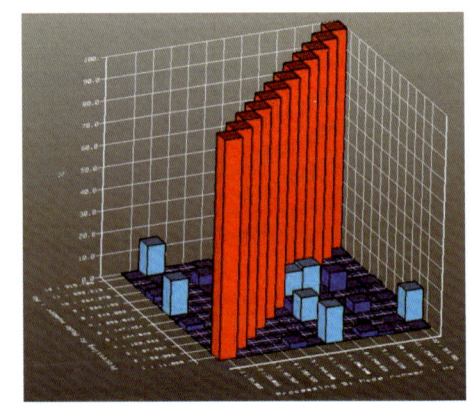

图 6-50　MAC

MAC 又分为 Auto-MAC 和 Cross-MAC，我们通常所说的是 Auto-MAC，表明是一次模态分析结果之内各阶模态振型向量之间的 MAC。而 Cross-MAC 是指两次分析结果之间或试验模态与

计算模态之间的 MAC。

另外，MAC 与正交性检查是完全不同的两个概念，但是很多人都认为 MAC 与正交性检查相同，但事实上它们有着巨大的差异。MAC 直接是两个振型向量之间的点积，而正交性是指"线性无关"的振型向量关于质量和刚度矩阵加权正交。因此，从数字公式上来看，二者就完全不同。

6.10.4 模态参与

为了测量模态数据，需要对结构施加激励，这个激励就决定了哪些模态参与结构的总响应。通过模态向量解耦物理空间的运动方程，同时激励力也需要左乘振型向量。因此，如果你要考察某阶感兴趣的模态，那么你将会看到模态振型值对多少外力分配到这阶模态有强烈的影响。

如果模态振型值与某个自由度关联性很大，并且在这个自由度上施加了外力，那么在模态空间上将为这阶模态分配大量的外力。另一方面，如果模态振型值在这个自由度上比较小，那么分配到这阶模态上的外力也很少。如果模态振型值为零，那么模态空间上将没有外力分配到这阶模态上。这意味着这阶模态对总响应没有贡献，因为在模态空间没有力分配到这个模态上。

模态转换方程确定怎样解耦所有耦合的物理方程组，也确定了模态空间上多少外力分配到每阶模态上。分配到某阶模态上的外力越大，响应越大，那阶模态对系统总响应的贡献或者参与也越大。因此，模态参与 MP 是指每阶模态对结构总响应的贡献。

在表 6-5 中 MPC 是指模态相位共线性，前面两列 MP 中每一行是说明识别这阶模态的相对占优性。例如，对于识别第 1 阶模态而言，比较参考点 RAIL：151：+Y 与参考点 FRNT：15：+Z，以决定哪一个更合适用于识别出这阶模态，从表 6-5 中可以看出，参考点 RAIL：151：+Y 更合适，此时 MP 为 100%，而参考点 FRNT：15：+Z 仅占 65.783%。其他阶也是相同的道理，MP100% 说明识别某阶模态这个参考点是更合适的。如果只有一个参考点，无法进行相对比较，此时这一列 MP 全为 100%。

表 6-5 中最后一列才是我们要说的模态参与，或者说各阶模态对总响应的贡献量。数值越大，说明该阶模态对结构总响应贡献越大，或者说激励力更多分配到这阶模态中。

表 6-5 模态参与

阶 数	频率/Hz	MPC（%）	MP（%）FRNT：15：+Z	MP（%）RAIL：151：+Y	MP（%）
1	26.996	99.968	65.783	100.000	23.634
2	27.346	99.903	100.000	2.688	1.768
3	31.555	99.954	100.000	51.330	12.264
4	34.538	99.778	100.000	5.110	12.763
5	35.948	99.906	100.000	12.841	11.651
6	37.872	99.871	100.000	27.591	12.127
7	49.369	99.950	100.000	32.962	9.651
8	52.728	99.308	100.000	21.333	1.047
9	53.432	99.541	100.000	10.176	0.514

(续)

阶　数	频率/Hz	MPC（%）	MP（%）FRNT：15：+Z	MP（%）RAIL：151：+Y	MP（%）
10	54.058	96.061	88.338	100.000	7.671
11	54.902	99.439	27.366	100.000	1.806
12	55.349	98.500	18.353	100.000	2.671
13	58.430	98.395	100.000	63.563	2.433

6.10.5　模态相位共线性

对于实模态而言，各个自由度之间的相对相位关系完全同相位或者完全180°反相位，也就是说实模态各自由度要么同相，要么反相。因此，实模态各自由度的相位位于一条直线上，这就是所谓的"模态相位共线"，MPC。而复模态不具有这种简单的相位关系，模态振型必须通过幅值与相位或者实部与虚部两者同时描述。图6-51所示为形象化它们之间的相位关系，复模态各自由度的相对相位不完全共线。MPC值越高，表明模态越接近实模态。

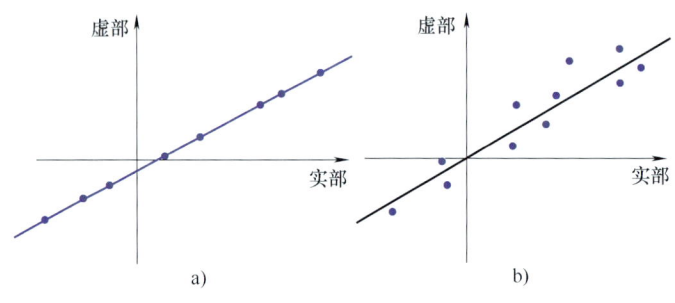

图6-51　模态的相位共线性
a）实模态　b）复模态

6.10.6　其他验证参数

其他验证参数还包括模态超复杂性MOV、质量灵敏度、平均相位偏差MPD等。

质量灵敏度定义为如果质量增加，那么固有频率必然降低，用符号"-"表示，若相反则用符号"+"表示。

模态超复杂性定义在某测点附加质量后，固有频率确定降低的这种测点所占的加权百分比。对于高质量的模态，MOV指数应当有高值（接近100%）。如果该指数偏低，则认为该模态或者只是一个虚假模态，或者是模态估计有问题。之所以称为"超复杂性"，是因为它意味着某些模态振型系数的相位角超越了一个合理的界限。

平均相位偏差MPD是为模态振型各个系数的相位角对其平均值的统计偏差，它指示出模态振型在相位上的分散程度。对于实正则模态，MPD的值应该很小，接近0°。

6.11　什么是工作模态OMA

模态分析分为实验模态分析EMA和工作模态分析OMA，二者都可以得到模态参数，但在应用场合、测量方式与分析方法等方面二者有着本质的区别。EMA 需要同时测量激励和响应，而 OMA 无须测量激励或激励无法测量得到。因而，OMA 在激励力无法测量的情况下具有独特的优势，可将"振动试验"简化为"响应测量"，可用于机械状态监测与结构健康监测等方面。

6.11.1 为什么要进行 OMA 分析

传统的实验模态分析 EMA 通常在实验室中进行测量分析，结构处于静止状态，通过使用额外的激励设备，如力锤或激振器等，去激励结构，以便使结构产生想要的响应。但当待测结构处于实际工作状态时，一方面传统的激励方式变得困难，不易实现；另一方面，结构的行为也不同于实验状态。

结构处于工作状态时，可能存在以下情况：
1) 结构出现非线性。非线性包括几何非线性、边界条件非线性和材料非线性等方面。
2) 确定结构的非线性，如飞行器在不同的飞行条件下需确定其非线性。
3) 在真实载荷作用下，结构会发生变化，如引起几何变形从而引起刚度变化等。
4) 叶片涡动引起刚度变化。
5) 结构与气动弹性力的相互作用，如颤振。
6) 处于工作状态的结构受到支撑系统预载荷的作用。
7) 受环境因素的影响，如温度、湿度的变化。
8) 受风载的影响。
9) 激励力无法测量，如土木工程结构（桥梁、运动场馆、大坝等）、运转的设备等。
10) 结构健康监测与损伤检测。
11) 环境试验等。

处于运行状态下的结构会产生相应的响应，如果这时仍采用传统的实验模态进行测试（假设易于激励）：使用额外的激励设备对结构进行激励，那么响应将是运行下的响应与额外激励设备产生的响应的叠加，由于响应不是当前可测量的激励引起的，那么相干将很差。另一方面，在运行状态下，结构所处的状态与实验模态条件下的状态是存在差异的。如果要测试结构在这些状态下的模态参数，传统的实验模态已不适用。因此，需要另一种模态测试分析方法，即 OMA 分析。OMA 利用结构处于运行状态下的响应来提取模态参数，无须测量激励力。

6.11.2 什么是 OMA

不管是 EMA 还是 OMA，模态分析的最终目的是从测量数据中确定模态参数：频率、阻尼和振型。EMA 是从测量的频响函数中确定这些参数，而 OMA 是从运行状态的测量时域数据中来确定这些参数。对 EMA 而言，需要测量输入与输出来确定系统的动态特性，但对于 OMA 而言，输入是未知的，或者说是无法测量的，只能测量响应，由响应来确定系统的动态特性，如图 6-52 所示。

OMA 测试时，结构受工作载荷或环境载荷的激励，这样的荷载是无法测量得到的，如设备运转时的激励力，土木工程结构受到附近交通、风载、大地脉动的激励等，这些激励多半是随机的。因此，OMA 测量的是结构在实际工作状态下的实际响应，这个响应将是结构在工作状态下的实际变形的精确反映，这样测量得到的响应除了用于工作模态分析之外，还可用于工作变形分析（ODS）。

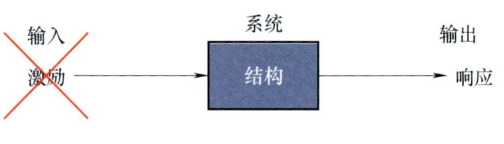

图 6-52 "输入-系统-输出"模型

由于 OMA 仅测量响应，也称为只有输出（响应）的模态分析。在土木桥梁行业，工作模态分析又称为环境激励模态分析或称为脉动法模态分析。对于 EMA 而言，通常在实验室中测量频响函数 FRF，通过锤击法、激振器法（包括正弦扫频与步进正弦等激励技术）或纯模态测试技术获得模态数据，然后采用时域或频域的模态分析方法得到模态参数，在测试之前还可以通过预试验分析来指导实验模态分析。而 OMA 在结构运行现场进行测试，仅测量结构的响应，使用时域历程、频谱来确定模态参数。

EMA 分析需要选择模态参考点，同样地，OMA 分析也需选择模态参考点，同样需要遵循模态参考点的一般原则：避开模态节点。受测量硬件的限制，如通道数有限、传感器数量有限等原因，那么，OMA 测试时需要分批（多个 run）进行测量，在测量过程中，作为模态参考点的响应测点始终固定不动。通常 EMA 测试能获得前数阶模态，如前 10 阶模态，但 OMA 分析受运行参数的影响，只能获得受运行载荷激励起来的这些模态，如运行载荷只激起了 3~5 阶模态，那么，从测量的响应数据中也只能分析出来这几阶模态。

EMA 需要人工激励，多半在实验室中进行，外场试验难以实现。由于需要使用激励设备，因此，增加了投入成本。EMA 一般在实验室进行，不少应用情况的实验室状态与实际运行状态可能有较大的不同。实验室里易于进行部件级试验，难完成大型系统的试验，如土木工程结构等大型结构。而 OMA 无须人工激励，节省了激励设备投资，只测量结构响应，将"振动试验"简化为"响应测量"，并可用于机械状态监测和结构健康监测，比如桥梁、大型体育场馆的健康监测。从测试的角度来讲，要比 EMA 测试简单，即使结构处于工作状态，也可以进行测试，不影响结构正常运行。可以用部分或全部测点作为参考点，因此 OMA 具有 MIMO 特点，易于区分密集模态，适用于复杂结构。

在 6.14 一节中，我们将会讲到使用实验模态的结果来修正有限元模型，通常从三个方面来考虑。即首先进行部件级对比修正，然后进行装配体对比修正，最后考虑边界条件的模型修正。前两级对比修正都是自由边界，最后一级才考虑边界条件。因此，通常前两级用实验模态结构来进行修正，第三级用工作模态来进行修正。自由状态的实验模态结果可以用来修正材料参数、几何模型等方面，而后续的工作模态修正可用来修正边界条件、接触关系和安装刚度等方面。因此，在模型修正过程中，可结合实验模态 EMA 和工作模态 OMA 来修正有限元模型。

6.11.3 OMA 的激励

通常大型结构采用常规的激励手段不足以激起整个结构，还易于造成局部损伤，且需要中断工作，所以，对大型结构采用常规激励手段是困难的或不可实现的。因此，OMA 采用结构实际工作时的工作载荷作为激励或环境激励作为激励更符合实际情况与边界条件，并且这种激励方式随手可得，费用低廉，且省时又安全，不影响结构的正常工作。如利用环境激励测量桥梁的模态、利用海浪及风载对船舶的激励进行工作模态分析。

在早期,对一些土木工程结构进行 OMA 测试的过程中,通常采用一些非常规的激励手段来激励结构,如对桥梁结构采用火箭激励、阶跃激励(使结构具有一定的位移,然后突然释放),如图 6-53 所示为在桥梁下面悬吊重物,如船舶,然后突然释放重物,使桥梁自由振动。

OMA 测试时,由于结构受工作载荷的激励或受环境载荷的激励(风载、交通)等,而这些激励通常是无法测量得到的,因此,在进行 OMA 模态分析时,理论假设这些激励都是稳态的白噪声,但实际情况不可能是理想的白噪声,但这一假设仍然适用。有时结构除了受到工作载荷、环境激励之外,为了增大结构响应,会随机对结构施加脉冲激励,但又不测量这个脉冲激励力。

处于工作状态的结构可能受到脉冲激励、正弦扫频激励、升降速激励、谐波激励等。如采用升速激励排气系统,测量响应进行 OMA 分析。当结构受谐波激励时,在响应信号中也会存在相应的谐波成分。因此,当实际的激励信号不一定近似白噪声时,得

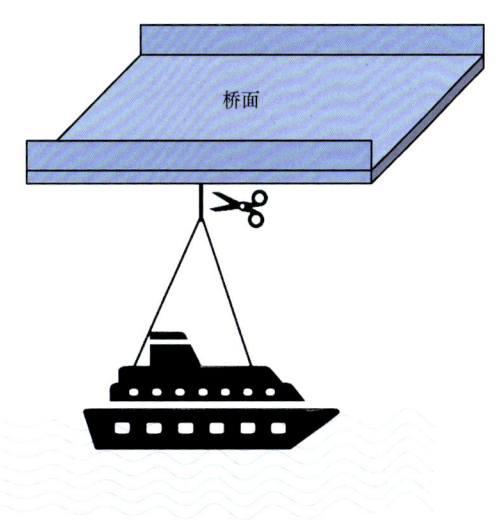

图 6-53 突然释放吊重激励

到的模态分析结果,有些阶模态是结构本身固有的,有些是激励引起的强迫振动,需要进一步进行甄别。

6.11.4 OMA 面临的挑战

通常 OMA 分析对象都是大型结构,如大型机械设备、风机、轮船、飞机、卫星、楼房、桥梁等大型结构,这些结构很难挪到实验室中进行测量,只能在结构现场进行测试。结构庞大,测点数目必然不少,因而,通常需要分多批次进行测量,在分批测量的过程中将面临激励不同、响应不同、模态不同等差异的影响。由于在现场进行测试,测试环境要比实验室恶劣得多,也面临更多的困难,如有些位置不可达,难以布置测点等。譬如测量风机塔筒的工作模态,只能在有限的可达位置处布置测点,并且塔筒垂直高度达 70~80m,爬塔就是一项辛苦的工作。

另一方面,大型结构具有模态频率低、模态密集的特点,因此,在测试时需要考虑使用低频性能更好的传感器。由于分批测量,结构所受的激励不同,激起的模态也不同,这将给后续模态分析带来影响,可能产生不清晰或不一致的稳态图。另外,由于现场测试,将出现信噪比不高、易受到噪声的干扰等情况,给分析带来困难。

6.11.5 测量注意事项

EMA 模态测试时,需要考虑边界条件、激励方式、测量自由度、模态参考点、根据测点建立几何模型等方面。而对于 OMA 而言,由于边界条件为实际的工作状态,激励力无法测量或不需要测量,因此,仅需要考虑测量自由度、模态参考点和建立几何模型。关

于测量自由度与模态参考点可参考 5.7 模态测量自由度的数目与分布和 5.9 什么是模态参考点。

OMA 分析的最终目的是获得模态参数：频率、阻尼和模态振型，因此，为了表征模态振型，需要在结构上布置多个测量自由度，并根据这些测点建立用于表征振型动画的几何模型。在布置测量自由度数时，分两种情况：一种情况为测量自由度少于数据采集通道，可一次完成所有测点的测量；另一种情况是测量自由度多于数据采集通道，需要分批测量（多个 run）。

第一种情况只需要测量一次，无须移动响应传感器，这时由于传感器都可以认为是固定不动的，那么，分析时可从这一批响应测点中选择一个或多个响应测量自由度作为模态参考点。选择一个测量自由度作为模态参考点属于单参考点。而选择多个测量自由度则属于多参考点。因此，OMA 具有多参考点模态分析特点，可识别重根与密集模态。在选择参考点时，要避开各阶模态的节点，另外，选择多参考点时，每个参考点都应该能提供额外的模态信息，以防出现模态丢阶的情况。

第二种情况，由于测量自由度多于数据采集通道数或传感器总数，因此，需要分批移动响应传感器。对于第一种情况，可以在分析时从一批测点中选择一个或几个作为模态参考点，如果选择的参考点不合适，还可以再次选择。但对于第二种情况，必须在测量时域响应的时候就选择好合适的模态参考点，选择之后，测量与分析过程中都不能更改，不像第一种情况，可以变更。这时因为测量过程中，需要移动传感器，而模态参考点是测量过程中始终固定不动的测点，那么，在移动传感器的过程中，作为模态参考点的测点应该始终是固定不动的，且每批次测量时，这些模态参考点必须都要测量，测点名不能变化。图 6-54 所示为一座桥梁的 OMA 测试过程，由于桥梁跨度大，测点多，需要分 5 批次进行测量，其中选择 3 个测点作为模态参考点（属于多参考点方式），那么在每一批次的测量过程中，这 3 个参考点都必须测量，且测量过程中这三个参考点的测点名保持不变。

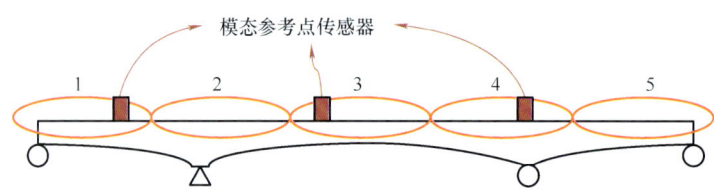

图 6-54 模态参考点固定不动

分批测量响应时，除了事先须选择参考点之外，还存在以下影响。

1）每批的激励不完全相同。机械设备可能不处于稳态运行状态，即使稳态运行，每批次测量的激励也不会完全相同。看起来处于静止状态的桥梁等土木工程结构，在不同的时刻会受到不同的大地脉动、风载和交通的激励。

2）响应不具有重复性。由于每批次可能受到不同的激励，那么相应的响应也不相同。

3）每批次可能会激起不同的模态。每批次激励不同，激起的模态也会不同，这会导致在一批次中激起的模态在另一批次测量中将不会被激起。因而，单独分析每批次测量数据时，会得到不同的模态结果。

4）环境变化带来的影响。待测结构所处的环境变化会引起模态参数的变化，如温度变化会带来影响，早晨测量的桥梁模态频率与中午烈日当空下的频率存在差异。

5）数据可能不一致，除了上述原因造成的数据不一致之外，还可能由于传感器移动导致的数据不一致。一般来说，对于大型结构，这不会有明显的影响，但对于轻质的结构，如测量工作状态下的排气系统，这将会有严重的影响。

以上可能的因素将导致在进行模态分析时出现以下结果：

1）频率移动。
2）不清晰的稳态图。
3）复杂的模态振型。
4）不正确的模态振型（如图6-55所示）。
5）测量数据与计算模型的相关性差等。

因而，使得模态分析更为复杂与难以解释。

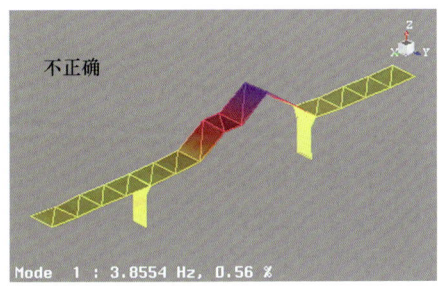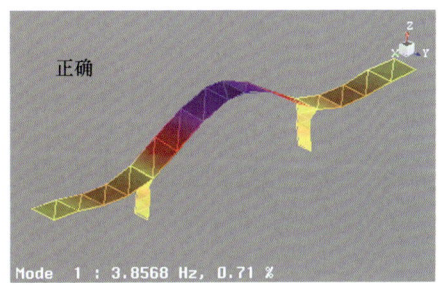

图6-55 不正确与正确的模态振型

由于每批次测量时，激励不同，响应不同，模态也不同，因此，使用不同的分析软件时会有不同的处理方式。如使用Testlab进行分析，则需要每批次单独分析，然后使用Multi-run和合并模态来处理。如图6-56a所示为所有批次的数据同时处理得到的模态，其相位共线性为78%，平均相位偏离为32.5°。而图6-56b所示为先每批次单独分析，然后使用Multi-run和合并模态来处理，得到的相位共线性为95%，平均相位偏离为12°。当然也有的软件在后台会同时处理这些问题，不需要单独分析每次批次，仅仅是所有批次的数据同时处理，也可以得到正确的结果。

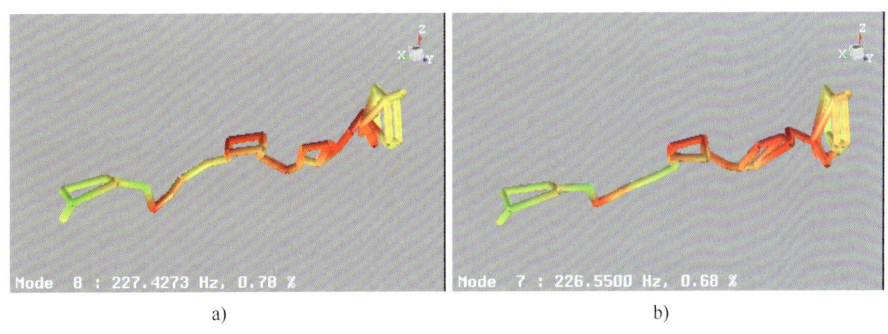

图6-56 不同处理方式得到的结果
a) 5批次同时分析　b) Multi-run和合并模态处理

6.12 什么是工作变形分析 ODS

工作变形分析（Operational Deflection Shape，ODS）不同于模态分析，它的变形形状是各阶模态振型的线性叠加。虽然有时我们也把 ODS 的变形称为振型，但它与模态振型有着本质的区别。模态分析是将物理空间上复杂的、耦合的运动方程通过特征值求解和模态变换方程变换到模态空间，在模态空间，这组物理空间上耦合的方程变成了一组解耦的单自由度系统的运动方程。而 ODS 不做任何分解，直接用实际的响应来显示变形。

6.12.1 什么是 ODS

振动测试时，通常结构是处于某种工作状态，测量结构在这种工作状态下的响应。此时，处于工作状态下的结构受到工作载荷或环境载荷的激励，通过各种传递路径，在测量位置产生相应的振动响应。受工作载荷或环境载荷的激励，结构会被激起一些模态（注意不是全部模态，只是部分模态），激励起来的每一阶模态都会在测量位置处产生相应的响应，这些激励起来的模态在测量位置的响应的叠加，就是振动测量得到的这个响应，当然也可能还包含强迫响应，因而，这个响应是结构在受当前激励下的总响应。也就是说，当前测量获得的响应是结构受工作载荷或环境载荷的激励所激起来的所有模态在这个测量位置处产生的响应的叠加，即系统各个测点的响应是激起来的那些模态向量 φ（模态振型）与模态坐标 q（加权系数，各阶模态对总响应的贡献量）的乘积（可参考 6.3 什么是模态振型一节）。

$$X(\omega) = \begin{pmatrix} x_1(\omega) \\ x_2(\omega) \\ \vdots \\ x_M(\omega) \end{pmatrix} = \begin{pmatrix} \varphi_{11} & \varphi_{12} & \cdots & \varphi_{1N} \\ \varphi_{21} & \varphi_{22} & \cdots & \varphi_{2N} \\ \vdots & \vdots & \ddots & \vdots \\ \varphi_{M1} & \varphi_{M2} & \cdots & \varphi_{MN} \end{pmatrix} \begin{pmatrix} q_1(\omega) & q_2(\omega) & \cdots & q_N(\omega) \end{pmatrix}^T$$

ODS 分析是测量处于工作状态下的响应，然后直接使用时域或频域的响应来显示变形振型，不像模态分析，需要进行参数提取，而 ODS 是直接使用各个测点的响应来显示振型，响应是各阶模态振型与模态坐标的乘积，因此，我们说 ODS 是各阶模态的线性叠加，加权系数就是模态坐标。由于响应数据可以是时域的，也可以是频域的，因而 ODS 又分为时域 ODS 和频域 ODS，时域 ODS 是所有模态在当前这一时刻的叠加，频域 ODS 是所有模态在当前频率处的叠加。

有时，人们把工作状态下测量得到的响应数据称为工作数据。比如工作模态分析或 ODS 分析时，就需要测量工作数据。工作数据是激起来的各阶模态在测量位置处产生的响应的线性叠加，各阶模态在叠加时，每阶模态都存在一个加权系数，如图 6-57 所示，实际工作状态下的 ODS 等于各阶模态乘以相应的加权系数之和。各个加权系数的大小取决于输入力的大小、个数、位置与频率成分等因素。

因此，工作状态下的 ODS 是激起来的各阶模态的线性叠加，是结构在当前载荷下的总变形或者总响应。既然已有工作数据，那为什么还要这么麻烦去采集模态数据呢？模态数据采集和参数提取过程似乎更烦琐。这是因为工作数据是工作条件下结构行为的真实描述，这

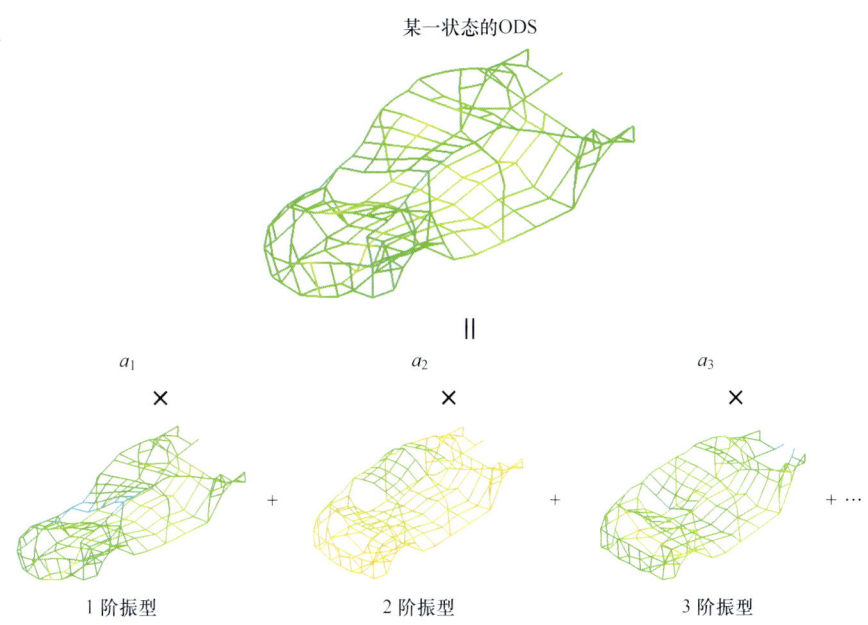

图 6-57　ODS 由各阶模态叠加组成

是非常有用的信息。然而，许多时候工作数据让人迷惑不解，未必能为怎样解决或改正工作状态中出现的问题提供明确的指导。能同时结合工作数据和模态数据去解决动力学问题，那是最理想的情况。

6.12.2　与模态分析的区别

ODS 与模态分析的区别在于，模态得到的是结构固有属性：频率、阻尼和模态振型，而 ODS 得到的是结构在某一状态下的变形，如图 6-57 所示。此时分析出来的 ODS 振型已不是我们常说的模态振型了，它是结构模态振型按某种线性方式叠加的结果。只是人们还习惯性地称这种变形形式为振型而已。

模态分析帮助人们获得各阶模态参数，得到的模态振型是矢量，是相对量，非绝对量，因而可对模态振型进行任意缩放。有时，缩放比例较大时，模态振型可能都有冲破电脑屏幕的趋势，当然了，这仅是从缩放的角度来考虑的。因为一个向量，可乘以一个无限大或无限小的比例因子。而只有当模态参数乘以了输入，从而产生相应的响应才是绝对量。而这个绝对量也正是要测量的振动响应。而 ODS 直接用绝对量的时域响应或频域响应来显示变形，因此，ODS 的振型是绝对量，而模态振型是相对量。

不管是模态分析还是 ODS 分析，都需要表征振型，因此，ODS 也需要布置很多测点，然后依据这些测点建立用于表征 ODS 振型的几何模型。由于 ODS 也是测量结构在工作状态下的响应，因此，通常会把响应数据同时用于 OMA 和 ODS 分析。但二者有着本质的区别。OMA 是模态分析方法，可以得到模态参数频率、阻尼和振型，但 ODS 只能得到位于选择的频率处或时刻处的振型，没有阻尼信息。模态分析得到的是结构的固有属性，与激励无关；而 ODS 不是分析结构的固有属性，与激励相关。

由于 ODS 使用的是工作数据，因此，工作数据中除了受工作载荷激励起来的模态之外，可能还包含强迫响应，那么，在 ODS 振型中也会体现这一点。根据第一点，我们知道，结构的响应是各阶模态的线性叠加。因此，也可以将 ODS 响应用各阶模态来分解，从而确定各阶模态对响应的贡献量。模态贡献量是某阶模态引起的响应在总响应中的比重，也就是模态坐标。

6.12.3 时域 ODS

时域 ODS 是用时域数据来显示 ODS 振型，当光标停留在时域数据（可能是时域数据的包络）的某一时刻处时，用各个测点这个时刻的时域数据来显示振型动画，当然，这个时刻的 ODS 是各阶模态振型在这一时刻的叠加，如图 6-58 所示为车门在 126.48s 处的 ODS 振型，从图 6-58 中可以看出，ODS 没有阻尼信息。

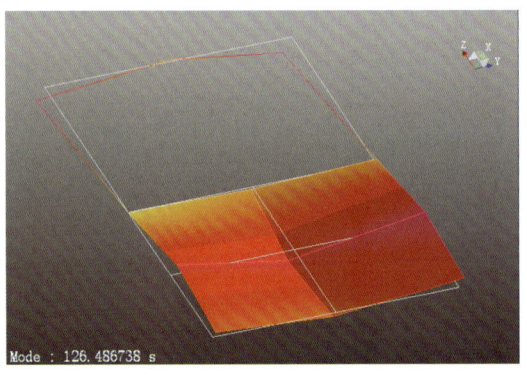

图 6-58 126.48s 处的 ODS 振型

6.12.4 频域 ODS

如果是使用频域数据，如频谱、自谱、互谱、FRF 等频域数据，来显示 ODS 动画，则称为频域 ODS。由于数据横轴为频率，因此，频域 ODS 表征的是结构在某一个频率处的变形。在这用一块方形的平板的前两阶弹性模态来说明频域 ODS，平板前两阶模态如图 6-59 所示。

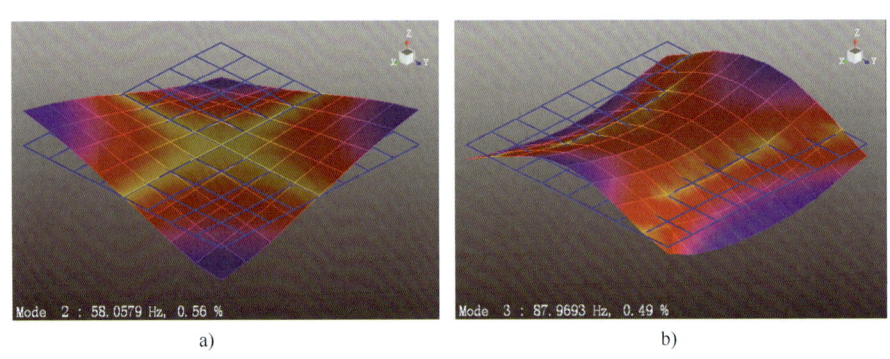

图 6-59 平板的前两阶弹性模态
a) 第 1 阶弹性模态　b) 第 2 阶弹性模态

当光标位于 FRF 包络曲线的第 1 阶模态频率处时，如图 6-60 所示，可以看出 FRF 主要是由 1 阶和 2 阶模态的贡献组成，当然还有少量其他阶模态的贡献。系统的主要响应，不管是在时域还是频域，都是第 1 阶模态占主导，因此，ODS 变形看起来非常像第 1 阶模态振型，但是还有少量第 2 阶模态和其他阶模态的贡献。

当光标位于 FRF 包络曲线的第 2 阶模态频率处时，如图 6-61 所示，可以看出 FRF 主要是由 1 阶和 2 阶模态的贡献组成，当然还有少量其他阶模态的贡献。系统的主要响应，不管是在时域还是频域，都是第 2 阶模态占主导，因此，ODS 变形看起来非常像第 2 阶模态振型，但是还有少量第 1 阶模态和其他阶模态的贡献。

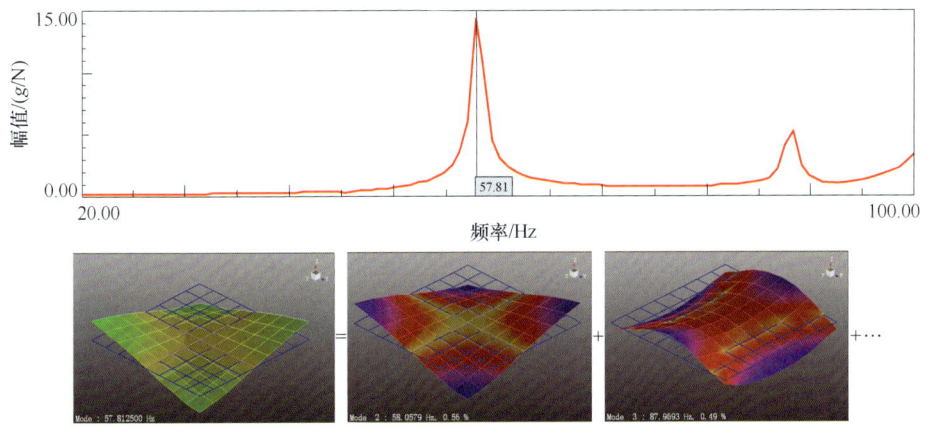

图 6-60　第 1 阶模态处的 ODS 振型

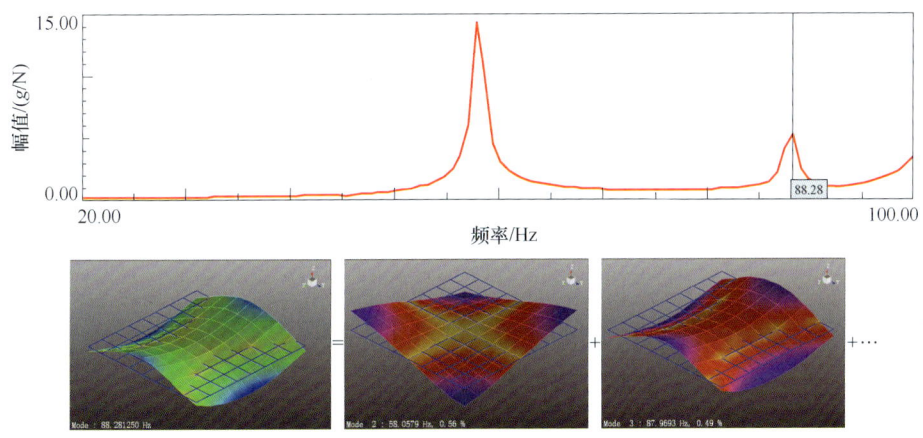

图 6-61　第 2 阶模态处的 ODS 振型

当我们测量 FRF 并进行模态参数估计时，实际上是确定单独 1 阶模态和单独 2 阶模态以及系统的其他阶模态各自对总 FRF 的贡献。对于工作数据，我们仅仅是考虑结构在某一特定频率处的响应，该响应为所有模态对系统总响应的线性组合。所以，现在我们能明白工作状态下的平板变形振型非常像第 1 阶模态振型，如果主要激励 1 阶模态。

当光标远离模态频率时，将会发生什么呢？让我们将光标停留在 1 阶与 2 阶频率中间（78Hz 处），从这可以看出模态数据和工作数据之间的真实差异。图 6-62 给出了结构的 ODS 振型，初看起来，变形似乎不像我们以前认识的任何模态振型。但是如果观察时间足够长久，就会发现变形竟然含有部分第 1 阶扭转变形和部分第 1 阶弯曲变形，二者权重相当。所以工作变形主要是 1 阶和 2 阶模态振型的某种组合（是的，实际上还有其他阶在里面，但是 1 阶和 2 阶模态是 ODS 振型的主要参与者）。

当我们实际采集工作数据时，不测量 FRF，仅测量到了系统的输出频谱。如果仅考虑这些输出频谱，可能对于解释为什么工作数据看起来非常像模态振型，还是不够清晰。但我们明白结构所受的工作载荷是宽频激励，能激起多阶模态时，通过理解每一阶模态对工作数据有怎样的贡献，明白所有模态对系统总响应的贡献就相当容易了。因此，实际上，工作变形

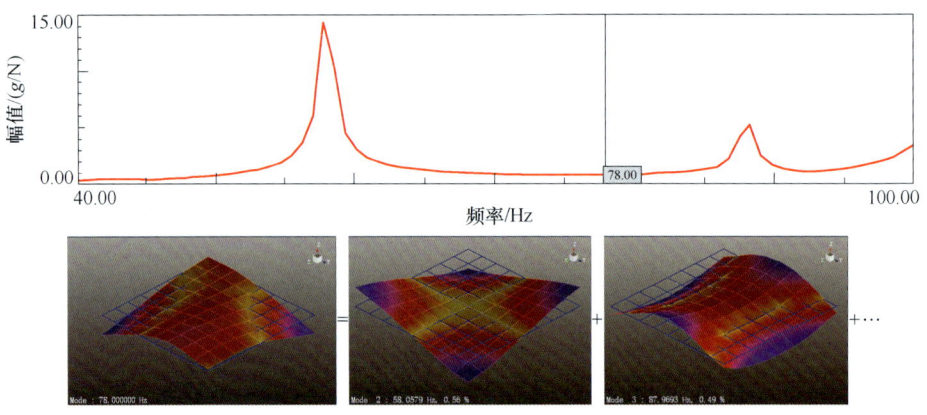

图 6-62 光标位于 1 阶和 2 阶之间

与模态振型之间有很大的差别：工作变形是模态振型以某种线性方式的组合。

6.13 什么是刚体惯性参数

刚体是指在运动中和受到力的作用后，形状和体积都不发生变化的物体，不管是否受力，内部各点之间的相对位置保持不变，也就是说刚体不发生变形。现实世界中，绝对的刚体实际上是不存在的，只是一种理想模型，因为任何物体在受力作用后，都或多或少地发生变形，如果变形的程度相对于物体本身几何尺寸来说极其微小，在研究物体运动时变形就可以忽略不计。

刚体在空间的位置必须根据刚体中任一点的空间位置和刚体绕该点转动时的位置来确定，所以刚体在空间有六个自由度：三个平动和三个转动。平动时，刚体上任意一条直线始终平行于它们初始的位置。转动时，刚体内各质元绕同一直线做圆周运动。刚体任何复杂的运动，都是这两种基本运动的叠加。

6.13.1 刚体惯性参数简介

刚体惯性参数是指质心位置（三个方向的坐标）和转动惯量（六个分量：三个转动惯量和三个惯性积），以及可以将转动惯量转换为主转动惯量和惯量主轴方向，如某结构的刚体惯性参数见表 6-6。

表 6-6 某结构的刚体惯性参数

相对参考的质心坐标			
XYZ 坐标/m	-0.015743734	-0.00080098695	-0.0092451269
相对质心的转动惯量			
I_{xx}，I_{yy}，I_{zz}/(kgm^2)	0.022635733	0.024094381	-0.015105708
I_{xy}，I_{xz}，I_{yz}/(kgm^2)	0.00044967762	0.00074263793	-0.00067129988
主转动惯量			
I_{11}，I_{22}，I_{33}/(kgm^2)	0.024240237	0.02251567	-0.0151315

(续)

惯量主轴方向			
以参考为中心			
方向1XYZ坐标/m	0.27907549	-0.96002515	-0.021646876
方向2XYZ坐标/m	-0.96007205	-0.27940403	0.01396605
方向3XYZ坐标/m	-0.019455983	0.016884979	-0.99966813
以参考为旋转中心			
XY, XZ, YZ (°)	-73.791063	-1.2403715	179.19959

在空间上运动时，刚体上任意两点的连线在平动中是平行且相等的，那么，平动时，刚体任一点的运动（位移、速度和加速度）与质心是相同的。对于转动而言，各点的运动都可以用质心的运动来表示，如质心位置处的加速度分别为 $\ddot{x}_0$、$\ddot{y}_0$ 和 $\ddot{z}_0$，角加速度分别为 $\ddot{\alpha}$、$\ddot{\beta}$ 和 $\ddot{\gamma}$，则任一点 i 的加速度为

$$\begin{cases} \ddot{x}_i = \ddot{x}_0 + Z_i\ddot{\beta} - Y_i\ddot{\gamma} \\ \ddot{y}_i = \ddot{y}_0 - Z_i\ddot{\alpha} + X_i\ddot{\gamma} \\ \ddot{z}_i = \ddot{z}_0 + Y_i\ddot{\alpha} - X_i\ddot{\beta} \end{cases}$$

其中，X_i，Y_i，Z_i 是 i 点相对于质心的坐标。

6.13.2 为什么需要刚体惯性参数

在汽车行业，经常需要测量汽车动力总成、重卡驾驶室的刚体惯性参数。因为动力总成或重卡驾驶室都是通过悬置与车身相连，对悬置系统进行减振、隔振设计需要获取准确的动力总成或重卡驾驶室的质量、质心、惯性矩和惯性积等惯性参数。这些参数作为悬置优化设计的输入参数，因此，惯性参数的准确与否对悬置系统的减振、隔振设计的效果有着重要影响。

在进行运动学和动力学仿真预测时，如多体动力学分析，需要将刚体的这些惯性参数输入到仿真模型中。如果一个小的刚体部件作为某个有限元模型的一部分，要与之耦合，这时也需要获得这个小刚体的惯性参数。采用模态的方法对结构进行动力学修改以及子结构分析时，要求获得的模态结果是一个完整的结果，即包含刚体模态和弹性模态，而通过测量频响函数的方法，如质量线法或刚体模态振型法，都可以获得刚体模态。

6.13.3 常规的测量方法

目前刚体惯性参数测试方法主要有复摆法、三线摆法、刚体模态振型法和频响函数质量线法等。

复摆法（见图6-63）、三线摆法（见图6-64）是将被测对象悬吊起来，通过测量被测对象多种姿态下的摆动周期来计算惯性参数：

$$T = 2\pi\sqrt{\frac{I_o}{mgh}}$$

然而复摆法测量精度低、误差较大。三线摆法虽然精度高，但需要反复调整被测物体姿态3

次以上,试验过程费时费力。对于平面结构,确定质心位置非常容易,但复杂结构实施起来非常困难。

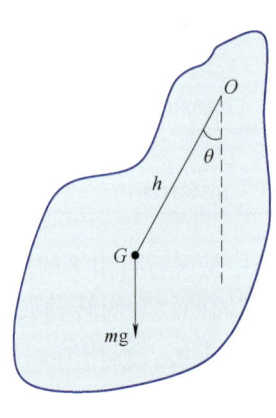
图 6-63 复摆法

图 6-64 三线摆法

刚体模态振型法是测量刚体的频响函数,但需要将 6 个刚体模态都激励起来,对测量得到的频响函数进行模态分析,确定 6 阶刚体模态振型,然后根据质量矩阵与模态振型的正交性关系来求解相对于原点的质量矩阵。

刚体模态振型法要求一次试验得到刚体的所有 6 阶模态振型,实测中往往难以做到。另外测量精度严重依赖于低频频响函数的质量,这是因为通常刚体模态频率非常低(低于 10Hz),这会受传感器低频特性的影响,而测量通常使用加速度传感器,加速度传感器低频性能差。

6.13.4 基于质量线法的刚体特性参数识别

在 2.5 什么是频响函数 FRF 一节中,我们已经明白了频响函数用位移与力之比时,称为动柔度。单自由度系统的动柔度表达式为

$$H_u(j\omega) = \frac{X(j\omega)}{F(j\omega)} = \frac{1}{(k-m\omega^2)+jc\omega}$$

对上式微分两次,可得到加速度与力之比的频响函数为

$$H_a(j\omega) = \frac{A(j\omega)}{F(j\omega)} = (j\omega)^2 \frac{X(j\omega)}{F(j\omega)}$$

$$= \frac{-\omega^2}{(k-m\omega^2)+jc\omega} = \frac{1}{m-k/\omega^2-jc/\omega}$$

对于单自由度的动柔度而言,在低频段,随着频率的降低,动柔度的幅值越接近 $1/k$,如图 6-65 所示,因为动柔度低频段刚度的影响具有支配性,因此把这段区域叫作刚度线或者柔度线。

而加速度与力之比的频响函数也有这样类似的情况,随着频率的增加,加速度与力之比的频响函数的幅值越接近 $1/m$,如图 6-65 所示。因此,在高频段,频率越高,质量的影响越来越明显,表明质量对高频段曲线起支配作用,所以单自由度系统的频响函数的高频段叫作质量线。而基于频响函数质量线的刚体惯性识别正是基于加速度与力之比的频响函数,采

用刚体模态之上的质量线进行识别，确定刚体惯性参数。

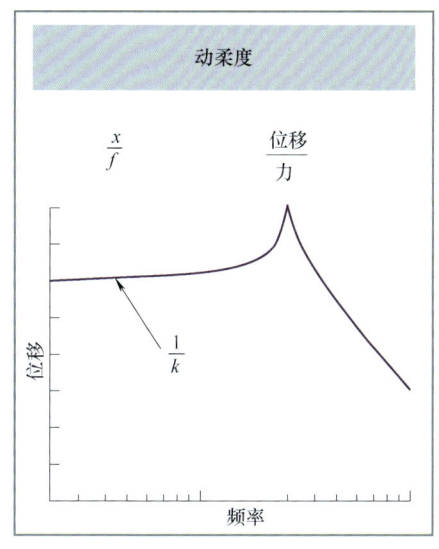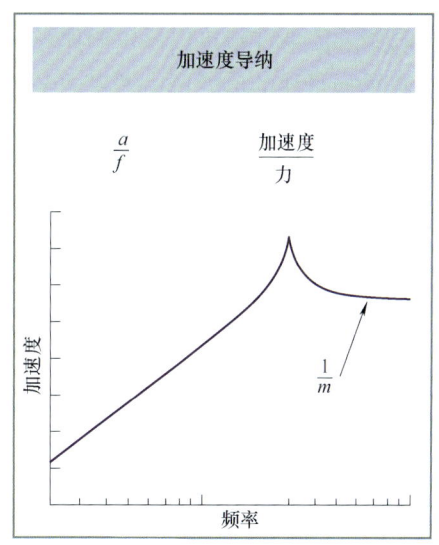

图 6-65　动柔度（左）和加速度与力之比的频响函数（右）

频响函数质量线法以待测结构频响函数的刚体模态之上的质量线为出发点，质量线反映的是具有柔性支承结构的惯性制约力。相比较刚体模态振型法，质量线所有的频率范围高于刚体模态频率，因而，不受传感器在低频范围内性能差的影响。将质量线的数据代入一组运动学方程和动力学方程，就可以求出刚体的惯性参数。质量线法使用力锤或激振器进行常规的模态测试，获得多个点的激励与加速度响应，但测量也需考虑相应的注意事项才能获得较高的测量精度。但相对其他方法，不需要额外的其他设备，测量省时省力，相比传统的复摆法、三线摆法结果更精确。

为了获得准确的计算结果，可通过称重的方式获得刚体的质量。

基于频响函数的质量线法在进行频响函数测量时，应采用自由边界，保证支承足够柔，刚体运动在所有方向都充分自由。

由于计算过程中需要用到各个测点相对于参考的坐标，因此，几何建模要精确，这一点不同于模态分析要求的几何模型。另外，从测量误差的角度来考虑，当测点相对于参考的坐标值较大时，可减少坐标测量带来的尺寸误差。所以，建议测点位置应尽量位于刚体的外缘。

基于频响函数的质量线法求解刚体惯性参数时，要求输入的数据应该是在激励和响应分别为力和加速度的情况下得到的，即 FRF 幅值的单位为 $\mathrm{ms}^{-2}/\mathrm{N}$（或 g/N），否则应该能转换到这个量纲。

理论上讲，计算刚体属性要求有两个激励和 6 个响应。实践表明，要想获得良好的计算结果，至少应测量 6 个激励（2 个点各三个方向）和 8~12 个三向加速度响应。为了便于矩阵求逆，激励自由度不宜在一条过质心的直线上。

所有的刚体惯性参数都是相对于一个参考坐标系而得出的。给定一个参考坐标系，需确定其原点在惯性（总）坐标系中的三个坐标，以及相对于总坐标的三个旋转欧拉角。

刚体惯性参数是在选定的频带内按总体最小二乘意义求出的，这一选定频带应该在最高刚体模态频率和最低弹性模态频率中间区段内选取。因此，进行频响函数测量时，带宽应包含第一阶弹性模态。这样也可以确定刚体模态与弹性模态的距离。

计算所需的质量线的值，可由测量的 FRF，经由三种途径求得。

如果刚体模态和弹性模态之间在频率上有足够远的间距，则可以直接利用原始测量的 FRF 幅值。在这种情况下，作刚体模态分析时无须考虑弹性模态的影响。

如果刚体模态和弹性模态之间的频率间距不够远，则需要对 FRF 作修正。若弹性模态的影响显著的话，应将其从原本的 FRF 中移除。这种情况下可以用综合的 FRF 幅值（带符号的实部）参与计算。

如果在刚好高出刚体模态的频段内不可能得到精确测量 FRF 时，那么可以利用存在的第一阶弹性模态影响频段的下残余项。该残余项可以在模态分析过程中求得，下残余项代表低于弹性模态的那些模态的影响，因而实际上代表了刚体模态。

6.14 试验模态与计算模态的区别与联系

从方法论角度来讲，模态分析分计算模态分析和试验模态分析。若模态参数是由有限元计算的方法获得，则称为计算模态分析。若是通过传感器和数据采集设备获得输入输出数据，然后通过参数识别获得模态参数，则称为试验模态分析。在试验模态前期阶段，通过计算模态分析可以帮助确定试验中的测点分布和参考点位置等。而在后期阶段，试验模态的结果可以用于校准有限元模态，提高模型的准确性。因此，试验模态与计算模态既有联系又有区别，这一节将从以下几方面来讲述它们之间的区别与联系：

- ➢ 自由度的区别
- ➢ 几何模型的区别
- ➢ 求解理论的区别
- ➢ 其他方面的区别
- ➢ 二者怎么对比
- ➢ 二者的关联性

6.14.1 自由度的区别

任意连续结构都可以看成是由无限多个微刚体组成的，每个微刚体有 6 个自由度，因而，可以认为任意连续结构具有无限多个自由度。但是，所有这些结构又可以近似地看作是有限多个微刚体组成，因此又可以认为连续结构具有有限多个自由度。该自由度数决定了解析质量矩阵、刚度矩阵和阻尼矩阵的维数，也决定上理论上存在的固有频率数和模态振型阶数。然而能够测量的自由度数还要受某些实际条件的限制，如转动自由度测量极其困难，有限的频率范围，测试系统如传感器、信号调理仪和数据采集动态范围有限也限制了可测的模态阶数。

因为试验模态的物理测点的选择有些任意性，因而在结构自由度与测量自由度之间不存在特定的关系。一般说来，为了确定系统的 N 阶模态，输入自由度和输出自由度应该大于或者等于 N。需要注意的是，即使输入和输出自由度大于 N，也不能保证从输入和输出自由度中能得到 N 阶模态。

对于结构而言，本身具有无限多个自由度，而通过数值计算可以计算有限多个自由度，但对于试验测量而言，只能测量结构上的少数自由度。在这以悬臂梁为例，如图 6-66 所示。实际的悬臂梁为连续的无限自由度结构，在进行计算时，需要将无限多个自由度的连续结构进行离散，离散成有限多个自由度的离散结构。而在进行试验测量时，只选取少数几个自由度进行测量，此时的试验模态的自由度数远远小于离散的数学计算模型的自由度数。

因此，计算模态的自由度数根据结构的不同，可能会从几百到上百万，而试验模态的自由度数可能只有几个到几百个。

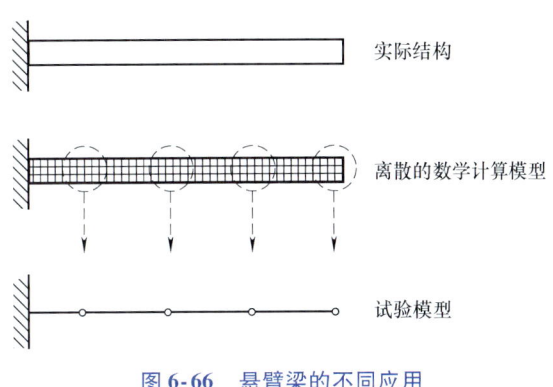

图 6-66 悬臂梁的不同应用

6.14.2 几何模型的区别

对于计算模态而言，通常将描述系统特征的运动方程组用矩阵形式表示：

$$M\ddot{x}(t) + C\dot{x}(t) + Kx(t) = f(t)$$

M、C 和 K 分别表示质量矩阵、阻尼矩阵和刚度矩阵，连同相应的加速度向量、速度向量和位移向量以及外力向量一起组成基本运动方程。因此，在进行模态求解时，需要获得结构的质量矩阵、阻尼矩阵（有时可能不考虑）和刚度矩阵，这就需要建立精确的几何实体模型。

建立的几何实体模型需要赋予材料属性，如密度、弹性模量和泊松比（假设为各向同性材料）等，这样根据精确的几体实体模型，就可以获得质量矩阵和刚度矩阵。这个几何实体模型除了为计算提供质量矩阵和刚度矩阵数据之外，还用于表征计算出来的模态振型动画。

在试验模态中，需要的数据是由输入输出来计算频响函数，而不需要知道待测结构的质量和刚度等信息。而为了表征参数识别出来的模态振型也需要一个几何模型，但该几何模型仅用于表征振型动画。并且这个几何模型是根据测点位置建立起来的，如果结构复杂，测点数目较少，可能从这个几何模型完全看不出结构的形状，而计算模态中的几何模型是精确的几何实体模型，可以看出具体的结构形状。

另一方面，由于试验模态中的几何模型是根据测点建立起来的，因此，这个几何模型是线框模型，而非实体模型，仅仅是用来表征测点位置和振型动画的，除此之外，别无他用。

图 6-67a 所示为某制动盘的有限元计算中的几何实体模型，并且划分了网格。采用四面体自由划分默认算法进行网格划分，得到了 49686 个实体单元，84349 个节点。图 6-67b 所示为这个结构试验模态的几何模型，测点布置方案是分别将制动盘外、内环面沿径向划分 2 等份，共 5 圈，每圈 32 个测点，共 160 个测点，根据这些测点建立的几何模型如图 6-67b 所示。注意到图 6-67a 中的几何实体上还开有 5 个孔洞，但图 6-67b 中的几何模型却反映不

出来这样的细节。

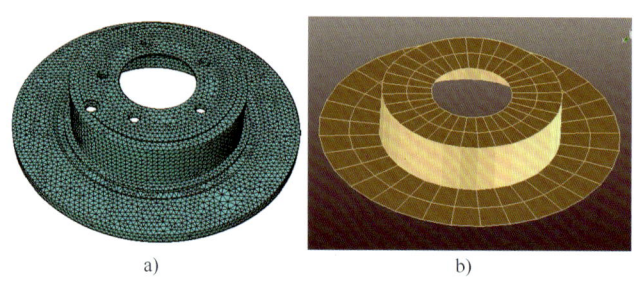

图 6-67 制动盘的不同应用
a) 三维实体模型　b) 线框模型

因此，计算模态的几何模型为实体模型，据此可以获得质量矩阵、刚度矩阵等数据，以及用于表征振型。而试验模态的几何模型为线框模型，是根据测点坐标建立起来的，仅用于表征测点位置和模态振型。

6.14.3 求解理论的区别

计算模态根据结构的几何形状、边界条件和材料属性，将结构的质量分布、刚度分布和阻尼分布分别用质量矩阵、刚度矩阵和阻尼矩阵表示出来，如上一小节的基本运动方程所示，通过质量矩阵、刚度矩阵和阻尼矩阵确定结构的模态参数。计算模态不考虑方程中的外力向量，主要是对方程进行特征值求解，首先获得特征值，然后获得特征向量。而特征值就是模态频率，特征向量就是模态振型。

特征值求解的数学处理可采用一些不同的方法实现。这些方法又分为直接求解和间接求解。对于规模较小的矩阵，采用直接求解方法分解方程组，得到所有的特征值和特征向量。常用的直接求解方法有雅可比（Jacobi）、吉文斯（Givens）和豪斯霍尔德（Householder）等。当矩阵的规模更大时，如大型有限元模型常使用一些间接方法，但这些间接方法只能得到一些低阶模态（高阶模态难以收敛）。这些间接方法如子空间迭代法（Subspace Iteration）、同步向量迭代法（Simultaneous Vector Iteration）和兰索斯方法（Lanczos）等。

在此不关注这些方法的细节，只讨论特征值求解和在何时能得到频率和模态振型。因此，一般形式的特征值求解方程如下：

$$(K - \lambda [M])x = 0$$

首先，特征值可从矩阵的行列式中得到。这个行列式其实就是一个高阶多项式，多项式的根也就是特征值（模态频率）。这些根数值上可通过任何求根解算法获得，这些算法如正切方法（Secant Method）、牛顿-辛普森方法（Newton-Rapson Method）等。

因此，特征方程和一个可能的典型多项式，如图 6-68 所示。函数过零位置就是多项式等于零时的根。

$$(K - \lambda M)x = 0$$

既然已经给出了方程组的频率，那么下一步就是确定模态振型。如果你使用第一个特征值，$\lambda = \omega_1^2$，代入到特征方程，那么就能求解得到向量 x_1，因为 M、K 和 ω_1^2 是已知的。求解这个向量可直接使用一些分解模式，如克劳特-杜利特尔（Crout-Doolittle）分解法、乔里斯基（Cholesky）分解法、LDL分解法等。

向量 x_1 实际上就是那个特定频率对应的模态振型，而正是使用这个频率去求解方程组，得到与这个频率相对应的向量。图6-69所示为自由梁的第1阶自由-自由弹性模态，注意使用特征值 λ_1 去确定系统的第1阶模态。如果进一步求解如图6-69所示方程，将会发现弹性力等于惯性力。我们可以说这根梁在频率 ω_1^2 处处于动态平衡状态。如果从能量角度去观察这个系统，你将会明白为什么会存在节点，系统将围绕这些节点振荡，在这些节点处系统的振型有相等的正负部分，使得系统处于平衡状态。

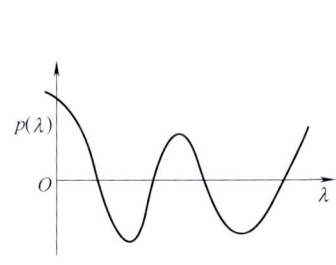

图 6-68　行列式的根的图形表示

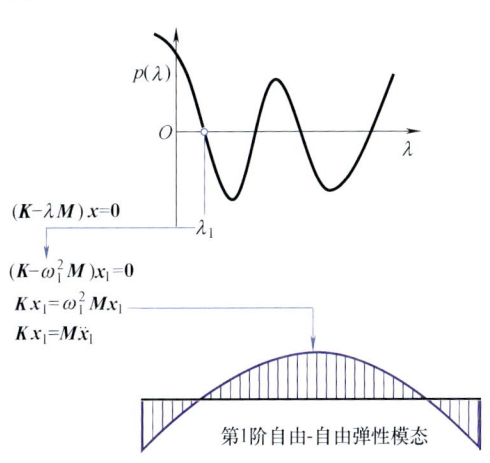

图 6-69　第 1 阶模态的特征值求解示意

当然，我们可以为第2阶频率做相同的事情，然后继续求解所有感兴趣的模态。笔者讲解的过程可能会采用不同的求解算法去分解这个矩阵，以获得最终的答案。目的是使你更明白整个过程，即计算模态从基本运动方程中怎样求解频率和模态振型。

因此，重要的是要知道计算模态的特征值求解是获得所谓的特征对，也就是与特征方程相关的频率和向量，这个向量就是模态振型。另一件要知道的事是模态振型之间是线性无关的，同时关于质量和刚度矩阵是正交的。这是特征值求解带来的副产品。

试验模态是通过数据采集设备测量结构上一些位置的输入输出，然后将时域数据转换到频域，得到频响函数，再由模态参数估计算法估算结构的模态参数。试验方法仅仅测量结构的输入和输出，由输入输出计算频响函数FRF，不测量结构的质量和刚度。

频响函数FRF元素的分子为留数，留数与模态振型直接相关。分母包含系统极点信息，也就是系统的频率和阻尼信息。因此，从频响函数矩阵可以得到系统全部的模态信息。频响函数如下（下标 r 表示阶数）：

$$H(j\omega) = 上残余项 + \sum_{r=1}^{N} \left(\frac{Q_r \Psi_r \Psi_r^T}{j\omega - \lambda_r} + \frac{Q_r^* \Psi_r^* \Psi_r^{*T}}{j\omega - \lambda_r^*} \right) + 下残余项$$

这个方程感兴趣的部分是留数和极点，虽然留数的改变依赖于特定的输入-输出组合，但是极点保持不变。这暗示着系统极点是全局特性，它们独立于特定的输入-输出位置。也就是说从一个输入-输出位置就能测量到系统的所有极点（频率和阻尼）信息。因此，固有频率测量，理论上讲，只需要一个测量位置即可测量出所有的模态频率（实际测量时要避开节点位置）。

然而，留数却依赖于特定的输入-输出位置，随输入-输出位置的变化而变化。也就是说不同输入-输出位置的留数是不相同的，这就说明了为什么测量模态振型时，需要大量的测点。这是因为不同测点的留数是不同的，留数是局部特征，留数不同也就是振型值不同，因此，振型依赖于不同的测量位置，为了将振型唯一地描述出来，要求测点数目尽量多，通过这些测点位置的振型值能唯一地表征这些模态振型。

现今多数模态参数估计方法，通常分两个处理步骤。首先估计极点，然后计算留数或模态振型（要求先提取到整体极点）。记住这一点：进行系统极点估计时，不需要使用所有的FRF，可以使用部分频响函数，也就是那些最能合理描述感兴趣的极点的频响函数来估计系统极点。一旦得到系统整体极点，那么留数或者模态振型就可以使用所有测量DOF的FRF提取到。

有一种算法叫作峰值拾取法，就是利用FRF的虚部，它同时表明了幅值和响应的方向，其中方向是最重要的信息。将各个测点位置的各阶FRF虚部峰值连接起来，就是相应的模态振型。当然这是早期的方法，现今已不再使用。

因此，从理论角度上讲，计算模态采用的方法是对基本特征方程进行特征值求解，获得特征值与特征向量，也就是模态频率和振型。而试验模态则测量输入输出计算频响函数，采用曲线拟合的方式获得模态频率和振型。因此，二者从方法论上来讲，有着本质的区别。

6.14.4 其他方面的区别

除了以上三个方面的区别之外，试验模态与计算模态还存在以下区别：

1）试验模态需要样件，而计算模态只需要有限元模型。

2）相对而言，试验模态比较快，用时较少，绝大多数模态试验通常都在1~5天就可完成。而计算模态可能需要数天或数周。

3）试验模态是对实际结构进行测量，因此，分析得到的模态参数是非常精确的。而计算模型对实际结构做了许多简化处理，因此，不确定性更大。

4）试验模态得到的阻尼是实际结构的阻尼，相对来说更可靠，但计算模型阻尼通常很难确定。

5）由于试验模态受通道、测点和带宽等因素的影响，因此，得到的阶数远没有计算模态得到的阶数多。

6）结构修改方面，计算模态对计算模型进行修改很容易实现，对修改后的模型再进行计算也很方便。但是试验模态对实际结构进行修改相对困难，而修改后又需要重新测量，付出的努力与之前相比，并没有减少。

6.14.5 二者怎么对比

我们知道模态的先后顺序是由结构的质量分布和刚度分布所决定，与其他因素没有关系。其他因素对结果有影响，也是影响质量分布和刚度分布，从而影响最终的结果。在讲述试验模态与计算模态对比之前，先让我们讨论一下二者结果差异的可能原因。

影响计算模态精确度的主要因素可能有如下方面：

1）几何模型尺寸：由于计算模态需要建立几何实体模型，如果几何模型与实际结构在尺寸方面存在差异，则必然影响几何模型的质量分布和刚度分布，从而影响计算的模态结果。

2) 材料属性：计算中所使用的材料属性都认为结构是均匀致密的，不存在孔隙裂纹等，可能还认为结构是由各向同性材料或横观各向同性材料构成，但实际上可能是各向异性材料，因而给计算带来误差。

3) 边界条件：计算模型中的边界条件与结构所处的实际边界条件有很大的差异，或者计算时简化不合理。

4) 装配接触：计算模型中所定义的装配或接触关系与实际情况偏离太远。

5) 单元类型：计算所选择的单元类型不能准确地表达结构的力学行为。

6) 其他方面：网格尺寸、网格类型等方面也可能会影响到精度，另外算法对高阶模态也有影响。

影响试验模态精确度的主要因素可能有如下方面：

1) 激励能量：激励能量不够，可能不能激起结构全部关心的模态。

2) 测点数量：测点数量不够或位置不合适，可能不能唯一区别所有模态，导致有多阶模态非常相似。

3) 参考点：如果参考点选择不合适，会出现模态丢阶的情况。

4) 试验数据不完整：除了测量自由度有限之外，频响函数的频带也是一定的，另外，计算中可以考虑任何方向，但测量可能很难做到。

5) 数据一致性：如果存在质量载荷、支承等条件的变化，可能会出现频率移动，多模态的情况。

6) 受噪声影响：测试过程中可能会受到噪声的干扰，从而对试验结果有影响。

7) 极点估计：模态分析的第一步是进行极点估计，若极点选择不是物理极点，则会出现虚假模态。若错过了一些物理极点，则会出现丢阶现象。

总的说来，试验模态分析出来的模态如果是真实的物理极点，那么这一阶模态就是真实可信的。如果测试没有问题，合理考虑了各个方面，得到的结果可以认为是精确的。但计算模型，即使各方面都考虑了，也很难说结果就真实可信。因此，通常试验结果用来校准计算模型的精确性。那么，试验模态与计算模态怎么对比呢？按频率还是按振型？

模态参数包括频率、阻尼和振型，但由于阻尼在计算模态较难确定，因而，计算模态与试验模态对比的参数主要为频率和振型。不论是计算模态还是试验模态，模态阶数的先后顺序都是按频率从小到大的顺序排列的。二者对比时，怎样才算是同一阶呢？最理想的情况是频率相近，振型相同，但现实情况往往相反。可能频率相近，但振型不同，或者振型相同，但频率相差甚远。

二者对比的正确做法应首先对比振型，振型相同才是同一阶，哪怕频率相差甚远。图 6-70 左侧所示为试验模态结果中的第 17、18 阶（为一对重根模态），图 6-70 右侧所示为计算模态结果中的第 21、22 阶，二者的振型是相同的，但阶数完全不同，频率也相差甚远，相差了近 320Hz，但仍然是同一阶模态。在本例中，试验模态与计算模态的阶数完全不同，频率相差甚远，但振型是相同的。所以，对比二者时，它们是同一阶。

前文提到模态的先后顺序仅是质量分布和刚度分布所决定，不受其他因素的影响，其他因素有影响也是影响到这两个参数，最后才影响到模态顺序。在这个例子中，模态的先后顺序不同是由于在建模时，制动盘的顶部沿半径方向从外往内，厚度是逐渐减小的，虽然减小的幅值不大，但在计算时建立的几何模型却考虑为均匀厚度，从而影响到了质量与刚度的分布，最终影响到模态的先后顺序。另一方面，测量使用的传感器对结果也有影响。

在这个例子中，如果不按振型来考虑，则发现不了计算模型中的几何误差导致了二者的差异。因此，对比时按振型来对比才是正确的做法，哪怕频率相差甚远。也正是从按振型的角度来考虑，才使得计算模态知道计算结果与实际结果偏离了多少。

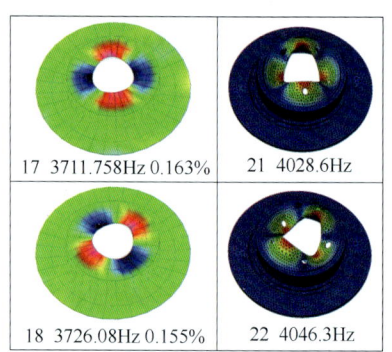

图6-70 试验模态与计算模态对比

试验模态与计算模态对比时，假设振型相同，频率相差多大时才可接受呢？理论上讲，当然二者的误差越小越可接受，但到底多大才能让人接受呢？这没有固定的说法，到底是1%、5%还是10%，主要看人们的可接受程度。

很多情况下，单一材质的结构，二者的误差可以控制在1%以内。如在这个制动盘例子中，最小的相对误差不到0.1%，但是最大的相对误差也达到了10%，这是由于计算模型的几何尺寸引起的。但是随着阶数的增加，误差也会越来越大，这是因为阶数越低，计算模态越易收敛，二者对比的效果越好，阶数越高越难收敛。从算法角度来考虑，有限元通常适用于低频计算，而对于高频计算，则需要考虑别的算法，如统计能量法。另一方面，装配体或考虑了边界条件的复杂结构，二者对比起来，误差会更大一些。当然了，实质上讲，计算模态与试验模态的对比主要还是集中在低阶模态，因为试验模态也受激励、测量自由度和带宽的限制。

复杂的计算模型通常可以认为是由不同的部件通过各种装配关系形成所谓的装配体，最后再对这个装配体考虑边界条件。因此，从二者对比的角度来讲，也应从这三个方面的先后顺序来进行对比，即首先进行部件级对比，然后进行装配体对比，最后对比考虑了边界条件的模型。这个对比过程虽然比较烦琐，但是对模型修正却非常有利。因为，对于部件而言，材质较单一，这时对比起来的误差会比较小，如果计算模型误差较大，修改起来也方便。所有部件对比的精度都在可接受的范围以内了，再考虑装配关系，计算模态有一种算法叫作模态综合，这时可以将之前的部件结果按模态综合的方式得到装配体的模态结果。最后再对比考虑了边界条件的装配体。在对比过程中，由于不同部件都需要做试验，因此，需要花费不少时间与精力。

现实中可能绝大多数对比过程都是直接对比考虑了边界条件的装配体。这时，当误差很大时，可能都不知道该从哪个方面着手修改计算模型。

结构动力学修改是一种数学处理方法，它利用模态数据（频率、阻尼和模态振型）确定由于物理结构的修改所引起的系统动态特性的改变效果。实际上，这些计算可以在无须对实际结构做物理修改的前提下进行，在获得精确的动力学模态模型之后，通过各种修改手段，如改变质量、刚度和阻尼或增加动力吸振器等，对动力学模型进行修改预测，直到达到合适的设计更改为止，如图6-71所示。

除了结构动力修改研究之外，还可以进行强迫响应仿真预测因外力引起的系统响应，验证设计的结构在受现实世界中的激励力作用下是否满足设计要求。当然，精确的模型还有其

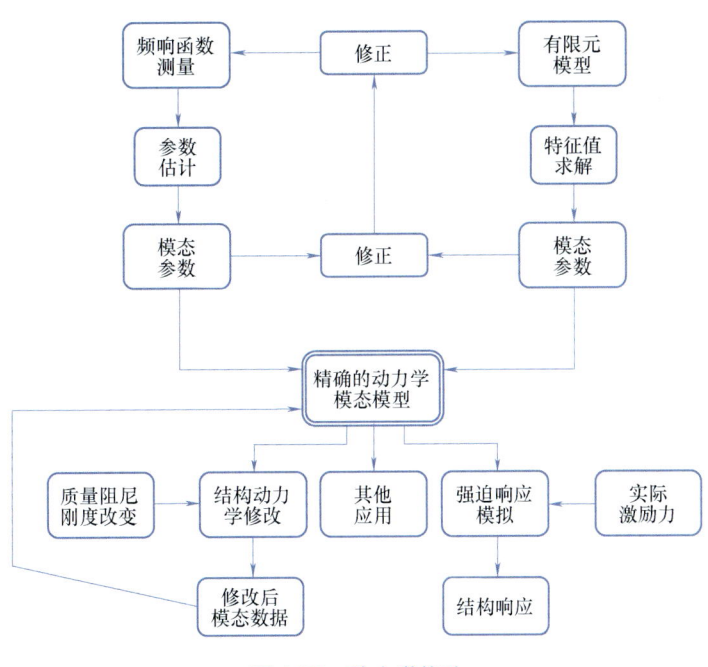

图 6-71 动力学修改

他一些应用，如模型可用于 CFD 计算、灵敏度分析等。

6.14.6 二者的关联性

  在测试之前，如果有被测结构或类似结构的计算模型或实验模型，可以为试验工程师提供有关试验方面的许多有价值的信息，如测量自由度多少合适，参考点选择什么位置才能合理地观测到所有感兴趣的模态。因此，如果在试验之前，进行预试验分析可以提高测量数据的质量，减少试验时间，大幅度提高试验效率。

  计算模型可能计算频率不准确，但相对而言，振型是可信的，通过预试验分析从计算模型中得到计算模态振型，从而可以确定在关心的频带范围内布置多少个测点才能唯一地区分出所有关心的模态。另外也可以确定测量或激励方向，以及激励点或参考点的位置，也可以确定大致的试验带宽。

  获得试验结果之后，可用于校准计算模型，进行相关性分析。由于计算模型的自由度远大于测量自由度，因此，需要对计算模型进行自由度缩减，然后再进行相关性分析，如图 6-72 所示。

  另一方面在产品的不同开发阶段，试验与计算扮演着不同的角色。如在车辆的开发过程中，在目标设定与分解阶段，这个时候没有样车可用，因此，更多的分析手段是用有限元计算。但为了获得必要的目标，会对对标车进行实测。将整车的目标分离到系统、子系统或部件阶段更多地采用有限元计算。后期的目标验证则要用到实测，通过试验验证设计生产出来的工装样车是否满足设计目标或者有多大的偏离。对样车进行试验验证是否满足政府法规要求以及自己的 NVH 性能目标。当满足要求以后才量产，量产上市的产品出现 NVH 问题时，可能试验手段又占主导地位了。

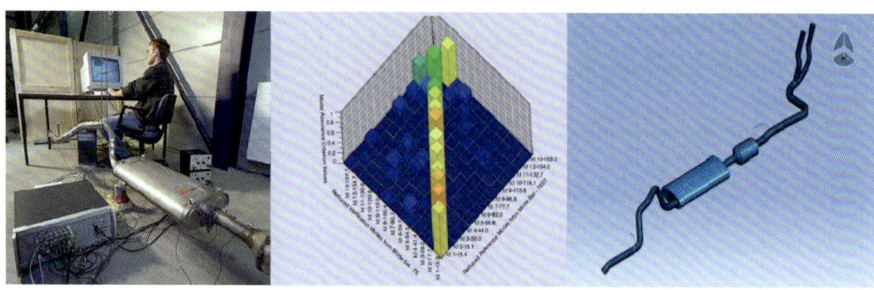

图 6-72 相关性分析

因此，在产品的整个开发周期内，试验与计算是相辅相成的，不同的阶段会使用不同的手段帮助产品设计或改进设计。

附 录

名词术语缩写

大写字母	小写字母	英文描述	中文描述
AC		Alternating Current	交流
AD		Analog to Digital	模数转换
ADC		Analog to Digital Converter	模数转换器
ANSI		American National Standards Institute	美国国家标准学会
ASQ		Airborne Source Quantification	空气声量化
BS		Britain Standard	英国标准
BW		Bandwidth	带宽
CAE		Computer Aided Engineering	计算机辅助工程
CFD		Computational Fluid Dynamics	计算流体动力学
CMIF		Complex Mode Indicator Function	复模态指示函数
DA		Digital to Analog	数模转换
DC		Direct Current	直流
DOF	dof	Degrees Of Freedom	自由度
DR		Dynamic Range	动态范围
DSP		Digital Signal Processing	数字信号处理
EMA		Experimental Modal Analysis	实验模态分析
ENBW		Equivalent Noise Bandwidth	等效噪声带宽
ERA		Eigensystem Realization Algorithm	特征系统实现算法
ESD		Energy Spectral Density	能量谱密度
EWF		Exponential Weighting Factor	指数计权因子
FE		Finite Element	有限元法
FEA		Finite Element Analysis	有限元分析
FEM		Finite Element Model	有限元模型
FFT		Fast Fourier Transform	快速傅里叶变换
FRF	frf	Frequency Response Function	频响函数
GB			国标
HVAC		Heating, Ventilation and Air Conditioning	供热通风与空气调节
ICP		Integrated Circuit Piezotronics	压电集成电路

（续）

大写字母	小写字母	英 文 描 述	中 文 描 述
ID		IDentity Document	身份识别号
IEPE		Integral Electronic Piezoelectric	压电集成电路
IFT		Inverse Fourier Transform	傅里叶逆变换
IPI		Input Point Inertance	源点动刚度
ISO		International Organization for Standardization	国际标准化组织
LAN		Local Area Network	局域网
LDL			改进的平方根分解法
LTI		Linear Time Invariant	线性时不变系统
MAC		Modal Assurance Criterion	模态置信准则
MCF		Modal Assurance Factor	模态置信因子
MDOF	mdof	Multiple Degree Of Freedom	多自由度
MEMS		Micro-Electro Mechanical Systems	微机电系统
MIF		Mode Indicator Function	模态指示函数
MIMO		Multiple Input Multiple Output	多输入多输出
MMIF		Multivariate Mode Indicator Function	多变量模态指示函数
MOV		Mode Over Complexity	模态超复杂性
MP		Mode Participation	模态参与
MPC		Modal Phase Collinearities	模态相位共线性
MPD		Mean Phase Deviation	模态相位偏离
MRIT		Multiple Reference Impact Test	多参考锤击测试
NTF		Noise Transfer Function	噪声传递函数
NVH		Noise，Vibration，Harshness	振动噪声舒适性
OA		Overall Level	总量级
OBMA		Order-Based Modal Aanlysis	基于阶次的模态分析
OBSI		On-Board Sound Intensity method	随车声强测试法
OCT	oct	Octave	倍频程
ODR		Overall Dynamic Range	总的动态范围
ODS		Operational Deflection Shape	工作变形分析
OMA		Operational Modal Analysis	工作模态分析
OPA		Operational Path Analysis	工作传递路径分析
PCA		Principal Component Analysis	主分量分析
PCB		Printed Circuit Board	印制电路板
POT		Part Open Throttle	半油门加速
PPR		Pulse Per Revolution	每转脉冲数
PRII		Pressure Residual Intesity Index	声压残余声强指数
PSD		Power Spectral Density	功率谱密度

(续)

大写字母	小写字母	英 文 描 述	中 文 描 述
RBM		Rigid Body Mode	刚体模态
RI		Residual Intensity	残余声强
RMS		Root Mean Square	有效值
RPM	rpm	Revolution Per Minute	每分钟转速
SDOF	sdof	Single Degree of Freedom	单自由度
SDM		Structural Dynamics Modification	结构动力学修改
SFF		Spurious Free Floor	本底噪声
SHM		Structural Health Monitoring	结构健康监测
SIMO		Singla Input Multiple Output	单输入多输出
SISO		Singla Input Singla Output	单输入单输出
SNR		Signal to Noise Ration	信噪比
SPL		Sound Pressure Level	声压级
SQNR		Signal to Quantizing Noise Ration	信号与量化噪声之比
SRIT		Single Reference Impact Testing	单参考点锤击测试
STL		Sound Transmission Loss	声音传递损失
SUM		Summation Function	集总函数
SVD		Singular Value Decomposition	奇异值分解
TPA		Transfer Path Analysis	传递路径分析
VTF		Vibration Transfer Function	振动传递函数
WOT		Wide Open Throttle	全油门加速

参 考 文 献

[1] 杜功焕，朱哲民，龚秀芳. 声学基础［M］. 南京：南京大学出版社，2012.
[2] 沈濠. 声学测量［M］. 北京：科学出版社，1986.
[3] ANDERS B. Noise and Vibration Analysis：Signal Analysis and Experimental Procedures ［M］. New Jersey：Wiley，2011.
[4] GENTA G. Vibration dynamics and control ［M］. New York：Springer，2016.
[5] RANDALL J A. Vibrations：Experimental Modal Analysis ［M］. Cincinnati：University of Cincinnati，1999.
[6] AVITABILE P. Modal Space in our own little world ［J］. Experimental techniques，2014.
[7] 海伦·沃德，斯蒂芬·拉门兹，波尔·萨斯. 模态分析理论与试验 ［M］. 白化同，郭继忠，译. 北京：北京理工大学出版社，2001.
[8] 庞剑，谌刚，何华. 汽车噪声与振动：理论和应用 ［M］. 北京：北京理工大学出版社，2006.
[9] 傅志方，华宏星. 模态分析理论与应用 ［M］. 上海：上海交通大学出版社，2000.
[10] 倪振华. 振动力学 ［M］. 西安：西安交通大学出版社，1986.
[11] 郑兆昌. 机械振动 ［M］. 北京：机械工业出版社，1986.
[12] FASTL H，ZWICKER E. Psychoacoustics：Facts and Models ［M］. Berlin：Springer，2006.
[13] DAVID M H，ANGUS J. Acoustics and Psychoacoustics ［M］. 5th ed. New York：Routledge Press，2017.
[14] 霍华德，安格斯. 音乐声学与心理声学 ［M］. 陈小平，译. 北京：人民邮电出版社，2014.

后 记

我为什么要运营"模态空间"这个公众号

"模态空间"公众号从开通至今,已有 54 个月了,在开通最初的半年时间里一直有人在问我,为什么要做这件事情,做这件事的目的是什么?当我回答单纯就是为了给大家分享知识时,他们仿佛还有疑问,似乎我做这个事还隐藏着不可告人的秘密。在回答这个问题之前,我要讲些其他故事,如翻译 Peter Avitabile 教授的 *Modal Space in Our Own Little World* 和坚持写博客五年,或许讲着讲着就回答了这个问题。

2009 年,我读到了美国马萨诸塞州立洛威尔大学的模态大咖 Peter Avitabile 教授的英文原版系列论文著作 *Modal Space in Our Own Little World*,当时的文章只更新到 2009 年 12 月,研读几遍之后,我认定其就是模态界的葵花宝典,就试着利用空余时间来翻译这本著作,如图 1 所示,最初打算在征得原作者的授权之后出版,但当 2011 年年初翻译完又校对过几遍后,给 Peter 教授的邮件如石沉大海,所以一直也未能出版我的译文。

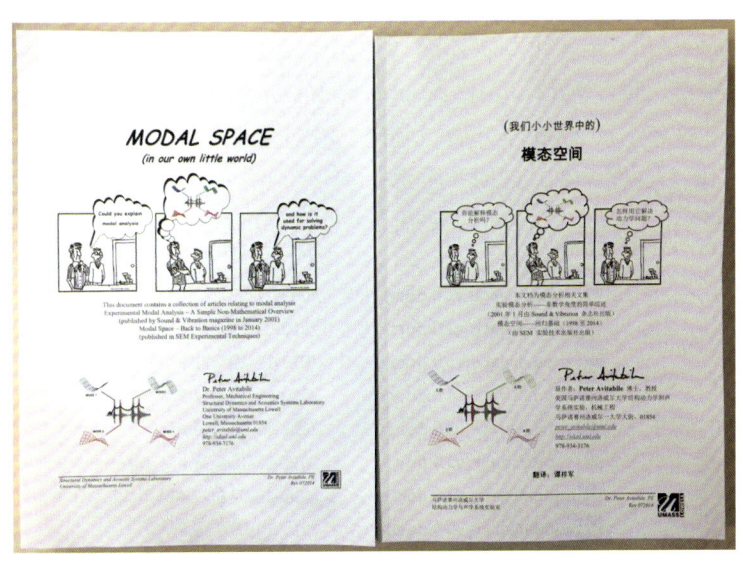

图 1　Peter Avitabile 教授著作原文与笔者译文

挺好的东西,不能出版,放在手里几乎无用,于是我决定无偿分享给大家。2011 年初,我在仿真论坛发布过 *Modal Space in Our Own Little World* 最初的几篇译文,后来于 2011 年 7 月

3 日开通了名为"模态空间"的搜狐博客，如图 2 所示，用以分享 Modal Space in Our Own Little World 的经典译文，同时，我也写一写或翻译其他好的 NVH 文章。从 2011 年 7 月开通到 2016 年 7 月停止更新，整整五年，共发布了 184 篇文章，其中 Modal Space in Our Own Little World 系列译文共 107 篇，博客平均更新频率约为 10 天 1 篇。

图 2　搜狐博客截图

于我而言，翻译 Modal Space in Our Own Little World 虽付出了时间与精力，但也收获颇丰，知识水平有了明显的提高。这主要体现在模态测试与分析水平和英文阅读水平，当然更重要的是前者。做这件事的同时也是在磨炼自己的意志，因为这不是一天两天的事，而是需要两三年，从 2009～2011 年，我一直在坚持。2013 年底，Peter 教授又将 2010～2014 年的文章更新完毕，于是，我在 2014～2015 年间又将 Modal Space in Our Own Little World 这五年的文章翻译并做了整理。从 2009 年开始，翻译、校对 Modal Space in Our Own Little World 整个过程共经历了 10 个过程译本，如图 3 所示。

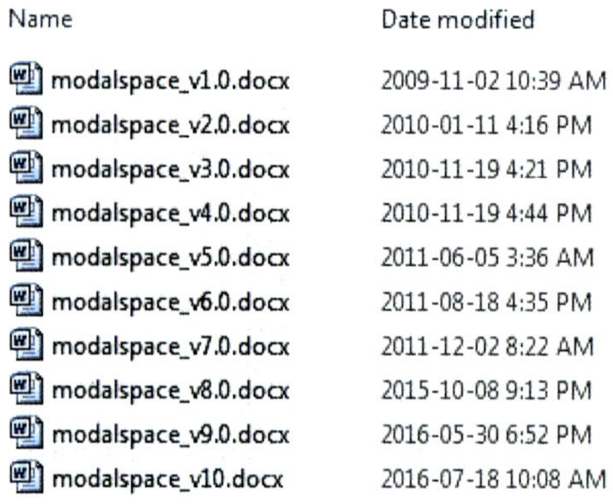

图 3　Modal Space in Our Own Little World 的不同过程译本

后 记

  我将 Peter 教授 2010~2014 年的文章翻译之后直接发布在博客上，未经校对，难免时有差错。在 2016 年 4~5 月间，我又对整个译文进行了勘误校正，之后的中文译本是图 3 中的第 9 版。2015 年，我再次联系了 Peter 教授，他给了我书面授权，但仍不同意出版。

  说到坚持，总会想到上学时持之以恒的两件小事：坚持每天存储一元钱和坚持背诵《新概念英语 3》（60 篇文章能背诵能默写）。后来毕业时积攒了好多一元的纸币和硬币，终于有乱吃海喝的本钱，虽说就几百块，但在当时已是一笔不少的资金了。坚持背诵《新概念英语 3》是因为高中学的是俄语，英语水平极差，以至于高考和考研的外语语种都是俄语。还记得大一两个学期，全班英语挂科的人只有我一个。当年本科毕业要求取得四级证书，但考了 4 次都未能通过，后来重温了一遍俄语，通过了俄语四级才顺利毕业。我终于下定决心与英语做斗争，坚持每天背诵《新概念英语 3》和记单词，在研究生阶段顺利通过了英语四、六级考试。

  2011 年 7 月我开通"模态空间"博客时，也不知道哪家博客好用，感觉新浪是日资的，搜狐是国人的，以前看新闻时一直看的是搜狐新闻，所以直觉搜狐应该会不错。可开通五年来，用户体验感极差，在坚持五年也忍了五年之后，终于决定弃之不用了。与网友谈起此事时，许多人给我建议：花钱购买域名或者使用微信公众号。

  于是，我于 2016 年 6 月 16 日开通了"模态空间"微信公众号。公众号取名为"模态空间"是沿用博客的名称，而博客的名称也正是取自于 Peter 教授的 *Modal Space in Our Own Little World* 的著作名称。需要说明的是，虽然公众号名称为"模态空间"，但并不仅仅只有模态分析方面的内容，实则涵盖了 NVH 和疲劳耐久的各个方面，目前有 15 个分类。

  开通公众号的第一个月里，我只是简单地将博客中的文章搬过来，新撰写的文章极少，因为毫无经验，不知道怎么运营公众号，居然曾经一天发七篇文章。在运营前期，文章内容也出现过一些低级错误，如错别字、明显的笔误或错误等。后来在网上查阅了大量的公众号运营相关文章后，发现运营公众号比写博客更有意思，功能更强大，自主性更强。于是从开通一个月之后才算真正开始运营，当时我把获得系统原创邀请作为目标。

  真正撰写原创文章是在开通公众号一个月后，我每个工作日都会发布新的内容，2016 年 8 月 10 日发布原创文章《一名合格的 NVH 工程师应具备什么样的硬性条件?》后，转发人数超过 200 人，24 小时阅读人数超过 3000 人，也正是这篇文章极大地帮助我获得了系统的原创邀请。自开通之日算起，截至第 56 天（2016 年 8 月 11 日）便获得了原创邀请，这给了我极大的鼓舞，我也更为坚定地坚持原创。

  有人说，做 NVH 的人不容易，做了所谓的 NVH 自媒体人，才发现更加艰辛。为了每日有可供发布的原创文章，我需要挤出一切空余时间来写作，有时出差在外，在酒店里写到凌晨两、三点。撰写《模态中的"洪荒之力"是如何一级一级修炼成功的?》时正在济南出差，写完时已是凌晨 3 点，写完就发布，第二天仍正常见客户。图 4 所示是我在家里熬夜写文章。

  这样坚持了一个月，也得到了回报，公众号订阅用户很快过千了。有所得也必有所失，文章写得多了，我的睡眠就少了，陪伴家人的时间也大大地减少了，甚至都有些神经质了：明天的文章还没有准备好，怎么办？怎么办？一个人独立创作毕竟时间有限、精力有限，更何况还有日常的工作要做，并非全职来运营公众号。因此，从 2016 年 9 月份开始，我改变了运营策略：每周二、四发布 Peter 教授的 *Modal Space in Our Own Little World* 经典译文，其他三天发布原创文章。

由于 Modal Space in Our Own Little World 经典译文早已翻译完毕,现在只需要重新排版发布即可。而且在博客上坚持了五年,也积攒了一些文章,其实之前一直打算撰写一本模态分析实例教程方面的书,也撰写了相应的篇章,因此,这也成为我文章的来源。这一策略的运用,极大地释放了我的个人时间。与此同时,我开始尝试邀请同行来撰写文章,这也在一定程度上缓解了个人撰写原创文章的压力。

图 4 熬夜写文章

相较于写博客,撰写公众号的文章更系统,更全面,但也更耗时间与精力,以前博客更新频率是 10 天 1 篇,而公众号的更新频率从最初每周 5 篇稳定到现在每周 2 篇文章,截至今天(2020 年 12 月 14 日)共发布了近 700 篇文章。另一方面,博客的阅读群体是有限的,且不固定,而公众号阅读群体相对固定,人数众多。博客开通至今,访问量有 20.52 万次,关注者 176 人,因为大多数阅读者未开通博客,所以不能关注。但时下几乎人人都用微信,文章更易分享,公众号开通至今,订阅用户已超过 60000 人,单月平均阅读人数超过 4 万人,平均阅读人次超 8 万次。也就是说,公众号三个月的阅读人次就超过了博客五年的访问量。图 5 所示为 2017 年 10 月公众号的阅读量统计。

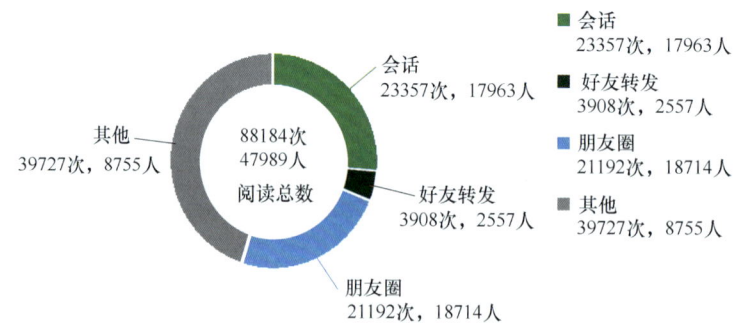

图 5 2017 年 10 月公众号的阅读量统计

上面这些琐碎回忆,或多或少回答了题目中所提的问题,但还有另一个重要原因。记得曾经读过这样一句话:"文字好的人,肉体往往并不有趣,甚至是因为过于内向、不善沟

后 记

通，才逃避去阅读和写作。"对这句话，我甚是赞同，我时常觉得自己内向，不善沟通，人多时说话易紧张，所以当我讲得不怎样时，我选择用文字来表达。

公众号开通至今，完全是知识的分享，没有植入任何广告，原计划在2017年向系统申请广告，但我还是想暂缓这个申请，继续为读者奉献纯粹的知识分享。这四年多来，我收获了很多有形与无形的激励，有形的是我创作了很多文章，也前后获得了近万元的赞赏费用，无形的便是获得了大家的认可与支持。记得有一次，当面向两位初入行的年轻人推荐公众号，没想到他们早已关注，当他们得知我就是公众号的作者时，非常激动，不由分说地抢着买了单。因为在他们的想象里，一直认为作者是一位资深的大学教授。

行笔至此，我很想感谢，感谢一直关注、关心、支持我的读者们，因为有你们的支持，我才能够坚持下去，才能一路走来。

其实，公众号的运营一直都不是件容易的事，专业号尤甚。我撰写一篇文章至少需要花费五六个小时，平均用时4天左右，原创的前提是文章所有内容都不得借鉴，全部取材于大脑。但很多时候，可能一周也写不出一篇，像写《什么是PWM？》，可以说是历时最久的创作，大概用了两周多时间。因为撰写这篇文章，需要先自我学习，整理知识，之后形成几个相关的知识点才能下笔。

虽然辛苦，但我很也享受这个过程。过去有人将写作比喻成怀孕，虽然俗了点儿，但的确如此，一篇原创文章的诞生，如同一个漫长的孕育过程。提笔之前，我会想一个主题，这个主题可能来自同行的提问或者我的思路。虽然不是所有提问都能顺利转化，但正是有许多提问的同行，才给我带来了许多主题的灵感，这是一个双赢的过程。

目前，公众号的整个运营，包括创作、排版发布、回答提问和日常维护等方面全都由我一人独立完成。文章内容的来源得益于我翻译Peter教授的 *Modal Space in Our Own Little World*、一些试验经验、大量相关阅读以及我对NVH的理解与认知。2017年，我拜读了北京理工大学牟小龙博士赠送的 *Advanced Transfer Path Analysis Methods* 一书，这加深了我对TPA的理解与认识，特别是OPA和OPAX，为日后撰写TPA方面的文章提供知识来源。限于个人经验和精力，许多同行希望分享的知识点，我都没有涉及，所以，在此诚挚邀请相关专家或同行来分享自己的经验和知识，欢迎志同道合的朋友们联系我。

最后，再次感谢广大认识的与不认识的读者、同行们，正是因为有你们的大力支持和帮助，我才有更大的动力前行。感谢你们！NVH之路，让我们携手砥砺前行！